Robert Winter

Informationsableitung in betrieblichen Anwendungssystemen

Aus dem Bereich Computing

Robert Winter

Informationsableitung in betrieblichen Anwendungssystemen

Die deutsche Bibliothek – CIP-Einheitsaufnahme

Winter, Robert:
Informationsableitung in betrieblichen Anwendungssystemen / Robert Winter.
– Braunschweig; Wiesbaden: Vieweg, 1998
ISBN 978-3-528-05663-6 ISBN 978-3-322-87248-7 (eBook)
DOI 10.1007/978-3-322-87248-7

Ursprünglich erschienen bei Friedr. Vieweg & Sohn Verlagsgesellschaft mbH, Braunschweig/Wiesbaden, 1998
Der Verlag Vieweg ist ein Unternehmen der Bertelsmann Fachinformation GmbH.

http://www.vieweg.de

Vorwort

In den Datenbanken betrieblicher Systeme finden sich neben „passiven“ Datenstrukturen mehr und mehr „aktive“ Konstrukte wie beispielsweise konsistenzerhaltende Datenbanktrigger oder Erzeugungsregeln für abgeleitete Informationsobjekte. Die Leistungsfähigkeit moderner Datenbanksysteme und neuartige betriebliche Datanbankanwendungen wie z.B. Data Warehousing erlauben bzw. erfordern es nämlich, die Ziele der Datenbanknutzung von Redundanzfreiheit und Speicherungsoptimierung mehr und mehr in Richtung kontrollierter Redundanz und Auswertungsoptimierung zu verschieben. In dieser Arbeit wird ein Konzept entwickelt, das es erlaubt, aktive Datenbankkonstrukte gemeinsam mit traditionellen Relationen und Integritätsbedingungen in integrierter Form zu spezifizieren und in automatisierter Form zu implementieren.

In dieser Arbeit werden zunächst die Erweiterungen der konzeptionellen Modellierung identifiziert, die in betrieblichen Anwendungssystemen zur Ableitung konsistenzerhaltender Transaktionen unverzichtbar sind. Die Syntax und Semantik des erweiterten Modells werden unter Benutzung des Prädikaten- sowie des Tupelkalküls formal beschrieben. Insbesondere werden 27 Propagierungs- bzw. Zurückweisungsregeln formuliert, die aus den invarianten Eigenschaften des konzeptionellen Modells folgen und auf deren Grundlage die Konsistenz elementarer Datenmanipulationen erhalten bzw. wiederhergestellt werden kann. Auf dieser formalen Grundlage kann für jede atomare Datenmanipulation ein Satz von Datenbanktriggern generiert werden, durch den eine systemweite, konsistente Propagierung der Manipulation erfolgt, d.h. der die u.U. zunächst inkonsistente Manipulation zu einer Transaktion ergänzt. Die Generierung erfolgt durch Sequenzen von SQL-Kommandos, die den Inhalt einer Entwicklungsdatenbank verarbeiten, deren Struktur sich aus der Formalisierung des erweiterten, konzeptionellen Modells ableitet.

Die Evidenz des hier vorgestellten Konzepts zeigt sich an einem Beispielschema aus dem Bereich der Produktionsplanung, für dessen gerade 16 Objekttypen insgesamt 3444 Zeilen SQL-Triggercode generiert werden. Selbst wenn Kaskadierungsmechanismen des Datenbanksystems zur Implementierung indirekter Propagierungen genutzt werden können, müssen 1148 Zeilen SQL-Triggercode generiert werden.

Solange die hier beschriebenen Konstrukte und Mechanismen noch nicht im kommerziellen Softwareentwicklungswerkzeugen realisiert ist, müssen Systementwickler bestehende Entwicklungsumgebungen durch die hier vorgeschlagenen Erweiterungen der Entwicklungsdatenbank, Erweiterungen der Modellierungswerkzeuge und zusätzlichen Generatoren anpassen. Die Arbeit richtet sich deshalb vorwiegend an die Entwickler moderner betrieblicher Informationssysteme. Daneben ist sie als Weiterentwicklung der Forschung auf dem Gebiet der Modellierung von Informationssystemen auch für Forscher und fortgeschrittene Studierende auf diesem Gebiet von Interesse.

Die Arbeit ist während meiner Tätigkeit als Wissenschaftlicher Mitarbeiter am Institut für Wirtschaftsinformatik der Johann Wolfgang Goethe-Universität Frankfurt am Main entstanden. Eine frühere Version dieser Arbeit, die sich vom vorliegenden Text hauptsächlich durch die vollständige Beschreibung und Bewertung aller generierten Datenbanktrigger für das Anwendungsbeispiel unterscheidet, wurde 1995 vom Fachbereich Wirtschaftswissenschaften der Johann Wolfgang Goethe-Universität als Habilitationsschrift angenommen.

St. Gallen, im Januar 1998 Robert Winter

Inhaltsverzeichnis

Abbildungsverzeichnis

1 Einführung

Jede Form der Informationsverarbeitung kann als Erzeugung neuer Informationen (zum Informationsbegriff siehe Abschnitt 1.3.2) aus bereits bekannten Informationen interpretiert werden. Wenn sowohl die bereits bekannten Informationen wie auch die Erzeugungsregeln anwendungs- und realisierungsunabhängig in einer Datenbank gespeichert werden, wird diese Form der Informationsverarbeitung als Informationsableitung bezeichnet. Die Informationsableitung umfaßt damit sowohl strukturelle wie auch verhaltensmäßige Aspekte: Während abgeleitete Informationen einen Teil der Systemstruktur darstellen, implizieren Ableitungsregeln einen Teil des Systemverhaltens.

Die Beschränkung auf datenbankgestützte Informationsverarbeitung erfolgt, weil nur mit Hilfe von Datenbanksystemen Anwendungs- und Realisierungsunabhängigkeit erreicht werden kann [z.B. Wiederhold 1977, S.444-445]. Damit wird die Modellierung der Informationsverarbeitung von ihrer Anwendung bzw. Realisierung abgekoppelt, so daß nicht bei jeder Änderung der Anwendung oder der Realisierung eine Anpassung aller Modelle der Informationsverarbeitung notwendig ist. Die Trennung der Modellierung der Informationsverarbeitung in voneinander unabhängige Schichten, die sich durch unterschiedliche Nähe zur Realisierung sowie zur Anwendung auszeichnen, ist eine wesentliche Voraussetzung für die Wirtschaftlichkeit der Entwicklung und des Betriebs von Informations- und Kommunikationssystemen. Schichtenbasierte Architekturen finden sich in Form des CODASYL-Modells [DBTG 1971] nicht nur für die Modellierung datenbankgestützter Informationsverarbeitung, sondern z.B. in Form des OSI-Modells (siehe z.B. [Rose 1990]) auch für die Modellierung der Kommunikation zwischen Systemen. Im Fall von Datenbanken werden die Beschreibungen der einzelnen Schichten als Schemata bezeichnet.

Erzeugungsregeln lassen sich zwar auch außerhalb von Datenbanken als prozedurale Programme codieren oder als Handlungsanweisungen realisieren. Eingangs- und Ausgangsinformationen können zwar auch außerhalb von Datenbanken in Form anwendungsspezifischer Dateien oder als Variablen prozeduraler Programme gespeichert sein. In allen diesen Fällen wird die Informationsverarbeitung jedoch auf bestimmte Anwendungs-, Ausführungs-, Speicherungs- und/oder Zugriffsgegebenheiten festgelegt, die sich z.B. als Dateinamen, Satzlängen, Blockungsfaktoren, Navigationsoperationen oder Adressierungsformen manifestieren. Als Konsequenz müssen bei einer Änderung einer dieser Gegebenheiten zunächst alle betroffenen Informationsverarbeitungen identifiziert werden, und ihre Beschreibung muß entsprechend angepaßt werden. Nur die in Datenbanken auf der Grundlage der Schichten des CODASYL-Modells gewährleistete Datenunabhängigkeit erlaubt es, die Informationsverarbeitung anwendungs- und realisierungsunabhängig zu beschreiben und deshalb nicht bei jeder Änderung von Anwendungs-, Ausführungs-, Speicherungs- oder Zugriffsgegebenheiten anpassen zu müssen.

Die Modellierung der Informationsverarbeitung sollte nicht nur die für das jeweilige Schema notwendige Anwendungs- und Realisierungsunabhängigkeit gewährleisten, sondern auch ganzheitlich und durchgängig erfolgen. Zur Wahrung der Ganzheitlichkeit sind strukturelle und verhaltensmäßige Aspekte des abzubildenden Realitätsausschnitts in möglichst integrierter Form zu beschreiben. Zur Gewährleistung der Durchgängigkeit ist die Konsistenz der verschiedenen Schemata zu gewährleisten, und entsprechende Transformationsmechanismen sind bereitzustellen. Die Ersetzung der in Struktur- und Verhaltensmodelle getrennten, meist nur unzureichend anwendungs- und realisierungsunabhängigen und oft inkonsistenten Partialmodelle der Informationsverarbeitung durch ganzheitliche, durchgängige, konsistente Schemata wird auch als "Jahrhundertproblem der Informatik" [Vetter 1990, S.5] bezeichnet.

Zur abgestuft realisierungsunabhängigen Modellierung der Informationsverarbeitung stehen bewährte Methoden und Werkzeuge (z.B. Strukturierte Analyse [Yourdon 1989] und entsprechende Diagrammtechniken) zur Verfügung. Da jedoch der verhaltensmäßige Aspekt der jeweiligen Anwendung im Vordergrund steht, können strukturelle und/oder anwendungsübergreifende Aspekte oft nicht konsistent in das jeweilige Modell integriert werden. Auch zur Modellierung der verschiedenen Datenbankschemata stehen spezielle Methoden und Werkzeuge (z.B. Objekttypenmethode [Ortner 1983; Ortner/Söllner 1989] und semantische Datenmodelle) zur Verfügung. Da jedoch der strukturelle Aspekt des Gesamtsystems im Vordergrund steht, können verhaltensmäßige und/oder anwendungsspezifische Aspekte meist nicht konsistent in das jeweilige Modell integriert werden.

Das generelle Ziel dieser Untersuchung ist die Konzeption von Methoden und Werkzeugen, die bei Wahrung der jeweils notwendigen Anwendungs- und Realisierungsunabhängigkeit nicht nur eine ganzheitliche Modellierung und Implementierung struktureller und verhaltensmäßiger Aspekte der Informationsableitung erlauben, sondern auch die konsistente Beschreibung anwendungsspezifischer und gesamtsystembezogener Aspekte eines Systems ermöglichen.

Im folgenden wird zunächst der Untersuchungsgegenstand eingeordnet, und die wesentlichen Detailziele werden abgeleitet. Im zweiten Hauptabschnitt werden die wichtigsten Ansätze aus der Literatur skizziert, die diese Untersuchung beeinflussen, und die Vorgehensweise wird in Form einer Inhaltsübersicht beschrieben. Ein dritter Hauptabschnitt faßt grundlegende Begriffsdefinitionen zusammen, die die Untersuchung der Erscheinungsformen, Modellierung und Implementierung der Informationsableitung im nächsten Kapitel vorbereiten.

1.1 Untersuchungsgegenstand und Untersuchungsziele

Zum Gegenstandsbereich der Wirtschaftsinformatik gehören

- die Entwicklung geeigneter Anwendungsarchitekturen für rechnergestützte Informations- und Kommunikationssysteme unter Beachtung des Wirtschaftlichkeitsprinzips,
- die Beobachtung des Hard- und Softwaremarkts, der Bewertung entsprechender Produkte und der Unterstützung von Auswahlentscheidungen,
- die Analyse der strategischen Bedeutung von Information und der Interpretation der Informationsverarbeitung als Managementaufgabe (Informationsmanagement),
- die Planung und Entwicklung betrieblicher Anwendungssysteme einschließlich des entsprechenden Projektmanagements sowie
- die Entwicklung von Methoden und Werkzeugen, die die Planung und Entwicklung betrieblicher Anwendungssysteme unterstützen [Kurbel/Strunz 1990, S.4-5, S.16 und S.18; Ferstl/Sinz 1993b, S.589].

Diese Untersuchung läßt sich dem zuletzt genannten Gegenstandsbereich zuordnen: Es werden Methoden und Werkzeuge konzipiert, die die Modellierung und Realisierung der Informationsableitung als Teilaufgabe der Entwicklung betrieblicher Anwendungssysteme durchgängig unterstützen und sogar teilweise automatisieren. Auf dieser Grundlage können Entwicklungsergebnisse nicht nur eindeutig beschreiben werden, sondern auch in andere Beschreibungsschichten transformiert und damit mehrfach wiederverwendet werden. Durchgängigkeit und Automatisierung des Entwicklungsprozesses sowie Eindeutigkeit und Wiederverwendbarkeit der Beschreibung seiner Ergebnisse dienen als Unterziele der Erreichung des allgemeinen Wirtschaftlichkeits- und Korrektheitsziels der Systementwicklung.

Als betriebliches Anwendungssystem wird der automatisierte Teil des betrieblichen Informations- und Kommunikationssystems bezeichnet. Es umfaßt das betriebliche Lenkungssystem sowie solche Teile des betrieblichen Leistungssystems, die sich in Form von Informationsflüssen beschreiben lassen (z.B. die Erzeugung bestimmter Dienstleistungen) [Ferstl/Sinz 1993a, S.4]. Unter "Automatisierung" wird dabei verstanden, daß die Aufgaben des jeweiligen Systems primär von Rechnern und nicht von Menschen durchgeführt werden [Ferstl/Sinz 1993a, S.3]. "Betrieblich" bedeutet, daß die betrachteten Systeme an betriebswirtschaftlichen Zielen ausgerichtet sind und nicht an technischen Zielen. [Ferstl/Sinz 1993a, S.6-7] Ein Anwendungssystem stellt einen allgemeinen Bezugsrahmen dar, auf dessen Grundlage eine Vielzahl verschiedener Einzelanwendungen entwickelt werden können. *Beispielsweise stellt das Anwendungssystem "Produktionsplanung" die Grundlage für die Entwicklung der Anwendungen "Verwaltung des Produktionsprogramms", "Umwandlung anonymer*

Aufträge in Kundenaufträge", "Erzeugung von Kapazitätsbelastungsdiagrammen", "Kapazitätsterminierung" usw. dar.

Das betriebliche Leistungssystem zielt auf die eigentlichen Geschäftsprozesse ab, d.h. auf die Erzeugung von Sachgütern und Dienstleistungen durch Faktorkombination. Das betriebliche Lenkungssystem dient zur Planung, Steuerung und Kontrolle des Leistungssystems. Dabei werden drei Subsysteme unterschieden, deren Aufgaben sich durch einen unterschiedlichen Aggregationsgrad, unterschiedliche Freiheitsgrade und einen unterschiedlichen Planungshorizont unterscheiden [Ferstl/Sinz 1993a, S.33-35]:

- Das **operative Informationssystem** dient zur unmittelbaren Planung, Steuerung und Kontrolle des Leistungssystems. Jeder Geschäftsvorfall im Leistungssystem führt zu einer Transaktion im operativen Informationssystem (z.B. *Gutschrift, Materialreservierung*). Es kann zwischen mengenorientierten Teilsystemen (Administrations- und Dispositionssysteme, z.B. *Abwicklung des Zahlungsverkehrs, Auftragsbearbeitung*) und wertorientierten Teilsystemen (Abrechnungssysteme, z.B. *Buchführung*) unterschieden werden [Scheer 1994, S.5].
- Das **Planungssystem** dient zur Erzeugung mittel- und langfristiger Pläne (z.B. *Standortplanung, Sortimentsplanung, Produktionsprogrammplanung*) auf der Grundlage von Formalzielen (z.B. *Gewinnmaximierung, Kostendeckung*).
- Das **Steuerungs- und Kontrollsystem** verbindet die unmittelbare Planung, Steuerung und Kontrolle des Leistungssystems mit der mittel- und langfristigen Planung (z.B. zeitliche oder objektbezogene Disaggregation von Plänen, Controlling).

1.1.1 Entwicklung betrieblicher Anwendungssysteme

Auf der Grundlage der strategischen Ausrichtung der Informationsverarbeitung und eines betriebswirtschaftlichen Unternehmensmodells [Picot/Mayer 1994, S.107-108] wird die Entwicklung betrieblicher Anwendungssysteme in mehrere Phasen eingeteilt, die durch abnehmende Abstraktion und zunehmende Realisierungsnähe gekennzeichnet sind und in denen sowohl die strukturellen Aspekte wie auch die verhaltensmäßigen Aspekte des jeweiligen Systems betrachtet werden müssen. Um für alle Phasen gültig zu sein, müssen die Formalziele der Systementwicklung deshalb zunächst sehr allgemein formuliert werden: [Brodie 1984, S.39-42; Libutti 1990, S.5; Popp 1994, S.12]

- **Korrektheit**: Das zu entwickelnde Anwendungssystem muß die fachlichen Anforderungen erfüllen. Das schließt ein, daß die benutzten Modelle ausreichend präzise sind, um die Konsistenz, die Vollständigkeit und das Fehlen von Anomalien und Redundanzen überprüfen zu können. Eine ausreichende Präzision kann nur durch eine zumindest semiformale [Fraser et al. 1994, S.79] Beschreibung erreicht werden. Auch müssen alle relevanten Aspekte des Anwendungssystems mit Mitteln des jeweiligen Modells repräsentiert werden können.

- **Realisierungsunabhängigkeit**: Änderungen der Realisierung eines Anwendungssystems (z.B. Wechsel des Betriebssystems, Änderung der Netztopologie, Änderung der Zugriffspfade für Daten, Änderung von Sortierfolgen, Änderung von Programmen) dürfen sich nicht auf das gesamte Modell des Anwendungssystems auswirken. Vielmehr muß eine implementierungsunabhängige Beschreibung entwickelt werden, die auch nach Änderungen der Realisierung noch gültig ist, so daß auf dieser stabilen Grundlage Anpassungen lokalisiert und lokal durchgeführt werden können. [Codd 1970, S.377-379]
- **Anwendungsunabhängigkeit**: Änderungen der Anwendung eines Anwendungssystems (z.B. *Entwicklung neuer Anwendungen, Änderung bestehender Anwendungen, Eliminierung von Anwendungen*) dürfen sich nicht auf das konzeptionelle Gesamtmodell des Anwendungssystems auswirken. Vielmehr soll dieses Gesamtmodell auch nach Entwicklung neuer Anwendungen und Änderung bestehender Anwendungen noch gültig sein, so daß auf dieser stabilen Grundlage Anpassungen lokalisiert und lokal durchgeführt werden können.
- **Wiederverwendung**: Alle Systemelemente, die potentiell oder tatsächlich funktions-, anwendungs- oder anwendungssystemübergreifend sind, sollen auf einer Ebene modelliert und implementiert werden, die deren mehrfache Verwendung innerhalb der Anwendung, innerhalb des Anwendungssystems oder durch verschiedene Anwendungssysteme erlaubt. Z.B. *sollen Teilfunktionen, die in einer Anwendung mehrfach verwendet werden (könnten), als Unterfunktionen dieser Anwendung nur einmal modelliert/implementiert und mehrfach verwendet werden. Daten, die in einen Anwendungssystem mehrfach verarbeitet werden (könnten), sollen als Datenstrukturen eines Datenbanksystems nur einmal modelliert/implementiert und mehrfach verwendet werden. Funktionen, die in mehreren Anwendungssystemen benötigt werden, sollen als Funktionen eines Unterstützungssystems nur einmal modelliert/implementiert und mehrfach verwendet werden.*
- **Offenheit**: Das Anwendungssystem soll mit anderen Anwendungssystemen und mit verschiedenen Unterstützungssystemen (z.B. *Datenbanksystemen, Oberflächensystemen*) verknüpft werden können. Es sollen keine Festlegungen auf Präsentationsformen, Interaktionsformen, Speicherungsformen und Kommunikationsformen erfolgen, die die Verknüpfung auf bestimmte Unterstützungssysteme einschränken. Insbesondere sollen keine Funktionen als Teil des Anwendungssystems modelliert werden, die durch Unterstützungssysteme realisiert werden können.
- **Entwurfsunterstützung**: Die Modellierung des Anwendungssystems muß auf der begrifflichen Ebene der Entwickler erfolgen. Das Modell soll eine eindeutige Repräsentation des abzubildenden Realitätsausschnitts ermöglichen. Falls

verschiedene Sichten oder Schichten zu modellieren sind, sollte z.B. durch Konsistenzprüfungen und gleichartige Modellelemente Durchgängigkeit gewährleistet sein. Nicht zuletzt müssen Qualitätsprüfungen für jede abgrenzbare Phase der Modellierung durchführbar sein.

- **Integration**: Die Modellierung der Semantik des zu entwickelnden Anwendungssystems soll sowohl strukturelle wie auch verhaltensmäßige Eigenschaften berücksichtigen. Während die Datenmodellierung strukturelle Eigenschaften als stabil und wiederverwendbar ansieht und deshalb Datenstrukturen als Grundlage der Modellierung des Systemverhaltens verwendet, orientiert sich die Funktionsmodellierung an stabilen, wiederverwendbaren Funktionen und betrachtet Daten als Repräsentation von Funktionsergebnissen. Bei abstrakter Betrachtung können strukturelle und verhaltensmäßige Eigenschaften jedoch durchaus ineinander überführt werden: *Beispielsweise stellen relationale Sichten Datenstrukturen dar, die das Ergebnis einer Auswertungsfunktion sind. Ein Strukturmodell, das nur relationale Sichten umfaßt, ist genauso unvollständig wie ein Verhaltensmodell, das nur Auswertungen umfaßt.* Wenn von der Repräsentationsform abstrahiert wird, können strukturelle und verhaltensmäßige Aspekte integriert werden. *Beispiele dafür sind das Klassenkonzept objektorientierter Modelle oder das integrative Konzept der Informationsableitung.*

- **Wirtschaftlichkeit**: Ein betriebliches Anwendungssystem gegebener Funktionalität sollte mit möglichst geringem Aufwand entwickelt werden. Insbesondere sollen möglichst viele Teilaufgaben der Systementwicklung automatisiert werden, und Mehrfacharbeiten sind zu vermeiden. Voraussetzung dafür ist, daß die Automatisierungskosten die Summe der zu erwartenden Einsparungen nicht übersteigen und daß die Kosten der Speicherung und Suche wiederverwendbarer Elemente des Anwendungssystems die zu erwartenden Kosten der Mehrfachentwicklung, Mehrfachänderung und Inkonsistenz nicht übersteigen. Mittel- und langfristig kann die Wirtschaftlichkeit der Systementwicklung durch Benutzung von Entwicklungswerkzeugen unterstützt werden.

  Im Hinblick auf den gesamten Lebenszyklus des Anwendungssystems sind den vergleichsweise gut prognostizierbaren Entwicklungs- und Betriebskosten des Systems die weit weniger einfach zu ermittelnden Nutzeffekte gegenüberzustellen. Neben der Einsparung manueller Tätigkeiten sind hier vor allem strategische Infrastruktur-, Flexibilitäts- und Qualitätseffekte zu berücksichtigen [Parker/Benson 1987, S.90]. Analysen der Wirtschaftlichkeit, die den gesamten Lebenszyklus umfassen, werden zusätzlich durch die schlechte Prognostizierbarkeit der Lebensdauer des Systems erschwert.

Einige Formalziele der Systementwicklung können in den verschiedenen Entwicklungsphasen nicht in gleichem Ausmaß erfüllt werden. Das Formalziel der Implementierungsunabhängigkeit hat umso größere Bedeutung, je geringer die Implementierungsnähe der jeweiligen Phase ist. Das Formalziel der Anwendungsunabhängigkeit hat umso größere Bedeutung, je geringer die Anwendungsnähe der Systementwicklung ist. Für jede Phase sind die allgemeinen Formalziele deshalb zu konkretisieren, und eventuelle phasenspezifische Ziele sind zusätzlich zu beachten. Im folgenden werden die wichtigsten Aufgaben der einzelnen Phasen der Systementwicklung skizziert. Die Reihenfolge der Aufzählung entspricht dabei der Reihenfolge, in der die Phasen im Normalfall durchlaufen werden: [z.B. Schönthaler/Németh 1990, S.20-28]

- **Anforderungsdefinition**: Die Funktionalität des zu entwickelnden Anwendungssystems wird in Form meist informeller (d.h. verbaler) Anforderungen skizziert. Art und Umfang der Realisierung sowie konkreter Anwendungen bleiben dabei unberücksichtigt.
- **Analyse** (oder **konzeptionelle Modellierung**[1]): Aus den Anforderungen wird ein vom Umfang der Realisierung unabhängiges, auf kein Unterstützungssystem oder andere Hard- und Softwareumgebung zugeschnittenes "Fachkonzept" abgeleitet.
- **Entwurf**: Aus dem Fachkonzept wird ein "DV-Konzept" abgeleitet, das zwar schon auf die Realisierung durch bestimmte Typen von Unterstützungssystemen und auf bestimmte Realisierungsumfänge, aber noch nicht auf eine konkrete Hard- und Softwareumgebung zugeschnitten ist.
- **Implementierung**: Das DV-Konzept wird mit den Konstrukten einer konkreten Hard- und Softwareumgebung und in Form konkreter Anwendungen realisiert. Selbst in dieser Phase kann ein Mindestmaß an Anwendungs- und Implementierungsunabhängigkeit gewährleistet werden, indem z.B. standardisierte Unterstützungssysteme benutzt werden und hard- oder softwarespezifische Festlegungen soweit wie möglich vermieden werden. Bei der Implementierung sind im übrigen viele spezifische Anforderungen zu beachten. [siehe z.B. Zehnder 1991, S.210-211].

Die zur Beschreibung betrieblicher Anwendungssysteme benutzen Modelle schließen im Normalfall nicht alle Aspekte der Semantik derart komplexer Realitätsausschnitte ein. Deshalb stellen z.B. Fachkonzepte oder DV-Konzepte keine einheitlichen Beschreibungen dar, sondern sind im Normalfall Konglomerate mehrerer Beschreibungen, denen jeweils ein bestimmtes Modell zugrunde liegt und bei denen deshalb eine bestimmte Sicht des Anwendungssystems im Vordergrund steht und. Die wichtigsten dieser Sichten sind [Mertens/Holzner 1992, S.7]:

---

[1] Als Übersetzung von "conceptual" finden sich in der deutschsprachigen Literatur sowohl "konzeptionell" wie auch "konzeptuell". In dieser Untersuchung wird durchgängig "konzeptionell" verwendet.

- **Datensicht**: Die Datensicht konzentriert sich auf Informationsobjekte, ihre Eigenschaften und ihre Beziehungen untereinander. Sie repräsentiert damit hauptsächlich strukturelle Aspekte der Semantik des Anwendungssystems. Die Datensicht wird auch als Informationssicht bezeichnet [AMICE 1993, S.41].
- **Funktionssicht**: Die Funktionssicht konzentriert sich auf Vorgänge, ihre Eigenschaften und ihre Beziehungen untereinander. Sie repräsentiert damit wichtige Teile der verhaltensmäßigen Aspekte der Semantik des Anwendungssystems. Die Funktionssicht wird auch als Vorgangs- oder Aktionssicht bezeichnet [Saake 1988, S.87-89; Scheer 1991, S.14; Hohenstein 1993, S.17-18].
- **Interaktionssicht**: Die Interaktionssicht beschreibt die Beziehungen zwischen den Elementen der verschiedenen Sichten. Sie repräsentiert damit eher verhaltensmäßige Aspekte der Semantik des Anwendungssystems. Die Interaktionssicht wird auch als Ablauf- oder Steuerungssicht bezeichnet [Mertens/Holzner 1992, S.7; Scheer 1991, S.14].

Neben diesen Hauptsichten werden die Organisationssicht [Scheer 1991, S.14], die Ressourcensicht [Scheer 1991, S.14; AMICE 1993, S.41], die Entwicklungssicht [Saake 1988, S.87; Hohenstein 1993, S.17] und die Objektsicht [Saake 1988, S.85-86; Picot/Maier 1994, S.113] von Anwendungssystemen beschrieben. Eine Vielzahl von Metamodellen versucht, die verschiedenen Sichten und Modelle zu integrieren, um Widersprüche und Mehrfacharbeit zu vermeiden. Mertens/Holzner beschreiben, klassifizieren und diskutieren z.B. 14 solcher Metamodelle bzw. "Integrationsansätze" [Mertens/Holzner 1992].

1.1.2 Konzeptionelle Modellierung betrieblicher Anwendungssysteme

Es ist umstritten, ob die Datensicht als Grundlage anderer Sichten des Anwendungssystems dient [Picot/Maier 1994, S.115], zusammen mit anderen Sichten gleichberechtigt entwickelt werden kann [AMICE 1993, S.44] oder aus anderen Sichten abgeleitet werden kann [Ferstl/Sinz 1993, S.20-22]. Weil im Normalfall nicht nur die Zahl und Vielfalt der Elemente der Datensicht alle anderen Sichten übertrifft, sondern diese Elemente auch im Gegensatz zu anderen Sichten durch komplexe und vielgestaltige Beziehungen verknüpft sind, wird die Datensicht jedoch fast immer als Bezugspunkt für alle anderen Sichten des konzeptionellen Modells betrachtet [Hohenstein 1993, S.19; Scheer 1994, S.31]. Die folgenden Ausführungen konzentrieren sich deshalb auf die konzeptionelle Modellierung der Datensicht. Das Ergebnis der konzeptionellen (Daten-)Modellierung wird als konzeptionelles (Daten-)Schema bezeichnet. Der Datensicht wird zwar oft unterstellt, ausschließlich strukturelle Aspekte der Semantik eines Anwendungssystems zu repräsentieren [z.B. Elmasri/Navathe 1989, S.26 oder Vetter 1990, S.101]. Eine derartige Einschränkung ist jedoch die Folge der fehlenden Berücksichtigung verhaltensmäßiger Aspekte im jeweils benutzten konzeptionellen Modell. Das Integrationsziel der Systementwicklung erfordert es, daß in der Datensicht nicht nur die (Daten-)Struktur eines Anwendungssystems, sondern auch die durch (Daten-)Strukturen implizierten Teile des Systemverhaltens abgebildet werden. Datenstrukturen implizieren beispielsweise neben strukturellen Konsistenzbedingungen auch Bedingungen, die die Erhaltung der Konsistenz bei Manipulationen betreffen. Diese "dynamischen" Konsistenzbedingungen bilden die Grundlage der Modellierung von Transaktionen und implizieren damit einen wichtigen Teil des Systemverhaltens.

Die Formalziele der Systementwicklung lassen sich für die konzeptionelle Modellierung folgendermaßen konkretisieren:

- **Korrektheit**: Die Semantik des abzubildenden Realitätsaussschnitts ist möglichst vollständig in zumindest semiformaler Form abzubilden. Dabei sind sowohl strukturelle wie auch verhaltensmäßige Aspekte zu berücksichtigen, soweit sie die Datensicht betreffen.
- **Implementierungsunabhängigkeit:** Das konzeptionelle Schema darf keinerlei Festlegungen im Hinblick auf ein bestimmtes Datenmodell, eine bestimmte Art der Präsentation der Daten, der Speicherung der Daten oder den Zugriff auf Daten enthalten.
- **Anwendungsunabhängigkeit**: Das konzeptionelle Schema soll als "kanonische Datenstruktur" eine umfassende Grundlage darstellen, die für alle geplanten und möglichen Anwendungen des Anwendungssystems nutzbar ist und die keinerlei Festlegungen im Hinblick auf die Auswertung der Daten enthält. Auf der Grundlage des konzeptionellen Schemas werden anwendungsspezifische Subschemata modelliert, deren Konsistenz mit dem Gesamtschema durch geeignete Mechanismen sichergestellt werden muß. Die Subschemata repräsentieren dabei bestimmte Anwendungen, Einzelaspekte oder sachliche bzw. räumliche Bereiche des Anwendungssystems [Wiederhold 1977, S.439].
- **Wiederverwendung**: Setzt sich ein Informationsobjekt aus Komponenten zusammen, die eine eigenständige Semantik repräsentieren, dann sind diese Komponenten als eigenständige Schemaelemente abzubilden, und der Zusammenhang zwischen komplexen Informationsobjekten und ihren Komponenten ist abzubilden.
- **Entwurfsunterstützung**: Die konzeptionelle Modellierung soll auf der begrifflichen Ebene der Entwickler erfolgen. Das konzeptionelle Schema ist das wichtigste Kommunikations- und Dokumentationshilfsmittel eines Anwendungssystems und hat damit große Ähnlichkeit mit der gemeinsamen Fachsprache aller Beteiligten. Subschemata sind insofern spezifischere Fachsprachen eines bestimmten Anwendungsbereichs, die aber Begriffe der gemeinsamen Fachsprache konsistent wiederverwenden und mit den gleichen Methoden/Werkzeugen wie das konzeptionelle Modell (re-)konstruiert werden. Ge-

nauso wie zur verbalen Kommunikation und Dokumentation exakte Begriffsdefinitionen notwendig sind, muß auch die Semantik der Schemaelemente ausführlich und eindeutig beschrieben werden. Außerdem muß sichergestellt werden, daß die Konzepte der konzeptionellen Modellierung in den späteren Phasen der Systementwicklung durchgängig weiterverwendbar sind.

- **Integration**: Das konzeptionelle Schema darf nicht nur Datenstrukturen (z.B. Eigenschaften von Informationsobjekten, Beziehungen zwischen Informationsobjekten) und statische Konsistenzbedingungen als strukturelle Aspekte der Datensicht repräsentieren, sondern muß auch dynamische Konsistenzbedingungen als verhaltensmäßige Aspekte der Datensicht umfassen. Die Beschreibung struktureller und verhaltensmäßiger Aspekte soll nicht getrennt erfolgen, sondern auf der Grundlage eines gemeinsamen konzeptionellen Modells.
- **Wirtschaftlichkeit**: Das konzeptionelle Schema ist so zu beschreiben, daß realisierungsspezifische und anwendungsspezifische Konkretisierungen in möglichst automatisierter Form abgeleitet werden können. Mehrfacharbeiten sind dadurch zu vermeiden, daß jedes Element des konzeptionellen Schemas als Teil einer umfassenden Entwicklungsdatenbank allen berechtigten Entwicklungsprojekten zur Wiederverwendung zur Verfügung steht. Die konzeptionelle Modellierung ist durch entsprechende Werkzeuge zu unterstützen. Insbesondere grafische Werkzeuge sind hervorragend dazu geeignet, komplexe Zusammenhänge in kompakter Form zu illustrieren und deren effektive Manipulation zu erlauben. Die semiformale Systembeschreibung wird in diesem Fall hinter einer grafischen Notation versteckt, aus der sie in automatisierbarer Form erzeugt werden kann.

  Da hier ausschließlich die konzeptionelle Modellierung betrachtet wird, kann das Wirtschaftlichkeitsziel als grundlegendes Allgemeinziel auf die Wirtschaftlichkeit der Systementwicklung eingeschränkt werden.

In den letzten 20 Jahren wurde eine Vielzahl konzeptioneller bzw. semantischer Modelle vorgestellt, die diese Ziele verfolgen und in unterschiedlichem Ausmaß erfüllen (siehe Kapitel 3). Die Orientierung der meisten dieser Modelle an einem bestimmten Datenmodell oder seiner Implementierung in Form eines bestimmten Datenbanksystems führt leider dazu, daß Modellierungsregeln, die für Datenmodelle oder Datenbanksysteme entwickelt wurden und dort auch sinnvoll sind, ohne eingehende Analyse auf die konzeptionelle Modellierung übertragen werden, obwohl diese definitionsgemäß implementierungsunabhängig sein muß. Die sowohl strukturelle wie auch verhaltensmäßigen Aspekte der Informationsableitung werden aufgrund von Mängeln konzeptioneller Modelle oft in unkontrolliert redundanter Form implementiert. Da implementierungsnahe Modellierungsregeln (z.B. Normalisierung) unkontrollierte Redundanz wegen der offensichtlichen Gefahr von Inkonsistenzen untersagen, würde die nicht weiter hinterfragte Übertragung dieser Regeln auf die konzeptionelle Modellierung dazu führen, mit der Informationsableitung einen wichtigen Teilbereich der Systementwicklung zu ignorieren, so daß die Vorteile einer implementierungs- und anwendungsunabhängigen Beschreibung in diesem Bereich nicht genutzt werden können. Diese Untersuchung soll dazu beitragen, die Wiederverwendbarkeits-, Automatisierungs- und Präzisierungspotentiale der konzeptionellen Modellierung auch für die Modellierung und Implementierung der Informationsableitung zu erschließen. Deshalb sind konzeptionelle Modellierungsregeln zu formulieren, und implementierungsnahe Modellierungsregeln sind aufgrund des Durchgängigkeitserfordernisses bei der konzeptionellen Modellierung lediglich zu antizipieren.

1.1.3 Konzeptionelle Modellierung der Informationsableitung in betrieblichen Anwendungssystemen

Informationsableitung läßt sich konzeptionell als Zusammenwirken einer strukturellen Beschreibung mit einer verhaltensmäßigen Beschreibung definieren, die sich auf dasselbe Informationsobjekt beziehen [Hull/King 1987, S.224]. Ein Informationsobjekt ist ableitbar, wenn es nicht nur im Hinblick auf seine strukturellen Eigenschaften beschrieben werden kann, sondern wenn auch die Regeln bekannt sind, aufgrund derer diese Eigenschaften zustandekommen [Hammer/McLeod 1981, S.353]. Der strukturelle Aspekt der Informationsableitung manifestiert sich in Form abgeleiteter Datenstrukturen. Der verhaltensmäßige Aspekt der Informationsableitung manifestiert sich in Form von Ableitungsregeln. *Das Jahresgehalt eines Mitarbeiters manifestiert sich* z.B. *einerseits in Form einer entsprechenden Eigenschaft von "Mitarbeiter"-Objekten, andererseits aber auch in Form einer Regel, mit deren Hilfe aus dem Monatsgehalt das Jahresgehalt abgeleitet werden kann.* Daß ein Informationsobjekt abgeleitet werden kann, ist für Anwendungen und Benutzer nicht sichtbar. Paton et al. definieren abgeleitete Informationsobjekte deshalb als "...data which can be obtained from other data (...), but which looks as if it is stored." [Paton et al. 1993, S.54]

Die Möglichkeit, Informationsableitung sowohl als Datenstruktur wie auch als Ableitungsregel zu interpretieren, hat zur Folge, daß die entsprechende Semantik sowohl in Form abgeleiteter Datenstrukturen als Teil der Datensicht wie auch in Form von Ableitungsregeln als Teil der Funktionssicht abgebildet werden kann. Gerade für die Informationsableitung führt die fehlende Integration der Daten- und Funktionssicht damit zu schwerwiegenden Problemen: Einerseits können Widersprüche zwischen Daten- und Funktionssicht entstehen, die das Korrektheitsziel beeinträchtigen. Andererseits widerspricht eine zweifache Modellierung unterschiedlicher Interpretationen desselben Sachverhalts dem Wirtschaftlichkeitsziel. Außerdem können Ableitungsregeln in Ermangelung entsprechender Konstrukte in konzeptionellen Modellen erst im Rahmen der Anwendungsentwicklung modelliert und implementiert werden, auch wenn es sich um anwendungsübergreifende Elemente handelt. Damit wird auch das Abstraktions- und Wiederverwendungsziel der konzeptionellen Modellierung nur unzureichend erfüllt.

Datenbanksysteme sollen die Konsistenz und Wiederverwendbarkeit von Datenstrukturen gewährleisten, indem redundant modellierte und implementierte Datenstrukturen durch ein konzeptionelles Modell und eine zentrale, allen Anwendungen zur Verfügung stehende Implementierung ersetzt werden. Werden abgeleitete Datenstrukturen durch ein Datenbanksystem verwaltet, entstehen jedoch genau die Probleme, die durch Benutzung eines Datenbanksystems beseitigt werden sollten: Zwar können die abgeleiteten Daten durch alle Anwendungen benutzt werden. Ihre Konsistenz mit den zur Ableitung benutzten Eingangsdaten kann jedoch nicht gewährleistet werden, weil das Datenbanksystem zwar abgeleitete Daten speichern und auf gespeicherte abgeleitete Daten zugreifen, nicht jedoch die Ableitungsregeln auswerten kann. Um zu verhindern, daß abgeleitete Daten den Ergebnissen widersprechen, die sich aus der Anwendung der Ableitungsregeln auf die Eingangsdaten ergeben, müßte das Datenbanksystem durch Auswertung der Ableitungsregeln die Werte abgeleiteter Daten aktualisieren können oder zumindest aufgrund entsprechender Konsistenzbedingungen feststellen können, daß eine Datenmanipulation die Konsistenz zwischen abgeleiteten Daten und Eingangsdaten bzw. Ableitungsregeln zerstört. Wenn abgeleitete Daten manipuliert werden dürfen, dann müßte das Datenbanksystem die entsprechende Ableitungsregel darüber hinaus invertieren können.

Da die in den 70er und 80er Jahren verfügbaren kommerziellen Datenbanksysteme über keine dieser Fähigkeiten verfügten, wurden Normalisierungsregeln (siehe z.B. [Kent 1983]) formuliert, die u.a. die Implementierung abgeleiteter Daten durch Datenbanksysteme ausschließen. Die Semantik der Informationsableitung wird damit vollständig auf die Anwendungsentwicklung verlagert, obwohl sie grundsätzlich bedeutende strukturelle Aspekte umfaßt und obwohl Informationsableitungen genauso anwendungs- und realisierungsunabhängig modelliert werden könnten wie nicht-abgeleitete Informationsobjekte.

Obwohl Einschränkungen der Implementierungsebene keine Auswirkungen auf die konzeptionelle Modellierung haben dürften, führt das Speicherungsverbot für abgeleitete Datenstrukturen in Datenbanksystemen auch dazu, daß viele konzeptionelle Modelle die Informationsableitung ignorieren (siehe hierzu die Diskussion in Hauptabschnitt 2.2). Unter der Voraussetzung, daß Informationsableitung für betriebliche Anwendungssysteme eine signifikante Rolle spielt (siehe dazu Hauptabschnitt 2.1), können die folgenden Formalziele der Systementwicklung deshalb nicht oder nur unvollständig erreicht werden:

- **Korrektheit**: Die Semantik des abzubildenden Realitätsausschnitts wird sowohl in der Datensicht wie auch in der Funktionssicht nur unvollständig abgebildet, da jeweils wichtige Aspekte der Informationsableitung ausgeblendet werden. Außerdem kann die Übereinstimmung der beiden Sichten im Normalfall nicht sichergestellt werden.

- **Realisierungsunabhängigkeit**: Das konzeptionelle Schema ist nicht ausreichend realisierungsunabhängig, weil Implementierungsaspekte in Form von Normalisierungsregeln zur Beschränkung der Modellierung auf eine Untermenge von Informationsobjekten bzw. auf einen Teilaspekt dieser Informationsobjekte führen.
- **Wiederverwendung**: Obwohl Ableitungsregeln als Elemente des konzeptionellen Schemas in zentraler, wiederverwendbarer Form modelliert werden könnten, müssen sie im Rahmen der Anwendungsentwicklung u.U. sogar anwendungsspezifisch repliziert werden. Damit bleibt eine wichtige Wiederverwendungsmöglichkeit ungenutzt, und die widersprüchliche Modellierung von Ableitungsregeln in verschiedenen Anwendungen kann nicht ausgeschlossen werden.
- **Entwurfsunterstützung**: Der Entwickler ist gezwungen, verschiedene Aspekte der Informationsableitung auf der Grundlage unterschiedlicher Modelle (z.B. Datenmodell vs. Funktionsmodell) über verschiedene Schemata zu verteilen. Diese Zweiteilung ist nicht nur ineffizient, sondern stellt eine künstliche Trennung von Modellelementen dar, die auf der begrifflichen Ebene noch integriert sind.
- **Integration**: Die fehlende Möglichkeit, Ableitungsregeln in das konzeptionelle Schema zu integrieren, beschränkt die Datensicht auf die strukturellen Aspekte der Informationsableitung. Als Konsequenz muß neben der Anwendung von Ableitungsregeln auch die dynamische Konsistenzsicherung abgeleiteter Daten in die Funktionssicht verlagert werden. Diese Vorgehensweise ist mit dem Integrationsziel nicht vereinbar.
- **Wirtschaftlichkeit**: Die Verlagerung der Modellierung verhaltensmäßiger Aspekte der Informationsableitung in die Funktionssicht verhindert nicht nur die Formulierung entsprechender Konsistenzbedingungen in der Datensicht. Aufgrund des starken Anwendungsbezugs der Funktionssicht müssen auch solche Elemente des Systems mehrfach modelliert werden, die anwendungsübergreifend sind und deshalb im konzeptionellen Modell repräsentiert werden müßten. Deshalb können auch die automatisierten Verfahren, die für die Implementierung von konzeptionellen Schemata verfügbar sind, nicht für die Implementierung von Ableitungsregeln verwendet werden. Nicht zuletzt werden Modellierungswerkzeuge durch die zur konsistenten Modellierung der Informationsableitung notwendigen Verteilungs- und Abgleichsfunktionen innerhalb der Funktionssicht sowie zwischen Funktions- und Datensicht belastet. Im Vergleich zu einer integrierten konzeptionellen Modellierung aller Aspekte der Informationsableitung ist diese Vorgehensweise ineffizient.

1.1.4 Zusammenfassung der Untersuchungsziele

In dieser Untersuchung wird ein Konzept zur Einbeziehung der Informationsableitung in die Systementwicklung vorgestellt, dessen Hauptziel es ist, die im letzten Abschnitt beschriebenen Probleme zu beseitigen und damit eine konsistentere, integriertere und in größerem Umfang automatisierbare Entwicklung betrieblicher Anwendungssysteme zu ermöglichen. Damit wird nicht nur das Wirtschaftlichkeitsziel der Systementwicklung unterstützt, sondern die Zusammenarbeit zwischen Anwendern und Systementwicklern wird durch mächtigere, präzisere und durchgängigere Beschreibungsmittel vereinfacht.

Zur Erreichung dieses Ziels ist die Informationsableitung zunächst konsistent in die konzeptionelle Modellierung der Datensicht betrieblicher Anwendungssysteme zu integrieren. Dazu sind die Erscheinungsformen der Informationsableitung in betrieblichen Anwendungssystemen zu untersuchen und konzeptionell zu systematisieren. Auf dieser Grundlage sind dann geeignete konzeptionelle Modelle derart zu modifizieren, daß die Informationsableitung sowohl ganzheitlich wie auch anwendungs- und realisierungsunabhängig modelliert werden kann. Als Voraussetzung dazu sind zunächst alle relevanten Varianten von Abstraktionsbeziehungen in das jeweilige Modell einzuführen.

Durch Abstraktions- und Ableitungsbeziehungen werden die verschiedenen Elemente des konzeptionellen Schemas in einer Weise miteinander verknüpft, die über bisher abgebildete Verknüpfungen weit hinausgeht. "... the schema can be used not only for its definitional properties, but also for the pathways it provides between classes of objects." [Morgenstern 1983, S.36.] Diese Abhängigkeitspfade zwischen Schemaelementen führen dazu, daß bei Änderungsoperationen Konsistenzbedingungen zu beachten sind, deren Komplexität ebenfalls weit über die im Normalfall betrachteten strukturellen Konsistenzbedingungen hinausgeht. Die dynamische Konsistenzsicherung auf der Grundlage derart erweiterter konzeptioneller Schemata muß deshalb eingehend untersucht werden. Insbesondere ist zu klären, ob und wie dynamische Konsistenzbedingungen aus den im Schema abgebildeten Beziehungen abgeleitet werden können. Dynamische Konsistenzbedingungen (siehe in Hauptabschnitt 2.2.3) implizieren eine verhaltensmäßige Interpretation konzeptioneller Schemata, da für jede elementare Änderungsoperation eine entsprechende Menge konsistenzerhaltender Propagierungs- bzw. Zurückweisungsregeln abgeleitet werden kann. Diese Regeln sind konzeptionell zu beschreiben, um die bisher auf die Anwendungsentwicklung verschobene Spezifikation von Transaktionen unmittelbar auf der Grundlage des konzeptionellen Schemas durchzuführen.

Um die Implementierung der Informationsableitung in Form konsistenzerhaltender Transaktionen automatisieren zu können, bedarf es einer formalen Beschreibung des durch Abstraktions- und Ableitungsbeziehungen erweiterten konzeptionellen Schemas. Eine Formalisierung ist einerseits notwendig, da automatisierbare Regeln zur Transformation in Implementierungskonstrukte nur auf der Grundlage einer vollständigen, präzisen und widerspruchsfreien Definition der Syntax und Semantik des konzeptionellen Modells formuliert werden können [Hohenstein 1993, S.19-20]. Die Formalisierung ist damit nicht nur die Grundlage einer durchgängigen Modellierung der Informationsableitung, sondern erlaubt auch eine gewisse Portabilität und Vergleichbarkeit der in dieser Untersuchung entwickelten Konzepte.

Da die Erhöhung der Wirtschaftlichkeit der Systementwicklung zu den wichtigsten Teilzielen dieser Untersuchung gehört, sind Unterstützungswerkzeuge so weit wie möglich in die Betrachtungen einzubeziehen. Weil die Entwicklung eines neuen grafischen Entwurfswerkzeugs für das erweiterte konzeptionelle Modell sicherlich diesem Ziel abträglich wäre, ist die "Wiederverwendbarkeit" bestehender, kommerzieller Entwurfswerkzeuge zu prüfen, und die Modellierung der Informationsableitung ist möglichst weitgehend in die Konzeption des ausgewählten Werkzeugs einzubeziehen.

Die Wiederverwendung der konzeptionell modellierten Informationsableitung soll erleichtert werden, indem eine Entwicklungsdatenbank einschließlich entsprechender Verwaltungswerkzeuge modelliert und implementiert wird. Zusammen mit dem grafischen Modellierungswerkzeug und den Implementierungsregeln werden damit die wichtigsten Elemente einer Infrastruktur geschaffen, auf deren Grundlage die Informationsableitung in betrieblichen Anwendungssystemen unter Erfüllung der wichtigsten Formalziele der Systementwicklung modelliert und implementiert werden kann. Dabei sollen aus Standardisierungs-, Offenheits- und Kostengründen standardisierte Unterstützungssysteme sowohl bei der Entwicklung wie auch beim Betrieb betrieblicher Anwendungssysteme genutzt werden, wo immer dies möglich und sinnvoll ist.

Das Hauptziel der Untersuchung ist erreicht, wenn nicht nur die Notwendigkeit der Einbeziehung der Informationsableitung in die Entwicklung betrieblicher Anwendungssysteme begründet werden kann und entsprechende Konzepte entwickelt werden, sondern auch die Rechtfertigung einer solchen Einbeziehung durch Qualitätsfortschritte (Präzision, Mächtigkeit des Modells) und Kosteneinsparungen (Wiederverwendung, Automatisierung) begründet werden kann.

- **Präzision**: Das Fehlen bestimmter Aspekte der Informationsableitung in frühen Phasen der Systementwicklung hat zur Folge, daß entsprechende Beschreibungen des Anwendungssystems unvollständig bleiben müssen. Als Konsequenz ist weder die Formulierung vollständiger Transformationsregeln in implementierungsnähere Beschreibungsebenen möglich, noch kann die Konsistenz der Beschreibung sowie späterer Verfeinerungen sichergestellt werden. Erst die Vervollständigung des konzeptionellen Modells durch möglichst wenige Elemente, die jedoch die Repräsentation aller relevanter Varianten von Abstraktions- und Ableitungsbeziehungen erlauben, ermöglicht eine präzise Spezifikation konzeptioneller Schemata und entsprechender Transformations- und Konsistenzregeln.

- **Mächtigkeit**: Die Erweiterung der konzeptionellen Modellierung durch Abstraktions- und Ableitungsbeziehungen erlaubt es, einen umfassenderen Teil der Semantik eines Anwendungssystems bereits in einer frühen, anwendernahen und implementierungsfernen Phase der Systementwicklung abzubilden. Damit wird die Kommunikationsgrundlage zwischen Anwendern und Systementwicklern verbessert, und es werden zusätzliche Ausdrucksmöglichkeiten für die an Entwicklungsprojekten beteiligten Fachabteilungen geschaffen.
- **Wiederverwendung**: Die zusätzlichen Elemente des konzeptionellen Schemas sind durch Speicherung in einer Entwicklungsdatenbank nicht nur technisch wiederverwendbar, sondern bilden auch semantisch die Grundlage der Modellierung der Subschemata spezifischer Auswertungen und Anwendungen (anwendungsspezifische Wiederverwendung). Darüber hinaus erlaubt die realisierungsunabhängige Form der Modellierung bei entsprechender Durchgängigkeit der Konzepte auch eine realisierungsspezifische Wiederverwendung im Rahmen einer voll- oder teilautomatisierter Implementierung.
- **Automatisierung**: Die durch das konzeptionelle Schema implizierte dynamische Konsistenzsicherung wird unter Benutzung weniger Modellelemente repräsentiert und kann für die Modellierung aller Subschemata wiederverwendet werden. Dem einmaligen, in dieser Untersuchung anfallenden Aufwand zur Formalisierung des Modells und Formulierung allgemeiner Implementierungsregeln stehen deshalb erhebliche zu erwartende Einsparungen gegenüber, die sich aus der automatisierten Generierbarkeit konsistenzerhaltender Transaktionen ergeben.

Die Erschließung dieser Qualitäts- und Wirtschaftlichkeitspotentiale sollte Grund genug sein, die Informationsableitung in angemessener Weise in die Entwicklung betrieblicher Anwendungssysteme einzubeziehen.

1.1.5 Inhaltsübersicht

In den bisherigen Abschnitten dieses Hauptabschnitts wurden aus den Formalzielen der Systementwicklung die Formalziele der konzeptionellen Modellierung abgeleitet, und aus diesen Zielen wurden die Vorzüge abgeleitet, die aus der Einbeziehung der Informationsableitung in die Entwicklung berieblicher Anwendungssysteme resultieren. Auf dieser Grundlage wurden schließlich die wesentlichen Untersuchungsziele formuliert. Im Anschluß an diese Inhaltsübersicht werden die wichtigsten Arbeiten verschiedener Forschungsrichtungen der Wirtschaftsinformatik und Informatik skizziert, deren Ergebnisse diese Untersuchung beeinflußt haben. Mit einigen grundlegenden Begriffsdefinitionen wird dieses Einführungskapitel abgeschlossen.

Im zweiten Kapitel ist zunächst die Relevanz der Informationsableitung für betriebliche Anwendungssysteme nachzuweisen. Dazu werden im ersten Hauptabschnitt anhand publizierter Beispielanwendungen abgeleitete Informationsobjekte und/oder Ableitungsregeln in operativen Informationssystemen, Steuerungs- und Kontrollsystemen sowie Planungssystemen nachgewiesen. Die jeweilige Diskussion macht deutlich, daß Informationsableitung einen wichtigen Stellenwert in betrieblichen Anwendungssystemen einnimmt.

Im zweiten Hauptabschnitt des zweiten Kapitels wird die Frage diskutiert, wie im Einzelfall die Entscheidung begründet werden kann, eine fachlich relevante Informationsableitung im konzeptionellen Modell abzubilden oder nicht. Außerdem wird untersucht, welche Alternativen zur Implementierung der Informationsableitung zur Verfügung stehen und wie die Entscheidung für eine dieser Alternativen im Einzelfall begründet werden kann. Um die Bewertungen der Modellierungs- und Implementierungsalternativen an einem konkreten Anwendungsbeispiel illustrieren zu können, wird einleitend ein Anwendungsbeispiel aus der Produktionsprogrammplanung eingeführt und das zugrunde liegende Fachkonzept erläutert. Die Ausführungen des zweiten Hauptabschnitts machen deutlich, daß die Einbeziehung der Informationsableitung in die Systementwicklung zwar viele Vorteile mit sich bringt, aber auch einige neue Probleme aufwirft bzw. bestehende Probleme der Systementwicklung verschärft.

Im dritten Hauptabschnitt des zweiten Kapitels werden deshalb die Konsequenzen der Einbeziehung der Informationsableitung in die Systementwicklung systematisiert und bewertet. Der Hauptabschnitt und damit das zweite Kapitel wird mit einer Zusammenfassung von Anforderungen an ein integratives Modellierungs- und Implementierungskonzept für betriebliche Anwendungssysteme abgeschlossen, das die Informationsableitung einbezieht.

Diese Anforderungen bilden den Ausgangspunkt für die im dritten Kapitel erfolgende Analyse bestehender konzeptioneller Modelle und den Vorschlag eines erweiterten konzeptionellen Modells, das alle Abstraktionsbeziehungen und die Informationsableitung einbezieht. Da das Entity Relationship-Modell nicht nur eines der frühesten konzeptionellen Modelle ist, sondern auch nahezu allen kommerziellen Modellierungswerkzeugen zugunde liegt, wird es im ersten Hauptabschnitt untersucht. Weil für komplexe Schemata betrieblicher Anwendungssysteme Konsistenzbedingungen eine große Rolle spielen, werden am Beispiel des Entity Relationship-Modells auch die invarianten Eigenschaften konzeptioneller Modelle und das durch diese Konsistenzbedingungen implizierte Verhalten zur dynamischen Konsistenzsicherung untersucht.

Im zweiten Hauptabschnitt des dritten Kapitels werden die Ergänzungen des Entity Relationship-Modells zur Einbeziehung von Abstraktionsbeziehungen vorgestellt. Dabei handelt es sich fast ausschließlich um Konzepte, die zunächst als eigenständige konzeptionelle Modelle entwickelt und erst später zur Erweiterung des Entity Relationship-Modells verwendet wurden. Für jede konzeptionell modellierte Abstraktionsform werden die jeweiligen invarianten Eigenschaften und das durch sie implizierte Verhalten analysiert.

Das Objekttypenmodell stellt zwar ebenfalls einen eigenständigen Ansatz zur konzeptionellen Modellierung dar. Da im Objekttypenmodell aber Abstraktionsbeziehungen bereits einbezogen sind und der Schwerpunkt auf anderen, im erweiterten Entity Relationship-Modell fehlenden Konzepten liegt, wird es im dritten Hauptabschnitt des dritten Kapitels vorgestellt. Es zeigt sich, daß die Repräsentation aller Abstraktionsformen in einem einzigen konzeptionellen Modell eine Vielzahl invarianter Eigenschaften impliziert, wenn die Abstraktionsbeziehungen nicht auf grundlegendere Konzepte zurückgeführt werden können. In der Folge implizieren Objekttypenschemata auch ein komplexes Verhalten zur dynamischen Konsistenzsicherung.

Das Strukturierte Entity Relationship-Modell ist eine direkte Weiterentwicklung des Entity Relationship-Modells. Da es jedoch durch die explizite Einführung von Existenzabhängigkeiten eine direkte Vorstufe für die konzeptionelle Modellierung der Informationsableitung darstellt, wird es erst im vierten Hauptabschnitt des dritten Kapitels vorgestellt. Die explizite Modellierung von Referenzbeziehungen resultiert in wesentlich kompakteren invarianten Eigenschaften und damit auch einer Vereinfachung des implizierten Verhaltens. Allerdings sind im Strukturierten Entity Relationship-Modell nicht alle relevanten Formen der Abstraktion abbildbar.

Da keines der im dritten Kapitel vorgestellten konzeptionellen Modelle sowohl alle relevanten Varianten von Abstraktionsbeziehungen wie auch Ableitungsbeziehungen in strukturierter Form abbilden kann, wird im fünften Hauptabschnitt ein erweitertes Objekttypenmodell vorgestellt, das diese Eigenschaften hat. Die Analyse seiner invarianten Eigenschaften führt zur Formulierung von 27 Propagierungs- und Zurückweisungsregeln. Diese zunächst informell beschriebenen Regeln bilden die Grundlage für die durchgängige, zunächst relationale Beschreibung und schließlich auch Implementierung der Informationsableitung. Die Untersuchung der konzeptionellen Modellierung der Informationsableitung und gleichzeitig das dritte Kapitel ist damit abgeschlossen.

Im vierten Kapitel wird das Ziel verfolgt, möglichst große Teile der Informationsableitung in automatisierter Form implementieren zu können und damit die Qualität und Wirtschaftlichkeit der Systementwicklung zu steigern. Nur eine zumindest semiformale Beschreibung des konzeptionellen Modells ist eindeutig und präzise genug, um Generierungsregeln formulieren zu können. Im ersten Hauptabschnitt des vierten Kapitels werden deshalb die informellen textuellen und grafischen Beschreibungen des implizierten Verhaltens erweiterter Objekttypenschemata in eine zumindest semiformale Beschreibung überführt. Dazu wird die Syntax und Semantik des Prädikatenkalküls und des Tupelkalküls kombiniert, und die 27 Propagierungs- und Zurückweisungsregeln werden in dieser Spezifikationssprache beschrieben. Außerdem wird das konzeptionelle Modell der Entwicklungsdatenbank vorgestellt.

Auf dieser Grundlage werden im zweiten Hauptabschnitt des vierten Kapitels die Verarbeitungsschritte eines Generators beschrieben, der das formalisierte konzeptionelle Schema eines betrieblichen Anwendungssystems in automatisierter Form in Objekte eines relationalen Datenbankverwaltungssystems transformiert. Dazu muß zunächst die Entwicklungsdatenbank implementiert werden. Für das Anwendungsbeispiel aus dem zweiten Kapitel werden alle einstufigen Trigger generiert und diskutiert. Dabei wird festgestellt, daß über 80% der generierten Trigger syntaktisch und semantisch korrekt sind. Die meisten festgestellten Fehler resultieren darüber hinaus nicht aus dem Generierungsprozeß, sondern aus Unzulänglichkeiten des konzeptionellen Modells.

Die Kaskadierung erlaubt es, die dynamische Konsistenzsicherung ausschließlich durch einstufige Trigger zu implementieren und damit Transaktionen lediglich zu implizieren. Da diese Vorgehensweise nicht immer möglich oder wünschenswert ist, werden im dritten Hauptabschnitt des vierten Kapitels die vorgestellten Konzepte auf mehrstufige Propagierungs- und Prüfungspfade ausgedehnt. Dabei wird festgestellt, daß die Fehlerquote mit zunehmender Pfadlänge zwar steigt, aber sich gleichzeitig die Zahl der notwendigen Propagierungen auf semantisch sinnvolle "Transaktionen" reduziert.

Den Abschluß des vierten Kapitels bildet ein vierter Hauptabschnitt, in dem Werkzeuge zur Unterstützung einer integrierten Spezifikation und automatisierten Implementierung erweiterter konzeptioneller Schemata vorgestellt werden und eine entsprechende Entwicklungsumgebung skizziert wird.

Im abschließenden fünften Kapitel werden die Ergebnisse dieser Untersuchung zusammengefaßt.

1.2 Stand der Forschung

In diesem Hauptabschnitt werden die wichtigsten Ergebnisse skizziert, die diese Untersuchung beeinflußt haben. Die Beschreibung kann an dieser Stelle nur einführend sein und wird im weiteren Verlauf dieser Untersuchung vertieft. Nachdem die Untersuchungsziele und -inhalte vorgestellt wurden, soll jedoch durch diesen Hauptabschnitt gezeigt werden, wie vielschichtig die zu behandelnde Problematik ist und welche Forschungsbereiche sich direkt oder indirekt mit der Einbindung der Informationsableitung in die Entwicklung betrieblicher Anwendungssysteme beschäftigen.

1.2.1 Datenmodellierung

Die erste Berücksichtigung abgeleiteter Daten in Datenmodellen findet sich Anfang der 70er Jahre im CODASYL-Datenbankmodell [DBTG 1971]. Dort können Datenelemente definiert werden, die entweder bei jeder Änderung abhängige Änderungen anderer Datenelemente nach sich ziehen ("On Entry") oder die bei jedem Zugriff aus anderen Datenelementen abgeleitet werden ("On Access"). Außerdem können zeitpunktabhängige Neuberechnungen abgeleiteter Daten definiert werden. In allen Fällen wird die Ableitungsregel als Funktion codiert [Wiederhold 1977, S.425-428]. Für das CODASYL-Modell fehlt jedoch zu dieser Zeit ein konzeptionelles, d.h. implementierungsunabhängiges Modell, so daß allgemeine Modellierungs- und Implementierungsvorschriften für die Informationsableitung nicht entwickelt werden.

Codd's Normalisierungsregeln für relationale Datenbanken [Codd 1970] führen dazu, daß erst Anfang der 80er Jahre allgemeine Beschreibungsmittel für abgeleitete Daten entwickelt werden und Regeln zur Entscheidung für eine Implementierung durch Replikation oder durch Virtualisierung vorgeschlagen werden [Abida/Lindsay 1980; Adiba 1981]. Auf der Implementierungsebene unterscheiden sich die Probleme der Virtualisierung und der Replikation jedoch so grundsätzlich, daß in der Folge zunächst nur jeweils eine dieser Alternativen untersucht wird. Für die Replikation werden hauptsächlich verschiedene Aktualisierungsstrategien analysiert [Lindsay et al. 1986]. Da aufgrund der zeitpunktbezogenen Aktualisierung die Konsistenz replizierter Daten sehr schnell verlorengeht und keine Datenbankmechanismen zur dynamischen Erhaltung der Konsistenz zur Verfügung stehen, wird diesem Problem keine besondere Beachtung geschenkt. Immerhin führen die Vorschläge zur Einbeziehung entsprechender Replikationskonstrukte in kommerzielle Datenbanksysteme.

Die Informationsableitung gefährdet nur dann die modellinhärente Konsistenz, wenn neben den nicht-abgeleiteten Daten und Ableitungsregeln auch die abgeleiteten Daten gespeichert werden. Durch Virtualisierung läßt sich damit zwar die Konsistenz jederzeit gewährleisten, aber die Einseitigkeit der zugrundeliegenden Erzeugungsregeln läßt Manipulationen der abgeleiteten Daten nur indirekt (d.h. durch Ableitung von Manipulationen der zugrunde liegenden, nicht-abgeleiteten Daten) zu. In den 80er Jahren wird das Problem der Manipulation virtueller Daten deshalb intensiv untersucht, [Bancilhon/Spyratos 1981; Paolini/Zicari 1984] ohne daß jedoch eine der Replikation entsprechende Manipulierbarkeit abgeleiteter Daten erreicht werden kann.

Erst in der zweiten Hälfte der 80er Jahre werden Virtualisierung und Replikation durch das Konzept der materialisierten Sicht wieder zusammengeführt [Blakeley et al. 1986; Gottlob et al. 1988]. Die mittlerweile verfügbaren Datenbanktrigger erlauben die inkrementelle, ereignisgesteuerte und regelbasierte Anpassung replizierter abgeleiteter Daten an Änderungen der zugrunde liegenden Daten und, soweit möglich, auch die Anpassung der zugrunde liegenden, nicht-abgeleiteten Daten an Änderungen der replizierten abgeleiteten Daten. Triggersysteme zur Propagierung von Änderungen auf der Grundlage der verschiedenen Operationen des Relationenmodells sind ab dem Ende der 80er Jahre verfügbar, so daß sich die Forschung auf die noch offenen Probleme der konzeptionellen Modellierung der Informationsableitung und ihrer möglichst automatisierten Umsetzung durch prozedural erweiterte Datenstrukturen konzentrieren kann.

1.2.2 Konzeptionelle Modellierung

Eigentlich besteht kein Grund, die konzeptionelle (d.h. implementierungs- und anwendungsunabhängige) Modellierung an irgendeiner Einschränkung zu orientierten, die für das jeweilige Datenmodell gilt. Das Verbot, mit dem die Normalisierungslehre des Relationenmodells Anfang der 70er Jahre die Speicherung ableitbarer Daten belegt, prägt jedoch auch die konzeptionelle Datenmodellierung für eine lange Zeit.

Gleichzeitig mit der Betrachtung abgeleiteter Daten im Relationenmodell werden deshalb erst Anfang der 80er Jahre konzeptionelle Datenmodelle vorgeschlagen, die abgeleitete Informationsobjekte in Form abgeleiteter Attribute modellieren. Im angelsächsischen Sprachraum erlangt das Semantic Database Model [Hammer/McLeod 1981] als Vertreter dieser Gruppe zwar eine größere Verbreitung, kann sich aber letztlich nicht gegen das fünf Jahre früher vorgestellte und sich aufgrund seiner Einfachheit und Eingängigkeit schnell durchsetzende Entity Relationship-Modell [Chen 1976] behaupten. Dazu trägt auch die Tatsache bei, daß fast alle computergestützten Werkzeuge zur Unterstützung der konzeptionellen Modellierung auf dem Entity Relationship-Modell basieren. Im Entity Relationship-Modell können aus den genannten Gründen zunächst keine abgeleiteten Informationsobjekte modelliert werden.

Schon kurze Zeit nach der Vorstellung des Entity Relationship-Modells werden die ersten Versuche unternommen, die im konzeptionellen Modell repräsentierte Semantik des Anwendungssystems durch zusätzliche Modellelemente oder eine komplexere Notation zu vervollständigen. Dabei wird den Abstraktionsbeziehungen und daraus folgenden Existenzabhängigkeiten zwischen Informationsobjekten besonders große Aufmerksamkeit geschenkt [Scheuermann et al. 1980; Webre 1983]. Die Orientierung an Existenzabhängigkeiten wird schließlich zu einem zentralen Aspekt der konzeptionellen Modellierung und führt mit dem Strukturierten

Entity Relationship-Modell [Sinz 1987] zu einem stark verbesserten Nachfolger des Entity Relationship-Modells. Auch wenn damit die dynamische Konsistenzsicherung durch das konzeptionelle Modell zumindest teilweise unterstützt wird, sind im Strukturierten Entity Relationship-Modell Informationsableitungen nicht vorgesehen.

Eine andere Forschungsrichtung widmet sich der konsequenten Fundierung der konzeptionellen Modellierung auf erkenntnistheoretischen und begrifflichen Grundlagen. Das axiomatische Konzept von NIAM [Nijssen/Halpin 1989] kann sich letzlich nicht durchsetzen, weil im Vergleich zum Entity Relationship-Modell seine Diagramme weniger selbsterklärend sind, weil die Beachtung seiner Axiome eine sehr viel sorgfältigere Modellierung erfordert und weil seine Transformation in das Relationenmodell aufwendiger ist (z.B. müssen in einem relativ späten Modellierungsstadium Objekttypen und Attribute getrennt werden). Im deutschen Sprachraum ist in dieser Kategorie das Objekttypenmodell [Ortner 1983] zu nennen, das nicht nur alle Grundformen von Abstraktionsbeziehungen zwischen Informationsobjekten umfaßt, sondern dessen Schemata auch auf einfache Weise in Relationenschemata transformiert werden können. Zwar führt die konsequente Anwendung der auf dem Objekttypenmodell basierenden "Objekttypenmethode" dazu, daß auch abgeleitete Informationsobjekte im konzeptionellen Schema abgebildet werden. Bei der Implementierung werden jedoch keine Konstrukte erzeugt, die die Konsistenz dieser Objekte sicherstellen können.

Der expliziten Einbeziehung der Informationsableitung in das Entity Relationship-Modell wird nur sehr vereinzelt Aufmerksamkeit geschenkt. Aber auch hier steht nicht so sehr die Bereicherung des konzeptionellen Schemas um zusätzliches, wiederverwendbares Anwendungswissen im Vordergrund, sondern im Gegenteil die Entfernung "redundanter" Informationsobjekte aus dem konzeptionellen Modell [Rauh 1992]. Lediglich die Implikation ableitbarer Informationen durch (allerdings nur formal beschreibbare) Regeln wird zugelassen. Später werden immerhin semantisch relevante (d.h. durch einen Begriff charakterisierte) Informationsobjekte in das konzeptionelle Modell einbezogen [Rauh/Stickel 1993; Rauh/Stickel 1994], wenn auch die formale Repräsentation dieser Informationsobjekte im konzeptionellen Modell nicht direkt in entsprechende Konstrukte der Implementierungsebene überführt werden kann.

1.2.3 Aktive Datenbanken und ereignisorientierte Systeme

Als aktive Komponenten eines Datenbanksystems gelten alle Funktionen, die keiner expliziten Auslösung durch einen Benutzer bzw. eine Anwendung bedürfen. Derartige Komponenten wurden erstmals im System R eingeführt und als "Trigger" bezeichnet [Eswaran 1976]. Schon damals wird erkannt, daß aktive Komponenten hervorragend dazu geeignet sind, die Konsistenz abgeleiteter Daten zu erhalten. Leider fehlt ein Konzept, um solche Daten konzeptionell zu modellieren und entsprechende Trigger zu erzeugen.

In den 80er Jahren werden aktive Datenbanken zunehmend dazu genutzt, die Konsistenzsicherung komplexer Datenstrukturen zentral zu spezifizieren und durch Trigger zu implementieren [Morgenstern 1983; McCarthy/Dayal 1987]. Während die Zentralisierung der ansonsten in den Anwendungen replizierten Konsistenzsicherung einen erheblichen Fortschritt für die Systementwicklung darstellt, kann die Spezifikation entsprechender Trigger nicht unterstützt werden und muß manuell erfolgen.

Ursprünglich werden Trigger ausschließlich durch (Daten-)Manipulationsereignisse ausgelöst, und die ausgelösten Funktionen bestehen ebenfalls ausschließlich aus Datenmanipulationen. Später können auch allgemeine Anwendungsereignisse als Auslösungsbedingungen festgelegt werden, und dadurch können allgemeine Anwendungsfunktionen "getriggert" werden. Besonders im Bürobereich und in CIM-Systemen werden "aktionsorientierte" bzw. "ereignisorientierte" Konzepte entwickelt, die zusätzlich zur Datenspeicherung auch die Ablaufsteuerung betrieblicher Systeme auf ein standardisiertes Unterstützungssystem (nämlich das Triggersystem) übertragen [Hofmann 1988; Jablonski et al. 1991]. Die "Auslagerung" von Anwendungselementen ist zwar grundsätzlich zu begrüßen, weil dadurch die Wiederverwendbarkeit erhöht und die Wartung erleichtert wird. Die Allgemeinheit der konzeptionell zu modellierenden Ereignisse und Aktionen führt jedoch zu äußerst komplexen Spezifikationsvorschriften, die dem Ziel einer möglichst einfachen, implementierungsunabhängigen Modellierung der Informationsableitung zuwiderlaufen. Zur konsistenten Ergänzung der Ergebnisse eines integrativen, ereignisorientierten Modellierungs- und Implementierungskonzepts für die Datenbasis betrieblicher Anwendungssysteme durch ereignisorientierte Anwendungen erscheinen die genannten Konzepte jedoch grundsätzlich geeignet, zumal in Form von Triggersystemen und darauf zugeschnittenen Anwendungsgeneratoren kommerzielle Standardsoftware genutzt werden kann und die Produktivitäts- sowie Qualitätsgewinne der Systementwicklung bei Benutzung dieser Werkzeuge unbestritten sind [Martin 1982].

Mit zunehmender Reife aktiver Datenbanken bildet sich die Erkenntnis heraus, daß komplexe (z.B. abstrakte) Objekte, Konsistenzbedingungen und Ableitungsbeziehungen lediglich verschiedene Erscheinungsformen aktiven Verhaltens sind, die auf dem gemeinsamen Paradigma der Ereignisorientierung basieren [Paton et al. 1993]. In letzter Zeit werden die zeitweise sehr anwendungsspezifischen und komplexen Elemente konzeptioneller Schemata aktiver Datenbanken wieder auf elementare Grundbausteine zurückgeführt. Formale Betrachtungen legen den Grundstein für Trigger-Programmiersprachen [Reinwald/Wedekind 1993], und die damit vereinfachte Erweiterung konzeptioneller Modelle um elementare Ereignis-, Bedingungs- und Aktionstypen führt auf dieser Ebene ein (wenn auch weit weniger übersichtliches) Pendant zu den Triggern der Implementierungsebene ein [Grotehen/Dittrich 1994]. Leider kann die Informationsableitung nach diesen Vorschlägen nur auf der Ebene der Attribute modelliert werden. Diese Ebene ist zwar für einige Ableitungsbeziehungen angemessen, läßt aber die Tatsache außer acht, daß Existenzabhängigkeiten, die einen Großteil der Semantik der Informationsableitung repräsentieren, zwischen Typen und nicht zwischen Attributen bestehen.

1.2.4 Formale Beschreibung von Konsistenzbedingungen

Schon bald nach der Publikation des relationalen Datenmodells wird erkannt, daß Konsistenzbedingungen für relationale Datenbanken formal genauso wie Auswertungen bzw. Ableitungsregeln auf der Grundlage der Prädikatenlogik beschrieben werden können [Nicolas/Gallaire 1978]. Formale Beschreibungen der Konsistenz einer Datenbasis können sich auf ihren Inhalt (statische Konsistenz) oder auf Inhaltsänderungen (dynamische Konsistenz) beziehen.

Die Einhaltung statischer Konsistenzbedingungen stellt sicher, daß in einem Relationenschema bestimmte Inkonsistenzen nicht auftreten können. Konsistenzbedingungen stellen deshalb eine wichtige Grundlage des Datenbankentwurfs dar. Ein bekannter Anwendungsfall ist die Normalisierungstheorie: Auf der Grundlage der Definition funktionaler, transitiver und mehrwertiger Abhängigkeiten werden Bedingungen abgeleitet, deren Einhaltung bestimmte Anomalien als Folge von Datenmanipulationen verhindert. Insgesamt lassen sich über 80 Typen statischer Konsistenzbedingungen beschreiben [Thalheim 1991] und in der Folge zur Beseitigung von Redundanzen in Relationenschemata benutzen. Leider werden die meisten dieser Konsistenzbedingungen nur innerhalb eines Relationstyps definiert, obwohl sie prinzipiell auch auf verschiedene Relationstypen bezogen werden könnten [Mitchell 1983, S.157]. Abgeleitete Informationen stellen redundant gespeicherte Informationen dar, die durch Ableitungsregeln erzeugt werden können. Die Ergebnisse der formalen Beschreibung von Konsistenzbedingungen werden deshalb für die Informationsableitung erst dann interessant, wenn sie nicht zur Erzeugung redundanzvermeidender Relationsschemata genutzt werden, sondern zur Erhaltung der Konsistenz in Schemata, in denen abgeleitete Informationen enthalten sind und in denen deshalb Redundanz herrscht.

Die Einhaltung dynamischer Konsistenzbedingungen stellt sicher, daß Datenmanipulationen in anwendungsübergreifender Form auf ihre Zulässigkeit geprüft werden können und in der Folge durch Zurückweisung unzulässiger Datenmanipulationen die Konsistenz der Datenbasis permanent aufrechterhalten werden kann. Zur formalen Beschreibung dynamischer Konsistenzbedingungen werden aus naheliegenden Gründen meist zeitbezogene Erweiterungen der Prädikatenlogik benutzt. Auf dieser Grundlage können in automatisierter Form Transitionsgraphen aufgebaut werden, die wiederum zum Entwurf konsistenzerhaltender Transaktionen benutzt werden können, die den Anwendungen als "elementare Aktionen" zur Verfügung gestellt werden [Saake 1988; Engels 1991]. Die Transitionsgraphen können teilweise zur Modifikation des Datenbankschemas herangezogen werden [Lipeck 1989]. Anwendungen der dynamischen Konsistenzsicherung und Prototypen von Entwicklungsumgebungen sind allerdings stark auf Nicht-Standard-Datenbanken zugeschnitten [z.B. Engels et al. 1989]. Diese Datenbanken haben viele Eigenschaften, die sich in Datenbanken betrieblicher Anwendungssysteme nicht finden (z.B. langlaufende Transaktionen, komplexe Objekte) und lassen einige Eigenschaften vermissen, die für Datenbanken betrieblicher Anwendungssysteme charakterisierend sind (z.B. komplexe Schemata, große Datenmengen), so daß nicht von einer vollständigen Übertragbarkeit der Erkenntnisse auf den für diese Untersuchung relevanten Gegenstandsbereich ausgegangen werden darf.

In letzter Zeit wird darauf hingewiesen, daß dynamische Konsistenzbedingungen nicht nur zur "passiven" Zurückweisung unzulässiger Datenmanipulationen, sondern auch zur "aktiven" Herstellung eines konsistenten Zustands benutzt werden können [Ceri/Widom 1990; Widom/Finkelstein 1990]. Aus Konsistenzbedingungen werden Regeln abgeleitet, die in einem aktiven Datenbanksystem die Unzulässigkeit einer elementaren Datenmanipulation "reparieren" [Ceri/Widom 1990, S.566; Fraternali/Paraboschi 1993, S.337-344] können, indem automatisch konsistenzherstellende Datenmanipulationen in die jeweilige Transaktion eingebunden werden. Zwar wird die Überführung formal beschriebener Konsistenzbedingungen in entsprechende Produktionsregeln beschrieben, und es wird eine geeignete Propagierungssprache vorgestellt. Die Konsistenzbedingungen selbst sind jedoch nicht in automatisierter Form aus dem konzeptionellen Schema ableitbar.

Als Schwachpunkte dieser Forschungsrichtung im Hinblick auf die Informationsableitung in betrieblichen Anwendungssystemen erweisen sich damit einerseits die fehlende Implementierbarkeit in kommerziellen Standardsystemen und andererseits die fehlende Unterstützung der Spezifikation von Konsistenzbedingungen. Zwar ist die formale Beschreibung der Semantik konzeptioneller Modelle mittlerweile sehr weit fortgeschritten (siehe z.B. [Hohenstein 1993]). Zur Unterstützung der Systementwicklung fehlen jedoch Elemente des konzeptionellen Modells, die in formal beschriebene Konsistenzbedingungen transformiert werden können, und insbesondere ein Vorgehensmodell, das auf dieser Grundlage die systematische Aquisition und korrekte Abbildung der Semantik der Informationsableitung sicherstellt.

Zur Entwurfsunterstützung und Implementierbarkeit werden in neuester Zeit Werkzeuge wie z.B. ICE entwickelt, die nicht nur die interaktive Spezifikation von Konsistenzbedingungen erlauben, sondern über den Umweg eines automatisch erzeugten Transitionsgraphen auch entsprechende Datenbanktrigger generieren können [Gertz/Lipeck 1994]. Die Allgemeinheit der spezifizierbaren Bedingungen (und damit auch der generierbaren Trigger) führt allerdings dazu, daß zur konzeptionellen Modellierung u.U. sehr komplexe, formale Spezifikationen erforderlich sind. Eine Beschränkung auf wesentliche Probleme der Konsistenzerhaltung würde die Modellierung auf eine geringere Zahl typenbezogener Konstrukte beschränken, die auf der Grundlage einer weit weniger anspruchsvollen grafischen Notation interaktiv bearbeitet werden können und für die Entwicklung von Standard-Datenbankanwendungen durchaus ausreichten.

1.2.5 Deduktive Datenbanken und regelbasierte Systeme

Eine enge Verwandtschaft der formalen Beschreibung der Konsistenzsicherung und der Untersuchung deduktiver Systeme ergibt sich schon daraus, daß auch für deduktive Systeme die Prädikatenlogik als Spezifikationssprache verwendet wird [Ullman 1988, Kapitel 3]. So ist es nicht erstaunlich, daß ähnlich wie bei Nicolas/Gallaire (formale Beschreibung) und bei Paton et al. (aktive Datenbanken) nicht nur Auswertungen, sondern auch Informationsableitung und Prozeduren als verschiedene Erscheinungsformen regelbasierter Inferenz interpretiert werden [Stonebraker et al. 1990]. Die Auswertungs-, Ableitungs- und funktionalen Regeln werden dabei als "intensionale Datenbank" oder "generelle Informationen" ähnlich spezifiziert und repräsentiert wie die "extensionale Datenbank" der "elementaren Informationen" [Kowalski 1978; Minker 1978; Nicolas/Gallaire 1978]. Im Gegensatz zur formalen Beschreibung der Konsistenzsicherung steht für deduktive Datenbanken jedoch die dynamische Betrachtung von Anfang an im Vordergrund.

Die Verwandtschaft deduktiver Datenbanken mit aktiven Datenbanken zeigt sich auch darin, daß eine regelbasierte Spezifikation durch einige syntaktische Erweiterungen und die Hinzunahme bestimmter Prädikate in eine ereignisorientierte Spezifikation transformiert werden kann [Zaniolo 1993]. Dabei sind zwischen einer "reinen" deduktiven Datenbank und einer "reinen" aktiven Datenbank viele Zwischenstufen definierbar [Widom 1993].

Spezifikationssprachen aktiver Systeme zeichnen sich gegenüber Spezifikationssprachen deduktiver Systeme zwar durch einen Verlust an Abstraktion aus, der die Explikation sonst implizierter Eigenschaften erfordert. Die Regelauslösung, die ausführbaren Operationen und der Bezug zu Datenbanktransaktionen können jedoch in aktiven Systemen wesentlich detaillierter spezifiziert werden, und es sind wesentlich mächtigere Konzepte nutzbar [Widom 1993, S.313-314]. Da diese Tatsache wohl auch dazu führt, daß kommerzielle Datenbanksysteme zwar um aktive Komponenten, nicht jedoch um deduktive Komponenten erweitert wurden, bietet sich zur Spezifikation der Informationsableitung eher eine ereignisorientierte Spezifikation und Implementierung an.

1.2.6 Systems Engineering und computergestützte Systementwicklung

In den späten 60er Jahren wird erkannt, daß die Implementierung eines Programms weder als Kommunikations- und Dokumentationsgrundlage tauglich ist noch die Wiederverwendung von Problemlösungen zuläßt: "...most programs are presented in a way (...) totally unfit for human appreciation. (...) algorithms are often published in the form of finished products, while the majority of considerations that had played their role during the design process (...) were often hardly mentioned." [Dijkstra 1967, S.XIII] In der Systementwicklung wird seit dieser Zeit zwischen verschiedenen Phasen unterschieden, die durch abnehmende Abstraktion und Wiederverwendbarkeit bei gleichzeitig zunehmender Realisierungsnähe gekennzeichnet sind und deren Ergebnisse erst in ihrer Gesamtheit ein Softwareprodukt beschreiben. Auf dieser Grundlage erzwingen Anpassungen und Änderungen nicht die Wiederholung des gesamten Entwicklungsprozesses, sondern können auf einer abstrakten, stabilen Beschreibung des Produkts aufsetzen. 1969 setzt sich der Begriff "Software Engineering" für die pünktliche, wirtschaftliche und systematische Entwicklung sowie Wartung von Software durch, die bestimmte Qualitätsanforderungen erfüllt [Naur/Randell 1969]. In der Folgezeit wird eine große Zahl von Prinzipien, Methoden, Verfahren und Werkzeugen entwickelt, die die industrie-ähnliche Entwicklung komplexer Softwareprodukte unterstützen.

Die Abstraktionsebenen des Softwareentwurfs werden durch das 3 Ebenen-Modell auch auf den Entwurf datenbankorientierter Systeme übertragen [DBTG 1971]. Für den Entwurf von Datenstrukturen kann genauso wie für den Entwurf von Ablaufstrukturen zwischen verschiedenen Phasen unterschieden werden, die sich durch abnehmende Abstraktion und Wiederverwendbarkeit bei gleichzeitig zunehmender Realisierungsnähe auszeichnen. Dabei kommt für datenbankorientierte Systeme neben der Dimension der Realisierungsnähe noch die Dimension der Anwendungsnähe hinzu: Neben realisierungsunabhängigen, anwendungsspezifischen Entwürfen sind auch "konzeptionelle" Entwürfe anzufertigen, die sowohl realisierungs- wie auch anwendungsunabhängig sind. Neben Transformationen zur Implementierung realisierungsferner Entwürfe sind deshalb auch Transformationen zur zwar realisierungsunabhängigen, aber anwendungsspezifischen Verfeinerung konzeptioneller Entwürfe zu betrachten. Durch die Einbeziehung entsprechender Prinzipien, Methoden, Verfahren und Werkzeugen der Datenmodellierung wird Software Engineering zum Systems Engineering erweitert.

Die zunehmende Verfügbarkeit grafischer Oberflächen, leistungsstarker Arbeitsplatzrechner und konzeptioneller Modelle erlaubt in der zweiten Hälfte der 80er Jahre die Integration von Werkzeugen, die alle Phasen der Systementwicklung abdecken, unter einer gemeinsamen Oberfläche und auf der Grundlage einer gemeinsamen Entwicklungsdatenbank. Solche Entwicklungsumgebungen müssen neben Werkzeugen zur konzeptionellen Modellierung aller relevanten Systemsichten auch Werkzeuge zum Entwurf von Benutzerschnittstellen, zur Dokumentation, zur Projektsteuerung und -kontrolle sowie zur automatisierten Implementierung konzeptioneller Schemata (Generatoren) umfassen [Balzert 1989]. In Analogie zu anderen Formen der Computerunterstützung wird diese Form der Entwicklungsunterstützung als "Computer-Aided Systems Engineering" [Oracle 1989a, S.1/2] (CASE) bezeichnet.

Da sich die computerunterstützte Systementwicklung auf die Umsetzung und Integration bestehender Methoden bzw. Modelle in Werkzeuge und Entwicklungsumgebungen beschränkt, hat diese Forschungsrichtung auf die Informationsableitung keine unmittelbaren Auswirkungen. Die Informationsableitung umfaßt aber bekanntlich sowohl strukturelle wie auch verhaltensmäßige Aspekte, so daß die Integration durch Entwicklungsumgebungen ihre widerspruchsfreie Modellierung und Implementierung auch auf der Grundlage bestehender Methoden bzw. Modelle unterstützen kann. Weil auf der Grundlage einer strukturierten Beschreibung allgemeine Regeln zur Implementierung eines eng umrissenen Systemteils definiert werden können, sollten Generatoren (zum Begriff vgl. [Hildebrand 1990, S.153-155]) die dynamische Konsistenzsicherung in automatisierter Form implementieren können. Die Modellierung und Implementierung einer entsprechenden Entwicklungsdatenbank, die Entwicklung eines Transaktionsgenerators sowie seine Integration in ein Konzept zur werkzeuggestützten Systementwicklung würde die Vorteile computerunterstützter Systementwicklung auch für die Modellierung und Implementierung der Informationsableitung nutzbar machen.

1.2.7 Metamodelle betrieblicher Anwendungssysteme

Das Nebeneinander verschiedener Modelle, auf deren Grundlage z.B. die unterschiedlichen Sichten konzeptioneller Schemata entworfen werden, ist nicht nur unwirtschaftlich, sondern stellt auch eine potentielle Ursache vielgestaltiger Inkonsistenzen dar. Die Ineffizienz entsteht aus dem Zwang, identische Sachverhalte (z.B. Informationsableitung) auf der Grundlage verschiedener Modelle (z.B. Datenmodell und Funktionsmodell) in unterschiedlichen Schemata (z.B. Datensicht und Funktionssicht) modellieren und bei Änderungen anpassen zu müssen. Inkonsistenzen zwischen den Sichten können dadurch entstehen, daß aufgrund der fehlenden Integration und/oder fehlenden Durchgängigkeit der verschiedenen Modelle und Schemata widersprüchliche Systembeschreibungen entstehen.

Erste Integrationsansätze, die auf bestimmte Sichten des konzeptionellen Schemas beschränkt sind, finden sich Mitte der 70er Jahre [Grochla et al. 1974]. Die sichtenspezifische Integration führt für die Datensicht Anfang der 90er Jahre zur unternehmensweiten Datenmodellierung [Ortner 1991; Scheer/Hars 1992]. Diese Form der Integration umfaßt allerdings nicht nur einen Teilaspekt der Semantik eines Anwendungssystems, sondern zwingt durch die übergroße Zahl einzubeziehender Informationsobjekte auch zur Beschränkung auf eine äußerst abstrakte Ebene. Derartige unternehmensweite Datenmodelle sind unter bestimmten Umständen zur strategischen Informationsplanung nützlich, aber für die Entwicklung konkreter Anwendungssysteme wenig hilfreich.

In den letzten Jahren werden für betriebliche Anwendungssysteme verschiedene Metamodelle (Referenzmodelle, Architekturen) vorgestellt, die die verschiedenen der Systementwicklung zugrunde liegenden Modelle in ein integratives Vorgehensmodell einordnen und/oder durch ein integratives Informationsmodell verknüpfen. Beispiele solcher Metamodelle sind die Architektur integrierter Informationssysteme [Scheer 1991; Scheer 1994, Kapitel A.I], das Semantische Objektmodell [Ferstl/Sinz 1990; Ferstl/Sinz 1991; Ferstl/Sinz 1993c] und die Architektur offener CIM-Systeme [AMICE 1993]. Zwischen den Metamodellen gibt es wesentliche Unterschiede im Hinblick auf den Grad der Umsetzung in Werkzeuge bzw. Entwicklungsumgebungen, die Sicherung der Konsistenz der weiterhin bestehenden Sichten, die Festlegung auf bestimmte Modellierungs- oder Implementierungsparadigmen und die Allgemeinheit des Ansatzes.

Im Hinblick auf die Informationsableitung können Metamodelle die Erreichung der Formalziele der Systementwicklung unterstützen. Wenn lediglich bestehende Modelle durch ein gemeinsames Informationsmodell verbunden werden, ist der Nutzeffekt allerdings auf die Wiederverwendung sowie die Vermeidung bestimmter Inkonsistenzen beschränkt. Wenn dagegen auf der Grundlage eines Vorgehensmodells die verschiedenen Schemasichten konsistent durch Ableitung oder Verfeinerung erzeugt werden können, stellt das entsprechende Metamodell eine hervorragende Grundlage zur Modellierung und Implementierung der Informationsableitung dar. In jedem Fall muß allerdings die Offenheit und Anwendungs- sowie Implementierungsunabhängigkeit des Konzepts gewahrt sein. Außerdem muß die Informationsableitung in einem Stadium modelliert werden können, in dem die verschiedenen Sichten noch nicht getrennt verfeinert werden.

1.2.8 Systemarchitektur und Nutzung standardisierter, offener Unterstützungssysteme

Die konzeptionelle Integration der Informationsverarbeitung ist wenig sinnvoll, solange integrierte Problemlösungen aufgrund fehlender Standardisierung oder fehlender Offenheit der Hard- und Software nicht verteilt implementiert werden können. Um die Vorzüge der Arbeitsteilung zwischen Großrechnern, Abteilungsrechnern, lokalen Netzen und Arbeitsplatzrechnern für die Systementwicklung nutzen zu können, ist jedoch nicht nur eine physische Vernetzung notwendig. Vielmehr können verschiedene Systemkomponenten nur auf der Grundlage einer gemeinsamen Softwarearchitektur sinnvoll vernetzt werden.

Die 1987 von IBM angekündigte und seitdem sukzessive eingeführte Systems Application Architecture [IBM 1988; Libutti 1990] (SAA) ist eine solche allgemeine Softwarearchitektur. Sie umfaßt zunächst eine konzeptionelle Schichten- und Funktionsstruktur, auf deren Grundlage alle seinerzeit strategischen Softwarefamilien von IBM einheitlich beschrieben werden können. Der praktische Nutzeffekt von SAA besteht darin, daß auf der Grundlage dieser allgemeinen Schichten- und Funktionsstruktur Schnittstellen spezifiziert werden können, die für alle SAA-konformen Systeme gleichartig benutzt werden können und damit die Implementierung verteilter Anwendungssysteme wesentlich erleichtern. Die wichtigsten dieser Schnittstellen sind eine allgemeine Interaktionsschnittstelle für Benutzer (CUA), eine allgemeine Programmierschnittstelle für Anwendungen (CPI) und eine allgemeine Kommunikationsschnittstelle zwischen Rechnern (CCS). Außerdem werden auch die Eigenschaften bestimmter Softwareprodukte in allgemeiner Form beschrieben. Die Standardisierung von Schnittstelle und Funktionalität erlaubt es, die Zuordnung von Funktionen zu Rechnern nicht mehr aufgrund technischer Erwägungen vornehmen zu müssen, sondern konzeptionellen oder Wirtschaftlichkeitserwägungen zu folgen. Bestimmte Softwarefunktionen bekommen damit den Charakter von Diensten, und für die Entwicklung betrieblicher Anwendungssysteme können zusätzliche Freiheitsgrade genutzt werden.

Die wichtigsten SAA-Dienste sind die Verwaltung von (Bildschirm-)Transaktionen, die Kommunikationsverwaltung, die Datenverwaltung, die Oberflächenverwaltung, die Gewährleistung der Datensicherheit, die Verwaltung von Batch-Aufträgen sowie Transformations- und Generierungsfunktionen. Das Angebot derartiger Dienste eröffnet der Systementwicklung gewaltige Wiederverwendungs- und damit Wirtschaftlichkeitspotentiale, da entsprechende Funktionen nicht mehr anwendungsspezifisch modelliert und implementiert werden müssen. Genauso wie die Nutzung eines Datenbanksystems die Systementwicklung von der Modellierung und Implementierung von Speicherungs- und Zugriffsfunktionen befreit, wird durch Nutzung der anderen Dienste auch die Modellierung und Implementierung von Präsentations-, Dialog-, Kommunikations- und Autorisierungsfunktionen entbehrlich.

Das Angebot standardisierter, offener Unterstützungssysteme ist nicht auf das IBM-Umfeld beschränkt. Einige kommerzielle relationale Datenbanksysteme sind durch Integritätsbedingungen, verteilte Transaktionen, Trigger, Prozeduren und zuletzt Klassen erweitert worden und damit in der Lage, auf der Grundlage bestehender oder geplanter Sprachstandards auch für aktive und (zumindest rudimentär) objektorientierte Systeme die notwendigen Speicherungs-, Auswertungs-, Manipulations- und Sicherungsfunktionen zu übernehmen [Pistor 1993; Weber 1993]. Grafische Oberflächensysteme können auf der Grundlage einer standardisierten Oberflächendefinition dazu benutzt werden, ein und dieselbe interaktive Anwendung auf verschiedenen Rechnern mit den jeweils verfügbaren Präsentations- und Interaktionselementen zu realisieren.

Einer der für betriebliche Anwendungssysteme wichtigsten Dienste wird allerdings weder von SAA noch von allgemeinen Standards erfaßt: Viele betriebliche Anwendungen beschränken sich auf die interaktive, parametrisierbare Auswertung und Manipulation von Datenstrukturen. Diese Anwendungen haben einen standardisierbaren, ereignisgesteuerten Kontrollfluß, so daß auch die Ablaufsteuerung durch ein standardisiertes Unterstützungssystem wahrgenommen werden kann. Die Modellierung und Implementierung betrieblicher Anwendungssysteme kann sich unter diesen Bedingungen auf wirklich anwendungsspezifische Funktionen, Ereignisse und Bedingungen konzentrieren. Für bestimmte Anwendungsklassen ist selbst dieser Anwendungskern so gut standardisierbar, daß auf der Grundlage weniger Spezifikationen und Parameter Anwendungsgeneratoren zur Implementierung benutzt werden können [Winter 1992].

Die Nutzung standardisierter, offener Unterstützungssysteme vereinfacht auch die Modellierung und Implementierung der Informationsableitung: Wenn die dynamische Konsistenzsicherung abgeleiteter Informationsobjekte durch Trigger implementiert wird, kann ein Datenbanksystem, das die Kaskadierung von Triggern zuläßt, die Konsistenz einer Datenmanipulation durch mehrstufige Propagierung selbständig herstellen. Damit müssen nicht alle Transaktionen in Form von Propagierungspfaden modelliert und implementiert werden. Die Verknüpfung der einstufigen Propagierungen kann vielmehr durch das Datenbanksystem erfolgen, so daß in der Systementwicklung lediglich einstufige Propagierungen modelliert und implementiert werden müssen.

1.2.9 Objektorientierung

Die Semantik der Informationsableitung hat sowohl strukturelle wie auch verhaltensmäßige Aspekte, so daß im Vergleich zur Trennung in eine Datensicht und eine Funktionssicht eine integrierte, objektorientierte Modellierung "natürlicher" erscheint. Außerdem kann die Objektorientierung beim Übergang in realisierungsnähere Phasen der Systementwicklung und letztlich sogar bei der Implementierung des Anwendungssystems durchgängig beibehalten werden, während andere Modelle auf eine bestimmte Phase beschränkt sind, so daß bei Phasenübergängen umfangreiche Transformationen notwendig werden [Sinz 1991].

Im Semantischen Objektmodell [Ferstl/Sinz 1990; Ferstl/Sinz 1991; Ferstl/Sinz 1993c] wird zunächst das gesamte Objektsystem ganzheitlich modelliert, um dann das betriebliche Anwendungssystem als Teilsystem zu spezifizieren. Auf mehreren Modellierungsebenen wird aus dem ursprünglichen, informell beschrieben Objekt-/Zielsystem (1. Ebene) über ein durch Objektdiagramme beschriebenes Interaktionsmodell/Aufgabensystem (2. Ebene) schließlich das objektorientiert spezifizierte konzeptionelle Objektschema/Vorgangsobjektschema (3. Ebene) abgeleitet. Interessant ist dabei, daß die Schemata der jeweils nächsten Ebene nach festen Regeln aus den Ergebnisse der vorherigen Ebene abgeleitet werden können [Popp 1994]. Für die Informationsableitung stellt sich hier allerdings die Frage, ob die Trennung der objektorientierten Spezifikation in konzeptionelle Objekte und Vorgangsobjekte insbesondere in Anbetracht der präsentierten Beispiele [Ferstl/Sinz 1993c, S.22] nicht der "Natürlichkeit" der Objektorientierung zuwiderläuft. Im Zusammenhang mit der Prozeßmodellierung [Ferstl/Sinz 1993b] gewinnt die Ableitung von Objektschemata aus Aufgabensystemen jedoch eine gewisse Attraktivität: Wenn die Notwendigkeit der Ausrichtung betrieblicher Anwendungssysteme an Geschäftsprozessen akzeptiert wird, ist es wohl nicht zu vermeiden, sowohl die Datensicht wie auch die Funktionssicht aus einer übergeordneten, transaktionsorientierten Vorgangskettensicht abzuleiten.

Der offensichtlichen Attraktivität der Objektorientierung stehen die ebenso offensichtlichen Probleme ihrer konsistenten Einbeziehung besonders in die frühen Phasen der Systementwicklung gegenüber. Beispielsweise bleiben "Coad und Yourdon den Nachweis schuldig, inwiefern sich ihre Methode von ihren früheren Arbeiten zu Structured Analysis abhebt, und die Objektmodellierung bei Rumbaugh et al. vermag kaum den Unterschied zur Entity-Relationship-Modellierung klarzumachen." (nach [Schewe/Thalheim 1994, S.63]) Außerdem sind in der objektorientierten Systementwicklung zur Zeit noch viele Detailprobleme nicht ausreichend gelöst, die in der konventionellen Systementwicklung nicht mehr bestehen (z.B. Komplexitätsmanagement durch Abstraktion, Spezifikation des objekttypübergreifenden Verhaltens, Identifikation von Objekttypen, Unterstützung der Wiederverwendung, Standardisierung) [Popp 1994, S.17-22].

1.3 Begriffsdefinitionen

In diesem Hauptabschnitt werden einige Begriffe definiert, deren Allgemeinheit und Grundsätzlichkeit es nahelegt, sie nicht erst im Zusammenhang mit einem der im Verlauf der Untersuchung vorgestellten Konzepte bzw. Modelle zu definieren. Einige dieser Begriffe sind bereits weiter oben benutzt oder definiert worden.

1.3.1 Begriffe im Zusammenhang mit "Modell" und "Schema"

Als **Modell** wird in dieser Untersuchung eine Menge wohldefinierter Konstrukte und Regeln bezeichnet. Mit Hilfe der Konstrukte werden die jeweils als relevant betrachteten Eigenschaften eines Realitätsausschnitts in idealisierter und vereinfachter Weise beschrieben. Die Regeln stellen die richtige Verwendung und Verfeinerung der Konstrukte sicher. Die Beschreibung eines bestimmten Realitätsausschnitts auf der Grundlage eines bestimmten Modells wird dann als **Schema** bezeichnet. [Brodie 1984, S.20] In [Ferstl/Sinz 1993a, S.86] werden Modelle als Metamodelle und Schemata als Modelle bezeichnet. *Das Entity Relationship-Modell er-*

*möglicht die Beschreibung der strukturellen Eigenschaften eines Informationssystems durch Entitätstypen, Beziehungstypen und Attribute auf der Grundlage bestimmter Konstruktionsregeln. Die Beschreibung eines bestimmten Informationssystems auf der Grundlage des Entity Relationship-Modells stellt dann ein Entity Relationship-Schema dieses Informationssystems dar. Das Relationenmodell ermöglicht die Beschreibung der strukturellen Eigenschaften einer Datenbank durch Relationstypen, Konsistenzbedingungen und elementare Operationen auf der Grundlage bestimmter Konstruktionsregeln (*z.B. *Normalisierung). Die Beschreibung einer bestimmten Datenbank auf der Grundlage des Relationenmodells stellt dann ein Relationenschema dieser Datenbank dar.* Auch wenn häufig begrifflich nicht zwischen dem Modell als allgemeinem Beschreibungsmittel und dem Ergebnis seiner Anwendung unterschieden wird [z.B. Hesse et al. 1994, S.98], wird diese Unterscheidung in dieser Untersuchung konsequent vorgenommen. Der konkrete Inhalt eines Informationssystems im Form bestimmter Aufträge, Kunden und Produkte ist durch keinen der genannten Begriffe abgedeckt. Da Inhalte von Schemata für diese Untersuchung keine Rolle spielen, müssen keine entsprechenden Begriffe definiert werden.

Die wohldefinierten Konstrukte ("constituent concepts" [Brodie 1984, S.20]) eines Modells werden als **Modellelemente** bezeichnet. **Schemaelemente** sind dagegen die Ausprägungen dieser Modellelemente, die sich aus der Beschreibung eines bestimmten Realitätsausschnitts ergeben. *Entitätstypen, Beziehungstypen und Attribute sind Modellelemente des Entity Relationship-Modells. Die Entitätstypen "Kunde" und "Produkt", der Beziehungstyp "Auftrag" und die Attribute "Kundennummer", "Produktnummer" und "Menge" sind dagegen Schemaelemente des "Auftragsbearbeitung"-Schemas. Relationstypen, Konsistenzbedingungen und Operationen sind Modellelemente des Relationenmodells. Die Relationstypen "Auftrag", "Kunde" und "Produkt", die Konsistenzbedingung "Auftrag.Produktnummer ∈ Produkt.Produktnummer" sowie die Operationen "Kunde löschen" und "Auftrag einfügen" sind dagegen Schemaelemente des "Auftragsbearbeitung"-Schemas.*

Als **konzeptionelles Modell** wird ein Modell bezeichnet, das anwendungs- und implementierungsunabhängig ist. Natürlich gilt auch für konzeptionelle Modelle die Unterscheidung zwischen Modellelementen und Schemaelementen. Ein vollständiges konzeptionelles Datenmodell umfaßt Strukturen, Operationen, Konsistenzbedingungen und Transaktionen [Saake 1988, S.79-80; Lipeck 1989, S.4-5]. Das Synonym "semantisches Modell" wird in dieser Untersuchung nicht benutzt.

Ein **Datenmodell** ist ein implementierungsnahes Modell zur Beschreibung von Datenbanken, das neben Strukturen (z.B. *Segmenten, Feldern, Relationstypen*) und Operationen (z.B. *Zugriffspfade, Datenmanipulationen*) auch statische und dynamische Konsistenzbedingungen umfaßt [Brodie 1984, S.20-21]. *Beispiele für Datenmodelle sind das Relationenmodell* [Codd 1970], *das* NF^2*-Modell* [Schek/Scholl 1986] *oder das Netzwerkmodell* [DBTG 1971].

Als **Metamodell** wird in dieser Untersuchung ein Modell (d.h. eine Menge wohldefinierter Konstrukte und Regeln) bezeichnet, mit dessen Hilfe nicht die Eigenschaften eines Realitätsausschnitts, sondern die jeweils als relevant betrachteten Eigenschaften verschiedener Modelle sowie die Beziehungen zwischen Modellen beschrieben werden können.[2] *Die Architektur integrierter Informationssysteme ist ein solches Metamodell, weil Beziehungen zwischen Elementen des konzeptionellen Datenmodells, Funktionsmodells, Organisationsmodells und Steuerungsmodells beschrieben werden und Regeln für die Ableitung entsprechender Schemata aus einem allgemeinen Vorgangsmodell definiert werden.*

Im Hinblick auf syntaktische und semantische Präzisierung werden informelle, semiformale und formale Modelle unterschieden. **Informelle Modelle** umfassen keine vollständige und/oder eindeutige Beschreibungssyntax (z.B. *natürliche Sprache*). **Semiformale Modelle** umfassen zwar eine präzise Syntax, konkrete Konstruktionsregeln und begrenzte Qualitätsprüfungen (z.B. *Entity Relationship-Modell*), können aber nicht auf der Grundlage einer formalen Theorie verifiziert werden. Nur für **formale Modelle** (z.B. *Petri-Netze, Modelle auf der Grundlage der Prädikatenlogik*) ist neben der Syntax auch die Semantik ausreichend präzisiert, um z.B. ihre Vollständigkeit nachweisen zu können. [Fraser et al. 1994, S.79]

Die auf der Grundlage eines Modells durchgeführte Ableitung eines Schemas aus den als relevant betrachteten Eigenschaften eines Realitätsausschnitts wird als **Modellierung** oder **Entwurf** bezeichnet. Handelt es sich bei dem zugrunde liegenden Modell um ein zumindest semiformales Modell, kann dieser Vorgang auch als **Spezifikation** bezeichnet werden [Saake 1988, S.80]. Da die Bezeichnung der Ergebnisse der Spezifikation als "Spezifikationen" zu Verwechselungen führen kann, werden diese als formale Schemata bezeichnet. Um die verschiedenen Teilaufgaben der Systementwicklung unterscheiden zu können, werden die Begriffe **konzeptionelle Modellierung** (Objektmodellierung, auf der Grundlage eines konzeptionellen Modells), **Datenmodellierung** (logische Modellierung, auf der Grundlage eines Datenmodells) und **Implementierung** (physische Modellierung, auf der Grundlage bestimmter Software) benutzt [Lipeck 1989, S.3].

1.3.2 Begriffe im Zusammenhang mit "Information" und "Objekt"

Als **Information** wird eine Menge von Daten bezeichnet, die, "when presented in a particular manner and at an appropriate time, improves the knowledge of the person receiving it in such way that he/she is better able to undertake a particular activity or make a particular decision." [Galliers 1987, S.4]

---

2 Diese Definition ist mit der Umschreibung von "Architektur" bei Scheer [Scheer 1991, S.2-3] kompatibel. Die Definition von "Architektur" bei in CIMOSA [AMICE 1993, S.2] entspricht aber eher der hier benutzten Definition von "Modell". Der Architekturbegriff wird deshalb in dieser Untersuchung im Zusammenhang mit konzeptioneller Modellierung nicht weiter verwendet.

Ein **Informationsobjekt** ist "anything (...) worth recording in the database that meets the information and processing requirements." [Brodie 1984, S.23] Diese konzeptionelle Definition als ein für einen zu modellierenden Realitätsausschnitt relevanter, realer oder abstrakter, individueller Sachverhalt, dem Informationen, Methoden zur Erzeugung/Manipulation dieser Informationen und/oder Methoden zum Zugriff auf diese Informationen zugeordnet werden können [Vetter 1990, S.69-70; Martin/Odell 1992, S.16], läßt offen, ob ein Informationsobjekt als Objekt oder Attribut implementiert wird. Während ein **Objekt** im jeweiligen Schema eigenständig existieren kann, ist die Existenz eines **Attributs** als permanente und typisierte Eigenschaft eines Objekts an die Existenz des jeweils beschriebenen Objekts gebunden [Brodie 1984, S.25]. Attribute dienen zur Charakterisierung, Klassifizierung und Identifizierung von Objekten [Vetter 1990, S.72-73]. *Ob beispielsweise das Informationsobjekt "Produkt" als Objekt oder als Attribut modelliert wird, richtet sich nach dem abzubildenden Realitätsausschnitt. Werden lediglich Aufträge und Kunden modelliert, reicht es aus, "Produkt" als Attribut von "Auftrag" zu modellieren. Muß dagegen zwischen mehreren Eigenschaften von "Produkt" differenziert werden, um z.B. in Rechnungen neben dem Produktnamen den Produktpreis auszuwerten, ist "Produkt" als Objekt zu modellieren, und diesem Objekt sind entsprechende Attribute zuzuordnen.* Ein **Attributwert** ist die konkrete Eigenschaft, die ein bestimmtes Objekt hinsichtlich eines bestimmten Attributs hat bzw. die dem jeweiligen Objekt durch das jeweilige Attribut zugeordnet wird. *"4711" ist beispielsweise ein Attributwert, der einem "Produkt"-Objekt durch das Attribut "Produktnummer" zugeordnet wird.*

Datenbankobjekte sind Konstrukte eines Datenbanksystems, die eigenständig erzeugt, modifiziert und gelöscht werden können. Die wichtigsten Datenbankobjekte prozedural erweiterter relationaler Datenbanksysteme sind Tabellen, relationale Sichten, Integritätsbedingungen und Datenbanktrigger.

Um die Informationsobjekte eines Realitätsbereichs in allgemeiner Form beschreiben zu können, müssen Klassen gleichartiger Informationsobjekte gebildet werden. Allgemeine Beschreibungen können sich dann auf Klassen anstatt auf einzelne Informationsobjekte beziehen. Zwischen den Informationsobjekten einer Klasse muß partielle Ununterscheidbarkeit hinsichtlich des Begriffs bestehen, unter den sie fallen und der die jeweilige Klasse repräsentiert [Ortner 1985, S.23]. *Alle Informationsobjekte, die eine Produktnummer, einen Produktnamen und einen Preis haben fallen z.B. unter den Begriff "Produkt".* Aussagen, die sich auf alle Produkte beziehen, müssen deshalb nicht für jedes Produkt repliziert werden, sondern können auf die Klasse "Produkt" bezogen werden. Eine Klasse von Informationsobjekten, die unter einen bestimmten Begriff fallen, werden als **Objekttyp** bezeichnet.

Als **Informationsableitung** wird das Phänomen bezeichnet, daß neben den strukturellen Eigenschaften eines Informationsobjekts auch eine allgemeine Regel bekannt ist, die das Zustandekommen dieser Eigenschaften erklärt [Hammer/McLeod 1981, S.353]. Der strukturelle Aspekt der Semantik der Informationsableitung manifestiert sich in Form **abgeleiteter Informationsobjekte**. Der verhaltensmäßige Aspekt der Semantik der Informationsableitung manifestiert sich in Form von **Ableitungsregeln**. *Das Jahresgehalt eines Mitarbeiters manifestiert sich z.B. einerseits in Form einer entsprechenden Eigenschaft von "Mitarbeiter"-Objekten, andererseits aber auch in Form einer allgemeinen Regel, mit deren Hilfe aus dem Monatsgehalt das Jahresgehalt abgeleitet werden kann.*

In Abhängigkeit des Abstraktionsgrads des Schemas, in dem die Ableitungsregel formuliert werden kann, können abgeleitete Informationsobjekte nicht nur abgeleitete Objekttypen und abgeleitete Attribute, sondern auch abgeleitete Relationen und abgeleitete Spalten sein.

1.3.3 Begriffe im Zusammenhang mit "Konsistenz" und "Integrität"

Als **Konsistenz** (semantische Integrität, logische Korrektheit) einer Datenbank wird die Tatsache bezeichnet, daß die in der Datenbank gespeicherten Inhalte die Semantik des zu modellieren Realitätsausschnitts korrekt repräsentieren. Durch **Konsistenzbedingungen** werden die technisch möglichen Inhalte einer Datenbank auf semantisch zulässige Inhalte eingeschränkt [Lipeck 1989, S.1]. Quellen für Konsistenzbedingungen sind neben den Sachverhalten (z.B. Regeln) des abgebildeten Realitätsausschnitts auch die Regeln des zugrunde liegenden Modells und Meta-Modells.

Als **statische Konsistenzbedingungen** werden solche Regeln bezeichnet, die für den Inhalt der Datenbank zu jedem Zeitpunkt erfüllt sein müssen. *Beispiele statischer Konsistenzbedingungen sind die Eindeutigkeit von Attributwerten für Schlüsselattribute, die Einhaltung von Wertebereichen und die Beschränkung von Referenzierungen auf existierende Objekte.* **Dynamische Konsistenzbedingungen** sind dagegen solche Bedingungen, die alle Manipulationen des Inhalts der Datenbank (Datenmanipulationen) erfüllen müssen.[3] *Beispiele dynamischer Konsistenzbedingungen sind das Verbot der Kürzung von Gehältern, das Verbot der Löschung referenzierter Objekte oder das Verbot, Objekte mit Attributwerten von Schlüsselwerten einzufügen, die bereits existieren.* Auf der Grundlage dynamischer Konsistenzbedingungen können **zulässige** von **unzulässigen** Datenmanipulationen unterschieden werden [Lipeck 1989, S.12]. Dynamische Konsistenzbedingungen, die aus den Abstraktions- oder Ableitungsbeziehungen des konzeptionellen Schemas resultieren, werden als **invariante Eigenschaften** bezeichnet.

---

3 In dieser Untersuchung erfolgt keine Unterscheidung zwischen transitionalen Konsistenzbedingungen, die auf genau zwei Datenbankzustände Bezug nehmen dürfen, und dynamischen Konsistenzbedingungen, die auf beliebige Datenbankzustände einer Zustandsfolge Bezug nehmen dürfen (Einzelheiten finden sich in [Lipeck 1989, S.5]).

Eine **Transaktion** ist eine zulässige (= konsistente) Menge von Datenmanipulationen, die nicht in Untermengen teilbar ist, die andere Transaktionen nicht beeinflußt (und von ihnen nicht beeinflußt wird) und die zu einer dauerhaften Veränderung von Datenbankinhalten führt [Reinwald/Wedekind 1993, S.30]. Transaktionen müssen alle dynamischen Konsistenzbedingungen erfüllen. Je zahlreicher und komplexer dynamische Konsistenzbedingungen sind, desto aufwendiger ist es, solche Transaktionen zu identifizieren. Fast jede elementare Datenmanipulation verstößt in einem komplexen Schema gegen eine der vielen dynamische Konsistenzbedingungen.

Die Zulässigkeit einer unzulässigen Datenmanipulation kann jedoch in vielen Fällen durch Hinzufügung zusätzlicher, konsistenzherstellender "Reparaturmanipulationen" hergestellt werden. Diese hinzugefügten Datenmanipulationen werden als **Propagierung** bezeichnet. Wenn die Zulässigkeit einer Datenmanipulation durch Propagierung nicht hergestellt werden kann, muß die betreffende Datenmanipulation zurückgewiesen werden. Die dynamische Konsistenzsicherung eines Schemas kann auf der Grundlage der dynamischen Konsistenzbedingungen durch eine Menge von Propagierungs- und Zurückweisungsregeln beschrieben werden.

2 Informationsableitung in betrieblichen Anwendungssystemen

In der Einleitung dieser Untersuchung wurde bereits deutlich, daß die Formalziele der Systementwicklung für betriebliche Anwendungssysteme besser erreicht werden können, wenn die Informationsableitung in entsprechende Modellierungs- und Implementierungskonzepte einbezogen wird. In diesem Kapitel wird die Informationsableitung in betrieblichen Anwendungssystemen näher untersucht, um die Relevanz dieses Phänomens für die Systementwicklung aufzuzeigen. Als Ergebnis werden Anforderungen zusammengestellt, die ein Konzept zur integrierten Spezifikation und automatisierten Implementierung der Informationsableitung erfüllt muß. Diese Anforderungen sind der Ausgangspunkt der Analyse bestehender konzeptioneller Modelle und des Vorschlags eines erweiterten konzeptionellen Modells, die den Gegenstand des folgenden Kapitels bildet.

Im ersten Hauptabschnitt werden häufig anzutreffende Erscheinungsformen der Informationsableitung in betrieblichen Anwendungssystemen anhand von Beispielen vorgestellt. Die Vielgestaltigkeit der Informationsableitung und die Häufigkeit ihres Auftretens ist Anlaß genug, im zweiten Hauptabschnitt die Frage zu diskutieren, ob und in welchem Ausmaß abgeleitete Informationsobjekte im konzeptionellen Modell betrieblicher Systeme enthalten sein müssen und wie eine solche Entscheidung begründet werden kann. Außerdem wird in diesem Hauptabschnitt untersucht, welche Alternativen zur Implementierung abgeleiteter Informationsobjekte zur Verfügung stehen und welche Alternative unter welchen Umständen vorteilhafter ist. Um die Bewertungen der Modellierungs- und Implementierungsalternativen an einem konkreten Anwendungsbeispiel illustrieren zu können, wird einleitend ein Anwendungsbeispiel aus der Produktionsplanung eingeführt und das zugrunde liegende Fachkonzept erläutert. Die Ausführungen des zweiten Hauptabschnitts machen deutlich, daß die Einbeziehung der Informationsableitung in die Systementwicklung zwar viele Vorteile mit sich bringt, aber auch einige neue Probleme aufwirft bzw. bestehende Probleme der Systementwicklung verschärft. Im dritten Hauptabschnitt werden deshalb die Konsequenzen der Einbeziehung der Informationsableitung in die Systementwicklung systematisiert und bewertet. Der Hauptabschnitt wird mit einer Zusammenfassung von Anforderungen an ein integratives Modellierungs- und Implementierungskonzept für betriebliche Anwendungssysteme unter Einbeziehung der Informationsableitung abgeschlossen.

2.1 Erscheinungsformen der Informationsableitung

Um die Wichtigkeit der Informationsableitung für betrieblichen Anwendungssysteme deutlich zu machen, wird zunächst die Vielgestaltigkeit abgeleiteter Informationsobjekte anhand verschiedener Beispiele aufgezeigt. Die Reihenfolge der Beispiele ist dabei ohne Bedeutung. Es soll gezeigt werden, daß es sich bei den präsentierten abgeleiteten Informationsobjekten um Elemente der jeweiligen betrieblichen Anwendungssysteme handelt, die nicht nur mengenmäßig, sondern auch inhaltlich bedeutsam sind. Dabei fällt auf, daß die Informationsableitung nicht immer nur statischen Charakter (im Sinne von abgeleiteten Werten) oder nur dynamischen Charakter (im Sinne von Ableitungsfunktionen) hat. Die rein statische und die rein dynamische Sichtweise sind vielmehr zwei extreme Interpretationen eines, wie sich zeigen wird, äußerst vielschichtigen und komplexen Phänomens.

2.1.1 Verdichtung

Eine wichtige Erscheinungsformen der Informationsableitung ist die Verdichtung [Rauh 1992, S.305]. In betrieblichen Anwendungssystemen tritt Verdichtung in drei unterschiedlichen Grundformen auf [Winter 1991, S.19-20]:

- Durch **Aggregation** werden zusammenwirkende Informationsobjekte zu einem abstrakten Objekt zusammengefaßt. Auf verdichteter Ebene wird nur noch dieses Aggregat betrachtet. Die Attribute des Aggregats entsprechen im allgemeinen den Attributen der Komponenten bzw. einer Untermenge davon. Die Attributwerte des Aggregats werden in den meisten Fällen durch Summenbildung oder Multiplikation aus den Attributwerten der Komponenten abgeleitet. *Beispiel: Jedes "Mengenübersichtstückliste"-Objekt ist ein Aggregat von "Fertigungsplan"-Objekten, weil die abstrakten Objekte durch Verkettung bestimmter, zusammenwirkender detaillierter Objekte abgeleitet werden können. Während die Vorlaufzeiten aller hintereinander durchgeführten Montageprozesse addiert werden, müssen die benötigten Stückzahlen multipliziert werden.*

- Durch **Assoziation** wird eine Gruppe gleichartiger Objekte zu einem abstrakten Objekt zusammengefaßt. Auf verdichteter Ebene wird nur noch das Gruppenobjekt als Stellvertreter betrachtet. Die Attribute des Stellvertreters entsprechen fast immer den Attributen der repräsentierten Objekte. Die Attributwerte des Stellvertreters werden im allgemeinen durch Selektion oder Durchschnittbildung aus den Eigenschaften der repräsentierten Objekte abgeleitet. *Beispiel: Jedes "Erzeugnistyp"-Objekt ist ein Stellvertreter einer Gruppe von "Erzeugnis"-Objekten, weil die Eigenschaften der abstrakten Objekte durch Linearkombination oder Selektion der Eigenschaften der jeweils repräsentierten detaillierten Objekte abgeleitet werden können. Entsprechen Listenpreis und Herstellkosten den entsprechenden Werten des meistverkauften Erzeugnisses in der Gruppe, handelt es sich um einen natürlichen Stellvertreter. Werden diese Attribute dagegen als gewogene Mittelwerte berechnet, handelt es sich um einen künstlichen Stellvertreter.*

- Durch **Selektion** werden bestimmte Objekte eines Typs von der weiteren Betrachtung ausgeschlossen. Die Attribute und Attributwerte der selektierten Objekte bleiben dabei unverändert. *Beispiel: Jedes "Engpaß"-Objekt ist Element einer Se-*

lektion von "Maschine"-Objekten, weil seine Zugehörigkeit zur Menge abstrakter Objekte durch Selektion der zugrunde liegenden Menge detaillierter Objekte abgeleitet werden kann. Die Eigenschaften von Engpässen entsprechen den Eigenschaften der betreffenden Maschinen.

Die meisten Verdichtungen betrieblicher Anwendungssysteme stellen Mischformen der hier vorgestellten Grundformen dar. Beispiel: Verursachergerechte Kapazitätsbedarfe werden durch eine Erzeugnisnummer, eine Maschinennummer und einen Zeitraum identifiziert. Maschinenkapazitäten werden durch eine Maschinennummer und einen Zeitraum identifiziert. Um auf der Grundlage von verursachergerechten Kapazitätsbedarfen und Maschinenkapazitäten die durchschnittliche Maximalauslastung der Engpässe während eines bestimmten Zeitraums ableiten zu können, müssen folgende Verdichtungsschritte durchgeführt werden:

1. **Selektion** *des verursachergerechten Kapazitätsbedarfs und der Maschinenkapazitäten durch Auswahl aller Objekte, die sich auf den betreffenden Zeitraum beziehen. Durch die Selektion werden Informationsobjekte der Typen "Relevanter verursachergerechter Kapazitätsbedarf" und "Relevante Maschinenkapazität" abgeleitet.*
2. **Aggregation** *der verursachergerechten Kapazitätsbedarfe durch Weglassung des Erzeugnisses und Summierung des Bedarfs pro Ressource und Zeitraum. Durch die Aggregation werden Informationsobjekte des Typs "Aggregierter Kapazitätsbedarf" abgeleitet.*
3. **Aggregation** *der summierten Kapazitätsbedarfe und entsprechender Maschinenkapazitäten durch Kombination passender Paare und Division des Bedarfs durch das jeweilige Angebot. Durch die Aggregation werden Informationsobjekte des Typs "Kapazitätsvergleich" abgeleitet.*
4. **Selektion** *des Kapazitätsvergleichs durch Auswahl aller Objekte, für die die Auslastung größer als 95% ist. Durch die Selektion werden Informationsobjekte des Typs "Engpaß-Kapazitätsvergleich" abgeleitet.*
5. **Assoziation** *des Engpaß-Kapazitätsvergleichs durch Bildung eines Stellvertreters für jeden der (vorselektierten) Zeiträume, dessen Auslastung als Maximum aller Objekte des jeweiligen Zeitraums berechnet wird. Durch die Assoziation werden Informationsobjekte des Typs "Maximal-Engpaß-Kapazitätsvergleich" abgeleitet.*
6. **Assoziation** *des Maximal-Engpaß-Kapazitätsvergleichs durch Bildung eines Stellvertreters für alle Objekte, dessen Auslastung als Durchschnitt aller beteiligten Zeitraum-Objekte berechnet wird. Durch die Assoziation werden Informationsobjekte des Typs "Durchschnitts-Maximal-Engpaß-Kapazitätsvergleich" abgeleitet.*

Die Ableitungshierarchie dieses Beispiels wird durch Abbildung 1 illustriert. In allen Abbildungen dieses Hauptabschnitts werden Typen von Informationsobjekten als Rechtecke und Ableitungsbeziehungen als Pfeile dargestellt. Da die Informationsableitung zunächst nur phänomenologisch beschrieben wird, kann vorerst auf eine komplexere Notation und eine exaktere grafische Darstellung von Ableitungsbeziehungen verzichtet werden.

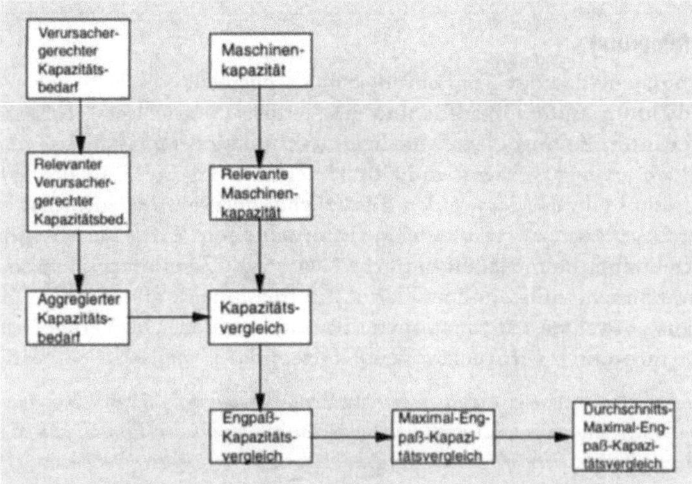

Abbildung 1: Ableitungshierarchie der Verdichtung

Die in Abbildung 1 dargestellte Ableitungshierarchie sollte nicht dahingehend mißverstanden werden, daß in der Implementierung alle Ableitungen in Form einer physischen Erzeugung der entsprechenden Informationsobjekte vorgenommen werden sollen. Es handelt sich vielmehr um ein informelles Schema, dem weder ein konzeptionelles Modell noch Implementierungserwägungen zugrunde liegen. Erst im nächsten Hauptabschnitt wird die Frage untersucht werden, welche abgeleiteten Informationsobjekte überhaupt in konzeptionellen Schemata abgebildet werden müssen, und auf dieser Grundlage werden Implementierungsalternativen diskutiert.

Verdichtung stellt ein Hilfsmittel zum "bottom up"-Entwurf der Informationsableitung dar. Auf der Grundlage von Detailinformationen werden durch schrittweise Verdichtung aggregierte Informationen abgeleitet. Verdichtung hat sowohl dynamischen wie auch statischen Charakter: Verdichtungen finden sich sowohl im Funktionsmodell wie auch im Datenmodell betrieblicher Anwendungssysteme. Während im ersten Fall die Interpretation der Verdichtung als Prozeß eine Zuordnung zum Funktionsmodell zur Folge hat, führt im zweiten Fall die Interpretation verdichteter Daten als abgeleitete Datenstrukturen zur Zuordnung zum Datenmodell. Die explizite Modellierung und/oder Speicherung verdichteter Daten wird allerdings oft bestritten [z.B. Rauh 1992, S.305-306], so daß Verdichtungen weit häufiger lediglich im Funktionsmodell modelliert und als Folge prozedural implementiert werden.

2.1.2 Verfeinerung

Verfeinerung stellt das der Verdichtung entgegengesetzte Konzept dar: Während durch Verdichtung unter Inkaufnahme des Verlusts "unwichtiger" Informationen die Zahl der Informationsobjekte verringert wird und/oder zusätzliche, verdichtete Informationen erzeugt werden, wird durch Verfeinerung die Zahl der Informationsobjekte erhöht und/oder werden zusätzliche, detailliertere Informationen erzeugt. Im Gegensatz zu verdichteten Informationen (z.B. Durchschnittswert, Summe, Streuung), die meist auf einfache Weise aus Detailinformationen abgeleitet werden können, müssen detaillierte Informationen mit deutlich größerem Aufwand aus abstrakten Informationen abgeleitet werden. Die Verfeinerung stellt deshalb das theoretisch anspruchsvollere Konzept dar [Switalski 1987, S.18].

Als Beispiel einer Verfeinerung, wie sie in betrieblichen Anwendungssystemen häufig auftritt, wird die zeitliche Disaggregation und Bedarfsauflösung abstrakt definierter Primärbedarfe betrachtet. Dabei wird von einer Serienfertigung auftragsindividuell ausgerüsteter, komplexer Erzeugnisse ausgegangen, wie sie typischerweise im Maschinenbau vorliegt. Die Produktionsprogrammplanung hat dort die Aufgabe, das Produktionsprogramm so festzulegen, daß einerseits die eintreffenden Kundenaufträge möglichst problemlos gegen passende anonyme Programmpositionen verrechnet werden können, daß andererseits aber auch die zur Produktion notwendigen, kritischen Teile vordisponiert werden können und daß die Produktionskapazitäten nicht überschritten werden [Zimmermann 1988, S.410-412]. Da die Beplanung von Produktvarianten und auftragsspezifischen Ausrüstungen über einen längeren Zeitraum

- *vor Eintreffen der entsprechenden Aufträge hochgradig unsicher ist,*
- *aufgrund des immensen Datenvolumens zu einer nicht mehr zu bewältigenden Komplexität des Planungsproblems führen würde und*
- *durch viele unnötige (weil unsichere) Details den Blick auf die wirklichen planerischen Probleme und Lösungsmöglichkeiten verstellen würde,*

findet die Programmplanung außerhalb des Nahbereichs nicht auf dieser detaillierten Ebene statt. Vielmehr werden Produktionsmengen für Erzeugnisstellvertreter festgelegt, die eine Vielzahl ähnlicher Produktvarianten repräsentieren. [Zimmermann 1988, S.417-418] Um die Prognose- und Planungsstabilität der Programmpositionen zu steigern, werden Produktionsmengen für Erzeugnisstellvertreter außerdem nicht als Wochen- oder gar Tagesmengen, sondern als Monats- oder Quartalsmengen beplant. Da die Prognosewerte für Absatzmengen umso stabiler sind, je abstrakter die Erzeugnisdefinition ist, auf die sie sich beziehen [Wittemann 1985, S.55-56; Liesegang 1985, S.271], werden im Fernbereich zunächst maximal abstrakte Erzeugnisstellvertreter beplant.

Bei ihrer erstmaligen Einplanung stellt z.B. die gesamte geplante Produktionsmenge aller Varianten eines Erzeugnisttyps während eines Quartals eine einzige abstrakte Programmposition dar. Im Zeitverlauf rückt diese Programmposition immer näher an die Gegenwart und muß deshalb nach und nach verfeinert werden. So müssen z.B. spätestens acht Monate vor der Gegenwart aus Quartalsmengen Monatsmengen abgeleitet werden, um eine genauere Kapazitätsplanung zu ermöglichen. Spätestens drei Monate vor der Gegenwart müssen aus Monatsmengen Wochenmengen abgeleitet werden, um eine exakte Vordisposition kritischer Teile zu ermöglichen. Wenn die Kapazitätsbedarfe innerhalb des Erzeugnistyps stark schwanken, muß vor der Verfeinerung in Monatsmengen eine Verfeinerung in konkretere Stellvertreter erfolgen, deren Kapazitätsbedarfe homogen sind. Wenn die Varianten eines Erzeugnisstellvertreters unterschiedliche Bedarfe für kritische Teile haben, muß vor der Verfeinerung in Wochenmengen eine Verfeinerung in konkretere Stellvertreter erfolgen, deren Varianten identische oder zumindest ähnliche Teilebedarfe haben.

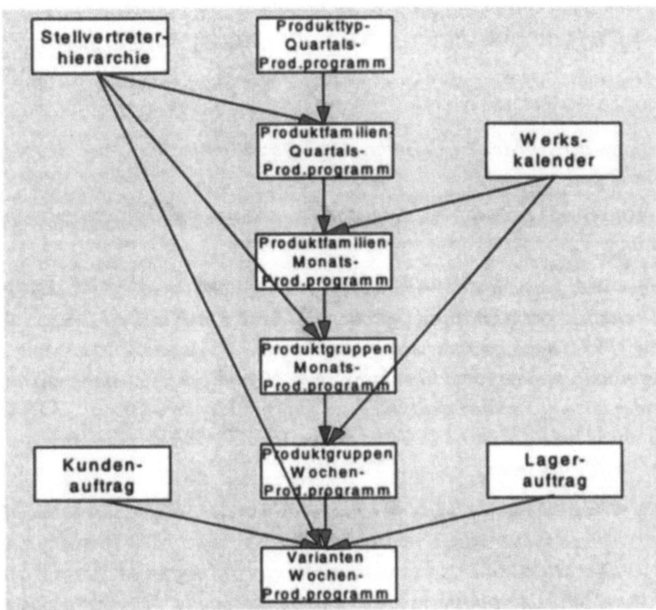

Abbildung 2: Ableitungshierarchie der Verfeinerung

Abbildung 2 illustriert eine Ableitungshierarchie für die im Beispiel beschriebene sukzessive Verfeinerung von Produktionsprogrammpositionen.

Die Stellvertreterhierarchie enthält Informationen darüber, welche Informationsobjekte durch welchen Stellvertreter repräsentiert werden und mit welchem Anteil die Eigenschaften der repräsentierten Objekte die Eigenschaften des Repräsentanten festlegen. Der jeweilige Anteil kann aus Vergangenheitsdaten gewonnen werden und ist regelmäßig zu aktualisieren. *Beispielsweise kann aus der Stellvertreterhierarchie die Information gewonnen werden, daß sich der Erzeugnistyp A aus den Erzeugnisfamilien A1 und A2 zusammensetzt, wobei der Anteil von A1 35% und von A2 65% beträgt. Waren im Erzeugnistyp-Quartals-Produktionsprogramm 100 Stück von A eingeplant, kann diese Pro-*

grammposition durch Informationsableitung im Erzeugnisfamilien-Quartals-Produktionsprogramm zu 35 Stück von A1 und 65 Stück von A2 verfeinert werden.

Der Werkskalender enthält Informationen darüber, welche kleinsten Zeiträume in welchen größeren Zeiträumen enthalten sind und wie hoch die geplante Gesamtkapazität im jeweiligen kleinsten Zeitraum ist. *Beispielsweise können aus dem Werkskalender die Informationen gewonnen werden, daß*

- *die Tage "01.08.1994" bis "07.08.1994" zur 30. Kalenderwoche des Jahres 1994 gehören,*
- *die 30. Kalenderwoche des Jahres 1994 zum 8. Monat dieses Jahres gehört,*
- *der 8. Monat des Jahres 1994 zum 3. Quartal dieses Jahres gehört,*
- *für den Tag "05.08.1994" 50% der Normal-Tagesleistung geplant sind,*
- *für die Tage der 30. Kalenderwoche des Jahres 1994 zusammen 450% der Normal-Tagesleistung geplant sind,*
- *für die Tage des 8. Monats des Jahres 1994 zusammen 900% der Normal-Tagesleistung geplant sind und*
- *für die Tage des 3. Quartals des Jahres 1994 zusammen 4500% der Normal-Tagesleistung geplant sind.*

Daraus können wiederum die Informationen abgeleitet werden, daß die 30. Kalenderwoche des Jahres 1994 einen Leistungsanteil von 50% am 8. Monat dieses Jahres hat und daß der 8. Monat des Jahres 1994 einen Leistungsanteil von 20% am 3. Quartal dieses Jahres hat. Waren im Erzeugnisfamilien-Quartals-Produktionsprogramm 35 Stück von A1 eingeplant, kann diese Programmposition durch Informationsableitung im Erzeugnisfamilien-Monats-Produktionsprogramm zu 7 Stück von A1 im 8. Monat 1994 und zusammen 28 Stück von A1 im 9. und 10. Monat dieses Jahres verfeinert werden.

In der gleichen Weise können durch Informationsableitung aus Erzeugnisfamilien-Monatsmengen zunächst Erzeugnis-Monatsmengen und anschließend Erzeugnis-Wochenmengen erzeugt werden. Die damit vorliegenden detaillierten Produktionsmengen werden im Nahbereich mit "passenden" Kundenaufträgen und Lageraufträgen zu einem wochengenauen Variantenprogramm verknüpft, das die Grundlage der Feinplanung und Produktionssteuerung bildet.

Verfeinerung stellt ein Hilfsmittel zum "top down"-Entwurf von Ableitungshierarchien dar. Aus abstrakten Informationen werden durch schrittweise Verfeinerung detaillierte Informationen abgeleitet. Auch diese Form der Informationsableitung läßt sich sowohl dynamisch wie auch statisch interpretieren: Verfeinerungen finden sich sowohl im Funktionsmodell wie auch im Datenmodell betrieblicher Anwendungssysteme. Während im ersten Fall die Interpretation der Verfeinerung als Prozeß eine Zuordnung zum Funktionsmodell zur Folge hat, führt im zweiten Fall die Interpretation verfeinerter Daten als abgeleitete Datenstrukturen zur Zuordnung zum Datenmodell. Die explizite Modellierung und/oder Speicherung verfeinerter Daten als Ergebnisse von Verknüpfungen wird allerdings oft bestritten [z.B. Rauh 1992, S.298-299], so daß Verfeinerungen weit häufiger lediglich im Funktionsmodell modelliert werden. Da die Ableitungsregeln für Verfeinerungen im Normalfall wesentlich komplexer sind als für Verdichtungen, wirkt hier die im Normalfall prozedurale Implementierung auch in die konzeptionelle Modellierung hinein.

Bei konzeptioneller Betrachtung sind Verdichtung und Verfeinerung jedoch eng verwandt: In beiden Fällen werden Informationen ggf. mehrstufig auf der Grundlage von Regeln aus anderen Informationen abgeleitet. Während durch Verdichtung die Zahl der Informationsobjekte meist stetig abnimmt und schließlich zu einzelnen, hochaggregierten Kennzahlen führt, wirkt sich Verfeinerung durch die Explizierung einer großen Zahl detaillierter, durch die Eingangsinformationen implizierter Informationsobjekte aus. In beiden Fällen wird strenggenommen keine neue Information erzeugt. Die bisher auf der Grundlage der expliziten Informationen und Ableitungsregeln implizierte Information wird lediglich expliziert.

2.1.3 Vererbung

Im Zusammenhang mit der Objektorientierung wird Vererbung als Gemeinsamkeit verschiedener Objekte bzw. Klassen von Objekten im Hinblick auf ihre "properties" [Martin/Odell 1992, S.22] (zuordenbare Eigenschaften und/oder anwendbare Operationen) bezeichnet [Wedekind 1990, S.79 und S.84]. Während diese weite Definition auch Klassen einbezieht, die durch Aggregationsbeziehungen miteinander verknüpft sind, beschränkt eine engere Definition die Vererbung auf Klassen von Objekten, die durch Generalisierungsbeziehungen miteinander verknüpft sind [Martin/Odell 1992, S.22].

Der in dieser Untersuchung benutzte Vererbungsbegriff basiert auf der Gemeinsamkeit verschiedener Informationsobjekte, die daraus resultiert, daß ein Sachverhalt der Realität gleichzeitig durch Informationsobjekte verschiedener Objekttypen repräsentiert wird. Ein Sachverhalt wird zwar im Normalfall nur durch ein einziges Informationsobjekt repräsentiert. In Generalisierungshierarchien stehen die Objekttypen jedoch in einem so engen begrifflichen Zusammenhang, daß ein bestimmter Sachverhalt oft durch mehrere Informationsobjekte repräsentiert wird, die jeweils zu einem anderen Objekttyp der Generalisierungshierarchie gehören. Vererbung hat als Gemeinsamkeit verschiedener Informationsobjekte nicht nur statischen Charakter. Sie impliziert auch eine Form der Informationsableitung, weil Änderungen der Eigenschaften des repräsentierten Sachverhalts **unverändert** in alle seine Repräsentationen fortgeschrieben werden müssen. Die Eigenschaften bestimmter Repräsentationen werden somit aus den Eigenschaften anderer Repräsentationen abgeleitet. Die Semantik der Generalisierungsbeziehung legt dabei eine bestimmte Ableitungsrichtung nahe: Eigenschaften speziellerer Repräsentationen eines Sachverhalts werden aus den entsprechenden Eigenschaften der allgemeineren Repräsentation des betreffenden Sachverhalts abgeleitet.

Verschiedene Typen von Generalisierungsbeziehungen unterscheiden sich dahingehend, ob vererbte (d.h. abgeleitete) Eigenschaften bei Manipulation der Eigenschaften des spezielleren Informationsobjekts überschrieben werden können, ob ein allgemeineres Informationsobjekt gleichzeitig mehrere Spezialisierungen annehmen darf, ob ein allgemeineres Informationsobjekt auch ohne eine Spezialisierung existieren darf und wie bei der Existenz mehrerer allgemeinerer Repräsentationen eines speziellen Informationsobjekts (Mehrfachvererbung) die konkurrierenden Ableitungsregeln zu handhaben sind. Generalisierungsbeziehungen können mehrstufig definiert werden und bilden dann eine Abstraktionshierarchie [Smith/Smith 1977a, S.105], die durch eine Vielzahl von Abstraktionsebenen die Verständlichkeit von Schemata erleichtert und den Zugriff auf Schemaelemente von ganz unterschiedlichen Betrachtungsebenen aus ermöglicht.

Vererbung impliziert die Propagierung von Eigenschaftsänderungen und läßt sich besonders im Hinblick auf ihre Implementierung dynamisch interpretieren: Abstraktionshierarchien implizieren Ableitungshierarchien [Winter 1991, S.265].

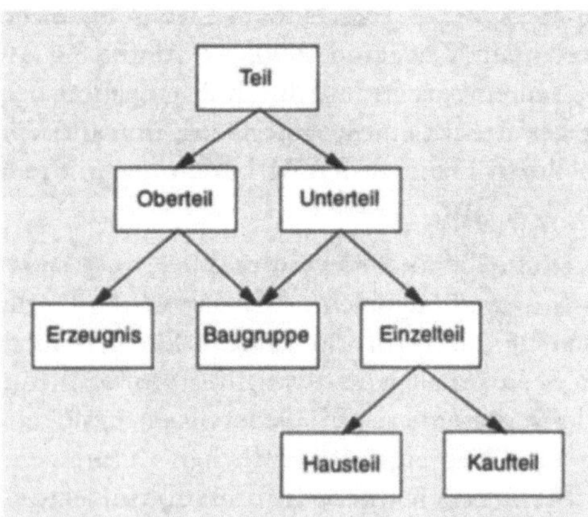

Abbildung 3: Ableitungshierarchie der Vererbung

Ein Beispiel einer Ableitungshierarchie wird in Abbildung 3 illustriert. "Teil" stellt den abstraktesten Begriff dar, dem die betrachteten Sachverhalte zugeordnet werden können. Typische Eigenschaften von Teilen sind die Teilenummer, die Bezeichnung, der Gültigkeitszeitraum, das Gewicht oder der Inventurwert. "Oberteil" und "Unterteil" sind Spezialisierungen von "Teil", weil für Oberteile (d.h. Teile, die durch einen Montagevorgang zusammengesetzt werden) spezifische Eigenschaften wie z.B. die Arbeitsplannummer, die Vorlaufzeit, die Losgröße oder die Wertschöpfung hinzukommen, während für Unterteile (d.h. Teile, die in einen Montagevorgang eingehen) andere spezifische Eigenschaften wie z.B. der Produktionslagerort hinzukommen. Ein Teil kann sowohl Oberteil wie auch Unterteil sein. "Erzeugnis" und "Baugruppe" sind Spezialisierungen von "Oberteil", weil für Erzeugnisse spezifische Eigenschaften wie z.B. der Verkaufspreis, der Dekkungsbeitrag oder der Gewährleistungszeitraum zusätzlich abgebildet werden müssen, während für Baugruppen andere spezifische Eigenschaften wie z.B. die Lagerhaltigkeit zuätzlich abgebildet werden müssen. Ein Oberteil kann entweder Erzeugnis oder Baugruppe sein. "Baugruppe" und "Einzelteil" sind Spezialisierungen von "Unterteil", weil für Baugruppen spezifische Eigenschaften wie z.B. die Lagerhaltigkeit berücksichtigt werden, während für Einzelteile andere spezifische Eigenschaften wie z.B. die Dispositionsart oder der Lagerort berücksichtigt werden. Ein Unterteil kann entweder Baugruppe oder Einzelteil sein. "Kaufteil" und "Hausteil" sind Spezialisierungen von "Einzelteil", weil für Kaufteile spezifische Eigenschaften wie z.B. der Einkaufspreis, der Lieferant, die Bestellmenge und die Wiederbeschaffungszeit hinzukommen, während für Hausteile andere spezifische Eigenschaften wie z.B. die Fertigungsplannummer, die Vorlaufzeit, die Losgröße oder die Wertschöpfung hinzukommen. Ein Einzelteil kann sowohl Hausteil wie auch Kaufteil sein.

Der Nutzen einer Abstraktionshierarchie besteht darin, daß für jeden Objekttyp immer nur die Eigenschaften modelliert werden, für die alle Objekte dieses Typs im Normalfall Ausprägungen haben. Eigenschaften, die nur speziellere Objekte haben, werden nur für diese spezielleren Objekttypen modelliert. *Beispielsweise wird der Inventurwert als Eigenschaft von "Teil" modelliert, weil er allen Spezialisierungen von "Teil"* (z.B. *alle Hausteilen) zugeordnet werden kann. Die durchschnittliche Wiederbeschaffungszeit kann jedoch nur für Kaufteile berechnet werden, da entsprechende Attribute für abstraktere Objekte nicht zur Verfügung stehen und eine Auswertung dort auch keinen Sinn machen würde. Diese Eigenschaft wird deshalb nur für den Objekttyp "Kaufteil" modelliert.*

Bei konzeptioneller Betrachtung impliziert die Vererbung genauso wie die Verdichtung und die Verfeinerung abgeleitete Informationen. Die durch Verdichtung und Verfeinerung implizierten Ableitungen beziehen sich auf Repräsentationen unterschiedlicher Sachverhalte, deren Konsistenz durch die zugrunde liegende Ableitungsregel gesichert wird. Die durch Vererbung implizierten Ableitungen beziehen sich zwar auf unterschiedliche Repräsentationen des gleichen Sachverhalts, sichern die Konsistenz dieser Repräsentationen jedoch ebenfalls auf der Grundlage einer Ableitungsregel. Eine Besonderheit der Vererbung besteht lediglich darin, daß die abgeleiteten Informationen mit den Ausgangsinformationen identisch sein müssen, weil auch die jeweils zugrunde liegenden Sachverhalte identisch sind. Durch Vererbung werden keine neuen Informationsobjekte erzeugt, sondern lediglich die Konsistenz der bestehenden Informationsobjekte gesichert.

2.1.4 Enumeration und Kombination

Auch Enumeration und Kombination stellen Erscheinungsformen der Informationsableitung dar. In betrieblichen Anwendungssystemen müssen Enumerations- und/oder Kombinationsfunktionen modelliert werden, wenn z.B. zur Entscheidungsunterstützung verschiedene partielle Handlungsalternativen kombiniert werden müssen, wenn auf der Grundlage eines variantenreichen Erzeugnisprogramms die Zulässigkeit bestimmter Konfigurationen zu prüfen ist oder wenn zur Bedarfsauflösung die Stücklisten und Arbeitspläne der im Produktionsprogramm enthaltenen Erzeugnisvarianten zu generieren sind. *Als Anwendungsbeispiel wird im folgenden die Zulässigkeitsprüfung vorgegebener Ausrüstungs- und Produktkonfigurationen betrachtet. Dieses Problem wird im Normalfall gelöst, indem ein Und/Oder-Baum auf der Grundlage der Eigenschaften abgearbeitet wird, die durch die Konfiguration vorgegeben werden [Kleine Büning/Stein 1993, S.290-294]. Falls die vorgegebene Konfiguration in der Ergebnismenge der Abarbeitung des Konfigurierungsbaums enthalten ist, wird sie als zulässig betrachtet. Aufgrund des Zwangs zur Individualisierung von Erzeugnissen und einer entsprechend hohen Zahl von Varianten und Ausrüstungen macht die Komplexität realer Konfigurationen die Formulierung vieler abstrakter Regeln erforderlich. Die Kombinatorik einer Vielzahl abstrakter Regeln kann in einfachen Und/Oder-Bäumen jedoch nicht mehr in übersichtlicher Form repräsentiert werden.*

Da der Konfigurationsbaum offensichtlich durch Anwendung abstrakter Regeln aufgebaut wird, kann seine Konstruktion auch als mehrstufige Informationsableitung durch Anwendung von Ableitungsregeln interpretiert werden: Auf der Grundlage einer Stellvertretungshierarchie für Varianten und Ausrüstungen sowie beliebig abstrakter Anbaubarkeitsinformationen können alle zulässigen Ausrüstungen für eine bestimmte Variante und alle Varianten, an die eine Ausrüstung angebaut werden kann, abgeleitet werden. [Leist/Winter 1994a, S. 47-55; Leist/Winter 1994b, S.16-19 und S.24-26]

Eine solche Ableitungshierarchie wird in Abbildung 4 illustriert. Die Grundlage bilden einstufige Stellvertretungsbeziehungen zwischen verkaufsfähigen Varianten und Varianten-Stellvertretern bzw. zwischen verkaufsfähigen Ausrüstungen und Ausrüstungs-Stellvertretern.[4] *Stellvertretungsbeziehungen können auch zwischen Stellvertretern und abstrakteren Stellvertretern definiert werden. Die verschiedenen Stellvertreter dienen dazu, abstrakte Anbaubarkeitsregeln der Form "Alle Ausrüstungen des Typs X sind an alle Varianten des Typs Y anbaubar" nicht als große Menge detaillierter Beziehungen zwischen jeweils einer Ausrüstung und einer Variante implementieren zu müssen, sondern nur als eine einzige abstrakte Beziehung zwischen dem Ausrüstungs-Stellvertreter "Typ X" und dem Varianten-Stellvertreter "Typ Y" implementieren zu können. Da Stellvertretungsbeziehungen gerichtet sind, können wie z.B. in Generalisierungshierarchien aus einstufigen Beziehungen nacheinander zweistufige, dreistufige usw. abgeleitet werden. Die Gesamtheit aller ein- bis n-stufigen Stellvertretungsbeziehungen wird als Stellvertretungshierarchie bezeichnet. Sie kann benutzt werden, um auf der Grundlage der Eigenschaften verkaufsfähiger Varianten und verkaufsfähiger Ausrüstungen die Eigenschaften beliebiger Stellvertreter ableiten zu*

4 Zum Begriff des Stellvertreters siehe [Winter 1991, S.23; Leist/Winter 1994b, S.7]. Der Zusatz "verkaufsfähig" wird für Ausrüstungen und Varianten eingeführt, die keine Stellvertreter sind, um diese Objekttypen zusammen mit ihren Stellvertretern zu einem generalisierten Objekttyp "Ausrüstung" bzw. "Variante" verallgemeinern zu können. Die Definition allgemeiner Objekttypen ist sinnvoll, da sich z.B. Plan-Kapazitätsbedarfe sowohl auf verkaufsfähige Ausrüstungen/Varianten wie auch auf entsprechende Stellvertreter beziehen können.

können. Im Rahmen der Konfigurationsprüfung wird die Stellvertretungshierarchie jedoch dazu benutzt, um aus abstrakten Anbaubarkeitsbeziehungen (d.h. Beziehungen zwischen Stellvertretern) detaillierte Anbaubarkeitsbeziehungen (d.h. Beziehungen zwischen verkaufsfähigen Ausrüstungen und Varianten) ableiten zu können. Diese Enumeration muß nicht vollständig durchgeführt werden, sondern nur für die in der vorgegebenen Konfiguration enthaltene Variante. Wenn die Menge der vorgegebenen Ausrüstungen in der Menge der durch die Informationsableitung enumerierten, potentiell anbaubaren Ausrüstungen enthalten ist, handelt es sich um eine zulässige Konfiguration.

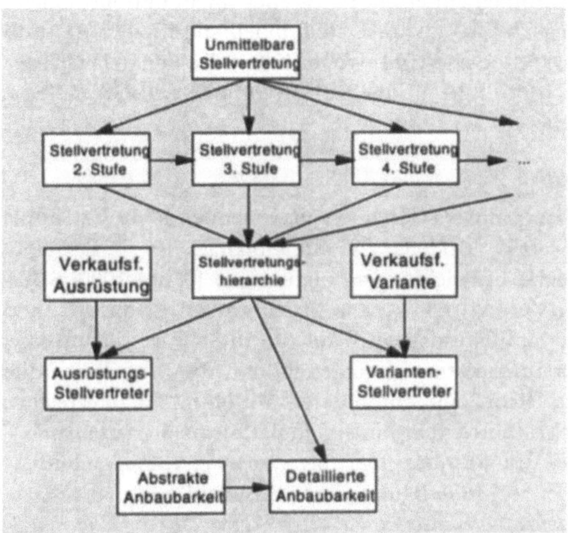

Abbildung 4: Ableitungshierarchie der Konfigurationsprüfung

Kombinations- und Enumerationsprobleme lassen sich nichtprozedural spezifizieren [Disterer 1987, S.282-283] und durch Ableitungsmechanismen eines relationalen Datenbanksystems implementieren. Die Mengenorientierung des Relationenmodells und die Möglichkeit, mit relationalen Verbundoperationen Objektmengen "ausmultiplizieren" zu können, lassen sogar eine besonders kompakte Form der Modellierung und Implementierung zu [Leist/Winter 1994a, S.50-54]. An die Stelle komplexer Und/Oder-Baüme, die vor ihrer Benutzung erst durch Verknüpfung von Zulässigkeitsregeln aufgebaut werden müssen, treten Ableitungshierarchien, die im konzeptionellen Modell anwendungsübergreifend modelliert werden können.

Bei konzeptioneller Betrachtung sind Enumeration und Kombination damit Sonderformen der Verfeinerung. Auf der Grundlage abstrakter Informationen (z.B. Anbaubarkeit von Ausrüstungstypen an Erzeugnistypen, Repräsentation von Erzeugnissen durch Erzeugnistypen) werden auf der Grundlage von Ableitungsregeln detaillierte Informationen (z.B. Anbaubarkeit von Ausrüstungen an Erzeugnisse) erzeugt. Auch in diesem Fall wird strenggenommen keine neue Information erzeugt. Die bisher auf der Grundlage der expliziten Informationen und Ableitungsregeln implizierte Information wird lediglich expliziert. Diese Vorgehensweise erlaubt es jedoch, für eine Vielzahl von Problemen auf der Grundlage relativ weniger abstrakter Fakten und Regeln konkrete und konsistente Lösungen ableiten zu können. Auch Enumeration und Kombination werden als Folge ihrer üblicherweise prozeduralen Implementierung meist eher im Funktionsmodell eines betrieblichen Anwendungssystems als im Datenmodell spezifiziert. Als Informationsableitungen haben sie jedoch sowohl dynamischen wie auch statischen Charakter und sind deshalb auch im konzeptionellen Datenmodell des jeweiligen Anwendungssystems abzubilden.

2.1.5 Simulation

Im Zusammenhang mit der Analyse von Systemen dient die Simulation dazu, auf der Grundlage eines Modells Zusammenhänge des Realsystems zu erkennen und/oder mögliche Entwicklungen aufzuzeigen [Witte 1990, S.384]. Durch (Prozeß-)Simulation werden damit neue Erkenntnisse gewonnen. In dieser Untersuchung wird der Simulationsbegriff auf die interaktive, benutzergesteuerte Erzeugung komplexer Informationen eingeschränkt, die dem Zweck dient, schrittweise durch "Trial and Error" eine mit anderen Mitteln nicht zu erreichende Problemlösung zu ermitteln. Durch (Ergebnis-)Simulation in dieser engeren Definition werden keine neuen Erkenntnisse über das System gewonnen, sondern es wird lediglich eine durch das Modell implizierte Problemlösung identifiziert. *Beispielsweise kann ein im Hinblick auf Kapazitätsbedarfe zulässiges (d.h. die Kapazitätsgrenzen nicht überschreitendes) Produktionsprogramm simulativ ermittelt werden, indem die Kapazitätsbedarfe der Programmvorschläge des Benutzers simuliert werden. Bei Zulässigkeit ist eine Problemlösung auch ohne expliziten Algorithmus gefunden worden. Bei Unzulässigkeit wird die Simulation auf der Grundlage eines modifizierten Programmvorschlags solange wiederholt, bis ein zulässiges Produktionsprogramm gefunden wurde.*

Die Lösung komplexer betrieblicher Probleme (z.B. Produktionsprogrammplanung) kann häufig nicht algorithmisch erfolgen: "Die Realität ist dazu viel zu komplex, und der rechnerische Aufwand wäre viel zu groß" [Geitner 1984, S.64] Dazu kommt, daß eine hohe Umweltdynamik und viele externe Einflüsse (z.B. Ausfälle von Lieferungen oder Maschinen, Stornierung von Aufträgen) die Optimalität der Ergebnisse, selbst wenn solche ermittelt werden könnten, sehr bald wieder zerstören würde [Zimmermann 1988, S.417]. Zur Entscheidungsunterstützung ist die zeitnahe und konsistente Einbeziehung der Umweltdynamik damit mindestens genauso wichtig wie die Identifikation akzeptabler Initiallösungen. Die Erkenntnis, daß akzeptable Lösungen komplexer Entscheidungsprobleme nur durch heuristische Suchverfahren gefunden und beibehalten werden können, hat sich für Planungsprobleme schon lange durchgesetzt (z.B. das bekannte Suchmodell [Taubert 1968]). Aber "programmierte" Suchheuristiken sind oft nicht in der Lage, die Expertise des jeweiligen Entscheiders ausreichend in den Suchprozeß zu integrieren und damit auf effiziente Weise akzeptable Lösungen zu ermitteln bzw. zu erhalten. Deshalb ist der Entscheider gezwungen, die von ihm vermuteten Lösungen bzw. Lösungsschritte zu explizieren und ihre Konsequenzen durch das System simulieren zu lassen. *Im Programmplanungsbeispiel umfassen mögliche "Vorschläge" Mengenänderungen des Produktionsprogramms, Terminverschiebungen, Liefer- und Maschinenausfälle, Kurzarbeit, Überstunden, Investition/Deinvestition, Produktinnovation sowie Änderungen des Lagerbestands, der Dispositionsart und der Fertigungstiefe* (teilweise nach [Geitner 1984, S.78-93]). Simulation stellt ein geeignetes Instrument dar, um die Auswirkungen verschiedenster externer und interner Ereignisse auf ein komplexes Problem zu analysieren und die Problemlösung permanent an diese Umweltänderungen anzupassen [Winter 1995, S.5]. Aufgrund ihrer Wichtigkeit sowohl zur Suche nach akzeptablen Initialplänen wie auch zur laufenden Aktualisierung komplexer Pläne ist die Unterstützung interaktiver Simulationen zu einem der wichtigsten Bestandteile betrieblicher Planungssysteme geworden [Pretsch 1990, S.94].

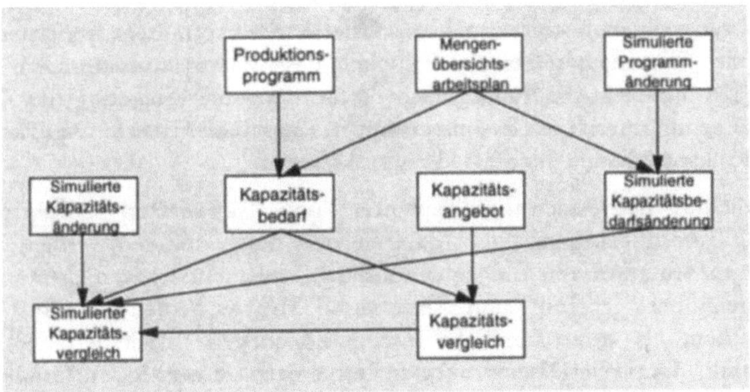

Abbildung 5: Ableitungshierarchie simulierter Kapazitätsbedarfe

Die Ableitung von Informationen in Form von Simulationen wird in Abbildung 5 am Beispiel simulierter Kapazitätsbedarfe illustriert. Genauso, wie für das geplante Produktionsprogramm durch Verknüpfung mit dem Mengenübersichtsarbeitsplan Plan-Kapazitätsbedarfe abgeleitet werden, können für simulierte Programmänderungen auf die gleiche Weise simulierte Kapazitätsbedarfsänderungen abgeleitet werden. Der Plan-Kapazitätsvergleich ergibt sich durch Verknüpfung der Plan-Kapazitätsbedarfe mit dem Kapazitätsangebot. Durch Verknüpfung des Plan-Kapazitätsvergleichs mit den simulierten Kapazitätsbedarfsänderungen und/oder den simulierten Kapazitätsänderungen kann herausgefunden werden, ob die Simulation zu Unzulässigkeiten führt oder nicht.

Übersteigt der simulierte Kapazitätsbedarf das simulierte Kapazitätsangebot, würde die Einarbeitung der simulierten Programmänderung und/ oder der simulierten Kapazitätsänderung die Zulässigkeit des Plans zerstören. Die Simulation muß dann modifiziert werden, weil sie in dieser Form nicht eingearbeitet werden darf [Zimmermann 1988, S.416]. Wird das Kapazitätsangebot jedoch auch nach Berücksichtigung der simulierten Änderungen nicht überbeansprucht, kann die Simulation in den bestehenden Produktionsplan eingearbeitet werden, ohne seine Zulässigkeit zu zerstören. In diesem Fall werden die Programmänderungen mit dem Produktionsprogramm und die Kapazitätsänderungen mit dem Kapazitätsangebot zusammengeführt.

Wenn durch Simulation externe Umwelteinflüsse (z.B. *Liefer- oder Maschinenausfälle, Großaufträge*) abbildet werden, ist häufig mit dem Auftreten von Unzulässigkeiten zu rechnen (z.B. Unzulässigkeit des simulierten Kapazitätsvergleichs). Obwohl die "Simulation" als Repräsentation eines zu erwartenden oder gar bereits eingetretenen Ereignisses zwar eingeplant werden müßte, verhindert die Zulässigkeitsprüfung ihre Einarbeitung in die bestehende, zulässige Problemlösung. In solchen Fällen muß die Simulation des Ereignisses durch flankierende Maßnahmen (z.B. *Terminverschiebungen, Mengenreduktionen, Kapazitätsausweitung*) ergänzt werden, um ihre zulässige Einarbeitung zu ermöglichen. Die Formulierung solcher Maßnahmen erfolgt durch den Benutzer, kann aber vom System durch Unzulässigkeitsanalysen (z.B. *Verursachernachweis für überlastete Kapazitäten*) unterstützt werden. Zusammenfassend lassen sich in Form simulationsbasierter Suchverfahren die Expertise der Benutzer des Planungssystems, die Fähigkeit des Systems zur schnellen "Durchrechnung" komplexer Änderungen und die konsequente Sicherung der Zulässigkeit einer Lösung durch das System verknüpfen, um auf effiziente Weise komplexe Entscheidungsprobleme dauerhaft lösen zu können.

Die Parallelität der Ableitung "geplanter" und "simulierter" Objekttypen in Abbildung 5 sollte übrigens nicht dahingehend mißverstanden werden, daß alle jeweiligen Informationsableitungen redundant implementiert werden müssen. Informationen über "geplante" und "simulierte" Objekte werden zwar auf konzeptioneller Ebene als unterschiedliche Informationsobjekte modelliert. Sie können jedoch durch identische Datenstrukturen implementiert werden, auf die bestimmte Funktionen und Methoden gemeinsam angewendet werden können. Eine konzeptionelle Unterscheidung ist lediglich notwendig, weil für Pläne und Simulationen jeweils zusätzliche, spezifische Operationen (z.B. *"Einplanen" oder "Verwerfen" für eine Simulation, "Rollieren" für einen Plan*) und Schutzmechanismen definiert werden können.

Bei konzeptioneller Betrachtung werden "simulierte" Informationen aus speziell gekennzeichneten Änderungen normaler Informationen abgeleitet. Auch in diesem Fall wird strenggenommen keine neue Information erzeugt. Die bisher auf der Grundlage der expliziten Informationen und Ableitungsregeln implizierte Information wird lediglich expliziert. Diese Vorgehensweise erlaubt es jedoch, für eine Vielzahl von Änderungen auf der Grundlage relativ weniger abstrakter Fakten und Regeln konkrete und konsistente Ergebnisse ableiten zu können. Simulationen werden als Folge ihrer im Normalfall prozeduralen Implementierung üblicherweise nur im Funktionsmodell eines betrieblichen Anwendungssystems spezifiziert. Als Informationsableitungen haben sie jedoch sowohl dynamischen wie auch statischen Charakter und sind deshalb unter bestimmten Bedingungen auch im konzeptionellen Datenmodell abzubilden.

2.1.6 Allgemeine Funktionen und Methoden

Funktionsergebnisse bzw. Ergebnisse der Methodenanwendung können als Informationsobjekte interpretiert werden [Blanning 1984, S.149]. Wenn Funktionen und Methoden nicht prozedural, sondern deklarativ spezifiziert werden, basiert die Erzeugung dieser Ergebnisse auf einer Ableitungsregel, so daß es sich bei den Informationsobjekten um abgeleitete Informationsobjekte handelt. *Beispielsweise kann auf Grundlage einer Ableitungsbeziehung das Gewicht einer Baugruppe als Summe der Gewichte aller eingehenden Unterteile abgeleitet werden, und das Gewicht eines Stellvertreters kann als gewogener Durchschnitt der Gewichte aller repräsentierten Objekte abgeleitet werden* [Winter 1991, S.21 und S.23]. Wenn alle relevanten Eigenschaften detaillierter Objekte, die z.B. von einer Planungsmethode verwendet werden, auch für Aggregate, Gruppenobjekte und allgemeinere Objekte vorliegen (d.h. explizit gespeichert werden oder abgeleitet werden können), dann ist diese Methode auch auf abstrakte Objekte anwendbar. Die Verwendung von Ableitungshierarchien ist deshalb sehr vorteilhaft, wenn betriebliche Anwendungssysteme auf mehrstufigen Problemlösungsverfahren basieren (z.B. Systeme zur hierarchischen Planung) [Winter 1990b, S.560].

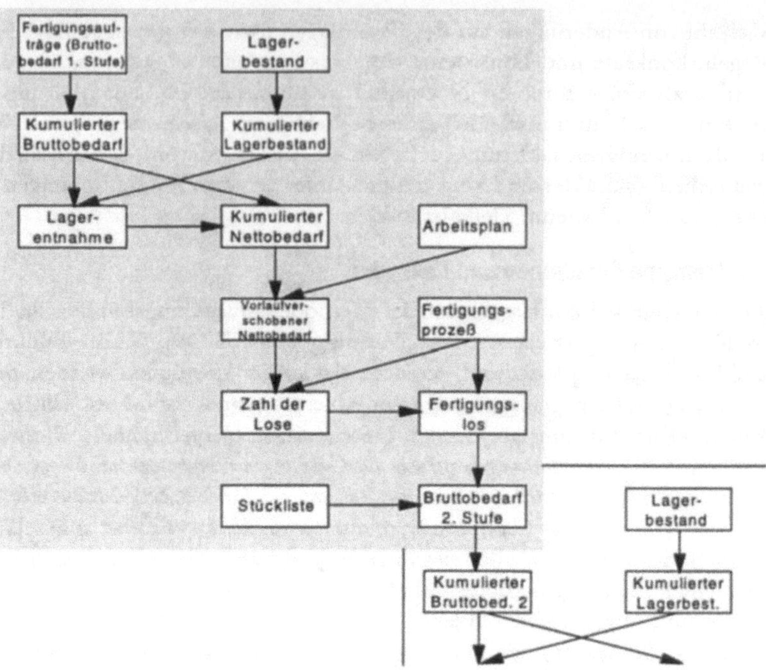

Abbildung 6: Ableitungshierarchie der Materialbedarfsrechnung

Als Beispiel einer komplexen, deklarativ spezifizierbaren Funktion wird die Materialbedarfsrechnung betrachtet. Teilebedarfe werden aus Erzeugnisbedarfen durch wiederholte Ausführung einer Sequenz erzeugt, die die prozedural spezifizierten Unterfunktionen "Kumulierung", "Brutto-/Netto-Rechnung", "Vorlaufverschiebung", "Losbildung" und "Bedarfsauflösung" umfaßt [Orlicky 1975, S.67-90]. Alle Unterfunktionen lassen sich jedoch auch deklarativ beschreiben und durch Ableitungsmechanismen eines relationalen Datenbanksystems implementieren, so daß die gesamte Materialbedarfsplanung als vielstufige Hierarchie von Informationsableitungen angesehen werden kann [Winter 1990a; Winter 1990b, S.561; Winter 1991, S.277-292]. Eine solche Ableitungshierarchie wird in Anlehnung an die Darstellung in [Winter 1990b, S.561] in Abbildung 5 illustriert.

Die Erzeugnisbedarfe der Fertigungsaufträge werden zunächst genauso wie der Lagerbestand für jeden Bedarfszeitpunkt kumuliert. Das Minimum aus kumuliertem Bruttobedarf und kumuliertem Lagerbestand stellt die maximale Lagerentnahme dar. Diese ist im nächsten Ableitungsschritt vom Bruttobedarf abzuziehen, um den kumulierten Nettobedarf zu ermitteln. Dieser wird durch Verknüpfung mit den Bearbeitungszeitinformationen des Arbeitsplans vorlaufverschoben. Aus den Stammdaten des im Arbeitsplan für das jeweilige Produkt festgelegten Fertigungsprozesses kann ermittelt werden, wie groß die wirtschaftliche oder technische Losgröße ist. Durch Verknüpfung des vorlaufverschobenen Nettobedarfs mit der Losgrößeninformation wird in einem ersten Schritt die

Zahl der aufzulegenden Lose und in einem nächsten Schritt die Gesamtgröße des Fertigungsloses abgeleitet. Um die Materialbedarfe zur Fertigung dieses Loses zu ermitteln, werden durch Verknüpfung mit den Mengeninformation der Stückliste des jeweiligen Produkts Bruttobedarfe zweiter Stufe abgeleitet. Damit ist die erste von mehreren Stufen der Materialbedarfsrechnung durchlaufen. Der gesamte Ableitungsprozess wird nun statt für Erzeugnisbedarfe (Bruttobedarfe 1. Stufe) für Komponenten- und Materialbedarfe (Bruttobedarfe 2. Stufe) durchlaufen. Die Zahl der Stufen der Materialbedarfsrechnung richtet sich nach der Komplexität des Fertigungsprozesses und kann in praktischen Anwendungen mehr als 12 betragen [Winter 1995, S.2]. In Abbildung 5 wird die erste Auflösungsstufe vollständig dargestellt, während die sich anschließenden Folgestufen lediglich angedeutet werden. Wird die Materialbedarfsplanung zur Disposition von Sekundärbedarfen eingesetzt, ist keine Rückkopplung zu modellieren. Wird die Materialbedarfsplanung dagegen als Komponente eines Programmplanungssystems eingesetzt, müssen Ableitungen spezifiziert werden, die Unzulässigkeiten auf der Ebene der Sekundärbedarfe in die Primärbedarfsplanung rückkoppeln.

Die Ähnlichkeiten zwischen der Anwendung von Ableitungsregeln zur Spezifikation allgemeiner Funktionen und Methoden und der Anwendung von Produktionsregeln in deduktiven Systemen sind auffällig. Ein wesentlicher Unterschied zwischen Produktionsregelsystemen und Ableitungshierarchien auf der Grundlage relationaler Datenbanksysteme besteht jedoch darin, daß alle Ableitungsregeln Vorwärtspropagierung implizieren, so daß bei ihrer Spezifikation und insbesondere Implementierung keine Rekursion genutzt werden kann [Bayer 1985, S.2]. Funktionen und Methoden, die nur rekursiv spezifiziert und/oder durch Rekursion implementiert werden können (z.B. *dynamische Optimierung, Fortschreibungen*) können deshalb nicht als Ableitungshierarchien modelliert werden [Winter 1990b, S.562]. Lediglich bei beschränkter Stufenzahl (z.B. *Materialbedarfsplanung*) erscheint eine solche Vorgehensweise vertretbar.

Weitere Einschränkungen erfährt die Verwendbarkeit von Ableitungshierarchien in einer relationalen Implementierung dadurch, daß es aufgrund der Mengenorientierung des Relationenmodells sehr aufwendig ist, reihenfolgeabhängige Verarbeitungen (z.B. *Suchverfahren, Zuordnungsalgorithmen, Reihenfolgeplanung*) als Sequenz relationaler Ableitungen zu spezifizieren und zu implementieren. Eine solche Vorgehensweise ist nur realisierbar, wenn der Benutzer bestimmte, zeitpunktabhängige Auswahl- und Anordnungsentscheidungen trifft und damit die gesamte Funktion/Methode in Form eines Entscheidungsunterstützungswerkzeugs spezifiziert und implementiert wird (z.B. *simulationsbasierte Produktionsprogrammplanung*).

Schließlich können Probleme der "relationalen" Spezifikation und Implementierung allgemeiner Funktionen und Methoden daraus resultieren, daß mehrere Informationsobjekte im Hinblick auf eine bestimmte Auswahlbedingung nicht unterschieden werden können, so daß ungewollte Mehrfachverknüpfungen erfolgen. *Beispielsweise könnte bei der Zuordnung von Aufträgen zu Maschinen mehr als eine Maschine eine bestimmte Selektionsbedingung erfüllen, so daß der einzuplanende Auftrag unzulässigerweise mehreren Maschinen zugeordnet wird.* Die Überwindung des "Impedance Mismatch" zwischen satzweiser und mengenorientierter Verarbeitung erfordert eine Vielzahl an Maßnahmen (siehe z.B. [Date 1986, S.192-193]), die die Vorteile der Benutzung "relationaler" Ableitungshierarchien teilweise wieder rückgängig machen.

Eine Vielzahl von Funktionen und Methoden betrieblicher Anwendungssysteme erfordert weder Rekursion noch reihenfolgeabhängige oder satzweise Verarbeitung. Hier sollte eine deklarative, mit dem konzeptionellen Modell integrierte Spezifikation durch Ableitungshierarchien und eine relationale, mit der Implementierung der Datenstrukturen integrierte Realisierung einer prozeduralen, auf völlig anderen Modellierungs- und Implementierungsparadigmen basierenden Entwicklung vorgezogen werden. Eine große Zahl von Funktions- und Methodenergebnissen stellen sich bei konzeptioneller Betrachtung als Informationen heraus, die auf der Grundlage **anwendungsübergreifender und implementierungsunabhängiger** (d.h. konzeptioneller) Ableitungsregeln aus anderen Informationen abgeleitet werden. Wenn keine der oben genannten Einschränkungen wirksam wird, kann die jeweilige Funktion und Methode als Informationsableitung spezifiziert und implementiert werden. Auch in diesem Fall wird strenggenommen keine neue Information erzeugt. Die bisher auf der Grundlage der expliziten (Eingangs-)Informationen und Ableitungsregeln implizierten (Ausgangs-)Informationen werden lediglich expliziert. Als Folge ihrer üblicherweise prozeduralen Implementierung finden sich Methoden und Funktionen nur im Funktionsmodell betrieblicher Anwendungssysteme. Als Informationsableitungen haben sie jedoch sowohl dynamischen wie auch statischen Charakter und sind deshalb unter bestimmten Bedingungen auch im konzeptionellen Datenmodell abzubilden.

2.2 Konzeptionelle Modellierung und Implementierung der Informationsableitung

Im vorangehenden Hauptabschnitt wurde anhand verschiedener Beispiele gezeigt, daß in betrieblichen Anwendungssystemen abgeleitete Informationsobjekte bei konzeptioneller Betrachtung häufig vorkommen und wichtige Funktionen haben. Hull und King bezeichnen die Informationsableitung deshalb auch als "one of the fundamental mechanisms in semantic models for data abstraction and encapsulation" [Hull/King 1987, S.224]. Umso erstaunlicher ist es, daß in vielen Lehrbüchern zur konzeptionellen Modellierung (z.B. [Ferstl/Sinz 1993a; Scheer 1994]) betrieblicher Systeme die Informationsableitung vollständig vernachlässigt wird. In anderen Fällen (z.B. [Elmasri/Navathe 1989; Barker 1992; Batini/Ceri/Navathe 1992]) wird zwar die Notwendigkeit der Modellierung abgeleiteter Informationsobjekte konstatiert, aber pauschale und/oder wenig hilfreiche Spezifikations- und Implementierungsregeln vorgeschlagen.

Im folgenden wird zunächst ein Anwendungsbeispiel eingeführt, das im weiteren Verlauf dieser Untersuchung durchgehend zur Veranschaulichung der Ausführungen sowie als Testfall zur Spezifikation und Implementierung der Informationsableitung benutzt wird. Danach wird die Frage untersucht, welche abgeleiteten Informationsobjekte in die konzeptionelle Modellierung betrieblicher Anwendungssysteme einbezogen werden sollen und welche Überlegungen im Einzelfall einer solchen Entscheidung zugrunde liegen sollten. Schließlich werden die verschiedenen Implementierungsalternativen der Informationsableitung vorgestellt und grundsätzliche Richtlinien dafür eingeführt, in welcher Form welche abgeleiteten Informationsobjekte implementiert werden sollten.

2.2.1 Einführung des Anwendungsbeispiels

Als Anwendungsbeispiel wird die Kapazitätsterminierung bei Serienfertigung betrachtet. Eine Kapazitätsterminierung wird als Teilaufgabe der Produktionsplanung u.a. durchgeführt, um die zeitbezogenen Kapazitätsbedarfe des geplanten Produktionsprogramms zu ermitteln und auf dieser Grundlage seine kapazitative Zulässigkeit beurteilen zu können. Ein Produktionsprogramm ist kapazitativ zulässig, wenn seine Kapazitätsbedarfe die freien Kapazitäten zu keinem Zeitpunkt und für keine Ressource übersteigen. Wenn auch den Materialbedarfen des betreffenden Produktionsprogramms zu jedem Zeitpunkt und für jedes Teil mindestens gleichhohe dispositive Bestände gegenüberstehen, ist das Produktionsprogramm sowohl im Hinblick auf seine Kapazitäts- wie auch Materialbedarfe zulässig und kann eingeplant werden. Durch die Einplanung werden Materialbestände und u.U. auch geplante Kapazitäten für das betreffende Produktionsprogramm reserviert. Eventuelle kapazitative Unzulässigkeiten werden nach Durchführung der Kapazitätsterminierung durch einen Kapazitätsabgleich oder durch Kapazitätsanpassung beseitigt [Hackstein 1989, S.113]. Kapazitätsbedarfsrechnung, Kapazitätsterminierung, Kapazitätsabgleich und Kapazitätsanpassung werden als "Capacity Requirements Planning" [Karni 1982, S.715] zusammengefaßt.

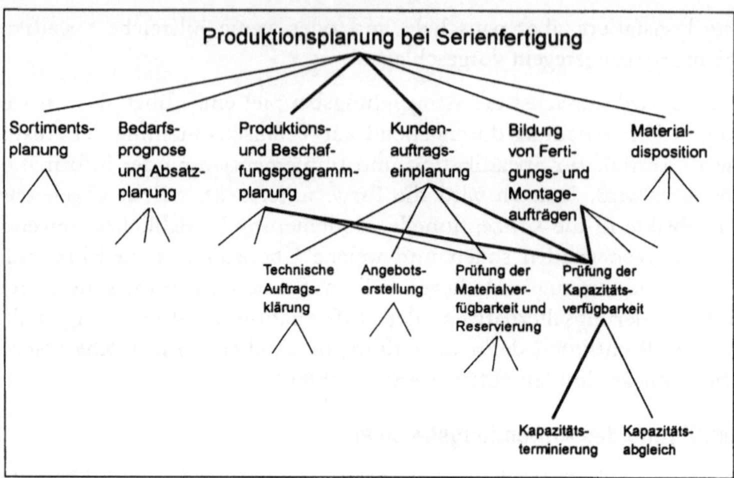

Abbildung 7: Stellung der Kapazitätsterminierung in der Produktionsplanung bei Serienfertigung

Auf der Grundlage eines eingeplanten Produktionsprogramms wird die Kapazitätsterminierung auch für Programmänderungen durchgeführt, um die Zulässigkeit der zusätzlichen Kapazitätsbedarfe zu prüfen. Wenn das Produktionsprogramm als Gesamtheit eingeplanter Kundenaufträge interpretiert wird, sind die bisherigen Ausführungen auch auf die Einzelfertigung übertragbar. Damit sind auch Mischformen wie z.B. die Zuordnung kurzfristig eintreffender Kundenaufträge zu Positionen eines langfristig geplanten Serienprogramms abgedeckt. An die Stelle der kapazitativen Zulässigkeitsprüfung von Programmänderungen tritt bei der Einzelfertigung die Einplanung, Verschiebung und Stornierung einzelner Kundenaufträge. Bei Zuordnung von Kundenaufträgen zu eingeplanten Programmpositionen ist im Normalfall keine auftragsbezogene Zulässigkeitsprüfung mehr erforderlich, weil die Zulässigkeit ja bereits für das eingeplante Produktionsprogramm sichergestellt wurde und durch die Einplanung lediglich eine Programmposition (d.h. ein anonymer Auftrag) durch einen Kundenauftrag ersetzt wird. Die Stellung der Kapazitätsterminierung in der Produktionsplanung bei Serienfertigung wird in Abbildung 7 dargestellt, wobei sich die Gliederung an [Zimmermann 1988, S.X-XII] anlehnt. Wenn die Kapazitätsterminierung statt für die Programmplanung bzw. -änderung für die Auftragseinplanung oder für die Freigabe von Werkstattaufträgen durchgeführt wird, unterscheidet sich zwar der Abstraktionsgrad der Eingangs- und Ausgangsdaten, nicht jedoch deren Struktur und die prinzipielle Vorgehensweise.

Grundlage der Kapazitätsterminierung sind das Produktionsprogramm und der Mengenübersichtsarbeitsplan. Während das Produktionsprogramm für jeden Zeitraum[5] und jedes Erzeugnis die jeweils geplante Produktionsmenge enthält, enthält der Mengenübersichtsarbeitsplan für jedes Produkt über alle Fertigungsstufen hinweg die Gesamtheit aller Kapazitätsbedarfe. Die Verknüpfung des Produktionsprogramms mit der Mengenübersichtsstückliste führt zu vorlaufverschobenen Kapazitätsbedarfen für jeden Zeitraum, jedes Erzeugnis und jede Ressource.

Das Kapazitätsangebot bezieht sich auf jeweils einen Zeitraum und eine Ressource. Es ist nicht extern vorgegeben, sondern kommt aus der Verknüpfung der Maximalkapazität der jeweiligen Ressource mit der geplanten Kapazitätsnutzung im jeweiligen Zeitraum zustande.

Um den Kapazitätsbedarf mit dem Kapazitätsangebot vergleichen zu können, müssen alle Kapazitätsbedarfe eines Zeitraums für eine Ressource zusammengefaßt werden. Da durch diese Verdichtung Informationen über das Erzeugnis verloren gehen, das den Bedarf verursacht, werden die verdichteten Informationsobjekte als "aggregierter" Kapazitätsbedarf, die unverdichteten dagegen als "verursachergerechter" oder "detaillierter" Kapazitätsbedarf bezeichnet.

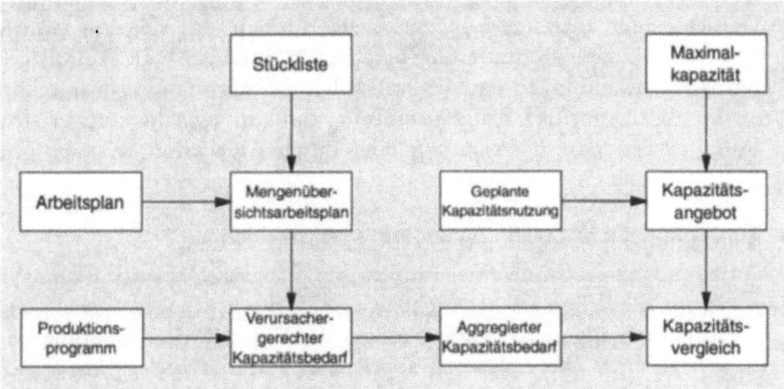

Abbildung 8: Ableitungshierarchie der Kapazitätsterminierung

Auch der Mengenübersichtsarbeitsplan ist nicht extern vorgegeben, sondern stellt das Ergebnis der Verknüpfung aller Arbeitspläne dar, die sich auf Baugruppen beziehen, die in ein bestimmtes Erzeugnis eingehen. Welche Baugruppen in ein Erzeugnis eingehen, wird durch die Stückliste dieses Erzeugnisses festgelegt.

---

[5] Neben dem Abstraktionsgrad der betrachteten Erzeugnisse und Ressourcen spielt auch der Abstraktionsgrad der Zeitbezüge eine wichtige Rolle. "Zeitraum" kann für Grobplanungen ein Jahr oder Quartal, für Planungen im Mittelfristbereich ein Monat oder eine Woche, und für Planungen im Nahbereich ein Tag, und für die Auftragsfreigabe bzw. Produktionssteuerung eine Stunde oder ein noch kürzerer Zeitraum sein.

Abbildung 8 illustriert die Ableitungshierarchie der Kapazitätsterminierung in der Notation der im ersten Hauptabschnitts dieses Kapitels vorgestellten Ableitungshierarchien.

Die Kapazitätsterminierung stellt zwar bei oberflächlicher Betrachtung im Vergleich z.B. zum Kapazitätsabgleich, zur Bedarfsprognose oder zur Reihenfolgeplanung eine relativ einfache Teilfunktion der Produktionsplanung dar. Im Verlauf dieser Untersuchung wird sich jedoch herausstellen, daß auch dieses überschaubare Problem fast alle behandelten Sonderfälle der Spezifikation und Implementierung der Informationsableitung umfaßt und sogar einige Probleme aufwirft, die nicht oder nur mit großem Aufwand gelöst werden können. Deshalb kann es auch toleriert werden, daß durch die Modellierung der Kapazitätsterminierung natürlich kein konzeptionelles (im Sinne von anwendungsübergreifendes) Schema im engeren Sinne entsteht. Die Einbeziehung weiterer Teilprobleme der Produktionsplanung oder sogar weiterer betrieblicher Probleme außerhalb der Produktionsplanung würde zwar die Modellierung eines anwendungsübergreifenden konzeptionellen Schemas erlauben, würde aber durch übergroße, in keiner Weise notwendige Komplexität der Illustrations- und Testfallfunktion des Beispiels zuwiderlaufen. Außerdem stellt auch ein konzeptionelles Modell, das sich auf Informationsobjekte der Kapazitätsterminierung beschränkt, durchaus eine Grundlage verschiedenartiger Anwendungen dar: Die modellierten Informationsobjekte können nicht nur für die dispositive Bedarfsrechnung, sondern auch in weniger strukturierter Form in der Planungsrechnung oder durch Abrechnungssysteme genutzt werden.

2.2.2 Konzeptionelle Modellierung der Informationsableitung

Logische Redundanz im Sinne einer Einbeziehung abgeleiteter Informationsobjekte in konzeptionelle Schemata hat nicht nur den offensichtlichen Vorteil, wiederholte Ableitungsvorgänge einzusparen, indem das Ergebnis der Ableitung permanent gespeichert wird. Die Zulassung abgeleiteter Informationsobjekte erleichtert auch die System(weiter)entwicklung, weil anstelle einer Beschränkung auf Basisinformationen vollständige Ableitungshierarchien konzeptionell modelliert werden und damit für alle Anwendungen wiederverwendbar sind: "In a logically redundant database schema, the values of some database components can be algorithmically derived from others. Incorporating such derived information into a schema can simplify the user's manipulation of a database by statically embedding in the schema data values that would otherwise have to be dynamically and repeatedly computed. Furthermore, the use of derived data can ease the development of new applications of the database, since new data required by these applications can often be readily adjoined to the existing schema." [Hammer/McLeod 1981, S.353-354.] Im Zweifelsfall sollten also abgeleitete Informationsobjekte in ein konzeptionelles Schema auch dann aufgenommen werden, wenn sie zunächst anwendungsspezifisch erscheinen [Hammer/McLeod 1981, S.353]. Sowohl die Einsparung wiederholter Ableitungen wie auch die Bereicherung des konzeptionellen Modells bringen natürlich nicht nur Vorteile mit sich, sondern sind auch mit Problemen und Nachteilen verbunden. Im folgenden werden zunächst allgemeine Kriterien für die Einbeziehung oder Nicht-Einbeziehung abgeleiteter Informationsobjekte in konzeptionelle Schemata vorgestellt. Danach wird dieses Kalkül auf das Kapazitätsterminierungsbeispiel angewandt.

2.2.2.1 Kriterien zur Einbeziehung abgeleiteter Informationsobjekte in konzeptionelle Schemata

Die Frage, ob ein abgeleitetes Informationsobjekt in ein konzeptionelles Schema einbezogen werden soll oder nicht, wird oft leider nicht auf der Grundlage konzeptioneller Erwägungen entschieden. Am häufigsten finden sich Effektivitätsbetrachtungen aus Sicht der Systemimplementierung. Daneben wird die Problematik auch auf der Grundlage der Normalisierungslehre behandelt. Nur sehr selten wird jedoch ein semantisches, anwendungs- und implementierungsunabhängiges (d.h. konzeptionelles) Kalkül vorgeschlagen. Diese drei Gruppen von Vorschlägen werden im folgenden kurz beschrieben und bewertet.

1. **Effektivitätsbetrachtung** [z.B. Barker 1992, S.101-102 und S.199-200; Batini/Ceri/Navathe 1992, S.295-300]: Auf der einen Seite wird der Aufwand geschätzt, der zu erwarten ist, um ein auch physisch redundant gespeichertes, abgeleitetes Informationsobjekt konsistent zu halten, d.h. Manipulationen der zugrunde liegenden Informationsobjekte in das abgeleitete Informationsobjekt zu propagieren. Auf der anderen Seite wird die Ersparnis geschätzt, die zu erwarten ist, weil das abgeleitete Informationsobjekt nicht bei jedem Zugriff erneut (re-)generiert werden muß, sondern weil direkt auf seine redundante Speicherung zugegriffen werden kann. Nur solche abgeleiteten Informationsobjekte dürfen in das konzeptionelle Modell einbezogen werden, für die der Erwartungswert der Regenerierungskosten den Erwartungswert der Kosten der Konsistenzerhaltung übersteigt.

   Ein solches, implementierungsorientiertes Kalkül ist zwar zur Auswahl einer Implementierungsalternative[6], nicht jedoch für die Gestaltung des konzeptionellen Schemas geeignet. Das konzeptionelle Modell soll ja gerade von anwendungs- und implementierungsspezifischen Erwägungen frei sein.

[6] Z.B. wird ein vergleichbares Kalkül in PRS2 nicht zur konzeptionellen Modellierung, sondern zur Entscheidung zwischen verschiedenen Implementierungsalternativen benutzt [Stonebraker et al. 1990, S.286-287].

2. **Redundanzprüfung** [Rauh 1992, S.297-304]: Es wird untersucht, ob ein abgeleitetes Informationsobjekt[7] durch syntaktische Verkettung anderer Informationsobjekte (z.B. durch einen relationalen Join) zustande kommt und damit keine Informationen repräsentiert, die nicht auch durch die verketteten Informationsobjekte zumindest implizit repräsentiert werden. Prüfungskriterien können auf der Grundlage der Beziehungskardinalitäten definiert werden. Kommt ein Informationsobjekt durch Verkettung zustande, expliziert es logisch redundante Informationen und ist deshalb nicht in das konzeptionelle Schema aufzunehmen. Wird ein abgeleitetes Informationsobjekt dagegen nicht durch Verkettung, sondern auf der Grundlage einer konkreten Ableitungsregel abgeleitet, dann repräsentiert es auch keine logisch redundanten Informationen. In diesem Fall ist es in das konzeptionelle Schema aufzunehmen, muß aber von den nicht-abgeleiteten Informationsobjekten durch eine bestimmte Kennzeichnung (und die separate Hinterlegung ihrer Ableitungsregel) unterschieden werden können. Außerdem sollten derartige Informationsobjekte in der Implementierung nicht physisch redundant gespeichert werden, sondern durch geeignete Mechanismen zur Laufzeit abgeleitet werden.

   Würde diesem Vorschlag gefolgt, dürfte keine der im ersten Hauptabschnitt vorgestellten Informationsableitungen im konzeptionellen Schema abgebildet werden. Auch in diesem Fall wird ein an der Implementierung (nämlich am Relationenmodell) orientiertes Kalkül dazu benutzt, über den Umfang eines konzeptionellen Modells zu entscheiden. Würde eine zusätzliche Operation in die Relationenalgebra eingeführt, müßten einige Elemente des konzeptionellen Schemas aufgrund ihrer damit eingetretenen logischen Redundanz entfernt werden, ohne daß semantisch irgendeine Veränderung eingetreten wäre. Wenn Rauh's Vorschlag auch im Hinblick auf die Auswahl von Implementierungsalternativen und die Analyse von Informationsobjekten wertvolle Anregungen liefert, ist er doch für die Entscheidung über die Aufnahme eines Informationsobjekts in das konzeptionelle Schema wenig hilfreich.

3. **Begriffliche Analyse**: Wann immer ein abgeleitetes Informationsobjekt ein relevantes Konzept ("relevant feature" [Batini/Ceri/Navathe 1992, S.140]) des zu modellierenden Realitätsausschnitts darstellt, muß es im konzeptionellen Schema abgebildet werden, da dieses ansonsten unvollständig wäre [Batini/Ceri/Navathe 1992, S.140]. Ob nun ein abgeleitetes Informationsobjekt ein semantisch relevantes Konzept ist oder nicht, läßt sich mit Hilfe einer begriff-

[7] Da die Unterscheidung zwischen Entitätstypen, Beziehungstypen und Attributen bisher noch nicht eingeführt wurde, soll in der Beschreibung dieses Vorschlags von Informationsobjekten die Rede sein, auch wenn sich die Prüfung nur auf bestimmte Typen von Informationsobjekten bezieht: Betrachtet werden (1) Beziehungstypen, (2) solche Entitätstypen, die aus der Auflösung von Beziehungstypen entstanden sind, und (3) abgeleitete Attribute von Entitätstypen.

lichen Analyse [Rauh/Stickel 1993, S.76-77; Rauh/Stickel 1994, S.8-9] entscheiden: Wenn ein spezifischer Begriff zur Charakterisierung eines abgeleiteten Informationsobjekts existiert, deutet dies auf eine eigenständige Bedeutung hin. Ein derartiges abgeleitetes Informationsobjekt repräsentiert zusätzliche, nichtredundante Semantik ("additional meaning" [Rauh/Stickel 1994, S.9]) und muß deshalb im konzeptionellen Schema abgebildet werden. Wenn ein abgeleitetes Informationsobjekt dagegen nur durch seine Ableitungsformel und nicht durch einen spezifischen Begriff charakterisiert werden kann, repräsentiert es keine über die bereits modellierten Konzepte hinausgehende Semantik. Ein derartiges abgeleitetes Informationsobjekt darf nicht im konzeptionellen Modell abgebildet werden, da seine Abbildung zu unnötiger Redundanz führen würde.

Hier handelt es sich um den einzigen semantischen, d.h. anwendungs- und implementierungsunabhängigen Kalkül. Im Verlauf des nächsten Kapitels wird sich herausstellen, daß begriffliche Analysen ohnehin eine sehr gute Grundlage der konzeptionellen Modellierung darstellen. Im folgenden wird die Entscheidung darüber, ob ein abgeleitetes Informationsobjekt in das konzeptionelle Schema einzubeziehen ist oder nicht, sich daran orientieren, ob für das betreffende Informationsobjekt ein spezifischer Begriff existiert.

Sieht man von implementierungsbedingten Vor- und Nachteilen der Berücksichtigung abgeleiteter Informationsobjekte ab (z.B. Zugriffsoptimierung, Konsistenzerhaltung), erlaubt die konzeptionelle, anwendungsübergreifende Modellierung der Informationsableitung eine Wiederverwendung der durch die Ableitungsbeziehungen repräsentierten Semantik, der ein zusätzlicher Aufwand zur Spezifikation und Verwaltung der jeweiligen Ableitungsregeln gegenübersteht. Die gemeinsame Modellierung originärer und abgeleiteter Informationsobjekte hat darüber hinaus aber auch einen weiteren wichtigen Vorteil: Ableitungsbeziehungen repräsentieren neben strukturellen auch wichtige verhaltensmäßige Aspekte des relevanten Realitätsausschnitts. *Im Kapazitätsterminierungsbeispiel werden durch die Abbildung der Ableitungsbeziehung zwischen "Maximalkapazität" und "Geplante Kapazitätsnutzung" auf der einen Seite und "Kapazitätsangebot" auf der anderen Seite nicht nur statische Integritätsbedingungen impliziert (z.B. Wertebereich der Schlüsselattribute von "Kapazitätsangebot"), sondern es werden auch Regeln vorgegeben, die es erlauben, zulässige von unzulässigen Datenmanipulationen zu unterscheiden. Während die Einfügung eines "Maximalkapazität"-Objekts im Normalfall zulässig ist (d.h. die Konsistenz der Datenbasis nicht nachhaltig zerstört), kann die direkte Einfügung eines "Kapazitätsangebot"-Objekts niemals zulässig sein (und muß verhindert werden), weil es sich um ein abgeleitetes Informationsobjekt handelt. "Kapazitätsangebot"-Objekte können nur als Folge der Einfügung eines "Maximalkapazität"- oder "Geplante Kapazitätsnutzung"-Objekts zustande kommen und können auch nur als Folge der Löschung eines solchen Objekts verschwinden. Aus Ableitungsregeln können neben (Konsistenz-)Regeln zur Verhinderung unzulässiger Datenmanipulationen auch (Propagierungs-)Regeln zur aktiven Erhaltung der Konsistenz erzeugt wer-*

den: Die Einfügung eines "Maximalkapazität"-Objekts zerstört zwar die Konsistenz nicht nachhaltig, aber temporär. Um die Konsistenz wiederherzustellen, bedarf es der Einfügung abgeleiteter "Kapazitätsangebot"-Objekte.

Die Einbeziehung der Informationsableitung in die konzeptionelle Modellierung stellt damit einen wichtigen Schritt in Richtung einer Integration struktureller und verhaltensmäßiger Aspekte in der Systementwicklung dar. Prozedural erweiterte Datenbanksysteme oder objektorientierte Datenbanksysteme bieten für die Implementierung Konstrukte an, die strukturelle und verhaltensmäßige Systemelemente vereinigen (z.B. Klassen). Diese Konstrukte können jedoch nicht konsequent genutzt werden, wenn das konzeptionelle Modell des zu implementierenden Systems keine Elemente umfaßt, die ebenfalls strukturelle und verhaltensmäßige Systemelemente vereinigen. Die Ausführungen des ersten Hauptabschnitts dieses Kapitels haben gezeigt, daß die Informationsableitung sowohl statische wie auch dynamische Eigenschaften hat: Während abgeleitete Informationsobjekte als "Ergebnis der Informationsableitung" strukturelle Systemelemente sind, repräsentieren Ableitungsregeln als "Prozeß der Informationsableitung" verhaltensmäßige Systemelemente. Die konzeptionelle Modellierung der Informationsableitung eröffnet damit Möglichkeiten, strukturelle und verhaltensmäßige Systemelemente integrativ zu spezifizieren, so daß in der Folge entsprechende Implementierungskonstrukte effektiv genutzt werden können. Die als Informationsableitung modellierten verhaltensmäßigen Systemelemente stellen natürlich nur einen Teil des gesamten Systemverhaltens dar. Ein wesentlich größerer Teil des im Normalfall prozedural spezifizierten und implementierten Systemverhaltens kann nicht als Informationsableitung modelliert und implementiert werden. Die weiteren Untersuchungen werden jedoch zeigen, daß auf der Grundlage eines konzeptionellen Modells der Informationsableitung die dynamische Konsistenzsicherung komplexer Datenstrukturen fast vollständig in integrierter Form spezifiziert und in automatisierter Form implementiert werden kann.

2.2.2.2 Konzeptionelle Modellierung der Kapazitätsterminierung

Im folgenden wird für das in Abbildung 8 informell illustrierte Beispielproblem untersucht, welche Informationsobjekte in das konzeptionelle Schema einzubeziehen sind. Um Entscheidungen über abgeleitete Informationsobjekte zu begründen, erfolgt eine begriffliche Analyse.

Als **nicht-abgeleitete** Informationsobjekte sind zunächst "Produktionsprogramm", "Arbeitsplan", "Stückliste", "Maximalkapazität" und "Geplante Kapazitätsnutzung" zu berücksichtigen. Aus der Beschreibung von "Produktionsprogramm", "Arbeitsplan" und "Stückliste" wird deutlich, daß es sich bei diesen Informationsobjekten um Beziehungen zwischen elementareren Informationsobjekten handelt. Um die Konsistenz von Manipulationen solcher Informationsobjekte sicherstellen zu können, sind auch die elementareren Informationsobjekte in das konzeptionelle Schema aufzunehmen. Dabei handelt es sich für "Produktionsprogramm" um "Produkt" und "Zeitraum", für "Arbeitsplan" um "Baugruppe/Produkt" und "Maschine" sowie für "Stückliste" um "Baugruppe/Produkt" und "Baugruppe/Teil".

"Geplante Kapazitätsnutzung" und "Maximalkapazität" sind zwar elementare, nicht-abgeleitete Informationsobjekte, repräsentieren aber Eigenschaften von Objekten und keine eigenständigen Objekte. Die Einschätzung wird damit begründet, daß sich für "Geplante Kapazitätsnutzung" und "Maximalkapazität" keine spezifische Eigenschaft finden läßt, die zur Identifikation entsprechender Informationsobjekte geeignet wäre. Die in Frage kommenden Eigenschaften "Zeitraumnummer" für "Geplante Kapazitätsnutzung" sowie "Maschinennummer" für "Maximalkapazität" sind keine spezifischen Eigenschaften der genannten Informationsobjekte, sondern dienen als identifizierende Eigenschaften der elementaren Informationsobjekte "Zeitraum" und "Maschine". "Geplante Kapazitätsnutzung" wird deshalb als Eigenschaft "Zeitraum" zugeordnet, und "Maximalkapazität" wird als Eigenschaft "Maschine" zugeordnet. In Anwendungen der Produktionsplanung wird die Datenstruktur, die alle Eigenschaften von Zeiträumen repräsentiert, üblicherweise als "Werkskalender" bezeichnet [Meininger 1994, S.99-102 und S.216]. Da sich das konzeptionelle Schema an anwendungsübergreifenden Begriffen orientiert, wird das entsprechende Informationsobjekt im konzeptionellen Schema als "Werkskalender" und nicht als "Zeitraum" abgebildet.

Für **abgeleitete** Informationsobjekte ist zu prüfen, ob sie durch einen spezifischen, anwendungsübergreifenden Begriff charakterisiert werden können. Außerdem muß es spezifische Operationen und Eigenschaften geben, die nur für diese Informationsobjekte (und nicht etwa für die Informationsobjekte, von denen sie abgeleitet werden) abzubilden sind. "Kapazitätsangebot" stellt ein solches Konzept dar, weil

- bestimmte Informationsobjekte unter diesen Begriff fallen und nicht nur durch die Ableitungsformel "Produkt aus Maximalkapazität und geplanter Kapazitätsnutzung pro Maschine und Zeitraum" charakterisiert werden, und
- es kein anderes Informationsobjekt gibt (z.B. "Maschine"), dem das Kapazitätsangebot als Eigenschaft zugeordnet werden kann.

"Mengenübersichtsarbeitsplan" ist ebenfalls ein spezifischer Begriff, weil

- bestimmte Informationsobjekte unter diesen Begriff fallen und nicht nur durch die Ableitungsformel "Zusammenfassung der Arbeitsplanpositionen aller Baugruppen, die in ein Erzeugnis eingehen, pro Erzeugnis und Maschine" charakterisiert werden, und

- es kein anderes Informationsobjekt gibt (z.B. "Arbeitsplan"), dem die Positionen des Mengenübersichtsarbeitsplans als Eigenschaft zugeordnet werden können.

Auch "Verursachergerechter Kapazitätsbedarf" ist im konzeptionellen Modell abzubilden, weil

- bestimmte Informationsobjekte unter diesen Begriff fallen und nicht nur durch die Ableitungsformel "Produkt aus Produktionsmenge und Kapazitätsbedarf pro Maschine, Erzeugnis und Zeitraum" charakterisiert werden,
- "Aggregation" eine Operation auf "Verursachergerechter Kapazitätsbedarf"-Objekte darstellt, die nicht auf die zur Ableitung benutzten Informationsobjekte "Mengenübersichtsarbeitsplan" oder "Produktionsprogramm" angewendet werden kann, und
- es kein anderes Informationsobjekt gibt (z.B. "Aggregierter Kapazitätsbedarf"), dem der verursachergerechte Kapazitätsbedarf als Eigenschaft zugeordnet werden kann.

"Aggregierter Kapazitätsbedarf" stellt ebenfalls ein eigenständiges Konzept dar, weil

- bestimmte Informationsobjekte unter diesen Begriff fallen und nicht nur durch die Ableitungsformel "Summe aller verursachergerechten Kapazitätsbedarfe pro Maschine und Zeitraum" charakterisiert werden, und
- es kein anderes Informationsobjekt gibt (z.B. "Verursachergerechter Kapazitätsbedarf"), dem der aggregierte Kapazitätsbedarf als Eigenschaft zugeordnet werden kann.

Schließlich ist auch "Kapazitätsvergleich" im konzeptionellen Modell abzubilden, weil

- bestimmte Informationsobjekte unter einen eigenständigen Begriff fallen und nicht nur durch die Ableitungsformel "Quotient aus (aggregiertem) Kapazitätsbedarf und Kapazitätsangebot" charakterisiert werden,
- "Zulässigkeitsprüfung" zwar für "Kapazitätsvergleich"-Objekte, nicht jedoch für andere Informationsobjekte definiert werden kann, und
- es kein anderes Informationsobjekt gibt (z.B. "Kapazitätsangebot"), dem der Kapazitätsvergleich (d.h. die zeitraumbezogene Kapazitätsauslastung) als Eigenschaft zugeordnet werden kann.

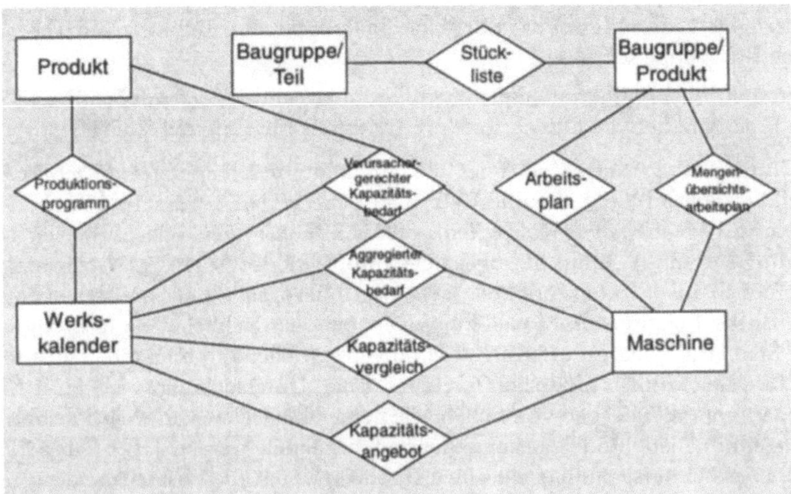

Abbildung 9: Entity Relationship-Diagramm der Kapazitätsterminierung

In Abbildung 9 werden die sich ergebenden 13 Typen von Informationsobjekten und ihre Beziehungen zueinander in der Notation des Entity Relationship-Modells (siehe Hauptabschnitt 4.1) dargestellt.

Zwischen den verschiedenen Typen von Informationsobjekten der Kapazitätsterminierung bestehen enge Beziehungen. Es fällt jedoch auf, daß die in Abbildung 9 als ungerichtete Kanten dargestellten Beziehungen des Entity Relationship-Diagramms sich vollkommen von den in Abbildung 8 informell dargestellten, gerichteten Informationsableitungen unterscheiden. Die Unterschiedlichkeit resultiert daraus, daß im Entity Relationship-Modell keine Ableitungsbeziehungen dargestellt werden können, sondern Referenzbeziehungen:

- "Aggregierter Kapazitätsbedarf", "Kapazitätsangebot" und "Kapazitätsvergleich" referenzieren sämtlich "Werkskalender" und "Maschine", weil ihre Eigenschaften die Dimension "pro Zeitraum und pro Maschine" haben.
- "Verursachergerechter Kapazitätsbedarf" referenziert "Werkskalender", "Maschine" und "Produkt", weil seine Eigenschaften die Dimension "pro Zeitraum pro Maschine pro Erzeugnis" haben.
- "Arbeitsplan" und "Mengenübersichtsarbeitsplan" referenzieren "Baugruppe/Produkt" und "Maschine", weil ihre Eigenschaften die Dimension "pro Erzeugnis pro Maschine" haben. Erzeugnis kann in diesem Fall ein Produkt oder eine Baugruppe sein.
- "Stückliste" referenziert "Baugruppe/Produkt" und "Baugruppe/Teil", weil die Eigenschaften der Stückliste die Dimension "pro Erzeugnis pro Teil" haben.

Erzeugnis kann ein Produkt oder eine Baugruppe sein, Teil kann ein Teil oder eine Baugruppe sein.

- "Produktionsprogramm" referenziert "Produkt" und "Werkskalender", weil seine Eigenschaften die Dimension "pro Erzeugnis pro Zeitraum" haben.

Das Entity Relationship-Modell ist das am häufigsten benutzte konzeptionelle Modell [z.B. Batini/Ceri/Navathe 1992, S.30; Scheer/Hars 1992, S.166; Rauh 1992, S.295] und liegt fast allen Konzepten und Werkzeugen zur konzeptionellen Modellierung zugrunde. Obwohl abgeleitete Informationsobjekte unter bestimmten Bedingungen in das konzeptionelle Schema einbezogen werden müssen, können sie im Entity Relationship-Modell zumindest bei oberflächlicher Betrachtung und in der Standard-Notation offensichtlich nur unzureichend (d.h. unter Verlust ihrer "Ableitungssemantik") modelliert werden. Eine Untersuchung von Hull/King zeigt, daß von allen Typen von Schemaelementen abgeleitete Informationsobjekte in konzeptionellen Modellen am seltensten behandelt werden [Hull/King 1987, S.231]. Diese Untersuchung stellt einen Beitrag dar, um die Diskrepanz zu verringern, die daraus resultiert, einerseits die Notwendigkeit der konzeptionellen Modellierung der Informationsableitung anzuerkennen und andererseits keine Konzepte und Modelle anbieten zu können, um Informationsableitung konsequent in die Entwicklung betrieblicher Anwendungssysteme einzubeziehen.

2.2.3 Implementierung der Informationsableitung

Im konzeptionellen Schema können abgeleitete Informationsobjekte als logisch redundante Elemente interpretiert werden, da sie auf Grundlage der nicht-abgeleiteten Informationsobjekte durch Ableitungsregeln erzeugt werden können. Logisch redundante Informationen müssen jedoch nicht unbedingt auch physisch redundant implementiert werden. Vielmehr stehen unabhängig von den Entscheidungsgründen, die der konzeptionellen Modellierung zugrunde liegen, für die Implementierung der Informationsableitung in relationalen Datenbanksystemen immer zwei Alternativen zur Verfügung: [Adiba/Lindsay 1980, S.87; Adiba 1981, S.293; Wiederhold 1986, S.44][8]

1. **Virtualisierung**: Abgeleitete Informationsobjekte werden durch eine relationale Sicht (d.h. in Form einer virtuellen Tabelle) implementiert. Obwohl eine vir-

[8] Rauh unterscheidet zusätzlich die Virtualisierung abgeleiteter Daten (d.h. Speicherung originärer Daten und Ableitungsregeln) und die Virtualisierung originärer Daten (d.h. Speicherung abgeleiteter Daten und inverser Ableitungsregeln). [Rauh 1992, S.294] Diese Unterscheidung hat auf die Auswahl einer Implementierungsalternative jedoch keinen Einfluß. Da für die Vorwärts-Informationsableitungen betrieblicher Anwendungssysteme nicht immer eine inverse Rückwärts-Ableitungsregel formuliert werden kann (ein Beispiel ist die Ableitung des Mengenübersichtsarbeitsplans), wird im folgenden nur die Virtualisierung abgeleiteter Daten betrachtet.

tuelle Tabelle bis auf wenige Ausnahmen[9] wie eine physische Tabelle benutzt werden kann, werden nicht ihre Inhalte, sondern lediglich ihre Erzeugungsregel (d.h. die Ableitungsregel) physisch gespeichert. Beim Zugriff auf eine relationale Sicht wird die Erzeugungsregel in die jeweilige Auswertungsoperation eingearbeitet, um eine kombinierte Auswertungsoperation auf die Tabellen zu generieren, auf denen die Sicht basiert.[10] Die Informationsobjekte, die als relationale Sicht implementiert werden, werden nicht physisch gespeichert, sondern bei jedem Zugriff erneut regenerativ abgeleitet. Sie sind deshalb jederzeit mit dem Rest der Datenbasis konsistent. Die wiederholte Regenerierung abgeleiteter Informationsobjekte stellt allerdings eine erhebliche Ressourcenbelastung dar. Dies ist insbesondere dann der Fall, wenn in vielstufigen Ableitungshierarchien Sichten auf der Grundlage weiterer Sichten definiert werden und häufige Zugriffe auf die abgeleiteten Informationsobjekte erfolgen.

2. **Replizierung**: Abgeleitete Informationsobjekte werden durch einen Schnappschuß (d.h. in Form einer physischen Tabelle) implementiert. Obwohl auch einem Schnappschuß eine Erzeugungsregel zugrundeliegt, wird nicht nur diese Regel, sondern auch ihr Ergebnis gespeichert. Der Schnappschuß kann mit einigen Ausnahmen[11] wie eine relationale Sicht benutzt werden. Der Zugriff auf den Inhalt eines Schnappschusses kann jedoch sehr effizient erfolgen, da nicht immer der gesamte Ableitungspfad regeneriert werden muß und da der physische Zugriff auf die Schnappschußinhalte anders als bei einer relationalen Sicht optimiert werden kann. Da Änderungen der dem Schnappschuß zugrunde liegenden Informationsobjekte nur in bestimmten zeitlichen Abständen in den Schnappschuß propagiert werden, ist der Inhalt des Schnappschusses u.U. sehr bald nicht mehr mit dem Rest der Datenbasis konsistent. Für jeden Schnappschuß muß untersucht werden, welcher Auffrischungszyklus angemes-

---

[9] Falls die Erzeugungsregel einen Verbund, eine Doublettenunterdrückung oder eine Gruppierung enthält, ist keine Manipulation der Tupel der Sicht möglich. Falls eine Spalte der Sicht durch eine Funktion berechnet wird, können die Werte dieser Spalte ebenfalls nicht manipuliert werden. In allen anderen Fällen handelt es sich um eine "Row-and-Column-Subset View" [Date 1986, S.181] der zugrunde liegenden Tabellen. Wenn auf den gesamten Primärschlüssel projiziert wurde, können Manipulationen der Tupel der Sicht in diesen Fällen automatisch in Manipulationen der zugrunde liegenden Tabellen umgewandelt und dort konsistent vorgenommen werden [Date 1986, S.178-182; Dayal/Bernstein 1982; Elmasri/Navathe 1989, S.200].

[10] Da relationale Sichten auch auf der Grundlage anderer relationaler Sichten definiert werden können, wird dadurch eine Rückwärtsverkettung von Ableitungsregeln realisiert.

[11] Für die Tupel eines Schnappschusses werden jegliche Manipulationen verboten, weil dieser oft zum "Einfrieren" eines bestimmten Zustands der Datenbasis benutzt wird [Adiba/Lindsay 1980, S.87; Adiba 1981, S. 294; Lindsay et al. 1986, S.53]. Wenn durch geeignete Maßnahmen die konsistente Propagation von Manipulationen des Schnappschusses in die zugrunde liegenden Tabellen gesichert werden kann, lassen sich die Tupel eines Schnappschusses jedoch theoretisch mit den gleichen Einschränkungen manipulieren, die auch für eine Sicht gelten [Adiba/Lindsay 1980, S.89].

sen ist und ob der Inhalt des Schnappschusses inkrementell oder regenerativ aktualisiert werden soll.

Während die Modellierung und Implementierung relationaler Sichten in der Literatur ausführlich behandelt wird [z.B. zum Updateverhalten und zur Implementierung Bancilhon/Spyratos 1981; Paolini/Zicari 1984; Gottlob et al. 1988 sowie zur Spezifikation Storey 1988; Batini/Ceri/Navathe 1992, S.86-188], ist der Modellierung und Implementierung von Schnappschüssen bisher wesentlich geringere Aufmerksamkeit zuteil geworden. Eine detaillierte Behandlung dieser Thematik findet sich z.B. in [Adiba/Lindsay 1980], [Adiba 1981] und [Lindsay et al. 1986].

2.2.3.1 Kriterien zur Auswahl einer Implementierungsalternative

Die Entscheidung für eine Implementierungsalternative orientiert sich an den folgenden Argumenten:

- **Erhaltung der Konsistenz**: Relationale Sichten sind Schnappschüssen vorzuziehen, da ihre Inhalte zu allen Zeiten konsistent sind, die Konsistenz nicht künstlich hergestellt werden muß und dann auch nur für einen ex ante unbekannten, häufig nur kurzen Zeitraum gegeben ist. Dieses Argument ist umso stärker, je häufiger Manipulationen in den der Ableitung zugrunde liegenden Tabellen zu erwarten sind und je komplexer die abzubildenden Ableitungsbeziehungen sind.

- **Belastung der Rechnerressourcen**: Schnappschüsse sind relationalen Sichten vorzuziehen, da die physische Speicherung der abgeleiteten Informationsobjekte einen schnellen, optimierbaren Zugriff erlaubt und der Ableitungsvorgang bei wiederholten Zugriffen nicht jedes Mal wiederholt werden muß. Dieses Argument ist umso stärker, je größer die der Ableitung zugrunde liegenden Tabellen sind und je häufiger ein Zugriff auf die abgeleiteten Informationsobjekte erfolgt [Paton et al. 1993, S.55].

  Ein wichtiger Aspekt der Ressourcennutzung ist jedoch auch der Ressourcenverbrauch zur Erhaltung der Konsistenz: Während für relationale Sichten in dieser Hinsicht kein Aufwand anfällt, stellt die Auffrischung von Schnappschüssen besonders dann, wenn keine inkrementelle Auffrischung möglich ist (d.h. wenn der gesamte Schnappschuß regeneriert werden muß), eine erhebliche Systembelastung dar. Der Vorteil der relationalen Sicht ist umso größer, je häufiger eine Auffrischung des Schnappschusses stattfinden müßte, d.h. je häufiger Manipulationen in den der Ableitung zugrunde liegenden Tabellen zu erwarten sind. Schnappschüsse können in dieser Hinsicht nur "konkurrenzfähig" sein, wenn eine inkrementelle Auffrischung modelliert und implementiert werden kann. Ein "Kostenvergleich" der verschiedenen Auffrischungsstrategien für Schnappschüsse findet sich bei [Lindsay et al. 1986, S.59].

Zusammenfassend ist im Hinblick auf die Ressourcennutzung ein Schnappschuß mit inkrementeller Auffrischung einer relationalen Sicht und diese wiederum einem ausschließlich regenerativ auffrischbaren Schnappschuß vorzuziehen. Je weniger Manipulationen auftreten, umso vorteilhafter werden relationale Sichten. Je größer die Tabellen werden und je häufiger auf die abgeleiteten Informationsobjekte zugegriffen wird, umso vorteilhafter werden Schnappschüsse.

- **Flexibilität**: Schnappschüsse sind relationalen Sichten vorzuziehen, da sie ohne zusätzliche Komplikationen die Einbeziehung nicht-abgeleiteter Attribute in abgeleitete Objekte sowie abgeleiteter Attribute in nicht-abgeleitete Objekte erlauben. Die Einbeziehung nicht-abgeleiteter Attribute in relationale Sichten sowie abgeleiteter Attribute in physische Tabellen erfordert die Implementierung jeweils einer zusätzlichen, in die Erzeugungsregel einfließenden Basistabelle. Dieses Argument ist umso stärker, je öfter nicht-abgeleitete Attribute und abgeleitete Attribute in einem Informationsobjekt zusammen auftreten. Leider können die Inhalte von Schnappschüssen genauso wie relationale Sichten im Normalfall nicht direkt manipuliert werden. Die Nachteile beider Implementierungsalternativen sind umso größer, je öfter die Notwendigkeit besteht, abgeleitete Informationsobjekte manipulieren zu müssen.
- **Systementwicklung**: Relationale Sichten sind Schnappschüssen vorzuziehen, da die direkte Bindung einer (Erzeugungs-)Regel an eine Datenstruktur eine sehr viel einfachere Implementierung erlaubt als die künstliche Verknüpfung von Auffrischungsprozeduren, auslösenden Ereignissen, Quelltabellen und Zieltabellen. Relationale Sichten können als eine unmittelbare, ganzheitliche, lediglich nicht rekursive Implementierung von Ableitungsregeln mit Hilfe eines standardisierten Unterstützungssystems angesehen werden [Bayer 1985, S.2]. Dieses Argument ist umso stärker, je komplexer die in einem Anwendungssystem zu modellierenden Ableitungshierarchien sind und je größere Nachteile die Zersplitterung der Anwendungsregeln in unterschiedliche Implementierungskonstrukte damit hätte.

2.2.3.2 Implementierung der Kapazitätsterminierung

Beim Kapazitätsterminierungsproblem liegen hinsichtlich dieser Argumente die folgenden Ausprägungen vor:

- **Erhaltung der Konsistenz**: Für Maschinen, Produkte, Baugruppen, Stücklisten und Arbeitspläne treten Manipulationen nur aufgrund konstruktiver Änderungen, Sortimentsänderungen und Kapazitätsanpassungen (d.h. eher selten) auf. Das "Tagesgeschäft" der Produktionsprogrammplanung äußert sich dagegen in Form permanenter Manipulationen des Produktionsprogramms sowie häufiger Manipulationen des Werkskalenders. Als Folge dieser Manipulationen sind auch das Kapazitätsangebot und die verschiedenen Erscheinungsformen des Kapazitätsbedarfs anzupassen. Wegen der Häufigkeit von Änderungen und der Mehrstufigkeit der betroffenen Ableitungsbeziehungen sind **relationale Sichten** generell Schnappschüssen vorzuziehen. Wenn allerdings durch geeignete Maßnahmen sichergestellt werden kann, daß jede zulässige Datenmanipulation konsistent in alle betroffenen abgeleiteten Informationsobjekte propagiert werden kann, hat die Replizierung im Hinblick auf die Konsistenzerhaltung gegenüber der Virtualisierung keine Nachteile mehr. In diesem Fall ist allerdings der Aufwand für die Modellierung der Propagierungsmechanismen sowie der bei relationalen Sichten nicht anfallende Aufwand zur Manipulation abgeleiteter Informationsobjekte zu berücksichtigen.

- **Belastung der Rechnerressourcen**: In der Kapazitätsterminierung ist mit einer Vielzahl von Zugriffen auf große Tabellen zu rechnen: Auf der Grundlage eines Planungshorizonts von ca. 18 Monaten (75 Wochen) können bei variantenreicher Fertigung leicht 15000 Produktionsprogrammpositionen erreicht werden, die bei durchschnittlich 30 Arbeitsplanpositionen pro Produkt bereits in der ersten Auflösungsstufe zu 450000 verursachergerechten Kapazitätsbedarfen führen. Die wegen der Einplanung bzw. Stornierung großer Kundenaufträge oder als Reaktion auf Marktentwicklungen permanent notwendigen Programmänderungen erfordern häufige und umfangreiche Neu-Ableitungen, so daß Kapazitätsbedarfe nur durch relationale Sichten oder Schnappschüsse mit inkrementeller Auffrischung effizient implementiert werden können. Da jede Programmänderung aber zunächst durch Simulation der zu erwartenden Kapazitätsbedarfe geprüft werden muß, ist mit häufigen Zugriffen zu rechnen, so daß eine Implementierung durch relationale Sichten ausscheidet und **Schnappschüsse** benutzt werden müssen.
- **Flexibilität**: Maschinen haben als nicht-abgeleitete Informationsobjekte neben nicht-abgeleiteten Attributen (z.B. Maximalkapazität) auch abgeleitete Attribute (z.B. Durchschnittsauslastung). Verursachergerechte Kapazitätsbedarfe haben als abgeleitete Informationsobjekte neben abgeleiteten Attributen (z.B. Kapazitätsbedarf) auch nicht-abgeleitete Attribute (z.B. Reservierung für Kundenauftrag). Außerdem ist es notwendig, im Rahmen des Kapazitätsabgleichs Kapazitätsbedarfe direkt zu manipulieren (z.B. Zuordnung zu einer anderen Periode), um ein kapazitativ zulässiges Produktionsprogramm zu finden. Nur **Schnappschüsse** lassen diese Gestaltungsmöglichkeiten zu, so daß relationale Sichten zur Implementierung abgeleiteter Informationsobjekte der Kapazitätsterminierung nicht in Frage kommen.
- **Systementwicklung**: Einerseits würde die Implementierung durch relationale Sichten wegen der Notwendigkeit zur Einrichtung zusätzlicher Basistabellen zu komplexeren und damit fehleranfälligeren und schlechter überschaubaren Im-

plementierungen führen. Andererseits würde die Vielzahl der zu implementierenden Ableitungsbeziehungen zu einem unkontrollierten Nebeneinander einer großen Zahl von Auffrischungsprozeduren, Quell- und Zieltabellen führen. Beide Implementierungsalternativen führen hier zu unbefriedigenden Ergebnissen. Wenn es gelänge, die verschiedenen Datenbankobjekte zur Konsistenzerhaltung von Schappschüssen auf der Grundlage eines integrativen konzeptionellen Modells in automatisierter Form zu implementieren, wäre die Replizierung der Virtualisierung vorzuziehen.

Zusammenfassend erscheint im Fall der Kapazitätsterminierung für die betrachteten Informationsableitungen eine Implementierung durch Schappschüsse wegen größerer Flexibilität und (unter der Voraussetzung inkrementeller Auffrischungsprozeduren) auch wegen geringerer Belastung der Rechnerressourcen der Implementierung durch relationale Sichten überlegen. Im Hinblick auf die permante Erhaltung der Konsistenz und im Hinblick auf die Systementwicklung haben jedoch auch Schnappschüsse erhebliche Defizite bzw. erzeugen genauso viele Probleme wie relationale Sichten.

2.2.3.3 Materialisierte Sichten

Offensichtlich kann die Informationsableitung weder durch relationale Sichten noch durch Schnappschüsse gleichzeitig konsistent, effizient, flexibel sowie im Hinblick auf die Systementwicklung effektiv und wartungsfreundlich implementiert werden. Wenn auch die Vorteile der Replizierung überwiegen, sind Wartungs- und insbesondere Konsistenzerhaltungsprobleme erheblichen Umfangs zu erwarten, wenn die Replizierung in Form von Schnappschüssen erfolgt. Um im Hinblick auf Konsistenzerhaltung, Ressourcenbelastung, Flexibilität und Systementwicklung allen Anforderungen zu genügen, muß die Implementierung der Informationsableitung folgende Eigenschaften haben:

- Abgeleitete Informationsobjekte werden zur Optimierung des physischen Zugriffs repliziert
- Auffrischungsmechanismen werden durch wenige Elemente des konzeptionellen Modells impliziert und können auf dieser Grundlage in möglichst automatisierter Form implementiert werden
- Datenmanipulationen werden innerhalb der jeweiligen Transaktion unmittelbar, inkrementell und u.U. mehrstufig in alle betroffenen abgeleiteten Informationsobjekte propagiert

Ziel eines geeigneten Implementierungskonzepts ist es damit, auf der Grundlage eines integrierten konzeptionellen Modells die Konsistenz replizierter Informationen dynamisch und effizient durch Konstrukte zu erhalten, die in automatisierter Form implementiert werden können.

Durch materialisierte Sichten ("Materialized Views" [Blakeley et al. 1986, S.61]) können die Konsistenzvorteile relationaler Sichten mit den Effizienzvorteilen von Schnappschüssen verbunden werden. Materialisierte Sichten sind replizierte physische Tabellen, deren Inhalt nicht in regelmäßigen Zeitabständen, sondern ereignisgesteuert bei jeder Manipulation einer der zugrunde liegenden Tabellen inkrementell aktualisiert wird [Eswaran 1976, S.8; Blakeley et al. 1986, S.61-62]. Durch diese Form der Implementierung wird die Zugriffseffizienz einer replizierten Speicherung mit der permanenten Konsistenz virtualisierter Speicherung kombiniert, ohne daß der Nachteil der Replizierung (Inkonsistenz) oder der Virtualisierung (Ineffizienz) in Kauf genommen werden muß. Auf der Implementierungsebene entspricht eine materialisierte Sicht der Zusammenfassung einer physischen Tabelle und eines Satzes entsprechender Aktualisierungstrigger.

Als Trigger wird eine Prozedur oder Funktion bezeichnet, die durch ein Laufzeitsystem bei Eintritt eines Ereignisses automatisch ausgelöst wird und die Einhaltung einer bestimmten Bedingung ggf. durch Vornahme entsprechender Aktionen erzwingt [Eswaran 1976, S.5]. Für die Implementierung materialisierter Sichten ist es ausreichend, Trigger bei Löschung, Einfügung oder Änderung bestimmter Informationsobjekte auszulösen und Aktionen in Form von Löschungen, Einfügungen oder Änderungen anderer Informationsobjekte vorzunehmen.[12]

Sind Trigger definiert worden, wird der Kontrollfluß einer Anwendung nicht mehr deterministisch zur Entwicklungszeit festgelegt, sondern ergibt sich ereignisgesteuert zur Laufzeit. [Eswaran 1976, S.14] Triggersysteme umfassen Prozeduren zur Erkennung von Ereignissen, zur Auslösung entsprechender Aktionen und zur Synchronisation logisch paralleler Ereignisverarbeitung. Als Standardsoftware werden Triggersysteme unabhängig von Datenbanksystemen (z.B. Oracle Runform [Oracle 1994]), als integrierte Komponenten relationaler Datenbanksysteme (z.B. Oracle 7 [Oracle 1992c]) oder als Ergänzung objektorientierter Datenbanksysteme (z.B. SAMOS, HiPAC, EXACT [Paton et al. 1993, S.48-50]) angeboten. Für die kommerzielle Systementwicklung sind aus Gründen der Investitionssicherheit (Standardisierung, Verbreitung) zur Zeit jedoch nur die ersten beiden Alternativen von Interesse. In dieser Untersuchung steht die Konsistenz der Datenbasis im Mit-

[12] Eine allgemeinere Definition für Trigger findet sich in [McCarthy/Dayal 1989, S.218]. Dort können beliebige Anwendungsereignisse einen Trigger auslösen, und dieser kann beliebige Anwendungsfunktionen ausführen. Solche allgemeinen Trigger finden sich in "aktionsorientierten" bzw. "ereignisorientierten" Büro- und CIM-Anwendungssystemen, wo sie zum Teil sogar den Charakter von Nachrichten haben (z.B. [Kendler 1982, S.255; Berthold 1983, S.20; Hofmann 1988, S.7; Jablonski et al. 1991, S.15-16]). Eine ausführliche Klassifikation möglicher Triggervarianten findet sich bei Paton et al. [Paton et al. 1993, S.41-46]: Neben verschiedenen Definitionen von Ereignissen, Bedingungen und Aktionen umfaßt dieses Klassifikationsschema auch verschiedene Varianten der Ausführung und Verwaltung von Triggern.

telpunkt, so daß ein Triggersystem vorgezogen wird, das eine integrierte Komponente des Datenbanksystems bildet.

Es ist nicht sinnvoll, Anwendungssysteme ohne vorherige Analyse und Spezifikation zu implementieren. Das trifft besonders für materialisierte Sichten zu, weil dort die Semantik der Informationsableitung im implementierten System nicht zentral gespeichert wird, sondern in den verschiedenen Propagierungstriggern repliziert werden muß. Einer Implementierung der Informationsableitung durch materialisierte Sichten muß deshalb eine konzeptionelle Modellierung vorausgehen. Die konzeptionellen Pendants abgeleiteter Relationen bzw. Attribute sind abgeleitete Informationsobjekte. Die konzeptionellen Pendants von Propagierungstriggern werden als erweiterte Konsistenzbedingungen [Eswaran 1976, S.4; Gertz/Lipeck 1994, S.207], invariante Beziehungen [Morgenstern 1983, S.37], Produktionsregeln [Widom/Finkelstein 1990, S.259] oder Ableitungsregeln [Winter 1994a, S.61] bezeichnet. Die eher statische oder eher dynamische Benennung macht dabei erneut die unterschiedlichen Interpretationen der Informationsableitung deutlich.

Die Implementierung abgeleiteter Relationstypen aus abgeleiteten Informationsobjekten entspricht dem entsprechenden Vorgehen für nicht-abgeleitete Informationsobjekte und kann auf einfache Weise automatisiert werden. Aber auch aus formal beschriebenen Ableitungsregeln können entsprechende Propagierungstrigger in automatisierter Form generiert werden [Ceri/Widom 1990, S.566; Winter 1994a, S.66-70; Gertz/Lipeck 1994, S.216]. Wenn die Propagierungstrigger korrekt (d.h. unumgehbar und unmittelbar) ausgelöst werden, wenn die propagierten Manipulationen über beliebig viele Stufen hinweg selbst wieder Propagierungstrigger auslösen können (Kaskadierung[13]) und wenn alle Propagierungen vom Datenbanksystem als Teile der jeweiligen Transaktion und nicht etwa als eigene Transaktionen interpretiert werden[14], dann stellen Hierarchien materialisierter Sichten ein geeignetes Konstrukt zur Implementierung der Ableitungshierarchien des konzeptionellen Schemas dar.

---

[13] In komplexen Systemen können nicht alle Propagierungen einstufig vorgenommen werden. Die Manipulationen, die Propagierungstrigger vornehmen, müssen deshalb selbst weitere Propagierungstrigger auslösen können. Im Extremfall muß ein Trigger auf diese Weise sich selbst erneut auslösen können [Eswaran 1976, S.12-13]. Um die Gefahr von Endlosschleifen auszuschließen, sollte die Schachtelungstiefe (d.h. die Zahl der Kaskadierungen) begrenzt werden [Dittrich et al. 1985, S.81].

[14] Es muß möglich sein, beim Auftreten von Endlosschleifen oder beim Fehlschlag einzelner Propagierungen die Gesamtheit aller direkten und indirekten Manipulationen rückgängig zu machen [Dittrich et al. 1985, S.82].

Um einen direkten Vergleich materialisierter Sichten mit relationalen Sichten und Schnappschüssen zu ermöglichen, werden im folgenden ihre Ausprägungen im Hinblick auf die bereits weiter oben benutzten Kriterien untersucht:

- **Erhaltung der Konsistenz**: Unter den genannten Bedingungen sind die Inhalte materialisierter Sichten nach jeder Transaktion konsistent. Wenn die auslösende Datenmanipulation propagiert werden konnte und die Propagierungstrigger die jeweilige Informationsableitung korrekt implementieren, sind die Datenmanipulationen in alle abgeleiteten Informationsobjekte fortgeschrieben worden. Wenn die auslösende Datenmanipulation nicht propagiert werden konnte (d.h. durch Trigger zurückgewiesen wurde oder zu einer fehlerhaften Propagierung führte), wird die gesamte Transaktion zurückgenommen, und alle Informationsobjekte befinden sich wieder in ihrem ursprünglichen, konsistenten Zustand. Materialisierte Sichten sind im Hinblick auf die Konsistenzerhaltung mit relationalen Sichten vergleichbar und Schnappschüssen deutlich überlegen.
- **Belastung der Rechnerressourcen**: Wenn materialisierte Sichten zur Implementierung abgeleiteter Informationsobjekte benutzt werden, werden auch diese in physischen Tabellen gespeichert, so daß der Zugriff physisch optimiert werden kann und nicht bei jedem Zugriff eine Regenerierung erfolgen muß. Materialisierte Sichten erfordern genauso wie Schnappschüsse wesentlich mehr Speicherplatz als normale (d.h. virtuelle) relationale Sichten. Während die Informationsableitung für relationale Sichten bei jedem Zugriff mehr oder weniger inkrementell[15] und bei Schnappschüssen regelmäßig und (im Normalfall) regenerativ erfolgt, wird sie in materialisierten Sichten bei jeder Datenmanipulation inkrementell durchgeführt. Materialisierte Sichten sind im Hinblick auf die Ressourcenbelastung beim Zugriff mit Schnappschüssen vergleichbar und relationalen Sichten deutlich überlegen. Im Hinblick auf die Ressourcenbelastung bei Manipulationen sind relationale Sichten gegenüber materialisierten deutlich und Schnappschüsse leicht im Vorteil.
- **Flexibilität**: Da materialisierte Sichten sich auf Implementierungsebene von physischen Tabellen nur dadurch unterscheiden, daß bestimmte Datenbanktrigger ihren Inhalt ereignisgesteuert aktualisieren, können sie als allgemeines Konzept betrachtet werden, durch das sowohl abgeleitete wie auch nicht-abgeleitete Informationsobjekte implementiert werden können. Eine

---

15 "Mehr oder weniger" soll bedeuten, daß zwar prinzipiell nur solche virtuellen Tupel erzeugt werden, die durch die Zugriffsoperation auf die Sicht auch wirklich angefordert werden. Durch die eventuelle Einbindung einer Vielzahl weiterer Sichtendefinitionen und in bestimmten Sonderfällen (z.B. Doublettenunterdrückung, Sortierung) werden aber große Mengen temporärer Zwischenergebnisse erzeugt, die im Extremfall sogar der Gesamtmenge der Tupel der jeweiligen Sichten entsprechen können.

physische Tabelle kann durchaus als materialisierte Sicht betrachtet werden, für deren Inhalte es keine Aktualisierungstrigger gibt. Da sich "normale" Tabellen von materialisierten Sichten nur durch das Fehlen von Aktualisierungstriggern unterscheiden, können durch Variation der Aktualisierungstrigger beliebige Mischformen erzeugt werden. Eine "reine" materialisierte Sicht zeichnet sich dadurch aus, daß alle Eigenschaften des repräsentierten Informationsobjekts abgeleitet sind und deshalb für jedes Attribut ein Aktualisierungstrigger existiert.[16] Eine "reine" physische Tabelle zeichnet sich andererseits dadurch aus, daß für keine Eigenschaft des repräsentierten Informationsobjekts ein Aktualisierungstrigger existiert. Je mehr Eigenschaften eines Informationsobjekts abgeleitet werden können, desto mehr Aktualisierungstrigger sind zu definieren, und desto mehr hat die Implementierung dieses Informationsobjekts den Charakter einer materialisierten Sicht. Materialisierte Sichten sind im Hinblick auf die Flexibilität mit Schnappschüssen vergleichbar und sind relationalen Sichten deutlich überlegen.

- **Systementwicklung**: Wenn die Komponenten einer materialisierten Sicht (d.h. die physische Tabelle und alle betreffenden Propagierungstrigger) in automatisierter Form auf der Grundlage einer integrierten konzeptionellen Spezifikation erzeugt werden können[17], sind materialisierte Sichten sowohl relationalen Sichten wie auch Schnappschüssen überlegen. Wenn das nicht der Fall ist, wären relationale Sichten oder Schnappschüsse vorzuziehen, weil die Semantik der Informationsableitung in materialisierten Sichten über mehrere Implementierungsobjekte verteilt werden muß.

Zusammenfassend vereinigen materialisierte Sichten unter bestimmten Voraussetzungen nicht nur die Vorzüge relationaler Sichten mit den Vorzügen von Schnappschüssen, sondern haben auch zusätzliche Vorteile, die keines der beiden anderen Konzepte hat. Der Nachteil höherer Ressourcenbelastung durch permanente, kaskadierende Propagierung von Manipulationen dürfte im Normalfall durch geringere Ressourcenbelastung beim Zugriff auf abgeleitete Informationsobjekte ausgeglichen werden. Es ist lediglich dafür zu sorgen, daß die

---

[16] Anstelle des Implementierungskonzepts "Aktualisierungstrigger" könnte hier auch das Modellierungskonzept "Ableitungsregel" oder das noch allgemeinere Konzept "Datenbankprozedur" [Stonebraker et al. 1987, S.351-356] genannt werden. Während Aktualisierungstrigger für nicht-identifizierende Eigenschaften die Existenz eines Informationsobjekts nicht berühren, können Aktualisierungstrigger für identifizierende Eigenschaften zur Einfügung bzw. Löschung von Informationsobjekten führen. Dieser Unterschied bietet sich zur Unterscheidung abgeleiteter und nicht-abgeleiteter Informationsobjekte an.

[17] Morgenstern spricht von einer "executable interpretation" der "semantic expression of database constraints" [Morgenstern 1983, S.35]. Dittrich et al. gehen nicht soweit, die dynamische Konsistenzsicherung zu implizieren, sondern streben zunächst eine Parametrisierung von Konsistenzbedingungen an [Dittrich et al. 1985, S.89].

Ableitungsregeln nicht manuell und unkontrolliert in einer Vielzahl von Propagierungstriggern repliziert werden müssen, sondern daß die Trigger auf der Grundlage eines konzeptionellen Modells der Informationsableitung in möglichst automatisierter Form generiert und gewartet werden können.

Nicht zuletzt eröffnen materialisierte Sichten auch die Möglichkeit, durch Invertierung der Ableitungsregeln (und Implementierung entsprechender Propagierungstrigger) abgeleitete Informationsobjekte genauso manipulieren zu können wie nicht-abgeleitete Informationsobjekte [Morgenstern 1983, S.34] und damit den Schreibschutz zu überwinden, der für fast alle relationalen Sichten und alle Schnappschüsse gilt und die Systementwicklung stark einschränkt. Natürlich ist eine solche Vorgehensweise nur sinnvoll, wenn die Semantik der Ableitungsbeziehung eine Umkehrung zuläßt. *Während z.B. aus Einfügungen in "Produktionsprogramm" durchaus Einfügungen in "Produkt" bzw. "Werkskalender" abgeleitet werden können, sind Manipulationen in "Mengenübersichtsarbeitsplan" sicher nicht in "Stückliste" bzw. "Arbeitsplan" propagierbar.* Die inverse Propagierung von Datenmanipulationen auf der Grundlage von Ableitungsregeln ist eng mit der Untersuchung des Update-Verhaltens relationaler Sichten verwandt.

Im folgenden Hauptabschnitt werden zunächst die an verschiedenen Stellen angedeuteten Konsequenzen der Informationsableitung für die Systementwicklung eingehender analysiert, und Anforderungen an ein geeignetes Konzept zur Systementwicklung werden formuliert. Die folgenden Kapitel dienen dann dazu, zunächst ein konzeptionelles Modell zu entwickeln, das eine integrierte Spezifikation der Informationsableitung erlaubt, und schließlich ein Implementierungskonzept vorzustellen, auf dessen Grundlage Datenbanktrigger zur Erhaltung der Konsistenz materialisierter Sichten in automatisierter Form generiert werden können.

2.3 Konsequenzen der Informationsableitung für die Systementwicklung

Aufgrund der vollständigen Trennung implementierungsbezogener und implementierungsunabhängiger Entwicklungsaktivitäten lassen sich zunächst Konsequenzen für die konzeptionelle Modellierung und Konsequenzen für die Implementierung unterscheiden. Die Konsequenzen für die konzeptionelle Modellierungen werden sowohl im Hinblick auf die Konsistenzerhaltung wie auch im Hinblick auf die Integration struktureller und verhaltensmäßiger Systemelemente untersucht. Den Abschluß dieses Hauptabschnitts bildet eine Zusammenstellung von Anforderungen an ein integratives Konzept zur Systementwicklung. Dieser Forderungskatalog dient als Ausgangspunkt für die Entwicklung verbesserter Konzepte, die in den nächsten Kapitel vorgestellt werden.

2.3.1 Konzeptionelle Modellierung der dynamischen Konsistenzsicherung

Die Darstellung des Entity Relationship-Schemas der Kapazitätsterminierung in Abbildung 9 macht deutlich, daß von der Einbeziehung abgeleiteter Informationsobjekte Gefahren für die Konsistenz der Datenbasis ausgehen, die ohne abgeleitete Informationsobjekte nicht drohen. Eng miteinander verknüpfte oder sogar teilweise identische Informationsobjekte (z.B. *die mehrfachen Repräsentationen eines Sachverhalts in "Produkt" und "Baugruppe/Produkt"*) werden ohne jeden Bezug zueinander modelliert und sind nicht von Informationsobjekten zu unterscheiden, die nicht oder nur sehr entfernt miteinander verknüpft sind (z.B. *die durch "Werkskalender" und "Arbeitsplan" repräsentierten Sachverhalte*). Wenn ein konzeptionelles Schema keine semantischen Beziehungen (z.B. Konsistenzbedingungen) für Informationsobjekte enthält, die durch Ableitungsbeziehungen miteinander verknüpft sind, dann können auf der Grundlage dieses Schemas auch keine Propagierungstrigger generiert werden. Die Konsistenz der Datenbasis ist dann permanent gefährdet, weil unzulässige Datenmanipulationen nicht verhindert werden können bzw. weil zulässige Datenmanipulationen nicht konsistent propagiert werden können. Dieser Mangel konzeptioneller Modelle führt dazu, daß Konsistenzbedingungen und Propagierungen in späteren Phasen der Systementwicklung lokal (d.h. in einzelnen Anwendungen) repliziert werden. Diese Vorgehensweise ist nicht nur ineffizient, sondern auch gefährlich, weil dadurch unkontrollierte Redundanzen geschaffen werden. Wenn spezifische Zusammenhänge zwischen Informationsobjekten schon bei der konzeptionellen Modellierung bekannt sind, sollten diese Zusammenhänge auch im konzeptionellen Schema abgebildet werden, und ihre Modellierung und Implementierung sollte nicht auf die Anwendungsentwicklung verschoben werden.

Am Beispiel der Kapazitätsterminierung werden die Folgen der Unvollständigkeit des Entity Relationship-Modells im Hinblick auf die Informationsableitung deutlich: Von der Löschung eines Produkts sind nicht nur die direkt mit "Produkt" verknüpften Beziehungstypen, sondern fast alle anderen Typen von Informationsobjekten betroffen. Während aber die wegfallenden Positionen in "Stückliste", "Produktionsprogramm", "Arbeitsplan" und "Mengenübersichtsarbeitsplan" noch unter Benutzung des Entity Relationship-Diagramms identifiziert werden könnten, ist dies für die ebenfalls zu löschenden Objekte in "Verursachergerechter Kapazitätsbedarf" und "Aggregierter Kapazitätsbedarf" nicht möglich. Die Ableitungsbeziehung zwischen dem Produktionsprogramm und dem verursachergerechten Kapazitätsbedarf wird im Entity Relationship-Modell genauso wenig repräsentiert wie die Ableitungsbeziehung zwischen verursachergerechtem und aggregiertem Kapazitätsbedarf. Das Fehlen von Ableitungsbeziehungen im konzeptionellen Schema hat für betriebliche Anwendungssysteme besonders gravierende Auswirkungen. Die Beispiele des ersten Hauptabschnitts dieses Kapitels zeigen, daß abgeleitete Informationsobjekte in diesen Systemen in großer Zahl, in vielen verschiedenen Erscheinungsformen und oft als Teil vielstufiger Ableitungshierarchien vorkommen. Die Konsequenz für die Entwicklung betrieblicher Anwendungssysteme besteht darin, daß die gesamte Ableitungslogik nicht anwendungsübergreifend und wiederverwendbar im konzeptionellen Schema repräsentiert werden kann, sondern mühsam in jeder Anwendung repliziert werden muß.

Der Vollständigkeitsanspruch der konzeptionellen Modellierung darf deshalb nicht nur auf Objekttypen, ihre Beziehungen und ihre Attribute beschränkt werden. Die Konsistenz der Datenbasis kann nur dann konsequent und redundanzfrei gesichert werden, wenn neben den strukturellen Eigenschaften abgeleiteter Informationsobjekte auch deren Ableitungsregeln im konzeptionellen Schema abgebildet werden. Die Implizierung der dynamischen Konsistenzsicherung wird damit zu einem wichtigen Bestandteil der konzeptionellen Modellierung [Gertz/Lipeck 1994, S.207].

2.3.2 Integrierte Spezifikation struktureller und verhaltensmäßiger Systemelemente

Die Informationsableitung umfaßt strukturelle und verhaltensmäßige Elemente[18] eines Anwendungsssystems: Im konzeptionellen Modell repräsentieren abgeleitete Informationsobjekte einen Teil der strukturellen Systemelemente und Ableitungsregeln einen wichtigen Teil des Systemverhaltens. In der Implementierung repräsentieren abgeleitete Relationstypen einen Teil der strukturellen Systemelemente und Propagierungstrigger (bzw. die ihnen zugrunde liegenden Integritätsregeln) einen wichtigen Teil des Systemverhaltens [Gertz/Lipeck 1994, S.207].

Inkonsistenzen zwischen der strukturellen und der verhaltensmäßigen Sicht der Informationsableitung entstehen, wenn die strukturellen Elemente in einem Datenmodell und die verhaltensmäßigen Elemente in einem separaten Funktionsmodell abgebildet werden. Da schon die konzeptionelle Modellierung durch unterschiedliche Konstrukte erfolgt, kann die im letzten Abschnitt erhobene Forderung nach integrierter Generierbarkeit und Wartbarkeit von materialisierten Sichten und Propagierungstriggern auf keinen Fall hergestellt werden. Um unnötige Redundanzen zu vermeiden und die Informationsableitung effektiv implementieren zu können, muß die konzeptionelle Modellierung der Informationsableitung in integrierter Weise erfolgen.

Unter Integration wird dabei die Zusammenführung unterschiedlicher Aspekte eines Systems, Schemas oder Modells in gemeinsame Elemente verstanden. Inte-

---

[18] Die Unterscheidung struktureller und verhaltensmäßiger Systemelemente findet sich insbesondere in objektorientierten Ansätzen. "Objekte" vereinigen dort beide Aspekte, weil ihnen sowohl "properties" in Form von Daten(typen) wie auch "behavior" in Form von Methoden zugeordnet werden können (z.B. [Martin/Odell 1992, S.17]). In traditionellen Ansätzen zur Systementwicklung werden strukturelle Systemelemente auch als "statisch", verhaltensmäßige Systemelemente dagegen als "dynamisch" bezeichnet (z.B. [Elmasri/Navathe 1989, S.597-598]).

gration kann sich als Zusammenführung verschiedener Arten der Verwendung gleicher Daten, Zusammenführung verschiedener Ausprägungen ähnlicher Datenstrukturen, Zusammenführung verschiedener Einbindungen ähnlicher Implementierungen oder Zusammenführung verschiedener Verwendungen ähnlicher Funktionen äußern [Becker 1991, S.166-191]. Falls es gelingt, die Informationsableitung im konzeptionellen Schema in integrierter Form zu modellieren, können keine Diskrepanzen zwischen struktureller und verhaltensmäßiger Interpretation auftreten, und die daraus resultierenden Probleme wie z.B. Mehrfacharbeit, hoher Wartungsaufwand und Gefahr von Widersprüchen werden vermieden.

Im ersten Hauptabschnitt dieses Kapitels wurden die Erscheinungsformen der Informationsableitung phänomenologisch beschrieben. Ableitungsbeziehungen wurden als Modellierungs- und Implementierungsgrundlage für Verdichtung, Verfeinerung, Vererbung, Enumeration/Kombination, Simulation sowie allgemeine Funktionen und Methoden vorgestellt. Die verschiedenen Erscheinungsformen der Informationsableitung werden im folgenden im Hinblick auf die jeweiligen Besonderheiten für die Systementwicklung untersucht.

- **Verdichtung**: Aggregierte und selektierte Informationsobjekte sind nur dann sinnvoll verwendbar, wenn alle Manipulationen detaillierter Objekte sofort in die jeweils betroffenen verdichteten Objekte propagiert werden. Für Stellvertreterobjekte kann es dagegen sinnvoll sein, eine Regenerierung nur in größeren, regelmäßigen Abständen oder nur bei Eintritt bestimmter Ereignisse vorzunehmen. *Stellvertreter werden z.B. in Planungssystemen gerade deshalb eingeführt, um im Mittelfrist- und Langfristbereich stabile Programm- und Bedarfsinformationen zu gewährleisten. Darum sollte nicht jede Änderung einer Stückliste, eines Arbeitsplans oder des Auftragsmixes sofort in das betreffende Stellvertreterobjekt propagiert werden.* Da selektierte Informationsobjekte mit ihren detaillierten Pendants identisch sind und damit Zugriffe auf die abgeleiteten Objekte in die Grundmenge detaillierter Objekte "umgeleitet" werden können, erscheint eine Implementierung durch relationale Sichten attraktiv. Aggregate und Stellvertreter müssen dagegen oft mittels komplexer Regeln erzeugt werden und unterscheiden sich dann erheblich von ihren detaillierten Ausgangs-Informationsobjekten. Je komplexer die Ableitung ist, je häufiger ein Zugriff erfolgt und je seltener das verdichtete Objekt regeneriert werden muß, desto attraktiver ist hier eine replizierende Implementierung. Zwar haben verdichtete Objekte meist Auswertungscharakter, so daß sich das Problem der Zulässigkeit von Manipulationen und deren konsistenter Propagierung in die zugrunde liegenden detaillierten Informationsobjekte nur in Ausnahmefällen stellt. Wenn zwischen Informationsobjekten jedoch sowohl Verdichtungs- wie auch Verfeinerungsbeziehungen modelliert werden, ist immer die Gefahr zyklischer Ableitungsstrukturen und entsprechender Endlos-Propagierungen gegeben. *Dazu wird folgendes Beispiel betrachtet: "Wochen-Kapazitätsbedarf" wird zu "Monats-Kapazitätsbedarf" verdichtet, und "Monats-*

Kapazitätsbedarf" wird zu "Wochen-Kapazitätsbedarf" verfeinert. Eine Änderung in "Wochen-Kapazitätsbedarf" würde aufgrund der Verdichtungsregel in den entsprechenden "Monats-Kapazitätsbedarf" propagiert, und dort müßte diese propagierte Änderung eigentlich einen Trigger auslösen, der sie aufgrund der Verfeinerungsregel in "Wochen-Kapazitätsbedarf" zurückpropagiert. In solchen Fällen sollte auf die Aktivierung der weniger häufig benutzten und/oder weniger gut automatisierbaren Richtung der Informationsableitung verzichtet werden.[19] *Im Beispiel sollte untersucht werden, für welchen Objekttyp häufiger direkte Manipulationen durchgeführt werden und welche der Ableitungsregeln zu sichereren Ergebnissen führt. In Dispositionsanwendungen wird auf der Grundlage detaillierter Informationen häufiger verdichtet, so daß dort der Verfeinerungstrigger deaktiviert werden sollte. In Planungsanwendungen wird auf der Grundlage grober Informationen häufiger verfeinert, so daß in diesem Fall der Verdichtungstrigger deaktiviert werden sollte.*

- **Verfeinerung**: Da verfeinerte Informationsobjekte nicht wie z.B. Stellvertreter Stabilisierungsfunktionen übernehmen, gibt es keinen Grund, Propagierungen in verfeinerte Objekte zu verzögern. Im Gegensatz zu Verdichtungen ist es aber für Verfeinerungen sehr oft notwendig, die abgeleiteten Informationsobjekte direkt manipulieren zu können: Entweder kann nicht die gesamte Semantik der Verfeinerung durch eine Ableitungsregel implementiert werden, oder es können auf detaillierter Ebene zusätzliche Informationen zur Verfügung stehen, die auf abstrakter Ebene irrelevant waren oder abstrakten Informationsobjekten nicht zugeordnet werden konnten. *Beispielsweise hat "Monats-Produktionsprogramm" als Verdichtung von "Wochen-Produktionsprogramm" eher Auswertungscharakter, da die Monatsmengen im Normalfall nicht manipuliert werden, wenn schon eine Verfeinerung in Wochenmengen stattgefunden hat. "Tages-Produktionsprogramm" als Verfeinerung von "Wochen-Produktionsprogramm" muß aber im Kurzfristbereich direkt manipuliert werden können, um Lieferausfälle, Umplanungen oder Stornierungen zu berücksichtigen. Außerdem liegen zur tagesgenauen Festlegung der Produktionsmengen im Nahbereich mehr Informationen vor, als für die Festlegung der Wochenmengen im Mittelfristbereich genutzt werden konnten oder sollten.* Verfeinerungen müssen deshalb im Normalfall repliziert werden.

  Um die durch Manipulationen verfeinerter Informationsobjekte zu erwartenden Konsistenzprobleme beurteilen zu können, ist zwischen Verfeinerungen, die ein abstraktes Informationsobjekt ersetzen (z.B. *das Anwendungsbeispiel zur Verfeinerung im ersten Hauptabschnitt dieses Kapitels*), und Verfeinerungen, die parallel zum abstrakten Informationsobjekt existieren, zu unterscheiden. Konsistenzprobleme können im ersten Fall nicht entstehen, und die verfeinerten Informationsobjekte können deshalb beliebig manipuliert werden. Im zweiten Falls müssen Manipulationen des Ursprungsobjekts sofort in seine Verfeine-

[19] Alle Datenbanktrigger sind zwar im Normalfall aktiv, können aber bei Vorliegen entsprechender Berechtigungen auch zur Laufzeit deaktiviert und aktiviert werden [Oracle 1992a, S.4/81-4/82].

rungen propagiert werden, und Manipulationen der Verfeinerungen müssen in das Ursprungsobjekt verdichtet werden. Dieser Propagierungszyklus wurde bereits weiter oben diskutiert. Auch in diesem Fall müssen bestimmte Einschränkungen vorgenommen und bestimmte Trigger deaktiviert werden, um Endlos-Propagierungen zu vermeiden.

- **Vererbung**: Da alle Repräsentationen eines Sachverhalts in den verschiedenen Objekttypen einer Abstraktionshierarchie das Ergebnis logischer und physischer Replikation sind, müssen Manipulationen einer dieser Repräsentationen sofort in alle anderen Repräsentationen propagiert werden.

  Die Löschung allgemeiner Objekte muß durch Löschung aller entsprechenden Spezialisierungen propagiert werden. Werden spezielle Objekte gelöscht, ist eine Propagierung in entsprechende allgemeine Objekte nur notwendig, wenn die Generalisierungshierarchie vollständig sein soll. Werden allgemeine Objekte eingefügt, muß ein spezielles Objekt ebenfalls nur in vollständigen Generalisierungsbeziehungen eingefügt werden. Wenn spezielle Objekte eingefügt werden, muß ein entsprechendes allgemeines Objekt existieren. Außerdem darf eine eventuelle Disjunktheit der Generalisierungsbeziehung nicht verletzt werden. Die Disjunktheit kann ebenfalls verletzt werden, wenn ein spezielles Objekt einem anderen Subtyp zugeordnet wird.

  Abstraktionshierarchien implizieren somit ein komplexes Verhalten zur Konsistenzerhaltung. Für spezialisierte Objekte kommt nur eine replizierende Implementierung in Frage, da eigene Eigenschaften zu ererbten hinzukommen und diese sogar ersetzen können. Die Vererbungsrichtung ist eindeutig und kann in korrekten konzeptionellen Modellen nicht mit Verdichtungs- oder Verfeinerungsbeziehungen kollidieren.

- **Enumeration/Kombination**: Informationsobjekte, die durch Enumerations- oder Kombinationsregeln abgeleitet werden, leiten ihre semantische Bedeutung im Normalfall ausschließlich aus der Regelanwendung ab. Es ist also weder notwendig, für die abgeleiteten Objekte nicht-abgeleitete Eigenschaften zu verwalten, noch müssen abgeleitete Eigenschaften manipuliert werden können oder solche Änderungen gar in die erzeugenden Objekte propagiert werden können. Je nach Änderungshäufigkeit der Regeln erscheint deshalb eine Implementierung durch relationale Sichten oder Schnappschüsse geeignet. Wenn die Ableitungen sehr komplex sind, wenn sehr häufige Zugriffe erfolgen oder wenn sich die zugrundeliegenden Informationsobjekte (Stellvertreter, Stellvertretungshierarchien) sehr selten ändern, ist die Replizierung vorzuziehen. Im Gegensatz zu Stellvertretern müssen Enumerationen und Kombinationen jedoch sofort aktualisiert werden, wenn sich die zugrunde liegenden Ableitungsregeln geändert haben.

- **Simulation**: Simulierte Informationsobjekte unterscheiden sich von anderen abgeleiteten Informationsobjekten dadurch, daß sie immer in einem engen Zusammenhang mit meist identisch strukturierten, nicht simulierten Informationsobjekten stehen. Diese Strukturgleichheit legt eine Implementierung auf der Grundlage gemeinsamer Datenstrukturen nahe, so daß die Entscheidung für eine Modellierungs- und Implementierungsform nicht nur von der Semantik der Ableitungsbeziehung abhängt, sondern auch von den entsprechenden Entscheidungen für vergleichbare, nicht simulierte Informationsobjekte beeinflußt wird. Die Ableitungsbeziehungen, die simulierten Informationsobjekten zugrunde liegen, sind meist identisch mit den entsprechenden Ableitungen nicht-simulierter Informationsobjekte. Da es sich fast immer um allgemeine Funktionen und Methoden handelt, wird im Hinblick auf die Konsistenzerhaltung und das implizierte Systemverhalten auf den nächsten Aufzählungspunkt verwiesen. Eine Versionenverwaltung wäre wegen der häufigen Änderungen und der Möglichkeit eines Backtracking für Simulationen zwar besonders vorteilhaft. Wenn man von der trivialen Lösung durch Indizierung absieht, würde eine Versionenverwaltung für Simulationen (wie übrigens für alle anderen Informationsobjekte auch) eine explizite Einbindung temporaler Konstrukte erfordern.
- **Allgemeine nichtprozedurale Funktionen und Methoden**: Als explizierte Funktions- bzw. Methodenergebnisse leiten diese Informationsobjekte ihre semantische Bedeutung (genauso wie die Enumerationen/Kombinationen) ausschließlich aus der Regelanwendung ab. Es ist ebenfalls im Normalfall weder notwendig, für die abgeleiteten Objekte nicht-abgeleitete Eigenschaften zu verwalten, noch müssen abgeleitete Eigenschaften manipuliert oder solche Änderungen in die erzeugenden Objekte propagiert werden können. Deshalb erscheint auch hier eine Implementierung durch relationale Sichten sehr geeignet, solange die Ableitungen nicht zu komplex sind, Zugriffe auf Ergebnisse nicht zu häufig erfolgen und die Ausgangsdaten nicht extrem stabil sind. Ist eine der Ausnahmen gegeben, müssen Änderungen der Basisinformationsobjekte bei jeder Änderung konsistent in die abgeleiteten Objekte propagiert werden.

Die Beschreibung der verschiedenen Erscheinungsformen abgeleiteter Informationsobjekte macht deutlich, daß je nach semantischer Bedeutung der jeweiligen Ableitungsbeziehungen eine Vielzahl u.U. komplexer Verhaltensregeln und Konsistenzbedingungen impliziert wird. Die konsistente Einbeziehung der Informationsableitung in die konzeptionelle Modellierung würde deshalb ein erhebliches Integrationspotential erschließen. Die Einbeziehung von Ableitungsregeln in das konzeptionelle Modell würde dazu führen, daß ein Schema nicht nur strukturelle

Eigenschaften wie z.B. Objekttypen, Attribute, Domänen und statische Integritätsbedingungen[20] abbildet, sondern auch verhaltensmäßige Eigenschaften wie z.B. Propagierungsregeln und dynamische Integritätsbedingungen: "...the schema can be used not only for its definitional properties, but also for the pathways it provides between classes of objects. The schema becomes, in some sense, an additional dimension along which one's attention may be directed." [Morgenstern 1983, S.36.]

Eine integrierte konzeptionelle Modellierung wäre dann ihrerseits eine gute Ausgangsposition, um die Integrationspotentiale prozedural erweiterter relationaler Datenbanksysteme z.B. durch gemeinsame Generierung von Tabellenstrukturen, Integritätsbedingungen und Datenbanktriggern nutzen zu können.

2.3.3 Automatisierte Implementierung von Propagierungstriggern

Formal beschriebene konzeptionelle Schemata können regelbasiert in Schemata eines Datenmodells überführt werden: Z.B. kann ein in einer formalen ER-Syntax (siehe Hauptabschnitt 4.1) beschriebenes konzeptionelles Schema unter Benutzung bestimmter Regeln [z.B. Chen 1976, S.25-29; Elmasri/Navathe 1989, S.329-334 und S.427-434; Batini/Ceri/Navathe 1992, S.313-322; Hohenstein 1993, S.133-145] in ein Relationenschema [Codd 1970] transformiert werden, und ein in einer formalen SER-Syntax (siehe Hauptabschnitt 4.4) beschriebenes konzeptionelles Schema kann unter Benutzung bestimmter Regeln [Sinz 1987, S.184-192] in eine Menge von NF^2-Relationstypen [Schek/Scholl 1986] transformiert werden. Werden die jeweiligen Transformationsregeln in Form eines Generators implementiert, kann die Beschreibung des konzeptionellen Schemas in automatisierter Form durch Objekte des Ziel-Datenmodells implementiert werden. Der Umfang des Ziel-Datenmodells, der durch den Generator genutzt werden kann, richtet sich dabei nach dem Umfang des konzeptionellen Modells: Je umfassender die im konzeptionellen Modell repräsentierbare Semantik ist, desto vollständiger können die Implementierungskonzepte des Datenmodells genutzt werden.

Dieser Zusammenhang wird durch Abbildung 10 verdeutlicht: Entity Relationship-Schemata, die nur strukturelle Elemente wie z.B. Attribute, Entitätstypen und Beziehungstypen umfassen, werden folgerichtig auch nur in Relationenschemata transformiert, die zwar durch bestimmte Integritätsbedingungen, nicht jedoch durch prozedurale Konstrukte erweitert sind [Oracle 1989a]. Die sogar in kommerziellen relationalen Datenbanksystemen mittlerweile verfügbaren prozeduralen

[20] Die Unterscheidung statischer und dynamischer Integritätsbedingungen folgt der Trennung statischer und dynamischer Modellelemente: Während statische Integritätsbedingungen nur dann gültig sein können, wenn die Datenbasis nicht gerade modifiziert wird, beziehen sich dynamische Integritätsbedingungen ausschließlich auf den Modifikationsprozeß selbst [Elmasri/Navathe 1989, S.598].

Konstrukte wie Trigger, Schnappschüsse, Prozeduren und Klassen können durch den Generator nur genutzt werden, wenn konzeptionelle Pendants existieren und entsprechende Transformationsregeln formuliert werden können. Um eine automatisierte Implementierung konzeptioneller Schemata unter Nutzung prozeduraler Datenbankerweiterungen nutzen zu können, müssen also zunächst verhaltensmäßige Elemente in das konzeptionelle Modell eingeführt werden und dann entsprechende Transformationsregeln formuliert werden. Im Fall der Informationsableitung stellen Ableitungsregeln diese zusätzlichen Elemente des konzeptionellen Modells dar. Für Informationsableitungen, die durch materialisierte Sichten implementiert werden sollen, sind Transformationsregeln zu formulieren, die die jeweiligen Propagierungstrigger zur Konsistenzerhaltung erzeugen. Für andere Informationsableitungen sind Sichtendefinitionen oder Schnappschußdefinitionen zu erzeugen.

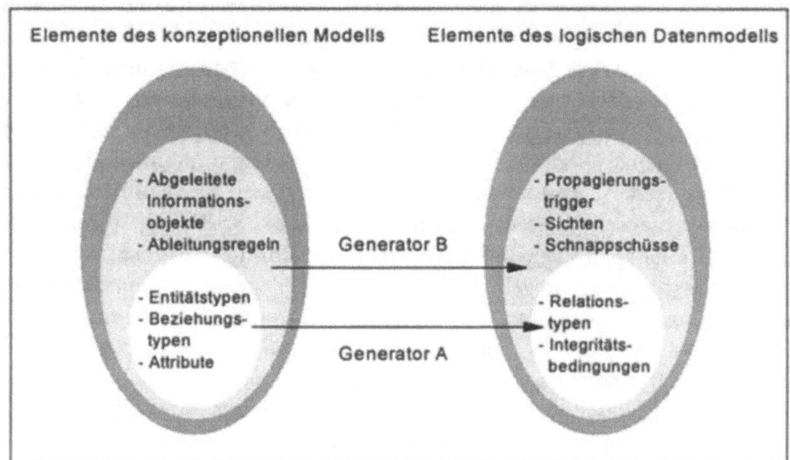

Abbildung 10: Mächtigkeit von Datenstruktur-Generatoren

Die zusätzlichen Generierungsmöglichkeiten sind damit auf die dynamische Konsistenzsicherung beschränkt. Das durch die Informationsableitung implizierte Verhalten stellt einen zwar wichtigen, aber kleinen Ausschnitt des gesamten Systemverhaltens dar. Einige andere Elemente des Systemverhaltens könnten zwar ebenfalls durch materialisierte Sichten, Schnappschüsse oder relationale Sichten implementiert werden. Diese Erweiterung der Generierungsmöglichkeiten liegt aber außerhalb der Zielsetzung dieser Untersuchung. Jedes zusätzlich generierbare Systemelement vermindert den manuellen Aufwand der Systemimplementierung und führt vor allem dazu, daß schon im Rahmen der konzeptionellen Modellierung Anwendungswissen in wiederverwendbarer und anwendungsübergreifender Form beschrieben werden kann. Dadurch wird die vermeidbare Replikation von

Anwendungsregeln mit der Folge widersprüchlicher und/oder unvollständiger Implementierungen vermieden. Die Systementwicklung wird damit effizienter, und ihr Ergebnis wird qualitativ verbessert.

2.3.4 Anforderungen an ein integratives Konzept zur Systementwicklung

Im ersten Hauptabschnitt dieses Kapitels wurde gezeigt, daß es viele Erscheinungsformen der Informationsableitung in betrieblichen Anwendungssystemen gibt und daß Informationsableitung deshalb sowohl mengenmäßig wie auch konzeptionell zu bedeutsam ist, um in der Systementwicklung ignoriert zu werden. Im zweiten Hauptabschnitt und den vorangegangenen Abschnitten dieses Hauptabschnitts wurde diskutiert, welche abgeleiteten Informationsobjekte im konzeptionellen Schema abzubilden sind und welche Implementierungsalternativen unter welchen Bedingungen vorteilhaft sind. Schließlich wurden die erweiterten Aufgaben und Potentiale beschrieben, die aus der Modellierung und Implementierung der Informationsableitung für die Systementwicklung resultieren.

Im folgenden werden die Ergebnisse dieses Kapitels in Form eines Anforderungskatalogs zusammengestellt. Dieser Katalog bildet die Grundlage eines um Informationsableitung erweiterten Konzepts zur Entwicklung betrieblicher Anwendungssysteme, das den Kern dieser Untersuchung bildet und das in den folgenden beiden Kapiteln vorgestellt wird.

- Im konzeptionellen Modell sind nicht nur Informationsobjekte, sondern auch Ableitungsregeln zu repräsentieren. Die Ableitungsregeln sind in engem Zusammenhang mit den zugrunde liegenden Informationsobjekten und den daraus abgeleiteten Informationsobjekten zu modellieren. Die enge Verknüpfung von Informationsobjekten und Ableitungsregeln sollte auch in der grafischen Notation erkennbar sein, da grafische Darstellungen konzeptioneller Schemata eine große Bedeutung als Kommunikations- und Dokumentationsgrundlage haben. Die Richtung der Informationsableitung und die wichtigsten Aspekte ihrer Semantik (z.B. Funktion/Methode oder Vererbung oder Verdichtung) muß erkennbar sein.
- Um eine Implementierung möglichst großer Teile des konzeptionellen Schemas in automatisierter Form zu ermöglichen, sind alle relevanten Aspekte der Informationsableitung formal zu beschreiben. Dazu gehören neben den Ableitungsregeln die Ereignisse, die eine Propagierung auslösen, sowie das jeweils notwendige Verhalten zur Erhaltung der Konsistenz.
- Da sowohl abgeleitete wie auch nicht-abgeleitete Informationsobjekte begriffliche Repräsentationen von Sachverhalten sind, sollte sich die Spezifikation abgeleiteter Informationsobjekte nicht mehr als unbedingt notwendig von der Spezifikation nicht-abgeleiteter Informationsobjekte unterscheiden. Unterschiede bestehen natürlich im Hinblick auf die zugrunde liegende Ableitungs-

regel, ein eventuelles Verbot von Manipulationen und Spezifikation von Bedingungen, die für die Existenz eines abgeleiteten Informationsobjekts erfüllt sein müssen.

- Für Informationsableitungen darf die konzeptionelle Modellierung die Auswahl einer bestimmten Implementierungsalternative genauso wenig einschränken oder gar vorwegnehmen wie für andere Modellelemente. Es muß insbesondere möglich sein, auf der Grundlage des integrierten konzeptionellen Modells sowohl relationale Sichten wie auch Schnappschüsse und materialisierte Sichten generieren zu können.

3 Konzeptionelle Modellierung betrieblicher Anwendungssysteme

Im vorangegangenen Kapitel wurde gezeigt, daß die Informationsableitung ein relevantes Phänomen betrieblicher Anwendungssysteme darstellt, und die sich aus dieser Tatsache ergebenden Konsequenzen für die Systementwicklung und insbesondere die konzeptionelle Modellierung wurden untersucht. In diesem Kapitel werden konzeptionelle Modelle im Hinblick auf die Abbildung der Informationsableitung analysiert, und es wird ein erweitertes Modell vorgestellt, das die weiter oben formulierten Anforderungen erfüllt.

Dazu ist es zunächst notwendig, den Stand dieser Forschungsrichtung darzustellen und die im Hinblick auf die Informationsableitung bestehenden Defizite zu verdeutlichen. Die Auswahl und Anordnung der vorzustellenden Ansätze ist nicht einfach und durchaus angreifbar, weil die konzeptionelle Modellierung durch eine große Zahl nebenläufiger Entwicklungen, die in völlig unterschiedlichen Gebieten stattfinden, gekennzeichnet ist. Aus naheliegenden Gründen steht in dieser Untersuchung zwar die Wirtschaftsinformatik im Vordergrund des Interesses, doch konzeptionelle Modelle werden auch z.B. in den Ingenieurwissenschaften, der theoretischen und angewandten Informatik, der Künstlichen Intelligenz, der Softwaretechnik und der Kognitionswissenschaft (um nur eine Auswahl zu nennen) untersucht. Die Einschränkung auf betriebliche Anwendungssysteme ist in dieser Hinsicht nicht sehr hilfreich, weil die meisten konzeptionellen Modelle ja gerade auf alle Arten von Systemen anwendbar sein sollen. Außerdem sind für betriebliche Systeme neben den Ansätzen aus dem wissenschaftlichen Bereich auch solche von Beratungsunternehmen und Softwareherstellern zu betrachten. Ein solches "Praxismodell" ist z.B. das SAP-(S)ERM [Seubert et al. 1994]. Nachdem Mitte der 70er Jahre die ersten konzeptionellen Modelle vorgestellt werden, nennen Vinek/Rennert/Tjoa schon etwa fünf Jahre später 13 Modelle [Vinek/Rennert/Tjoa 1982, S.188], und wiederum fünf Jahre später müssen Hull/King ihre Untersuchung auf 16 als "prominent" bezeichnete Ansätze beschränken [Hull/King 1987, S.231]. Weitere sieben Jahre später würde allein die Aufzählung der publizierten Modelle wohl mehrere Seiten füllen.

Die Auswahl muß sich deshalb an der Relevanz des jeweiligen Modells für die werkzeugbasierte Entwicklung betrieblicher Anwendungssysteme orientieren. Die Einschränkung auf betriebliche Anwendungssysteme folgt dabei aus der Zielsetzung dieser Untersuchung. Die Einschränkung auf Modelle, die die Grundlage kommerzieller Werkzeuge bilden, ist dagegen eine Konsequenz der Erkenntnis, daß für komplexe, integrierte betriebliche Anwendungssysteme eine manuelle konzeptionelle Modellierung weder sinnvoll noch praktikabel ist [Balzert 1985, Vorwort]. Die einzige Gruppe von Modellen, die diese Bedingungen erfüllt, sind Ansätze auf der Grundlage des Entity Relationship-Modells. Auch nach dieser Einschränkung reicht die Bandbreite zu betrachtender konzeptioneller Modelle von "reinen" Implementierungen des Entity Relationship-Modells über prozeßorientierte Erweiterungen bis zu objektorientierten Erweiterungen. Die Zielsetzung dieser Untersuchung, in Form der Informationsableitung zusätzliche Semantik in konzeptionelle Modelle betrieblicher Anwendungssysteme einzuführen, legt eine weitere Beschränkung auf Entity Relationship-Erweiterungen nahe, die dieses Ziel ebenfall implizit oder explizit verfolgen.

Den Ausgangspunkt der Untersuchungen bildet das ursprüngliche Entity Relationship-Modell. Im zweiten Hauptabschnitt werden die Ergänzungen dieses Modells zur Einbeziehung von Abstraktionsbeziehungen vorgestellt. Dabei handelt es sich fast ausschließlich um Konzepte, die zunächst als eigenständige konzeptionelle Modelle entwickelt und erst später zur Erweiterung des Entity Relationship-Modells verwendet wurden. Das Objekttypenmodell stellt zwar ebenfalls einen solchen eigenständigen Ansatz zur konzeptionellen Modellierung dar. Da im Objekttypenmodell aber Abstraktionsbeziehungen bereits einbezogen sind und der Schwerpunkt auf anderen, in das erweiterte Entity Relationship-Modell zu integrierende Konzepten liegt, wird es im dritten Hauptabschnitt vorgestellt. Das Strukturierte Entity Relationship-Modell ist zwar eine direkte Weiterentwicklung des Entity Relationship-Modells. Da es jedoch durch die explizite Einführung von Existenzabhängigkeiten eine direkte Vorstufe für die konzeptionelle Modellierung der Informationsableitung darstellt, wird es erst im vierten Hauptabschnitt vorgestellt. Die im Objekttypenmodell und im Strukturierten Entity Relationship-Modell identifizierten Schwachstellen bilden dann zusammen mit den Ergebnissen der ersten beiden Hauptabschnitte die Grundlage für das im fünften Hauptabschnitt entwickelte erweiterte Objekttypenmodell. Dieses Modell verbindet nicht nur die wichtigsten Vorzüge des Objekttypenmodells und des Strukturierten Entity Relationship-Modells, sondern erlaubt auch eine integrierte, konzeptionelle Modellierung der Informationsableitung und bildet damit die Grundlage für die im nächsten Kapitel beschriebene Formalisierung und Implementierung der Informationsableitung.

Soweit sich die Ausführungen dieses Kapitels auf publizierte Ansätze beziehen, beschränkt sich die Darstellung auf solche Aspekte, die entweder für die weiteren Ausführungen relevant sind oder die Informationsableitung betreffen. Für eine vollständige Darstellung der einzelnen Ansätze, insbesondere im Hinblick auf das jeweilige Vorgehensmodell und die Auswirkungen auf die Systementwicklung, wird auf die jeweils zitierten Originalquellen verwiesen.

3.1 Entity Relationship-Modell

Im folgenden werden zunächst die Ziele und Prinzipien des Entity Relationship-Modells skizziert. Danach werden die Modellelemente und Modellierungsregeln vorgestellt, und eine grafische Notation zur Darstellung von Entity Relationship-Schemata wird präsentiert. Da die invarianten Eigenschaften konzeptioneller Modelle eine wichtige Grundlage der Konsistenzerhaltung abgeleiteter Informationen darstellen, werden diese ausführlich analysiert und das durch sie implizierte Systemverhalten beschrieben. Den Abschluß dieses Hauptabschnitts bildet eine zusammenfassende Bewertung des Entity Relationship-Modells.

3.1.1 Modellierungsziele und -prinzipien

Das 1976 durch Chen erstmals publizierte Entity Relationship-Modell (ER-Modell, [Chen 1976]) zeichnet sich gleichzeitig durch große Einfachheit und allgemeine Anwendbarkeit aus. Da es absichtlich von den Spezifika implementierter Datenmodelle abstrahiert und sich auf eine Abbildung der "semantischen" Eigenschaften eines Realitätsbereichs beschränkt, stellt das ER-Modell ein konzeptionelles Datenmodell dar. Darin liegt auch seine ursprüngliche Zielsetzung: Die Beschränkung auf implementierungsunabhängige Aspekte soll unterschiedliche Datensichten vereinheitlichen und damit die Modellierung komplexer Realitätsausschnitte, im Extremfall sogar des gesamten Unternehmens ermöglichen.

Schon sehr früh wird außerdem die Rolle konzeptioneller Modelle als Kommunikationsmittel, als Dokumentation und zur Visualisierung komplexer Sachverhalte erkannt. Deshalb wird zusammen mit der formalen Beschreibung des Modells eine Diagrammtechnik präsentiert, die es erlaubt, alle relevanten Aspekte des konzeptionellen Modells in kompakter Form grafisch darzustellen.

Als Modellierungsprinzip kann neben der Implementierungsunabhängigkeit die Gewährleistung möglichst umfassender Freiheitsgrade eingestuft werden: Die Möglichkeit, einen Sachverhalt nach eigenem Ermessen als Entitätstyp oder als Attribut bzw. als Entitätstyp oder als Beziehungstyp abbilden zu können, wird als Vorzug oder zumindest als unvermeidlich angesehen. Als ein Mangel des ER-Modells werden diese Wahlmöglichkeiten zunächst nicht betrachtet.

Das ER-Modell verbreitet sich schnell als "Entwurfsmodell" für Anwendungen relationaler Datenbanksysteme und wird in der Folge zur Grundlage der meisten kommerziellen Werkzeuge zur konzeptionellen Modellierung. Diese Entwicklungen führen dazu, daß die Vervollständigung des Modells zur Einbeziehung ursprünglich nicht abbildbarer Phänomene, die Unterstützung "richtiger" Modellierungsentscheidungen und die Validierung von Schemata in den Vordergrund treten und die Wahlfreiheiten der Anfangszeit zunehmend kritisiert werden.

3.1.2 Elemente, Regeln und Notation des ER-Modells

3.1.2.1 Erste Abstraktionsstufe

In einem semantischen Modell sind Informationen über Entitäten und Informationen über Beziehungen abzubilden. Jedes relevante reale oder gedachte Objekt ist entweder eine Entität oder eine Beziehung. Während die Informationen über eine Entität unabhängig von anderen Informationen sind, lassen sich die Informationen über eine Beziehung nur auf der Grundlage der Entitäten interpretieren, zwischen denen die betrachtete Beziehung besteht. An einer Beziehung können zwei oder mehr Entitäten teilnehmen (in einigen ER-Varianten sind nur binäre Beziehungen zugelassen (z.B. [Lusk et al. 1983]). Jede Entität hat in der Beziehung eine bestimmte Rolle. Zwischen bestimmten Entitäten können mehrere unterschiedliche Beziehungen existieren.

Werden Entitäten und Beziehungen aufgrund semantischer Erwägungen klassifiziert, entstehen Entitätstypen und Beziehungstypen. Diese Typen bilden die grundlegenden Elemente eines ER-Schemas. Da Entitäts- und Beziehungstypen eine "specific meaning" repräsentieren, können und müssen ihnen eindeutige Begriffe zugeordnet werden. Während für Entitätstypen als Begriffe nur Substantive in Frage kommen, werden für Beziehungstypen zusätzlich Verben oder Partizipien vorgeschlagen [Batini/Ceri/Navathe 1992, S.31]. Alle Entitäten eines Entitätstyps und alle Beziehungen eines Beziehungstyps zeichnen sich dadurch aus, daß für sie eine bestimmte Zahl gleichartiger, aber im allgemeinen nicht identischer Informationen abzubilden sind.

An einer Beziehung können verschiedene Entitäten des gleichen Typs teilnehmen. Zur Unterscheidung der beiden an jeder Beziehung teilnehmenden Entitäten ist in solchen Fällen die Angabe von Rollen verbindlich.

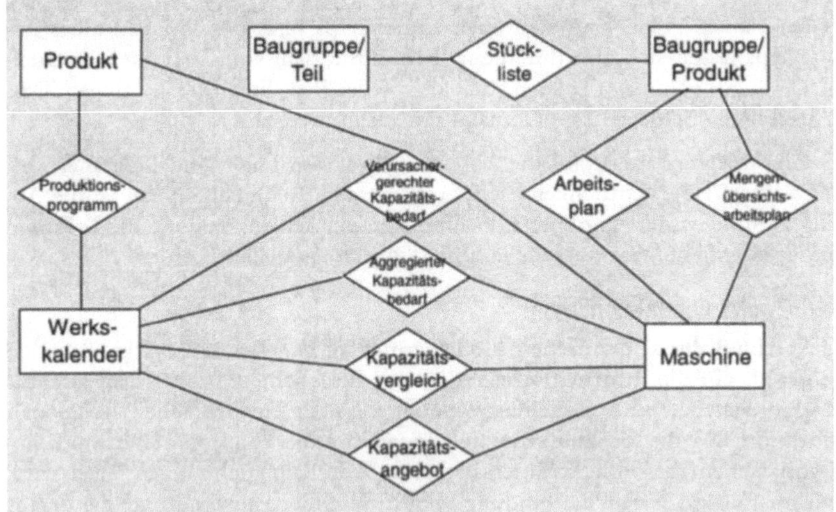

Abbildung 11: ER-Graph der Kapazitätsterminierung

Da die Darstellung der vielen Einzelobjekte zu unübersichtlich ist, stellen Entitätstypen und Beziehungstypen die Grundbausteine von ER-Schemata dar. Grafisch werden Entitätstypen durch Rechtecke dargestellt. Beziehungstypen werden durch Rauten dargestellt, die mit den teilnehmenden Entitätstypen durch ungerichtete Kanten verbunden sind. Die grafische Darstellung eines einfachen ER-Schemas, bei der auf Rollennamen verzichtet wurde, findet sich in Abbildung 11. *Da eine Arbeitsplan-Position keine eigenständige semantische Bedeutung hat, sondern nur als Beziehung zwischen einer Maschine und einer Baugruppe bzw. einem Produkt sinnvoll interpretiert werden kann, sind Arbeitsplan-Positionen Beziehungen, und "Arbeitsplan" als Klasse aller Arbeitsplanpositionen ist ein Beziehungstyp. Da Maschinen durchaus eine eigenständige semantische Bedeutung haben und auch existieren können, ohne an Arbeitsplanpositionen oder Kapazitätsbedarfen teilzunehmen, sind Maschinen Entitäten, und "Maschine" als Klasse aller Maschinen ist ein Entitätstyp.*

Die Menge aller Ausprägungen, die eine bestimmte Information annehmen kann, wird als Domäne bezeichnet. Die Ausprägung, die eine bestimmte Information für eine bestimmte Entität bzw. Beziehung hat, wird als Attributwert bezeichnet. Die Zuordnung einer Domäne zu einem Entitätstyp bzw. Beziehungstyp[21] wird als At-

---

[21] In einigen ER-Varianten sind Attribute nur für Entitätstypen zulässig. Attribute von Beziehungstypen werden entweder einem der beteiligten Entitätstypen zugeordnet [Elmasri/Navathe 1989, S.52], oder der Beziehungstyp wird als ein Entitätstyp höherer Ordnung uminterpretiert [Chen 1983, S.20; Scheuermann et al. 1980, S.123-124]. Selbst wenn Attribute für Beziehungen zugelassen werden, ist zu

tribut bezeichnet. Allen Entitäten eines Entitätstyps bzw. Beziehungen eines Beziehungstyps lassen sich also durch eine bestimmte Zahl von Attributen beschreiben. Jedes Attribut ordnet jeder Entität bzw. jeder Beziehung des jeweiligen Typs eine Ausprägung der jeweiligen Domäne als Attributwert zu.

In ER-Graphen wird meist auf die Abbildung von Attributen und Domänen verzichtet, um die Übersichtlichkeit nicht zu gefährden. In Detailgraphen ist die Abbildung zumindest der Attribute jedoch sehr zu empfehlen, da diese die Informationen repräsentieren, die über die erfaßten Objekte modelliert werden.

3.1.2.2 Zweite Abstraktionsstufe

Nach Abschluß der semantischen Modellierung im engeren Sinne schließen sich einige bereits auf die Informationsverarbeitung ausgerichtete Modellierungsschritte an. Entitätstypen und Beziehungstypen werden in entsprechende Relationen transformiert. Da die Bildung von Relationen für die konzeptionelle Modellierung von keinem besonderen Interesse ist und deshalb nicht beschrieben wird, werden im folgenden nur die Findung identifizierender Attribute und die daraus resultierenden Modellierungsüberlegungen dargestellt.

Um eine Entität bzw. Beziehung identifizieren zu können, muß ein Attribut gefunden werden, das eine eindeutige Abbildung der Menge aller Objekte des jeweiligen Entitäts- bzw. Beziehungstyps in die betreffende Domäne gewährleistet. Kann die Eindeutigkeit für ein einziges Attribut nicht gewährleistet werden, muß eine Gruppe von Attributen gefunden werden, für die die Abbildung eindeutig ist. Ist auch das nicht möglich, muß ein zusätzliches, künstliches Attribut modelliert werden. Das oder die identifizierenden Attribute werden als Primärschlüssel bezeichnet.

Beziehungen werden im allgemeinen durch die Primärschlüssel der beteiligten Entitätstypen eindeutig identifiziert, so daß keine eigenen, identifizierenden Attribute gesucht werden müssen. Nur in Ausnahmefällen kann der Primärschlüssel nur durch Einbeziehung von Attributen des Beziehungstyps gebildet werden. *So ist z.B. in Abbildung 11 die Kombination von "Maschinennummer" und "Teilenummer" nur solange für Beziehungen des Typs "Arbeitsplan" eindeutig identifizierend, wie eine Baugruppe bzw. ein Produkt auf einer Maschine nicht mehrfach bearbeitet wird. Ist dies doch der Fall, muß für "Arbeitsplan"-Beziehungen ein "Arbeitsgang"-Attribut modelliert und in den kombinierten Primärschlüssel aufgenommen werden.*

In der grafischen Darstellung werden die Namen von Attributen unterstrichen, die zum Primärschlüssel gehören.

---

beachten, daß dies nur für "eigene" Attribute gilt. Die Primärschlüssel der beteiligten Entitäten können zwar zur Identifikation einer Beziehung herangezogen werden, stellen aber keine Attribute des jeweiligen Beziehungstyps dar!

3.1.2.3 "Schwache" Entitäten und Existenzabhängigkeit

Für einige Entitätstypen kann es vorkommen, daß eine eindeutige Identifikation nur unter Einbeziehung des Primärschlüssels eines anderen Entitätstyps vorgenommen werden kann, mit dem eine Beziehung besteht. Solche Entitätstypen werden als "schwache" Entitätstypen bezeichnet. In der grafischen Darstellung werden schwache Entitätstypen durch Rechtecke mit Doppelrand gekennzeichnet. Die Beziehung, die zu dem Entitätstyp besteht, der zur Identifizierung des schwachen Entitätstyps notwendig ist, wird als "identifizierender Beziehungstyp" bezeichnet und grafisch durch eine doppelt umrandete Raute kenntlich gemacht [Elmasri/Navathe 1989, S.57].

Chen stellt fest, daß die Modellierung schwacher Entitätstypen in ER-Schemata eine Existenzabhängigkeit impliziert [Chen 1976, S.20]: Wenn der Primärschlüssel des nicht-schwachen Entitätstyps einen Teil des Primärschlüssels des schwachen Entitätstyps bildet, macht nach der Löschung einer nicht-schwachen Entität die Speicherung der betroffenen schwachen Entitäten keinen Sinn mehr, so daß diese ohne weiteren Informationsverlust gelöscht werden können. Zwischen den schwachen Entitäten und den nicht-schwachen Entitäten, die ihren Primärschlüssel determinieren, herrscht somit eine durch das ER-Schema implizierte Existenzabhängigkeit. Diese wird grafisch durch eine vom Beziehungstyp auf den schwachen Entitätstyp gerichtete Kante dargestellt. Das Gegenteil ist übrigens nicht der Fall: Nicht jede Existenzabhängigkeit führt im ER-Modell auch zu einem schwachen Entitätstyp [Elmasri/Navathe 1989, S.52].

Scheuermann et al. präzisieren diese Definition später im Hinblick auf den Beziehungscharakter der Existenzabhängigkeit: "weakness is a property of a relationship, and not of an entity" [Scheuermann et al. 1980, S.125]. Damit wird deutlich gemacht, daß die Semantik der Existenzabhängigkeit besser durch eine spezielle Art der Beziehung als durch eine spezielle Art des Entitätstyps erfolgen sollte.

Daneben führen diese Autoren auch eine zweite Art von Existenzbeziehungen (und damit schwacher Entitätstypen) ein: Die Existenz einer schwachen Entität muß nicht unbedingt von der Existenz einer einzigen anderen Entität abhängen, sondern kann durchaus von einer ganzen Gruppe gleichartiger Entitäten abhängen [Scheuermann et al. 1980, S.125-126]. Diese Art der Abhängigkeit stellt eine Abstraktionsbeziehung dar und wird im nächsten Hauptabschnitt als Assoziationsbeziehung eingehend untersucht.

3.1.2.4 Kardinalität und Vollständigkeit von Beziehungen und Attributen

Chen ordnet in einer Beziehung jeder Rolle eine Kardinalität zu [Chen 1976, S.20]. Durch die Kardinalität wird ausgedrückt, ob Entitäten des jeweiligen Typs an einer oder an mehreren Beziehungen teilnehmen dürfen. In der grafischen Darstellung wird die Rolle durch 1 oder N bzw. M gekennzeichnet. Für binäre Beziehungstypen ergeben sich so drei verschiedene Varianten (1:1, 1:N und M:N), die sich jeweils durch eine bestimmte Semantik auszeichnen.

Scheuermann et al. ordnen in einer Beziehung jeder Rolle eine Vollständigkeitsbedingung zu [Scheuermann et al. 1980, S.125]. Durch diese wird ausgedrückt, ob Entitäten des jeweiligen Typs an (mindestens) einer Beziehung teilnehmen müssen ("total relationship") oder dürfen ("partial relationship"). In der grafischen Darstellung versehen Scheuermann et al. die Seiten der Raute mit einem Punkt, die der erzwungenen Rolle zugewandt sind. Elmasri/Navathe machen die der Rolle entsprechende Kante durch eine Doppellinie kenntlich [Elmasri/Navathe 1989, S.57]. Zwischen Vollständigkeitsbedingungen und Existenzabhängigkeiten bestehen enge Beziehungen: Schwache Entitätstypen nehmen immer an einer erzwungenen Beziehung teil, da sie ohne diese Beziehung zu einem anderen Entitätstyp kein Primärschlüssel gefunden werden kann. Da schwache Entitätstypen auch immer eine Existenzabhängigkeit implizieren, treten in diesem Fall Vollständigkeitsbedingung und Existenzabhängigkeit gemeinschaftlich auf [Elmasri/Navathe 1989, S.52].

Unabhängig von Kardinalität und Vollständigkeit ist jede Beziehung in jeder Rolle immer mit genau einer Entität verknüpft.

Kardinalität und Vollständigkeit stellen wichtige strukturelle Konsistenzbedingungen des ER-Modells dar [Thalheim 1992, S.7], die nicht nur als Eigenschaften von Rollen, sondern auch als Eigenschaften anderer Modellelemente abgebildet werden können. Da Kardinalität und Vollständigkeit eng verwandt sind, werden sie durch die (Min,Max)-Notation vereinigt: Für jede Rolle wird z.B. die minimale und die maximale Zahl von Beziehungen festgelegt, an denen Entitäten des jeweiligen Typs in dieser Rolle teilnehmen können. Die vier möglichen Ausprägungen (0,1), (1,1), (0,*) und (1,*)[22] lassen sich folgendermaßen interpretieren:

- **(0,1)**: Nicht jede Entität muß an einer Beziehung teilnehmen. Wenn doch, dann darf die Entität jedoch nur an einer einzigen Beziehung teilnehmen. Beispielsweise muß nicht für jeden Auftrag eine Beziehung zu einem Kunden bestehen. Wenn doch, kann maximal eine Beziehung zu einem Kunden existieren.
- **(1,1)**: Jede Entität muß an genau einer Beziehung teilnehmen. Beispielsweise muß für jede Auftragsposition genau eine Beziehung zu einem Auftrag existieren.
- **(0,*)**: Nicht jede Entität muß an einer Beziehung teilnehmen. Wenn doch, darf sie an beliebig vielen Beziehungen teilnehmen. Beispielsweise muß nicht

[22] Vgl. Sinz 1987, S.88. In anderen Varianten des ER-Modells (z.B. [Zehnder 1985, S.37-38]) werden als Bezeichner auch **1** anstelle von (1,1), **c** anstelle von (0,1), **m** anstelle von (1,*) und **mc** anstelle von (0,*) benutzt.

für jedes Produkt eine Beziehung zu einer Auftragsposition existieren. Für ein Produkt dürfen aber beliebig viele Beziehungen zu verschiedenen Auftragspositionen existieren.

- **(1,*)**: Jede Entität muß an mindestens einer Beziehung teilnehmen. Beispielsweise muß es für jeden Auftrag mindestens eine Beziehung zu einer Auftragsposition geben.

Für binäre Beziehungstypen ergeben sich aus der Kombination der vier Einzelausprägungen zehn mögliche Gesamtausprägungen [Sinz 1987, S.147]. Jeder dieser zehn Typen repräsentiert eine unterschiedliche Semantik und impliziert deshalb auch unterschiedliche Konsistenzbedingungen.

Die (Min,Max)-Notation für Rollen kann auch auf Attribute übertragen werden [Batini/Ceri/Navathe 1992, S.33-35]. Auf diese Weise können in sehr kompakter Form alle Kombinationsmöglichkeiten modelliert werden, die sich aus der Einbeziehung mehrwertiger Attribute und optionaler Attribute in das ER-Modell ergeben. Die möglichen Ausprägungen lassen sich folgendermaßen interpretieren:

- **(0,1)**: Nicht jede Entität muß einen Attributwert haben. Wenn doch, dann darf die Entität jedoch nur einen einzigen Attributwert haben. Beispielsweise muß nicht für jeden Auftrag ein Liefertermin festgelegt werden. Wenn doch, kann maximal ein Liefertermin festgelegt werden.
- **(1,1)**: Jede Entität muß genau einen Attributwert haben. Beispielsweise muß für jede Auftragsposition genau eine Menge festgelegt werden.
- **(0,*)**: Nicht jede Entität muß einen Attributwert haben. Wenn doch, dürfen auch mehrere Attributwerte festgelegt werden. Beispielsweise muß nicht jeder Mitarbeiter eine abgeschlossene Ausbildung haben. Ein Mitarbeiter kann aber auch durchaus mehrere abgeschlossene Ausbildungen haben.
- **(1,*)**: Jede Entität muß mindestens einen Attributwert haben. Beispielsweise muß jedes Kraftfahrzeug eine Farbe haben, kann aber auch mehrfarbig sein.

Als kompakteste grafische Notation bietet sich an, Attributen als Ovale darzustellen, die mit den jeweiligen Entitäts- bzw. Beziehungstypen durch Linien verbunden sind, die in der (min,max)-Notation gekennzeichnet werden. Alternativ können mehrwertige Attribute auch durch doppelt umrandete Ovale dargestellt werden [Elmasri/Navathe 1989, S.57]. In Analogie zur Notation bei Beziehungen kann die Verbindung zwischen einem nicht-optionalen Attribut und dem entsprechenden Entitäts- bzw. Beziehungstyp durch eine Doppellinie erfolgen.

3.1.3 Invariante Eigenschaften und impliziertes Verhalten

Für das Relationenmodell führen Smith/Smith [Smith/Smith 1977a, S.124; Smith/Smith 1977b, S.408] invariante Eigenschaften als Eigenschaften der Datenbasis ein, die bei Datenmanipulationen erhalten bleiben müssen, um die Konsistenz von Abstraktionen zu erhalten. *So ist z.B. in Generalisierungshierarchien sicherzustellen, daß durch die Löschung einer Entität nicht die Regel verletzt wird, daß jeder Entität eines Subtyps genau eine Entität eines Supertyps entsprechen muß.*

Für die konzeptionelle Modellierung definieren Scheuermann et al [Scheuermann et al. 1980, S.126]. invariante Eigenschaften als alle Eigenschaften des Schemas, die die Existenz von Entitäten und Beziehungen betreffen und bei Datenmanipulationen erhalten werden müssen, um die Konsistenz von Existenzabhängigkeiten zu erhalten. *So kann z.B. eine Beziehung zwischen zwei Entitäten nur existieren, solange die teilnehmenden Entitäten existieren. Wird eine der Entitäten gelöscht, muß auch die Beziehung gelöscht werden. Existenzabhängigkeiten bestehen aber nicht nur zwischen Entitäten und Beziehungen: In charakterisierenden Beziehungen hängt z.B. die Existenz der schwachen Entität von der Existenz der zu ihrer Identifikation benutzten Entität ab. Wird die identifizierende Entität gelöscht, muß auch die schwache Entität und natürlich die Beziehung zwischen beiden gelöscht werden.*

Die in dieser Untersuchung verwendete Definition kombiniert nicht nur die Interpretationen von Smith/Smith und Scheuermann et al., sondern geht über diese hinaus: Als invariante Eigenschaften werden alle Eigenschaften eines Schemas bezeichnet, die mit Existenzabhängigkeiten, Abstraktionsbeziehungen oder Ableitungsbeziehungen in Zusammenhang stehen und die durch Datenmanipulationen nicht verändert werden dürfen, um die Konsistenz der Datenbasis zu erhalten. Invariante Eigenschaften sind damit dynamische Konsistenzbedingungen.[23]

Konsistenzbedingungen lassen sich immer in zweierlei Hinsicht interpretieren: [Ceri/Widom 1990, S.566; Sinz 1987, S.219-220]

- Die "passive" Interpretation besteht darin, für eine gegebene Transaktion alle relevanten Regeln zu identifizieren, ihre Einhaltung zu überprüfen und ggf. die Transaktion zurückzuweisen.
- Die "aktive" Interpretation besteht darin, für eine gegebene Transaktion (im Normalfall eine elementare Datenmanipulation) alle relevanten Regeln zu identifizieren und eventuelle Regelverletzungen zu "reparieren", indem mit Hilfe der Regeln zusätzliche Datenmanipulationen erzeugt werden, die die Konsistenz der Transaktion herstellen.

Da in komplexen Schemata die Definition konsistenter Transaktionen kaum noch möglich ist und deshalb die passive Interpretation invarianter Eigenschaften dazu führt, daß nahezu alle Transaktionen abgelehnt werden würden, wird im folgen-

---

[23] Invariante Eigenschaften lassen sich formal auf die gleiche Weise beschreiben wie "klassische" Konsistenzbedingungen, abgeleitete Informationen oder abstrakte Informationsobjekte [Gebhardt 1987, S.88; Paton et al. 1993, S.50-55]. Die verschiedenen Formen von "Assertions" werden konzeptionell nur wegen ihrer unterschiedlichen Bedeutung für die Systementwicklung unterschieden.

den von einer aktiven Interpretation ausgegangen. Auf der Grundlage noch zu identifizierender Regeln werden für jede elementare Datenmanipulation Propagierungspfade [Scheuermann et al. 1980, S.127] (d.h. Folgen von Datenmanipulationen) ermittelt, deren vollständige Ausführung die Konsistenz der jeweiligen Transaktion garantiert (d.h. die invarianten Eigenschaften des konzeptionellen Schemas erhält [Smith/Smith 1977b, S.408]). Diese Propagierungspfade werden von Scheuermann et al. als "modules" und von Engels als "elementary actions" bezeichnet [Scheuermann et al. 1980, S.136 bzw. Engels 1991, S.357]. Werden dem Anwendungen keine elementaren Datenmanipulationen erlaubt, sondern statt dessen die "elementary actions" als Schnittstelle zur Datenbasis zur Verfügung gestellt, kann die Modellierung invarianter Eigenschaften und Implementierung des durch sie implizierten Verhaltens auch als Transaktionsentwurf interpretiert werden [Engels 1991, S.357-360]. Dabei kann es vorkommen, daß für bestimmte elementare Datenmanipulationen kein Propagierungspfad gefunden werden kann. Nur für solche, als unzulässig bezeichneten Datenmanipulationen nehmen die dynamischen Konsistenzbedingungen eine passive Rolle wahr, indem sie deren Rücknahme erzwingen.

Im folgenden werden zunächst die Konsequenzen invarianter Eigenschaften für die Systementwicklung beschrieben und Implementierungsalternativen diskutiert. Im Anschluß daran werden die invarianten Eigenschaften des ER-Modells klassifiziert. Diese Typisierung bildet die Grundlage für die Beschreibung des durch ER-Schemata implizierten Verhaltens.

3.1.3.1 Bedeutung, Modellierung und Implementierung invarianter Eigenschaften

Das ER-Modell impliziert vier Typen statischer Konsistenzbedingungen [Elmasri/Navathe 1989, S.597-604]:

- **Domänenintegrität**: Alle Attributwerte müssen zu jedem Zeitpunkt in ihrer jeweiligen Domäne enthalten sein.
- **Schlüsselintegrität**: Für jeden Entitäts- und Beziehungstyp muß die Menge der Werte des jeweiligen Primärschlüssels eindeutig und einwertig sein und darf keine Nullwerte enthalten. Der Wert des Primärschlüssels darf nicht geändert werden.
- **Strukturelle Attributintegrität**: Jedes Attribut ist entweder einwertig oder mehrwertig. Jedes Attribut ist entweder obligatorisch (d.h. darf keine Nullwerte enthalten) oder nicht.
- **Strukturelle Beziehungsintegrität**: Jede Rolle eines Beziehungstyps ist entweder einwertig oder mehrwertig. Jede Rolle eines Beziehungstyps ist entweder obligatorisch oder nicht. Jede an einer Beziehung teilnehmende Entität muß existieren (referentielle Integrität). An jeder Beziehung nimmt in einer Rolle immer genau eine Entität teil.

Diese Konsistenzbedingungen sind konzeptionelle Bedingungen. Werden ER-Schemata auf der Grundlage des Relationenmodells implementiert, ist eine Vielzahl weiterer Konsistenzbedingungen zu beachten (z.B. funktionale, mehrwertige, Inklusions-, Aggregations- und Verbundabhängigkeiten [Paton et al. 1993, S.52-53]. Thalheim [Thalheim 1991] beschreibt mehr als 80 Typen von Abhängigkeiten und ihre Beziehungen zueinander. Die statischen Konsistenzbedingungen des ER-Modells beziehen sich auf einzelne Attribute, einzelne Entitäts- bzw. Beziehungstypen oder den Zusammenhang zwischen Entitäten und Beziehungen. Invariante Eigenschaften sind nicht nur dynamische Pendants dieser Konsistenzbedingungen, sondern beziehen sich darüber hinaus auf Zusammenhänge zwischen mehreren Entitäts- bzw. Beziehungstypen, soweit diese aus Abstraktions- oder Ableitungsbeziehungen resultieren.

Während die klassischen Konsistenzbedingungen schon früh auch für konzeptionelle Modelle untersucht wurden (eine ausführliche Systematik von Konsistenzbedingungen findet sich z.B. in RM/T [Codd 1979, S.400 und S.411-422]), werden invariante Eigenschaften erst in letzter Zeit im Zusammenhang mit deduktiven Erweiterungen von Datenbanksystemen [Tanaka et al. 1991] ausführlich untersucht. Diese Ungleichbehandlung resultiert wohl aus dem unterschiedlichen Ausmaß, mit dem eine Konsistenzverletzung einer elementaren Datenmanipulation zugerechnet werden kann: Während die Einhaltung der klassischen Konsistenzbedingungen für jede elementare Datenmanipulation separat geprüft wird und unzulässige Datenmanipulationen sofort zurückgewiesen werden können, ist die Prüfung der Erhaltung invarianter Eigenschaften wesentlich aufwendiger und insbesondere nur für eine Transaktion möglich. Konsistente Transaktionen in komplexen Schemata sind aber oft sehr umfangreich, da mindestens der gesamte Propagierungspfad abgearbeitet werden muß. Die einzelnen Datenmanipulationen, aus denen sich eine derartige Transaktion zusammensetzt, können zudem nicht separat bewertet werden, so daß im Fall eines Verstoßes gegen Konsistenzbedingungen die gesamte Transaktion zurückgesetzt werden muß.

Wenn z.B. für die Löschung einer Entität nicht sichergestellt werden kann, daß auch wirklich alle existenzabhängigen Entitäten und Beziehungen ebenfalls gelöscht werden, ist die Erhaltung der invarianten Eigenschaften stark gefährdet. Ein wichtiges Ziel der konzeptionellen Modellierung muß deshalb darin bestehen, invariante Eigenschaften nicht nur zu implizieren, sondern durch geeignete Elemente des konzeptionellen Modells zu repräsentieren. Nur auf der Grundlage einer eindeutigen, expliziten Abbildung ist es möglich, die Erhaltung invarianter Eigenschaften zentral sicherzustellen und diese Aufgabe nicht in die dezentrale Anwendungsentwicklung zu verschieben [Lipeck 1989, S.2].

Hinsichtlich der Implementierung invarianter Eigenschaften gibt es große Unterschiede zwischen den verschiedenen Generationen relationaler Datenbanksysteme:

- **SQL-Standard von 1985** [ISO 1987]: Die Attributintegrität kann in Form eines Nullwertverbots realisiert werden. Die Schlüsselintegrität kann nur indirekt gesichert werden, in dem neben dem Nullwertverbot für den Primärschlüssel ein eindeutiger Index eingerichtet wird. Die Domänenintegrität und die strukturelle Beziehungsintegrität (in Form der referentiellen Integrität) können nur partiell und ebenfalls indirekt realisiert werden, indem die jeweilige Tabelle durch eine "Row-and-Column-Subset"-Sicht überlagert wird. In die Sichtendefinition werden Selektionsklauseln eingebunden, die Wertebereiche für Attribute oder Existenzbedingungen für Fremdschlüssel prüfen. Durch Codierung von `with check option` in der Sichtendefinition können dann für die Sicht alle Manipulationen unterbunden werden, die den Selektionsbedingungen widersprechen. Alle anderen Konsistenzbedingungen und insbesondere alle dynamischen Bedingungen, die sich auf mehrere Tabellen beziehen, können nicht als Komponenten des Relationenschemas implementiert werden. Nahezu die gesamte dynamische Konsistenzsicherung muß deshalb in den Anwendungen repliziert werden.
- **SQL2-Standard von 1989** [ISO 1989]: Konsistenzbedingungen können nur in Form relationaler Integritätsbedingungen ("Constraints") implementiert werden, die die Ausführung unzulässiger Elementarmanipulationen oder Transaktionen verhindern. Es gibt Constraints zur Sicherung der Schlüsselintegrität (`primary key`) durch Eindeutigkeitsgebot und Nullwertverbot, zur Sicherung der referentiellen Integrität (`refererences` bzw. `foreign key`), zur Sicherung der Eindeutigkeit (`unique`) und zur Sicherung des Nullwertverbots (`not null`). Durch generelle Constraints (`check`) kann zwar die Einhaltung beliebiger in SQL formulierbarer Bedingungen innerhalb einer Tabelle erzwungen werden. Tabellenübergreifende Bedingungen können damit jedoch nicht realisiert werden. Beispielsweise muß eine Existenzabhängigkeit zwischen einem unabhängigen Entitätstyp `atyp` (Schlüssel `akey`) und einem abhängigen Entitätstyp `btyp` (Schlüssel `bkey`, referenziert `atyp.akey`) als referentielle Integritätsbedingung implementiert werden:

  ```
  create table btyp (bkey ... references atyp.akey, ...)
  ```

  Löschungen in `atyp`, die zu ungültigen Referenzen auf `btyp` führen würden, werden durch diese Integritätsbedingung im Normalfall zurückgewiesen. Falls bei der Definition zusätzlich die Klausel `delete on cascade` codiert wird, führt eine Löschung in `atyp` automatisch zur Löschung aller referenzierenden Tupel in `btyp`. Einfügungen in `btyp`, deren `bkey`-Attributwert nicht als `akey`-Attributwert in `atyp` existiert, können jedoch nur zurückgewiesen und nicht propagiert werden. Außerdem können alle anderen, für die Herstellung der Konsistenz der Transaktion notwendigen "aktiven" Datenmanipulationen entlang des Propagierungspfades ebenfalls nicht durch Integritätsbedingungen implementiert werden. Bis auf die Propagierung von Löschungen auf der

Grundlage von Primärschlüsselreferenzen wird die Implementierung des Propagierungspfades bzw. der elementaren Aktionen mit der Folge unkontrollierter Redundanz in die Anwendungsentwicklung verschoben.

- **Prozedural erweiterte relationale Datenbanksysteme**: Prozedural erweiterte relationalen Datenbanksysteme erlauben neben der Definition relationaler Integritätsbedingungen auch die Definition von Datenbanktriggern. Während Integritätsbedingungen mit Ausnahme der Löschungskaskadierung lediglich "passive" Konsistenzsicherung durch Zurückweisung inkonsistenter Transaktionen realisieren, können Datenbanktrigger im Rahmen der jeweiligen Transaktion die Konsistenz "aktiv" durch Propagierung von Datenmanipulationen sichern. Der fundamentale Vorteil von Datenbanktriggern besteht darin, daß Propagierungspfade/elementare Aktionen nicht redundant in allen Anwendungen repliziert werden müssen, die die jeweilige Funktionalität benötigen. Die Implementierung der invarianten Eigenschaften des konzeptionellen Modells erfolgt vielmehr nur ein einziges Mal durch einen Satz entsprechender Datenbanktrigger. Die für den SQL3-Standard [Weber 1993, S.95] geplanten und u.a. bereits in kommerziellen Datenbanksystemen wie Oracle7 [Oracle 1992a; Oracle 1992c] verfügbaren Datenbanktrigger werden bei Eintritt eines Manipulationsereignisses automatisch ausgelöst. Sie bestehen aus einer Sequenz beliebiger SQL-Kommandos, deren Ausführung weitere Datenbanktrigger auslösen kann (Kaskadierung). Zum Beispiel könnte zur Implementierung der obigen Existenzabhängigkeit zwischen `btyp` und `atyp` der folgende Trigger implementiert werden:

```
create trigger atyp_ad after delete on atyp for every row
begin
   delete from btyp where bkey = :old.akey;
end;
```

  Löschungen in `atyp` werden durch diesen Datenbanktrigger in `btyp` propagiert, so daß ein konsistenter Zustand der Datenbasis wiederhergestellt wird.

3.1.3.2 Invariante Eigenschaften des ER-Modells

Die folgenden, rekursiven Konsistenzbedingungen folgen aus den invarianten Eigenschaften des ER-Modells. Sie unterscheiden sich von den von Chen beschriebenen Manipulationsregeln [Chen 1976, S.24-25] durch die zusätzliche Berücksichtigung erzwungener Beziehungen. Im Gegensatz zur Beschreibung bei Scheuermann et al.[24] wird die Betrachtung der Konsistenzregeln unter Ausnutzung ihrer

---

[24] Scheuermann et al. betrachten Pfade, die sich von einem Entitätstyp über einen Beziehungstyp bis zum nächsten Entitätstyp erstrecken [Scheuermann et al. 1980, S.132-133]. In dieser Untersuchung werden nur Pfade vom Entitätstyp zum Beziehungstyp bzw. vom Beziehungstyp zum Entitätstyp untersucht. Die Rekursivität der Konsistenzbedingungen ermöglicht es, die Formulierung von Bedin-

Rekursivität immer nur auf die direkten Beziehungen zum jeweils nächstliegenden Modellelement beschränkt. Dadurch reduziert sich die Zahl und Komplexität der Konsistenzbedingungen erheblich.

1. **Konsistenz der Löschung einer Entität**: Die Löschung einer Entität ist konsistent, wenn
   - gleichzeitig alle Beziehungen gelöscht wurden, an denen die zu löschende Entität teilnimmt oder
   - die zu löschende Entität an keiner Beziehung teilnimmt.
2. **Konsistenz der Löschung einer Beziehung**: Die Löschung einer Beziehung ist konsistent, wenn
   - gleichzeitig alle Entitäten gelöscht werden, die an der gelöschten Beziehung teilnehmen **müssen** oder
   - keine Entitäten an dieser Beziehung teilnehmen **müssen**.
3. **Konsistenz der Einfügung einer Entität**: Die Einfügung einer Entität ist konsistent, wenn
   - gleichzeitig alle Beziehungen eingefügt werden, an denen die eingefügte Entität teilnehmen **muß** oder
   - die Entität an keiner Beziehung teilnehmen **muß**.
4. **Konsistenz der Einfügung einer Beziehung**: Die Einfügung einer Beziehung ist konsistent, wenn
   - gleichzeitig alle Entitäten eingefügt werden, die an der eingefügten Beziehung teilnehmen, oder
   - die Entitäten, die an der eingefügten Beziehung teilnehmen, bereits existieren.

Um die Konsistenz einer Transaktion zu prüfen, kann in einem gegebenen ER-Schema durch die Rückwärtsverkettung dieser Regeln ein typspezifischer Prüfungspfad für die Einfügung bzw. Löschung jeder beliebigen Entität bzw. Beziehung generiert werden.

Für Änderungen von Entitäten und Beziehungen müssen keine Konsistenzregeln formuliert werden: Die Existenz einer Entität bzw. Beziehung manifestiert sich im Wert ihres Primärschlüssels. Für Primärschlüssel sind jedoch keine Änderungen zugelassen.[25] Da durch Änderungen von Nichtschlüsselattributen keine Verände-

---

gungen auf direkte, möglichst kurze Teilpfade zu beschränken und komplette Pfade aus diesen Elementen aufzubauen.

[25] Während im ursprünglichen ER-Modell die Werte des Primärschlüssels noch geändert werden dürfen [Chen 1976, S.24], werden im RM/T-Modell, im Objekttypenmodell und im SER-Modell derartige

rungen eintreten können, die die Existenz von Entitäten und Beziehungen betreffen, und da im ER-Modell keine "Vererbung" von Nichtschlüsselattributen stattfindet, müssen bei Änderungen keine Konsistenzprüfungen stattfinden.

3.1.3.3 Impliziertes Verhalten des ER-Modells

Konsistenzbedingungen implizieren in Form von Propagierungspfaden einen Teil des Verhaltens eines Anwendungssystems. Dieses Verhalten muß jedoch nicht prozedural spezifiziert und implementiert werden (Beispiele sind [Scheuermann et al. 1980, S.135-138; Saake 1988, S.107-115; Engels 1991, S.354-360]). Die Spezifikation kann durchaus deklarativ erfolgen (Beispiele sind [Morgenstern 1983, S.37-40; Lipeck 1989, S.45-50; Ceri/Widom 1990, S.569-574; Tanaka et al. 1991, S.66-68]) und durch Datenbanktrigger implementiert werden (Beispiele sind [Gertz/Lipeck 1994, S.108-111; Winter 1994a, S.66-70; Winter 1994b, S.6-16]). Wenn durch Verkettung der rekursiven Konsistenzregeln ein Prüfungspfad aufgebaut werden kann, ist es auch möglich, zur Schaffung der jeweiligen Voraussetzungen einen Propagierungspfad aus rekursiven Propagierungsregeln aufzubauen. Jeder Konsistenzregel entspricht dabei eine Propagierungsregel:

1. **Propagierung der Löschung einer Entität**: Wird eine Entität gelöscht, sind in der gleichen Transaktion auch alle Beziehungen zu löschen, an denen die gelöschte Entität teilnimmt.
2. **Propagierung der Löschung einer Beziehung**: Wird eine Beziehung gelöscht, sind in der gleichen Transaktion auch alle Entitäten zu löschen, die an der gelöschten Beziehung teilnehmen **müssen**.
3. **Propagierung der Einfügung einer Entität**: Wird eine Entität eingefügt, sind in der gleichen Transaktion auch alle Beziehungen einzufügen, an denen die eingefügte Entität teilnehmen **muß**.
4. **Propagierung der Einfügung einer Beziehung**: Wird eine Beziehung eingefügt, sind in der gleichen Transaktion auch alle Entitäten einzufügen, die an der eingefügten Beziehung teilnehmen und noch nicht existieren.

Operation aus Gründen der Konsistenzsicherung verboten [Codd 1979, S.410; Ortner/Söllner 1989, S.39; Sinz 1987, S.144]. Auch Scheuermann et. al. führen für ihr EER-Modell dieses Verbot zumindest für Entitätstypen ein [Scheuermann et al. 1980, S.133]. In dieser Untersuchung soll jede Wertänderung eines Primärschlüssels als Löschung des durch den alten Wert identifizierten Objekts und anschließende Einfügung eines durch den neuen Wert identifizierten Objekts betrachtet werden. Das generelle Verbot der Wertänderung von Primärschlüsseln ist nämlich hervorragend dazu geeignet, solche Manipulationen, die die Existenz von Objekten berühren, von anderen Manipulationen zu trennen. Ohne semantisch zu sehr einzuschränken, ermöglicht die Trennung deshalb nicht nur die Formulierung einer geringeren Zahl einfacherer invarianter Eigenschaften, sondern erleichtert auch deren Implementierung erheblich.

Die "automatische" Propagierung einer elementaren Datenmanipulation durch Verkettung dieser Regeln kann jedoch zu vielfältigen Problemen führen [Smith/Smith 1977a, S.129-130]:

- Propagierungspfade können sich kreuzen.
- Progagierte Manipulationen können sich widersprechen oder aufheben.
- Die Reihenfolge der Propagierungen kann für die Semantik der Manipulation wichtig sein.
- Propagierte Manipulationen können unzulässig sein und die Ausführung semantisch sinnvoller elementarer Datenmanipulationen verhindern.

Wenn zur Implementierung der Erhaltung invarianter Eigenschaften kaskadierende Datenbanktrigger benutzt werden können, erübrigt sich der Aufbau eines Propagierungspfades. In diesem Fall übernimmt das Datenbanksystem die Verkettung der einzelnen Propagierungen durch sukzessive Auslösung der entsprechenden Datenbanktrigger als Teil einer einzigen, komplexen Transaktion. Damit fallen nicht nur die Koordination und Kontrolle der verschiedenen Propagierungen unter die Kontrolle des Datenbanksystems, sondern auch die Entscheidung über die Zulässigkeit der Gesamttransaktion.[26]

In allen anderen Fällen muß für jede elementare Datenmanipulation ein Propagierungspfad aufgebaut und in Form einer Transaktion gespeichert werden. Die formale Beschreibung dieses Problems und seine Lösung zur automatisierten Generierung von Propagierungs-Datenbanktriggern wird im nächsten Kapitel beschrieben.

Die wesentliche Konsequenz des durch invariante Eigenschaften implizierten Verhaltens für die Systementwicklung besteht darin, daß bereits auf der Grundlage des Schemas die Gesamtheit aller konsistenten Transaktionen spezifiziert und in automatisierter Form implementiert werden kann. Werden diese Basistransaktionen in geeigneter Form in Anwendungen eingebunden, können Anwendungssysteme nicht nur mit geringerem manuellem Aufwand entwickelt werden. Gleichzeitig kann auch die Gefahr inkonsistenter Manipulationen wesentlich reduziert werden.

---

26 Wenn die Verkettung von Propagierungen nicht mehr explizit zur Entwicklungszeit erfolgt, sondern sich ereignisgesteuert zur Laufzeit ergibt, müssen die Terminierungseigenschaften des jeweiligen Systems untersucht werden, um Endlosschleifen zu vermeiden, die sich z.B. aus Propagierungszyklen ergeben können [Thalheim 1992, S.16]. Für derartige Betrachtungen wird auf die eingehende Untersuchung des Terminierungsproblems für aktive Datenbanken z.B. in [Baralis/Ceri/Widom 1993, S.169-175] verwiesen.

3.1.4 Bewertung des ER-Modells

Da sich das ER-Modell für die konzeptionelle Modellierung betrieblicher Anwendungssysteme durch relative Einfachheit und große Allgemeinheit auszeichnet, konnte es sich relativ schnell als Standardmodell durchsetzen. Dazu hat insbesondere auch die Möglichkeit beigetragen, komplexe Realitätsausschnitte durch relativ kompakte und gut interpretierbare Diagramme visualisieren zu können [Webre 1983, S.190]. Unter Benutzung weniger Typen von Modellelementen und weniger Modellierungsregeln kann zumindest die "strukturnahe" Semantik eines Realitätsausschnittes weitgehend erfaßt werden und steht späteren Phasen der Systementwicklung z.B. in Form von Konsistenzbedingungen und invarianten Eigenschaften zur Weiterverwendung zur Verfügung. Einige Mängel und Schwächen des ER-Modells in der bisher vorgestellten Form sind jedoch ebenfalls offensichtlich:

- ER-Diagramme sind flach. Für komplexe Modelle stellt die fehlende Hierarchisierung ein erhebliches Problem dar, da das ER-Diagramm unübersichtlich wird und damit seine Visualisierungs- und Kommunikationsfunktion nicht mehr erfüllt [Sinz 1987, S.100; Boßhammer/Winter 1995, S.1-2]. Die Reduktion des ER-Diagramms auf ausgewählte Typen von Modellelementen (z.B. Entitätstypen und Beziehungstypen [Batini/Ceri/Navathe 1992, S.46]) stellt keine nachhaltige Lösung dieses Problems dar, zumal Dekompositionsregeln fehlen. Da die Hierarchisierung des ER-Modells in keinem direkten Zusammenhang mit der Informationsableitung steht, wird sie in dieser Untersuchung nicht weiter behandelt.

- ER-Diagramme sind Netze. Das Fehlen von Anordnungsregeln für Entitäts- und Beziehungstypen erschwert nicht nur die Modellintegration, sondern erlaubt dem Benutzer auch keine strukturierte Erschließung der jeweils repräsentierten Semantik. Zur Beseitigung dieses Problems wird das ER-Modell in Hauptabschnitt 4.4 durch das Strukturierte Entity-Relationship-Modell erweitert.

- ER-Schemata sind Datenmodelle. Das ER-Modell beschränkt sich auf strukturelle Systemelemente. Verhaltensmäßige Aspekte werden, wenn überhaupt, höchstens impliziert. ER-Schemata sind deshalb immer unvollständig, weil sie zwar Strukturen und einige Konsistenzbedingungen, nicht aber Operationen und Transaktionen umfassen [Lipeck 1989, S.4-5]. Wenn die verhaltensmäßigen Systemelemente auf der Grundlage anderer Modelle spezifiziert werden müssen (z.B. Funktionsmodelle), sind Konsistenzprobleme zwischen den verschiedenen Schemata unvermeidlich. Die Lösung dieses sehr grundlegenden Problems ist bisher noch nicht nachhaltig gelungen: Einerseits integrieren objektorientierte Modelle zwar während der gesamten Systementwicklung strukturelle und verhaltensmäßige Systemaspekte, leiden aber unter einigen in der Datenmodellierung bereits überwundenen Problemen wie z.B. fehlender Hierarchisierung oder mangelhafter Qualitätssicherung. Andererseits kann die Datenmodellierung zwar durch Einbeziehung zusätzlicher verhaltensmäßiger Aspekte bereichert werden, stößt aber mit zunehmender Dynamik und Prozeduralität der einzubeziehenden Konzepte an Abbildungsgrenzen ihrer Modelle. Die nächsten Hauptabschnitte dienen dazu, sukzessive zusätzliche verhaltensmäßige Aspekte konsistent in das ER-Modell einzuführen und damit die als problematisch erkannten Beschränkungen schrittweise zurückzuführen.

- Das ER-Modell kennt keine eindeutigen Regeln für die Bildung von Entitätstypen, Beziehungstypen und Attributen. Außerdem sind diese Typen von Modellelementen ineinander überführbar und lassen sich nicht exakt abgrenzen [Batini/Ceri/Navathe 1992, S.46]. Verschiedene ER-Modelle des gleichen Realitätsausschnitts sind deshalb mit großer Wahrscheinlichkeit inkompatibel. Das Fehlen von Regeln für die Informationsanalyse und insbesondere die Typenbildung führt zu einer gewissen Beliebigkeit der Modellierung. Insbesondere können im ER-Modell Beziehungstypen auftreten, deren Semantik unklar ist und/oder die nicht adäquat implementiert werden können [Sinz 1987, S.100]. Zur systematischen Identifikation von Entitäts- und Beziehungstypen wird das ER-Modell in Hauptabschnitt 4.3 durch Elemente und Konzepte des Objekttypenmodells erweitert.
- Das ER-Modell kann keine Generalisierungs-, Aggregations- und Assoziationsbeziehungen zwischen Entitäts- bzw. Beziehungstypen abbilden. Diese Abstraktionsbeziehungen sind jedoch in der Realität allgegenwärtig und auch im betrachteten Kapazitätsterminierungsbeispiel präsent: Die Entitätstypen "Baugruppe/Produkt" und "Baugruppe/Teil" sind offensichtlich Teil einer mehrstufigen Spezialisierungshierarchie für Teile. Der Beziehungstyp "Verursachergerechter Kapazitätsbedarf" ist offensichtlich eine Beziehung zwischen dem Aggregat "Produktionsprogramm" und dem Aggregat "Mengenübersichtsarbeitsplan". Die Einbeziehung derartiger Abstraktionsbeziehungen in das ER-Modell erfolgt in Hauptabschnitt 4.2.
- Das ER-Modell kann keine Informationsableitung abbilden. Unter Berücksichtigung der Ausführungen des vorangehenden Kapitels existieren zwischen den Beziehungstypen des Kapazitätsterminierungsbeispiels offensichtlich mehrere Ableitungsbeziehungen, die im ER-Schema in keiner Weise abgebildet werden. So läßt sich z.B. der Mengenübersichtsarbeitsplan unmittelbar aus dem Arbeitsplan und der Stückliste ableiten, und der Kapazitätsvergleich läßt sich aus dem Kapazitätsangebot und dem aggregierten Kapazitätsbedarf ableiten. Da Ableitungsbeziehungen einen bedeutenden Teil der Semantik eines Realitätsausschnitts repräsentieren, müssen sie im konzeptionellen Modell abgebildet werden können. Existenzabhängigkeiten und Vollständigkeitsbedingungen stellen zwar die Grundbausteine der meisten Ableitungsbeziehungen dar. Da aber diese Konzepte in ER-Schemata schon nicht vollständig abgebildet werden,

fehlt eine explizite Modellierung der Informationsableitung vollständig. Die Einbeziehung der Informationsableitung in das ER-Modell erfolgt in Hauptabschnitt 4.5.

Dem ER-Modell wird die Tatsache, daß ER-Schemata nicht direkt implementierbar sind und deshalb erst in implementierbare Datenmodelle transformiert werden müssen, ebenfalls als Nachteil zugerechnet [Sinz 1987, S.100]. Dieser Bewertung kann hier nicht gefolgt werden: Es ist ja gerade ein Merkmal der konzeptionellen Modellierung, durch nicht allzu große Implementierungsnähe ein Mindestmaß an Unabhängigkeit von Realisierungsaspekten zu gewährleisten. Solange eine eindeutige und umkehrbare Transformation von ER-Schemata in implementierbare Datenmodelle[27] möglich ist, kann auf die direkte Implementierbarkeit des konzeptionellen Modells verzichtet werden.

Zusammenfassend zeigt das ER-Modell zwar einige Mängel, stellt aber eine gute Ausgangsbasis für die konzeptionelle Modellierung betrieblicher Anwendungssysteme dar. Die seit seiner erstmaligen Publikation erfolgten oder in dieser Untersuchung zusätzlich vorgeschlagenen Erweiterungen und Verbesserungen werden in den folgenden Hauptabschnitten vorgestellt. Als früheste Erweiterung steht dabei zunächst die Einbeziehung von Abstraktionsbeziehungen in das ER-Modell im Mittelpunkt.

3.2 Erweiterungen des ER-Modells zur Repräsentation von Abstraktion

Einige Abstraktionsformen sind bereits implizit oder explizit im ER-Modell enthalten [Batini/Ceri/Navathe 1992, S.44]:

- Durch Klassifikation wird von der extensionalen Ebene der Informationsobjekte abstrahiert, um daraus ein Typenmodell abzuleiten. So werden aus Ausprägungen einer bestimmten Eigenschaft Attribute gebildet, aus Entitäten mit gemeinsamen Attributen werden Entitätstypen gebildet, und aus elementaren Fakten über die Beziehung von Entitäten werden Beziehungstypen gebildet.
- Durch Aggregation werden Attribute zu Entitäten verknüpft, und Entitäten sowie Attribute werden zu Beziehungen verknüpft.

Abstraktionsbeziehungen gibt es jedoch nicht nur zwischen einzelnen Informationsobjekten, sondern auch zwischen Entitäts- und Beziehungstypen. Durch Abstraktionen kann zusätzliche Semantik im jeweiligen konzeptionellen Schema ab-

---

[27] Entsprechende Transformationsregeln finden sich z.B. in [Chen 1976, S.25-34], [Sinz 1987, S.131-134], [Elmasri/Navathe 1989, S.329-334] sowie in ausführlicher Form bei [Batini/Ceri/Navathe 1992, S.313-346].

gebildet werden, und die Systementwicklung wird vereinfacht [Smith/Smith 1977a, S.106]:

- Abstraktionshierarchien erlauben es, die unterschiedlichen Sichtweisen verschiedener Benutzer zu integrieren und entsprechende Modellelemente konsistent zu verwalten.
- Abstraktion erlaubt es, ein Modell auf unterschiedlichen Verdichtungsstufen zu verwalten. Während die Modellverdichtung eher Dokumentations- und Kommunikationsfunktionen unterstützt, ist die Modellverfeinerung für die Systementwicklung unentbehrlich.
- Die Repräsentation von Abstraktionshierarchien erlaubt es, allgemeine bzw. generelle Modellelemente auf einer Abstraktionsebene zu verwalten, die ihrer Generalität entspricht, und in detailliertere Modellierungsebenen zu vererben.

Die Notwendigkeit der Einbeziehung dieser Abstraktionsbeziehungen zur Abbildung zusätzlicher Semantik wurde schon bald nach der Veröffentlichung des ER-Modells erkannt. In den ersten zehn Jahren konkurrierten eigenständige Ansätze wie z.B. SHM [Smith/Smith 1977a; Smith/Smith 1977b], RM/T [Codd 1979], SDM [Hammer/McLeod 1981] oder Objekttypenmethode [Ortner 1983] mit partiellen Erweiterungen des ER-Modells, beispielsweise durch [Scheuermann et al. 1980], [Su/Lo 1980], [Dos Santos et al. 1980], [Webre 1983] oder [Teorey et al. 1986]. Mittlerweile dominieren sog. Erweiterte Entity-Relationship-Modelle (EER-Modelle), die das ER-Modell durch Einbeziehung verschiedener Typen von Abstraktionsbeziehungen erweitern.[28]

Zwischen Entitäts- und/oder Beziehungstypen können Abstraktionsbeziehungen in Form von Generalisierung, Aggregation oder Assoziation bestehen (z.B. [Brodie 1984, S.33-34]; [Mattos 1988, S.1]). Alle drei Dimensionen finden sich, wenn auch teilweise unter anderen Namen, im RM/T [Codd 1979, S.411, S.418 und S.422] und in der Objekttypenmethode [Ortner 1983, S.111, S.114 und S.164] wieder. Im SHM fehlt dagegen die Assoziation, im SDM fehlen die Aggregation und die Generalisierung. Im folgenden werden zunächst die der Einbeziehung von Abstraktionsbeziehungen zugrunde liegenden Ziele und Prinzipien beschrieben. Danach werden die einzelnen Typen von Abstraktionsbeziehungen konsistent in das ER-Modell integriert. Für jeden Typ werden zunächst die notwendigen Modellelemente, Modellierungsregeln und grafischen Darstellungsmöglichkeiten dargestellt. Da-

[28] Die generelle Bezeichnung der erweiterten Modelle als EER-Modelle darf jedoch nicht dazu verleiten, von einer homogenen Gruppe auszugehen: Einige EER-Modelle beziehen lediglich verschiedene Generalisierungsbeziehungen ein (z.B. [Elmasri/Navathe 1989, S.410-427]). Andere EER-Modelle schließen nur Generalisierungs- und Aggregationsbeziehungen ein (z.B. [Scheuermann et al. 1980]). Nur in wenigen EER-Modellen finden sich, wenn auch teilweise in rudimentärer Form, alle Abstraktionsformen (z.B. [Scheer 1994]).

nach werden die zusätzlichen invarianten Eigenschaften analysiert und das dadurch zusätzlich implizierte Systemverhalten beschrieben. Eine Bewertung des EER-Modells schließt diesen Hauptabschnitt ab.

3.2.1 Modellierungsziele und -prinzipien

Aggregations-, Assoziations- und Generalisierungsbeziehungen zwischen Typen sind sehr genau von Aggregations- und Assoziationsbeziehungen zwischen extensionalen Informationsobjekten sowie Klassifikationsbeziehungen zu unterscheiden. Während die Einbeziehung der ersten Gruppe von Beziehungen das ER-Modell zum EER-Modell erweitert und dadurch zusätzliche Semantik in ER-Schemata integriert, ist die zweite Gruppe von Abstraktionen im ER-Schema unsichtbar, weil sie Beziehungen zwischen Objekten, zwischen Objektmengen oder zwischen Objekten und Objekttypen beschreiben. Obwohl Mattos versucht, im Rahmen eines generellen Abstraktionskonzepts beide Gruppen von Abstraktionen konzeptionell zu vereinheitlichen, unterscheidet auch er z.B. zwischen "Element- and Set-Association", zwischen "Element- and Component-Aggregation" sowie zwischen Klassifikation und Generalisierung [Mattos 1988, S.1-2].

Ziel des EER-Modells ist die Einbeziehung von Generalisierungs-, Aggregations- und Assoziationsbeziehungen **zwischen Typen** in das ER-Modell. Dabei soll die Grundstruktur des ER-Modells (z.B. die Unterscheidung zwischen Entitäts- und Beziehungstypen) erhalten bleiben. Deshalb werden auch die folgenden Ausführungen auf explizite Erweiterungen des ER-Modells beschränkt. Es werden geeignete Modellelemente, Modellierungsregeln und Notationen entwickelt und entsprechende Konsistenzbedingungen formuliert. Die Einbeziehung von Abstraktionsbeziehungen zwischen Objekten ist vom EER-Modell jedoch nicht intendiert. Die Einbeziehung dieser Semantik wird deshalb in einem späteren Hauptabschnitt behandelt.

3.2.2 Generalisierungsbeziehungen

Durch Generalisierung wird ein Entitätstyp mit anderen, "ähnlichen" Entitätstypen zusammengefaßt und als ein einziger, abstrakter Entitätstyp betrachtet.[29] Der entstehende Entitätstyp wird als Supertyp bezeichnet, die darin eingegangenen Entitätstypen werden als Subtypen bezeichnet. Da durch die unterschiedlich abstrakte Betrachtungsweise keine detaillierten Entitäten hinzukommen oder wegfallen, gehört ein und dieselbe Entität in einer Generalisierungshierarchie zu unterschiedlichen Entitätstypen.

---

[29] Smith/Smith benutzen eine weiter gefaßte Definition, die auch die Klassifikation und sogar partiell die Assoziation einschließt [Smith/Smith 1977a, S.106-108]. Die Beschränkung auf Generalisierungsbeziehungen zwischen unterschiedlich abstrakten Entitätstypen ist notwendig, weil Klassifikations- und Assoziationsbeziehungen im EER-Modell anders behandelt werden.

Generalisierungshierarchien werden hauptsächlich zur Vererbung benutzt: Wenn bestimmte Attribute und Beziehungstypen für mehrere Entitätstypen abzubilden sind, werden die jeweiligen Entitätstypen zu einem Supertyp generalisiert, dem die gemeinsamen Attribute und Beziehungstypen seiner Subtypen zugeordnet werden. Außerdem können Generalisierungsbeziehungen benutzt werden, um spezielle Attribute und Beziehungstypen, die nur für einen Teil der Entitäten eines Typs gültig sind, in einem speziellen Entitätstyp auszulagern [Elmasri/Navathe 1989, S.413-414]. Die Bildung spezialisierter Subtypen wird als Spezialisierung bezeichnet.

Wenn der Supertyp die Subtypen ersetzt, können durch Generalisierung komplexe ER-Schemata verdichtet werden [Teorey et al. 1989, S.978].

3.2.2.1 Elemente, Regeln und Notation

Eine Generalisierung von Subtypen zu einem Supertyp ist nur sinnvoll, wenn es gemeinsame Attribute oder Beziehungstypen der Subtypen gibt, die dem Supertyp zugeordnet werden können. Außerdem muß der Supertyp einen Begriff repräsentieren, d.h. mit einem sinnvollen Namen benannt werden können [Smith/Smith 1977a, S.108, S.111 und S.115]. Die Entitäten eines Supertyps können wie jede andere Entität an Beziehungen aller Art teilnehmen. Ein Supertyp kann an mehreren Generalisierungsbeziehungen teilnehmen.

Im ER-Modell erbt jeder Subtyp die Attribute und Beziehungstypen des Supertyps [Elmasri/Navathe 1989, S.411]. Daneben sind für jeden Subtyp spezifische, nur für Entitäten dieses Subtyps gültige Attribute und Beziehungstypen abzubilden. Einem Supertyp kann für jede Generalisierungsbeziehung, an der er als Supertyp teilnimmt, ein spezifisches Attribut zugeordnet werden, das jede Entität des Supertyps dem jeweiligen Subtyp zuordnet. Diese Attribute werden als Klassifikationsattribute bezeichnet. Für sie sind Domänen einzurichten, die die Namen der jeweils zulässigen Subtypen enthalten. Der Primärschlüssel aller Subtypen und des Supertyps muß identisch sein, d.h. sich auf die gleiche Domäne beziehen [Smith/Smith 1977a, S.113-114]. Die Existenz von Klassifikationsattributen wird aber teilweise als unverbindlich angesehen [Elmasri/Navathe 1989, S.416]. Wenn kein "natürliches" Klassifikationsattribut modelliert wurde, kann und sollte ein künstliches eingeführt werden, um die Konsistenz der Generalisierungsbeziehung prüfen und sichern zu können.

Zur Unterscheidung verschiedener Typen von Generalisierungsbeziehungen können zwei Konzepte herangezogen werden:

1. **Vollständigkeit**: In einer vollständigen Generalisierungsbeziehung muß jede Entität des Supertyps genau einer Entität eines Subtyps entsprechen. Das Klassifikationsattribut der jeweiligen Beziehung darf keine Nullwerte enthalten und muß auf den oder die jeweiligen Subtypen verweisen. Wenn eine Entität zu ei-

nem Subtyp gehört, dann muß sie auch zum Supertyp gehören [Smith/Smith 1977a, S.115].

2. **Exklusivität**: In einer exklusiven Generalisierungsbeziehung darf keine Entität des Supertyps gleichzeitig zu mehr als einem Subtyp gehören [ebenda]. Das Klassifikationsattribut der jeweiligen Beziehung darf zwar einen Nullwert enthalten, muß aber einwertig sein.

Damit kann die (Min,Max)-Notation für Rollen und Attribute auch auf Generalisierungsbeziehungen übertragen werden:

- **(0,1)**: Nicht jede Entität des Supertyps muß zu einem Subtyp gehören (keine Vollständigkeit). Wenn doch, dann darf die Entität des Supertyps jedoch nur zu einem einzigen Subtyp gehören (Exklusivität). Beispielsweise muß nicht jeder nichtselbständig Beschäftigte ein Arbeiter oder Angestellter sein (es gibt auch Beamte). Wenn doch, kann er nur entweder ein Arbeiter oder ein Angestellter sein.
- **(1,1)**: Jede Entität des Supertyps muß zu genau einem Subtyp gehören (Vollständigkeit und Exklusivität). Beispielsweise muß jedes Teil entweder ein Produkt, eine Baugruppe oder ein Einzelteil sein, und jedes Einzelteil muß entweder ein Kaufteil oder ein Hausteil sein.
- **(0,*)**: Nicht jede Entität des Supertyps muß zu einem Subtyp gehören (keine Vollständigkeit). Wenn doch, darf die Entität auch zu mehreren Subtypen gehören (keine Exklusivität). Beispielsweise muß nicht jeder Steuerpflichtige ein Arbeitnehmer oder ein Selbständiger sein. Steuerpflichtige können aber durchaus sowohl Arbeitnehmer wie auch Selbständige sein.
- **(1,*)**: Jede Entität des Supertyps muß zu mindestens einem Subtyp gehören (Vollständigkeit, keine Exklusivität). Beispielsweise muß jedes Fahrzeug ein Landfahrzeug, ein Wasserfahrzeug oder ein Luftfahrzeug sein. Amphibienfahrzeuge sind aber sowohl Landfahrzeuge wie auch Wasserfahrzeuge.

Kommen Supertypen durch Generalisierung zustande, sind im allgemeinen vollständige Generalisierungsbeziehungen zu modellieren. Kommen Subtypen durch Spezialisierung zustande, sind im allgemeinen nicht-vollständige Generalisierungsbeziehungen zu modellieren [Elmasri/Navathe 1989, S.417].

Da ein Supertyp an mehreren Generalisierungsbeziehungen teilnehmen darf, kann er auf der Grundlage unterschiedlicher Klassifikationskriterien gleichzeitig an exklusiven und nicht-exklusiven sowie an vollständigen und nicht-vollständigen Beziehungen teilnehmen. *Beispielsweise kann "Mitarbeiter/in" gleichzeitig* [Elmasri/Navathe 1989, S.412]

- im Hinblick auf den Beruf eine nicht-vollständige, exklusive Generalisierung für "Sekretär/in", "Techniker/in" und "Ingenieur/in",

- im Hinblick auf die Personalverantwortung eine nicht-vollständige, exklusive Generalisierung für "Manager/in" und
- im Hinblick auf die Lohnabrechnung eine vollständige, exklusive Generalisierung für "Angestellte/r" und "Arbeiter/in" sein.

Falls die Generalisierung zur Schemaverdichtung durchgeführt wird, wird der Supertyp im verdichteten Schema grafisch wie ein normaler Entitätstyp dargestellt. Falls die Generalisierung zur Einbeziehung zusätzlicher Semantik erfolgt, wird der Supertyp im detaillierten Schema grafisch als ein Rechteck dargestellt, das alle Subtypen umfaßt. Die verschiedenen Typen der Generalisierung können optisch durch Überlappung der Subtypen (Nicht-Exklusivität) und Überdeckung einer zusätzlichen Fläche durch den Supertyp (Nicht-Vollständigkeit) deutlich gemacht werden [Sinz 1987, S.93].

Die beteiligten Entitätstypen können auch als Rechtecke dargestellt werden, die durch Linien (für nicht-vollständige Generalisierungen) oder Doppellinien (für vollständige Generalisierungen) verbunden sind. Die Linien werden durch ein entsprechendes Symbol als gerichtet gekennzeichnet, und ein Zusatzsymbol legt fest, ob es sich um eine exklusive oder nicht-exklusive Generalisierung handelt [Elmasri/Navathe 1989, S.412 und S.416-417]. Die Benutzung spezieller Relationstypen zur Repräsentation von Generalisierungsbeziehungen (z.B. [Scheuermann et al. 1980, S.123]) hat sich trotz gewisser Vorteile als wenig geeignet erwiesen, die komplexe Semantik der Generalisierung abzubilden [Sinz 1987, S.95].

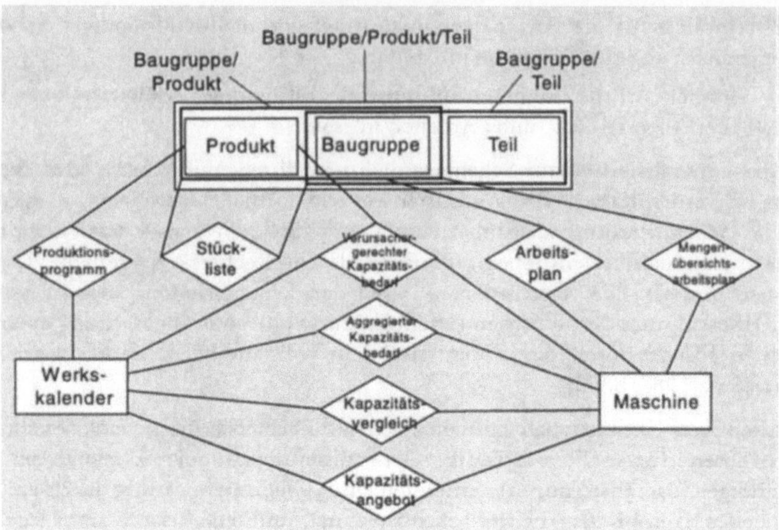

Abbildung 12: Grafische Darstellung von Generalisierungsbeziehungen im EER-Modell

In Abbildung 12 wird u.a. eine Generalisierungshierarchie für Teile dargestellt. Produkte, Baugruppen und Teile werden unterschieden, weil sie neben gemeinsamen auch unterschiedliche Attribute haben (z.B. Verkaufspreis für Produkte, Einkaufspreis für Teile, keines von beiden für Baugruppen). Produkte und Baugruppen werden vollständig und exklusiv als Entitätstyp "Baugruppe/Produkt" generalisiert, weil beide Entitätstypen als Oberteil an Stücklistenbeziehungen und als Verursacher an Arbeitsplanbeziehungen teilnehmen. Baugruppen und Teile werden vollständig und exklusiv als Entitätstyp "Baugruppe/Teil" generalisiert, weil beide als Unterteil an Stücklistenbeziehungen teilnehmen. "Baugruppe/Produkt" und "Baugruppe/Teil" werden schließlich vollständig, aber nicht exklusiv als Entitätstyp "Baugruppe/Produkt/Teil" generalisiert, weil alle Entitäten dieser Typen gemeinsame Attribute haben (z.B. Teilnummer, Bezeichnung, Gewicht).

3.2.2.2 Invariante Eigenschaften

An eine vollständige, exklusive Generalisierungsbeziehung werden fünf grundlegende Anforderungen gestellt [Smith/Smith 1977a, S.124-125]:

A. Jeder Entität des Supertyps muß genau eine Entität eines der beteiligten Subtypen entsprechen.

B. Zwei verschiedenen Entitäten des Supertyps darf niemals dieselbe Entität eines der beteiligten Subtypen entsprechen.

C. Jeder Entität der beteiligten Subtypen muß genau eine Entität des Supertyps entsprechen.

D. Jeder Entität müssen im Supertyp für ihre Klassifikationsattribute die Attributwerte zugeordnet sein, die ihrer Zuordnung zu einem der Subtypen entsprechen.

E. In einer Generalisierungsbeziehung darf jede Entität nur zu einem einzigen Subtyp gehören.

Die Anforderungen (B), (C) und (D) sind für alle Typen von Generalisierungsbeziehungen gültig. Die Anforderung (B) ist erfüllt, wenn alle Typen der Generalisierungshierarchie den gleichen Primärschlüssel haben. Die Anforderung (A) gilt nur für vollständige Generalisierungsbeziehungen. Die Anforderung (E) gilt nur für exklusive Generalisierungsbeziehungen.

"Entsprechung" weist dabei auf einen Typ von Elementen des ER-Modells hin, der bisher nicht explizit beschrieben wurde. Im ER-Modell werden z.B. Beziehungen durch die Entitäten identifiziert, die an ihnen teilnehmen. Wenn aber die Primärschlüssel der beteiligten Entitätstypen keine Attribute des Beziehungstyps sind, muß die Identifikation über Referenzen erfolgen. Referenzen lassen sich nicht nur zur Abbildung von Rollen in Beziehungstypen benutzen, sondern auch zur Modellierung von "Entsprechung": Genauso, wie durch eine Referenz der Zusammenhang zwischen einer Beziehung und den beteiligten Entitäten abgebildet wird, kann auch der Zusammenhang zwischen der Entität eines Supertyps und der entsprechenden Entität eines Subtyps abgebildet werden. Um die Richtung der Existenzabhängigkeit deutlich zu machen, referenzieren Entitäten in Subtypen die ihnen entsprechende Entität des jeweiligen Supertyps [Sinz 1987, S.95].

Aus den obigen Anforderungen an eine Generalisierung können spezielle Konsistenzbedingungen für Entitäten von Supertypen und von Subtypen formuliert werden, die neben den klassischen Integritätsbedingungen erfüllt sein müssen und damit die spezifischen Konsistenzbedingungen (1) bis (4) des ER-Modells ergänzen. Aufgrund der Vererbung von Attributwerten müssen für Generalisierungsbeziehungen (wie für alle Abstraktionsbeziehungen, auf deren Grundlage Attributwerte abgeleitet werden) zuätzlich Bedingungen für die Änderung der Werte von Nichtschlüsselattributen formuliert werden (teilweise nach [Smith/Smith 1977a, S.126-129], teilweise nach [Elmasri/Navathe 1989, S.418]):

1a. **Konsistenz der Löschung einer Entität eines Supertyps**: Die Löschung einer Entität ist konsistent, wenn neben den Anforderungen aus Bedingung (1)(siehe Abschnitt 3.1.3.2)

- gleichzeitig alle Entitäten gelöscht werden, von denen die zu löschende Entität aufgrund einer Generalisierungsbeziehung referenziert wird, oder
- die zu löschende Entität von keiner anderen Entität aufgrund einer Generalisierungsbeziehung referenziert wird (d.h. nicht zu einem Supertyp bzw.

nicht zu einem Supertyp einer vollständigen Generalisierungsbeziehung gehört).

1b. **Konsistenz der Löschung einer Entität eines Subtyps**: Die Löschung einer Entität ist konsistent, wenn neben den Anforderungen aus den Bedingungen (1) und (1a)

- gleichzeitig die Entität gelöscht wird, die von der zu löschenden Entität aufgrund einer **vollständigen, exklusiven Generalisierungsbeziehung** referenziert werden muß, oder
- die referenzierte Entität nicht allein von der zu löschenden Entität aufgrund einer **vollständigen, nicht-exklusiven Generalisierungsbeziehung** referenziert wird und gleichzeitig der Wert ihres Klassifikationsattributs entsprechend angepaßt wird, oder
- die referenzierte Entität allein von der zu löschenden Entität aufgrund einer **vollständigen, nicht-exklusiven Generalisierungsbeziehung** referenziert wird und die referenzierte Entität gleichzeitig gelöscht wird, oder
- die referenzierte Entität aufgrund einer **nicht-vollständigen Generalisierungsbeziehung** nicht referenziert werden muß und gleichzeitig der Wert ihres Klassifikationsattributs entsprechend angepaßt wird, oder
- die zu löschende Entität keine andere Entität aufgrund einer Generalisierungsbeziehung referenziert (d.h. nicht zu einem Subtyp gehört).

3a. **Konsistenz der Einfügung einer Entität eines Supertyps**: Die Einfügung einer Entität ist konsistent, wenn neben den Anforderungen aus Bedingung (3)

- gleichzeitig aufgrund einer **vollständigen Generalisierungsbeziehung** die Entitäten der Subtypen, die dem Wert des Klassifikationsattributs der einzufügenden Entität entsprechen und von denen die einzufügende Entität referenziert werden muß, mit allen vererbten Attributwerten eingefügt werden, oder
- die einzufügende Entität nicht von einer anderen Entität aufgrund einer Generalisierungsbeziehung referenziert werden muß (d.h. nicht zu einem Supertyp einer vollständigen Generalisierungsbeziehung gehört).

3b. **Konsistenz der Einfügung einer Entität eines Subtyps**: Die Einfügung einer Entität ist konsistent, wenn neben den Anforderungen aus den Bedingungen (3) und (3a)

- die von der einzufügenden Entität aufgrund einer **Generalisierungsbeziehung** referenzierte Entität nicht existiert und gleichzeitig mit allen "vererbten" Attributwerten eingefügt wird, oder
- die von der einzufügenden Entität aufgrund einer **nicht-vollständigen Generalisierungsbeziehung** referenzierte Entität bereits existiert und

gleichzeitig der Wert des Klassifikationsattributs der referenzierten Entität aktualisiert wird,

und

- die von der einzufügenden Entität aufgrund einer **exklusiven Generalisierungsbeziehung** referenzierte Entität von keiner anderen Entität referenziert wird oder
- die einzufügende Entität keine andere Entität aufgrund einer exklusiven Generalisierungsbeziehung referenziert.

5. **Konsistenz der Änderung einer Entität eines Supertyps**: Die Änderung eines Attributwerts einer Entität ist konsistent, wenn
   - das geänderte Attribut ein Klassifikationsattribut ist und statt der Änderung die geänderte Entität gelöscht und danach mit dem geänderten Wert des Klassifikationsattributs neu eingefügt wird[30], oder
   - das geänderte Attribut kein Klassifikationsattribut ist und gleichzeitig der betreffende Attributwert für alle Entitäten, die die zu ändernde Entität referenzieren, ebenfalls geändert wird, oder
   - die zu ändernde Entität von keiner anderen Entität aufgrund einer Generalisierungsbeziehung referenziert wird.

5a. **Konsistenz der Änderung einer Entität eines Subtyps**: Die Änderung eines Attributwerts einer Entität ist konsistent, wenn
   - das geänderte Attribut kein vererbtes Attribut ist und die zu ändernde Entität aufgrund einer Generalisierungsbeziehung eine andere Entität referenziert, oder
   - die zu ändernde Entität keine andere Entität aufgrund einer Generalisierungsbeziehung referenziert.

Um die Konsistenz einer Transaktion zu prüfen, können diese Regeln untereinander und mit den Regeln (1) bis (4) rückwärtsverkettet werden, um einen Prüfungspfad zu generieren.

3.2.2.3 Impliziertes Verhalten

Um eine elementare Datenmanipulation unter Erhaltung der invarianten Eigenschaften von Generalisierungsbeziehungen durchzuführen, müssen die in den Konsistenzbedingungen (1a), (1b), (3a), (3b), (5) und (5a) genannten Voraussetzungen erfüllt werden. Wann immer möglich, sollen die Konsistenzbedingungen statt

---

[30] Natürlich könnten an dieser Stelle auch die jeweiligen Konsistenzregeln für die Löschung und Einfügung repliziert werden. Da die verschiedenen Bedingungen aber rekursiv verknüpft werden, macht diese Replikation keinen Sinn und führt nur zu unnötiger Redundanz.

in eine (passive) Zurückweisungsregel in eine (aktive) Propagierungsregel transformiert werden. Neben einen Prüfungspfad zur Identifikation nicht konsistent propagierbarer elementarer Datenmanipulationen tritt damit ein Propagierungspfad zur Erzeugung einer Transaktion auf der Grundlage einer beliebigen elementaren Datenmanipulation, die konsistent propagierbar ist.

1a. **Propagierung der Löschung einer Entität eines Supertyps:**

Wird eine Entität eines Supertyps gelöscht, sind in der gleichen Transaktion auch alle Entitäten der beteiligten Subtypen zu löschen, von denen die zu löschende Entität referenziert wird.

1b. **Propagierung der Löschung einer Entität eines Subtyps:**

- Wird eine Entität eines Subtyps gelöscht, ist in der gleichen Transaktion auch die Entität des Supertyps zu löschen, die von der zu löschenden Entität aufgrund einer **vollständigen, exklusiven** Generalisierungsbeziehung referenziert werden muß.
- Wird eine Entität eines Subtyps gelöscht, ist in der gleichen Transaktion auch der Wert des Klassifikationsattributs der Entität des Supertyps zu aktualisieren, die nicht allein von der zu löschenden Entität aufgrund einer **vollständigen, nicht-exklusiven** Generalisierungsbeziehung referenziert werden muß.
- Wird eine Entität eines Subtyps gelöscht, ist in der gleichen Transaktion auch die Entität des Supertyps zu löschen, die allein von der zu löschenden Entität aufgrund einer **vollständigen, nicht-exklusiven** Generalisierungsbeziehung referenziert werden muß.
- Wird eine Entität eines Subtyps gelöscht, ist in der gleichen Transaktion auch der Wert des Klassifikationsattributs der Entität des Supertyps zu aktualisieren, die von der zu löschenden Entität aufgrund einer **nicht-vollständigen** Generalisierungsbeziehung referenziert wird.

3a. **Propagierung der Einfügung einer Entität eines Supertyps:**

Wird eine Entität eines Supertyps eingefügt, sind in der gleichen Transaktion auch alle Entitäten einzufügen, die die einzufügende Entität aufgrund einer vollständigen Generalisierungsbeziehung referenzieren müssen.

3b. **Zurückweisung/Propagierung der Einfügung einer Entität eines Sub typs:**

- Die Einfügung einer Entität eines Subtyps aufgrund einer **vollständigen Generalisierungsbeziehung** ist zurückzuweisen, wenn die referenzierte Entität existiert.

- Die Einfügung einer Entität eines Subtyps aufgrund einer **exklusiven Generalisierungsbeziehung** ist zurückzuweisen, wenn die referenzierte Entität auf der Grundlage dieser Generalisierungsbeziehung bereits referenziert wird.
- Wird eine Entität eines Subtyps eingefügt, ist in der gleichen Transaktion auch eine Entität des Supertyps einzufügen, die von der einzufügenden Entität aufgrund einer **Generalisierungsbeziehung** referenziert wird und nicht existiert.
- Wird eine Entität eines Subtyps eingefügt, ist in der gleichen Transaktion auch der Wert des Klassifikationsattributs der Entität des Supertyps zu aktualisieren, die von der einzufügenden Entität aufgrund einer **nicht-vollständigen Generalisierungsbeziehung** referenziert wird.

5. **Zurückweisung/Propagierung der Änderung einer Entität eines Su pertyps:**
   - Die Änderung eines vererbten Attributs einer Entität eines Subtyps ist zurückzuweisen.
   - Wird der Wert eines Klassifikationsattributs einer Entität eines Supertyps geändert, ist statt dessen in der gleichen Transaktion die betreffende Entität zu löschen und danach mit dem geänderten Attributwert neu einzufügen.
   - Wird der Wert eines Nicht-Klassifikationsattributs einer Entität eines Supertyps geändert, sind in der gleichen Transaktion die Werte des entsprechenden Attributs in allen Entitäten zu ändern, die die zu ändernde Entität referenzieren.

3.2.3 Aggregationsbeziehungen

Durch Aggregation wird ein Beziehungstyp mit den durch ihn verbundenen Entitätstypen zusammengefaßt und als ein einziger, abstrakter Entitätstyp betrachtet [Smith/Smith 1977b, S.406; Scheuermann et al. 1980, S.122-124]. Der entstehende Entitätstyp wird als Aggregat bezeichnet, der darin eingegangene Beziehungstyp und die entsprechenden Entitätstypen werden als Komponenten bezeichnet.

Wenn im Schema das Aggregat seine Komponenten ersetzt, können durch Aggregation komplexe ER-Schemata verdichtet werden [Feldman/Miller 1986; Teorey et al. 1989; Jaeschke et al. 1993]. Außerdem können Schemata integriert werden, in denen aufgrund unterschiedlicher Sichtweisen ein semantisches Konzept einmal als Beziehungstyp, ein anderes Mal dagegen als Entitätstyp modelliert wurde. Durch Aggregation wird es möglich, Beziehungen zwischen Beziehungstypen zu modellieren [Scheuermann et al. 1980, S.123].

3.2.3.1 Elemente, Regeln und Notation

Eine Aggregation ist nur sinnvoll, wenn das Aggregat einen Begriff repräsentiert, d.h. wenn sich dafür eine semantisch zutreffende Bezeichnung finden läßt: "By restricting the names for (...) aggregate types to natural language nouns, we are able to distinguish aggregations which represent abstractions from aggregations which are merely a spurious grouping of distinct concepts." [Smith/Smith 1977b, S.409] Aggregate können an Beziehungen teilnehmen und mit diesen (zusammen mit den anderen teilnehmenden Entitätstypen) zu noch abstrakteren Aggregaten zusammengefaßt werden.

Falls die Aggregation zur Schemaverdichtung durchgeführt wird, wird das Aggregat im verdichteten Schema grafisch wie ein normaler Entitätstyp dargestellt. Falls die Aggregation zur Einbeziehung zusätzlicher Semantik erfolgt, wird das Aggregat im detaillierten Schema grafisch als ein Rechteck dargestellt, das alle seine Komponenten umfaßt [Scheuermann et al. 1980, S.123]. Im ER-Modell werden die Attribute des Aggregats aus den Attributen seiner Komponenten gebildet. In anderen konzeptionellen Modellen (z.B. SHM [Smith/Smith 1977b, S.406]) werden die Komponenten zu Attributen des Aggregats. Dem Aggregat müssen zwar nicht alle Attribute seiner Komponenten "vererbt" werden. Es dürfen aber auch keine zusätzlichen Attribute hinzukommen. Der Primärschlüssel des Aggregats entspricht dem Primärschlüssel des zugrunde liegenden Beziehungstyps (d.h. im Normalfall der Kombination der Primärschlüssel der teilnehmenden Entitätstypen).

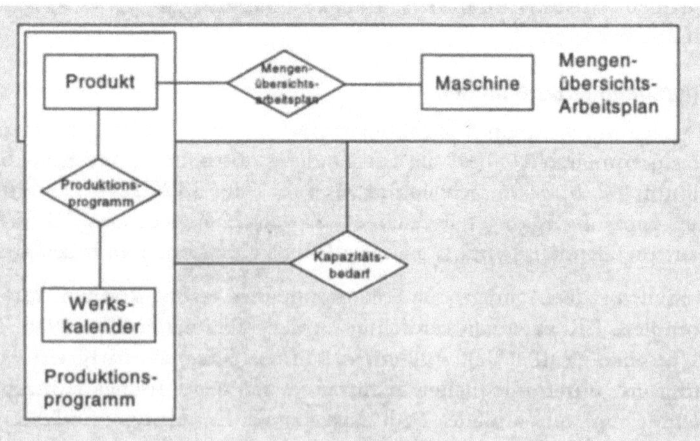

Abbildung 13: Grafische Darstellung von Aggregationsbeziehungen im EER-Modell

In Abbildung 13 wird ein Schema dargestellt, in dem der Kapazitätsbedarf als Typ von Beziehungen zwischen Produktionsprogramm- und Mengenübersichtsarbeitsplan-Entitäten modelliert wurde. Beide Entitätstypen sind dabei durch Aggregation der jeweils namensgleichen Beziehungstypen mit den beteiligten Entitätstypen entstanden.

Diese Darstellung macht einerseits deutlich, daß der Nutzen der Aggregation nicht nur in der Verdichtung von Schemata besteht: *Ein (verursachergerechter) Kapazitätsbedarf entsteht immer, wenn sich eine Position des Produktionsgramms und eine Position des Mengenübersichtsarbeitsplans auf das gleiche Produkt beziehen. Da Produktionsprogramm- und Arbeitsplanpositionen selbst Beziehungen zwischen Produkten und dem Werkskalender bzw. zwischen Produkten und Maschinen sind, müssen Kapazitätsbedarfe im traditionellen ER-Modell durch eine ternäre Beziehung modelliert werden, an der Produkte, Maschinen und der Werkskalender teilnehmen. Produktionsprogramm, Mengenübersichtsarbeitsplan und Kapazitätsbedarf müssen nebeneinander modelliert werden, obwohl zwischen den Beziehungen selbst ein starker semantischer Zusammenhang besteht. Durch Aggregation kann diese Semantik repräsentiert werden: Das Produktionsprogramm und der Mengenübersichtsarbeitsplan werden als Aggregate repräsentiert, und Kapazitätsbedarfe können als Beziehungen zwischen diesen Aggregaten modelliert werden. Der Primärschlüssel von Kapazitätsbedarfen, der sich durch Kombination der Primärschlüssel der Aggregate (Produkt# + Zeitraum# und Produkt# + Maschine#) ergibt, ist natürlich identisch mit dem Primärschlüssel, der sich im traditionellen ER-Modell ergibt (Produkt# + Zeitraum# + Maschine#).*

Andererseits wird deutlich, daß bestimmte Entitätstypen in verschiedenen Aggregaten enthalten sein können (Mehrfachaggregation). Die Mehrfachaggregation wird zwar in vielen Ansätzen zur Schemaverdichtung verboten (z.B. [Feldman/Miller 1986, S.352], [Teorey et al. 1989, S.979-980], [Mistelbauer 1991,S.296]). Dazu besteht dazu jedoch überhaupt kein Grund, da dieses Verbot zu einer unzulässigen Einschränkung der konzeptionellen Modellierung führen würde und eventuelle Konsistenzprobleme durch entsprechende Bedingungen und Propagierungen vermieden werden können [Boßhammer/Winter 1995, S.11]. In ihrem Ansatz zur Datenmodellintegration haben Rauh/Stickel [Rauh/Stickel 1992, S.69-70] die Mehrfachaggregation sogar explizit vorgeschrieben.

3.2.3.2 Invariante Eigenschaften

An eine Aggregation werden zwei grundlegende Anforderungen gestellt [Smith/Smith 1977b, S.407-408]:

- Jeder Entität des aggregierten Typs muß genau eine detaillierte Beziehung und jeweils genau eine Entität jedes der detaillierten Typen entsprechen.
- Zwei verschiedenen Entitäten des aggregierten Typs dürfen niemals dieselbe detaillierte Beziehung und dieselben Entitäten jedes der detaillierten Typen entsprechen.

Aggregationsbeziehungen sind also immer vollständig und exklusiv. Genauso wie im Fall der Generalisierung wird im konzeptionellen Modell die "Entsprechung" durch Referenzierungen abgebildet. Im Gegensatz zur Darstellung bei Smith/Smith wird davon ausgegangen, daß das Aggregat die ihm zugrunde liegende Beziehung referenziert. Diese Referenzierung entspricht der semantischen Abhängigkeit des Aggregats, die aus der "Vererbung" seiner Attribute entsteht. In Generalisierungsbeziehungen läuft die Richtung der Referenzierung (Subtyp-Entitäten referenzieren Supertyp-Entitäten) ja ebenfalls der Richtung der Vererbung (Supertypen vererben an Subtypen) entgegen.

Aus den obigen Anforderungen an Aggregationsbeziehungen können spezielle Konsistenzbedingungen für Aggregate und Komponenten abgeleitet werden, die neben den klassischen Integritätsbedingungen erfüllt sein müssen und damit die spezifischen Konsistenzbedingungen (1) bis (5a) ergänzen (teilweise nach [Smith/Smith 1977a, S.126-129]; [Smith/Smith 1977b, S.409]):[31]

1c. **Konsistenz der Löschung einer Entität eines Aggregats**: Die Löschung einer Entität ist konsistent, wenn neben den Anforderungen aus den Bedingungen (1), (1a) und (1b)
   - gleichzeitig die Beziehung gelöscht wird, die von dieser Entität referenziert wird, oder
   - die zu löschende Entität keine Beziehung referenziert (d.h. zu keinem Aggregat gehört).

2a. **Konsistenz der Löschung einer Beziehung einer Komponente**: Die Löschung einer Beziehung ist konsistent, wenn neben den Anforderungen aus Bedingung (2)
   - gleichzeitig die Entität gelöscht wird, die diese Beziehung referenziert, oder
   - die zu löschende Beziehung von keiner Entität referenziert wird (d.h. zu keiner Komponente gehört).

3c. **Konsistenz der Einfügung einer Entität eines Aggregats**: Die Einfügung einer Entität ist konsistent, wenn neben den Anforderungen aus den Bedingungen (3), (3a) und (3b)
   - gleichzeitig die Beziehung eingefügt wird, die von dieser Entität referenziert wird, oder
   - die einzufügende Entität keine Beziehung referenziert (d.h. zu keinem Aggregat gehört).

---

[31] Die invarianten Eigenschaften von Aggregationsbeziehungen ergänzen die invarianten Eigenschaften des ER-Modells aus Unterabschnitt 3.1.3.2 und die invarianten Eigenschaften von Generalisierungsbeziehungen aus Unterabschnitt 3.2.2.2.

4a. **Konsistenz der Einfügung einer Beziehung einer Komponente**: Die Einfügung einer Beziehung ist konsistent, wenn neben den Anforderungen aus Bedingung (4)

- gleichzeitig die Entität eingefügt wird, die diese Beziehung referenziert, oder
- die einzufügende Beziehung von keiner Entität referenziert wird (d.h. zu keiner Komponente gehört).

5b. **Konsistenz der Änderung einer Entität eines Aggregats**: Die Änderung eines Attributwerts einer Entität ist konsistent, wenn neben den Anforderungen der Bedingungen (5) und (5a)

- die zu ändernde Entität eine Beziehung referenziert, die das geänderte Attribut enthält, und gleichzeitig der Wert dieses Attributs der referenzierten Beziehung geändert wurde, oder
- die zu ändernde Entität eine Beziehung referenziert, die das geänderte Attribut nicht enthält, und gleichzeitig der Wert dieses Attributs der Entität geändert wurde, die von der referenzierten Bedingung referenziert wird und das betroffene Attribut enthält, oder
- die zu ändernde Entität keine Beziehung referenziert (d.h. zu keinem Aggregat gehört).

5c. **Konsistenz der Änderung einer Entität einer Komponente**: Die Änderung eines Attributwerts einer Entität ist konsistent, wenn neben den Anforderungen der Bedingungen (5), (5a) und (5b)

- die zu ändernde Entität von einer Beziehung referenziert wird, die von einer Entität referenziert wird, die das geänderte Attribut enthält, und gleichzeitig der Wert dieses Attributs der referenzierenden Entität geändert wurde, oder
- die zu ändernde Entität von keiner Beziehung referenziert wird, die von einer Entität referenziert wird, die das geänderte Attribut entthält (d.h. zu keiner Komponente gehört oder zumindest das geänderte Attribut nicht an ein Aggregat vererbt).

6. **Konsistenz der Änderung einer Beziehung einer Komponente**: Die Änderung eines Attributwerts einer Beziehung ist konsistent, wenn

- die zu ändernde Beziehung von einer Entität referenziert wird und gleichzeitig der Wert des entsprechenden Attributs der referenzierenden Entität geändert wurde, oder
- die zu ändernde Beziehung von keiner Entität referenziert wird (d.h. zu keiner Komponente gehört).

Um die Konsistenz einer Transaktion zu prüfen, können diese Regeln untereinander und mit den Regeln (1) bis (5a) rückwärtsverkettet werden, um einen Prüfungspfad zu generieren.

3.2.3.3 Impliziertes Verhalten

Um eine elementare Datenmanipulation unter Erhaltung der invarianten Eigenschaften von Aggregationsbeziehungen durchzuführen, müssen die in den Konsistenzregeln (1c), (2a), (3c), (4a), (5b), (5c) und (6) genannten Voraussetzungen erfüllt werden. Durch Transformation der Konsistenzbedingungen in Zurückweisungs- und Propagierungsregeln können unzulässige Datenmanipulationen erkannt und zurückgewiesen werden, während zulässige Datenmanipulationen konsistent propagiert werden können.

1c. **Propagierung der Löschung einer Entität eines Aggregats**: Wird die Entität eines Aggregats gelöscht, ist in der gleichen Transaktion auch die Beziehung der Komponente zu löschen, die durch die zu löschende Entität referenziert wird.

2a. **Propagierung der Löschung einer Beziehung einer Komponente**: Wird die Beziehung einer Komponente gelöscht, ist in der gleichen Transaktion auch die Entität des Aggregats zu löschen, durch die die zu löschende Beziehung referenziert wird.

3c. **Propagierung der Einfügung einer Entität eines Aggregats**: Wird die Entität eines Aggregats eingefügt, ist in der gleichen Transaktion auch die Beziehung der Komponente einzufügen, die durch die einzufügende Entität referenziert wird.

4a. **Propagierung der Einfügung einer Beziehung einer Komponente**: Wird die Beziehung einer Komponente eingefügt, ist in der gleichen Transaktion auch die Entität des Aggregats einzufügen, durch die die einzufügende Beziehung referenziert wird.

5b. **Propagierung der Änderung einer Entität eines Aggregats**: Wird der Wert eines Attributs eines Aggregats geändert, ist in der gleichen Transaktion auch der Wert des entsprechenden Attributs der Beziehung zu ändern, die die zu ändernde Entität als Komponente referenziert. Gehört das geänderte Attribut nicht zu dieser Beziehung, ist der Wert des entsprechenden Attributs einer Entität zu ändern, die von der referenzierten Beziehung referenziert wird.

5c. **Propagierung der Änderung einer Entität einer Komponente**: Wird der Wert eines Attributs einer Entität geändert, die von einer Beziehung referenziert wird, die als Komponente von einem Aggregat referenziert wird, ist in der gleichen Transaktion auch der Wert des entsprechenden Attributs des Aggregats zu ändern, falls dieses existiert.

6. **Propagierung der Änderung einer Beziehung einer Komponente**: Wird der Wert eines Attributs einer Beziehung geändert, die als Komponente von einem Aggregat referenziert wird, ist in der gleichen Transaktion auch der Wert des entsprechenden Attributs des Aggregats zu ändern, falls dieses existiert.

3.2.4 Assoziationsbeziehungen

Auf der Typenebene (d.h. in ER-Schemata) stellt die Generalisierung eine Abstraktion von Entitätstypen dar, während die Aggregation als Abstraktion von Beziehungstypen interpretiert werden kann [Scheuermann et al. 1980, S.122]. Generalisierung und Aggregation werden deshalb oft als die einzigen sinnvollen Abstraktionsformen für ER-Schemata angesehen [Batini/Ceri/Navathe 1992, S.44-45].

In betrieblichen Anwendungssystemen sind jedoch eine Vielzahl von Stellvertretungs- und Gruppierungsbeziehungen abzubilden, deren Semantik nicht allein durch Aggregation und Generalisierung repräsentiert werden kann. *Als Beispiel wird der Entitätstyp "Angestellter" betrachtet. Als Subtyp von "Mitarbeiter" könnte dieser Typ zwar bestimmte Attributwerte (z.B. Personalnummer, Name usw.) von Angestellten erben. Die Modellierung des Durchschnittsgehalts, der durchschnittlichen Firmenzugehörigkeit und der Zahl der Angestellten ist jedoch weder für Objekte des Entitätstyps "Angestellter" noch für Objekte des Entitätstyps "Mitarbeiter" sinnvoll. Eine Aggregation scheidet aus, weil die fraglichen Attribute nicht aus einer Beziehung zwischen "Angestellter" und einem anderen Entitätstyp resultieren. Mit den bisherigen ER-Erweiterungen könnte höchstens ein zusätzlicher Entitätstyp "Mitarbeitergruppe" definiert werden, dessen Objekt "Angestellter" mit jedem Objekt des Typs "Angestellter" an jeweils einer Beziehung teilnimmt. Der Zusammenhang zwischen dem "Durchschnittsgehalt"-Attribut von "Mitarbeitergruppe" und dem "Gehalt"-Attribut von "Angestellter" ist jedoch durch eine solche Beziehung nicht abbildbar. Eine zweite Möglichkeit bestünde in der Modellierung eines künstlichen "Mitarbeiter"-Objekts, dessen "Gehalt"-Attribut das Durchschnittsgehalt und dessen "Firmenzugehörigkeit"-Attribut die durchschnittliche Firmenzugehörigkeit aller Angestellten enthält. Doch die Gesamtzahl der Angestellten kann auf diese Weise ebensowenig abgebildet werden wie die Beziehungen zwischen den Gehältern (bzw. der Firmenzugehörigkeit) der "normalen" Angestellten und dem "Gehalt" (bzw. der Firmenzugehörugkeit) des künstlichen Stellvertreter-Objekts.*

Zur Modellierung von Stellvertretungs- und Gruppierungsbeziehungen wird deshalb als dritte Abstraktionsform zwischen Typen die Assoziation verwendet. Durch Assoziation wird auf der Grundlage eines Entitätstyps ein abstrakter Entitätstyp gebildet, dessen Objekte jeweils zu einer Menge von Objekten des detaillierten Typs in Beziehung stehen [Hammer/McLeod 1981, S.359]. Der entstehende Typ wird als Gruppentyp bezeichnet, der zugrunde liegende Typ wird als Basistyp bezeichnet.

Welches Objekt des Gruppentyps mit welchen Objekten des Basistyps in Beziehung steht, wird auf unterschiedliche Weise festgelegt [Hammer/McLeod 1981, S.359-361]:

- **Attributwertgesteuerte Gruppierung**: Durch die Werte spezifischer Attribute des Basistyps wird festgelegt, mit welchem Objekt des Gruppentyps ein Objekt des Basistyps in Verbindung steht. Diese Attribute werden in Analogie zu den Klassifikationsattributen von Supertypen als Gruppierungsattribute bezeichnet. Für sie sind Domänen einzurichten, die die Gruppenobjekte enthalten (Referenzen). *Beispielsweise können Entitäten des Basistyps "Mitarbeiter" einer Entität des Gruppentyps "Mitarbeitergruppe" durch den Wert ihres Gruppierungsattributs "Vertragsverhältnis" zugeordnet werden. Wenn eine Gruppen-Entität "Angestellter" existiert und "Angestellter" zur Domäne von "Vertragsverhältnis" gehört, werden alle Angestellten dieser Gruppenentität zugeordnet.*
- **Enumerierte Gruppierung**: Jedes Objekt des Gruppentyps steht mit einem bestimmten Entitätstyp des Schemas in Verbindung. In diesem Fall ist für den Primärschlüssel des Gruppentyps eine Domäne zu definieren, die die Namen der in Betracht kommenden Entitätstypen enumeriert. *Beispielsweise kann jede Entität des Gruppentyps "Mitarbeitergruppe" mit jeweils einem Subtyp des Supertyps "Mitarbeiter" in Verbindung stehen. Wenn ein Subtyp "Angestellter" existiert, wird dieser dann der Entität "Angestellter" des Gruppentyps zugeordnet.*
- **Benutzerkontrollierte Gruppierung**: In diesem Fall sind die Objekte des Gruppentyps "arbitrary collections of entities manipulated by users" [Hammer/McLeod 1981, S.361]. Die Zugehörigkeit eines Objekts des Basistyps zu einem Objekt des Gruppentyps manifestiert sich weder durch einen bestimmten Attributwert noch durch die Zugehörigkeit zu einem bestimmten Entitätstyp. *Beispielsweise sind Fahrgemeinschaften von Mitarbeitern im Gegensatz zu Abteilungen als temporäre Gruppen aufgrund ihrer begrenzten Lebensdauer, wechselnden Zusammensetzung und fehlenden Beeinflußbarkeit weder sinnvoll als (Gruppierungs-)Attribut des Entitätstyps "Mitarbeiter" noch als (enumerierte) Menge eigener Entitätstypen modellierbar.*

Wenn die enumerierte Gruppierung auf der Grundlage der Subtypen eines Supertyps erfolgt, ist sie semantisch mit der attributwertgesteuerten Gruppierung identisch. Es ist gleichgültig, ob die Gruppierung unmittelbar auf der Grundlage eines Gruppierungsattributs erfolgt, oder ob eine Subtypenstruktur benutzt wird, die ihrerseits auf der Grundlage eines Klassifikationsattributs gebildet wird. Lediglich in solchen Fällen, in denen die Basistypen einer enumerierten Gruppierung so heterogen sind, daß sie nicht in eine gemeinsame Generalisierungshierarchie eingeordnet werden können, kann die enumerierte Assoziation nicht durch eine Subtypenstruktur und attributwertgesteuerte Assoziation simuliert werden. Es ist aber durchaus fraglich, ob Entitätstypen, die auf der einen Seite so unterschiedlich sind, daß sie nicht in eine gemeinsame Generalisierungshierarchie eingeordnet werden können, auf der anderen Seite so ähnlich sind, daß die entsprechenden Gruppenobjekte einen gemeinsamen Gruppentyp bilden können. *Eine Ausnahme bilden vielleicht Entitätstypen ohne echte semantische Entsprechung wie z.B. "Mengengerüst": Jedem Gruppenobjekt dieses Typs können als Attribute die Anzahl der Objekte eines bestimmten Entitätstyps, die Anzahl der Zugriffe auf Objekte dieses Typs usw. zugeordnet werden. Dadurch werden Informationen beliebiger, semantisch nicht miteinander verknüpfter Entitätstypen in einem gemeinsamen Gruppentyp zusammengeführt. Aber selbst in diesem Fall ist die enumerierte Assoziation durch eine Generalisierungshierarchie für "Entitätstypen" und eine auf der Grundlage des Typennamens definierte attributwertgesteuerte Assoziation simulierbar. Enumerierte Assoziationen können deshalb als Sonderfall der attributwertgesteuerten Assoziation angesehen werden.*

Auch die benutzerkontrollierte Assoziation läßt sich als Spezialfall der attributwertgesteuerten Assoziation interpretieren: *Obwohl dies durch die Definition der benutzerkontrollierten Assoziation nahegelegt wird, ist es nicht sinnvoll, Fahrgemeinschaften durch explizite Beziehungen zwischen "Mitarbeiter"-Entitäten und "Fahrgemeinschaft"-Entitäten abzubilden. Den "Fahrgemeinschaft"-Entitäten könnten außer einem künstlichen Primärschlüssel kaum Attribute zugeordnet werden, deren Werte nicht entweder durch Gruppierung entstehen (z.B. Anzahl der Teilnehmer) oder die semantisch den jeweiligen Mitarbeitern zuzurechnen sind (z.B. Fahrstrecke, Fahrzeit). Attributwerte, die durch Gruppierung entstehen, sind jedoch nur einem Gruppentyp zuordenbar und nicht einem normalen Entitätstyp "Fahrgemeinschaft", der lediglich an einer benutzerkontrollierten Assoziationsbeziehung teilnimmt. Attributwerte, die semantisch "Mitarbeiter" zuzurechnen sind, müssen auch dort modelliert werden und sollten nicht in "Fahrgemeinschaft"-Entitäten repliziert werden. Zur Modellierung der Anzahl der Teilnehmer einer Fahrgemeinschaft wäre die Einrichtung eines Gruppentyps notwendig, dessen Objekte Mengen von Aggregaten referenzieren, die aus den an der benutzerkontrollierten Beziehung teilnehmenden Typen gebildet werden.*

Sehr viel weniger umständlich als diese Konstruktion wäre es, wenn Fahrgemeinschaften statt als Beziehung zwischen Mitarbeitern und künstlichen "Fahrgemeinschaft"-Objekten als Attribut von Mitarbeiten modelliert würden. Unter Benutzung der benutzerveränderbaren Werte dieses Attributs könnten "Fahrgemeinschaft"-Gruppenobjekte mit allen abgeleiteten Attributwerten auf der Grundlage einer attributwertgesteuerten Assoziationsbeziehung modelliert werden.

Wenn Klassifikationsattribute gleichzeitig als Gruppierungsattribute verwendet werden können, wenn Gruppierungsattribute mehrwertig sein dürfen und wenn die Werte von Gruppierungsattributen durch den Benutzer modifiziert werden können, können enumerierte Assoziationen und benutzerkontrollierte Assoziationen als Sonderfälle attributwertgesteuerter Assoziationen angesehen werden. Im folgenden werden deshalb unter Assoziationsbeziehungen unter diesen Voraussetzungen attributwertgesteuerte Assoziationsbeziehungen verstanden. Die einzelnen Typen von Assoziationsbeziehungen werden nur dann unterschieden, wenn eine unterschiedliche Interpretation, Modellierung oder Darstellung unvermeidlich ist.

3.2.4.1 Elemente, Regeln und Notation

Die Modellierung einer Assoziationsbeziehung ist nur dann sinnvoll, wenn es für den Gruppentyp eigene Attribute gibt, die dem Basistyp nicht zugeordnet werden können. Außerdem muß der Gruppentyp einen Begriff repräsentieren, d.h. mit einem sinnvollen Namen benannt werden können. Die Entitäten bzw. Beziehungen eines Gruppentyps können wie jede andere Entität bzw. Beziehung behandelt werden, d.h. Entitäten des Gruppentyps können z.B. an Beziehungen teilnehmen oder Teil einer Generalisierungshierarchie sein.

Im Gegensatz zu Generalisierungsbeziehungen und ER-Aggregationsbeziehungen erbt der Gruppentyp keine Attribute und Beziehungstypen des Basistyps [Mattos 1988, S.9]. Zwischen den Attributwerten der Objekte des Gruppentyps und den Attributwerten der jeweiligen Gruppe von Objekten des Basistyps bestehen jedoch Ableitungsbeziehungen in Form von Verdichtungsfunktionen.

Die (min,max)-Notation für Rollen, Attribute und Generalisierungsbeziehungen kann auch auf Assoziationen übertragen werden:

- **(0,1)**: Nicht jede Entität des Basistyps muß einer Entität des Gruppentyps zugeordnet sein (keine Vollständigkeit). Wenn doch, dann darf jede Entität des Basistyps jedoch nur einer einzigen Entität des Gruppentyps zugeordnet sein (Exklusivität). Beispielsweise muß nicht jedes Produkt zu einer Preisgruppe gehören (es gibt auch Produkte mit individuellen Preisen). Wenn doch, kann es nur zu einer einzigen Preisgruppe gehören.
- **(1,1)**: Jede Entität des Basistyps muß genau einer Entität des Gruppentyps zugeordnet sein (Vollständigkeit und Exklusivität). Beispielsweise muß jede Stelle zu genau einer Abteilung gehören.
- **(0,*)**: Nicht jede Entität des Basistyps muß einer Entität des Gruppentyps zugeordnet sein (keine Vollständigkeit). Wenn doch, darf die Entität auch mehreren Gruppenobjekten zugeordnet sein (keine Exklusivität). Beispielsweise muß nicht jedes Produkt einem Sortiment zugeordnet sein (es gibt auch Produkte, die einzeln vermarktet werden). Ein Produkt kann aber durchaus auch mehreren Sortimenten zugeordnet sein.
- **(1,*)**: Jede Entität des Basistyps muß mindestens einer Entität des Gruppentyps zugeordnet sein (Vollständigkeit, keine Exklusivität). Beispielsweise muß jedes Produkt zu mindestens einer Produktfamilie bzw. Sachmerkmalsgruppe gehören.

Der Zusammenhang zwischen Entitäten des Basistyps und Entitäten des Gruppentyps wird aus den Werten des Gruppierungsattributs hergestellt. Für jede Assoziationsbeziehung, an der ein Basistyp teilnimmt, kann das Gruppierungsattribut die vier beschriebenen Varianten annehmen. Entitäten von Gruppentypen sind immer von der Existenz mindestens einer ihnen zugeordneten Entität des Basistyps abhängig.

Da die benutzerkontrollierte Assoziation als Beziehung zwischen Entitäten eines Gruppentyps und Entitäten eines Basistyps darstellt, kann sie grafisch als Beziehungstyp dargestellt werden [Scheer 1994, S.40]. Um solche "Assoziations-Beziehungstypen" von normalen Beziehungstypen unterscheiden zu können, kann die Gruppierungsrichtung dadurch kenntlich gemacht werden, daß die Kanten des jeweiligen Beziehungstyps durch Pfeile ersetzt werden. Eine Verwechslung mit der grafischen Darstellung von Existenzabhängigkeiten ist ausgeschlossen, weil eine Existenzabhängigkeit in ER-Definition nur von einem Beziehungstyp auf einen Entitätstyp gerichtet sein kann Die anderen Formen der Assoziation können als direkte Beziehungen zwischen Entitätstypen durch eine gerichtete Kante notiert werden. Um diese beiden Assoziationstypen unterscheiden zu können und die eindeutige Darstellung der gleichzeitigen Teilnahme eines Entitätstyps an mehreren Assoziationsbeziehungen zu ermöglichen, werden alle Pfeile einer Assoziationsbeziehung durch einen Knoten verbunden. Während die attributwertgesteuerte Assoziation immer durch einen Knoten modelliert werden muß, in den ein Pfeil hinein- und ein Pfeil hinauslaufen, laufen in die enumerierte Assoziation mehrere Pfeile hinein.

3.2.4.2 Invariante Eigenschaften

Die sich aus der spezifischen Semantik von Assoziationsbeziehungen ergebende Existenzabhängigkeit von Gruppenobjekten ist schon vor der Einführung des Assoziationsbegriffs erkannt worden [Scheuermann et al. 1980, S.126]: Wenn das erste Basisobjekt einer Gruppe eingefügt wird, muß auch das Gruppenobjekt eingefügt werden. Wenn das letzte Basisobjekt einer Gruppe gelöscht wird, muß auch das Gruppenobjekt gelöscht werden. Solange ein Gruppenobjekt existiert, müssen seine Attributwerte bei jeder Einfügung, Löschung oder Änderung eines seiner Basisobjekte angepaßt werden.

An eine Assoziation werden die folgenden grundlegenden Anforderungen gestellt:

A. Jeder Entität des Gruppentyps muß eine Gruppe von Entitäten eines der beteiligten Basistypen entsprechen.

B_1. In einer attributwertdefinierten Assoziation muß jede Entität des Basistyps der Entität bzw. den Entitäten des Gruppentyps zugeordnet sein, deren Primärschlüsselwert bzw. -werte dem Wert bzw. den Werten ihres Gruppierungsattributs entsprechen.

B_2. In einer enumerierten Assoziation muß jede Entität des Basistyps der Entität des Gruppentyps zugeordnet sein, deren Primärschlüsselwert ihrem Entitätstyp entspricht.

B_3. In einer benutzerkontrollierten Assoziation muß jede Entität des Basistyps der Entität bzw. den Entitäten des Gruppentyps zugeordnet sein, deren Primärschlüsselwert bzw. -werte in der Gruppierungsbeziehung referenziert werden.

C. Die Attributwerte jeder Entität des Gruppentyps müssen zu jedem Zeitpunkt dem Ergebnis entsprechen, das sich durch Anwendung der jeweiligen Ableitungsregel auf die dieser Entität jeweils zugeordneten Entitäten des Basistyps ergibt.

Genauso wie bei der Generalisierung und Aggregation wird im konzeptionellen Modell die "Entsprechung" durch Referenzierungen abgebildet. Die Entität eines Gruppentyps referenziert alle Entitäten der Basistypen, die ihr zugeordnet sind. Die Richtung der Referenzierung läuft bei der Assoziation damit wie bei der Generalisierung und der Aggregation der Ableitungsrichtung entgegen. Im Gegensatz zu Entitäten von Subtypen und Aggregaten sind die Referenzattribute der Entitäten von Gruppentypen jedoch mehrwertig.

Aus den obigen Anforderungen an Assoziationen können spezielle Konsistenzbedingungen für Entitäten von Basis- und Gruppenobjekten abgeleitet werden, die neben den klassischen Integritätsbedingungen erfüllt sein müssen und damit die spezifischen Konsistenzbedingungen (1) bis (6) ergänzen:[32]

1d. **Konsistenz der Löschung einer Entität eines Basistyps**: Die Löschung einer Entität ist konsistent, wenn neben den Anforderungen aus den Bedingungen (1) bis (1c)

- die zu löschende Entität die einzige Entität ist, die von einer Entität eines Gruppentyps referenziert wird, und gleichzeitig die referenzierende Entität dieses Gruppentyps gelöscht wird, oder
- die zu löschende Entität nicht die einzige Entität ist, die von einer Entität eines Gruppentyps referenziert wird, und gleichzeitig die Werte der abgeleiteten Attribute der referenzierenden Entität aktualisiert werden, oder
- die zu löschende Entität durch keine Entität eines Gruppentyps referenziert wird (d.h. nicht zu einem Basistyp bzw. nicht zu einem Basistyp einer vollständigen Assoziationsbeziehung gehört).

1e. **Konsistenz der Löschung einer Entität eines Gruppentyps**: Die Löschung einer Entität ist konsistent, wenn neben den Anforderungen aus den Bedingungen (1) bis (1d)

[32] Die invarianten Eigenschaften von Assoziationsbeziehungen ergänzen die invarianten Eigenschaften des ER-Modells aus Unterabschnitt 3.1.3.2, die invarianten Eigenschaften von Generalisierungsbeziehungen aus Unterabschnitt 3.2.2.2 und die invarianten Eigenschaften von Aggregationsbeziehungen aus Unterabschnitt 3.2.3.2.

- gleichzeitig alle Entitäten aller Basistypen gelöscht wurden, die von der zu löschenden Entität aufgrund einer **vollständigen, exklusiven Assoziationsbeziehung** referenziert werden müssen, oder
- die referenzierten Entitäten nicht allein von der zu löschenden Entität aufgrund einer **vollständigen, nicht-exklusiven Assoziationsbeziehung** referenziert werden und gleichzeitig die Werte ihrer Gruppierungsattribute aktualisiert werden, oder
- die referenzierten Entitäten allein von der zu löschenden Entität aufgrund einer **vollständigen, nicht-exklusiven Assoziationsbeziehung** referenziert werden und gleichzeitig die referenzierten Entitäten gelöscht werden, oder
- die referenzierten Entitäten aufgrund einer **nicht-vollständigen Assoziationsbeziehung** nicht von der zu löschenden Entität referenziert werden müssen und gleichzeitig die Werte ihrer Gruppierungsattribute aktualisiert werden, oder
- die zu löschende Entität keine Entität eines Basistyps referenziert (d.h. nicht zu einem Gruppentyp gehört).

3d. **Konsistenz der Einfügung einer Entität eines Basistyps**: Die Einfügung einer Entität ist konsistent, wenn neben den Anforderungen aus den Bedingungen (3) bis (3c)

- die einzufügende Entität die einzige Entität ist, die von einer nicht-existierenden Entität eines Gruppentyps referenziert wird, und gleichzeitig die referenzierende Entität dieses Gruppentyps mit aktuellen abgeleiteten Attributwerten eingefügt wird, oder
- die einzufügende Entität nicht die einzige Entität ist, die von einer existierenden Entität eines Gruppentyps referenziert wird, und gleichzeitig die Werte der abgeleiteten Attribute der referenzierenden Entität aktualisiert werden, oder
- die einzufügende Entität durch keine Entität eines Gruppentyps referenziert wird (d.h. nicht zu einem Basistyp bzw. nicht zu einem Basistyp einer vollständigen Assoziationsbeziehung gehört).

3e. **Konsistenz der Einfügung einer Entität eines Gruppentyps**: Die Einfügung einer Entität ist konsistent, wenn neben den Anforderungen aus den Bedingungen (3) bis (3d)

- die von der einzufügenden Entität aufgrund einer **nicht-vollständigen (und exklusiven) Assoziationsbeziehung** referenzierten Entitäten existieren und bisher nicht referenziert werden und gleichzeitig die Werte ihrer Gruppierungsattribute aktualisiert werden, oder

- die einzufügende Entität keine Entität eines Basistyps referenziert (d.h. nicht zu einem Gruppentyp gehört).

5d. **Konsistenz der Änderung einer Entität eines Basistyps**: Die Änderung eines Attributwerts einer Entität ist konsistent, wenn neben den Anforderungen der Bedingungen (5) bis (5c)

- das geänderte Attribut ein Gruppierungsattribut ist und statt der Änderung die betroffene Entität gelöscht und mit dem geänderten Wert des Gruppierungsattributs neu eingefügt wird, oder
- das geänderte Attribut kein Gruppierungsattribut ist und gleichzeitig die abgeleiteten Attribute aller Entitäten aktualisiert werden, die die zu ändernde Entität aufgrund einer **Assoziationsbeziehung** referenzieren, oder
- die zu ändernde Entität nicht durch andere Entitäten aufgrund einer **Assoziationsbeziehung** referenziert wird.

5e. **Konsistenz der Änderung einer Entität eines Gruppentyps**: Die Änderung eines Attributwerts einer Entität ist konsistent, wenn neben den Anforderungen der Bedingungen (5) bis (5d)

- das geänderte Attribut kein abgeleitetes Attribut ist und die zu ändernde Entität aufgrund einer **Assoziationsbeziehung** andere Entitäten referenziert, oder
- die zu ändernde Entität keine anderen Entitäten aufgrund einer **Assoziationsbeziehung** referenziert.

In Assoziationsbeziehungen wird das Gruppierungsattribut den detaillierten Entitätstypen zugeordnet, während in Generalisierungsbeziehungen das Klassifikationsattribut den abstrakten Entitätstypen zugeordnet werden muß. Im Gegensatz zu Generalisierungsbeziehungen muß die Exklusivität bzw. Nicht-Exklusivität von Assoziationsbeziehungen deshalb nicht durch typenübergreifende Konsistenzbedingungen gesichert werden, sondern kann auf sehr einfache Weise über die einwertige bzw. mehrwertige Modellierung des Gruppierungsattributs realisiert werden.

Um die Konsistenz einer Transaktion zu prüfen, können die obigen Regeln untereinander und mit den Regeln (1) bis (6) rückwärtsverkettet werden, um einen Prüfungspfad zu generieren.

3.2.4.3 Impliziertes Verhalten

Um eine elementare Datenmanipulation unter Erhaltung der invarianten Eigenschaften von Assoziationsbeziehungen durchzuführen, müssen die in den Konsistenzregeln (1d), (1e), (3d), (3e), (5d) und (5e) genannten Voraussetzungen erfüllt werden. Durch Transformation der Konsistenzbedingungen in Zurückweisungs-

und Propagierungsregeln können unzulässige Datenmanipulationen erkannt und zurückgewiesen werden, während zulässige Datenmanipulationen konsistent propagiert werden können.

1d. **Propagierung der Löschung einer Entität eines Basistyps**:

Wird die einzige Entität eines Basistyps gelöscht, die von einer Entität eines Gruppentyps referenziert wird, ist in der gleichen Transaktion auch die referenzierende Entität des Gruppentyps zu löschen. Gibt es noch andere Entitäten, die von der referenzierenden Entität des Gruppentyps referenziert werden, sind nach der Löschung in der gleichen Transaktion alle abgeleiteten Attribute der referenzierenden Entität des Gruppentyps zu aktualisieren.

1e. **Propagierung der Löschung einer Entität eines Gruppentyps**:

- Wird eine Entität eines Gruppentyps gelöscht, sind in der gleichen Transaktion auch die Entitäten des Basistyps zu löschen, die von der zu löschenden Entität aufgrund einer **vollständigen, exklusiven Assoziationsbeziehung** referenziert werden müssen.
- Wird eine Entität eines Gruppentyps gelöscht, sind in der gleichen Transaktion auch die Werte des Gruppierungsattributs der Entitäten des Basistyps zu aktualisieren, die nicht allein von der zu löschenden Entität aufgrund einer **vollständigen, nicht-exklusiven Assoziationsbeziehung** referenziert werden.
- Wird eine Entität eines Gruppentyps gelöscht, sind in der gleichen Transaktion auch die Entitäten des Basistyps zu löschen, die allein von der zu löschenden Entität aufgrund einer **vollständigen, nicht-exklusiven Assoziationsbeziehung** referenziert werden.
- Wird eine Entität eines Gruppentyps gelöscht, sind in der gleichen Transaktion auch die Werte des Klassifikationsattributs der Entitäten des Basistyps zu aktualisieren, die von der zu löschenden Entität aufgrund einer **nicht-vollständigen Assoziationsbeziehung** referenziert werden.

3d. **Propagierung der Einfügung einer Entität eines Basistyps**

- Wird eine Entität eingefügt, die von nicht-existierenden Entitäten aufgrund einer Assoziationsbeziehung referenziert wird, sind in der gleichen Transaktion auch die referenzierenden Entitäten des Gruppentyps mit aktuellen Werten abgeleiteter Attribute einzufügen.
- Wird eine Entität eingefügt, die von existierenden Entitäten aufgrund einer Assoziationsbeziehung referenziert wird, sind in der gleichen Transaktion auch die Werte der abgeleiteten Attribute der referenzierenden Entitäten des Gruppentyps zu aktualisieren.

3e. **Zurückweisung bzw. Propagierung der Einfügung einer Entität eines Gruppentyps**

- Die Einfügung einer Entität eines Gruppentyps ist zurückzuweisen, wenn die aufgrund einer **vollständigen Assoziationsbeziehung** referenzierten Entitäten des Basistyps existieren.
- Die Einfügung einer Entität eines Gruppentyps ist zurückzuweisen, wenn die aufgrund einer **Assoziationsbeziehung** referenzierten Entitäten des Basistyps nicht existieren.
- Wird eine Entität eines Gruppentyps eingefügt, die aufgrund einer **nicht-vollständigen Assoziationsbeziehung** existierende Entitäten referenziert, sind in der gleichen Transaktion die Werte des Gruppierungsattributs der referenzierten Entitäten zu aktualisieren.

5d. **Propagierung der Änderung einer Entität eines Basistyps**:

- Wird der Wert des Gruppierungsattributs einer Entität eines Basistyps geändert, ist die geänderte Entität stattdessen zu löschen und mit dem geänderten Wert des Gruppierungsattributs neu einzufügen.
- Wird der Wert eines Nicht-Gruppierungsattributs einer Entität eines Basistyps geändert, sind in der gleichen Transaktion die Werte der abgeleiteten Attribute aller referenzierenden Entitäten von Gruppentypen zu aktualisieren.

5e. **Zurückweisung der Änderung einer Entität eines Basistyps**:

Die Änderung eines abgeleiteten Attributs eines Gruppentyps ist zurückzuweisen.

3.2.5 Bewertung des EER-Modells

Das Ziel des EER-Modells ist es, durch Einbeziehung von Generalisierungs-, Aggregations- und Assoziationsbeziehungen zusätzliche Semantik in ER-Schemata abbilden zu können. Die Einbeziehung soll dabei unter Erhaltung der Grundstrukturen des ER-Modells erfolgen.

Die Darstellungen dieses Hauptabschnitts haben gezeigt, daß es möglich ist, auf der Grundlage einfacher und konsistenter Erweiterungen des ER-Modells verschiedenste Varianten der Vererbung und Abstraktion zu modellieren. Die Abstraktionen des EER-Modells bilden nicht nur die grundlegenden Dimensionen semantischer Netze ab [Sowa 1984, S.96-123], sondern erlauben auch eine flexible Modellierung im Hinblick auf ihre Exklusivität, ihre Vollständigkeit und das Ausmaß ihrer Automatisierbarkeit. Je anwendungsnäher eine Abstraktion ist, desto komplexer wird jedoch die Beschreibung der Konsistenzregeln und Propagierungsmechanismen, und desto weniger zusätzliche Semantik kann im EER-Modell repräsentiert werden: Beispielsweise können die verschiedenen Generalisierungsbeziehungen noch mittels einfacher, gemeinsamer Konstrukte in das ER-Modell integriert werden. Die verschiedenen Typen von Assoziationsbeziehungen können nicht mehr allein mit gemeinsamen Konstrukten modelliert werden. Aufgrund der fließenden Übergänge, die sie zwischen Objekten, Mengen und Typen herstellen, und aufgrund der mit EER-Elementen allein nicht mehr zu modellierenden Ableitungsregeln für Attribute von Gruppentypen zeigen Assoziationsbeziehungen auch die Grenzen der ER-artigen Modellierung auf.

Mit der konsistenten Einbeziehung der elementaren Abstraktionsformen in die konzeptionelle Modellierung wird zwar einem der in der Diskussion des ER-Modells identifizierten Mängel abgeholfen. Andere Mängel und Schwächen bleiben jedoch auch im EER-Modell bestehen bzw. werden sogar verstärkt:

- Die negativen Auswirkungen der "Flachheit" von (E)ER-Diagrammen werden für Schemata verschärft, die in Form von Abstraktionsbeziehungen auch hierarchische Strukturen repräsentieren. Zwar werden im Zusammenhang mit der Generalisierung und Aggregation auch Möglichkeiten zur Schemaverdichtung angedeutet. Ein nicht-intuitives Regelwerk zur konsistenten Schemaverdichtung hat sich jedoch noch ebensowenig durchgesetzt wie ein Vorgehensmodell zur konsistenten Schemaverfeinerung [Boßhammer/Winter 1995, S.5-9].
- Jede Abstraktionsbeziehung impliziert eine bestimmte Referenzierungsrichtung und Ableitungsform. Die Tatsache, daß ER-Beziehungstypen nicht gerichtet sind, erschwert deshalb nicht nur die Anordnung, Modellintegration und strukturierte Erschließung der jeweils repräsentierten Semantik. EER-Schemata werden damit auch in eine Vielzahl strukturierter und unstrukturierter Teilgraphen getrennt. Im Zusammenhang mit der Analyse von Referenzierungen wurde festgestellt, daß auch ER-Beziehungen Referenzierungen implizieren und deshalb gerichtet sind. Referenzierungen könnten deshalb ein Basiselement darstellen, mit dessen Hilfe sich ER- und EER-Modellelemente nicht nur integrieren lassen, sondern die auch zur Strukturierung, Hierarchisierung und Anordnung von EER-Schemata benutzt werden können. Das Strukturierte Entity-Relationship-Modell, das in Hauptabschnitt 4.4 vorgestellt wird, verfolgt genau dieses Ziel. Auch das im nächsten Hauptabschnitt beschriebene Objettypenmodell erlaubt, wenn auch nur implizit, eine "strukturierte" konzeptionelle Modellierung und grafische Darstellung.
- Für Abstraktionsbeziehungen konnte eine große Zahl invarianter Eigenschaften impliziert werden, die signifikante Teile des Systemverhaltens implizieren. Neben Löschungs- und Einfügungspropagierungen auf der Grundlage von Referenzierungen sind für Aggregations- und Generalisierungsbeziehungen die Vererbung von Attributwerten und für Assoziationsbeziehungen die Ableitung von Attributwerten abgebildet worden. Während die unveränderte Vererbung

von Attributwerten noch relativ einfach zu handhaben ist, können Ableitungsregeln für Attribute von Gruppentypen im EER-Modell nicht explizit repräsentiert werden. Dieser Mangel wird erst durch die explizite Einbeziehung von Ableitungsregeln in die konzeptionelle Modellierung in Hauptabschnitt 4.5 behoben.

- Bei der Definition von Supertypen, Aggregaten und Gruppentypen handelt es sich um eine Typenbildung auf der Grundlage eines bestehenden Schemas. Für diese eher konstruktive Modellbildung werden im EER-Modell erstmals Regeln angedeutet, die für das ER-Modell fast vollständig fehlen. Insbesondere wird auf die Entsprechung zwischen abstrakten Typen und Begriffen hingewiesen. Die begriffliche Analyse kann für die konzeptionelle Analyse und Entwicklung von Anwendungssystemen sehr hilfreich sein, und mit ihrer Hilfe lassen sich auch einige nicht notwendige Restriktionen des EER-Modells überwinden. Das Objekttypenmodell, das im folgenden Hauptabschnitt 4.3 vorgestellt wird, verfolgt genau dieses Ziel.

Zusammenfassend stellt das EER-Modell eine wichtige Erweiterung des ER-Modells zur Repräsentation zusätzlicher Semantik dar, die es ermöglicht, betriebliche Anwendungssysteme vollständiger und realitätsnäher zu modellieren. Allerdings erfolgt die Einbeziehung von Abstraktionsbeziehungen nicht immer konsistent, so daß EER-Schemata unter verschiedenen Strukturbrüchen und Inkonsequenzen leiden. Im folgenden soll zunächst untersucht werden, in welcher Weise die Identifikation von Typen unterstützt bzw. verifiziert werden kann und ob die Unterscheidung von Entitäts- und Beziehungstypen überhaupt sinnvoll ist. Weiterhin soll versucht werden, konzeptionelle Schemata grundsätzlich als gerichtete Graphen zu modellieren und dadurch das Modellverständnis zu erleichtern und eine strukturierte Schemaentwicklung zu ermöglichen.

3.3 Vom erweiterten Entity-Relationship-Modell zum Objekttypenmodell

3.3.1 Modellierungsziele und -prinzipien

Das ab 1980 in verschiedenen Arbeiten von Wedekind und insbesondere Ortner[33] vorgestellte Objekttypenmodell verfolgt zunächst das Ziel, Fachbegriffe und Sachzusammenhänge eines Realitätsausschnitts in Form eines semantischen Modells eindeutig und widerspruchsfrei festzulegen. Es wird unterstellt, daß sich die Semantik eines Realitätsausschnitts in der jeweils benutzten Fachsprache manifestiert und daß diese Fachsprache damit nicht nur die gemeinsame Kommunikations-

---

[33] Eine ausfürliche Beschreibung erfolgt in [Ortner 1983, S.159-214]. Zusammenfassungen und Vergleiche mit anderen konzeptionellen Modellen finden sich in [Ortner 1985] und [Ortner/Söllner 1989].

grundlage von Anwendern und Entwicklern darstellt, sondern auch als Grundlage aller zu entwickelnden Systeme angesehen werden muß. Als wesentliche Aufgaben der konzeptionellen Modellierung werden deshalb angesehen [Ortner/Söllner 1989, S.32]:

1. Analyse und Beschreibung der Informationsobjekte und ihrer Eigenschaften
2. Rekonstruktion der Fachsprache, d.h. der Begriffe und ihrer Beziehungen zueinander
3. Anwendungsübergreifende Darstellung dieses Begriffssystems

Damit weitet das Objekttypenmodell die begriffliche Basierung der konzeptionellen Modellierung von der Beschränkung der EER-Modellierung auf abstrakte Entitätstypen, die ein "natural language noun" [Smith/Smith 1977a, S.115; Smith/Smith 1977b, S.409] repräsentieren, auf das gesamte Spektrum der konzeptionellen Modellierung aus.

Eine konkrete Unterstützung der konzeptionellen Modellierung erfolgt in Form von Definitionen, Regeln und Arbeitsanweisungen, die zusammenfassend als Begriffskalkül bezeichnet werden [Ortner 1985, S.22-24]. Die konzeptionelle Modellierung durchläuft mehrere Phasen [Ortner 1985, S.20; Ortner/Söllner 1989, S.34-40]:

- **Erhebung relevanter Aussagen**: Zunächst sind relevante Aussagen über die Gegenstände und Sachzusammenhänge des Realitätsbereichs zu sammeln und zu klassifizieren (Aussagen über Objekte, über Operationen, über Ereignisse, über Konsistenzbedingungen etc.).
- **Grobdatenmodellierung**: Die Gegenstände sind zu klassifizieren, und die sich ergebenden Klassen sind zu definieren (Rekonstruktion von Objekttypen). Danach sind die Beziehungen der Objekttypen untereinander und zu ev. bestehenden Schemata zu analysieren, die jeweiligen Beziehungen sind zu definieren (Rekonstruktion von Sachzusammenhängen), und die Objekttypen sind entsprechend ihrer Beziehungen anzuordnen. Schließlich sind alle Objekttypen und Beziehungen zwischen Objekttypen in ein Objettypenschema zu integrieren.
- **Feindatenmodellierung**: Auf der Grundlage der Abstraktionsbeziehungen zwischen Objekttypen werden schemaweit identifizierende Attribute (Primärschlüssel) erzeugt und den jeweiligen Objekttypen zusammen mit "charakterisierenden Attributen" [Ortner 1983, S.33] (Nichtschlüsselattributen) zugeordnet. Soweit dies möglich ist, sind Domänen festzulegen und den jeweiligen Attributen zuzuordnen. Schließlich wird das Objekttypenschema durch semantische Konsistenzbedingungen, d.h. Aussagen über Minimalkardinalitäten, Voraussetzungen für Operationen etc., ergänzt.

Das Objekttypenmodell ist jedoch nicht auf die Unterstützung der konzeptionellen Modellierung im engeren Sinne beschränkt. Der Begriffskalkül wird vielmehr in eine umfassende Methodologie der Systementwicklung eingebunden [Ortner 1983, S.13 und S.128-129; Ortner 1985, S.21-22][34]: Auf der Grundlage einer anwendungs-, benutzer- und implementierungsneutralen Aufgabenbeschreibung (operative Ebene) und einer daraus abgeleiteten Spezifikation (fachliche Ebene) werden Objekttypen rekonstruiert (konstruktive Ebene), um aus dem Objekttypenschema logische und physische Datenstrukturen abzuleiten (Schemaebene). Die logischen Datenstrukturen und ihre Implementierung bilden dann die Grundlage, um anwendungs- und benutzerspezifische Sichten zu extrahieren (Schemaebene), Programme zu entwerfen (konstruktive Ebene) und Lösungen zu dokumentieren (fachliche Ebene). Mit der Verwertung der Lösungen ist schließlich wieder die operative Ebene erreicht.

3.3.2 Elemente, Regeln und Notation des Objekttypenmodells

Ausgangspunkt der konzeptionellen Modellierung sind auch im Objekttypenmodell die als relevant eingeschätzten Gegenstände des Realitätsausschnitts. Als Gegenstand wird dabei auch ein Sachzusammenhang angesehen. Zwischen den beobachteten Gegenständen und den Begriffen der jeweiligen Fachsprache besteht ein enger Zusammenhang: Für jeden Begriff B und jeden Gegenstand G kann ein Prädikat B(G) definiert werden, das folgendermaßen definiert wird: Ist B(G) wahr, fällt G unter B. Ist das Prädikat falsch, fällt G nicht unter B. Diese Prädikation dient zur Klassifikation: Alle G, für die B(G) wahr ist, werden als Gegenstände des Typs B betrachtet. Durch Zuordnung von charakterisierenden Attributen wird aus dem Prädikat ein Objekttyp [Ortner 1983, S.88-89; Ortner 1985, S.22]. Die Rekonstruktion von Objekttypen und deren Beziehungen führt zu einem konzeptionellen Modell, das die Fachsprache repräsentiert und deshalb auch als Begriffssystem bezeichnet werden kann.

Da jeder relevante Begriff und Sachzusammenhang des abzubildenden Realitätsausschnitts in Form eines Objekttyps modelliert wird, unterscheidet das Objekttypenmodell nicht zwischen Entitäts- und Beziehungstypen. Als Konsequenz findet sich im Objekttypenmodell auch die durch das ER-Modell implizierte, generelle Existenzabhängigkeit zwischen Beziehungstypen und den jeweils beteiligten Entitätstypen nicht. Ein Sachzusammenhang, der im ER-Modell durch einen Beziehungstyp A repräsentiert wird, an dem die beiden Entitätstypen B und C teilneh-

[34] Aus diesem Grunde findet sich in der Literatur anstelle von "Objekttypenmodell" häufig die Bezeichnung "Objekttypenmethode". Für die Argumentation dieses Kapitels ist die Entwicklungsmethodologie allerdings zweitrangig. Wann immer im folgenden lediglich das semantische Modell von Interesse ist, soll darauf durch Benutzung des Begriffs "Objekttypenmodell" aufmerksam gemacht werden.

men, wird im Objekttypenmodell durch eine Aggregationsbeziehung[35] zwischen dem Aggregat A und den Komponenten B und C repräsentiert. Im Gegensatz zur Aggregationsbeziehung des EER-Modells "erbt" der aggregierte Objekttyp keine Attribute der Basis-Objekttypen. Vielmehr werden alle Attribute, die im EER-Modell dem der Aggregation zugrunde liegenden Beziehungstyp zugeordnet würden, im Objekttypenmodell dem aggregierten Objekttyp zugeordnet.

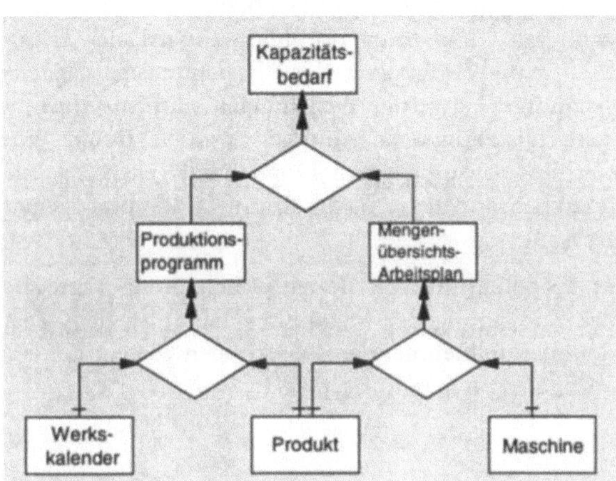

Abbildung 14: Grafische Darstellung von Aggregationsbeziehungen im Objekttypenmodell

Objekttypen werden grafisch durch benannte Rechtecke, Beziehungen zwischen Objekttypen durch unbenannte, gerichtete Kanten dargestellt. Die Tatsache, daß Kanten, die Aggregationsbeziehungen darstellen, durch Rauten gekennzeichnet werden, macht die enge Verwandtschaft mit dem entsprechenden EER-Konzept auch optisch deutlich. Abbildung 14 zeigt die Aggregationsbeziehungen, die in Abbildung 13 im EER-Modell dargestellt wurden, in der Notation des Objekttypenmodells.

Die Primärschlüssel der rekonstruierten Objekttypen werden nach Regeln gebildet, die den EER-Regeln entsprechen [Ortner 1985, S.24]. Der Primärschlüssel eines aggregierten Objekttyps wird durch Kombination der Primärschlüssel der Kom-

[35] Unglücklicherweise wird im Begriffskalkül die Aggregation als Konnexion, die Generalisierung als Inklusion und die Assoziation als Aggregation bezeichnet. Da insbesondere die abweichende Bedeutung von "Aggregation" viele Mißverständnisse auslösen kann, wird in dieser Untersuchung auch für das Objekttypenmodell an den gebräuchlicheren Begriffen Aggregation, Generalisierung und Assoziation festgehalten.

ponenten-Objekttypen gebildet, der Primärschlüssel eines generalisierten Objekttyps entspricht dem Primärschlüssel aller jeweiligen Subtypen, und der Primärschlüssel eines Gruppen-Objekttyps entspricht dem Gruppierungsattribut des Basis-Objekttyps.

Die (min,max)-Notation von ER-Rollen ist nicht direkt auf das Objekttypenmodell übertragbar. Jede ER-Rolle zerfällt aufgrund der grafischen Darstellung der Aggregationsbeziehung in eine "Entitäts-bezogene" und eine "Beziehungs-bezogene" Komponente. Die (min)-Kardinalität wird der "Entitäts-bezogenen" Komponente, die (max)-Kardinalität der "Beziehungs-bezogenen" Komponente zugeordnet. Vollständige, einwertige Beziehungen sind im Objekttypenmodell der Normalfall. Nicht-vollständige Beziehungen werden durch einen Querstrich, mehrwertige Beziehungen durch einen Doppelpfeil gekennzeichnet. Eine Besonderheit des Objekttypenmodells stellt die (min)-Kardinalität "genau ein" dar [Ortner/Söllner 1989, S.33].

Ein Nachteil der Modellierung von Beziehungstypen als Aggregate besteht darin, daß aufgrund der Zuordnung der (max)-Kardinalität zu dem Teil der Aggregationsbeziehung, der allen teilnehmenden Objekttypen gemeinsam ist, alle Rollen die gleiche (max)-Kardinalität haben müssen.

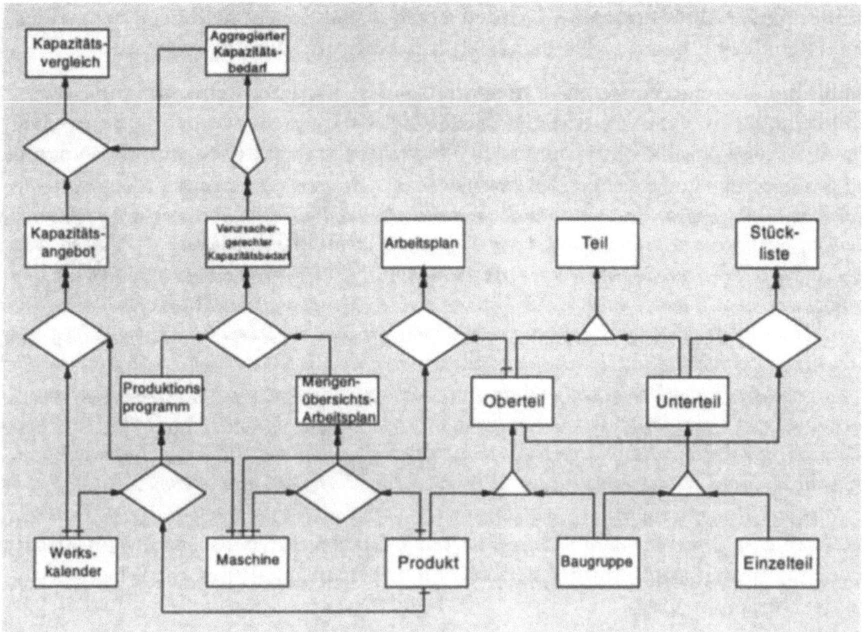

Abbildung 15: Objekttypenmodell der Kapazitätsterminierung

Um alle Typen von Sachzusammenhängen zwischen Begriffen[36] repräsentieren zu können, werden im Objekttypenmodell neben Aggregationsbeziehungen auch Generalisierungs- und Assoziationsbeziehungen abgebildet. Generalisierungsbeziehungen werden grafisch durch ein Dreieick, Assoziationsbeziehungen durch einen Drachen gekennzeichnet. Im Objekttypenmodell könnten theoretisch für alle drei grundlegenden Abstraktionsformen Vollständigkeit bzw. Nicht-Vollständigkeit sowie drei Kardinalitätsvarianten modelliert werden. In den publizierten Beispielschemata des Objekttypenmodells finden sich allerdings ausschließlich exklusive (d.h. auf beiden Seiten einwertige) Generalisierungsbeziehungen, exklusive (d.h. nur auf der Seite des Basisobjekts mehrwertige) Assoziationsbeziehungen und nicht-exklusive (d.h. auf der Seite des Aggregats mehrwertige) Aggregationsbeziehungen [Ortner 1985, S.24; Ortner/Söllner 1989, S.33, S.34 und S.37]. Diese Ein-

36 Im Begriffskalkül entspricht eine Konnexionsbeziehung zwischen Objekttypen einer Interdependenz von Begriffen, eine Inklusionsbeziehung zwischen Objekttypen einer Subordination von Begriffen, eine Aggregationsbeziehung zwischen Objekttypen einer DP-Äquivalenz von Begriffen und eine Klassifikationsbeziehung zwischen Objekten und Objekttypen einer Subsumtion von Begriffen [Ortner 1983, S.77; Ortner 1985, S.22].

schränkungen auf bestimmte Varianten von Abstraktionsbeziehungen erscheinen jedoch willkürlich und werden nicht durch das Begriffskalkül vorgegeben.

Abbildung 15 zeigt ein Objekttypenschema der Kapazitätsterminierung, die in Abbildung 11 in der Notation des ER-Modells dargestellt wurde. Wie im EER-Modell werden im Objekttypenmodell "verwandte" Objekttypen in eine semantische Hierarchie eingeordnet: *Beispielsweise sind der verursachergerechte Kapazitätsbedarf, das Kapazitätsangebot, der aggregierte Kapazitätsbedarf und der Kapazitätsvergleich sämtlich Beziehungen zwischen den beiden Objekttypen "Maschine" und "Werkskalender". Während diese vier Typen im ER-Schema ohne jeden Zusammenhang abgebildet werden müssen, können sie im Objekttypenschema wie auch im EER-Schema in eine Aggregationshierarchie eingebunden werden, die sowohl die "Reihenfolge" der Informationsableitung wie auch die jeweiligen Kardinalitäten korrekt wiedergibt. So kann im Objekttypenschema wie auch im EER-Schema der Tatsache, daß für jeden aggregierten Kapazitätsbedarf und für jedes Kapazitätsangebot ein Kapazitätsvergleich existieren muß, durch eine entsprechende Kardinalität der Beziehung bzw. der Aggregation Rechnung getragen werden. In einem ER-Schema ist dies nicht möglich, da dort der Kapazitätsvergleich als Beziehung zwischen Maschinen und dem Werkskalender abgebildet werden muß. Weil nicht für jede Maschine und jeden Zeitraum ein Kapazitätsbedarf und/oder Kapazitätsangebot existieren muß, kann diese Beziehung auch nicht erzwungen werden.* Objekttypenschemata und EER-Schemata repräsentieren mithin deutlich mehr Semantik, als mit ER-Schemata abgebildet werden kann.

Die Vergleichbarkeit der semantischen Mächtigkeit des Objekttypenmodells und der des EER-Modells ist dabei kein Zufall: Ortner/Söllner nennen drei verschiedene, sich ergänzende Darstellungsformen konzeptioneller Schemata. Während Objekttypenschemata eine grafische Repräsentation darstellen, sind textuelle Beschreibungen in der Fachsprache der Benutzer eine verbale Repräsentation und Beschreibungen nach den Regeln des EER-Modells eine formale Repräsentation [Ortner/Söllner 1989, S.32]. Die Mächtigkeit dieser drei Modelle muß deshalb vergleichbar sein. Im Vergleich zum EER-Modell wird durch die Zusammenfassung von ER-Beziehungen und EER-Aggregationen zu Objekttypenmodell-Aggregationen jedoch nicht nur unnötige Komplexität beseitigt und die gerichtete Modellierung des gesamten Schemas ermöglicht. Im Objekttypenmodell werden dadurch auch die starken Ähnlichkeiten der drei grundlegenden Abstraktionsformen deutlich, und die sich darin manifestierende Systematik ihrer semantischen Eigenschaften zeichnet sich ab.

3.3.3 Invariante Eigenschaften

Wenn in den Publikationen zum Objekttypenmodell Konsistenzregeln erwähnt werden, handelt es sich um "semantische Integritätsbedingungen", d.h. Zustands-, Übergangs- und Ablaufbedingungen, die sich ausschließlich auf Nichtschlüsselattribute beziehen [Ortner/Söllner 1989, S.39]. Bis auf einzelne Integritätsbedingungen, die in Beispielschemata als "wenn-dann" Sätze auftauchen [Siehe z.B. Ortner 1983, S.184 und S.194-195 sowie Ortner 1985, S.27], werden Konsistenzbedingungen nicht weiter betrachtet.

Das Objekttypenmodell und das EER-Modell erlauben grundsätzlich die Abbildung der gleichen Typen und Varianten von Abstraktionsbeziehungen. Die Entitätstypen des EER-Modells sind mit den Objekttypen des Objekttypenmodells durchaus vergleichbar. Beziehungstypen und aggregierte Entitätstypen des EER-Modells werden im Objekttypenmodell jedoch zu (abgeleiteten) Objekttypen verschmolzen. Die folgenden Referenzen werden zwar auch im Objekttypenmodell nicht explizit modelliert, aber durch die jeweiligen Abstraktionsbeziehungen impliziert:

- In Aggregationsbeziehungen referenzieren Objekte des aggregierten Objekttyps **die** jeweils zugrunde liegenden **Objekte der** Komponenten-Objekt**typen**.
- In Generalisierungsbeziehungen referenzieren Objekte der spezialisierten Objekttypen **das** jeweils übergeordnete **Objekt des** generalisierten Objekt**typs**.
- In Assoziationsbeziehungen referenzieren die Objekte der Gruppen-Objekttypen **die** jeweils zugrunde liegenden **Objekte des** Basis-Objekt**typs**.

Die Hervorhebung macht deutlich, daß im EER- wie auch Objekttypenmodell offensichtlich alle auf der Grundlage von Referenzierungen modellierbaren grundlegenden Formen der Abstraktion berücksichtigt werden.

Auf dieser Grundlage werden im folgenden die invarianten Eigenschaften des Objekttypenmodells aus den invarianten Eigenschaften des EER-Modells[37] abgeleitet. Da Entitäts- und Beziehungstypen zu Objekttypen zusammengefaßt werden, können die Konsistenzbedingungen (1) bis (1e) sowie (2) und (2a) zu einer komplexen Konsistenzbeziehung (I) für die Löschung von Objekten zusammengefaßt werden. Analog werden aus den Konsistenzbedingungen (3) bis (3e), (4) und (4a) die komplexe Konsistenzbedingung (II) für die Einfügung von Objekten und aus den Konsistenzbedingungen (5) bis (5e) und (6) die komplexe Konsistenzbedingung (III) für die Änderung von Objekten abgeleitet. Es ist jedoch zu beachten, daß die Konsistenzbedingungen aufgrund der Einschränkung auf bestimmte Varianten von Abstraktionsbeziehungen meist eine Untermenge der Konsistenzbedingungen des EER-Modells darstellen.

I. **Konsistenz der Löschung eines Objekts**: Die Löschung eines Objekts ist konsistent, wenn

---

[37] Die invarianten Eigenschaften des EER-Modells ergeben sich durch Zusammenfassung der invarianten Eigenschaften des ER-Modells (Unterabschnitt 3.1.3.2) mit den invarianten Eigenschaften von Generalisierungsbeziehungen (Unterabschnitt 3.2.2.2), von Aggregationsbeziehungen (Unterabschnitt 3.2.3.2) sowie von Assoziationsbeziehungen (Unterabschnitt 3.2.4.2).

- das zu löschende Objekt von einem anderen Objekt auf der Grundlage einer **Generalisierungsbeziehung** referenziert wird und gleichzeitig alle Objekte gelöscht werden, die das zu löschende Objekt aufgrund dieser Beziehung referenzieren, oder
- das zu löschende Objekt durch kein anderes Objekt auf der Grundlage einer **Generalisierungsbeziehung** referenziert wird (d.h. nicht zu einem Supertyp gehört bzw. nicht zu einem Supertyp einer vollständigen Generalisierungsbeziehung gehört),

und

- das zu löschende Objekt ein anderes Objekt referenziert, das aufgrund einer **vollständigen (und exklusiven) Generalisierungsbeziehung** referenziert werden muß, und gleichzeitig das referenzierte Objekt gelöscht wird, oder
- das zu löschende Objekt kein anderes Objekt aufgrund einer **Generalisierungsbeziehung** referenziert (d.h. zu keinem Subtyp gehört),

und

- das zu löschende Objekt von einem anderen Objekt aufgrund einer **Aggregationsbeziehung** referenziert wird und gleichzeitig alle Objekte gelöscht werden, die das zu löschende Objekt aufgrund dieser Beziehung referenzieren, oder
- das zu löschende Objekt von keinem anderen Objekt aufgrund einer **Aggregationsbeziehung** referenziert wird (d.h. nicht zu einer Komponente gehört bzw. nicht zu einer Komponente einer vollständigen Aggregationsbeziehung gehört),

und

- das zu löschende Objekt andere Objekte referenziert, die nicht allein von dem zu löschenden Objekt aufgrund einer **vollständigen (und nicht-exklusiven) Aggregationsbeziehung** referenziert werden, oder
- das zu löschende Objekt andere Objekte referenziert, die allein von dem zu löschenden Objekt aufgrund einer **vollständigen (und nicht-exklusiven) Aggregationsbeziehung** referenziert werden, und gleichzeitig die referenzierten Objekte gelöscht werden, oder
- das zu löschende Objekt andere Objekte aufgrund einer **nicht-vollständigen (und nicht-exklusiven) Aggregationsbeziehung** referenziert, oder
- das zu löschende Objekt kein anderes Objekt aufgrund einer **Aggregationsbeziehung** referenziert (d.h. nicht zu einem Aggregat gehört),

und

- das zu löschende Objekt das einzige Objekt ist, das von einem Objekt aufgrund einer **Assoziationsbeziehung** referenziert wird, und gleichzeitig das referenzierende Objekt gelöscht wird, oder
- das zu löschende Objekt nicht das einzige Objekt ist, das von einem Objekt aufgrund einer **Assoziationsbeziehung** referenziert wird, und gleichzeitig die Werte der abgeleiteten Attribute des referenzierenden Objekts aktualisiert werden, oder
- das zu löschende Objekt von keinem anderen Objekt aufgrund einer **Assoziationsbeziehung** referenziert wird (d.h. nicht zu einem Basistyp gehört bzw. nicht zu einem Basistyp einer vollständigen Assoziationsbeziehung gehört),

und

- das zu löschende Objekt andere Objekte aufgrund einer **vollständigen (und exklusiven) Assoziationsbeziehung** referenziert und gleichzeitig alle referenzierten Objekte gelöscht werden, oder
- das zu löschende Objekt andere Objekte aufgrund einer **nicht-vollständigen (und exklusiven) Assoziationsbeziehung** referenziert und gleichzeitig die Werte des Gruppierungsattributs der referenzierten Objekte aktualisiert werden, oder
- das zu löschende Objekt kein anderes Objekt aufgrund einer **Assoziationsbeziehung** referenziert (d.h. nicht zu einem Gruppentyp gehört).

II. **Konsistenz der Einfügung eines Objekts**: Die Einfügung eines Objekts ist konsistent, wenn

- das einzufügende Objekt von einem anderen Objekt aufgrund einer **vollständigen (und exklusiven) Generalisierungsbeziehung** referenziert werden muß und gleichzeitig das referenzierende Objekt mit allen vererbten Attributwerten eingefügt wird, oder
- das einzufügende Objekt von keinem anderen Objekt aufgrund einer **Generalisierungsbeziehung** referenziert wird (d.h. zu keinem Supertyp gehört bzw. zu keinem Supertyp einer vollständigen Generalisierungsbeziehung gehört),

und

- das einzufügende Objekt ein nicht-existierendes Objekt aufgrund einer **Generalisierungsbeziehung** referenziert und gleichzeitig das referenzierte Objekt mit allen vererbbaren Attributwerten eingefügt wird, oder

- das einzufügende Objekt ein existierendes Objekt aufgrund einer **nicht-vollständigen (und exklusiven) Generalisierungsbeziehung** referenziert, das bisher nicht aufgrund dieser Beziehung referenziert wurde, und gleichzeitig der Wert des Klassifikationsattributs des referenzierten Objekts aktualisiert wird, oder
- das einzufügende Objekt kein anderes Objekt aufgrund einer **Generalisierungsbeziehung** referenziert (d.h. zu keinem Subtyp gehört),

und

- das einzufügende Objekt von nicht-existierenden Objekten aufgrund einer **vollständigen (und nicht-exklusiven) Aggregationsbeziehung** referenziert werden muß und gleichzeitig die referenzierenden Objekte eingefügt werden, oder
- das einzufügende Objekt von keinem anderen Objekt aufgrund einer **vollständigen (und nicht-exklusiven) Aggregationsbeziehung** referenziert werden muß (d.h. nicht zu einer Komponente gehört bzw. nicht zu einer Komponente einer vollständigen Aggregation gehört),

und

- das einzufügende Objekt existierende Objekte aufgrund einer **nicht-vollständigen (und nicht-exklusiven) Aggregationsbeziehung** referenziert, oder
- das einzufügende Objekt nicht-existierende Objekte aufgrund einer **nicht-vollständigen (und nicht-exklusiven) Aggregationsbeziehung** referenziert und gleichzeitig die referenzierten Objekte eingefügt werden, oder
- das einzufügende Objekt kein anderes Objekt aufgrund einer **Aggregationsbeziehung** referenziert (d.h. nicht zu einem Aggregat gehört),

und

- das einzufügende Objekt das einzige Objekt ist, das von einem nicht-existierenden Objekt aufgrund einer **Assoziationsbeziehung** referenziert wird, und gleichzeitig das referenzierende Objekt mit aktuellen Werten abgeleiteter Attribute eingefügt wird, oder
- das einzufügende Objekt nicht das einzige Objekt ist, das von einem existierenden Objekt aufgrund einer **Assoziationsbeziehung** referenziert wird, und gleichzeitig die Werte der abgeleiteten Attribute der referenzierenden Objekte aktualisiert werden, oder
- das einzufügende Objekt von keinem anderen Objekt aufgrund einer **Assoziationsbeziehung** referenziert wird (d.h. nicht zu einem Basistyp gehört bzw. nicht zu einem Basistyp einer vollständigen Assoziation gehört),

und

- das einzufügende Objekt ein existierendes Objekt aufgrund einer **nicht-vollständigen (und exklusiven) Assoziationsbeziehung** referenziert und gleichzeitig der Wert des Gruppierungsattributs des referenzierten Objekts aktualisiert wird, oder
- das einzufügende Objekt kein anderes Objekt aufgrund einer **Assoziationsbeziehung** referenziert (d.h. nicht zu einem Gruppentyp gehört).

III. **Konsistenz der Änderung eines Objekts**: Die Änderung des Wertes eines Attributs ist konsistent, wenn

- das zu ändernde Attribut ein Klassifikationsattribut ist und statt der Änderung das zu ändernde Objekt gelöscht und danach mit dem neuen Wert des Klassifikationsattributs neu eingefügt wird, oder
- das zu ändernde Objekt von einem anderen Objekt aufgrund einer **Generalisierungsbeziehung** referenziert wird und das zu ändernde Attribut kein Klassifikationsattribut ist und gleichzeitig der Wert des betreffenden Attributs des referenzierenden Objekts aktualisiert wird, oder
- das zu ändernde Objekt von keinem anderen Objekt aufgrund einer **Generalisierungsbeziehung** referenziert wird (d.h. nicht zu einem Supertyp gehört bzw. nicht zu einem Supertyp einer vollständigen Generalisierung gehört),

und

- das zu ändernde Objekt ein anderes Objekt aufgrund einer **Generalisierungsbeziehung** referenziert und das zu ändernde Attribut kein vererbtes Attribut ist, oder
- das zu ändernde Objekt kein anderes Objekt aufgrund einer **Generalisierungsbeziehung** referenziert (d.h. nicht zu einem Subtyp gehört),

und

- das zu ändernde Attribut ein Gruppierungsattribut ist und statt der Änderung das zu ändernde Objekt gelöscht und danach mit dem neuen Wert des Gruppierungsattributs neu eingefügt wird, oder
- das zu ändernde Objekt von einem anderen Objekt aufgrund einer **Assoziationsbeziehung** referenziert wird und das zu ändernde Attribut kein Gruppierungsattribut ist und gleichzeitig der Werte der abgeleiteten Attribute der referenzierenden Objekte aktualisiert werden, oder
- das zu ändernde Objekt von keinem anderen Objekt aufgrund einer **Assoziationsbeziehung** referenziert wird (d.h. nicht zu einem Basistyp gehört bzw. nicht zu einem Basistyp einer vollständigen Generalisierung gehört),

und

- das zu ändernde Objekt ein anderes Objekt aufgrund einer **Assoziationsbeziehung** referenziert und das zu ändernde Attribut kein abgeleitetes Attribut ist, oder
- das zu ändernde Objekt kein anderes Objekt aufgrund einer **Assoziationsbeziehung** referenziert (d.h. nicht zu einem Gruppentyp gehört).

3.3.4 Impliziertes Verhalten

Um eine elementare Datenmanipulation unter Erhaltung der invarianten Eigenschaften des Objekttypenmodells durchzuführen, müssen die in den Konsistenzregeln (I), (II) und (III) genannten Voraussetzungen erfüllt werden. Durch Transformation der Konsistenzbedingungen in Zurückweisungs- und Propagierungsregeln können unzulässige Datenmanipulationen erkannt und zurückgewiesen werden, während zulässige Datenmanipulationen konsistent propagiert werden können.

I. **Propagierung der Löschung eines Objekts**:

- Wird ein Objekt eines **Supertyps** gelöscht, ist in der gleichen Transaktion auch das Objekt zu löschen, das das zu löschende Objekt aufgrund einer **Generalisierungsbeziehung** referenziert.
- Wird ein Objekt eines **Subtyps** gelöscht, ist in der gleichen Transaktion auch das Objekt zu löschen, das vom zu löschenden Objekt aufgrund einer **vollständigen (und exklusiven) Generalisierungsbeziehung** referenziert werden muß.
- Wird ein Objekt einer **Komponente** gelöscht, sind in der gleichen Transaktion auch alle Objekte zu löschen, die das zu löschende Objekt aufgrund einer **Aggregationsbeziehung** referenzieren.
- Wird ein Objekt eines **Aggregats** gelöscht, sind in der gleichen Transaktion auch alle Objekte zu löschen, die allein durch das zu löschende Objekt aufgrund einer **vollständigen (und nicht-exklusiven) Aggregationsbeziehung** referenziert werden müssen.
- Wird ein Objekt eines **Basistyps** gelöscht, ist in der gleichen Transaktion auch das Objekt zu löschen, das **allein** das zu löschende Objekt aufgrund einer **Assoziationsbeziehung** referenziert.
- Wird ein Objekt eines **Basistyps** gelöscht, sind in der gleichen Transaktion auch die abgeleiteten Attribute des Objekts zu aktualisieren, das **nicht allein** das zu löschende Objekt aufgrund einer **Assoziationsbeziehung** referenziert.

- Wird ein Objekt eines **Gruppentyps** gelöscht, sind in der gleichen Transaktion auch alle Objekte zu löschen, die das zu löschende Objekt aufgrund einer **vollständigen (und exklusiven) Assoziationsbeziehung** referenziert.
- Wird ein Objekt eines **Gruppentyps** gelöscht, sind in der gleichen Transaktion auch die Gruppierungsattribute aller Objekte zu aktualisieren, die das zu löschende Objekt aufgrund einer **nicht-vollständigen (und exklusiven) Assoziationsbeziehung** referenziert.

II. **Zurückweisung bzw. Propagierung der Einfügung eines Objekts**:

- Die Einfügung eines Objekts eines **Subtyps** ist zurückzuweisen, wenn das aufgrund einer **vollständigen (und exklusiven) Generalisierungsbeziehung** referenzierte Objekt bereits existiert.
- Die Einfügung eines Objekts eines **Subtyps** ist zurückzuweisen, wenn das aufgrund einer **Generalisierungsbeziehung** referenzierte Objekt bereits auf der Grundlage dieser Generalisierungsbeziehung referenziert wird.
- Die Einfügung eines Objekts eines **Gruppentyps** ist zurückzuweisen, wenn die aufgrund einer **vollständigen (und exklusiven) Assoziationsbeziehung** referenzierten Objekte des Basistyps bereits existieren.
- Die Einfügung eines Objekts eines **Gruppentyps** ist zurückzuweisen, wenn die aufgrund einer **Assoziationsbeziehung** referenzierten Objekte des Basistyps nicht existieren.
- Wird ein Objekt eines **Supertyps** eingefügt, ist in der gleichen Transaktion auch das Objekt mit allen vererbten Attributen einzufügen, das das einzufügende Objekt aufgrund einer **vollständigen (und exklusiven) Generalisierungsbeziehung** referenzieren muß.
- Wird ein Objekt eines **Subtyps** eingefügt, das ein nicht-existierendes Objekt aufgrund einer **Generalisierungsbeziehung** referenziert, ist in der gleichen Transaktion das referenzierte Objekt mit allen vererbbaren Attributen einzufügen.
- Wird ein Objekt eines **Subtyps** eingefügt, das ein existierendes Objekt aufgrund einer **nicht-vollständigen (und exklusiven) Generalisierungsbeziehung** referenziert, das bisher nicht aufgrund dieser Beziehung referenziert wurde, ist in der gleichen Transaktion der Wert des Klassifikationsattributs des referenzierten Objekts zu aktualisieren.
- Wird ein Objekt einer **Komponente** eingefügt, das von nicht-existierenden Objekten aufgrund einer **vollständigen (und nicht-exklusiven) Aggregationsbeziehung** referenziert werden muß, sind in der gleichen Transaktion die referenzierenden Objekte einzufügen.

- Wird ein Objekt eines **Aggregats** eingefügt, das nicht-existierende Objekte aufgrund einer **nicht-vollständigen (und nicht-exklusiven) Aggregationsbeziehung** referenziert, sind in der gleichen Transaktion die referenzierten Objekte einzufügen.
- Wird ein Objekt eines **Basistyps** eingefügt, das als einziges Objekt von einem nicht-existierenden Objekt aufgrund einer **Assoziationsbeziehung** referenziert wird, ist in der gleichen Transaktion das referenzierende Objekt mit aktuellen Werten seiner abgeleiteten Attribute einzufügen.
- Wird ein Objekt eines **Basistyps** eingefügt, das nicht als einziges Objekt von einem existierenden Objekt aufgrund einer **Assoziationsbeziehung** referenziert wird, sind die abgeleiteten Attribute des referenzierenden Objekts zu aktualisieren.
- Wird ein Objekt eines **Gruppentyps** eingefügt, das existierende Objekte aufgrund einer **nicht-vollständigen (und exklusiven) Assoziationsbeziehung** referenziert, die bisher nicht aufgrund dieser Beziehung referenziert wurden, sind in der gleichen Transaktion die Werte des Gruppierungsattributs der referenzierten Objekte zu aktualisieren.

III. **Zurückweisung bzw. Propagierung der Änderung eines Objekts**:

- Änderungen des Werts vererbter Attribute von **Subtypen** sind zurückzuweisen.
- Änderungen des Werts abgeleiteter Attribute von **Gruppentypen** sind zurückzuweisen.
- Wird der Wert eines Klassifikationsattributs eines **Supertyps** geändert, ist statt dessen in der gleichen Transaktion das betroffene Objekt zu löschen und mit dem geänderten Wert des Klassifikationsattributs einzufügen.
- Wird der Wert eines Nicht-Klassifikationsattributs eines **Supertyps** geändert, sind in der gleichen Transaktion die Werte des entsprechenden Attributs aller Objekte zu aktualisieren, die das geänderte Objekt aufgrund einer **Generalisierungsbeziehung** referenzieren.
- Wird der Wert eines Gruppierungsattributs eines **Basistyps** geändert, ist statt dessen in der gleichen Transaktion das betroffene Objekt zu löschen und mit dem geänderten Wert des Gruppierungsattributs einzufügen.
- Wird der Wert eines Nicht-Gruppierungsattributs eines **Basistyps** geändert, sind die Werte der abgeleiteten Attribute aller Objekte zu aktualisieren, die das geänderte Objekt aufgrund einer **Assoziationsbeziehung** referenzieren.

3.3.5 Bewertung des Objekttypenmodells

Das Objekttypenmodell erlaubt es, die Fachbegriffe und Sachzusammenhänge eines Realitätsausschnitts in Form eines semantischen Modells eindeutig und widerspruchsfrei festzulegen. Im Vergleich zum EER-Modell hat das Objekttypenmodell mehrere Vorteile:

- Bei vergleichbarer Mächtigkeit muß nicht mehr zwischen Entitäts- und Beziehungstypen unterschieden werden, weil die sich in Existenzabhängigkeiten und Kardinalität manifestierenden Unterschiede zwischen Entitäts- und Beziehungstypen durch explizite Aggregationsbeziehungen abgebildet werden. Deshalb ist es im Objekttypenmodell auch nicht notwendig, Beziehungstypen durch Aggregation in Entitätstypen umzuwandeln, nur um sie selbst an Beziehungen teilnehmen zu lassen. Diese Vereinfachungen erlauben es, die Begriffe und Sachzusammenhänge eines Realitätsausschnitts mit einer geringeren Zahl von Schemaelementen abzubilden.
- Im Gegensatz zum ER- und EER-Modell bietet das Objekttypenmodell konkrete Hilfen für die Identifikation von Objekttypen an. Identifikation, Rekonstruktion und Anordnung von Objekttypen werden auf der Grundlage eines integrierten, erkenntnistheoretisch begründbaren Konzepts erklärt. Das Modell selbst bildet den Kern einer umfassenden Methodologie, die die Spezifikation, Dokumentation und Anwendungsentwicklung betrieblicher Syeteme mit einschließt.
- Objekttypenschemata bestehen aus Objekttypen, die ausschließlich durch gerichtete Abstraktionsbeziehungen miteinander verknüpft sind. Jede Art der Beziehung impliziert dabei Existenzabhängigkeiten. Generalisierungs- und Assoziationsbeziehungen implizieren zusätzlich Vererbungs- bzw. Ableitungsvorgänge. Die Gerichtetheit aller Beziehungen ermöglicht nicht nur die strukturierte Erschließung der durch ein Schema repräsentierten Semantik, sondern erlaubt es auch, Schemata grafisch anzuordnen, konsistent zu verdichten und gezielt zu integrieren.

Das Objekttypenmodell löst jedoch nicht alle in der Diskussion des EER-Modells identifizierten Probleme der konzeptionellen Modellierung:

- Die Vielfalt möglicher Ausprägungen von Generalisierungs- und Assoziationsbeziehungen wird zwar theoretisch antizipiert, im Modell jedoch dadurch stark eingeschränkt, daß nur bestimmte Kardinalitäten zugelassen werden. Deshalb bleibt die semantische Vollständigkeit der invarianten Eigenschaften und damit des implizierten Verhaltens von Objekttypenschemata deutlich hinter einem maximal ausgebauten EER-Modell, das alle Abstraktionsformen einschließt, zurück.

- Auch das Objekttypenmodell stellt keine Konstrukte bereit, mit deren Hilfe die Vererbung von Supertyp-Attributen oder die Ableitung von Gruppentyp-Attributen explizit konzeptionell abgebildet werden kann.
- Generalisierungs-, Aggregations- und Assoziationsbeziehungen repräsentieren eine völlig unterschiedliche Semantik: In Generalisierungsbeziehungen können Attributwerte unverändert abgeleitet (vererbt) werden, und Objekte der Realität müssen gleichzeitig verschiedenen Objekttypen des konzeptionellen Modells zugeordnet werden. In Assoziationsbeziehungen können Attributwerte auf der Grundlage von Gruppierungsfunktionen berechnet werden, und die Existenz abstrakter Objekte hängt von der Existenz detaillierten Objektmengen ab. In Aggregationsbeziehungen können schließlich Attributwerte auf der Grundlage allgemeiner Formeln berechnet werden. Solange die verschiedenen Formen von Abstraktionsbeziehungen ohne jede gemeinsame Basis modelliert werden, fehlt jede Möglichkeit, die immer komplexer werdenden konzeptionellen Schemata auf einfache, elementare Grundstrukturen zurückzuführen und damit sowohl das Schemaverständnis zu erleichtern wie auch den Schemaentwurf zu unterstützen.
- Die genannten Probleme können nicht allein durch die Erweiterung der konzeptionellen Modellierung um Ableitungsregeln für Attribute gelöst werden. Die Einführung zusätzlicher Modellelemente würde die ohnehin recht komplexen Konsistenzbedingungen des Modells weiter verkomplizieren. Die Häufigkeit, mit der Vollständigkeits- und Exklusivitätsbedingungen in der Beschreibung der invarianten Eigenschaften vorkommen, sollte vielmehr erwarten lassen, daß sich die vielen Varianten von Konsistenzbedingungen durch Kombination weniger semantischer Grundelemente (z.B. Existenzabhängigkeiten, Vollständigkeitsbedingungen) zusammensetzen lassen.

Das im nächsten Hauptabschnitt vorgestellte Strukturierte Entity-Relationship-Modell schlägt diesen Weg ein: Es wird versucht, die konzeptionelle Modellierung durch Rückführung auf elementare Beziehungstypen zu vereinfachen und die Vielfalt der beobachtbaren Beziehungsvarianten auf dieser Basis zu erklären.

3.4 Strukturiertes Entity-Relationship-Modell

3.4.1 Modellierungsziele und -prinzipien

Das 1987 durch Sinz[38] erstmals publizierte Strukturierte Entity-Relationship-Modell (SER-Modell) hat zum Ziel, Existenzabhängigkeiten in die konzeptionelle Modellierung einzuführen und damit [Sinz 1987, S.138-139]

[38] Eine ausführliche Beschreibung erfolgt in [Sinz 1987, S.138-200]. Zusammenfassungen finden sich in [Sinz 1988] und [Sinz 1989].

- konzeptionelle Schemata als quasi-hierarchische[39] Graphen modellieren zu können, um damit das Verständnis zu erleichtern und Zwischenebenen beim Entwurf zuzulassen,
- die Bildung und Verwaltung externer Schemata im NF^2-Modell zu unterstützen,
- die Identifikation bestimmter Typen von Konsistenzbedingungen zu erleichtern und
- die unmittelbare Transformation konzeptioneller Modelle in Datenstrukturen eines Datenbanksystems zu ermöglichen.

Das SER-Modell wird später erweitert und als strukturelle Modellierungskomponente in das umfassendere Semantische Objektmodell [Ferstl/Sinz 1990; Ferstl/Sinz 1991] (SO-Modell) eingebunden. Das SO-Modell unterstützt die objektorientierte Modellierung und damit neben der konzeptionellen Modellierung von Informationsstrukturen auch die konzeptionelle Modellierung des Systemverhaltens. Sowohl für das SER-Modell wie auch später für das SO-Modell werden Werkzeuge angeboten, die die konzeptionelle Modellierung durch ein interaktives grafisches "Zeichenbrett", Qualitätsprüfungen und Datenstruktur-Generatoren unterstützen.[40]

3.4.2 Elemente, Regeln und Notation des Strukturierten Entity-Relationship-Modells

Im Gegensatz zum Objekttypenmodell unterscheidet das SER-Modell zwischen Entitätstypen (E-Typen) und Beziehungstypen (R-Typen). Zusätzlich werden als neue Metatypen Entity-Relationship-Typen (ER-Typen) eingeführt. Diese entstehen aus der Zusammenfassung existentiell abhängiger Entitätstypen mit allen Beziehungstypen, mit denen sie über Rollen der Kardinalität (1:1) verknüpft sind. E-Typen werden als Rechtecke dargestellt, R-Typen als Rechtecke, die durch eine Raute überlagert sind, und ER-Typen durch Rechtecke, die durch eine halbe Raute überlagert sind. Im Gegensatz zum ER- und EER-Modell werden im SER-Modell die Objekttypen nicht durch ungerichtete Kanten verbunden. Stattdessen werden nur die gerichteten Referenzbeziehungen, die zwischen den verschiedenen Objekttypen bestehen, explizit im Modell abgebildet [Sinz 1987, S.140-141].

---

[39] Als Quasi-Hierarchie wird eine erweiterte Baumstruktur bezeichnet, bei der ein Knoten mehrere Vorgänger haben kann [Sinz 1989, S.79]. Ein quasi-hierarchischer Graph ist folglich ein Graph, der sowohl gerichtet wie auch azyklisch ist [Ferstl/Sinz 1990, S.569].

[40] Eine Beschreibung des SERM-Werkzeugs findet sich in [Sinz 1987, S.262-273] und [Sinz 1989, S.88-98]. Das SOM-Werkzeug wird in [Ferstl/Sinz 1990, S.580] skizziert.

Referenzbeziehungen sind eng mit dem Begriff der Existenzabhängigkeit verknüpft. Im folgenden wird deshalb zunächst die Existenzabhängigkeit und ihre Bedeutung für die konzeptionelle Modellierung diskutiert. Im Anschluß daran wird beschrieben, wie auf der Grundlage von Existenzabhängigkeiten SER-Schemata konstruiert werden können und wie Abstraktionsbeziehungen im SER-Modell abgebildet werden können.

3.4.2.1 Einseitige und wechselseitige Existenzabhängigkeiten

Schon in der ersten Publikation des ER-Modells stellt Chen fest, daß die Modellierung schwacher Entitätstypen eine Existenzabhängigkeit impliziert, weil die Löschung einer Entität des nicht-schwachen Entitätstyps dazu führt, daß alle Entitäten des schwachen Entitätstyps gelöscht werden müssen, die den Primärschlüssel der gelöschten Entität als Teil ihres eigenen Primärschlüssels verwenden [Chen 1976, S.20]. Webre stellt jedoch fest, daß das Konzept des schwachen Entitätstyps mehrere Probleme aufwirft [Webre 1983, S.175 und S.177]:

- Die Interpretation der grafischen Darstellung ist nicht mehr eindeutig, wenn ein Entitätstyp im Verhältnis zu einem Entitätstyp nicht-schwach, im Verhältnis zu einem anderen Entitätstyp dagegen schwach ist.
- Durch das Konzept des schwachen Entitätstyps ist keine wechselseitige Existenzabhängigkeit modellierbar: In diesem Fall müßten ja beide beteiligten Entitätstypen sowohl schwach wie auch nicht-schwach sein.
- Wenn zwei Entitätstypen durch mehrere Beziehungstypen verbunden werden, folgt aus der Tatsache, daß ein Entitätstyp im Hinblick auf den einen Beziehungstyp schwach ist, nicht unbedingt, daß auch die anderen Beziehungstypen eine Existenzabhängigkeit implizieren. Die Zuordnung von "Schwäche" zu bestimmten Beziehungstypen ist aber in Chen's Konzept nicht möglich. Deshalb können für einen Entitätstyp auch keine mehrfachen Existenzabhängigkeiten modelliert werden.

Sinz fügt dieser Kritik hinzu, daß die Definition schwacher Entitätstypen auf der Grundlage der Bildung ihres Primärschlüssels datenmodellbezogen erfolgt (und damit zur logischen Datenmodellierung gehört), obwohl die Existenzabhängigkeit ein anwendungs- und implementierungsunabhängiges Konzept darstellt und deshalb zur konzeptionellen Modellierung gehört [Sinz 1987, S.165].

"Schwäche" sollte also nicht als Eigenschaft eines Objekttyps, sondern vielmehr als Eigenschaft einer Rolle modelliert werden, die ein Objekttyp im Verhältnis zu einem anderen Objekttyp spielt. Scheuermann et al. schlagen deshalb vor, die Existenzabhängigkeit als eine spezielle Form einer Beziehung und nicht als eine spezielle Form eines Entitätstyps abzubilden [Scheuermann et al. 1980, S.125]. Dieser Vorschlag deckt sich mit dem Begriffskalkül des Objekttypenmodells: Es ist keine dem Objekttyp zuzurechnende Eigenschaft, existentiell abhängig zu sein, da sich die Abhängigkeit immer nur im Verhältnis zu einem anderen Objekttyp manifestieren kann. Existenzabhängigkeiten stellen einen speziellen Typ von Beziehungen zwischen Objekttypen dar und sollten deshalb auch als solche modelliert werden.

Existenzabhängigkeiten werden bei Webre grafisch als Kanten dargestellt, die vom in der jeweiligen Beziehung existenzabhängigen Objekttyp auf den in der jeweiligen Beziehung unabhängigen Objekttyp gerichtet sind, d.h. die Richtung der Referenzierung repräsentieren [Webre 1983, S.177]. Bei Sinz wird die Richtung der Existenzabhängigkeit nicht explizit notiert. Die in der jeweiligen Beziehung unabhängigen Objekttypen werden im Schema immer links von den in der jeweiligen Beziehung existenzabhängigen Objekttypen dargestellt [Sinz 1987, S.143 und S.156].

Da Existenzbedingungen gerichtet sind, können durch ihre Verkettung Pfade innerhalb des jeweiligen Schemas identifiziert werden. Diese Pfade werden als Abhängigkeitspfade bezeichnet. Zyklen sind dabei nicht auszuschließen: Der nicht seltene Fall, daß zwischen zwei Objekttypen entgegengesetzte Existenzabhängigkeiten bestehen, wird als „wechselseitige Existenzabhängigkeit" [Sinz 1987, S.90] bezeichnet (Webre benutzt den Ausdruck "mutual existence dependencies" [Webre 1983, S.176]).

In einem ER-Schema lassen sich Existenzabhängigkeiten daran erkennen, daß eine Rolle die Kardinalität (1,1) oder (1,*) hat. Der Entitätstyp, der diese Rolle einnimmt, impliziert dann den anderen an der Beziehung beteiligten Entitätstyp. Mit anderen Worten ist der andere an der Beziehung beteiligte Entitätstyp von dem Entitätstyp, der eine solche Rolle hat, existentiell abhängig. Haben in einer Beziehung beide Objekttypen Rollen der Kardinalität (1,1) oder (1,*), liegt eine wechselseitige Existenzabhängigkeit zwischen den teilnehmenden Entitätstypen vor [Sinz 1987, S.89-91]. Weitere Existenzabhängigkeiten in ER-Schemata betreffen den Zusammenhang zwischen Beziehungstypen und den beteiligten Entitätstypen: Ohne daß diese Tatsache im Schema deutlich wird, ist ein Beziehungstyp immer von jedem der Entitätstypen, die an ihm teilnehmen, existentiell abhängig [Sinz 1989, S.102].

Beide Typen der Existenzabhängigkeit stellen eine Eigenschaft der beteiligten Typen, nicht jedoch ihrer Objekte dar [Sinz 1987, S.91]. Deshalb sollten Existenzabhängigkeiten nicht als Beziehungen zwischen Primärschlüsseln, sondern als Beziehungen zwischen Objekttypen modelliert werden.

3.4.2.2 Modellierung auf der Grundlage von Existenzabhängigkeiten

Jede Existenzabhängigkeit begründet eine referentielle Integritätsbedingung zwischen einem in dieser Beziehung unabhängigen und einem in dieser Beziehung existenzabhängigen Objekttyp [Ferstl/Sinz 1990, S.569]. Diese referentiellen Integritätsbedingungen werden im SER-Modell als Referenzbeziehungen bezeichnet. Es werden vier Typen von Referenzbeziehungen unterschieden [Sinz 1987, S.142-143]:

- **(0,1)-Referenzbeziehung**: Zwischen zwei Objekttypen besteht eine Existenzabhängigkeit. Jedes Objekt des abhängigen Objekttyps steht mit genau einem Objekt des unabhängigen Objekttyps in Beziehung. Nicht jedes Objekt des unabhängigen Objekttyps muß mit einem Objekt des abhängigen Objekttyps in Beziehung stehen. Diese Referenzbeziehung entspricht einer ER-Beziehung, in der die Rolle, die der unabhängige Entitätstyp spielt, die Kardinalität (0,1) hat, und die Rolle, die der abhängige Entitätstyp spielt, die Kardinalität (1,1) hat. Beziehungen dieses Typs werden grafisch durch eine unbeschriftete, ungerichtete Kante zwischen den Objekttypen dargestellt.
- **(0,*)-Referenzbeziehung**: Zwischen zwei Objekttypen besteht eine Existenzabhängigkeit. Jedes Objekt des abhängigen Objekttyps steht mit genau einem Objekt des unabhängigen Objekttyps in Beziehung. Objekte des unabhängigen Objekttyps können mit keinem, einem oder mehreren Objekten des abhängigen Objekttyps in Beziehung stehen. Diese Referenzbeziehung entspricht einer ER-Beziehung, in der die Rolle, die der unabhängige Entitätstyp spielt, die Kardinalität (0,*) hat, und die Rolle, die der abhängige Entitätstyp spielt, die Kardinalität (1,1) hat. Beziehungen dieses Typs werden grafisch durch eine unbeschriftete, auf den abhängigen Objekttyp gerichtete Kante dargestellt.
- **(1,1)-Referenzbeziehung**: Zwischen zwei Objekttypen besteht eine wechselseitige Existenzabhängigkeit. Jedes Objekt des jeweils abhängigen Objekttyps steht mit genau einem Objekt des jeweils unabhängigen Objekttyps in Beziehung. Diese Referenzbeziehung entspricht einer ER-Beziehung, in der die Rollen beider beteiligter Entitätstypen die Kardinalität (1,1) haben. Beziehungen dieses Typs werden grafisch durch eine unbeschriftete, ungerichtete Doppelline dargestellt. Zwar schränken Ferstl/Sinz diesen Typ von Referenzbeziehungen später auf die Generalisierung ein [Ferstl/Sinz 1990, S.570]. Wie das in Abbildung 16 dargestellte Schema zeigt, können derartige Referenzbeziehungen aber auch durchaus außerhalb von Generalisierungen auftreten.
- **(1,*)-Referenzbeziehung**: Zwischen zwei Objekttypen besteht eine wechselseitige Existenzabhängigkeit. Jedes Objekt des rechten Objekttyps[41] steht mit genau einem Objekt des linken Objekttyps in Beziehung. Umgekehrt steht jedes Objekt des linken Objekttyps mit einem oder mehreren Objekten des rechten Objekttyps in Beziehung. Diese Referenzbeziehung entspricht einer ER-

[41] Um diesen Typ einer Referenzbeziehung verbal beschreiben zu können, kann nicht mehr eine Eigenschaft (z.B. "abhängig") herangezogen werden, sondern muß auf die Position des jeweiligen Objekttyps in der grafischen Darstellung des Schemas zurückgegriffen werden.

Beziehung, in der die Rolle, die der linke Entitätstyp spielt, die Kardinalität (1,*) hat, und die Rolle, die der rechte Entitätstyp spielt, die Kardinalität (1,1) hat. Beziehungen dieses Typs werden grafisch durch eine unbeschriftete, auf den rechten Objekttyp gerichtete Doppellinie dargestellt.

Durch Kombination dieser vier Typen lassen sich alle im ER-Modell darstellbaren Beziehungskardinalitäten zwischen zwei Entitätstypen modellieren [Sinz 1987, S.147-157]. Jede Referenzbeziehung verknüpft genau zwei Objekttypen. Zwischen zwei Objekttypen dürfen beliebig viele Referenzbeziehungen modelliert werden. E-Typen dürfen keine Vorgänger haben, ER-Typen müssen (mindestens) einen Vorgänger haben und R-Typen müssen (mindestens) zwei Vorgänger haben. R-Typen dürfen keine Nachfolger haben [Sinz 1987, S.143-144]. Für die Transformation in das Relationenmodell werden Regeln zur Schlüsselbildung formuliert [Sinz 1987, S.144-146]. Im wesentlichen werden dabei die Primärschlüssel existenzabhängiger Objekttypen als Kombination der Primärschlüssel der jeweils unabhängigen Objekttypen erzeugt.

3.4.2.3 Abstraktionsbeziehungen im SER-Modell

In der ersten Version des SER-Modells werden Generalisierungsbeziehungen wie normale Objekttypen modelliert: Subtypen werden als ER-Typen abgebildet, die mit dem als E-Typ modellierten Supertyp über eine Referenzbeziehung verbunden sind. Die Referenzbeziehung wird zur Unterscheidung von normalen Beziehung durch "ISA" oder ein Symbol gekennzeichnet, das die Vollständigkeit bzw. Exklusivität der Beziehung modelliert [Sinz 1987, S.166].

Spätere Publikationen des SER-Modells enthalten ein erweitertes Konzept für Generalisierungsbeziehungen, das allerdings immer noch auf exklusive Generalisierungen beschränkt ist [Sinz 1989, S.86-88]. Für nicht-vollständige, exklusive Generalisierungsbeziehungen wird ein künstlicher Objekttyp mit dem Namen "SUBTYP" eingeführt, der mit dem Supertyp durch eine (1:1)-Referenzbeziehung und mit den Subtypen durch (0,1)-Referenzbeziehungen verknüpft ist. Für vollständige, exklusive Generalisierungsbeziehungen wird ebenfalls ein künstlicher Objekttyp modelliert, der eine Kategorie (d.h. ein Klassifikationsattribut) repräsentiert, mit dem Supertyp durch eine (1:1)-Referenzbeziehung und mit den Subtypen durch (0,1)-Referenzbeziehungen verknüpft ist. Der künstliche Objekttyp wird in der Implementierung des SER-Schemas mit dem Supertyp zusammengefaßt.

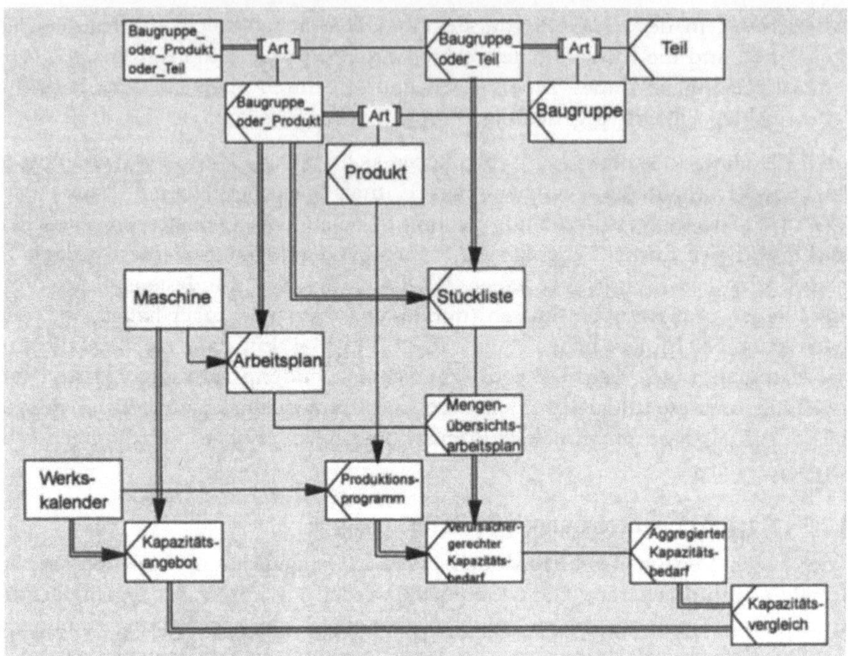

Abbildung 16: SER-Graph der Kapazitätsterminierung

Abbildung 16 zeigt einen SER-Graph der Kapazitätsterminierung, der dem in Abbildung 11 illustrierten ER-Schema und dem in Abbildung 15 illustrierten Objekttypenschema entspricht. Wie im EER-Schema und im Objekttypenschema werden auch im SER-Schema "verwandte" Objekttypen in eine semantische Hierarchie eingeordnet: *Beispielsweise sind der verursachergerechte Kapazitätsbedarf, das Kapazitätsangebot, der aggregierte Kapazitätsbedarf und der Kapazitätsvergleich sämtlich Beziehungen zwischen den beiden Objekttypen "Maschine" und "Werkskalender". Während diese vier Typen im ER-Schema ohne jeden Zusammenhang abgebildet werden müssen, werden sie im SER-Schema in eine Abhängigkeitshierarchie eingebunden, die auch optisch deutlich erkennbar ist. Diese Abhängigkeitshierarchie entspricht im Prinzip der Aggregationshierarchie, in die diese Objekttypen im EER- und Objekttypenschema eingebunden werden. Das Schema repräsentiert sowohl die korrekte "Reihenfolge" der Informationsableitung wie auch die entsprechenden Kardinalitäten. So kann im SER-Schema wie auch im EER- und Objekttypenschema im Gegensatz zum ER-Schema der Tatsache, daß für jeden aggregierten Kapazitätsbedarf und für jedes Kapazitätsangebot ein Kapazitätsvergleich existieren muß, durch eine entsprechende Beziehungskardinalität Rechnung getragen werden.*

In Abbildung 16 fällt auf, daß "reine" R-Typen fehlen und viele wechselseitige Existenzabhängigkeiten existieren. *Die im EER- und Objettypenschema homogene "Ablei-*

tungshierarchie" für den Kapazitätsvergleich auf der Grundlage von Werkskalender, Produkt und Maschine zerfällt im SER-Graph in Teile, die auf einfachen Existenzabhängigkeiten basieren, und Teile, die auf wechselseitigen Existenzabhängigkeiten basieren. Hier kann offensichtlich durch das konzeptionelle Schema die Semantik des Anwendungssystems vollständiger abgebildet werden.

Außerdem läßt sich die durch ein SER-Schema repräsentierte Semantik systematischer erschließen, als wenn sie durch ein Objekttypen- oder EER-Schema repräsentiert würde. So vorteilhaft die Anordnungsregeln in dieser Hinsicht allerdings sind, so nachteilig wirken sie sich bei der Darstellung komplexer Generalisierungshierarchien aus. Das Fehlen nicht-exklusiver Generalisierungsbeziehungen sowie aller Arten von Assoziationsbeziehungen im SER-Modell stellt einen signifikanten Rückschritt gegenüber dem EER- und dem Objekttypenmodell dar. Die Tatsache, das im SER-Modell keine expliziten Aggregationsbeziehungen modelliert werden, erklärt sich dadurch, daß alle Nicht-Generalisierungsbeziehungen in SER-Schemata de facto mit Aggregationsbeziehungen in der Definition des Objekttypenmodells identisch sind.

Die Weiterentwicklung des SER-Modells und seine Einbeziehung als Datenmodell in das SO-Modell führt zu einer Vervollständigung der modellierbaren Abstraktionsbeziehungen [Ferstl/Sinz 1990, S.573-575]:

- **Interacts_with-Beziehungen**: Dieser Typ von SO-Beziehungen bildet den Standardfall, in dem er Objekttypen verknüpft, die in irgendeiner Weise miteinander interagieren. Entsprechende Beziehungen werden grafisch durch gestrichelte Linien bzw. Doppellinien kenntlich gemacht. Interacts_with-Beziehungen entsprechen am ehesten Aggregationsbeziehungen in der Definition des Objekttypenmodells.
- **Is_a-Beziehungen**: Dieser Typ von SO-Beziehungen stellt eine modifizierte Form der SER-Generalisierungsbeziehungen dar, in der der künstliche Objekttyp, der die Kategorie oder die Nicht-Exklusivität repräsentiert, durch ein Dreieck ersetzt wird. Entsprechende Beziehungen werden grafisch durch gepunktete Linien und Doppellinien kenntlich gemacht. Is_a-Beziehungen entsprechen ansonsten den SER-Generalisierungsbeziehungen.
- **Is_part_of-Beziehungen**: Dieser Typ von SO-Beziehungen wird zur Darstellung von Beziehungen zwischen Gruppenobjekten und ihren Basisobjekten benutzt. Entsprechende Beziehungen werden grafisch durch durchgezogene Linien und Doppellinien kenntlich gemacht. Is_part_of-Beziehungen können als Assoziationsbeziehungen betrachtet werden.

Jede SOM-Beziehung kann Existenzabhängigkeiten implizieren: Während Interacts_with-Beziehungen selten eine (1,*)-Referenzbeziehung implizieren, implizieren Is_a-Beziehungen dagegen immer eine (1,1)-Referenzbeziehung und Is_part_of-

Beziehungen häufig eine (1,*)-Referenzbeziehung. Die Definition invarianter Eigenschaften und Festlegung von Konsistenzbedingungen basiert deshalb nicht auf den SO-Beziehungen, sondern auf den ihnen zugrunde liegenden Referenzbeziehungen.

3.4.3 Invariante Eigenschaften

Die invarianten Eigenschaften des SER-Modells werden im Hinblick auf Löschungs- und Einfügungsoperationen durch die Referenzbeziehungen repräsentiert. Im Hinblick auf Änderungsoperationen muß jedoch auch die Art der Abstraktionsbeziehung betrachtet werden, die die Referenzbeziehung impliziert. Im SER-Modell gelten in Ergänzung der klassischen Integritätsbedingungen die folgenden Konsistenzbedingungen: [Sinz 1987, S.234][42]

I. **Konsistenz der Löschung eines Objekts**: Die Löschung eines Objekts ist konsistent, wenn

- das zu löschende Objekt von anderen Objekten referenziert wird und gleichzeitig alle referenzierenden Objekte gelöscht werden, oder
- das zu löschende Objekt von keinem anderen Objekt referenziert wird, oder
- das zu löschende Objekt von keinem anderen Objekt referenziert werden darf (d.h. zu einem R-Typ gehört),

und

- das zu löschende Objekt ein anderes Objekt referenziert, das aufgrund einer **(1,1)**-Beziehung referenziert werden muß, und gleichzeitig das referenzierte Objekt gelöscht wird, oder
- das zu löschende Objekt kein anderes Objekt referenziert, das aufgrund einer **(1,1)**-Beziehung referenziert werden muß,

und

- das zu löschende Objekt das einzige Objekt ist, das ein anderes Objekt aufgrund einer **(1,*)**-Beziehung referenziert, und gleichzeitig das referenzierte Objekt gelöscht wird, oder
- das zu löschende Objekt nicht das einzige Objekt ist, das ein anderes Objekt aufgrund einer **(1,*)**-Beziehung referenziert (und ggf. gleichzeitig der Wert des Klassifikationsattributs des referenzierten Objekts aktualisiert wird),

[42] Die dortige Analyse bezieht sich allerdings lediglich auf die "Außenwirkungen" einer Datenmanipulation, die in einem Teilgraphen stattfindet. Sie wurde für diese Untersuchung erheblich erweitert.

und

- das zu löschende Objekt ein anderes Objekt aufgrund einer **(0,1)**- oder **(0,*)**-Beziehung referenziert (und ggf. gleichzeitig der Wert des Klassifikationsattributs des referenzierten Objekts aktualisiert wird), oder
- das zu löschende Objekt kein anderes Objekt aufgrund einer **(0,1)**- oder **(0,*)**-Beziehung referenziert.

II. **Konsistenz der Einfügung eines Objekts**: Die Einfügung eines Objekts ist konsistent, wenn

- das einzufügende Objekt durch nicht-existierende Objekte aufgrund einer **(1,1)**- oder **(1,*)**-Beziehung referenziert werden muß und gleichzeitig die referenzierenden Objekte (ggf. mit vererbten Attributwerten) eingefügt werden, oder
- das einzufügende Objekt durch kein anderes Objekt aufgrund einer **(1,1)**- oder **(1,*)**-Beziehung referenziert werden muß,

und

- das einzufügende Objekt existierende Objekte aufgrund einer **(0,*)**-Beziehung referenziert (und ggf. gleichzeitig der Wert des Klassifikationsattributs des referenzierten Objekts aktualisiert wird), oder
- das einzufügende Objekt existierende Objekte aufgrund einer **(0,1)**-Beziehung referenziert, die bisher aufgrund dieser Beziehung nicht referenziert wurden (und ggf. gleichzeitig der Wert des Klassifikationsattributs des referenzierten Objekts aktualisiert wird), oder
- das einzufügende Objekt nicht-existierende Objekte aufgrund einer **(0,1)**-, **(0,*)**-, **(1,1)**- oder **(1,*)**-Beziehung referenziert und gleichzeitig die referenzierten Objekte (ggf. mit allen vererbbaren Attributwerten) eingefügt werden, oder
- das einzufügende Objekt kein anderes Objekt referenziert (d.h. zu einem E-Typ gehört).

III. **Konsistenz der Änderung eines Objekts**: Die Änderung des Wertes eines Attributs ist konsistent, wenn

- das zu ändernde Attribut ein Klassifikationsattribut ist und statt der Änderung das zu ändernde Objekt gelöscht und danach mit dem neuen Wert des Klassifikationsattributs neu eingefügt wird, oder
- das zu ändernde Objekt aufgrund einer Generalisierungsbeziehung referenziert wird und das zu ändernde Attribut kein Klassifikationsattribut ist und gleichzeitig die Werte des betreffenden Attributs aller referenzierenden Objekte ebenfalls geändert wird, oder

- das zu ändernde Objekt nicht aufgrund einer Generalisierungsbeziehung referenziert wird

und

- das zu ändernde Objekt ein anderes Objekt aufgrund einer Generalisierungsbeziehung referenziert und das zu ändernde Attribut kein vererbtes Attribut ist, oder
- das zu ändernde Objekt kein anderes Objekt aufgrund einer Generalisierungsbeziehung referenziert.

3.4.4 Impliziertes Verhalten

Um eine elementare Datenmanipulation unter Erhaltung der invarianten Eigenschaften des SER-Modells durchzuführen, müssen die in den Konsistenzregeln (I), (II) und (III) genannten Voraussetzungen erfüllt werden. Auch das implizierte Verhalten basiert dabei unmittelbar auf den Referenzbeziehungen [Sinz 1987, S.223-224].[43] Die Propagierung von Änderungen wird von Sinz zwar nicht explizit betrachtet, folgt aber unmittelbar aus der Definition von Generalisierungsbeziehungen im SER-Modell.

I. **Propagierung der Löschung eines Objekts**:
   - Wird ein Objekt gelöscht, sind in der gleichen Transaktion auch alle Objekte zu löschen, die das zu löschende Objekt aufgrund einer **(0,1)**-, **(0,*)**-, **(1,1)**- oder **(1,*)**-Beziehung referenzieren.
   - Wird ein Objekt gelöscht, sind in der gleichen Transaktion auch alle Objekte zu löschen, die vom zu löschenden Objekt aufgrund einer **(1,1)**-Beziehung referenziert werden müssen.
   - Wird ein Objekt gelöscht, sind in der gleichen Transaktion auch alle Objekte zu löschen, die allein vom zu löschenden Objekt aufgrund einer **(1,*)**-Beziehung referenziert werden.

II. **Zurückweisung bzw. Propagierung der Einfügung eines Objekts**:
   - Die Einfügung eines Objekts ist zurückzuweisen, wenn das aufgrund einer **(1,1)**-Beziehung referenzierte Objekt bereits existiert.
   - Die Einfügung eines Objekts ist zurückzuweisen, wenn das aufgrund einer **(0,1)**-Beziehung referenzierte Objekt bereits aufgrund dieser Beziehung referenziert wird.

[43] Die aufgrund des Fehlens einiger Abstraktionsbeziehungen und der Verfügbarkeit von Referenzbeziehungen sehr einfachen Propagierungsregeln werden von Sinz auch für prozedurale Zugriffsfunktionen und für implementierte Datenstrukturen spezifiziert [Sinz 1987, S.225-231].

- Wird ein Objekt eingefügt, ist in der gleichen Transaktion auch ein Objekt (ggf. mit vererbten Attributwerten) einzufügen, das das einzufügende Objekt aufgrund einer **(1,1)**- oder **(1,*)**-Beziehung referenzieren muß.
- Wird ein Objekt eingefügt, das nicht-existierende Objekte aufgrund einer **(0,1)**-, **(0,*)**-, **(1,1)**- oder **(1,*)**-Beziehung referenziert, sind in der gleichen Transaktion die referenzierten Objekte (ggf. mit vererbbaren Attributwerten) einzufügen.
- Wird ein Objekt eingefügt, das existierende Objekte aufgrund einer **(0,1)**- oder **(0,*)**-Beziehung referenziert, ist ggf. das Klassifikationsattribut des referenzierten Objekts zu aktualisieren.

III. **Zurückweisung bzw. Propagierung der Änderung eines Objekts**:

- Die Änderung eines vererbten Attributs eines Objekts, das ein anderes Objekt aufgrund einer Generalisierungsbeziehung referenziert, ist zurückzuweisen.
- Wird der Wert eines Klassifikationsattributs geändert, ist statt dessen in dieser Transaktion das betroffene Objekt zu löschen und mit dem geänderten Wert des Klassifikationsattributs neu einzufügen.
- Wird der Wert eines Nicht-Klassifikationsattributs eines Objekts geändert, das von anderen Objekten aufgrund einer Generalisierungsbeziehung referenziert wird, sind in der gleichen Transaktion auch die Werte des entsprechenden Attributs aller referenzierenden Objekte zu ändern.

3.4.5 Bewertung des Strukturierten Entity-Relationship-Modells

Einige Vorzüge des SER-Modells gegenüber anderen konzeptionellen Modellen sind offensichtlich:

- SER-Schemata umfassen durch die Zusammenfassung bestimmter E-Typen und Beziehungstypen zu ER-Typen weniger Objekttypen als ER-Schemata, die den gleichen Realitätsausschnitt modellieren [Sinz 1987, S.158-159]. Weiterhin wird durch die Modellierung von ER-Typen, die sowohl den Charakter von Entitäts- wie auch den Charakter von Beziehungstypen haben, Aggregation in der Definition des EER-Modells obsolet.
- Durch die explizite Abbildung von Existenzabhängigkeiten werden Zusammenhänge, die in ER-, EER- und Objekttypenschemata nur schwer erkennbar sind, unmittelbar und präzise repräsentiert [Sinz 1987, S.159]. Neben dieser Offenlegung "weitgehend unbeachtete(r) Struktureigenschaften" [Sinz 1989, S.78] konzeptioneller Modelle wird aber auch zusätzliche Semantik in das konzeptionelle Modell eingebracht. Einerseits läßt sich die Lebensdauer von Objekten anhand ihrer Anordnung im Schema bestimmen: Je weiter links sich in einem SER-Schema ein Objekttyp findet, desto deutlicheren Stammdaten-

charakter haben seine Objekte. Ihre Lebensdauer übersteigt damit die von Objekten, deren Objekttypen weiter rechts angeordnet sind und damit eher den Charakter von Bewegungsdaten haben [Sinz 1987, S.160]. Andererseits können durch die Unterscheidung einfacher und wechselseitiger Existenzabhängigkeiten invariante Eigenschaften exakter definiert werden, und die zu formulierenden Konsistenzregeln werden vereinfacht und in ihrer Anzahl verringert.

- Alle Beziehungen zwischen Objekttypen sind gerichtet. Im Gegensatz zu ER- und EER-Schemata haben SER- und Objekttypenschemata eine quasihierarchische Struktur, so daß sie grafisch nach bestimmten Regeln angeordnet werden können und eine "strukturierte" Darstellung entsteht. Eine solche Darstellung erleichtert das Verständnis des Schemas und fördert seine Funktion als Kommunikations- und Dokumentationsinstrument [Boßhammer/Winter 1995, S.1-2]. Darüber hinaus erlaubt die Struktur des Schemas die Einführung von Zwischenebenen in die konzeptionelle Modellierung [Sinz 1987, S.164] und damit eine gezielte Schemaverdichtung und Schemaverfeinerung.
- Die Strukturiertheit von SER-Schemata verhindert die ungewollte Modellierung zyklischer Strukturen [Sinz 1987, S.162]. Ein Algorithmus, durch den Zyklen erkannt und aufgelöst werden können, findet sich in [Sinz 1987, S.236-239]. Ein weiterer Aspekt, der als Vorteil von SER-Schemata angeführt wird, ist die Tastache, daß sich diese in automatisierter Form in relationale Datenstrukturen überführen lassen, die die vierte Normalform erfüllen [Sinz 1987, S.167]. Ob diese Eigenschaft einen Vorteil oder gar einen Nachteil des SER-Modells darstellt, richtet sich jedoch nach den Erfordernissen des Einzelfalls.
- Für jeden SER-Subgraphen existiert eine äquivalente Menge von NF^2-Relationstypen [Sinz 1987, S.184-192]. Die Zulässigkeit von Operationen, die auf ein SER-Schema angewendet werden (z.B. Verdichtungsoperationen), kann deshalb durch einen formalen Beweis im NF^2-Modell nachgewiesen werden [Boßhammer/Winter 1995, S.3-4].
- Durch ein SER-Schema wird zwar nicht ein größerer Anteil verhaltensmäßiger Systemelemente impliziert als durch ein EER- oder Objekttypenschema, sondern aufgrund der fehlenden Generalisierungs- und Assoziationsvarianten eher ein geringerer Anteil. Die Tatsache, daß in einem SER-Schema verschiedene Typen von Existenzabhängigkeiten explizit abgebildet sind, erlaubt es im Gegensatz zu einem EER- oder Objekttypenschema jedoch, Konsistenzbedingungen und Propagierungsregeln unmittelbar abzuleiten. So lassen sich z.B. einfache Existenzabhängigkeiten unmittelbar zur Propagierung von Löschungen und wechselseitige Existenzabhängigkeiten unmittelbar zur Propagierung von Einfügungen nutzen [zum Teil Sinz 1987, S.161; zum Teil Sinz 1989, S.80].
- Das SER-Modell bildet die strukturelle Modellierungskomponente eines Metamodells zur objektorientierten Modellierung betrieblicher Anwendungssy-

steme. Auch wenn zwischen dem übergeordneten, verhaltensorientierten Modell und dem SER-Modell nicht vermeidbar sind und eine objektorientierte Implementierung von SER-Schemata ebenfalls problematisch erscheint (z.B. Wahrung der Objektidentität in Generalisierungshierarchien), entspricht der Versuch einer Integration struktureller und verhaltensmäßiger Aspekte bei der Systementwicklung generell auch den Zielen dieser Untersuchung. Die zumindest rudimentäre "Integrierbarkeit" des SER-Modells mit objektorientierten Modellierungs- und Implementierungskonzepten stellt damit einen Vorzug dieses Modells dar, der für das ER- und Objekttypenmodell nicht in Form kommerzieller Entwicklungswerkzeuge nachgewiesen wurde.

Das SER-Modell bleibt aber in einigen anderen Bereichen hinter den bereits vorgestellten konzeptionellen Modellen zurück bzw. bietet keine Lösungen für folgende Probleme an:

- Zwar wird die Assoziation als SO-Beziehung eingeführt.[44] Außer für Aggregationsbeziehungen (in der Definition des Objekttypenmodells) werden jedoch auch im SO-Modell nicht alle semantisch relevanten Varianten von Abstraktionsbeziehungen erfaßt. Die Rückführung invarianter Eigenschaften und Konsistenzbedingungen auf die Referenzbeziehungen des SER-Modells erscheint zwar auf den ersten Blick sehr attraktiv. Bei näherer Betrachtung stellt sich jedoch heraus, daß die Ausdruckskraft der vier Basistypen von Referenzbeziehungen nicht ausreicht, um die Semantik aller relevanten Varianten von Abstraktionsbeziehungen vollständig zu repräsentieren. So kann z.B. durch ein SER-Schema die Tatsache nicht repräsentiert werden, daß bei einer Löschung eines Basistyp-Objekts die Werte der abgeleiteten Attribute des betroffenen Gruppentyp-Objekts aktualisiert werden müssen. Invariante Eigenschaften und Propagierungsregeln für das SER-Modell müßten also entweder wie in anderen konzeptionellen Modellen auf der Grundlage der verschiedenen Varianten von Abstraktionsbeziehungen spezifiziert werden, oder es müßten zusätzliche Elemente in das SER-Modell eingeführt werden, die in der Lage sind, zusammen mit Referenzbeziehungen die Semantik der verschiedenen Abstraktionsbeziehungen vollständiger zu repräsentieren.
- Als semantisches Äquivalent referentieller Integritätsbedingungen verknüpfen die Referenzbeziehungen des SER-Modells definitionsgemäß genau zwei Objekttypen. Um auch nicht-aggregative Beziehungen zwischen mehr als zwei Objekttypen (z.B. Generalisierungsbeziehungen) repräsentieren zu können, müssen im SER-Modell künstliche Objekttypen modelliert werden, die in der Systemimplementierung wieder wegfallen. Hier wird erneut die Schwäche eines

[44] Leider werden keine näheren Angaben zur Art der Assoziation gemacht (z.B. attributwertgesteuert, benutzerdefiniert etc.).

ausschließlich an Referenzbeziehungen orientierten konzeptionellen Modells deutlich: Die Semantik einer Beziehung zwischen drei oder mehr Objekttypen muß im SER-Modell auf mehrere Modellelemente verteilt werden, weil nur Beziehungen zwischen jeweils zwei Objekttypen direkt abgebildet werden können. Solange in SER-Schemata ausschließlich oder überwiegend Aggregationen (in der Definition des Objekttypenmodells) modelliert werden, wird dieser Mangel nicht offensichtlich: Jeder Objekttyp kann ja nur aus einer einzigen Aggregationsbeziehung hervorgehen, und deshalb bilden alle Referenzbeziehungen eines Objekttyps automatisch diese Aggregation gemeinsam ab. Sobald das SER-Modell jedoch z.B. durch Assoziationsbeziehungen vervollständigt wird, müssen neben Referenzbeziehungen weitere Modellelemente eingeführt werden, die die Art der Abstraktionsbeziehung und ihre Vererbungseigenschaften repräsentieren.

- Einfache und wechselseitige Existenzabhängigkeiten beziehen sich ausschließlich auf Primärschlüssel. Da Änderungsoperationen für Schlüsselattribute nicht erlaubt sind, reichen diese Modellelemente mit den obengenannten Einschränkungen aus, um die Konsistenz von Löschungen und Einfügungen prüfen zu können bzw. um elementare Datenmanipulationen konsistent propagieren zu können. Aber Nichtschlüsselattribute sind nicht nur durch Abstraktionsbeziehungen verknüpft, sondern auch durch anwendungs- und implementierungsunabhängige, "konzeptionelle" Ableitungsbeziehungen. Um die Konsistenz der Datenbasis zu erhalten, muß deshalb auf der Grundlage entsprechender Ableitungsregeln der Wert abgeleiteter Attribute geändert werden, wenn sich der Wert bestimmter anderer Attribute ändert. *Beispielsweise kann der Wert des "Menge"-Attributs eines gegebenen "Kapazitätsbedarf"-Objekts auf der Grundlage einer Ableitungsregel aus dem Wert des "Menge"-Attributs des jeweils referenzierten "Mengenübersichtsarbeitsplan"-Objekts und dem Wert des "Menge"-Attributs des jeweils referenzierten "Produktionsprogramm"-Objekts berechnet werden.* Der Verzicht auf die konzeptionelle Modellierung von Ableitungsregeln läßt sich vielleicht mit der Attributbezogenheit dieser Regeln begründen, die dem Charakter des konzeptionellen Modells als Typenmodell widerspricht. Die Einführung der ebenfalls ursprünglich attributbezogenen Referenzbeziehungen in das Typenmodell hat gezeigt, daß ein konzeptionelles Modell von der Einbeziehung derartiger Elemente profitiert.

Im nächsten Hauptabschnitt wird ein konzeptionelles Modell beschrieben, das versucht, die semantische Vollständigkeit des Objekttypenmodells mit der Strukturiertheit und der expliziten Abbildung von Referenzbeziehungen des SER-Modells zu verbinden. Zusätzlich sollen auch Ableitungsbeziehungen zwischen Nichtschlüsselattributen abgebildet werden, die nicht unmittelbar aus Abstraktionsbeziehungen resultieren. Das Ziel des entsprechend erweiterten Modells besteht darin, die Informationsableitung in integrierter und konzeptioneller Form zusammen mit den anderen Elementen des konzeptionellen Modells spezifizieren zu können.

3.5 Erweiterungen des Objekttypenmodells für die Informationsableitung

Sowohl für das Objekttypenmodell wie auch für das SER-Modell wurden einige Vorzüge gegenüber den jeweils anderen Modellen identifiziert. Die (zumindest theoretische) Vollständigkeit der im Objekttypenmodell abbildbaren Abstraktionsbeziehungen wurde durch kein anderes Modell erreicht, und im Hinblick auf seine Strukturiertheit sowie die unmittelbare Repräsentation von Existenzabhängigkeiten wurde das SER-Modell von keinem anderen konzeptionellen Modell übertroffen. Ein erweitertes Objekttypenmodell soll die genannten Eigenschaften des Objekttypenmodells und des SER-Modells verbinden, ohne die in der jeweiligen Diskussion genannten Nachteile zu haben.

Um eine gemeinsame Basis für diese beiden recht heterogenen Ansätze zu schaffen, bedarf es einer modellunabhängigen Analyse der semantischen Eigenschaften der Grundelemente konzeptioneller Schemata. In diesem Hauptabschnitt erfolgt die Analyse zunächst für die Typenebene, d.h. für Objekttypen und Abstraktionsbeziehungen. Auf der Grundlage der dort identifizierten Systematik wird eine informelle Spezifikationssprache sowie eine grafische Notation vorgeschlagen, die die strukturierte Modellierung aller relevanten Abstraktionsbeziehungen mit Hilfe weniger Prädikate bzw. weniger, intuitiv verständlicher grafischer Grundelemente erlaubt. Das Typenmodell bildet die Grundlage zur Analyse der semantischen Eigenschaften von Attributen und Ableitungsbeziehungen. Für die Attributebene werden ebenfalls eine Systematik, eine informelle Spezifikationssprache und eine grafische Notation vorgeschlagen, wenn diese auch im Vergleich zum Typenmodell weniger zwingend sind. Das erweiterte Typen- und Attributmodell erlaubt die Formulierung von Konsistenzbedingungen, die eine im Vergleich zu den bisher vorgestellten Modellen größere semantische Mächtigkeit mit einer geringeren Zahl und/oder weniger komplexen Restriktionen verbinden. Die Konsistenzbedingungen werden dann in 18 grundlegende Propagierungsregeln transformiert, die es erlauben, in Implementierungen erweiterter konzeptioneller Schemata beliebige Datennmanipulationen unter Erhaltung der Konsistenz durchzuführen. Dieser Hauptabschnitt wird von einer kurzen Bewertung des vorgeschlagenen Modells abgeschlossen.

3.5.1 Semantische Eigenschaften von Objekttypen und Abstraktionsbeziehungen

Die Analyse von Existenzabhängigkeiten veranlaßte schon Webre dazu, in der Beziehung von Objekten einige semantische Grundeigenschaften zu identifizieren, durch deren Kombination sich alle sinnvollen Varianten von Beziehungstypen ableiten lassen.[45] Webre unterscheidet jedoch auf der Grundlage des ER-Modells zwischen Entitäts- und Beziehungstypen und betrachtet Referenzbeziehungen nur als eine Klasse von Beziehungstypen (z.B. "existence restricted relationship" [Webre 1983, S.179]. Auch in der SOMA-Methode zur Modellierung objektorientierter Systeme [Graham 1993] findet sich für (Vererbungs-)Beziehungen ein Klassifikationsschema, das eine Enumeration der semantischen Grundeigenschaften "Exklusivität/Nicht-Exklusivität" und "Vollständigkeit/Nicht-Vollständigkeit" darstellt [Grothehen/Dittrich 1994, S.180-181].

Im folgenden wird die Grundidee dieser Ansätze auf alle Formen von Abstraktionsbeziehungen eines konzeptionellen Modells ausgedehnt. Die zu detaillierte Betrachtung Webre's wird dabei soweit möglich generalisiert. Um eine beliebige Abstraktionsbeziehung zu charakterisieren, ergeben sich neben den beteiligten Objekttypen nur vier wesentliche Eigenschaften:

- **Vollständigkeit**: Die Vollständigkeit legt für jede Abstraktionsbeziehung, in der ein Objekttyp referenziert wird, fest, ob seine Objekte in dieser Beziehung referenziert werden können (symbolisiert durch **0**) oder müssen (symbolisiert durch **1**). Für referenzierende Objekttypen entfällt diese Angabe, da die Existenz dieser Objekte erst durch die Referenz begründet wird und deshalb jedes Objekt referenzieren muß. Für den Sonderfall, daß eine Referenzierung genau eines Objekts des Typs erfolgen muß [Ortner/Söllner 1989, S.33], werden keine Anwendungsfälle beschrieben, so daß dieser nicht weiter betrachtet wird. Die Vollständigkeitseigenschaft ist für jeden referenzierten Objekttyp in jeder Beziehung zu spezifizieren.

- **Kardinalität**: Die Kardinalität legt für jede Abstraktionsbeziehung, in der ein Objekttyp referenziert wird, fest, ob seine Objekte maximal von einem (symbolisiert durch **1**) anderen Objekt oder von mehreren (symbolisiert durch *****) anderen Objekten referenziert werden dürfen. Auch für jede Abstraktionsbeziehung, auf deren Grundlage ein Objekttyp einen anderen referenziert, wird durch die Kardinalität festgelegt, ob nur ein anderes Objekt dieses Typs referenziert werden darf (symbolisert durch **1**) oder mehrere Objekte referenziert werden dürfen (symbolisiert durch *****). Die Kardinalitätseigenschaft ist für jeden referenzierenden Objekttyp und jeden referenzierten Objekttyp in jeder Beziehung zu spezifizieren.

- **Beschränktheit**: Die Beschränkheit legt für jede Abstraktionsbeziehung fest, welche Objekte referenziert werden dürfen. In unbeschränkten Beziehungen (symbolisiert durch *****) dürfen beliebige Objekte referenziert werden. Die Refe-

[45] Webre rechnet insgesamt 396 mögliche Typen von Beziehungen hoch [Webre 1983, S.178-181], die sich jedoch in semantischer Hinsicht nicht alle unterscheiden müssen.

renzierung kann aber auch auf solche Objekte beschränkt sein, für die ein bestimmtes Attribut einen bestimmten Wert hat (symbolisiert durch **A**). Die Beschränktheitseigenschaft ist für jede Beziehung zu spezifizieren.

- **Ableitungsform**: Die Ableitungsform legt fest, ob und wie auf der Grundlage einer Abstraktionsbeziehung Attributwerte abgeleitet werden können. Die Ableitungsrichtung läuft der Richtung der Referenzierung immer entgegen. Als Grundtypen gibt es keine Ableitung (symbolisiert durch **0**), Vererbung von Attributwerten an referenzierende Objekte (symbolisiert durch **V**) und Lieferung von Eingangswerten für Gruppenfunktionen an referenzierende Objekte (symbolisiert durch **G**). Die Ableitungsform ist für jede Beziehung zu spezifizieren.

Im ER-Modell wird zunächst nur die Kardinalität betrachtet, so daß 1 und * die einzigen beiden Typen von Beziehungen sind, durch die ein (referenzierender) Beziehungstyp mit einem (referenzierten) Entitätstyp verbunden sein kann. Für binäre Beziehungstypen ergeben sich damit die "klassischen" Beziehungskombinationen 1:1, 1:N und M:N. Später wird zusätzlich die Vollständigkeit in die Betrachtungen einbezogen, so daß statt 1 und * nunmehr (0,1), (0,*), (1,1) und (1,*) als vier Typen von Beziehungen betrachtet werden. Für binäre Beziehungstypen lassen sich daraus zehn verschiedene Kombinationen ableiten. Falls eine Existenzabhängigkeit besteht, muß der abhängige Typ mit der Beziehung immer über eine (1,1)-Beziehung verbunden sein, so daß es nur vier Typen von Referenzbeziehungen gibt.

Im EER-, Objekttypen- und SER-Modell bestehen immer derartige Existenzabhängigkeiten, da die Existenz von Objekten, die zu Aggregaten, Supertypen und Gruppentypen gehören, von der Existenz entsprechender Komponenten-, Subtypen- und Basistypen-Objekte abhängig ist. Während im EER-Modell Abstraktionsbeziehungen noch neben normalen ER-Beziehungstypen auftreten, werden im Objekttypenmodell nur noch Objekttypen und Abstraktionsbeziehungen und schließlich im SER-Modell nur noch Objekttypen und Referenzbeziehungen abgebildet.

Um die semantischen Eigenschaften von Abstraktionsbeziehungen vollständig zu beschreiben, müssen die jeweiligen Ausprägungen hinsichtlich der vier genannten Eigenschaften spezifiziert werden. Die Vollständigkeit (falls anwendbar) und Kardinalität sind dabei der jeweiligen Referenzbeziehung, die Beschränktheit und Ableitungsform dagegen der jeweiligen Abstraktionsbeziehung zuzuordnen. Referenzbeziehungen referenzieren die Abstraktionsbeziehung, auf deren Grundlage sie bestehen. Zusammenfassend lassen sich die semantischen Eigenschaften beliebiger Abstraktionsbeziehungen durch die folgenden drei Typen von Prädikaten beschreiben:

Ref1(ReferenzierenderObjekttyp, Abstraktionsbeziehung, Kardinalität)
Ref2(ReferenzierterObjekttyp, Abstraktionsbeziehung, Vollständigkeit, Kardinalität)
Abs(Abstraktionsbeziehung, {ReferenzierenderObjekttyp}, {ReferenzierterObjekttyp},
    Beschränktheit, Ableitungsform)

Die geschwungenen Klammern bezeichnen Mengen und werden verwendet, wenn in einer Abstraktionsbeziehung mehrere Objekttypen referenzieren oder referenziert werden. Die verschiedenen in diesem Kapitel bisher vorgestellten Varianten von Abstraktionsbeziehungen lassen sich im Hinblick auf die obigen semantischen Grundeigenschaften folgendermaßen spezifizieren:

- **Nicht-vollständige[46], nicht-exklusive Aggregation**
  Für jedes Produkt und für jedes Werkskalender-Objekt kann es eine Position im Produktionsprogramm geben.
  Ref1(Produktionsprogramm, ProduktionsprogrammAggregation, 1)
  Ref2(Produkt, ProduktionsprogrammAggregation, 0, *)
  Ref2(Werkskalender, ProduktionsprogrammAggregation, 0, *)
  Abs(ProduktionsprogrammAggregation, Produktionsprogramm, {Produkt,
      Werkskalender}, *, 0)
- **Nicht-vollständige, exklusive Aggregation**
  Jeder Auftrag kann maximal einem Lagerprodukt zugeordnet werden und umgekehrt.
  Ref1(Zuordnung, ZuordnungAggregation, 1)
  Ref2(Auftrag, ZuordnungAggregation, 0, 1)
  Ref2(Lagerprodukt, ZuordnungAggregation, 0, 1)
  Abs(ZuordnungAggregation, Zuordnung, {Auftrag, Lagerprodukt}, *, 0)
- **Vollständige, nicht-exklusive Aggregation**
  Für jede Maschine und jedes Werkskalender-Objekt muß es ein Kapazitätsangebot geben.
  Ref1(Kapazitätsangebot, KapazitätsangebotAggregation, 1)
  Ref2(Maschine, KapazitätsangebotAggregation, 1, *)
  Ref2(Werkskalender, KapazitätsangebotAggregation, 1, *)
  Abs(KapazitätsangebotAggregation,Kapazitätsangebot, {Maschine, Werkskalender},*,0)
- **Vollständige, exklusive Aggregation**
  Für jedes Kapazitätsangebot und jeden aggregierten Kapazitätsbedarf muß es genau ein Kapazitätsvergleich-Objekt geben.

[46] Im ER-Modell wurden vollständige Beziehungen als "erzwungene Beziehungen" bezeichnet. Da sich für entsprechende Generalisierungs- und Assoziationsbeziehungen das Attribut "vollständig" durchgesetzt hat, wird es aus Gründen der Einheitlichkeit auch für Aggregationsbeziehungen verwendet.

Ref1(Kapazitätsvergleich, KapazitätsvergleichAggregation, 1)

Ref2(Kapazitätsangebot, KapazitätsvergleichAggregation, 1, 1)

Ref2(AggregierterKapazitätsbedarf, KapazitätsvergleichAggregation, 1, 1)

Abs(KapazitätsvergleichAggregation(Kapazitätsvergleich, {Kapazitätsangebot,
AggregierterKapazitätsbedarf, *, 0)

- **Nicht-vollständige, nicht-exklusive Generalisierung**
  Nicht jeder Steuerpflichtige muß ein Arbeitnehmer oder ein Selbständiger sein. Steuerpflichtige können aber durchaus sowohl Arbeitnehmer wie auch Selbständige sein.

Ref1(Arbeitnehmer, SteuerpflichtigerGeneralisierung, 1)

Ref1(Selbständiger, SteuerpflichtigerGeneralisierung, 1)

Ref2(Steuerpflichtiger, SteuerpflichtigerGeneralisierung, 0, *)

Abs(SteuerpflichtigerGeneralisierung, {Arbeitnehmer, Selbständiger},
Steuerpflichtiger, A, V)

- **Nicht-vollständige, exklusive Generalisierung**
  Nicht jeder nichtselbständig Beschäftigte muß ein Arbeiter oder Angestellter sein (es gibt auch Beamte). Wenn doch, kann er nur entweder ein Arbeiter oder ein Angestellter sein.

Ref1(Arbeiter, NichtselbstBeschGeneralisierung, 1)

Ref1(Angestellter, NichtselbstBeschGeneralisierung, 1)

Ref2(NichtselbstBeschäftigter, NichtselbstBeschGeneralisierung, 0, 1)

Abs(NichtselbstBeschGeneralisierung, {Arbeiter, Angestellter},
NichtselbstBeschäftigter, A, V)

- **Vollständige, nicht-exklusive Generalisierung**
  Jedes Fahrzeug muß ein Landfahrzeug, ein Wasserfahrzeug oder ein Luftfahrzeug ein. Amphibienfahrzeuge sind aber sowohl Landfahrzeuge wie auch Wasserfahrzeuge.

Ref1(Landfahrzeug, FahrzeugGeneralisierung, 1)

Ref1(Luftfahrzeug, FahrzeugGeneralisierung, 1)

Ref1(Wasserfahrzeug, FahrzeugGeneralisierung, 1)

Ref2(Fahrzeug, FahrzeugGeneralisierung, 1, *)

Abs(FahrzeugGeneralisierung, {Landfahrzeug, Luftfahrzeug, Wasserfahrzeug},
Fahrzeug, A, V)

- **Vollständige, exklusive Generalisierung**
  Jedes Teil muß entweder ein Produkt, eine Baugruppe oder ein Einzelteil sein.

Ref1(Produkt, TeilGeneralisierung, 1)

Ref1(Baugruppe, TeilGeneralisierung, 1)

Ref1(Einzelteil, TeilGeneralisierung, 1)

Ref2(Teil, TeilGeneralisierung, 1, 1)

Abs(TeilGeneralisierung, {Produkt, Baugruppe, Einzelteil}, Teil, A, V)

- **Nicht-vollständige, nicht-exklusive attributwertgesteuerte Assoziation**
Produkte können, müssen aber nicht einem Sortiment zugeordnet sein (es gibt auch Produkte, die einzeln vermarktet werden). Produkte können auch mehreren Sortimenten zugeordnet sein.
Ref1(Sortiment, SortimentAssoziation, *)
Ref2(Produkt, SortimentAssoziation, 0, *)
Abs(SortimentAssoziation, Sortiment, Produkt, A, G)
- **Nicht-vollständige, exklusive attributwertgesteuerte Assoziation**
Produkte können, müssen aber nicht zu einer Preisgruppe gehören (es gibt auch Produkte mit individuellen Preisen). Wenn doch, kann ein Produkt nur zu einer einzigen Preisgruppe gehören.
Ref1(Preisgruppe, PreisgruppeAssoziation, *)
Ref2(Produkt, PreisgruppeAssoziation, 0, 1)
Abs(PreisgruppeAssoziation, Preisgruppe, Produkt, A, G)
- **Vollständige, nicht-exklusive attributwertgesteuerte Assoziation**
Jedes Produkt muß zu mindestens einer Produktfamilie bzw. Sachmerkmalsgruppe gehören.
Ref1(Produktfamilie, ProduktfamilieAssoziation, *)
Ref2(Produkt, ProduktfamilieAssoziation, 1, *)
Abs(ProduktfamilieAssoziation, Produktfamilie, Produkt, A, G)
- **Vollständige, exklusive attributwertgesteuerte Assoziation**
Jede Stelle muß zu genau einer Abteilung gehören.
Ref1(Abteilung, AbteilungAssoziation, *)
Ref2(Stelle, AbteilungAssoziation, 1, 1)
Abs(AbteilungAssoziation, Abteilung, Stelle, A, G)

Aus der Spezifikation der Objekttypen und Abstraktionsbeziehungen können die folgenden Erkenntnisse abgeleitet werden:

1. In Aggregationen referenziert ein Objekt jeweils ein Objekt mehrerer Typen, in Generalisierungen referenziert ein Objekt jeweils ein Objekt eines Typs, und in Assoziationen referenziert ein Objekt jeweils mehrere Objekte eines Typs.
2. Aggregationen sind nicht generell beschränkt, während Generalisierungen und Assoziationen grundsätzlich durch die Werte von Klassifikations- bzw. Gruppierungsattributen beschränkt werden.
3. Aggregationen dienen als Grundlage formelbasierer, nicht in allgemein modellierbarer Informationsableitungen. Auf der Grundlage von Generalisierungen werden Attributwerte unverändert vererbt, und auf der Grundlage von Assoziationen werden Attributwerte durch Gruppenfunktionen verdichtet.

Die vier Varianten der jeweiligen Abstraktionsform kommen nicht durch die referenzierenden Objekttypen oder die Beziehung selbst zustande, sondern ausschließlich über die referenzierten Objekttypen. Es müssen jeweils nur vier Varianten untersucht werden, weil für alle referenzierten Objekttypen eine einheitliche Kardinalität und Vollständigkeit unterstellt wird. Diese Annahme findet sich zwar in den meisten Konzepten zur konzeptionellen Modellierung.[47] Es sind aber durchaus Aggregationsbeziehungen denkbar, in denen einige Objekttypen in einer (1,*)-Beziehung referenziert werden, während andere Objekttypen in einer (0,*)-Beziehung referenziert werden. Beispielsweise können Arbeitspläne in einer Aggregationsbeziehung mit Objekten des Typs "Baugruppe oder Produkt" über eine (1,*)-Beziehung verknüpft sein (d.h. für jede Baugruppe und jedes Produkt muß es einen oder mehrere Arbeitsplan-Positionen geben), während sie mit Objekten des Typs "Maschine" über eine (0,*)-Beziehung verknüpft sind (d.h. eine Maschine kann in einem oder mehreren Arbeitsplan-Positionen vorgehen sein). Aus Gründen der Übersichtlichkeit werden im folgenden nur "reine" Varianten von Abstraktionsbeziehungen diskutiert. Aus diesen Grundformen können, ohne daß dadurch die Gültigkeit der Aussagen berührt würde, beliebige Mischformen abgeleitet werden.

3.5.2 Grafische Notation für Objekttypen und Abstraktionsbeziehungen

Im vorangegangenen Abschnitt wurden Abstraktionsbeziehungen und die durch sie implizierten Referenzbeziehungen spezifiziert. Im folgenden wird diese semiformale Spezifikation [Fraser et al. 1994, S.79] durch eine grafische Notation ergänzt. Bei simultaner Darstellung von Abstraktions- und Referenzbeziehungen entstehen jedoch sehr schnell unübersichtliche Graphen, so daß Webre die Trennung der grafischen Darstellung in einen "existence dependency graph" und ein "ER diagram" vorschlägt [Webre 1983, S.184 und S.190]. Während der Existenzabhängigkeitsgraph ausschließlich (gerichtete) Referenzbeziehungen illustriert, wird das (ungerichtete) ER-Diagramm durch die Angabe der Vollständigkeit, Kardinalität und Beschränkheit ergänzt.

Da Abstraktionsbeziehungen und Referenzbeziehungen eng miteinander verknüpft sind, ist eine getrennte Darstellung in verschiedenen Graphen ungeeignet. Vielmehr sind die gerichteten Referenzbeziehungen als strukturierende Konstrukte in die grafische Darstellung von Abstraktionsbeziehungen einzubeziehen. Damit wird die Strukturiertheit von SER-Schemata beibehalten, durch die das Schemaverständnis gefördert und die Schemaqualität verbessert wird. Außerdem werden wie im Objekttypenmodell die modellierten Abstraktionsbeziehungen ohne Zwischenebenen unmittelbar aus der grafischen Darstellung deutlich. In Abbildung 17 wird eine Notation vorgestellt, mit deren Hilfe die im letzten Abschnitt spezifi-

---

[47] Eine Ausnahme bildet das SER- bzw. SO-Modell, für das Schemata publiziert werden, die "gemischte" Beziehungen enthalten [Sinz 1989, S.93 und S.94; Ferstl/Sinz 1990, S.576].

zierten zwölf Typen "reiner" Abstraktionsbeziehungen auf der Grundlage weniger elementarer Symbole grafisch dargestellt werden.

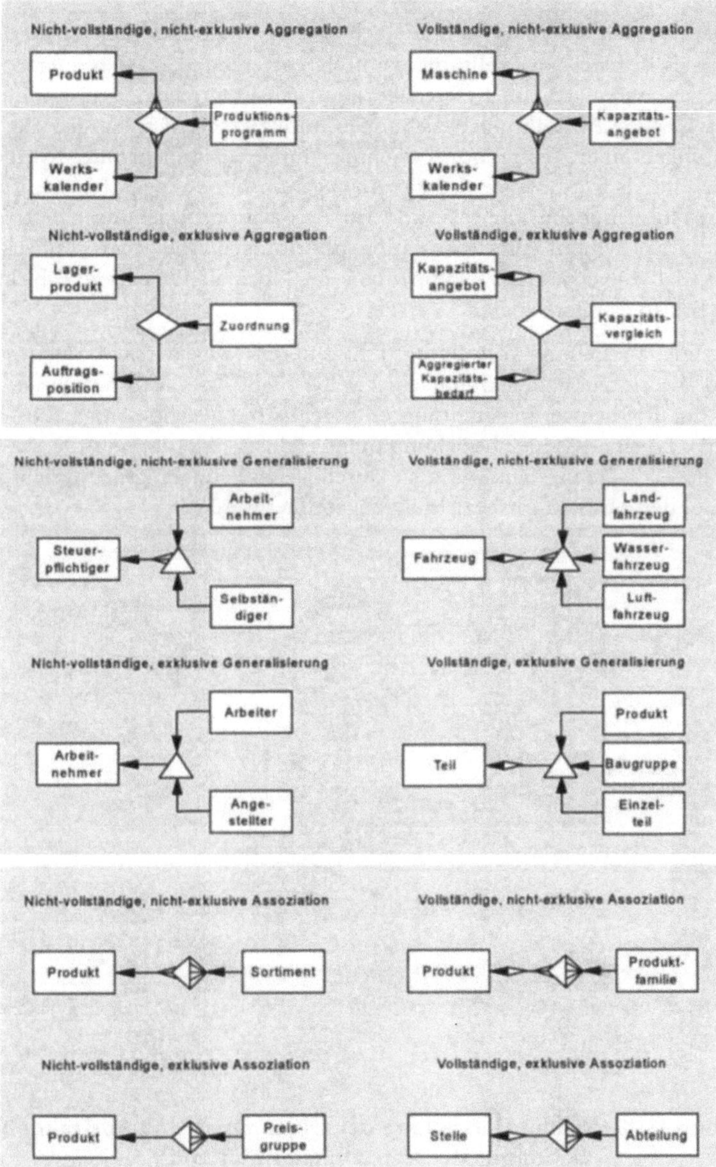

Abbildung 17: Graphische Darstellung von Abstraktionsbeziehungen auf der Grundlage von Referenzbeziehungen

Objekttypen werden durch benannte Rechtecke repräsentiert. Referenzbeziehungen werden als Kanten dargestellt, die vom referenzierenden auf den referenzierten Objekttyp gerichtet sind. Um Referenzbeziehungen unterscheiden zu können, die durch verschiedene Abstraktionsbeziehungen impliziert werden, werden alle Referenzbeziehungen einer Abstraktionsbeziehung durch ein unbenanntes Symbol zusammengefaßt. Als Symbole werden für Aggregationsbeziehungen Rauten, für Generalisierungsbeziehungen Dreiecke und für Assoziationsbeziehungen Diamanten verwendet. Das Symbol für Assoziationsbeziehungen soll auch optisch verdeutlichen, daß Objekte eines Gruppentyps im Normalfall mehrere Objekte des jeweiligen Basistyps referenzieren.

Ist eine Referenzbeziehung vollständig (d.h. muß ein Objekt referenziert werden), dann wird die sie zusätzlich durch eine weiße Pfeilspitze gekennzeichnet, deren Richtung der Referenzierungsrichtung entgegenläuft ("Wechselseitige Existenzabhängigkeit"). Ist eine Referenzbeziehung nicht-exklusiv (d.h. darf ein Objekt mehrfach referenziert werden), dann wird sie durch Verzweigungen gekennzeichnet, die dem Symbol der Abstraktionsbeziehung zugeordnet werden.

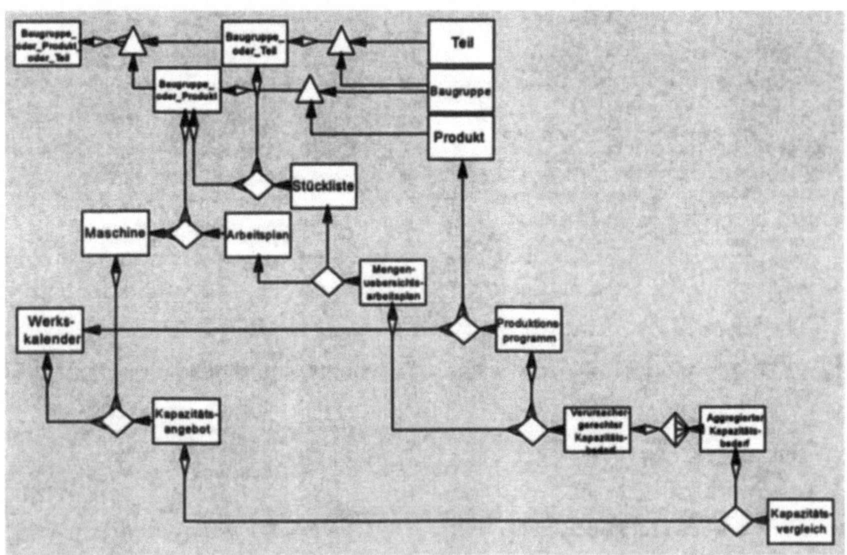

Abbildung 18: Grafische Darstellung der Objekttypen und Abstraktionsbeziehungen der Kapazitätsterminierung

In der grafischen Darstellung dürfen Referenzbeziehungen niemals nach rechts und niemals nach unten verlaufen. Dadurch finden sich referenzierende Objekttypen immer rechts und/oder unter den von ihnen referenzierten Objekttypen.

Ableitungshierarchien haben tendenziell einen schrägen Verlauf nach rechts unten. Ein derart dargestelltes Schema kann gezielt interpretiert und strukturiert erschlossen werden.

In Abbildung 18 wird die Kapazitätsterminierung in der eben beschriebenen grafischen Notation dargestellt. Es wird das gleiche konzeptionelle Modell illustriert, das durch Abbildung 16 in der SER-Notation, durch Abbildung 15 in der Notation des Objekttypenmodells und durch Abbildung 11 in ER-Notation dargestellt wird. Die dem Kapazitätsvergleich zugrunde liegende Ableitungshierarchie wird wie in der Notation des SER- und Objekttypenmodells auch optisch deutlich. Es handelt sich um eine Aggregationshierarchie, in die zur Verdichtung eine Assoziationsbeziehung eingebunden ist.

Im Gegensatz zum Objekttypenmodell können auch Aggregationsbeziehungen, bei denen nicht alle Komponenten mit der gleichen Kardinalität teilnehmen, dargestellt werden. Außerdem ist die Ableitungshierarchie in Abbildung 18 strukturiert, d.h. verläuft in einer bestimmten Richtung und kann deshalb wie im SER-Modell einfach erkannt und systematisch erschlossen werden.

Im Gegensatz zum SER-Modell können alle "reinen" und "gemischten" Varianten von Abstraktionsbeziehungen auf der Grundlage weniger grafischer Grundelemente visualisiert werden. Die Notation leidet außerdem nicht unter den Inkonsistenzen, die aus der unterschiedlichen Darstellung der Abstraktionsformen im SER-Modell entstehen (Aggregation implizit, Generalisierung durch Symbol, Assoziation überhaupt nicht). Nicht zuletzt läßt die Repräsentation jeder Abstraktionsbeziehung durch ein eigenes Symbol die eindeutige Identifikation von Referenzbeziehungen auch für den Fall zu, daß zwischen bestimmten Objekttypen mehrere Abstraktionsbeziehungen gleichzeitig existieren.

Im Gegensatz zu beiden genannten Modellen sind die hier vorgeschlagenen grafischen Grundelemente intuitiv verständlich: Eine Mehrfachreferenzierung wird durch Verzweigungen verdeutlicht und muß nicht aus Doppelpfeilen (Objekttypenmodell) oder Pfeilen (SER-Modell) herausgelesen werden. Wechselseitige Existenzabhängigkeiten werden durch "wechselseitige" Pfeile verdeutlicht und müssen nicht aus den Kanten, die nicht mit einem Querstrich versehen sind (Objekttypenmodell), oder Doppelkanten (SER-Modell) herausgelesen werden.

3.5.3 Semantische Eigenschaften von Attributen und Ableitungsbeziehungen

Die bisher beschriebene Spezifikation der semantischen Eigenschaften von Objekttypen und Abstraktionsbeziehungen erlaubt keine Modellierung von Ableitungsbeziehungen zwischen Nichtschlüsselattributen, und auch die Semantik abgeleiteter Attribute von Gruppentypen kann im konzeptionellen Modell nicht repräsentiert werden. Wird die Attributebene bei der konzeptionellen Modellierung ignoriert, können natürlich auch keine Beziehungen zwischen Attributen modelliert werden, und die Abbildung der gesamten Semantik, die sich in diesen Beziehungen manifestiert, wird auf die Anwendungsentwicklung verschoben.

Es sind vier Grundformen von Ableitungsbeziehungen zwischen Attributen zu unterscheiden:

- **Vererbung**: Referenzierende Objekte "erben" den Attributwert des jeweils referenzierten Objekts in unveränderter Form. Das vererbende Attribut hat den gleichen Namen wie das erbende Attribut. *Beispielsweise erben Objekte des Typs "Produkt" den Wert ihres "Gewicht"-Attributs vom Wert des "Gewicht"-Attributs des jeweils referenzierten "Produkt_oder_Baugruppe"-Objekts.* Vererbung setzt voraus, daß die Objekte des erbenden Objekttyps genau ein vererbendes Objekt referenzieren. In Ausnahmefällen (Mehrfachvererbung) ist auch mehr als ein einziges referenziertes Objekt zugelassen. In diesem Fall muß aber eine Regel definiert werden, mit deren Hilfe der ererbte Attributwert aus den eventuell unterschiedlichen vererbten Attributwerten ausgewählt wird. Da auch im Fall der Mehrfachvererbung die referenzierten Objekte zu verwandten Typen gehören müssen, findet Vererbung ausschließlich auf der Grundlage von Generalisierungsbeziehungen statt. Für Ableitungsbeziehungen dieses Typs ist neben den Quell- und Zielattributen die zugrunde liegende Generalisierungsbeziehung zu spezifizieren. Für das vererbte Attribut sind Änderungen auszuschließen, und bei Mehrfachvererbung ist eine Entscheidungsregel zu definieren.
- **Verdichtung**: Die Attributwerte von Objekten eines Gruppentyps werden auf der Grundlage einer Gruppenfunktion aus den Attributwerten der referenzierten Objekte des Basistyps abgeleitet. Meist geht die zugrunde liegende Verdichtungsfunktion aus dem Namen des Attributs des Gruppentyps hervor. *Beispielsweise wird der Wert des Attributs "Durchschnittsgehalt" des Objekttyps "Abteilung" aus den Werten des "Gehalt"-Attributs der durch ein "Abteilung"-Objekt referenzierten "Stelle"-Objekte durch Durchschnittbildung abgeleitet.* Diese Form der Ableitungsbeziehung setzt voraus, daß Objekte des "verdichtenden" Objekttyps mehrere Objekte eines anderen Typs referenzieren oder sich mehreren Objekten zuordnen lassen. Da diese Voraussetzungen in Assoziationsbeziehungen gegeben sind, findet Verdichtung vorwiegend auf der Grundlage dieser Abstraktionsbeziehungen statt. Aber auch Attribute von Objekttypen, die nicht durch eine explizite Assoziationsbeziehung verknüpft sind, können durch eine Verdichtungsbeziehung verknüpft werden. Die Zuordnung eines Objekts des "verdichtenden" Objekttyps zu einer Menge von Objekten eines anderen Objekttyps ist immer dann möglich, wenn der Primärschlüssel des "verdichtenden" Objekttyps einen Teil des Primärschlüssels des anderen Objekttyps bildet. Für alle Arten von Verdichtungsbeziehungen ist neben dem Quell- und Zielattribut die Verdichtungsfunktion als "Ableitungsregel" zu spezifizieren. Für Verdichtungen auf der Grundlage einer Assoziationsbeziehung ist zusätzlich die Ab-

straktionsbeziehung zu spezifizieren, für andere Verdichtungen zusätzlich die funktionalen Abhängigkeiten der Quell- und Zielattribute sowie die Primärschlüssel der beteiligten Objekttypen. Für das Zielattribut sind Änderungen auszuschließen, da Gruppierungsfunktionen nicht umkehrbar sind.

- **Aggregative Ableitung**: Attributwerte eines Aggregats werden auf der Grundlage einer Ableitungsregel aus den Attributwerten von Objekten erzeugt, die an der betreffenden Aggregationsbeziehung teilnehmen. *Beispielsweise wird der verursachergerechte Kapazitätsbedarf aus dem Produktionsprogramm und dem Mengenübersichtsarbeitsplan abgeleitet, das Kapazitätsangebot wird aus der Maximalkapazität von Maschinen und der prozentualen Leistung des Werkskalenders abgeleitet, und das Gewicht von Baugruppen wird aus dem Gewicht der eingehenden Baugruppen bzw. Teile sowie der jeweiligen Stückliste abgeleitet.* Die Bezeichnung dieser Form von Ableitungsbeziehungen als "aggregativ" resultiert aus der Tatsache, daß Attributwerte von Objekten verknüpft werden, die als Komponenten durch das gleiche Objekt eines Aggregats referenziert werden. Aggregative Ableitungen treten meist auf, wenn Objekttypen an einer vollständigen Aggregationsbeziehung teilnehmen: Wenn die Existenz eines Aggregats aufgrund einer vollständigen Aggregationsbeziehung erzwungen wird, können im Normalfall auch Regeln zur Ableitung seiner Nichtschlüsselattribute formuliert werden. Für aggregative Ableitungen sind neben den Quell- und Zielattributen die zugrunde liegende Aggregationsbeziehung und die Ableitungsregel zu spezifizieren. Für aggregative Ableitungen, deren zugrunde liegende Aggregationsbeziehung nicht erzwungen wird, können Änderungen des abgeleiteten Attributs erlaubt sein.
- **Funktionale Ableitung**: Die Attributwerte der Objekte eines Typs sind zwar ableitbar, können jedoch weder als Vererbung noch als Verdichtung noch als aggregative Ableitung spezifiziert werden. *Beispielsweise sind die Attributwerte des Mengenübersichtsarbeitsplans zwar aus den Attributwerten des Arbeitsplans und der Stückliste ableitbar. Die Ableitung basiert jedoch auf einer u.U. mehrstufigen Auflösung und kann nicht in Form einer elementaren Verknüpfung spezifiziert werden.* Funktionale Ableitungen müssen deshalb durch mehrstufige, nichtprozedurale Verknüpfungen oder sogar durch prozedurale Beschreibungen spezifiziert werden. Um die jeweils involvierten Objekte identifizieren zu können, müssen funktionale Ableitungen auf der Grundlage einer Aggregationsbeziehung modelliert werden. Neben den Quell- und Zielattributen sowie der Abstraktionsbeziehung ist in geeigneter Weise die Ableitungsprozedur zu spezifizieren. Für das Zielattribut sind Änderungen auszuschließen.

Zusammenfassend können Ableitungsbeziehungen zwischen Attributen folgendermaßen spezifiziert werden:

PSchl(Objekttyp, {PrimärschlüsselAttribut})
QA(QuellAttribut, Ableitungsbeziehung)
ZA(ZielAttribut, Ableitungsbeziehung, Modifizierbarkeit)
Abl(Ableitungsbeziehung, Ableitungsformel, {Abstraktionsbeziehung})

Die geschwungenen Klammern bezeichnen Mengen und werden verwendet, wenn in einer Ableitungsbeziehung Attributmengen zu spezifizieren sind. Im folgenden wird für jeden Typ von Ableitungsbeziehungen ein Beispiel spezifiziert:

- **Einfachvererbung**
  Das Gewicht eines Teils entspricht dem Gewicht des referenzierten "Baugruppe oder Teil"-Objekts.
  QA(Baugruppe_oder_Teil.Gewicht, TeilGewichtAbleitung)
  ZA(Teil.Gewicht, TeilGewichtAbleitung, nein)
  Abl(TeilGewichtAbleitung, Teil.Gewicht, Baugruppe_oder_TeilGeneralisierung)
- **Mehrfachvererbung**
  Das Gewicht einer Baugruppe entspricht dem Gewicht des referenzierten "Baugruppe oder Teil"-Objekts und dem Gewicht des referenzierten "Baugruppe oder Produkt"-Objekts.
  QA(Baugruppe_oder_Teil.Gewicht, BaugruppeGewichtAbleitung)
  QA(Baugruppe_oder_Produkt.Gewicht, BaugruppeGewichtAbleitung)
  ZA(Baugruppe.Gewicht, BaugruppeGewichtAbleitung, nein)
  Abl(BaugruppeGewichtAbleitung,
  least(Baugruppe_oder_Teil.Gewicht, Baugruppe_oder_Produkt.Gewicht),
  {Baugruppe_oder_TeilGeneralisierung, Baugruppe_oder_ProduktGeneralisierung})
- **Assoziationsverdichtung**
  Der aggregierte Kapazitätsbedarf wird durch Summierung der referenzierten verursachergerechten Kapazitätsbedarfe abgeleitet.
  QA(VerursachergerechterKapazitätsbedarf.Menge,
  AggregierterKapazitätsbedarfMengeAbleitung)
  ZA(AggregierterKapazitätsbedarf.Menge,
  AggregierterKapazitätsbedarfMengeAbleitung, nein)
  Abl(AggregierterKapazitätsbedarfMengeAbleitung,
  sum(VerursachergerechterKapazitätsbedarf.Menge),
  AggregierterKapazitätsbedarfAssoziation)

- **Teilschlüsselverdichtung**
  Die Durchschnittsauslastung einer Maschine entspricht dem durchschnittlichen Wert des "Auslastung"-Attributs aller "Kapazitätsvergleich"-Objekte, deren "Maschinennummer"-Teilschlüssel die jeweilige Maschine referenziert.

  QA(Kapazitätsvergleich.Auslastung, MaschineDurchschnittsauslastungAbleitung)

  ZA(Maschine.Durchschnittsauslastung, MaschineDurchschnittsauslastungAbleitung, nein)

  Abl(MaschineDurchschnittsauslastungAbleitung, avg(Kapazitätsvergleich.Auslastung), null)

  PSchl(Maschine, Maschine#)

  PSchl(Kapazitätsvergleich, {Maschine#, Zeitraum#})

- **Aggregative Ableitung**
  Der verursachergerechte Kapazitätsbedarf entspricht dem Produkt der benötigten Kapazität pro Stück lt. Mengenübersichtsarbeitsplan und der geplanten Stückzahl lt. Produktionsprogramm.

  QA(Mengenübersichtsarbeitsplan.Menge, VerursachergerechterKapazitätsbedarfMengeAbleitung)

  QA(Produktionsprogramm.Menge, VerursachergerechterKapazitätsbedarfMengeAbleitung)

  ZA(VerursachergerechterKapazitätsbedarf.Menge, VerursachergerechterKapazitätsbedarfMengeAbleitung, ja)

  Abl(VerursachergerechterKapazitätsbedarfMengeAbleitung,
  Mengenübersichtstückliste.Menge * Produktionsprogramm.Menge,
  VerursachergerechterKapazitätsbedarfAggregation)

- **Funktionale Ableitung**
  Das "Menge"-Attribut aller "Mengenübersichtsarbeitsplan"-Objekte wird für alle möglichen Kombinationen eines Produkts und einer Maschine aus der Addition der mit den Stückzahlen der Stückliste multiplizierten Kapazitätsbedarfe aller Arbeitspläne abgeleitet, die sich aufgrund der Auflösung der Stückliste für die jeweilige Kombination ergeben. Die Auflösung wird durch eine Prozedur "ArbeitsplanAuflösung" vorgenommen. Diese liefert für jede Kombination den gesamten Kapazitätsbedarf des Mengenübersichtsarbeitsplans zurück.

  QA(Stückliste.Menge, MengenübersichtsarbeitsplanMengeAbleitung)

  QA(Arbeitsplan.Menge, MengenübersichtsarbeitsplanMengeAbleitung)

  ZA(Mengenübersichtsarbeitsplan.Menge, MengenübersichtsarbeitsplanMengeAbleitung, nein)

  Abl(MengenübersichtsarbeitsplanMengeAbleitung,
  ArbeitsplanAuflösung(Arbeitsplan.Produkt#, Arbeitsplan.Maschine#),
  MengenübersichtsarbeitsplanAggregation)

Aus der Spezifikation der Attribute und Ableitungsbeziehungen können die folgenden Erkenntnisse abgeleitet werden:

1. In normalen Vererbungen werden abgeleitete Attributwerte immer aus einem einzigen Objekt abgeleitet, in Verdichtungen aus mehreren Objekten des gleichen Typs, in Mehrfachvererbungen aus mehreren Objekten verwandter Typen und in aggregativen Ableitungen aus jeweils einem Objekt verschiedener Typen.
2. Bei allen Ableitungen außer der Teilschlüsselverdichtung liegt der Attributableitung eine Abstraktionsbeziehung zugrunde.
3. In Einfachvererbungen findet keine Manipulation des Attributwerts statt, in Mehrfachvererbungen und aggregativen Ableitungen wird eine satzbezogene Funktion benutzt, in Verdichtungen dagegen eine mengenbezogene Funktion.
4. Außer Attributen, die auf der Grundlage einer nicht-erzwungenen Aggregationsbeziehung abgeleitet werden, dürfen abgeleitete Attributwerte im Normalfall nicht verändert werden.
5. Die Typisierung der semantischen Eigenschaften von Ableitungsbeziehungen ist nicht so zwingend wie die Typisierung von Abstraktionsbeziehungen. Genauso wie zwölf grundlegende Typen "reiner" Abstraktionsbeziehungen, die durch Kombination der verschiedenen Ausprägungen semantischer Grundeigenschaften zustandekommen, können für Ableitungsbeziehungen zwar sechs Grundtypen unterschieden werden. Diese Systematik kommt aber nur phänomenologisch zustande, und einige Typen (z.B. Funktionale Ableitung) repräsentierten eine Vielzahl heterogener Ableitungsbeziehungen.

Die Modellierbarkeit von Ableitungsbeziehungen geht damit zwar über die Möglichkeiten der bisher vorgestellten konzeptionellen Modelle hinaus. Sie ist aber aus den genannten Gründen als noch nicht endgültig zu betrachten.

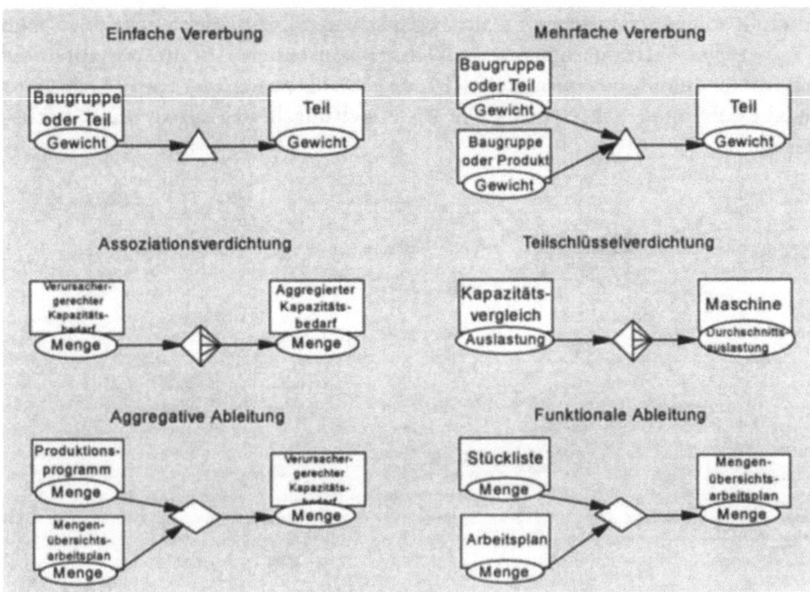

Abbildung 19: Grafische Darstellung von Ableitungsbeziehungen

3.5.4 Grafische Notation für Attribute und Ableitungsbeziehungen

Für die im vorangegangenen Abschnitt vorgestellte informelle Spezifikation von Attributen und Ableitungsbeziehungen wird in Abbildung 19 eine grafische Notation vorgestellt.

Da Ableitungsbeziehungen in den meisten Fällen auf Abstraktionsbeziehungen basieren, werden sie auf der Grundlage des Objekttypenschemas abgebildet. Attribute werden durch benannte Ovale dargestellt, die den entsprechenden Objekttypen zugeordnet sind. Die unbenannten Symbole, die zur Repräsentation von Ableitungsbeziehungen benutzt werden, entsprechen dem Symbol, das zur Darstellung des Typs von Abstraktionsbeziehungen verwendet wird, der der jeweiligen Ableitungsbeziehung im Normalfall zugrunde liegt: Vererbungen werden durch ein Dreieck, Verdichtungen durch einen Diamanten und aggregative sowie funktionale Ableitungen durch eine Raute repräsentiert. Das jeweilige Symbol verknüpft die zu einer Ableitungsbeziehung gehörenden Quell- und Zielattribute. Die Kanten, die die Attribute mit dem Ableitungssymbol verknüpfen, sind gerichtet und repräsentieren die Richtung, in der die Informationsableitung erfolgt.

Da die Teilschlüsselverdichtung nicht an eine Abstraktionsbeziehung gebunden ist, kann ihre Richtung der Ableitungsrichtung des zugrundeliegenden Objekttypenschemas entgegenlaufen. Das Schema der Ableitungsbeziehungen ist deshalb zwar nicht weniger strukturiert als ein Typenschema. Die Gerichtetheit der Kanten kann jedoch bei Attributschemata nicht zur konsistenten Anordnung aller Schemaelemente in einer bestimmten Richtung herangezogen werden. Genauso wie Referenzbeziehungen dürfen jedoch auch Ableitungsbeziehungen nicht zyklisch verlaufen.

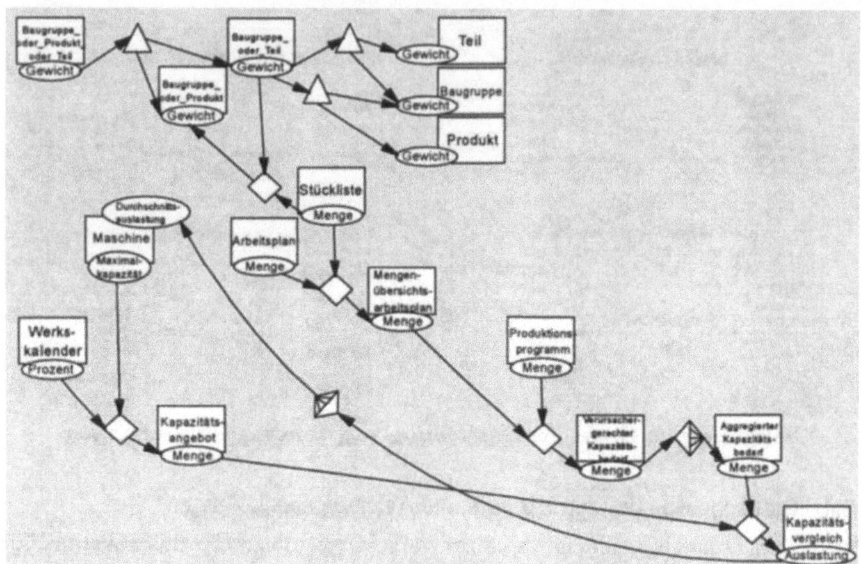

Abbildung 20: Grafische Darstellung ausgewählter Attribute und Ableitungsbeziehungen der Kapazitätsterminierung

In Abbildung 20 werden ausgewählte Attribute und Ableitungsbeziehungen des konzeptionellen Modells der Kapazitätsterminierung grafisch dargestellt. Einige der illustrierten Ableitungsbeziehungen wurden bereits in Form von Beispielen präsentiert:

- *Vererbung des Gewichts von "Baugruppe oder Produkt" bzw. "Baugruppe oder Teil" nach "Produkt" bzw. nach "Baugruppe".*
- *Verdichtung des verursachergerechten Kapazitätsbedarfs zum aggregierten Kapazitätsbedarf.*
- *Verdichtung aller Auslastungen zur Durchschnittsauslastung der jeweils referenzierten Maschine.*
- *Aggregative Ableitung des verursachergerechten Kapazitätsbedarfs für jedes Produkt aus dem jeweiligen Mengenübersichtsarbeitsplan und dem jeweiligen Produktionsprogramm.*
- *Funktionale Ableitung des Mengenübersichtsarbeitsplans aus dem Arbeitsplan und der Stückliste.*

Zusätzlich werden in Abbildung 20 die folgenden Ableitungsbeziehungen dargestellt:

- *Vererbung des Gewichts von "Baugruppe oder Produkt oder Teil" nach "Baugruppe oder Produkt" bzw. nach "Baugruppe oder Teil".*
- *Vererbung des Gewichts von "Baugruppe oder Teil" nach "Teil".*
- *Aggregative Ableitung des Gewichts einer Baugruppe aus dem Gewicht der in der Stückliste dieser Baugruppe enthaltenen Baugruppen und Teilen.*
- *Aggregative Ableitung des Kapazitätsangebots aus der Maximalkapazität von Maschinen und der prozentualen Leistung des Werkskalenders.*
- *Aggregative Ableitung des Kapazitätsvergleichs aus dem Kapazitätsangebot und dem aggregierten Kapazitätsbedarf.*

Das in diesem Hauptabschnitt vorgestellte konzeptionelle Modell wird als Erweitertes Objekttypenmodell (EOT-Modell) bezeichnet. Die Namensgebung macht deutlich, daß es sich primär um eine Erweiterung des Objekttypenmodells handelt. Die Vollständigkeit des Objekttypenmodells im Hinblick auf die Modellierung von Abstraktionsbeziehungen ist durch Konzepte ergänzt worden, die eine Strukturierung des Schemas ermöglichen und Ableitungsbeziehungen in die konzeptionelle Modellierung einbeziehen. Im folgenden werden die invarianten Eigenschaften des EOT-Modells zusammengestellt und das dadurch implizierte Verhalten von EOT-Schemata beschrieben.

3.5.5 Invariante Eigenschaften

Die invarianten Eigenschaften des EOT-Modells lassen sich aus Abstraktionsbeziehungen und den darauf basierenden Ableitungsbeziehungen ableiten.

Die Konsistenzbedingungen, die zur Erhaltung der invarianten Eigenschaften speziell bei Löschungen notwendig sind, basieren auf den durch Abstraktionsbeziehungen implizierten einseitigen Existenzabhängigkeiten.

A. **Konsistenz der Löschung eines Objekts**: Die Löschung eines Objekts ist konsistent, wenn

   - das zu löschende Objekt von anderen Objekten aufgrund einer **Aggregations- oder Generalisierungsbeziehung** referenziert wird und gleichzeitig die referenzierenden Objekte gelöscht werden oder
   - das zu löschende Objekt von keinem anderen Objekt aufgrund einer **Aggregations- oder Generalisierungsbeziehung** referenziert wird,

   und

   - das zu löschende Objekt das einzige Objekt ist, das von einem anderen Objekt aufgrund einer **Assoziationsbeziehung** referenziert wird, und gleichzeitig das referenzierende Objekt gelöscht wird, oder

- das zu löschende Objekt nicht das einzige Objekt ist, das von einem anderen Objekt aufgrund einer **Assoziationsbeziehung** referenziert wird, und gleichzeitig die Werte der abgeleiteten Attribute des referenzierenden Objekts aktualisiert werden, oder
- das zu löschende Objekt von keinem anderen Objekt aufgrund einer **Assoziationsbeziehung** referenziert wird,

und

- das zu löschende Objekt andere Objekte referenziert, die aufgrund einer **vollständigen, exklusiven Aggregations-, Generalisierungs- oder Assoziationsbeziehung** referenziert werden müssen, und gleichzeitig die referenzierten Objekte gelöscht werden, oder
- das zu löschende Objekt kein anderes Objekt referenziert, das aufgrund einer **vollständigen, exklusiven Aggregations-, Generalisierungs- oder Assoziationsbeziehung** referenziert werden muß,

und

- das zu löschende Objekt das einzige Objekt ist, das andere Objekte aufgrund einer **vollständigen, nicht-exklusiven Aggregations-, Generalisierungs- oder Assoziationsbeziehung** referenzieren muß, und gleichzeitig die referenzierten Objekte gelöscht werden, oder
- das zu löschende Objekt nicht das einzige Objekt ist, das ein anderes Objekt aufgrund einer **vollständigen, nicht-exklusiven Aggregationsbeziehung** referenziert, oder
- das zu löschende Objekt nicht das einzige Objekt ist, das ein anderes Objekt aufgrund einer **vollständigen, nicht-exklusiven Generalisierungsbeziehung** referenziert, und gleichzeitig der Wert des Klassifikationsattributs des referenzierten Objekts aktualisiert wird, oder
- das zu löschende Objekt nicht das einzige Objekt ist, das ein anderes Objekt aufgrund einer **vollständigen, nicht-exklusiven Assoziationsbeziehung** referenziert, und gleichzeitig der Wert des Gruppierungsattributs der referenzierten Objekte aktualisiert wird, oder
- das zu löschende Objekt kein anderes Objekt aufgrund einer **vollständigen, nicht-exklusiven Aggregations-, Generalisierungs- oder Assoziationsbeziehung** referenziert,

und

- das zu löschende Objekt andere Objekte auf der Grundlage einer **nicht-vollständigen Aggregationsbeziehung** referenziert, oder

- das zu löschende Objekt andere Objekte auf der Grundlage einer **nicht-vollständigen Generalisierungsbeziehung** referenziert und gleichzeitig der Wert des Klassifikationsattributs der referenzierten Objekte aktualisiert wird, oder
- das zu löschende Objekt andere Objekte auf der Grundlage einer **nicht-vollständigen Assoziationsbeziehung** referenziert und gleichzeitig der Wert des Gruppierungsattributs der referenzierten Objekte aktualisiert wird, oder
- das zu löschende Objekt keine anderen Objekte auf der Grundlage einer **nicht-vollständigen Aggregations-, Generalisierungs- oder Assoziationsbeziehung** referenziert.

Die Konsistenzbedingungen, die zur Erhaltung der invarianten Eigenschaften speziell bei Einfügungen notwendig sind, basieren vorwiegend auf den durch Abstraktionsbeziehungen implizierten wechselseitigen Existenzabhängigkeiten.

B. **Konsistenz der Einfügung eines Objekts**: Die Einfügung eines Objekts ist konsistent, wenn

- das einzufügende Objekt von einem nicht-existierenden Objekt aufgrund einer **vollständigen Aggregationsbeziehung oder einer Generalisierungs- oder Assoziationsbeziehung** referenziert werden muß und gleichzeitig das referenzierende Objekt mit aktuellen abgeleiteten Attributwerten eingefügt wird, oder
- das einzufügende Objekt von existierenden Objekten aufgrund einer **Assoziationsbeziehung oder einer nicht-exklusiven Generalisierungsbeziehung** referenziert werden muß und gleichzeitig die Werte der abgeleiteten Attribute der referenzierenden Objekte aktualisiert werden, oder
- das einzufügende Objekt von keinem anderen Objekt aufgrund einer **vollständigen Aggregationsbeziehung, einer Generalisierungs- oder Assoziationsbeziehung** referenziert werden muß,

und

- das einzufügende Objekt mit aktuellen Werten abgeleiteter Attribute existierende Objekte, die bisher nicht referenziert werden, aufgrund einer **nicht-vollständigen, exklusiven Aggregationsbeziehung** referenziert, oder
- das einzufügende Objekt mit aktuellen Werten abgeleiteter Attribute existierende Objekte aufgrund einer **nicht-exklusiven Aggregationsbeziehung** referenziert, oder

- das einzufügende Objekt mit aktuellen Werten abgeleiteter Attribute nicht-existierende Objekte aufgrund einer **Aggregationsbeziehung** referenziert und gleichzeitig die referenzierten Objekte eingefügt werden, oder
- das einzufügende Objekt keine anderen Objekte aufgrund einer **Aggregationsbeziehung** referenziert,

und

- das einzufügende Objekt mit aktuellen Werten abgeleiteter Attribute ein existierendes Objekt, das bisher nicht referenziert wird, aufgrund einer **nicht-vollständigen, exklusiven Generalisierungsbeziehung** referenziert und gleichzeitig der Wert des Klassifikationsattributs des referenzierten Objekts aktualisiert wird, oder
- das einzufügende Objekt mit aktuellen Werten abgeleiteter Attribute ein existierendes Objekt aufgrund einer **nicht-exklusiven Generalisierungsbeziehung** referenziert und gleichzeitig der Wert des Klassifikationsattributs des referenzierten Objekts aktualisiert wird, oder
- das einzufügende Objekt mit aktuellen Werten abgeleiteter Attribute ein nicht-existierendes Objekt aufgrund einer **Generalisierungsbeziehung** referenziert und gleichzeitig das referenzierte Objekt mit aktuellen Werten vererbbarer Attribute eingefügt werden, oder
- das einzufügende Objekt kein anderes Objekt aufgrund einer **Generalisierungsbeziehung** referenziert,

und

- das einzufügende Objekt mit aktuellen Werten abgeleiteter Attribute existierende Objekte, die bisher nicht referenziert werden, aufgrund einer **nicht-vollständigen, exklusiven Assoziationsbeziehung** referenziert und gleichzeitig die Werte des Gruppierungsattributs der referenzierten Objekte aktualisiert werden, oder
- das einzufügende Objekt mit aktuellen Werten abgeleiteter Attribute existierende Objekte aufgrund einer **nicht-exklusiven Assoziationsbeziehung** referenziert und gleichzeitig die Werte des Klassifikationsattributs der referenzierten Objekte aktualisiert werden, oder
- das einzufügende Objekt kein anderes Objekt aufgrund einer **Assoziationsbeziehung** referenziert.

Die Konsistenzbedingungen, die zur Erhaltung der invarianten Eigenschaften speziell bei Änderungen notwendig sind, basieren vorwiegend auf den durch Ableitungsbeziehungen implizierten Vererbungen, Verdichtungen und sonstigen Ableitungen. Da die Änderung der Werte von Klassifikations- und Gruppierungsattributen zugelassen wird, sind jedoch auf der Grundlage von Generalisierungsbeziehungen und Assoziationsbeziehungen zusätzliche Konsistenzbedingungen zu formulieren.

C. **Konsistenz der Änderung eines Objekts**: Die Änderung des Wertes eines Nichtschlüsselattributs ist konsistent, wenn

- das zu ändernde Attribut kein vererbtes Attribut auf der Grundlage einer **Generalisierungsbeziehung**, kein verdichtetes Attribut auf der Grundlage einer **Assoziationsbeziehung** kein abgeleitetes Attribut auf der Grundlage einer **vollständigen Aggregationsbedingung** und kein sonstwie abgeleitetes Attribut ist

und

- das zu ändernde Attribut ein Klassifikationsattribut ist und statt der Änderung das zu ändernde Objekt gelöscht und mit dem neuen Wert des Klassifikationsattributs neu eingefügt wird, oder
- das zu ändernde Objekt aufgrund einer **Generalisierungsbeziehung** referenziert wird und das zu ändernde Attribut kein Klassifikationsattribut ist und gleichzeitig die Werte des betreffenden Attributs aller referenzierenden Objekte geändert wird, oder
- das jeweilige Objekt nicht aufgrund einer **Generalisierungsbeziehung** referenziert wird, die einer Vererbung zugrunde liegt,

und

- das zu ändernde Attribut ein Gruppierungsattribut ist und statt der Änderung das zu ändernde Objekt gelöscht und mit dem neuen Wert des Gruppierungsattributs neu eingefügt wird, oder
- das zu ändernde Objekt aufgrund einer **Assoziationsbeziehung** referenziert wird und das zu ändernde Attribut kein Gruppierungsattribut ist und gleichzeitig die Werte der verdichteten Attribute aller referenzierenden Objekte aktualisiert werden, oder
- das jeweilige Objekt nicht aufgrund einer **Assoziationsbeziehung** referenziert wird, die einer Verdichtung zugrunde liegt,

und

- das zu ändernde Objekt aufgrund einer **Aggregationsbeziehung** referenziert wird, die einer Ableitungsbeziehung zugrunde liegt, und gleichzeitig die Werte der abgeleiteten Attribute der referenzierenden Objekte auf der Grundlage dieser Ableitungsbeziehung aktualisiert wird, oder
- das jeweilige Objekt nicht aufgrund einer **Aggregationsbeziehung** referenziert wird, die einer Ableitungsbeziehung zugrunde liegt,

und

- das zu ändernde Attribut ein Quellattribut einer Ableitungsbeziehung ist, der keine Abstraktionsbeziehung zugrunde liegt und gleichzeitig der Wert der abgeleiteten Attribute der betroffenen Objekte auf der Grundlage dieser Ableitungsbeziehung aktualisiert wird, oder
- das geänderte Attribut kein Quellattribut einer Ableitungsbeziehung ist.

3.5.6 Impliziertes Verhalten

Um eine elementare Datenmanipulation unter Erhaltung der invarianten Eigenschaften des OET-Modells durchzuführen, müssen die in den Konsistenzregeln (A), (B) und (C) genannten Voraussetzungen erfüllt werden. Dadurch ergeben sich die folgenden Propagierungsregeln:

A. **Propagierung der Löschung eines Objekts**:

1. Wird ein Objekt gelöscht, sind in der gleichen Transaktion auch alle Objekte zu löschen, von denen das zu löschende Objekt aufgrund einer **Aggregations- oder Generalisierungsbeziehung** referenziert wird.
2. Wird ein Objekt gelöscht, sind in der gleichen Transaktion auch alle Objekte zu löschen, von denen das zu löschende Objekt als einziges Objekt aufgrund einer **Assoziationsbeziehung** referenziert wird.
3. Wird ein Objekt gelöscht, sind in der gleichen Transaktion die Werte der abgeleiteten Attribute aller Objekte zu aktualisieren, von denen das zu löschende Objekt nicht als einziges Objekt aufgrund einer **Assoziationsbeziehung** referenziert wird.
4. Wird ein Objekt gelöscht, sind in der gleichen Transaktion auch alle Objekte zu löschen, die vom zu löschenden Objekt aufgrund einer **vollständigen, exklusiven Aggregations-, Generalisierungs- oder Assoziationsbeziehung** referenziert werden müssen.
5. Wird ein Objekt gelöscht, sind in der gleichen Transaktion auch alle Objekte zu löschen, die ausschließlich vom zu löschenden Objekt aufgrund einer **vollständigen, nicht-exklusiven Aggregations-, Generalisierungs- oder Assoziationsbeziehung** referenziert werden müssen.
6. Wird ein Objekt gelöscht, sind in der gleichen Transaktion die Werte des Klassifikationsattributs aller Objekte zu aktualisieren, die nicht nur das zu löschende Objekt aufgrund einer **vollständigen, nicht-exklusiven Generalisierungsbeziehung** referenziert.
7. Wird ein Objekt gelöscht, sind in der gleichen Transaktion die Werte des Gruppierungsattributs aller Objekte zu aktualisieren, die nicht nur das zu löschende Objekt aufgrund einer **vollständigen, nicht-exklusiven Assoziationsbeziehung** referenziert.

8. Wird ein Objekt gelöscht, sind in der gleichen Transaktion die Werte des Klassifikationsattributs aller Objekte zu aktualisieren, die das zu löschende Objekt aufgrund einer **nicht-vollständigen Generalisierungsbeziehung** referenziert.
9. Wird ein Objekt gelöscht, sind in der gleichen Transaktion die Werte des Gruppierungsattributs aller Objekte zu aktualisieren, die das zu löschende Objekt aufgrund einer **nicht-vollständigen Assoziationsbeziehung** referenziert.

B. **Zurückweisung bzw. Propagierung der Einfügung eines Objekts**:

10. Die Einfügung eines Objekts ist zurückzuweisen, wenn das aufgrund einer **vollständigen und exklusiven Generalisierungsbeziehung** referenzierte Objekt bereits existiert.
11. Die Einfügung eines Objekts ist zurückzuweisen, wenn das aufgrund einer **exklusiven Generalisierungsbeziehung** referenzierte Objekt bereits auf der Grundlage dieser Beziehung referenziert wird.
12. Die Einfügung eines Objekts ist zurückzuweisen, wenn die aufgrund einer **vollständigen, exklusiven Assoziationsbeziehung** referenzierten Objekte des Basistyps bereits existieren.
13. Die Einfügung eines Objekts ist zurückzuweisen, wenn die aufgrund einer **Assoziationsbeziehung** referenzierten Objekte nicht existieren.
14. Wird ein Objekt eingefügt, sind in der gleichen Transaktion dessen ableitbare Attributwerte auf der Grundlage aller Ableitungsregeln zu aktualisieren, an denen Attribute des einzufügenden Objekts teilnehmen.
15. Wird ein Objekt eingefügt, sind in der gleichen Transaktion auch alle nicht-existierenden Objekte mit abgeleiteten Attributwerten einzufügen, von denen das einzufügende Objekt aufgrund einer **vollständigen Aggregations-, Generalisierungs- oder Assoziationsbeziehung** referenziert werden muß.
16. Wird ein Objekt eingefügt, sind in der gleichen Transaktion auch alle Werte abgeleiteter Attribute der existierenden Objekte zu aktualisieren, die das einzufügende Objekt aufgrund einer **Assoziationsbeziehung oder einer nicht-exklusiven Generalisierungsbeziehung** referenzieren.
17. Wird ein Objekt eingefügt, sind in der gleichen Transaktion auch alle nicht-existierenden Objekte (ggf. mit entsprechenden Werten ihres Klassifikations- bzw. Gruppierungsattributs) einzufügen, die vom einzufügenden Objekt aufgrund einer **Aggregations- oder Generalisierungsbeziehung** referenziert werden.

18. Wird ein Objekt eingefügt, sind in der gleichen Transaktion auch die Werte des Klassifikationsattributs aller existierenden Objekte zu aktualisieren, die vom einzufügenden Objekt aufgrund einer **nicht-vollständigen Generalisierungsbeziehung** referenziert werden.
19. Wird ein Objekt eingefügt, sind in der gleichen Transaktion auch die Werte des Gruppierungsattributs aller existierenden Objekte zu aktualisieren, die ausschließlich vom einzufügenden Objekt aufgrund einer **nicht-vollständigen, exklusiven Assoziationsbeziehung** referenziert werden.
20. Wird ein Objekt eingefügt, sind in der gleichen Transaktion auch die Werte des Gruppierungsattributs aller existierenden Objekte zu aktualisieren, die vom einzufügenden Objekt aufgrund einer **nicht-exklusiven Assoziationsbeziehung** referenziert werden.

C. **Zurückweisung bzw. Propagierung der Änderung eines Objekts**:

21. Änderungen von vererbten Attributen, verdichteten Attributen und sonstwie abgeleiteten Attributen sind zurückzuweisen.
22. Wird der Wert eines Klassifikationsattributs geändert, ist das zu ändernde Objekt zu löschen und mit dem geänderten Wert des Klassifikationsattributs neu einzufügen.
23. Wird der Wert eines nicht-abgeleiteten Attributs geändert, sind in der gleichen Transaktion auch die Werte der vererbten Attribute aller Objekte zu ändern, die das zu ändernde Objekt aufgrund einer **Generalisierungsbeziehung** referenzieren und deren Attribute mit dem geänderten Attribut an einer **Vererbungsbeziehung** teilnehmen.
24. Wird der Wert eines Gruppierungsattributs geändert, ist das zu ändernde Objekt zu löschen und mit dem geänderten Wert des Gruppierungsattributs neu einzufügen.
25. Wird der Wert eines nicht-abgeleiteten Attributs geändert, sind in der gleichen Transaktion auch die Werte der verdichteten Attribute aller Objekte zu ändern, die das zu ändernde Objekt aufgrund einer **Assoziationsbeziehung** referenzieren und deren Attribute mit dem geänderten Attribut an einer **Verdichtungsbeziehung** teilnehmen.
26. Wird der Wert eines nicht-abgeleiteten Attributs geändert, sind in der gleichen Transaktion auch die Werte aller abgeleiteten Attribute aller Objekte zu aktualisieren, die das zu ändernde Objekt aufgrund einer **Aggregationsbeziehung** referenzieren und deren Attribute mit dem geänderten Attribut an einer **aggregativen oder funktionalen Ableitung** teilnehmen.
27. Wird der Wert eines nicht-abgeleiteten Attributs geändert, sind in der gleichen Transaktion auch die Werte aller abgeleiteten Attribute aller Objekte

zu aktualisieren, die mit dem geänderten Objekt an einer Ableitungsbeziehung teilnehmen, der keine Abstraktionsbeziehung zugrunde liegt.

Die Zurückweisungs- und Propagierungsregeln werden durchgehend von 1 bis 27 numeriert. Alle Ausführungen des folgenden Kapitels werden sich auf diese Nummern beziehen.

3.5.7 Bewertung des erweiterten Objekttypenmodells

Durch das EOT-Modell soll die semantische Mächtigkeit der Konstruktionsoperatoren des Objekttypenmodells mit der Strukturiertheit des SER-Modells und der expliziten Abbildung von Referenzbeziehungen im SER-Modell verbunden werden. Außerdem soll das Modell so erweitert werden, daß alle sinnvollen Varianten von Abstraktionsbeziehungen sowie Ableitungsbeziehungen zwischen Nichtschlüsselattributen widerspruchsfrei konzeptionell modelliert werden können.

Es wurden zwölf grundlegende Typen von Abstraktionsbeziehungen identifiziert, die sich aus der Kombination von drei Grundformen der Abstraktion (Generalisierung, Aggregation, Assoziation), den beiden Varianten der Vollständigkeit und den beiden Varianten der Exklusivität ergeben. Diese erstmals in dieser Grundsätzlichkeit abgeleiteten Varianten von Abstraktionsbeziehungen konnten mit einer geringen Zahl informeller Spezifikationen und intuitiv verständlicher grafischer Symbole modelliert werden. Das Konzept läßt es sogar zu, auf der Grundlage der zwölf Grundtypen weitere Varianten konsistent zu spezifizieren und mit den gleichen Symbolen grafisch darzustellen. Die semantische Mächtigkeit des EOT-Modells im Hinblick auf die Rekonstruierbarkeit von Beziehungen zwischen Objekttypen ist damit deutlich umfassender als die des Objekttypenmodells (und erst recht des SER-Modells). Durch die sowohl in der informellen Spezifikation wie auch in der grafischen Darstellung vollzogene Rückführung von Abstraktionsbeziehungen auf Referenzbeziehungen bei gleichzeitiger Erhaltung der durch die Beziehung selbst repräsentierten Semantik zeigt ein EOT-Typenschema dabei die gleiche Strukturiertheit wie ein SER-Schema. Damit sind die Verdichtungs-, Qualitätssicherungs- und Verarbeitungsvorteile des SER-Modells in vollem Umfang auf das EOT-Typenmodell und eingeschränkt auch auf das EOT-Attributmodell anwendbar. Neben der Einbeziehung aller relevanten Abstraktionsformen können die Schaffung zusätzlicher Freiheitsgrade bei der Kombination semantischer Abstraktionseigenschaften und die Offenlegung der Beziehungen zwischen Abstraktionsbeziehungen und Referenzbeziehungen als weitere Verbesserungen gegenüber dem SER-Modell angesehen werden.

Auf der Grundlage der zwölf Grundtypen von Abstraktionsbeziehungen wurden sechs Grundtypen von Ableitungsbeziehungen identifiziert, von denen vier in unmittelbarem Zusammenhang mit einer Abstraktionsbeziehung stehen. Auch für Ableitungsbeziehungen wurden eine informelle Spezifikation und eine grafische

Notation vorgeschlagen, die mit wenigen Grundelementen auskommen. Die Möglichkeit, Ableitungsbeziehungen zwischen Attributen auf konzeptioneller Ebene und unter Bezug auf das konzeptionelle Typenmodell modellieren zu können, geht über das Potential aller in diesem Kapitel zuvor beschriebenen Ansätze hinaus.

Die relativ wenigen Grundelemente des konzeptionellen Modells erlauben es, ein sowohl semantisch vollständiges wie auch kompaktes System von Konsistenzbedingungen zu formulieren, durch das die invarianten Eigenschaften des EOT-Modells repräsentiert werden. Im Gegensatz zum EER- und Objekttypenmodell (und wie im SER-Modell) können Konsistenzbedingungen dabei in vielen Fällen für mehrere Abstraktionsbeziehungen gleichzeitig formuliert werden, weil alle Varianten von Abstraktionsformen auf der Grundlage der gleichen Basiselemente (nämlich Referenzbeziehungen und Ableitungsbeziehungen) definiert sind. Unter Benutzung der aus den Konsistenzbedingungen ableitbaren Zurückweisungs- und Propagierungsregeln ist für ein beliebig komplexes konzeptionelles Schema jede beliebige Datenmanipulation konsistent propagierbar bzw. kann als unzulässig erkannt werden.

Nicht zuletzt wird auch die in anderen Modellen teilweise oberflächlich, teilweise überhaupt nicht betrachtete Änderung von Klassifikations- und Gruppierungsattributen zugelassen und im System der Konsistenzbedingungen und Zurückweisungs- bzw. Propagierungsregeln berücksichtigt.

Das EOT-Modell stellt zusammenfassend eine vielversprechende Ausgangsbasis für die Integration der Informationsableitung in die Modellierung und Implementierung betrieblicher Anwendungssysteme dar. Alle im Verlauf der Darstellungen dieses Kapitels identifizierten Vorzüge einzelner Modelle konnten im EOT-Modell beibehalten werden. Die Vielzahl anfangs identifizierter Nachteile und Mängel einzelner Modelle wurde nach und nach durch umfangreichere, strukturiertere und/oder semantisch fundiertere Modelle überwunden.

Um in der Systementwicklung die Informationsableitung nicht nur konsistent modellieren, sondern auch in möglichst automatisierter Form implementieren zu können, bedarf es einer formalen Beschreibung des EOT-Modells und seines impliziterten Verhaltens. Diese bildet den Gegenstand des folgenden Kapitels.

4 Formalisierung und Implementierung erweiterter konzeptioneller Modelle

Im vorangegangenen Kapitel wurden verschiedene Ansätze zur konzeptionellen Modellierung betrieblicher Anwendungssysteme vorgestellt, und zur Überwindung der dabei festgestellten Defizite und Mängel wurde ein im Hinblick auf Abstraktionsbeziehungen vervollständigtes und um Ableitungsbeziehungen erweitertes Modell konzipiert. Auf der Grundlage dieses als EOT-Modell bezeichneten Konzepts wurden zunächst Elemente zur informellen Spezifikation und grafischen Darstellung von Schemata vorgestellt. Das Ziel dieser Untersuchung besteht darin, Methoden und Werkzeuge zu konzipieren, mit deren Hilfe betriebliche Anwendungssysteme bei mindestens gleichbleibender Qualität mit geringeren Inkonsistenzen und mit geringerem Aufwand entwickelt werden können. Während im vorangegangenen Kapitel die semantische Vollständigkeit konzeptioneller Schemata im Vordergrund stand, soll in diesem Kapitel die Automatisierbarkeit des Entwicklungsprozesses näher untersucht werden.

Die Implementierung eines Systems kann als Transformation einer nicht maschinell verarbeitbaren, fachlichen Systembeschreibung in eine maschinell verarbeitbare Systembeschreibung interpretiert werden. Beispielsweise sind das konzeptionelle Schema und das Funktionsmodell eines betrieblichen Anwendungssystems definitionsgemäß nicht unmittelbar maschinell verarbeitbar. Die Implementierung der konzeptionellen Systembeschreibung erfolgt in Form von Datenstrukturen eines Datenbanksystems und Programmen, die diese Datenstrukturen maschinell verarbeiten. Um den Transformationsvorgang von fachlichen Systembeschreibungen in maschinell verarbeitbare Systembeschreibungen automatisieren zu können, muß die konzeptionelle Systembeschreibung von allen Mehrdeutigkeiten und Ungenauigkeiten befreit werden, die mit einer informellen Spezifikation normalerweise verbunden sind. Nur eine formale Beschreibung des konzeptionellen Modells ist eindeutig und genau genug, um seine Implementierung in automatisierter Form durchführen und verifizieren zu können [Hohenstein 1993, S.10]. Die automatisierte Erzeugung einer maschinell verarbeitbaren Systembeschreibung aus einer formalisierten konzeptionellen Systembeschreibung wird als Generierung bezeichnet.

Die generelle Struktur dieses Kapitels ist damit vorgegeben: Zunächst sind die informellen textuellen und grafischen Beschreibungen des EOT-Modells in eine formalisierte Beschreibung zu überführen. Auf dieser Grundlage ist es dann möglich, einen Generator zu entwickeln, der das formalisierte konzeptionelle Schema eines betrieblichen Anwendungssystems in automatisierter Form in Objekte eines relationalen Datenbankverwaltungssystems transformiert. Zunächst werden sowohl bei der Formalisierung wie auch bei der Implementierung nur unmittelbare, einstufige Propagierungen und Prüfungen betrachtet. Im dritten Hauptabschnitt wird versucht, die vorgestellten Konzepte auf mehrstufige Propagierungs- und Prüfungspfade auszudehnen. Den Abschluß des Kapitels bildet ein vierter Hauptabschnitt, in dem die Unterstützung einer integrierten Spezifikation und automatisierten Implementierung erweiterter EOT-Schemata durch entsprechende Werkzeuge skizziert wird.

4.1 Formale Beschreibung des erweiterten Objekttypenmodells

Die Beschreibung des erweiterten Objekttypenmodells und insbesondere seines implizierten Verhaltens erfolgte bisher auf der Grundlage informeller textueller Spezifikationen bzw. einer informellen grafischen Notation. Informelle Beschreibungen stellen eine Quelle vielfältiger Unschärfen und Mehrdeutigkeiten dar, so daß eine wichtige Voraussetzung für die automatisierte Implementierung von EOT-Schemata darin besteht, die Spezifikation der Elemente und des Verhaltens des EOT-Modells formal zu beschreiben. Um die Allgemeinheit der Beschreibungen nicht unnötig einzuschränken, erfolgt sie soweit möglich auf der Grundlage des Prädikatenkalküls.[48] Zur formalen Beschreibung des durch ein EOT-Schema implizierten Verhaltens ist aufgrund der zu beschreibenden Manipulations- und Identifikationsoperationen ergänzend der Relationenkalkül in Form des "Tuple Relational Calculus"[49] einzubeziehen. Bevor das EOT-Modell in Form einer Menge formaler Aussagen beschrieben werden kann, sind die Syntax und die Semantik des Prädikatenkalküls 1. Stufe sowie des Tupelkalküls zu definieren.

Syntax und Semantik des Prädikatenkalküls [Bergmann/Noll 1977, S.8 und S.28-33]

Zunächst wird die **Syntax** des Prädikatenkalküls 1. Stufe beschrieben. Die Grundlage aller Definitionen bilden drei Mengen von Symbolen:

1. *FS* ist die Menge aller Funktionssymbole (z.B. $\{\wedge, \vee, \neg, \Rightarrow, \Leftrightarrow\}$).
2. *PS* ist die Menge aller Prädikatsymbole (z.B. {**Att, Typ, PSchl, Abs, Ref**}).

48 Die sich für datenbankorientierte Formalisierungen anbietende Syntax und Semantik von Datalog [Ullman 1988, S.100-106; Noack 1992, S.114-116] stellt hinsichtlich der Verwendung von Funktionen und der Konstruktion von Formeln Restriktionen auf, deren Beachtung für die Ziele dieser Untersuchung nicht notwendig ist.

49 Der Bereichskalkül ("Domain Relational Calculus" [Ullman 1988, S.148-156]) unterscheidet sich vom Tupelkalkül dadurch, daß Variablen im Bereichskalkül Ausprägungen von Attributwerten repräsentieren, während sie im Tupelkalkül komplette Tupel repräsentieren. Während Ausprägungen von Attributwerten im Tupelkalkül auf einfache Weise formalisiert werden können, ist die Repräsentation von Tupeln im Bereichskalkül nicht so einfach möglich. Da sich das für diese Untersuchung relevante implizierte Verhalten von Schemata auf Tupel und nur nachrangig auf Attributwerte bezieht, ist der Tupelkalkül dem Bereichskalkül vorzuziehen.

3. *VA* ist die Menge aller Variablen (z.B. {a, b, c, d, e, f, s}). Variablen können in Formeln die Stelle von Konstanten einnehmen, wenn sich die entsprechende Formel auf mehrere Sachverhalte beziehen soll.

Die Mengen *FS* und *PS* bilden die syntaktische Basis B des Prädikatenkalküls. Auf der Grundlage von B läßt sich die Menge der Terme *TE* als kleinste Menge ableiten, die folgende Bedingungen erfüllt:

$x \in VA \Rightarrow x \in TE$

$x \in FS,\ y \in TE \Rightarrow x(y) \in TE$

Beispielsweise sind für $FS = \{\wedge, \vee, \neg, \Rightarrow, \Leftrightarrow\}$ *und* $VA = \{a, b, c, d, e, f, s\}$ *die Elemente der Menge* $\{\neg(a), \wedge(c,f), c, \wedge(\neg(e),\Leftrightarrow(a,\vee(b,s)))\}$ *auch Elemente von* *TE*. Da die Infixnotation als syntaktisch unerhebliche Modifikation das Verständnis von Termen wesentlich erleichtert, wird sie im folgenden anstelle der Präfixnotation verwendet. Der Term $\wedge(\neg(e),\Leftrightarrow(a,\vee(b,s)))$ wird also als $\neg e \wedge (a \Leftrightarrow (b \vee s))$ notiert.

Auf der Grundlage von B werden alle Verknüpfungen von Prädikatsymbolen mit Termen in der Menge der atomaren Formeln *AF* zusammengefaßt. *Beispielsweise gilt* {Att(a,s), PSchl(a,c∪d,s)}⊂*AF*, *wenn* {Att, PSchl}⊂*PS* *und* {a, c∪d, s}⊂*TE*. Aus der Menge der atomaren Formeln *AF* läßt sich dann die Menge der Formeln *FO* als kleinste Menge ableiten, die folgende Bedingungen erfüllt:

$x \in AF \Rightarrow x \in FO$

$x \in FS,\ y \in FO \Rightarrow x(y) \in FO$

$x \in FO,\ y \in VA \Rightarrow (\exists y \mid x) \in FO$

Formeln sind als formale Repräsentationen von Aussagen zu interpretieren. Die Menge der syntaktisch zulässigen Formeln umfaßt die (nullstelligen) Prädikate 'wahr' und 'falsch', atomare ein- und mehrstellige Prädikate (z.B. Att('KapAng','KapTerm') *oder* PSchl(a,b,s)), Funktionen von Prädikaten (z.B. Att(a,s) ∧ Typ(b,s)) sowie Existenzaussagen (z.B. ∃x | KapAng(x) ∧ Bed(x,b,'=',c)) und natürlich alle Kombinationen dieser Typen.

Zur besseren optischen Unterscheidung werden Mengen durch Zeichenfolgen in kursiver Schrift, Prädikate durch Zeichenfolgen in Normalschrift und Variablen durch Kleinbuchstaben bezeichnet. Konstanten werden durch Einfassung in Hochkommata bezeichnet.

Die **Semantik** des Prädikatenkalküls 1. Stufe beschäftigt sich nicht mit der Formulierung prädikatenlogischer Formeln, sondern mit ihrer Bedeutung. Dazu ist zunächst die Menge der Sachverhalte *X* zu betrachten, über die formale Aussagen gemacht werden sollen (z.B. Elemente konzeptioneller Schemata). Für eine syntaktische Basis B ist dann eine Struktur S durch die Menge der Sachverhalte *X* sowie der Abbildungen ω gegeben, für die folgendes gilt:

$X^n \rightarrow X \qquad \forall x \in FS$

$X^n \rightarrow$ {'wahr','falsch'} $\qquad \forall x \in PS$

Durch eine Funktion wird eine Abbildung ω definiert, die jeder Kombination von Sachverhalten aus X einen Sachverhalt aus X zuordnet. Durch ein Prädikat wird eine Abbildung ω definiert, die jeder Kombination von Sachverhalten aus X einen Wahrheitswert zuordnet.

Die einfachsten Abbildungen sind für die Funktionen $\{\neg, \wedge, \vee, \Leftrightarrow, \Rightarrow\}$ in Form von Wahrheitstabellen definiert. Als einzige in dieser Untersuchung benutzte Funktion läßt sich die Semantik der Funktion $|x|$ (Kardinalität von x) durch keine Wahrheitstabelle abbilden, da sie die Menge der Sachverhalte nicht in die Menge der Wahrheitswerte, sondern in die Menge der natürlichen Zahlen abbildet.

Die Funktion f, durch die die Menge der Variablen VA in die Menge der Sachverhalte X abgebildet wird, wird als Belegung bezeichnet. Für eine Struktur S läßt sich jedem Term aus TE auf der Grundlage der Belegung f eine Bewertungsabbildung ξ zuordnen, die ihn einem Sachverhalt aus X zuordnet:

$x \rightarrow f(x) \qquad \forall x \in VA$

$y(z) \rightarrow \omega(y)\ \xi(z,f) \qquad \forall y \in FS,\ z \in TE$

Auf dieser Grundlage läßt sich auch jeder Formel aus FO auf der Grundlage der Belegung f eine Bewertungsabbildung ψ zuordnen, die ihr einen Wahrheitswert aus {'wahr','falsch'} zuordnet:

$x(y) \rightarrow \omega(x)\ \xi(y,f) \qquad \forall x(y) \in AF$

$x(y) \rightarrow x(\psi(y,f)) \qquad \forall x \in FS,\ y \in FO$

$\exists y \mid x \wedge \exists f(y) \in U \mid \psi(x,f) =$ 'wahr' $\rightarrow$ 'wahr' $\qquad \forall (\exists y \mid x) \in FO$

Da damit jedem Term und jeder Formel (d.h. jeder syntaktisch gültigen Aussage) ein Sachverhalt bzw. ein Wahrheitswert zugeordnet werden kann, ist die Semantik des Prädikatenkalküls vollständig beschrieben.

Syntax und Semantik des Tupelkalküls [Ullman 1988, S.156-158; Hohenstein 1993, S.69-71]

Die Definition der **Syntax** des Tupelkalküls ist stark an die Definition der Syntax des Prädikatenkalküls 1. Stufe angelehnt. Aufgrund der Orientierung an Datenmodellen sind jedoch zusätzlich Attribute und Domänen einzuführen. Außerdem ist zwischen Datenprädikaten und Tupelprädikaten zu unterscheiden:

1. AT^T ist die Menge aller Attributsymbole (z.B. {Masch#, Teil#, Menge, Auslastung})
2. DM^x ist die Menge aller Werte eines Attributs x

3. FS^T ist die Menge aller Verknüpfungssymbole (z.B. $\{\wedge, \vee, \neg, \Leftrightarrow, \Rightarrow\}$).
4. DP^T ist die Menge aller Datenprädikate (z.B. $\{>, <, \geq, \leq, =, \neq\}$).
5. PS^T ist die Menge aller Tupelprädikate (z.B. {KapAng, DetKapBed, AggrKapBed}).
6. VA^T ist die Menge aller Tupelvariablen (z.B. $\{\omega, \xi, \psi, \zeta\}$). Die Variablen haben einen festen Datentyp. Dieser ist an den Relationstyp gebunden, dessen Tupel die jeweilige Variable repräsentiert.

Auf dieser Grundlage wird die Menge der (datenwertigen) Terme TE^T folgendermaßen definiert:

$$x \in DM^{y} \wedge y \in AT^T \Rightarrow x \in TE^T$$

$$x \in VA^T,\ y \in AT^T \Rightarrow x.y \in TE^T$$

Beispielsweise sind für AT^T = {Masch#, MaxKap}, $DM^{Masch\#}$ = {'1', '4', '5'}, DM^{MaxKap} = {'20', '50', '100'} und $VA^T = \{\xi, \psi\}$ *die Elemente der Menge* {'1', '50', ξ.Masch#, ψ.MaxKap} *auch Elemente von* TE^T. Funktionen und insbesondere arithmetische Operationen sind damit nicht als Terme des ursprünglichen Tupelkalküls formalisierbar.

Alle Verknüpfungen von Prädikatsymbolen mit Variablen des entsprechenden Datentyps und von Termen mit Datenprädikaten werden in der Menge der atomaren Formeln des Tupelkalküls AF^T zusammengefaßt. *Beispielsweise gilt* {KapAng(ξ), DetKapBed(ψ), ξ.MaxKap > '20', ψ.Masch# = ξ.Masch#}$\subset AF^T$, *wenn* {KapAng, DetKapBed}$\subset PS^T$ *und* {ξ.MaxKap, ψ.Masch#, ξ.Masch#, '20'}$\subset TE^T$ *und* $\{>, =\} \subset DP^T$ und $\{\xi, \psi\} \subset VA^T$. Aus der Menge der atomaren Formeln AF^T läßt sich dann die Menge der Formeln des Tupelkalküls FO^T nach folgenden Regeln ableiten:

$$x \in AF^T \Rightarrow x \in FO^T$$

$$x \in FS^T,\ y \in FO^T \Rightarrow x(y) \in FO^T$$

$$x \in FO^T,\ y \in VA^T \Rightarrow (\exists y \mid x) \in FO^T,\ (\forall y \mid x) \in FO^T$$

Formeln sind als formale Repräsentationen von Auswertungen (d.h. Mengen von Informationsobjekten mit bestimmten Eigenschaften) zu interpretieren. Die Menge der syntaktisch zulässigen Formeln des Tupelkalküls umfaßt atomare Prädikate (siehe oben), Funktionen von Prädikaten (z.B. KapAng(ξ) ∧ ξ.Masch# = '2') sowie Existenzaussagen (z.B. ∃ψ I KapAng(ψ) ∧ Bed(ψ,b,'=',c)) und natürlich alle Kombinationen dieser Typen.

Auch die **Semantik** des Tupelkalküls ist stark an die Semantik des Prädikatenkalküls angelehnt. Variablen werden aufgrund ihrer Belegung durch Sachverhalte substitutiert, Funktionen repräsentieren Abbildungen von Sachverhalts-Kombinationen auf die Menge der Sachverhalte und Prädikate repräsentieren Abbildungen von Sachverhalts-Kombinationen auf die Menge {'wahr', 'falsch'}. Die Bewertung von Formeln und Termen entspricht der Vorgehensweise im Prädikatenkalkül bis auf die Besonderheit, daß die Sachverhalte des Tupelkalküls auf Tupel der Relationstypen des jeweiligen Schemas beschränkt sind.

Verbindung von Prädikatenkalkül und Tupelkalkül

Für die Formalisierung des EOT-Modells sind sowohl Elemente des Prädikatenkalküls wie auch Elemente des Tupelkalküls notwendig. Aussagen zur Ableitung von Primärschlüsseln und zur Zulässigkeit von Abstraktionsbeziehungen bzw. Ableitungsbeziehungen können auf der Grundlage des Prädikatenkalküls erfolgen, weil die Variablen in diesem Fall allgemeine Sachverhalte wie z.B. Objekttypen und Attribute repräsentieren. Um das implizierte Verhalten von EOT-Schemata zur dynamischen Konsistenzsicherung formal zu beschreiben, müssen dagegen Tupelvariablen benutzt werden, die die jeweils zu manipulierenden bzw. zurückzuweisenden Tupel repräsentieren. Da auch allgemeine, generalisierte Kalküle auf der Grundlage der unterschiedlichsten Datenmodelle (z.B. der allgemeine Kalkül in [Hohenstein 1993, S.104-123]) nur Tupelvariablen enthalten, muß der Tupelkalkül (als relevanter Datenmodell-Kalkül) in geeigneter Weise mit dem Prädikatenkalkül (als relevanter allgemeiner Kalkül) verknüpft wedren.

Die unterschiedliche Semantik der beiden Kalküle muß auch syntaktisch berücksichtigt werden, um die Konstruktion unzulässiger Terme und Formeln zu verhindern. Deshalb werden Variablen des Prädikatenkalküls durch kleine lateinische Buchstaben bezeichnet, während Variablen des Tupelkalküls durch kleine griechische Buchstaben bezeichnet werden. Die Funktionssymbole des Prädikatenkalküls entsprechen den Verknüpfungssymbolen des Tupelkalküls. Datenprädikate, Tupelprädikate und Attributsymbole des Tupelkalküls können untereinander und mit Prädikatsymbolen des Prädikatenkalküls nicht verwechselt werden, wenn unterschiedliche Domänen benutzt werden.

Zur Verknüpfung der beiden Kalküle müssen außerdem "Mischprädikate" formuliert werden, die die Verbindung zwischen Tupelvariablen und Variablen des Prädikatenkalküls herstellen. Außerdem werden einige Funktionssymbole eingeführt ($\otimes$, σ, π), die eine kompaktere Formulierung komplexer Aussagen erlauben.

Vorgehensweise

Im folgenden werden zunächst Aussagen und Definitionen über "nicht-relationale Sachverhalte" (d.h. die Elemente des konzeptionellen Modells) in eine formale Beschreibung überführt. Danach werden zusätzliche Aussagen und Definitionen auf der Grundlage der Kombination von Prädikatenkalkül und Tupelkalkül formalisiert. Ein dritter Abschnitt stellt Regeln vor, um in beliebigen EOT-Schemata Primärschlüssel abzuleiten, die eine automatisierte Identifikation von Objekten beliebiger Objekttypen erlauben. In den darauffolgenden fünf Abschnitten werden formalisierte Propagierungs- und Zurückweisungsregeln für fünf verschiedene Typen von Datenmanipulationen vorgestellt. Auf der Grundlage der in den ersten beiden Abschnitten vorgestellten Prädikate wird in einem weiteren Abschnitt als Voraussetzung für die automatisierte Implementierung der dynamischen Konsistenzsicherung von EOT-Schemata das konzeptionelle Schema der Entwicklungsdatenbank vorgestellt. Ein letzter Abschnitt faßt die Ergebnisse dieses Hauptabschnitts zusammen.

4.1.1 Formale Beschreibung von Elementen des konzeptionellen Modells

Es sei s ein konzeptionelles Schema und *S* die Menge aller s. Weiterhin sei x ein Element eines konzeptionellen Schemas und *X* die Menge aller x. Die folgenden Basisprädikate werden eingeführt, um die verschiedenen Typen von Schemaelementen unterscheiden zu können:

Att(a,s)	$a \in X$; $s \in S$	a ist ein Attribut in Schema s
Typ(a,s)	$a \in X$; $s \in S$	a ist ein Objekttyp in Schema s

Auf der Grundlage dieser Basisprädikate können die Mengen der jeweiligen Schemaelemente definiert werden:

$Att^S \Leftrightarrow \{a \mid Att(a,s)\}$	$\forall s \in S$	Menge der Attribute in Schema s
$Typ^S \Leftrightarrow \{a \mid Typ(a,s)\}$	$\forall s \in S$	Menge der Objekttypen in Schema s

Attribute und Objekttypen wurden bisher unabhängig voneinander beschrieben. Ein Attribut steht jedoch immer in engem Zusammenhang zu einem oder mehreren Objekttypen. Um diese Zuordnung so vorzunehmen, daß sowohl die Semantik des zu modellierenden Realitätsausschnitts korrekt abgebildet wird wie auch bestimmte Probleme bei der Systemimplementierung vermieden werden, sind einige zusätzliche Prädikate zu modellieren.

Der Primärschlüssel a eines Objekttyps b ist eine Attributmenge (die auch nur aus einem einzigen Attribut bestehen kann), die zur eindeutigen Identifikation aller Objekte des jeweiligen Typs benutzt werden kann [Codd 1970, S.380].

PSchl(a,b,s) $a \subset Att^S$; $b \in Typ^S$; $s \in S$

Ein Attribut a ist funktional abhängig von einer Attributmenge b (die auch nur aus einem einzigen Attribut bestehen kann), wenn es unmöglich ist, daß zwei Objekte zwar den gleichen Attributwert für b, aber unterschiedliche Attributwerte für a haben [Kent 1983, S.121]. a ist **voll** funktional abhängig von b, wenn es neben b keine andere Attributmenge des jeweiligen Objekttyps gibt, von der a funktional abhängig ist [Date 1986, S.365]. Eine volle funktionale Abhängigkeit wird folgendermaßen beschrieben:

VAbh(a,b,s) $a \in Att^S$; $b \subset Att^S$; $a \notin b$; $s \in S$

Wenn für alle Objekttypen eines Schemas gilt, daß alle Nichtschlüsselattribute vom jeweiligen Primärschlüssel voll funktional abhängig sind, können bestimmte Verarbeitungsanomalien (siehe [Date 1986, S.369]) in der Implementierung dieses

Schemas nicht mehr auftreten. Die Menge Att^{bs} der Attribute eines Objekttyps b in Schema s setzt sich deshalb aus b's Primärschlüssel und solchen Attributen zusammen, die von diesem Primärschlüssel voll funktional abhängig sind:

$$Att^{bs} \Leftrightarrow \{a \mid Att(a,s) \wedge Typ(b,s) \wedge ((VAbh(a,c,s) \wedge PSchl(c,b,s)) \vee (PSchl(d,b,s) \wedge a \in d)\ )\} \qquad \forall b \in Typ^{s};\ \forall s \in S$$

Jede Abstraktionsbeziehung verknüpft einen oder mehrere referenzierende Objekttypen a mit einem oder mehreren referenzierten Objekttypen b. Wenn mehrere Objekttypen referenzieren, kann nur ein Objekttyp referenziert werden (z.B. *Generalisierungsbeziehungen*). Wenn mehrere Objekttypen referenziert werden, kann nur ein Objekttyp referenzieren (z.B. *Aggregationsbeziehungen*). Die Abstraktionsbeziehung wird nicht nur durch die beteiligten Objekttypen, sondern auch durch ihre Beschränktheit c und ihre Ableitungsform d charakterisiert. Eine Abstraktionsbeziehung kann folgendermaßen spezifiziert werden:

$$Abs(a,b,c,d,s) \qquad a,b \subset Typ^{s};\ c \in \{*,A\};\ d \in \{0,V,G\};\ s \in S;\ a \cap b = \{\};$$
$$(|a|=1 \wedge |b| \geq 1) \vee (|a| \geq 1 \wedge |b|=1);\ (c,d) \in \{(*,0),(A,V),(A,G)\}$$

Auf der Grundlage dieser Formalisierung läßt sich die Menge aller Abstraktionsbeziehungen eines Schemas s definieren:

$$Abs^{s} \Leftrightarrow \{a,b,c,d \mid Abs(a,b,c,d,s)\} \qquad \forall s \in S$$

Eine Referenzbeziehung repräsentiert eine Existenzabhängigkeit zwischen Objekten, die aufgrund einer Abstraktionsbeziehung besteht. Da sie für alle Objekte eines Typs gilt, wird sie im Typenmodell als Beziehung zwischen den Typen a und c abgebildet. Da referenzierende Objekte immer an einer Referenzbeziehung teilnehmen müssen, erübrigt sich für diese die Spezifikation der Vollständigkeit. Die Kardinalität b muß jedoch spezifiziert werden, um abzubilden, ob das referenzierende Objekt nur jeweils ein einziges anderes Objekt referenziert (z.B. *in Aggregationsbeziehungen*) oder ob es mehrere Objekte referenzieren darf (z.B. *in Assoziationsbeziehungen*). Für referenzierte Objekte ist sowohl die Kardinalität d wie auch die Vollständigkeit e der jeweiligen Referenzbeziehung zu spezifizieren:

$$Ref(a,b,c,d,e,f,s) \qquad a \in Abs^{s};\ b,d \in Typ^{s};\ c,e \in \{0,*\};\ f \in \{0,1\};\ s \in S;\ b \cap d = \{\}$$

Auf der Grundlage dieser Formalisierung läßt sich die Menge aller Referenzbeziehungen eines Schemas s definieren:

$$Ref^{s} \Leftrightarrow \{a,b,c,d,e,f \mid Ref(a,b,c,d,e,f,s)\} \qquad \forall s \in S$$

Als letzter Typ von Schemaelementen müssen noch Ableitungsbeziehung formal beschrieben werden. Jede Ableitungsbeziehung verknüpft ein oder mehrere Zielattribute a der Objekttypen b mit einem oder mehreren Quellattributen c der Objekttypen d auf der Grundlage einer Ableitungsformel e. Wenn es mehrere Quellattribute gibt, kann es nur ein Zielattribut geben (z.B. *in aggregativen Ableitungen*).

Wenn es mehrere Zielattribute gibt, kann es nur ein Quellattribut geben (z.B. *in Vererbungen*). Eine Ableitungsbeziehung kann deshalb folgendermaßen formalisiert werden:

Abl(a,b,c,d,e,s) $\qquad$ $a,c \subset Typ^s$; $b \in Att^{as}$; $d \in Att^{cs}$; $s \in S$

In der obigen Definition dürfen b und d auch identisch sein: In diesem Fall werden durch die Ableitungsbeziehung zwei Attribute des gleichen Objekttyps verknüpft. Auf der Grundlage der Formalisierung von Ableitungsbeziehungen läßt sich die Menge aller Ableitungsbeziehungen eines Schemas s definieren:

$Abl^s \Leftrightarrow$ {a,b,c,d,e | Abl(a,b,c,d,e,s)} $\qquad$ $\forall s \in S$

Für Quellattribute sind keine besonderen Eigenschaften zu spezifizieren, so daß es auch keiner formalen Festlegungen bedarf. Für Zielattribute ist zu spezifizieren, ob der abgeleitete Attributwert durch andere als Ableitungsbeziehungen überschrieben werden darf oder nicht. Diese Spezifikation kann folgendermaßen formalisiert werden:

ZAttr(a,b,c,d,s) $\qquad$ $a \in Abl^s$; $b \in Typ^s$; $c \in Att^{bs}$; $d \in \{0,1\}$; $s \in S$

Damit sind alle relevanten Eigenschaften von Elementen eines EOT-Schemas formal beschrieben. Um jedoch auch das implizierte Verhalten zur dynamischen Konsistenzsicherung formal beschreiben zu können, muß neben der Schemaebene auch die Objektebene formal beschrieben werden. Insbesondere müssen die von einer Datenmanipulation betroffenen Objekte sowie die verschiedenen, zur Zurückweisung oder Propagierung einer Datenmanipulation notwendigen Operationen formal beschrieben werden.

4.1.2 Formale Beschreibung von Objekten und Abbildungsoperationen

Es sei ξ ein beliebiges Informationsobjekt und Ξ die Menge aller ξ im Schema s. Um die Verbindung zwischen der Ebene der Typen und der Ebene der Objekte herzustellen, ist zunächst ein Prädikat zu definieren, das die Zugehörigkeit eines Objekts ξ zum Objekttyp a in Schema s repräsentiert:

$a(\xi)$ $\qquad$ $\xi \in \Xi$; $a \in Typ^s$; $s \in S$

Wie alle anderen Prädikate bildet auch dieses Prädikat seine Defintionsmenge in die Menge der Wahrheitswerte ab (a: $\Xi \rightarrow$ {'wahr','falsch'}): $a(\xi)$ ist wahr, wenn ξ zu a gehört; ansonsten ist $a(\xi)$ falsch.

Die Domäne eines Attributs a eines Objekttyps b wird als Dom^a bezeichnet. Da ein solches Attribut die Menge der Objekte von b nicht in die Menge der Wahrheitswerte, sondern in Dom^a abbildet (a: $\{\xi \mid b(\xi)\} \rightarrow Dom^a$), kann es nicht als Prädikat formalisiert werden. Weil die Darstellung als Funktion zu Verwechslungen mit Prädikaten führen könnte, wird der Punkt-Operator benutzt. Der Wert, der einem

Objekts ξ des Typs b durch das Attribut a zugeordnet wird, läßt sich dann folgendermaßen darstellen:

$\xi.a$ $\qquad b(\xi);\ a \in Att^{bs};\ b \in Typ^{s};\ s \in S$

Um für Propagierungen oder Zurückweisungen bestimmte Objekte identifizieren zu können, müssen Bedingungen formuliert werden. Bedingungen bilden die Menge der Objekte ξ eines Typs d in die Menge der Wahrheitswerte {'wahr','falsch'} ab und lassen sich deshalb als Prädikate definieren. Das Prädikat stellt die Verbindung zwischen ξ, dem Attribut a, für das die Bedingung formuliert wird, dem Vergleichsoperator b und dem Vergleichswert c her:

$Bed(\xi,a,b,c)$ $\qquad \xi \in \Xi;\ a \in Att^{ds};\ b \in \{\in,\notin,=,\neq,>,<,\geq,\leq\};\ c \in Dom^{a};\ d(\xi);\ s \in S$

Durch relationale Selektion werden die Objekte einer Objektmenge a (z.B. Objekte eines Typs) in eine Objektmenge b abgebildet, deren Elemente eine bestimmte Bedingung (die sog. Selektionsbedingung) erfüllen:

$b \Leftrightarrow \{\xi \mid a(\xi) \wedge Bed(\xi,c,d,e)\}$

Mit Hilfe des Selektionssymbols σ können Selektionen sehr kompakt notiert werden. Dabei ist zu beachten, daß σ eine Objektmenge repräsentiert und nicht etwa als Prädikat interpretiert wird. Die oben als b bezeichnete Selektion würde folgendermaßen notiert:

σ_{acde}

Auf der Grundlage der Selektion kann natürlich unmittelbar ein Prädikat definiert werden, daß die Menge der Objekte auf der Grundlage ihres Enthaltenseins in σ in die Menge der Wahrheitswerte abbildet (σ_{acde}: $\Xi \rightarrow$ {'wahr','falsch'}). Dieses Prädikat entspricht $Bed(\xi,c,d,e)$:

$\sigma_{acde}(\xi)$ $\qquad \xi \in \Xi;\ a \in Att^{ds};\ b \in \{\in,\notin,=,\neq,>,<,\geq,\leq\};\ c \in Dom^{a};\ d(\xi);\ s \in S$

Durch relationale Projektion wird für eine Objektmenge a (z.B. Objekte eines Typs) die Menge der Attribute in eine Attributmenge b abgebildet. b enthält nur noch solche Attribute, die in der vorgebenen Attributmenge c enthalten sind:

$b \Leftrightarrow \{d \mid d \in Att^{as} \wedge d \in c\}$ $\qquad a \in Typ^{s};\ c \subset Att^{as}$

Mit Hilfe des Projektionssymbols π können Projektionen sehr kompakt notiert werden. Dabei ist zu beachten, daß π eine Attributmenge repräsentiert und nicht etwa als Prädikat interpretiert wird. Die oben als b bezeichnete Projektion würde folgendermaßen notiert:

π_{ac}

Durch relationalen Verbund (Join) werden zwei Objektmengen a und b in eine Potenzmenge C abgebildet, die nicht nur alle kombinierten Objekte enthält, sondern für jedes Objekt auch alle Attributwerte, die dem Ursprungsobjekt in a oder in b zugeordnet waren:

$$c \Leftrightarrow a \otimes b \qquad\qquad a,b \in Typ^S$$

Auf der Grundlage der bisher vorgestellten Prädikat- und Mengendefinitionen können Mengen von Objekten, die durch eine bestimmte Datenmanipulation betroffen sind, folgendermaßen formalisiert werden:

L_{abcd} bezeichnet die Menge der Objekte des Typs a, die gelöscht werden, weil ihr Primärschlüssel b die Bedingung bcd erfüllt:

$$L_{abcd} \Leftrightarrow \{\xi \mid a(\xi) \wedge Bed(\xi,b,c,d) \wedge PSchl(b,a,s)\}$$

Beispielsweise repräsentiert $L_{Teil\ Teil\#\ =\ 5}$ die Objekte des Typs "Teil", die gelöscht werden, weil ihr Primärschlüssel "Teil#" den Wert 5 hat.

Analog bezeichnet E_{abcd} die Menge der Objekte des Typs a, die eingefügt werden und deren Primärschlüssel b die Bedingung bcd erfüllt:

$$E_{abcd} \Leftrightarrow \{\xi \mid a(\xi) \wedge Bed(\xi,b,c,d) \wedge PSchl(b,a,s)\}$$

Beispielsweise repräsentiert $E_{Produkt\ Teil\#\ in\ (10,11)}$ die Objekte des Typs "Produkt", die mit den Werten 10 bzw. 11 ihres Primärschlüssels "Teil#" eingefügt werden.

Schließlich bezeichnet $U_{abcdefg}$ die Menge der Objekte des Typs a, deren Primärschlüssel b die Bedingung bcd erfüllt und die derart geändert werden, daß ihr Attribut e nach der Änderung die Bedingung efg erfüllt:

$$U_{abcdefg} \Leftrightarrow \{\xi \mid a(\xi) \wedge Bed(\xi,b,c,d) \wedge PSchl(b,a,s) \wedge Bed(\xi,e,f,g) \wedge VAbh(e,h) \wedge PSchl(h,a,s)\}$$

Beispielsweise repräsentiert $U_{Produkt\ Teil\#\ =\ 6\ Preis\ =\ 100}$ das Objekt des Typs "Produkt", dessen Preis auf 100 gesetzt wird, weil sein Primärschlüssel "Teil#" den Wert 6 hat.

Damit sind nicht nur alle relevanten Eigenschaften der Schemaelemente (Objekttypen und Attribute), sondern auch der Informationsobjekte eines Schemas formal beschrieben. Auf dieser Grundlage kann in den nächsten Abschnitten das implizierte Verhalten des EOT-Modells beschrieben werden.

4.1.3 Identifikation von Objekten in der relationalen Formalisierung des EOT-Modells

Um die Propagierung von Datenmanipulationen formal beschreiben zu können, müssen Propagierungen auslösende Objekte, von Propagierungen betroffene Objekte, referenzierende Objekte, referenzierte Objekte sowie Objekte, die in Aggregationen zueinander "passen", identifiziert werden können. Die bisher benutzte Definition des Primärschlüssels[50] läßt zu, daß Primärschlüssel ohne Berücksichtigung der Abstraktionsbeziehungen festgelegt werden, an denen der jeweilige Typ beteiligt ist. Da aber der Zusammenhang, der durch Abstraktionsbeziehungen zwischen Objekttypen hergestellt wird, nicht auf formalem Wege auf voneinander unabhängige Primärschlüssel übertragen werden kann, dürfen Primärschlüssel nicht ohne Berücksichtigung von Abstraktionsbeziehungen festgelegt werden, wenn der Zusammenhang zwischen Objekten formal beschrieben werden soll.

Im folgenden werden deshalb Produktionsregeln definiert, durch die auf der Grundlage der Abstraktionsbeziehungen des EOT-Modells Primärschlüssel erzeugt werden, die in allgemeiner Form die Identifikation auslösender, betroffener, referenzierender, referenzierter und "passender" Objekte erlauben.

Jeder Objekttyp darf nur an einer einzigen Generalisierungshierarchie teilnehmen. Für einen Objekttyp a, der in einer Generalisierungshierarchie keinen anderen Objekttyp referenziert (d.h. die "Spitze" dieser Hierarchie bildet), kann ein beliebiger, semantisch sinnvoller Primärschlüssel b festgelegt werden. Dieser Primärschlüssel ist dann als "gemeinsamer Schlüssel" [Ortner/Söllner 1989, S.38] auch allen anderen Objekttypen e zuzuordnen, die an der betreffenden Generalisierungshierarchie teilnehmen [Smith/Smith 1977a, S.113-114]:

$$\mathrm{PSchl(b,a,s)} \wedge \mathrm{Abs(c,a,'A','V',s)} \wedge \neg(\mathrm{Abs(d,e,'A','V',s)} \wedge \mathrm{a} \in \mathrm{d}) \quad \forall \mathrm{a} \in \mathit{Typ}^{s};\ \mathrm{b} \subset \mathit{Att}^{as};\ \mathrm{s} \in \mathit{S}$$

$$\mathrm{PSchl(b,e,s)} \wedge \mathrm{Abs(f,g,'A','V',s)} \wedge \mathrm{e} \in \mathrm{f} \wedge \mathrm{PSchl(b,g,s)} \quad \forall \mathrm{e} \in \mathit{Typ}^{s};\ \mathrm{s} \in \mathit{S}$$

Objekttypen dürfen als Komponenten an verschiedenen Aggregationsbeziehungen teilnehmen. Als Aggregat darf ein Objekttyp seine Komponenten jedoch nur auf der Grundlage einer einzigen Aggregationsbeziehung referenzieren. Für einen Objekttyp a, der auf der Grundlage von Aggregationsbeziehungen zwar durch andere Objekttypen referenziert wird, aber selbst keinen anderen Objekttyp referenziert (d.h. die "Basis" eines Aggregationsnetzes bildet), kann ein beliebiger, semantisch sinnvoller Primärschlüssel b festgelegt werden. Der Primärschlüssel eines Aggregats c muß dann als "komplexer Schlüssel" [Ortner/Söllner 1989, S.38] der Mengenvereinigung der Primärschlüsselattribute seiner Komponenten entsprechen:

$$\mathrm{PSchl(b,a,s)} \wedge \mathrm{Abs(d,e,'*','0',s)} \wedge \mathrm{a} \in \mathrm{e} \wedge \neg\mathrm{Abs(a,f,'*','0',s)} \quad \forall \mathrm{a} \in \mathit{Typ}^{s};\ \mathrm{b} \subset \mathit{Att}^{as};\ \mathrm{s} \in \mathit{S}$$

$$\mathrm{PSchl(i \cup k,c,s)} \wedge \mathrm{Abs(c,g,'*','0',s)} \wedge \mathrm{h} \in \mathrm{g} \wedge \mathrm{PSchl(i,h,s)} \wedge \mathrm{j} \in \mathrm{g} \wedge \mathrm{PSchl(k,j,s)} \quad \forall \mathrm{c} \in \mathit{Typ}^{s};\ \mathrm{s} \in \mathit{S}$$

Objekttypen dürfen als Basisobjekte an verschiedenen Assoziationsbeziehungen teilnehmen. Ein Gruppentyp darf seine Basisobjekte jedoch nur auf der Grundlage

[50] Der Primärschlüssel eines Objekttyps ist eine Attributmenge (die auch nur aus einem einzigen Attribut bestehen kann), die zur eindeutigen Identifikation aller Objekte des jeweiligen Typs benutzt werden kann.

einer einzigen Assoziationsbeziehung referenzieren. Für einen Objekttyp a, der auf der Grundlage von Assoziationsbeziehungen zwar durch andere Objekttypen referenziert wird, aber selbst keinen anderen Objekttyp referenziert (d.h. die "Basis" eines Assoziationsnetzes bildet), kann ein beliebiger, semantisch sinnvoller Primärschlüssel b festgelegt werden. Der Primärschlüssel des Gruppentyps f muß eine Untermenge der Primärschlüsselattribute seines Basistyps darstellen:

$$PSchl(b,a,s) \wedge Abs(c,a,'A','G',s) \wedge \neg Abs(a,c,'A','G',s) \qquad \forall a \in Typ^S;\ b \subset Att^{as};\ s \in S$$

$$PSchl(\pi_{de},f,s) \wedge Abs(f,g,'A','G',s) \wedge PSchl(d,g,s) \qquad \forall f \in Typ^S;\ s \in S$$

Die Schlüsselbildungsregel für Gruppenobjekte widerspricht der Schlüsselbildung im Objekttypenmodell.[51] Der Unterschied resultiert daraus, daß im EOT-Modell auf der Grundlage der Existenzabhängigkeit des Gruppenobjekts von den jeweiligen Basisobjekten von einer Referenzierung des Basisobjekts durch das Gruppenobjekt ausgegangen wird. Im Objekttypenmodell wird dagegen keine Referenzbeziehung abgebildet, sondern der Schlüssel des Gruppenobjekts wird als Fremdschlüssel in alle jeweiligen Basisobjekte übernommen. Deshalb können im Objekttypenmodell auch nur exklusive Assoziationen (und Generalisierungen) repräsentiert werden.

Natürlich sind die drei beschriebenen Regeln zur Bildung von Primärschlüsseln nicht unabhängig voneinander. Objekttypen sind oft an mehreren Abstraktionsbeziehungen beteiligt, so daß in den meisten Fällen kein beliebiger, semantisch sinnvoller Primärschlüssel festgelegt werden kann, sondern dieser sich auch für "Spitzenobjekttypen" von Generalisierungshierarchien oder "Basisobjekttypen" von Aggregations- und Assoziationsnetzen aus der Anwendung von Bildungsregeln ergibt. Die meisten "Algorithmen" zur Schlüsselbildung tragen dieser Tatsache keine Rechnung, in dem ohne Berücksichtigung der Ausprägung der jeweiligen Abstraktionshierarchien Start-Objekttypen identifiziert und Bildungsregeln in einer bestimmten Reihenfolge ausgeführt werden (siehe z.B. [Ortner/Söllner 1989, S.38]). Die obigen sechs Ausdrücke stellen formalisierte Anforderungen an ein konsistentes System von Primärschlüsseln dar. Sie lassen sich problemlos in drei Produktionsregeln überführen. Durch die erste Regel werden Primärschlüssel von Subtypen aus dem Primärschlüssel des jeweiligen Supertyps abgeleitet. Durch die zweite Regel werden Primärschlüssel von Aggregaten aus den Primärschlüsseln der jeweiligen Komponenten abgeleitet.

---

51 Diese Regeln werden in [Ortner 1985, S.24] angedeutet. Eine detaillierte Beschreibung findet sich bei [Ortner/Söllner 1989, S.38].

$$PSchl(a,b,s) \Leftarrow Abs(c,d,'A','V',s) \wedge b \in c \wedge PSchl(a,d,s) \qquad \forall d \in Typ^S;\ s \in S$$

$$PSchl(a \cup b,c,s) \Leftarrow Abs(c,d,'*','0',s) \wedge e \in d \wedge PSchl(a,e,s) \wedge f \in d \wedge PSchl(b,f,s) \qquad \forall e,f \in Typ^S;\ s \in S$$

Für die Ableitung von Primärschlüsseln für Gruppenobjekte ist eine Produktionsregel nicht sinnvoll, weil die Festlegung der Attribute des Primärschlüssels des Basisobjekts, die den Primärschlüssel des Gruppenobjekts bilden sollen, manuellen Eingriff erfordert.

Es ist zu erwarten, daß die rekursive und gleichberechtigte Anwendung der zu Produktionsregeln umgeformten Bedingungen zu befriedigenderen Ergebnissen führt als die Abarbeitung eines Algorithmus, der aufgrund fixierter Kontrollflüsse und Prioritäten die Spezifika des jeweiligen Schemas nicht berücksichtigen kann. Dennoch kann auch bei regelbasierter Schlüsselgenerierung der Fall eintreten, daß auf der Grundlage konkurrierender Abstraktionshierarchien für einen Objekttyp unterschiedliche Primärschlüssel erzeugt werden.

Zusammenfassend repräsentiert der Primärschlüssel eines Objekttyps einen bedeutenden Teil der Semantik des durch ihn abgebildeten Konzepts des Realitätsausschnitts. Sowohl einer algorithmischen wie auch einer regelbasierten Erzeugung von Primärschlüsseln kann deshalb nur eine Vorschlagsfunktion zukommen. Manuelle Eingriffe der Systementwicklers sind nicht nur bei der Festlegung der "Basisschlüssel" und der Bildung von Schlüsselattribut-Untermengen erforderlich, sondern auch für die Überarbeitung sämtlicher anderen syntaktisch abgeleiteten Primärschlüssel.

4.1.4 Formale Beschreibung der Propagierung von Löschungen

Im folgenden werden die neun Propagierungsregeln für Löschungen auf der Grundlage des Prädikaten- und relationalen Tupelkalküls formal beschrieben.

Regel 1: Wird ein Objekt gelöscht, sind in der gleichen Transaktion auch alle Objekte zu löschen, von denen das zu löschende Objekt aufgrund einer Aggregations- oder Generalisierungsbeziehung referenziert wird.

$$L^1{}_{ab'='c} \Leftrightarrow \{\xi \mid d(\xi) \wedge Ref(e,d,f,a,g,h,i) \wedge Abs(j,k,l,m,i) \wedge (l,m) \in \{('*','0'),('A','V')\} \wedge d \in j \wedge a \in k \wedge Bed(\xi,n,'=',c) \wedge PSchl(o,d,i) \wedge n=o \cap b\} \qquad \forall \omega \in L_{ab'='c}$$

Auf der Grundlage der Menge der direkt gelöschten Objekte $L_{ab'='c}$ bezeichnet $L^1{}_{ab'='c}$ die Menge der aufgrund der Propagierungsregel 1 zu löschenden Objekte. Wenn alle Objekte des Typs a gelöscht werden, die die Bedingung b=c erfüllen, sind auch alle Objekte des Typs d zu löschen, die die Bedingung n=c erfüllen. d steht dabei für alle Objekttypen, die a aufgrund einer Aggregationsbeziehung (n='*', o='0') oder einer Generalisierungsbeziehung (n='A', o='V') referenzieren. n ergibt sich als Schnittmenge des Primärschlüssels b von a und des Primärschlüssels o von d.

Regel 2: Wird ein Objekt gelöscht, sind in der gleichen Transaktion auch alle Objekte zu löschen, von denen das zu löschende Objekt als einziges Objekt aufgrund einer Assoziationsbeziehung referenziert wird.

$$L^2_{ab'='c} \Leftrightarrow \{\xi \mid d(\xi) \wedge Ref(e,d,f,a,g,h,i) \wedge Abs(j,k,'A','G',i) \wedge d \in j \wedge a \in k \wedge Bed(\xi,l,'=',m) \wedge PSchl(n,d,i) \wedge l=n \cap b \wedge m=\pi_{cn} \wedge \{\}=\{\psi \mid a(\psi) \wedge Bed(\psi,b,'=',o) \wedge m=\pi_{on} \wedge o \neq c\}\} \quad \forall \omega \in L_{ab'='c}$$

Auf der Grundlage der Menge der direkt gelöschten Objekte $L_{ab'='c}$ bezeichnet $L^2_{ab'='c}$ die Menge der aufgrund der Propagierungsregel 2 zu löschenden Objekte. Wenn alle Objekte des Typs a gelöscht werden, die die Bedingung b=c erfüllen, sind auch alle Objekte des Typs d zu löschen, die die Bedingung l=m erfüllen. d steht dabei für alle Objekttypen, die a aufgrund einer Assoziationsbeziehung referenzieren. l ergibt sich als Schnittmenge des Primärschlüssels b von a und des Primärschlüssels n von d. m ergibt sich aus der Projektion des Primärschlüssels c des gelöschten Objekts des Basistyps auf den Primärschlüssel n des Gruppentyps. Es darf allerdings kein anderes Objekt des Basistyps a geben, für das die Projektion seines Primärschlüssels o auf den Primärschlüssel n des Gruppentyps den gleichen Wert m ergibt. D.h., daß die Löschung nur dann in den Gruppentyp propagiert wird, wenn das gelöschte Objekt des Basistyps das einzige referenzierte Objekt des jeweiligen Objekts des Gruppentyps war.

Regel 3: Wird ein Objekt gelöscht, sind in der gleichen Transaktion die Werte der abgeleiteten Attribute aller Objekte zu aktualisieren, von denen das zu löschende Objekt nicht als einziges Objekt aufgrund einer Assoziationsbeziehung referenziert wird.

$$U^3_{ab'='c} \Leftrightarrow \{\xi \mid d(\xi) \wedge Ref(e,d,f,a,g,h,i) \wedge Abs(j,k,'A','G',i) \wedge d \in j \wedge a \in k \wedge Bed(\xi,l,'=',m) \wedge PSchl(n,d,i) \wedge l=n \cap b \wedge m=\pi_{cn} \wedge \{\} \neq \{\psi \mid a(\psi) \wedge Bed(\psi,b,'=',o) \wedge m=\pi_{on} \wedge o \neq c\} \wedge Bed(\xi,p,'=',q) \wedge ZAttr(r,d,p,s,i) \wedge Abl(a,t,d,p,u,i) \wedge q=u(t)\} \quad \forall \omega \in L_{ab'='c}$$

Auf der Grundlage der Menge der direkt gelöschten Objekte $L_{ab'='c}$ bezeichnet $U^3_{ab'='c}$ die Menge der aufgrund der Propagierungsregel 3 zu ändernden Objekte. Wenn alle Objekte des Typs a gelöscht werden, die die Bedingung b=c erfüllen, sind auch alle Objekte des Typs d, die die Bedingung l=m erfüllen, dahingehend zu ändern, daß sie auch die Bedingung p=q erfüllen. d steht dabei für alle Objekttypen, die a aufgrund einer Assoziationsbeziehung referenzieren. l ergibt sich als

Schnittmenge des Primärschlüssels b von a und des Primärschlüssels n von d. m ergibt sich aus der Projektion des Primärschlüssels c des gelöschten Objekts des Basistyps auf den Primärschlüssel n des Gruppentyps. Es muß allerdings mindestens ein anderes Objekt des Basistyps a geben, für das die Projektion seines Primärschlüssels o auf den Primärschlüssel n des Gruppentyps den gleichen Wert m ergibt. D.h., daß die Löschung eines Basisobjekts nur zu einer Änderung des jeweiligen Gruppenobjekts führt, wenn das gelöschte Basisobjekt nicht das einzige Objekt war, das durch das Gruppenobjekt referenziert wird. p bezeichnet die Attribute des Gruppentyps d, deren Werte q durch die Anwendung einer Ableitungsformel u auf die jeweiligen Werte t der Quellattribute abgeleitet werden.

Regel 4: Wird ein Objekt gelöscht, sind in der gleichen Transaktion auch alle Objekte zu löschen, die vom zu löschenden Objekt aufgrund einer vollständigen, exklusiven Aggregations-, Generalisierungs- oder Assoziationsbeziehung referenziert werden müssen.

$$L^4_{ab'='c} \Leftrightarrow \{\xi \mid d(\xi) \wedge Ref(e,a,f,d,'1','1',g) \wedge Bed(\xi,h,'=',c) \wedge PSchl(i,d,g) \wedge h=i\cap b\} \qquad \forall \omega \in L_{ab'='c}$$

Auf der Grundlage der Menge der direkt gelöschten Objekte $L_{ab'='c}$ bezeichnet $L^4_{ab'='c}$ die Menge der aufgrund der Propagierungsregel 4 zu löschenden Objekte. Wenn alle Objekte des Typs a gelöscht werden, die die Bedingung b=c erfüllen, sind auch alle Objekte des Typs d zu löschen, die die Bedingung h=c erfüllen. d steht dabei für alle Objekttypen, die von a aufgrund einer vollständigen (erste '1' in Ref) und exklusiven (zweite '1' in Ref) Referenzbeziehung referenziert werden müssen. h ergibt sich als Schnittmenge des Primärschlüssels b von a und des Primärschlüssels i von d.

Regel 5: Wird ein Objekt gelöscht, sind in der gleichen Transaktion auch alle Objekte zu löschen, die ausschließlich vom zu löschenden Objekt aufgrund einer vollständigen, nicht-exklusiven Aggregations-, Generalisierungs- oder Assoziationsbeziehung referenziert werden müssen.

$$L^5_{ab'='c} \Leftrightarrow \{\xi \mid d(\xi) \wedge Ref(e,a,f,d,'1','*',g) \wedge Bed(\xi,h,'=',i) \wedge PSchl(j,d,g) \wedge h=j\cap b \wedge i=\pi_{cj} \wedge \{\}=\{\psi \mid a(\psi) \wedge Bed(\psi,b,'=',k) \wedge i=\pi_{kj}\}\} \qquad \forall \omega \in L_{ab'='c}$$

Auf der Grundlage der Menge der direkt gelöschten Objekte $L_{ab'='c}$ bezeichnet $L^5_{ab'='c}$ die Menge der aufgrund der Propagierungsregel 5 zu löschenden Objekte. Wenn alle Objekte des Typs a gelöscht werden, die die Bedingung b=c erfüllen, sind auch alle Objekte des Typs d zu löschen, die die Bedingung h=i erfüllen. d steht dabei für alle Objekttypen, die von a aufgrund einer vollständigen ('1' in Ref), nicht-exklusiven ('*' in Ref) Referenzbeziehung referenziert werden müssen. h ergibt sich als Schnittmenge des Primärschlüssels b von a und des Primärschlüssels j von

d. i ergibt sich aus der Projektion des Primärschlüssels c des gelöschten Objekts des referenzierenden Typs auf den Primärschlüssel j des referenzierten Typs. Es darf allerdings kein anderes referenzierendes Objekt des Typs a geben, für das die Projektion seines Primärschlüssels k auf den Primärschlüssel j des referenzierten Typs den gleichen Wert i ergibt. D.h., daß die Löschung nur dann in ein Objekt des referenzierten Typs propagiert wird, wenn dieses Objekt ausschließlich vom gelöschten Objekt referenziert wird.

Regel 6: Wird ein Objekt gelöscht, sind in der gleichen Transaktion die Werte des Klassifikationsattributs aller Objekte zu aktualisieren, die nicht nur das zu löschende Objekt aufgrund einer vollständigen, nicht-exklusiven Generalisierungsbeziehung referenziert.

Für diese Regel erfolgt keine formale Beschreibung, weil das Klassifikationsattribut im Relationenmodell nicht explizit modelliert werden muß, sondern durch die Werte der Primärschlüssel der Subtypen impliziert werden kann. Die explizite Abbildung eines Klassifikationsattributs in Ergänzung der de facto-Zuordnung von Objekten zu Subtypen würde nicht nur zu unerwünschter Redundanz führen, die zusätzliche Konsistenzverletzungen ermöglicht, ohne daß hierdurch zusätzliche Semantik repräsentiert würde. So könnte z.B. die Zuordnung eines Objekts zu einem Subtyp dem Wert des Klassifikationsattributs widersprechen, den dieses Objekt im Supertyp hat. Darüber hinaus führt die Benutzung expliziter Klassifikationsattribute in normalisierten Relationenschemata dazu, daß für jede nicht-exklusive Generalisierungsbeziehung ein künstlicher Relationstyp definiert werden muß, der keine Entsprechung im abzubildenden Realitätsausschnitt hat. Beide unerwünschten Nebenwirkungen (Konsistenzgefährdung und Zwang zur Implementierung künstlicher Relationstypen) werden vermieden, wenn die Zuordnung von Objekten zu Subtypen nicht auf der Grundlage von Attributwerten, sondern unmittelbar durch die jeweiligen Anwendungen erfolgt.

Regel 7: Wird ein Objekt gelöscht, sind in der gleichen Transaktion die Werte des Gruppierungsattributs aller Objekte zu aktualisieren, die nicht nur das zu löschende Objekt aufgrund einer vollständigen, nicht-exklusiven Assoziationsbeziehung referenziert.

Diese Regel wird ebenfalls nicht formal beschrieben, weil auch das Gruppierungsattribut im Relationenmodell nicht explizit modelliert werden muß, sondern durch die Werte der Primärschlüssel bzw. von Nichtschlüsselattributen des Basistyps impliziert werden kann. Die explizite Abbildung eines Gruppierungsattributs in Ergänzung der durch diese Attribute implizierten Zuordnung von Basisobjekten zu Gruppenobjekten würde nicht nur ebenfalls zu unerwünschter Redundanz führen. So könnte z.B. die implizierte Zuordnung eines Basisobjekts zu einem Gruppenobjekt, die sich aus dem Primärschlüssel des Basisobjekts ergibt, dem Wert des Gruppierungsattributs widersprechen. Darüber hinaus führt die Benutzung expliziter Gruppierungsattribute in normalisierten Relationenschemata dazu, daß auch für jede nicht-exklusive Assoziationsbeziehung ein künstlicher Relationstyp definiert werden muß, der keine Entsprechung im abzubildenden Realitätsausschnitt hat. Beide unerwünschten Nebenwirkungen (Konsistenzgefährdung und Zwang zur Implementierung künstlicher Relationstypen) werden vermieden, wenn die Zuordnung von Basisobjekten zu Gruppenobjekten nicht auf der Grundlage der Werte eines dedizierten Attributs des Basisobjekts erfolgt, sondern unmittelbar aus dem Wert des Primärschlüssels oder von Nichtschlüsselattributen abgeleitet wird.

Regel 8: Wird ein Objekt gelöscht, sind in der gleichen Transaktion die Werte des Klassifikationsattributs aller Objekte zu aktualisieren, die das zu löschende Objekt aufgrund einer nicht-vollständigen Generalisierungsbeziehung referenziert.

Die Formalisierung dieser Regel entfällt aus den zu Regel 6 angeführten Gründen.

Regel 9: Wird ein Objekt gelöscht, sind in der gleichen Transaktion die Werte des Gruppierungsattributs aller Objekte zu aktualisieren, die das zu löschende Objekt aufgrund einer nicht-vollständigen Assoziationsbeziehung referenziert.

Die Formalisierung dieser Regel entfällt aus den zu Regel 7 angeführten Gründen.

Die Löschung aller Objekte des Typs a, die die Bedingung b=c erfüllen, ist damit in die folgenden Objekte zu propagieren:

$$\lambda^{1}{}_{ab'='c} \Leftrightarrow L^{1}{}_{ab'='c} \cup L^{2}{}_{ab'='c} \cup U^{3}{}_{ab'='c} \cup L^{4}{}_{ab'='c} \cup L^{5}{}_{ab'='c}$$

4.1.5 Formale Beschreibung der Zurückweisung von Einfügungen

In diesem Abschnitt werden die vier Zurückweisungsregeln für Einfügungen auf der Grundlage des Prädikaten- und relationalen Tupelkalküls formal beschrieben.

Regel 10: Die Einfügung eines Objekts ist zurückzuweisen, wenn das aufgrund einer vollständigen und exklusiven Generalisierungsbeziehung referenzierte Objekt bereits existiert.

$$\begin{aligned} E^{10}{}_{ab'='c} \Leftrightarrow \{\xi \mid\ & a(\xi) \wedge Bed(\xi,b,'=',c) \wedge PSchl(b,a,d) \wedge Ref(e,a,f,g,'1','1',d) \\ & \wedge Abs(h,i,'A','V',d) \wedge a \in h \wedge g \in i \\ & \wedge \{\} \neq \{\psi \mid g(\psi) \wedge Bed(\psi,j,'=',k) \wedge PSchl(l,g,d) \wedge j = l \cap b \wedge k = \pi_{cl}\ \}\ \} \end{aligned}$$

$$\forall \omega \in E_{ab'='c}$$

Auf der Grundlage der Menge der direkt eingefügten Objekte $E_{ab'='c}$ bezeichnet $E^{10}{}_{ab'='c}$ die Menge der Objekte, deren Einfügung aufgrund der Propagierungsregel 10 zurückzuweisen ist. Dabei handelt es sich um Objekte des Typs a, deren Primärschlüssel b zwar die Bedingung b=c erfüllt, die aber auch aufgrund einer vollständigen (erste '1' in Ref) und exklusiven (zweite '1' in Ref) Referenzbeziehung existierende Objekte des Typs g referenzieren, die die Bedingung j=k erfüllen. j ergibt sich dabei als Schnittmenge des Primärschlüssels b von a und des Primärschlüssels l von g. k ergibt sich aus der Projektion des Primärschlüssels c des eingefügten Objekts auf den Primärschlüssel l des referenzierten Objekts.

Regel 11: Die Einfügung eines Objekts ist zurückzuweisen, wenn das aufgrund einer exklusiven Generalisierungsbeziehung referenzierte Objekt bereits auf der Grundlage dieser Beziehung referenziert wird.

$$E^{11}{}_{ab'='c} \Leftrightarrow \{\xi \mid a(\xi) \wedge Bed(\xi,b,'=',c) \wedge PSchl(b,a,d) \wedge Ref(e,a,f,g,'1',h,d)$$
$$\wedge Abs(i,j,'A','V',d) \wedge a\in i \wedge g\in j \wedge \{\}\neq\{\zeta \mid a(\zeta) \wedge Bed(\zeta,b,'=',k) \wedge k\neq c\}$$
$$\wedge \{\}\neq\{\psi \mid g(\psi) \wedge Bed(\psi,l,'=',m) \wedge PSchl(n,g,d) \wedge l=n\cap b \wedge m=\pi_{cn} \wedge m=\pi_{kn}\}\}$$
$$\forall\omega\in E_{ab'='c}$$

Auf der Grundlage der Menge der direkt eingefügten Objekte $E_{ab'='c}$ bezeichnet $E^{11}{}_{ab'='c}$ die Menge der Objekte, deren Einfügung aufgrund der Propagierungsregel 11 zurückzuweisen ist. Dabei handelt es sich um Objekte des Typs a, deren Primärschlüssel b zwar die Bedingung b=c erfüllt, die aber auch aufgrund einer vollständigen ('1' in Ref) Referenzbeziehung existierende Objekte des Typs g referenzieren, die die Bedingung l=m erfüllen. l ergibt sich dabei als Schnittmenge des Primärschlüssels b von a und des Primärschlüssels n von g. m ergibt sich aus der Projektion des Primärschlüssels c des eingefügten Objekts auf den Primärschlüssel n des referenzierten Objekts. Die Einfügung ist allerdings nur dann zurückzuweisen, wenn es ein weiteres Objekt ζ in a gibt, das aufgrund der gleichen Referenzbeziehung das gleiche Objekt referenziert. m muß also auch der Projektion des Primärschlüssels k dieses Objekts auf den Primärschlüssel n des referenzierten Objekts entsprechen.

Regel 12: Die Einfügung eines Objekts ist zurückzuweisen, wenn die aufgrund einer vollständigen, exklusiven Assoziationsbeziehung referenzierten Objekte des Basistyps bereits existieren.

$$E^{12}{}_{ab'='c} \Leftrightarrow \{\xi \mid a(\xi) \wedge Bed(\xi,b,'=',c) \wedge PSchl(b,a,d) \wedge Ref(e,a,f,g,'1','1',d)$$
$$\wedge Abs(h,i,'A','G',d) \wedge a\in h \wedge g\in i$$
$$\wedge \{\}\neq\{\psi \mid g(\psi) \wedge Bed(\psi,j,'=',k) \wedge PSchl(l,g,d) \wedge j=l\cap b \wedge k=\pi_{cl}\}\}$$
$$\forall\omega\in E_{ab'='c}$$

Auf der Grundlage der Menge der direkt eingefügten Objekte $E_{ab'='c}$ bezeichnet $E^{12}{}_{ab'='c}$ die Menge der Objekte, deren Einfügung aufgrund der Propagierungsregel 12 zurückzuweisen ist. Dabei handelt es sich um Objekte des Typs a, deren Primärschlüssel b zwar die Bedingung b=c erfüllt, deren aufgrund einer vollständigen (erste '1' in Ref) und exklusiven (zweite '1' in Ref) Assoziationsbeziehung referenzierte Objekte des Basistyps g jedoch bereits existieren und die Bedingung j=k erfüllen. j ergibt sich dabei als Schnittmenge des Primärschlüssels b von a und des Primärschlüssels l von g. k ergibt sich aus der Projektion des Primärschlüssels c des eingefügten Objekts auf den Primärschlüssel l des referenzierten Basisobjekts.

Regel 13: Die Einfügung eines Objekts ist zurückzuweisen, wenn die aufgrund einer Assoziationsbeziehung referenzierten Objekte nicht existieren.

$$E^{13}{}_{ab'='c} \Leftrightarrow \{\xi \mid a(\xi) \wedge Bed(\xi,b,'=',c) \wedge PSchl(b,a,d) \wedge Abs(e,f,'A','G',d) \wedge a\in e \wedge g\in f$$
$$\wedge \{\}=\{\psi \mid g(\psi) \wedge Bed(\psi,h,'=',i) \wedge PSchl(j,g,d) \wedge h=j\cap b \wedge i=\pi_{cj}\}\}$$
$$\forall\omega\in E_{ab'='c}$$

Auf der Grundlage der Menge der direkt eingefügten Objekte $E_{ab'='c}$ bezeichnet $E^{13}{}_{ab'='c}$ die Menge der Objekte, deren Einfügung aufgrund der Propagierungsregel 13 zurückzuweisen ist. Dabei handelt es sich um Objekte des Typs a, deren Primärschlüssel b zwar die Bedingung b=c erfüllt, deren aufgrund einer Assoziationsbeziehung referenzierte Objekte des Basistyps g jedoch nicht existieren (ohne Basisobjekt können die Eigenschaften des Gruppenobjekts ja nicht abgeleitet werden). Solche Basisobjekte müßten die Bedingung h=i erfüllen, wobei sich h als Schnittmenge des Primärschlüssels b von a und des Primärschlüssels j von g ergibt. i ergibt sich aus der Projektion des Primärschlüssels c des eingefügten Objekts auf den Primärschlüssel j des referenzierten Basisobjekts.

Die Grundlage zur Propagierung von Einfügungen ist damit nicht die Menge $E_{ab'='c}$. Nur die Einfügung solcher Objekte des Typs a darf propagiert werden, die nicht nur die Bedingung b=c erfüllen, sondern darüber hinaus in keiner der zurückgewiesenen Objektmengen enthalten sind:

$$E^{0}{}_{ab'='c} \Leftrightarrow E_{ab'='c} \setminus E^{10}{}_{ab'='c} \setminus E^{11}{}_{ab'='c} \setminus E^{12}{}_{ab'='c} \setminus E^{13}{}_{ab'='c}$$

4.1.6 Formale Beschreibung der Propagierung von Einfügungen

In diesem Abschnitt werden die sieben Propagierungsregeln für Einfügungen auf der Grundlage des Prädikaten- und relationalen Tupelkalküls formal beschrieben.

Regel 14: Wird ein Objekt eingefügt, sind in der gleichen Transaktion dessen ableitbare Attributwerte auf der Grundlage aller Ableitungsregeln zu aktualisieren, an denen Attribute des einzufügenden Objekts teilnehmen.

$$U^{14.1}{}_{ab'='c} \Leftrightarrow \{\xi \mid a(\xi) \wedge Abs(d,e,'*','0',f) \wedge a\in d$$
$$\wedge \{\}\neq\{(\psi,\zeta) \mid g(\psi) \wedge Ref(h,a,i,g,j,k,f) \wedge g\in e \wedge PSchl(l,g,f)$$
$$\wedge Bed(\psi,b\cap l,'=',\pi_{cl}) \wedge m(\zeta) \wedge Ref(h,a,n,m,o,p,f) \wedge m\in e \wedge PSchl(q,m,f)$$
$$\wedge Bed(\zeta,b\cap q,'=',\pi_{cq}) \wedge Bed(\psi,l\cap q,'=',r) \wedge Bed(\zeta,l\cap q,'=',r)\ \}$$
$$\wedge Bed(\xi,b,'=',c) \wedge PSchl(b,a,f)$$
$$\wedge Bed(\xi,s,'=',t) \wedge ZAttr(u,v,w,x,f) \wedge Abl(v,w,a,s,y,f) \wedge t=y(w) \wedge v\in\{g,m\}\ \}$$
$$\forall\omega\in E^{0}{}_{ab'='c}$$

$$U^{14.2}{}_{ab'='c} \Leftrightarrow \{\xi \mid a(\xi) \wedge Abs(d,e,f,g,h) \wedge Ref(i,a,j,k,l,m,h) \wedge (f,g)\in\{('A','G'),('A','V')\} \wedge a\in d$$
$$\wedge k\in e \wedge Bed(\xi,b,'=',c) \wedge PSchl(b,a,h) \wedge Bed(\xi,n,'=',o) \wedge ZAttr(p,k,q,r,h)$$
$$\wedge Abl(k,q,a,n,s,h) \wedge o=s(q)\} \qquad \forall\omega\in E^{0}{}_{ab'='c}$$

Auf der Grundlage der Menge der zulässig direkt eingefügten Objekte $E^{0}{}_{ab'='c}$ bezeichnen $U^{14.1}{}_{ab'='c}$ bzw. $U^{14.1}{}_{ab'='c}$ die Mengen der Objekte, die aufgrund der Propagierungsregel 14 geändert werden müssen. Wenn Objekte des Typs a zulässig eingefügt werden, deren Primärschlüssel b die Bedingung b=c erfüllt, dann müssen diese unter bestimmten Bedingungen auch die Bedingung s=t (Regel 14.1) bzw. n=o (Regel 14.2) erfüllen. Ob keine, eine oder beide der Regeln angewendet werden, richtet sich nach den Ableitungsbeziehungen, an denen Objekte des Typs a teilnehmen.

Im Fall von Aggregationsbeziehungen (Regel 14.1) müssen zur Informationsableitung in den zugrunde liegenden Objekttypen g und m passende Objekte identifiziert werden. ψ ist das Objekt des Typs g, das durch das eingefügte a-Objekt referenziert wird, weil die Schnittmenge des Primärschlüssels b von a und des Primärschlüssels l von g der Projektion von c auf l entspricht. ζ ist das Objekt des Typs m, das durch das a-Objekt referenziert wird, weil die Schnittmenge des Primärschlüssels b von a und des Primärschlüssels q von m der Projektion von c auf q entspricht. Ein Objektpaar (ψ,ζ) kann zur Ableitung benutzt werden, wenn der Wert der Schnittmenge des Primärschlüssels l von g und des Primärschlüssels q von m übereinstimmt. Dann können für die eingefügten a-Objekte die Werte der abgeleiteten Attribute s auf der Grundlage der Quellattribute w von v (also g oder m) mit Hilfe der Ableitungsregeln y erzeugt werden.

Im Fall von Assoziations- und Generalisierungsbeziehungen (Regel 14.2) müssen keine passenden Objektpaare identifiziert werden. Zunächst ist der referenzierte Objekttyp (es kann nur einen geben) k zu ermitteln. Für die eingefügten a-Objekte können dann die Werte der abgeleiteten Attribute n auf der Grundlage der Quellattribute q aus k mit Hilfe der Ableitungsregeln s erzeugt werden.

Regel 15: Wird ein Objekt eingefügt, sind in der gleichen Transaktion auch alle nicht-existierenden Objekte mit abgeleiteten Attributwerten einzufügen, von denen das einzufügende Objekt aufgrund einer vollständigen Aggregations-, Generalisierungs- oder Assoziationsbeziehung referenziert werden muß.

$$E^{15.1}{}_{ab'='c} \Leftrightarrow \{\xi \mid d(\xi) \wedge Ref(e,d,f,a,'1',g,h) \wedge Abs(i,j,'*','0',h) \wedge d\in i \wedge a\in j$$
$$\wedge \{\}\neq\{\psi \mid k(\psi) \wedge Ref(e,d,l,k,m,n,h) \wedge k\in j \wedge Bed(\psi,o,'=',p) \wedge PSchl(o,k,h)$$
$$\wedge Bed(\psi,b\cap o,'=',r) \wedge a(\zeta) \wedge Bed(\zeta,b,'=',c) \wedge Bed(\zeta,b\cap o,'=',r)\ \}$$
$$\wedge Bed(\xi,b\cup o,'=',\pi_{c\otimes p\ b\cup o}) \wedge PSchl(b\cup o,d,h) \wedge Bed(\xi,s,'=',t(u)\ )$$
$$\wedge ZAttr(v,d,s,w,h) \wedge Abl(a\cup k,u,d,s,t,h)\} \qquad \forall\omega\in E^{0}{}_{ab'='c}$$

$$E^{15.2}{}_{ab'='c} \Leftrightarrow \{\xi \mid d(\xi) \wedge Ref(e,d,f,a,'1',g,h) \wedge Abs(i,j,'A','G',h) \wedge d\in i \wedge a\in j$$
$$\wedge \{\}=\{\psi \mid k(\psi) \wedge Ref(e,d,l,k,m,n,h) \wedge k\in j \wedge Bed(\psi,o,'=',p) \wedge PSchl(o,k,h)$$
$$\wedge Bed(\psi,b\cap o,'=',r) \wedge a(\zeta) \wedge Bed(\zeta,b,'=',c) \wedge Bed(\zeta,b\cap o,'=',r)\ \}$$
$$\wedge Bed(\xi,b\cap s,'=',\pi_{cs}) \wedge PSchl(s,d,h) \wedge Bed(\xi,t,'=',u(v)\ ) \wedge ZAttr(w,d,t,x,h)$$
$$\wedge Abl(a,v,d,t,u,h)\} \qquad \forall\omega\in E^{0}{}_{ab'='c}$$

Auf der Grundlage der Menge der zulässig direkt eingefügten Objekte $E^{0}{}_{ab'='c}$ bezeichnen $E^{15.1}{}_{ab'='c}$ bzw. $E^{15.1}{}_{ab'='c}$ die Mengen der aufgrund der Propagierungsregel 15 einzufügenden Objekte. Wenn Objekte des Typs a zulässig eingefügt werden, deren Primärschlüssel b die Bedingung b=c erfüllt, dann müssen auch Objekte des Typs d eingefügt werden, die die eingefügten Objekte aufgrund einer vollständigen Referenzbedingung referenzieren müssen. Welche der beiden Varianten in Frage kommt, richtet sich danach, ob ein k-Objekt ψ existiert, das vom einzufügenden d-Objekt ebenfalls referenziert wird und das zum eingefügten a-Objekt ζ "paßt". "Passende" Objekte werden dabei daran erkannt, daß der Wert der Schnittmenge des Primärschlüssels b von a und des Primärschlüssels o von k für ψ und ζ übereinstimmt.

Existiert ein zum a-Objekt ζ passendes k-Objekt ψ (was auf der Grundlage von Aggregationsbeziehungen der Fall ist), wird der Primärschlüssel des einzufügenden d-Objekts durch Projektion des Joins des a-Primärschlüsselwerts c und des k-Primärschlüsselwerts p auf den zusammengesetzten d-Primärschlüssel $b\cup o$ abgeleitet ($b\cup o=\pi_{c\otimes p\ b\cup o}$).

Existiert kein passendes k-Objekt (was auf der Grundlage von Assoziationsbeziehungen der Fall ist), wird der Primärschlüssel des einzufügenden d-Objekts durch Projektion des a-Primärschlüsselwerts c auf den d-Primärschlüssel s abgeleitet ($b\cap s=\pi_{cs}$).

In vollständigen Generalisierungshierarchien kann keine automatische Propagierung vorgenommen werden, da nicht formal beschrieben werden kann, welchem Subtyp ein eingefügtes Objekt des Supertyps zugeordnet werden soll. Einfügungen finden in vollständigen Generalisierungshierarchien nur in Subtypen statt und werden automatisch in Supertypen propagiert (siehe Regel 17)

Sowohl in vollständigen Aggregationsbeziehungen wie auch in vollständigen Assoziationsbeziehungen werden die Werte der abgeleiteten Attribute t auf der Grundlage der Ableitungsregeln u aus den Quellattributen v erzeugt.

Regel 16: Wird ein Objekt eingefügt, sind in der gleichen Transaktion auch alle Werte abgeleiteter Attribute der existierenden Objekte zu aktualisieren, die das einzufügende Objekt aufgrund einer Assoziationsbeziehung oder einer nicht-exklusiven Generalisierungsbeziehung referenzieren.

$$U^{16}{}_{ab'='c} \Leftrightarrow \{\xi \mid d(\xi) \wedge \text{Ref}(e,d,f,a,g,h,i) \wedge \text{Abs}(j,k,'A',m,i) \wedge d \in j \wedge a \in k$$
$$\wedge\ (m='G' \vee (m='V' \wedge \text{Ref}(n,a,o,d,p,'*',i))) \wedge \text{Bed}(\xi,q,'=',r) \wedge \text{PSchl}(s,d,i)$$
$$\wedge\ q=s \cap b \wedge r=\pi_{cs} \wedge \text{Bed}(\xi,t,'=',u) \wedge \text{ZAttr}(v,d,t,w,i) \wedge \text{Abl}(a,x,d,t,y,i) \wedge u=y(x)\ \}$$
$$\forall \omega \in E^{0}{}_{ab'='c}$$

Auf der Grundlage der Menge der zulässig direkt eingefügten Objekte $E^{0}{}_{ab'='c}$ bezeichnet $U^{16}{}_{ab'='c}$ die Menge der aufgrund der Propagierungsregel 16 zu ändernden Objekte. Wenn Objekte des Typs a eingefügt werden, die die Bedingung b=c erfüllen, sind auch alle Objekte des Typs d, die die Bedingung q=r erfüllen, dahingehend zu ändern, daß sie auch die Bedingung t=u erfüllen. d steht dabei für alle Objekttypen, die a aufgrund einer Assoziationsbeziehung oder einer nicht-exklusiven ('*' in Ref) Generalisierungsbeziehung referenzieren. q ergibt sich als Schnittmenge des Primärschlüssels b von a und des Primärschlüssels s von d. r ergibt sich aus der Projektion des Primärschlüssels c des eingefügten, referenzierten Objekts auf den Primärschlüssel s des referenzierenden Objekts. t bezeichnet die Attribute des referenzierenden Typs d, deren Werte u durch die Anwendung einer Ableitungsformel y auf die jeweiligen Quellattribute x des referenzierten Typs abgeleitet werden.

Regel 17: Wird ein Objekt eingefügt, sind in der gleichen Transaktion auch alle nicht-existierenden Objekte einzufügen, die vom einzufügenden Objekt aufgrund einer Aggregations- oder Generalisierungsbeziehung referenziert werden.

$$E^{17}{}_{ab'='c} \Leftrightarrow \{\xi \mid d(\xi) \wedge \text{Ref}(e,a,f,d,g,h,i) \wedge \text{Abs}(j,k,l,m,i) \wedge (l,m) \in \{('*','0'),('A','G')\} \wedge a \in j$$
$$\wedge\ d \in k \wedge \text{PSchl}(n,d,i) \wedge \text{Bed}(\xi,j,'=',k) \wedge j=b \cap n \wedge k=\pi_{cn}$$
$$\wedge\ \{\}=\{\psi \mid d(\psi) \wedge \text{Bed}(\psi,j,'=',k)\ \} \qquad \forall \omega \in E^{0}{}_{ab'='c}$$

Auf der Grundlage der Menge der zulässig direkt eingefügten Objekte $E^{0}_{ab'='c}$ bezeichnet $E^{17}_{ab'='c}$ die Menge der aufgrund der Propagierungsregel 15 einzufügenden Objekte. Wenn Objekte des Typs a eingefügt werden, die die Bedingung b=c erfüllen, sind auch alle Objekte des Typs d einzufügen, die die Bedingung j=k erfüllen. d steht dabei für alle Objekttypen, die von a aufgrund einer vollständigen Aggregations- oder Generalisierungsbeziehung referenziert werden. j ergibt sich als Schnittmenge des Primärschlüssels b von a und des Primärschlüssels n von d. k ergibt sich aus der Projektion des Primärschlüssels c des eingefügten Objekts des referenzierenden Typs auf den Primärschlüssel n des referenzierten Typs. In d darf allerdings noch kein Objekt existieren, das die Bedingung j=k erfüllt.

Regel 18: Wird ein Objekt eingefügt, sind in der gleichen Transaktion auch die Werte des Klassifikationsattributs aller existierender Objekte zu aktualisieren, die vom einzufügenden Objekt aufgrund einer nicht-vollständigen Generalisierungsbeziehung referenziert werden.

Die Formalisierung dieser Regel entfällt aus den zu Regel 6 angeführten Gründen.

Regel 19: Wird ein Objekt eingefügt, sind in der gleichen Transaktion auch die Werte des Gruppierungsattributs aller existierenden Objekte zu aktualisieren, die ausschließlich vom einzufügenden Objekt aufgrund einer nicht-vollständigen, exklusiven Assoziationsbeziehung referenziert werden.

Die Formalisierung dieser Regel entfällt aus den zu Regel 7 angeführten Gründen.

Regel 20: Wird ein Objekt eingefügt, sind in der gleichen Transaktion auch die Werte des Gruppierungsattributs aller existierenden Objekte zu aktualisieren, die vom einzufügenden Objekt aufgrund einer nicht-exklusiven Assoziationsbeziehung referenziert werden.

Die Formalisierung dieser Regel entfällt aus den zu Regel 7 angeführten Gründen.

Die zulässige Einfügung aller Objekte des Typs a, die die Bedingung b=c erfüllen, ist damit in die folgenden Objekte zu propagieren:

$$\mathcal{E}^{1}_{ab'='c} \Leftrightarrow U^{14.1}_{ab'='c} \cup U^{14.2}_{ab'='c} \cup E^{15.1}_{ab'='c} \cup E^{15.2}_{ab'='c} \cup U^{16}_{ab'='c} \cup E^{17}_{ab'='c}$$

4.1.7 Formale Beschreibung der Zurückweisung von Änderungen

Regel 21: Änderungen von vererbten Attributen, verdichteten Attributen und sonstwie abgeleiteten Attributen sind zurückzuweisen.

$$U^{21}_{ab'='cd'='e} \Leftrightarrow \{\xi \mid a(\xi) \wedge Bed(\xi,b,'=',c) \wedge PSchl(b,a,f) \wedge Bed(\xi,d,'=',e) \wedge VAbh(d,g) \wedge PSchl(g,a,f) \wedge ZAttr(h,a,d,i,f)\} \quad \forall \omega \in U_{ab'='cd'='e}$$

Auf der Grundlage der Menge der direkt geänderten Objekte $U_{ab'='cd'='e}$ bezeichnet $U^{21}_{ab'='cd'='e}$ die Menge der Objekte, deren Änderung aufgrund der Propagierungsregel 21 zurückzuweisen ist. Dabei handelt es sich um Objekte des Typs a, deren Primärschlüssel b die Bedingung b=c erfüllt und deren Attribut d nach der Änderung die Bedingung d=e erfüllen würde, für die diese Änderung aber nicht zulässig ist, da d das Zielattribut einer Ableitungsregel h ist.

Die Grundlage zur Propagierung von Änderungen ist damit nicht die Menge $U_{ab'='cd'='e}$. Nur die Änderung solcher Objekte des Typs a darf propagiert werden, die nicht nur die Bedingungen b=c und (nach der Änderung) d=e erfüllen, sondern darüber hinaus auch nicht in $U^{21}_{ab'='cd'='e}$ enthalten sind:

$$U^{0}_{ab'='cd'='e} \Leftrightarrow U_{ab'='cd'='e} \setminus U^{21}_{ab'='cd'='e}$$

4.1.8 Formale Beschreibung der Propagierung von Änderungen

In diesem Abschnitt werden die sechs Propagierungsregeln für Änderungen auf der Grundlage des Prädikaten- und relationalen Tupelkalküls formal beschrieben.

Regel 22: Wird der Wert eines Klassifikationsattributs geändert, ist das zu ändernde Objekt zu löschen und mit dem geänderten Wert des Klassifikationsattributs neu einzufügen.

Die Formalisierung dieser Regel entfällt aus den zu Regel 6 angeführten Gründen.

Regel 23: Wird der Wert eines nicht-abgeleiteten Attributs geändert, sind in der gleichen Transaktion auch die Werte der vererbten Attribute aller Objekte zu ändern, die das zu ändernde Objekt aufgrund einer Generalisierungsbeziehung referenzieren und deren Attribute mit dem geänderten Attribut an einer Vererbungsbeziehung teilnehmen.

$$U^{23}_{ab'='cd'='e} \Leftrightarrow \{\xi \mid f(\xi) \wedge Abs(g,h,'A','V',i) \wedge Ref(j,f,k,a,l,m,i) \wedge f \in g \wedge a \in h \wedge PSchl(b,f,i) \wedge Bed(\xi,b,'=',c) \wedge Bed(\xi,n,'=',o) \wedge ZAttr(p,f,n,q,i) \wedge Abl(a,r,f,n,s,i) \wedge o=s(r)\} \quad \forall \omega \in U^{0}_{ab'='cd'='e}$$

Auf der Grundlage der Menge der zulässig direkt geänderten Objekte $U^{0}_{ab'='cd'='e}$ bezeichnet $U^{23}_{ab'='cd'='e}$ die Menge der Objekte, die aufgrund der Propagierungsregel 23 ebenfalls geändert werden müssen. Wenn Objekte des Typs a, deren Primärschlüssel b die Bedingung b=c erfüllt, so geändert werden, daß ihre Attribute d die Bedingung d=e erfüllen, dann müssen auch die vererbten Attribute aller f-Objekte geändert werden, die die geänderten a-Objekte auf der Grundlage einer Generalisierungsbeziehung referenzieren. Die propagierte Änderung betrifft alle f-Objekte, deren Primärschlüssel b (der ja aufgrund der Generalisierung identisch mit dem Primärschlüssel b von a ist) die Bedingung b=c erfüllt. Diese Objekte werden so geändert, daß ihre abgeleiteten Attribute n die Bedingung n=o erfüllen. o wird dabei auf der Grundlage der Quellattribute r aus a mit Hilfe der Ableitungsregel(n) s erzeugt.

Regel 24: Wird der Wert eines Gruppierungsattributs geändert, ist das zu ändernde Objekt zu löschen und mit dem geänderten Wert des Gruppierungsattributs neu einzufügen.

Die Formalisierung dieser Regel entfällt aus den zu Regel 7 angeführten Gründen.

Regel 25: Wird der Wert eines nicht-abgeleiteten Attributs geändert, sind in der gleichen Transaktion auch die Werte der verdichteten Attribute aller Objekte zu ändern, die das zu ändernde Objekt aufgrund einer Assoziationsbeziehung referenzieren und deren Attribute mit dem geänderten Attribut an einer Verdichtungsbeziehung teilnehmen.

$$U^{25}{}_{ab'='cd'='e} \Leftrightarrow \{\xi \mid f(\xi) \wedge \mathrm{Abs}(g,h,'A','G',i) \wedge \mathrm{Ref}(j,f,k,a,l,m,i) \wedge f{\in}g \wedge a{\in}h \wedge \mathrm{PSchl}(n,f,i)$$
$$\wedge\ \mathrm{Bed}(\xi,b{\cap}n,'=',\pi_{cn}) \wedge \mathrm{Bed}(\xi,o,'=',p) \wedge \mathrm{ZAttr}(q,f,o,r,i) \wedge \mathrm{Abl}(a,s,f,o,t,i)$$
$$\wedge\ p{=}t(s)\} \qquad \forall\omega{\in}\ U^{0}{}_{ab'='cd'='e}$$

Auf der Grundlage der Menge der zulässig direkt geänderten Objekte $U^{0}{}_{ab'='cd'='e}$ bezeichnet $U^{25}{}_{ab'='cd'='e}$ die Menge der Objekte, die aufgrund der Propagierungsregel 25 ebenfalls geändert werden müssen. Wenn Objekte des Typs a, deren Primärschlüssel b die Bedingung b=c erfüllt, zulässig so geändert werden, daß ihre Attribute d die Bedingung d=e erfüllen, dann müssen auch die verdichteten Attribute aller f-Objekte geändert werden, die die geänderten a-Objekte auf der Grundlage einer Assoziationsbeziehung referenzieren. Die propagierte Änderung betrifft alle f-Objekte, deren Attributmenge $b{\cap}n$ (die ja aufgrund der Assoziation eine Untermenge des Primärschlüssels b von a ist) die Bedingung $b{\cap}n{=}\pi_{cn}$ erfüllt. π_{cn} repräsentiert die Projektion der Werte c des Primärschlüssels b von a auf den Primärschlüssel n von f. Die referenzierenden Objekte in f werden so geändert, daß ihre abgeleiteten Attribute o die Bedingung o=p erfüllen. p wird dabei auf der Grundlage der Quellattribute s aus a mit Hilfe der Ableitungsregel(n) t erzeugt.

Regel 26: Wird der Wert eines nicht-abgeleiteten Attributs geändert, sind in der gleichen Transaktion auch die Werte aller abgeleiteten Attribute aller Objekte zu aktualisieren, die das zu ändernde Objekt aufgrund einer Aggregationsbeziehung referenzieren und deren Attribute mit dem geänderten Attribut an einer aggregativen oder funktionalen Ableitung teilnehmen.

$$U^{26}_{ab'='cd'='e} \Leftrightarrow \{\xi \mid f(\xi) \wedge Abs(g,h,'*','0',i) \wedge Ref(j,f,k,a,l,m,i) \wedge f\in g \wedge a\in h$$

$$\wedge \{\}\neq\{\psi \mid n(\psi) \wedge Ref(j,f,o,n,p,q,i) \wedge n\in h \wedge PSchl(r,n,i) \wedge Bed(\psi,b\cap r,'=',\pi_{cr})$$

$$\wedge Bed(\psi,r,'=',s)\} \wedge Bed(\xi,b\cup r,'=',\pi_{c\otimes s\ b\cup r}) \wedge PSchl(b\cup r,f,i)$$

$$\wedge Bed(\xi,t,'=',u) \wedge ZAttr(v,f,t,w,i) \wedge Abl(x,y,f,t,z,i) \wedge u=z(y) \wedge x=a\cup n\}$$

$$\forall\omega\in U^{0}_{ab'='cd'='e}$$

Auf der Grundlage der Menge der zulässig direkt geänderten Objekte $U^{0}_{ab'='cd'='e}$ bezeichnet $U^{26}_{ab'='cd'='e}$ die Menge der Objekte, die aufgrund der Propagierungsregel 26 ebenfalls geändert werden müssen. Wenn Objekte des Typs a, deren Primärschlüssel b die Bedingung b=c erfüllt, zulässig so geändert werden, daß ihre Attribute d die Bedingung d=e erfüllen, dann müssen auch die aggregativ abgeleiteten Attribute aller f-Objekte geändert werden, die die geänderten a-Objekte auf der Grundlage einer Aggregationsbeziehung referenzieren. Dazu muß zunächst ein "passendes" Objekt des Typs n identifiziert werden, der zusammen mit Typ a aufgrund der jeweiligen Aggregationsbeziehung j von Objekten des Typs f referenziert wird. Ein Objekt ψ des Typs n "paßt" zum geänderten a-Objekt, wenn der Wert der Schnittmenge des Primärschlüssels b von a und des Primärschlüssels r von n der Projektion von c auf r entspricht. Auf der Grundlage des geänderten Objekts und des Objekts ψ können die zu aktualisierenden Objekte in f dadurch identifiziert werden, daß der Wert der Vereinigungsmenge des Primärschlüssels b von a und des Primärschlüssels r von n der Projektion des Verbunds von c und s auf diesen Gesamtschlüssel entspricht. Der Primärschlüssel aggregierter Typen wird ja als Vereinigungsmenge der Primärschlüssel seiner Komponenten gebildet. c ist der Wert des Primärschlüssels des ursprünglich geänderten a-Objekts, s der Wert des Primärschlüssels des passenden n-Objekts. Für das dadurch identifizierte f-Objekt können die Werte der abgeleiteten Attribute t auf der Grundlage der Quellattribute y von x (also a oder n) mit Hilfe der Ableitungsregeln z erzeugt werden.

Regel 27: Wird der Wert eines nicht-abgeleiteten Attributs geändert, sind in der gleichen Transaktion auch die Werte aller abgeleiteten Attribute aller Objekte zu aktualisieren, die mit dem geänderten Objekt an einer Ableitungsbeziehung teilnehmen, der keine Abstraktionsbeziehung zugrunde liegt.

Die Formalisierung dieser Regel ist nicht möglich, weil durch das Fehlen einer der Ableitungsbeziehung zugrunde liegenden Abstraktionsbeziehung die Identifikation der zur Ableitung zu benutzenden Quellobjekte nicht in allgemeiner Form möglich ist.

Die zulässige Änderungen aller Objekte des Typs a, die die Bedingung b=c erfüllen, so daß sie nach der Änderung die Bedingung d=e erfüllen, ist damit in die folgenden Objekte zu propagieren:

$$U^{1}_{ab'='cd'='e} \Leftrightarrow U^{23}_{ab'='cd'='e} \cup U^{25}_{ab'='cd'='e} \cup U^{26}_{ab'='cd'='e}$$

4.1.9 Konzeptionelle und logische Modellierung der Entwicklungsdatenbank

Die automatisierte Implementierung konzeptioneller Modelle erfordert nicht nur eine formalisierte Beschreibung der zu generierenden Schemata, sondern auch die Definition geeigneter Informationsstrukturen zur Speicherung erweiterter Objekttypenschemata. Abbildung 21 stellt das konzeptionelle Schema einer derartigen Entwicklungsdatenbank grafisch dar.

Auf der Grundlage dieses Schemas werden Datenstrukturen eines relationalen Datenbanksystems erzeugt, die sich zur Speicherung der in diesem Hauptabschnitt vorgestellten Prädikate eignen. Während die vorangehenden, formalen Beschreibungen die Formulierung allgemeiner Transformations- und Generierungsregeln erlauben, dient die Entwicklungsdatenbank zur Verwaltung der zur Entwicklung betrieblicher Anwendungssysteme notwendigen Informationen.

Alle Entwicklungsschritte basieren auf Informationen zu potentiell relevanten Konzepten des Realitätsausschnitts und den Eigenschaften, die diese Konzepte haben können. Konzepte und Eigenschaften können in verschiedenen Anwendungssystemen unter unterschiedlichem Namen oder in unterschiedlicher Weise abgebildet werden. In einem bestimmten Schema kann ein Konzept durch einen Objekttyp und eine Eigenschaft durch ein Attribut repräsentiert werden. Das Schema muß dagegen aus mehreren Objekttypen und mehreren Attributen bestehen. Wenn Konzepte ihren Namen a, Attribute durch ihren Namen b und Schemata durch ihren Namen s identifiziert werden, werden Objekttypen durch die Kombination a, s und Attribute durch die Kombination b, s identifiziert:

Typ($\underline{a,s}$)
Att($\underline{b,s}$)

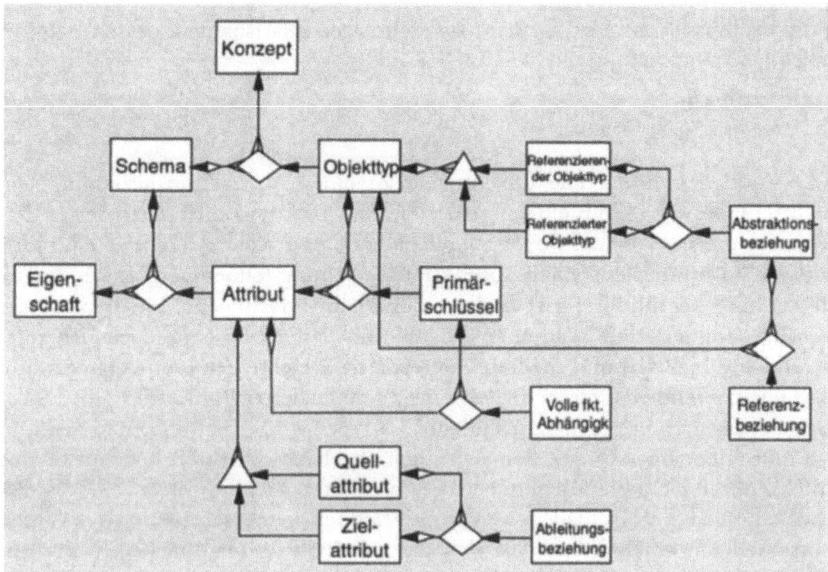

Abbildung 21: Konzeptionelles Schema der Entwicklungsdatenbank

Primärschlüssel können als spezielle Beziehung zwischen Attributen und Objekttypen interpretiert werden. Während ein Attribut für mehrere Objekttypen eines Schemas Primärschlüssel sein kann (z.B. in Generalisierungshierarchien), muß jeder Objekttyp durch die Primärschlüsselbeziehung einem oder mehreren Attributen zugeordnet sein.

Die volle funktionale Abhängigkeit stellt eine Beziehung zwischen Attributen und Primärschlüsseln dar: In einem normalisierten Schema muß jedes Attribut von genau einem Primärschlüssel voll funktional abhängig sein.[52] Jedem Primärschlüssel können durch die volle funktionale Abhängigkeit ein oder mehrere Attribute zugeordnet werden.

Objekttypen werden durch den Konzeptnamen a und den Schemanamen s identifiziert, und Attribute werden durch den Eigenschaftsnamen b und den Schemanamen s identifiziert. Folgerichtig lassen sich Primärschlüssel durch die Kombination b, a, s und volle funktionale Abhängigkeiten durch die Kombination b, a_1, a_2, s identifizieren. a_1 steht dabei für den Eigenschaftsnamen, dessen Attribut Teil

52 Primärschlüsselattribute sind in dieser Hinsicht von sich selbst voll funktional abhängig.

des Primärschlüssels ist, und a_2 steht für den Eigenschaftsnamen, dessen Attribut voll funktional abhängig ist.

PSchl(<u>b,a,s</u>)

VAbh(b,a_1,a_2,s)

Im EOT-Modell nehmen alle Objekttypen an einer Abstraktionsbeziehung teil. Deshalb ist jeder Objekttyp ein referenzierender Objekttyp, ein referenzierter Objekttyp oder meistens beides. Jeder referenzierende und jeder referenzierte Objekttyp müssen an mindestens einer Abstraktionsbeziehung teilnehmen, durch die die Referenzierung begründet wird. Leider läßt sich im grafischen Modell nicht die Bedingung abbilden, daß es in einer Abstraktionsbedingung entweder einen referenzierenden Objekttyp und mehrere referenzierte Objekttypen gibt (Aggregation), einen referenzierenden Objekttyp und einen referenzierten Objekttyp gibt (Assoziationen) oder mehrere referenzierende Objekttypen und einen referenzierten Objekttyp gibt (Generalisierung), niemals jedoch gleichzeitig mehrere referenzierende und mehrere referenzierte Objekttypen. Dazu müßten drei Subtypen von Abstraktionsbeziehungen unterschieden werden, die jedoch keine semantisch relevanten gemeinsamen Merkmale haben. Da sich die meisten Propagierungsregeln nur auf bestimmte Typen von Abstraktionsbeziehungen beziehen, ist in der Entwicklungsdatenbank der Typ der Abstraktionsbeziehung zu speichern.

Objekttypen werden durch den Konzeptnamen a und den Schemanamen s identifiziert. Der Typ der Abstraktionsbeziehung wird durch ihre Beschränktheit b und die Ableitungsform c festgelegt. Da zwischen zwei Objekttypen mehrere Abstraktionsbeziehungen verschiedenen Typs existieren können, müssen Abstraktionsbeziehungen deshalb durch die Kombination a_1, a_2, b, c, s identifiziert werden. a_1 steht dabei für den referenzierenden, a_2 für den referenzierten Typ.

Abs(a_1,a_2,b,c,s)

Durch jede Teilnahme eines Objekttyps an einer Abstraktionsbeziehung wird im EOT-Modell eine Referenzbeziehung begründet. Referenzbeziehungen können deshalb als Aggregate modelliert werden, deren Komponenten Objekttypen und Abstraktionsbeziehungen sind. Sowohl jeder Objekttyp wie auch jede Abstraktionsbeziehung müssen an mindestens einer Referenzbeziehung teilnehmen. Für jede Referenzbeziehung ist zu speichern, ob die Objekte des referenzierenden Typs mehrere Objekte referenzieren dürfen, ob die Objekte des referenzierten Typs referenziert werden müssen und ob die Objekte des referenzierten Typs mehrfach referenziert werden dürfen.

Abstraktionsbeziehungen werden durch die Konzeptnamen a_1 und a_2, den Schemanamen s und den Typ (b,c) identifiziert. Objekttypen werden durch den Konzeptnamen a und den Schemanamen s identifiziert. Durch die Aggregation würde sich als Primärschlüssel von Referenzbeziehungen damit die Kombination a_1, a_2, s, b, c, a ergeben. Dieser komplexe Schlüssel ist sicherlich unbefriedigend, zumal für jede Referenzbeziehung entweder a_1 oder a_2 mit a identisch sein müssen. Deshalb werden Referenzbeziehungen in zwei Datenstrukturen zerlegt: Während auf der Grundlage einer Abstraktionsbeziehung in Ref_1 die Eigenschaften referenzierender Objekttypen gespeichert werden, repräsentiert Ref_2 die Eigenschaften referenzierter Objekttypen. Um zur Identifikation dieser Referenzbeziehungen nicht die komplexe Schlüsselkombination benutzen zu müssen, wird für Abstraktionsbeziehungen eine Bezeichnung d eingeführt, die zusammen mit dem Schemanamen s als Surrogatschlüssel [Codd 1979, S.409] dient. Wenn die Kardinalität einer Referenzierung durch e und die Vollständigkeit durch f bezeichnet wird, ergeben sich folgende Informationsstrukturen:

$Abs(\underline{d,s},a_1,a_2,b,c)$

$Ref_1(\underline{d,a,s},e)$

$Ref_2(\underline{d,a,s},e,f)$

Attribute können nicht nur Komponenten von Primärschlüsselbeziehungen oder vollen funktionalen Abhängigkeiten sein, sondern auch Quelle oder Ziel von Ableitungsbeziehungen. Jedes Attribut kann Quellattribut, Zielattribut oder beides sein. Jedes Quellattribut muß an einer oder mehreren Ableitungsbeziehungen teilnehmen, und jedes Zielattribut muß an genau einer Ableitungsbeziehung teilnehmen.

Da Attribute durch den Eigenschaftsnamen b und den Schemanamen s identifiziert werden, läßt sich eine Ableitungsbeziehung durch die Eigenschaftsnamen b_1 (für das Quellattribut) und b_2 (für das Zielattribut) sowie den Schemanamen s identifizieren. Weil der Wert eines Zielattributs jedoch aus mehreren Quellattributen abgeleitet werden kann, ist b_1 b_2 s in normalisierten Datenstrukturen kein zulässiger Primärschlüssel. Für Ableitungsbeziehungen wird deshalb eine Bezeichnung g eingeführt, die zusammen mit dem Schemanamen s als Surrogatschlüssel dient. Dieser kann zusammen mit dem jeweiligen Eigenschaftsnamen b zur eindeutigen Identifikation von Quell- und Zielattributen herangezogen werden. Wenn die für Ableitungsregeln zu speichernde Ableitungsformel mit h, die zugrundeliegende Abstraktionsbeziehung durch ihren Surrogatschlüssel d s und die für Zielattribute zu speichernde Modifizierbarkeit mit i bezeichnet wird, ergeben sich die folgenden Informationsstrukturen:

$Abl(\underline{g,s},b_1,b_2,h,d)$

$ZAttr(\underline{g,b,s},i)$

$QAttr(\underline{g,b,s})$

Damit ist das in Abbildung 21 dargestellte konzeptionelle Modell der Entwicklungsdatenbank vollständig diskutiert und in normalisierte relationale Informationsstrukturen transformiert worden. Alle in diesem Hauptabschnitt eingeführten Prädikate lassen sich mit Hilfe dieser Informationsstrukturen speichern. Auf der Grundlage einer solchen Entwicklungsdatenbank können die formal beschriebenen Zurückweisungs- und Propagierungsregeln durch relationale Ableitungsregeln implementiert werden. Damit wird es möglich, die in der Entwicklungsdatenbank gespeicherten EOT-Schemata in automatisierter Form in Datenbankobjekte zu transformieren. Die Implementierung der Entwicklungsdatenbank und der Zurückweisungs- bzw. Propagierungsregeln auf der Grundlage eines relationalen Datenbanksystems wird im folgenden Hauptabschnitt beschrieben.

4.1.10 Zusammenfassung und Diskussion

Im vorangegangenen Kapitel wurde das EOT-Modell konzipiert, und es wurden zunächst informelle Spezifikationen zu einer entsprechenden konzeptionellen Modellierung betrieblicher Anwendungssysteme vorgestellt. In diesem Hauptabschnitt wurde eine Syntax zur formellen Spezifikation des EOT-Modells mit Hilfe von Basisprädikaten, Abbildungsoperatoren, Produktionsregeln und Mengendefinitionen vorgestellt. Diese Beschreibungssprache erlaubt nicht nur die Abbildung struktureller Eigenschaften eines Systems. Die Zurückweisungs- und Propagierungsregeln implizieren mit der dynamischen Konsistenzsicherung auch einen wichtigen Teil des Systemverhaltens. Obwohl die vorgestellte Syntax teilweise umständlich und redundant erscheint, hat sie doch einige wichtige Vorzüge:

- Als formale Spezifikation können die Informationen, die in Form dieser Prädikate und Regeln repräsentiert werden, durch einen entsprechenden Algorithmus in automatisierter Form verarbeitet werden. Es ist deshalb möglich, auf der Grundlage des derart spezifizierten konzeptionellen Modells entsprechende Datenbankobjekte zu erzeugen. Insbesondere können auf der Grundlage der Prädikate Tabellen und Integritätsbedingungen zur Implementierung statischer Systemeigenschaften generiert werden, und durch die Kombination von Prädikaten und Regeln können Datenbanktrigger zur Implementierung wichtiger dynamischer Systemeigenschaften generiert werden.
- Alle Prädikate und Regeln wurden problemunabhängig formuliert. Die Prädikate können zur Spezifikation beliebiger betrieblicher Anwendungssysteme verwendet werden. Die Regeln zur Primärschlüsselgenerierung, Zurückweisung nicht konsistent propagierbarer Datenmanipulationen und Propagierung zulässiger Datenmanipulationen sind auf jedes beliebige Schema anwendbar. Die formale Beschreibung der Objekte, die von den 26 Zurückweisungs- bzw. Propagierungsregeln betroffen sind, stellt damit einen zwar erheblichen, aber einmaligen Aufwand da. Das durch diese Beschreibung implizierte Anwendungswissen wird in jedem Schema für jede Referenzbeziehung wiederverwendet.

Die problemunabhängige Formulierung der dynamischen Konsistenzsicherung und ihre Einbindung in ein strukturiertes, vollständiges konzeptionelles Modell hat erhebliche Vorteile für die Systementwicklung, weil dadurch für komplexe betriebliche Anwendungssysteme die Wiederverwendung von Anwendungswissen erhöht, der manuelle Entwicklungsaufwand vermindert und die Implementierungsqualität gesteigert werden können. Die in diesem Hauptabschnitt vorgestellte formale Beschreibung basiert jedoch auf einigen Einschränkungen und Vereinfachungen:

- Bei Aggregationsbeziehungen wird implizit davon ausgegangen, daß als Komponenten genau zwei Objekttypen teilnehmen. Die Einschränkung erfolgt, um für die Regeln 14, 15 und 26 Verknüpfungsbedingungen formulieren zu können, deren Semantik gerade noch ohne größeren Aufwand nachvollzogen werden kann. Natürlich wäre es ohne weiteres möglich gewesen, in die Formulierung dieser Regeln eine Fallunterscheidung einzubauen und jeweils eine zusätzliche, komplexere Regel für Aggregationen zu formulieren, an denen drei Objekttypen als Komponenten teilnehmen. Von dieser Möglichkeit wurde jedoch abgesehen, weil solche Aggregationsbeziehungen in betrieblichen Anwendungssystemen relativ selten auftreten und weil sie keine prinzipiellen Unterschiede zum dargestellten Zweikomponentenfall aufweisen.
- Zulässige Datenmanipulationen wurden explizit auf solche Operationen beschränkt, bei denen die manipulierten Objekte durch eine auf den Primärschlüssel angewendete Gleichheitsbedingung identifiziert werden. Sowohl der Gleichheitsoperator wie auch der Zwang zur Benutzung des Primärschlüssels stellen dabei für sich betrachtet relativ unerhebliche Einschränkungen dar:

  Auch wenn andere Vergleichsoperatoren als der Gleichheitsoperator benutzt würden, blieben die meisten übrigen Verknüpfungen der jeweiligen Regel erhalten, weil diese der Verknüpfung der ursprünglich manipulierten Objekte mit indirekt betroffenen Objekten dienen und damit von der Identifikation der ursprünglich manipulierten Objekte unabhängig sind. Auch wenn die ursprünglich manipulierten Objekte nicht durch eine Primärschlüsselbedingung identifiziert würden, ließen sich die betroffenen Primärschlüssel durch eine zusätzliche, objektbezogene Bedingung feststellen.

  In ihrer Kombination stellen die beiden Einschränkungen jedoch sicher, daß sich eine zulässige Objektmanipulation immer nur auf ein einziges Objekt beziehen kann. Diese Einschränkung ist für die Formulierung der Zurückweisungs- und Propagierungsregeln in der hier vorgestellten Form unverzichtbar. Nur auf der Grundlage der Eindeutigkeit der Eigenschaften des ursprünglich manipulierten Objekts ist es möglich, die jeweils passenden Objekte zur Verknüpfung, die jeweils referenzierten Objekte usw. eindeutig zu identifizieren und Ableitungsfunktionen wie z.B. Verdichtungen zulässig generieren zu können. Wenn Gruppierungen durchzuführen sind, müßten aufgrund der Beschränkungen der SQL-Syntax z.B. Propagierungsregeln für eine Menge ursprünglich manipulierter Objekte zweistufig[53] implementiert werden.

Die Einschränkung direkter Manipulationen auf Einzelobjekte stellt jedoch keine unzulässige Beschränkung des hier vorgestellten Konzepts dar. Jede Datenmanipulation beliebiger Objektmengen kann mit einfachen Mitteln (z.B. Datenbankprozeduren) in eine Sequenz elementarer Datenmanipulationen zerlegt werden, bei denen das betroffene Objekt durch den Wert seines Primärschlüssels identifiziert wird. Diese Vorgehensweise belastet vielleicht die Systemressourcen mehr als notwendig, erlaubt aber die Formulierung allgemeiner, wiederverwendbarer Regeln zur dynamischen Konsistenzsicherung.

- In der formalen Beschreibung des EOT-Modells fehlen die in seiner informellen Beschreibung vorgesehenen Gruppierungs- und Klassifikationsattribute. Dieser Verzicht wird damit begründet, daß die Einführung künstlicher Relationen ohne semantische Entsprechung vermieden wird und daß bestimmte Inkonsistenzen nicht auftreten, die aus der Redundanz der Werte der Gruppierungs- bzw. Klassifikationsattribute auf der einen Seite und der faktischen Zuordnung von Objekten zu Objekttypen auf der anderen Seite entstehen können. Der Verzicht auf die formale Beschreibung dieser Attribute hat zur Folge, daß sechs Propagierungsregeln überhaupt nicht formalisiert werden müssen und daß die Formalisierung einiger anderer Regeln wesentlich vereinfacht wird. Die Beseitigung der Redundanz, die Gruppierungs- und Klassifikationsattribute repräsentieren, führt jedoch auch dazu, daß die Zuordnung von Objekten zu den jeweils "richtigen" Subtypen durch die Anwendung erfolgen muß und daß keine explizite Grundlage für die Bildung von Gruppenobjekten besteht. Ein wesentlicher Beitrag zukünftiger Arbeiten sollte darin bestehen, diese Attribute in geeigneter Weise in die Formalisierung des EOT-Modells einzuführen
- Eine weitere Vereinfachung der Formalisierung wird erreicht, indem der Primärschlüssel von Gruppentypen auf eine Untermenge der Attribute des Primärschlüssels des Basistyps beschränkt wird. Für die als Beispiel betrachtete Kapazitätsterminierung hat diese Einschränkung zwar keine Auswirkungen. Viele Assoziationsbeziehungen dürften allerdings unter diesen Bedingungen nicht formalisierbar sein, so daß die darauf basierenden Propagierungen nicht

[53] Im ersten Schritt müßte eine Datenstruktur erzeugt werden, in der alle für die Gruppierung notwendigen Eingangsdaten zusammengestellt werden. Auf dieser Datenstruktur wird dann durch Gruppierung eine zweite Datenstruktur abgeleitet. Die Möglichkeit, solche semantisch unbegründeten Zwischenstufen durch die Benutzung eines relationalen Ausdrucks anstelle eines Tabellennamens in der From-Klausel eines Select-Kommandos zu vermeiden, ist kein Teil des SQL-Standards und deshalb nur in wenigen relationalen Datenbanksystemen vorgesehen.

in automatisierter Form implementiert werden können. Diese Einschränkung verstärkt die negativen Auswirkungen des Verzichts auf die Formalisierung von Gruppierungsattributen. Gäbe es in der formalisierten Repräsentation des Basistyps Gruppierungsattribute, so könnten diese als Primärschlüssel des Gruppentyps dienen, und ihre Werte könnten zur Identifikation passender Gruppen- und Basisobjekte herangezogen werden. Um über einen wichtigen Kern von Assoziationsbeziehungen hinaus die gesamte Semantik modellieren und wiederverwendbar implementieren zu können, die in betrieblichen Anwendungssystemen durch diesen Typ von Abstraktionen repräsentiert wird, bedarf es in weiterführenden Arbeiten der Formalisierung von Gruppierungsattributen.

- Bisher wurden nur direkte Propagierungen zulässiger Datenmanipulationen betrachtet. Eine propagierte Datenmanipulation muß jedoch eventuell erneut propagiert werden. In komplexen Schemata gibt es Propagierungspfade, die vollständig abgearbeitet werden müssen, wenn eine Datenmanipulation konsistent durchgeführt werden soll. Wenn zur Implementierung des EOT-Schemas ein Datenbanksystem benutzt wird, das die Kaskadierung von Datenbanktriggern unterstützt, ist die Generierung einstufiger Propagierungstrigger ausreichend. In diesem Fall lösen die propagierten Datenmanipulationen ihrerseits Datenbanktrigger aus, die die nächste Stufe der Propagierung implementieren. Falls im zur Implementierung benutzten Datenbanksystem jedoch Datenbanktrigger nicht kaskadieren dürfen oder falls überhaupt keine Datenbanktrigger genutzt werden können, muß für jede Datenmanipulation der gesamte Propagationspfad generiert werden. Diese Problematik wird im dritten Hauptabschnitt dieses Kapitels behandelt.

Zusammenfassend stellt die in diesem Hauptabschnitt vorgestellte Formalisierung des EOT-Modells eine ausreichende Grundlage dar, um die wichtigsten Aspekte der dynamischen Konsistenzsicherung betrieblicher Systeme in automatisierter Form durch geeignete Datenbanktrigger generieren zu können. Im nächsten Hauptabschnitt wird die Implementierung von EOT-Schemata auf der Grundlage der konzeptionell und logisch modellierten Entwicklungsdatenbank am Beispiel der Kapazitätsterminierung vorgestellt.

4.2 Implementierung formalisierter, erweiterter Objekttypenschemata

Zur Implementierung von EOT-Schemata ist deren formale Beschreibung in die Datendefinitionssprache eines relationalen Datenbankverwaltungssystems zu transformieren. Das Transformationsproblem ist jedoch nicht auf die syntaktische Umformung beschränkt: Die Implementierung des EOT-Schemas muß nicht nur syntaktisch korrekt erfolgen, sondern es muß auch die Bedeutung der definierten

Datenstrukturen beachtet werden, damit die Semantik des jeweiligen Schemas nicht durch die Implementierung verändert wird.

In prozedural erweiterten, relationalen Datenbanksystemen steht eine Vielzahl von Datenstruktur-Typen zur Verfügung. Die wichtigsten Typen von Datenbankobjekten zur Implementierung konzeptioneller Schemata sind [Oracle 1992a, S.4/137-4/233]:[54]

- **Table**: Relationale Tabellen sind die wichtigsten Datenbankobjekte zur Speicherung extensionaler Informationen. In Tabellen werden alle Festlegungen für die Attribute eines Objekttyps (z.B. *Zuordnung zu einem Objekttyp, Datentyp des Attributwerts*) zusammengefaßt. Die permanente Einhaltung dieser Festlegungen wird durch das Datenbanksystem erzwungen. Durch Tabellen werden damit ausschließlich strukturelle Eigenschaften des Systems implementiert.
- **Constraint**: Relationale Integritätsbedingungen stellen Regeln dar, deren Einhaltung durch das Datenbanksystem erzwungen werden kann. Die Regel kann sich auf ein Attribut einer Tabelle beziehen (z.B. *Eindeutigkeit, Nullwertverbot, Ober-/Untergrenzen*), den Zusammenhang verschiedener Attribute einer Tabelle betreffen (z.B. *zeitliche Präzedenzen*) oder den Zusammenhang verschiedener Attribute verschiedener Tabellen betreffen (z.B. *Fremdschlüsselbeziehungen*). Im Normalfall dienen Integritätsbedingungen damit der Implementierung struktureller Systemeigenschaften. Außerhalb des SQL-Standards ist es jedoch auch möglich, Fremdschlüsselbeziehungen zur Kaskadierung von Löschungen zu benutzen oder Festlegungen für die Umleitung von Datenmanipulationen, die die jeweilige Integritätsbedingung verletzen, in bestimmte "exception tables" zu treffen [Oracle 1992a, S.4/123 und S.4/129].
- **View**: Relationale Sichten sind die wichtigsten Datenbankobjekte zur Speicherung intensionaler Informationen, soweit die Ableitungsregeln in Form relationaler Operationen implementiert werden können. Durch relationale Sichten wird unter dieser Voraussetzung das "models as data"-Konzept [Blanning 1986] realisiert: Die Ergebnisse einer Ableitungsregel werden zwar wie extensionale Informationen in jederzeit aktueller Form präsentiert. Gespeichert werden aber nicht diese Ergebnisse, sondern die zu ihrer Erzeugung benutzte Ableitungsregel. Durch relationale Sichten können damit alle die verhaltensmäßigen Eigenschaften eines Systems implementiert werden, deren Semantik durch einen relationalen Ausdruck beschrieben werden kann. Da relationale Sichten zur

[54] Es gibt andere Typen von Datenbankobjekten, die ausschließlich für die interne Modellierung (z.B. Tablespace, Index, Cluster), den Datenschutz (z.B. User, Profile, Role, Object Privilege, System Privilege) oder die Datenbankadministration (z.B. Database, Database Link, Controlfile, Rollback Segment, Snapshot Log) relevant sind. Nicht alle Datenbanksysteme bieten die gesamte Palette der hier beschriebenen Typen von Datenbankobjekten an.

"Standardausstattung" relationaler Datenbanksysteme zählen, kommt ihnen für Systeme, in denen keine Integritätsbedingungen verfügbar sind, eine besondere Funktion zur Konsistenzsicherung zu: Die in relationalen Sichten repräsentierten Daten können nicht nur wie Inhalte relationaler Tabellen ausgewertet werden, sondern der Inhalt vieler Sichten kann auch wie der Inhalt einer relationalen Tabelle manipuliert werden. Die Einbindung von Konsistenzbedingungen in die der Sicht zugrunde liegende Ableitungsregel führt dann dazu, daß Datenmanipulationen verhindert werden, die den Konsistenzbedingungen widersprechen.

- **Snapshot**: Ein Schnappschuß kann als konkretisierte relationale Sicht interpretiert werden. Auch hier wird zwar die Ableitungsregel gespeichert. Die Ergebnisse dieser Regel werden jedoch ebenfalls als extensionale Informationen gespeichert und regelmäßig aktualisiert. Auch die Implementierung durch einen Schnappschuß ist damit auf solche Ableitungsregeln beschränkt, deren Semantik durch einen relationalen Ausdruck beschrieben werden kann. Entsprechende verhaltensmäßige Systemeigenschaften werden damit in einer Weise implementiert, die einer relationalen Sicht immer dann vorzuziehen ist, wenn häufige Zugriffe auf umfangreiche, relativ selten veränderte oder entfernt gespeicherte Informationen erfolgen. Sowohl die Frequenz der Aktualisierung des Schnappschuß-Inhalts wie auch die Form der Aktualisierung (inkrementell oder regenerativ) kann festgelegt werden. Die Inhalte eines Schnappschusses dürfen jedoch niemals verändert werden.

- **Schema** (eigentlich: Schema Authorization): Ein relationales Schema ist eine Menge von Tabellen, relationalen Sichten und Berechtigungen, die (in Analogie zum Transaktionskonzept für Datenmanipulationen) nur komplett oder gar nicht definiert werden können. Durch Zusammenfassung einer Gruppe von Datenstrukturen zu einem Schema kann damit die unvollständige Implementierung von konzeptionellen Schemata verhindert werden. Die Beschränkung auf die genannten Typen von Datenbankobjekten und das Fehlen einer dauerhaften Verbindung zwischen den definierten Datenstrukturen, wenn sie einmal eingerichtet sind, macht das relationale Schema zu einem eher schwachen Konstrukt. Der bisher benutzte Schemabegriff wird viel eher durch das Datenbankobjekt **User** implementiert: Alle Datenstrukturen, die ein bestimmter Benutzer einrichtet, werden als "Eigentum" dieses Benutzers zusammengefaßt, und der Name des Benutzers wird dem Namen des Datenbankobjekts hinzugefügt. Die Möglichkeit, daß verschiedene Benutzer Datenbankobjekte gleichen Namens definieren können, entspricht der im letzten Hauptabschnitt geforderten Möglichkeit, in verschiedenen Schemata ein Konzept der Realität (ev. unter unterschiedlichem Namen) mehrfach modellieren zu können.

- **Synonym**: Ein Synonym dient dazu, daß verschiedene Anwendungen und/oder Benutzer das gleiche Datenbankobjekt unter unterschiedlichen Namen ansprechen können. Durch Benutzung von Synonymen können verschiedene Benutzer trotz gleicher Benennung aber auch unterschiedliche Datenbankobjekte ansprechen. Synonyme sind zur Gewährleistung von Datenunabhängigkeit und Flexibilität unverzichtbar. Sie implementieren strukturelle Systemeigenschaften.

- **Trigger**: Datenbanktrigger werden zur flexiblen Implementierung ereignisgesteuerter Ableitungsregeln benutzt. Im Gegensatz zu relationalen Sichten erfolgt keine sofortige Regenerierung der abgeleiteten Informationen bei jedem Zugriff, sondern eine inkrementelle Aktualisierung der abgeleiteten Informationen vor oder nach bestimmten Manipulationsereignissen. Im Gegensatz zu Schnappschüssen erfolgt die Aktualisierung nicht in bestimmten Zeitabständen, sondern sofort vor oder nach einer Änderung. Abgeleitete Informationen, die durch vollständige und korrekte Datenbanktrigger konsistent gehalten werden, sind also bei Bedarf sowohl ständig aktuell wie auch mit geringer Ressourcenbelastung auswertbar. Durch Datenbanktrigger können also die Vorteile relationaler Sichten mit denen von Schnappschüssen kombiniert werden, ohne einen der jeweiligen Nachteile in Kauf nehmen zu müssen. Der einzige Nachteil von Triggern ist eine Folge ihrer Flexibilität: Um eine Ableitungsregel vollständig zu implementieren, müssen neben einer Tabelle zur Speicherung der abgeleiteten Informationen für jedes Manipulationsereignis und jede zur Ableitung benutzte Tabelle Datenbanktrigger definiert werden. Auch wenn verschiedenene auslösende Ereignisse durch einen einzigen Datenbanktrigger abgefangen werden können und mehrere Trigger eine Prozedur wiederverwenden können [Oracle 1992a, S.4/129], ist die Replikation der Semantik einer Ableitungsregel in verschiedenen Triggern unvermeidbar. Trigger sind deshalb besonders dann zur Implementierung von Ableitungsregeln attraktiv, wenn die Ableitung im Hinblick auf die auslösenden Ereignisse nicht standardmäßig[55] verläuft oder wenn die Implementierung der Ableitungsregeln durch Generierungsprozeduren erfolgen, so daß die konsistente Verteilung der Semantik des konzeptionellen Modells auf eine Vielzahl von Datenbankobjekten sicherstellt ist. Wie relationale Integritätsbedingungen können übrigens auch Datenbanktrigger aktiviert und deaktiviert werden.
- **Procedure**: Prozeduren dienen zur Implementierung verhaltensmäßiger Systemelemente, die nicht als relationale Ausdrücke (und damit durch Sichten, Schnappschüsse oder Trigger) implementiert werden können oder die in einem Anwendungssystem mehrfach verwendet werden sollen. Die Prozedur faßt die

---

55 Eine standardmäßige Ableitung wird z.B. durch Sichten oder Schnappschüsse implementiert: Jede Manipulation einer der zugrunde liegenden Tabellen löst eine entsprechende Aktualisierung der abgeleiteten Informationen aus. Der Zeitpunkt und die Frequenz der Aktualisierung sind in dieser Hinsicht irrelevant.

betreffenden Systemelemente unter einem Namen zusammen, so daß sie von anderen Datenbankobjekten (z.B. Datenbanktriggern) wie ein Kommando wiederverwendet werden können ("call by name"). Um die Prozedur korrekt aufrufen zu können, müssen Zahl und Datentyp der Aufrufparameter sowie Zahl und Datentyp der Ergebnis-Informationsobjekte bekannt sein. Wenn Datenbanktrigger nicht durch einen Generator erzeugt werden, stellen Prozeduren einen einfachen Weg dar, die Semantik von Ableitungsbeziehungen ohne Konsistenzgefährdung bei Änderungen in einer Vielzahl von Triggern replizieren zu können.

- **Function**: Verhaltensmäßige Systemelemente lassen sich nicht nur durch Prozeduren, sondern auch durch Funktionen zusammenfassen. Wie in Programmiersprachen werden Funktionen im Gegensatz zu Prozeduren nicht wie Kommandos verwendet, sondern stehen für ihr Ergebnis und repräsentieren damit einen Wert (z.B. in Zuweisungen oder Vergleichsbedingungen). Durch Funktionen kann das "data as models"-Konzept [Dolk 1986, S.73] realisiert werden: Auf extensional gespeicherte Daten wird nicht durch Auswertung von Tabellen, Sichten o.ä. zugegriffen, sondern durch Benutzung einer Zugriffsfunktion. Die intensionale Implementierung beruht allerdings auf einer extensionalen Speicherung der Ergebnisse, nicht der Ableitungsregel. Funktionen stellen damit in dieser Hinsicht ein Konzept dar, daß dem der relationalen Sicht genau entgegengesetzt ist.
- **Package**: Das Paket ist mit der Klassendefinition objektorientierter Systeme zu vergleichen. Prozeduren, Funktionen, Variablendefinitionen, Konstanten und Fehlerbehandlungen werden zu einem einzigen Datenbankobjekt zusammengefaßt, dessen Komponenten von Anwendungen oder anderen Datenbankobjekten wiederverwendet werden können, ohne daß dazu die interne Struktur und die privaten Datenstrukturen des Pakets offengelegt werden müßten. Pakete integrieren damit die Implementierung struktureller und verhaltensmäßiger Systemelemente. Für die Implementierung konzeptioneller Schemata spielen Pakete keine größere Rolle, solange Datenstrukturen und ihre dynamische Konsistenzsicherung im Vordergrund des Interesses stehen (wie in der vorliegenden Untersuchung). Zur Implementierung objektorientiert modellierter Anwendungssysteme sind Pakete dagegen hervorragend geeignet, wenn auch die aktuelle Realisierung in kommerziellen Datenbanksystemen noch unter verschiedenen Einschränkungen gegenüber objektorientierten Programmiersprachen leidet (z.B. Fehlen von Vererbung).
- **Transaction**: Während Transaktionen aufgrund ihrer Bedeutung für die Konsistenzerhaltung eine wichtige Rolle im konzeptionellen Entwurf von Anwendungen zukommt, sind die entsprechenden Datenbankobjekte in kommerziellen Datenbanksystemen eher unscheinbar. Transaktionen werden nicht als benannte, permanente Datenbankobjekte eingerichtet, sondern durch die einzel-

nen Anwendungen mehr oder weniger explizit eröffnet und abgeschlossen. Im Normalfall werden alle Datenmanipulationen unabhängig davon, ob sie durch Datenbankobjekte (z.B. Trigger, Prozeduren), durch Anwendungen oder interaktiv erfolgen, automatisch in die Transaktion einbezogen. Für Transaktionen sind nur wenige Eigenschaften explizit einstellbar (z.B. Schreibschutz). Die Manipulationen einer Transaktion können nur bei vollständiger Fehlerfreiheit festgeschrieben werden. Treten Datenbankfehler auf (z.B. Deadlocks), werden Integritätsbedingungen verletzt, schlagen Propagierungen fehl oder wird eine Fehlerbedingung durch die Anwendung bzw. ein Datenbankobjekt erzeugt, müssen alle Manipulationen der Transaktion zurückgenommen werden. Bei Syntaxfehlern und Laufzeitfehlern (z.B. Konvertierung) findet im allgemeinen eine automatische Rücknahme statt, die sich auf die Manipulationen des verursachenden Kommandos beschränkt.

- **Sequence**: Durch Schlüsselgeneratoren wird bei jedem Zugriff ein neuer, für das jeweilige Datenbankobjekt eindeutiger Wert erzeugt. Schlüsselgeneratoren eignen sich deshalb hervorragend zur Implementierung von Surrogatschlüsseln.

Die Beschreibung der verschiedenen Typen von Datenbankobjekten macht bereits deutlich, daß für die Implementierung von EOT-Schemata hauptsächlich Tabellen für originäre, extensionale Informationen, Tabellen für konkretisierte, abgeleitete Informationen und Datenbanktrigger zur dynamischen Sicherung der Konsistenz zwischen originären und abgeleiteten Informationen in Betracht kommen. Ein gewisser Teil der Semantik des Schemas kann außerdem durch Integritätsbedingungen und Schlüsselgeneratoren implementiert werden. Die Generierung von Definitionen für Tabellen und Integritätsbedingungen auf der Grundlage einer formalen und/oder strukturierten grafischen Spezifikation ist ein gut strukturiertes Problem, dessen Lösung in der Literatur ausführlich beschrieben wurde [z.B. Sinz 1987, S.265-273] und in kommerziellen CASE-Werkzeugen bereits seit einigen Jahren verfügbar ist. Beispielsweise werden in Oracle's CASE*Generator SQL-Kommandodateien zur Erzeugung von Tabellen, Sichten, Indizes und Berechtigungen aus den Inhalten einer Entwicklungsdatenbank generiert, der ein EER-Modell zugrunde liegt [Oracle 1989a]. Für Datenbanktrigger existiert keine vergleichbare Unterstützung: Zwar kann z.B. die neueste Version von Oracle's CASE*Generator auch Datenbanktrigger erzeugen. Die entsprechenden Definitionen müssen allerdings vorher manuell und (nahezu) vollständig in die Entwicklungsdatenbank eingegeben werden, so daß von einer Generierung keine Rede sein kann. Auch die logischen Grundlagen für den Entwurf von Triggersystemen werden zwar diskutiert [z.B. in Reinwald/Wedekind 1993]. Die dabei unterstellten Triggerkonzepte sind jedoch konzeptionell und unterscheiden sich so stark von den derzeit verfügbaren Datenbankobjekten kommerzieller Datenbanksysteme, daß eine Übertragung dieser Erkenntnisse auf die automatisierte Implementierung konzeptioneller Schemata nicht möglich ist.

Im folgenden wird zunächst die Implementierung der Schemadatenbank auf der Grundlage des logischen Modells beschrieben, das im letzten Hauptabschnitt vorgestellt wurde. Danach wird die prinzipielle Vorgehensweise zur Generierung von Datenbanktriggern beschrieben. Für das bereits mehrfach zur Illustration verwendete Kapazitätsterminierungsbeispiel wird dann die Generierung von Datenbanktriggern gezeigt. Die Beschreibung erfolgt getrennt nach auslösenden Ereignissen und betroffenen Objekttypen. Um eine Bewertung des hier vorgestellten Generators zu ermöglichen, wird jeder generierte Datenbanktrigger auf der Grundlage des konzeptionellen Modells diskutiert. Der Hauptabschnitt wird von einer kurzen Zusammenfassung abgeschlossen.

4.2.1 Implementierung der Entwicklungsdatenbank

Das logische Modell der Entwicklungsdatenbank wird in ein relationales Schema transformiert, indem jede Datenstruktur durch einen Relationstyp implementiert wird. Da im logischen Modell Primärschlüssel definiert wurden und jedes Nichtschlüsselattribut vom jeweiligen Primärschlüssel voll funktional abhängig ist, befinden sich die Relationstypen des Schemas in dritter Normalform. Die Beziehungen zwischen den Relationstypen werden durch entsprechende Fremdschlüsselbeziehungen implementiert. Zur Implementierung von Surrogatschlüsseln können und sollten zwar Schlüsselgeneratoren benutzt werden. Schlüsselgeneratoren können jedoch nur Zahlenwerte generieren, die die Nachvollziehbarkeit der noch folgenden, teilweise recht komplexen Beispiele unnötig erschweren. Deshalb werden in dieser Untersuchung zur Implementierung von Surrogatschlüsseln keine Schlüsselgeneratoren benutzt, sondern eindeutige Benennungen manuell vergeben.

Um den Umfang der Ausführungen und Beispiele zu begrenzen, wird auf die Modellierung von Erklärungen und Kommentaren in der Entwicklungsdatenbank verzichtet. Entsprechende Attribute können unter Beachtung der funktionalen Abhängigkeit in den jeweiligen Relationstypen problemlos ergänzt werden.

Als Grundlage jedes Schemas sind zunächst Relationstypen für Konzepte, Eigenschaften und Schemata zu definieren:

```
create table schema
 (schema varchar2(10) constraint schema_pk primary key)
create table konzept
 (konzept varchar2(20) constraint konzept_pk primary key)
create table eigenschaft
 (eigenschaft varchar2(20) constraint eigenschaft_pk primary key)
```

Für das Anwendungsbeispiel haben diese Tabellen den folgenden Inhalt:

```
Schema       Konzept           Eigenschaft
---------    ----------        -----------
KapTerm      AggrKapBed        Auslastung
             ArbPlan           DurchschnAusl
             Baugr_Prod        Gewicht
             Baugr_Prod_Teil   Masch#
             Baugr_Teil        MaxKap
             Baugruppe         Menge
             DetKapBed         Prozent
             KapAng            Teil#
             KapVergl          Woche#
             MUArbPlan
             Maschine
             ProdPrg
             Produkt
             Stueli
             Teil
             WKal
```

Objekttypen referenzieren ein Konzept und ein Schema, Attribute referenzieren eine Eigenschaft und ein Schema:

```
create table objekttyp
   (konzept varchar2(20)
      constraint objekttyp_fk1 references konzept(konzept)
         on delete cascade,
   schema varchar2(10)
      constraint objekttyp_fk2 references schema(schema)
         on delete cascade,
   constraint objekttyp_pk primary key (konzept, schema) )
create table attribut
   (eigenschaft varchar2(20)
      constraint attribut_fk1 references eigenschaft(eigenschaft)
         on delete cascade,
   schema varchar2(10)
      constraint attribut_fk2 references schema(schema)
         on delete cascade,
   constraint attribut_pk primary key (eigenschaft, schema) )
```

Für das Anwendungsbeispiel haben diese Tabellen den folgenden Inhalt:

```
Konzept              Schema              Eigenschaft         Schema
--------------       ---------           ---------------     ---------
AggrKapBed           KapTerm             Auslastung          KapTerm
ArbPlan              KapTerm             DurchschnAusl       KapTerm
Baugr_Prod           KapTerm             Gewicht             KapTerm
Baugr_Prod_Teil      KapTerm             Masch#              KapTerm
Baugr_Teil           KapTerm             MaxKap              KapTerm
Baugruppe            KapTerm             Menge               KapTerm
DetKapBed            KapTerm             Prozent             KapTerm
KapAng               KapTerm             Teil#               KapTerm
KapVergl             KapTerm             Woche#              KapTerm
MUArbPlan            KapTerm
Maschine             KapTerm
ProdPrg              KapTerm
Produkt              KapTerm
Stueli               KapTerm
Teil                 KapTerm
WKal                 KapTerm
```

Der Primärschlüssel stellt im konzeptionellen Modell eine Beziehung zwischen einer Attributmenge und einem Objekttyp dar. Als normalisierter Relationstyp referenziert ein Tupel einen Objekttyp, ein Attribut und ein Schema. Alle Tupel, die den gleichen Objekttyp im gleichen Schema referenzieren, repräsentieren zusammen den Primärschlüssel.

```
create table pschl
   (objekttyp varchar2(20),
   attribut varchar2(20),
   schema varchar2(10),
   constraint pschl_pk primary key (objekttyp, attribut, schema),
   constraint pschl_fk1 foreign key (objekttyp, schema)
      references objekttyp(konzept, schema) on delete cascade,
   constraint pschl_fk2 foreign key (attribut, schema)
      references attribut(eigenschaft, schema) on delete cascade)
```

Bei der Primärschlüsselzuordnung besteht ein Problem darin, daß die mehrfache Referenzierung eines Objekttyps durch einen anderen Objekttyp zu einer Verletzung der Eindeutigkeit der Kombination `Objekttyp Attribut Schema` führt. Da z.B. Objekte des Typs "Stückliste" Objekte des Typs "Teil" sowohl in ihrer Funktion als entstehendes Teil wie auch in ihrer Funktion als eingehendes Teil referenzieren, wäre das Tupel `Stueli Teil# KapTerm` doppelt zu speichern. Das Problem wird vermieden, wenn die Bezeichnung durch Anfügung des Ursprungs-Objekttyps des jeweiligen Attributs qualifiziert wird. Für das Anwendungsbeispiel hat die Primärschlüsseltabelle dann den folgenden Inhalt:

```
Objekttyp          Attribut             Schema
---------------    ---------------      ---------
AggrKapBed         Masch#               KapTerm
AggrKapBed         Woche#               KapTerm
ArbPlan            Masch#               KapTerm
ArbPlan            Teil#                KapTerm
Baugr_Prod         Teil#                KapTerm
Baugr_Prod_Teil    Teil#                KapTerm
Baugr_Teil         Teil#                KapTerm
Baugruppe          Teil#                KapTerm
DetKapBed          Masch#               KapTerm
DetKapBed          Teil#                KapTerm
DetKapBed          Woche#               KapTerm
KapAng             Masch#               KapTerm
KapAng             Woche#               KapTerm
KapVergl           Masch#               KapTerm
KapVergl           Woche#               KapTerm
KapVergl           Woche#               KapTerm
MUArbPlan          Masch#               KapTerm
MUArbPlan          Teil#                KapTerm
Maschine           Masch#               KapTerm
ProdPrg            Teil#                KapTerm
ProdPrg            Woche#               KapTerm
Produkt            Teil#                KapTerm
Stueli             Teil#Baugr_Prod      KapTerm
Stueli             Teil#Baugr_Teil      KapTerm
Teil               Teil#                KapTerm
WKal               Woche#               KapTerm
```

Abstraktionsbeziehungen werden im konzeptionellen Modell als Aggregat zweier Objekttypen abgebildet. Sie werden zur Vereinfachung ihrer Referenzierung mit einem Surrogatschlüssel versehen. Wie für den Primärschlüssel führt die Normalisierung auch für Abstraktionsbeziehungen dazu, daß ein konzeptionelles Objekt durch eine Gruppe von Tupeln repräsentiert wird, die sich durch den gleichen Wert des Surrogatschlüssels auszeichnen. Die Check-Integritätsbedingung wird definiert, um unzulässige Kombinationen von Beschränktheit und Ableitungsform zu verhindern. Die erste Eindeutigkeits-Integritätsbedingung wird definiert, um zu verhindern, daß zwischen zwei Objekttypen mehrere Abstraktionsbeziehungen des gleichen Typs bestehen. Die beiden anderen Eindeutigkeits-Integritätsbedingungen sind eigentlich redundant, weil sie eine Obermenge der Attribute des ohnehin eindeutigen Primärschlüssels umfassen. Da diese Attributkombinationen aber einen Fremdschlüssel von Referenzierungsbeziehungen bilden, müssen sie in `abs` entweder als Primärschlüssel oder als eindeutig definiert sein.

```
create table abs
   (abstrbeziehung varchar2(20),
   schema varchar2(10),
   referenzierender_ot varchar2(20),
   referenzierter_ot varchar2(20),
   beschraenktheit varchar2(1),
   ableitungsform varchar2(1),
   constraint abs_pk primary key (abstrbeziehung, schema,
      referenzierender_ot, referenzierter_ot),
   constraint abs_fk1 foreign key (referenzierender_ot, schema)
      references objekttyp(konzept, schema) on delete cascade,
   constraint abs_fk2 foreign key (referenzierter_ot, schema)
      references objekttyp(konzept, schema) on delete cascade,
   constraint abs_ch check (
      (beschraenktheit = '*' and ableitungsform = '0')
      or (beschraenktheit = 'A' and ableitungsform = 'G')
      or (beschraenktheit = 'A' and ableitungsform = 'V') ),
   constraint abs_u1 unique (
      abstrbeziehung,referenzierender_ot,schema),
   constraint abs_u2 unique (
      abstrbeziehung,referenzierter_ot,schema) )
```

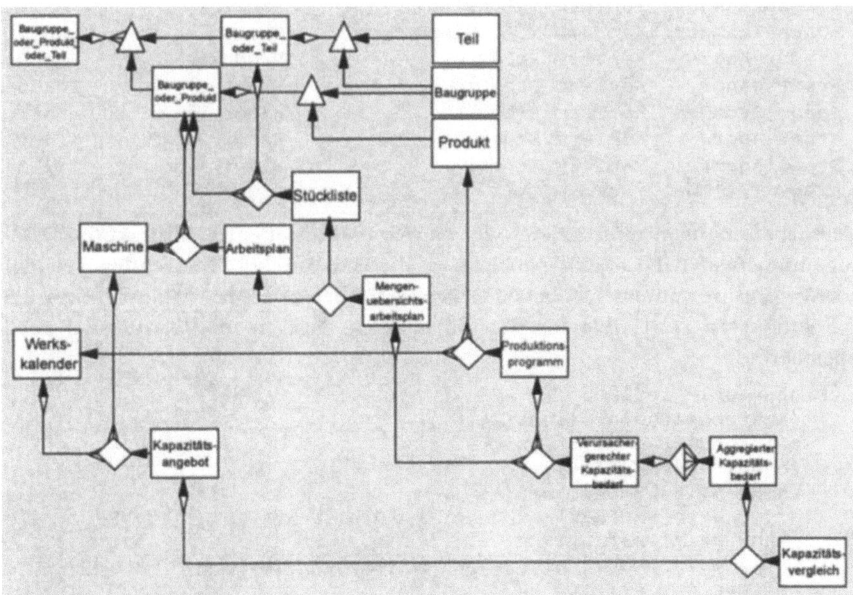

Abbildung 22: Grafische Darstellung der Objekttypen und Abstraktionsbeziehungen der Kapazitätsterminierung

Um einen direkten Vergleich der grafischen Darstellung des konzeptionellen Modells und seiner Speicherung in der Entwicklungsdatenbank zu ermöglichen, wird in Abbildung 22 das konzeptionelle Modell der Objekttypen und Abstraktionsbeziehungen der Kapazitätsterminierung aus Abbildung 18 wiederholt. Für das Anwendungsbeispiel hat die Tabelle der Abstraktionsbeziehungen den folgenden Inhalt:

```
Abstrbeziehung Schema  Referenzierender_OT Referenzierter_OT B V
-------------- ------- ------------------- ----------------- - -
AggrKapBedAss  KapTerm AggrKapBed          DetKapBed         A G
ArbPlanAggr    KapTerm ArbPlan             Baugr_Prod        * 0
ArbPlanAggr    KapTerm ArbPlan             Maschine          * 0
Baugr_Prod_TeilGen ... Baugr_Prod          Baugr_Prod_Teil   A V
Baugr_Prod_TeilGen ... Baugr_Teil          Baugr_Prod_Teil   A V
Baugr_ProdGen  KapTerm Baugruppe           Baugr_Prod        A V
Baugr_TeilGen  KapTerm Baugruppe           Baugr_Teil        A V
DetKapBedAggr  KapTerm DetKapBed           MUArbPlan         * 0
DetKapBedAggr  KapTerm DetKapBed           ProdPrg           * 0
KapAngAggr     KapTerm KapAng              Maschine          * 0
KapAngAggr     KapTerm KapAng              Wkal              * 0
KapVerglAggr   KapTerm KapVergl            AggrKapBed        * 0
KapVerglAggr   KapTerm KapVergl            KapAng            * 0
MUArbPlanAggr  KapTerm MUArbPlan           ArbPlan           * 0
MUArbPlanAggr  KapTerm MUArbPlan           Stueli            * 0
ProdPrgAggr    KapTerm ProdPrg             Produkt           * 0
ProdPrgAggr    KapTerm ProdPrg             Wkal              * 0
Baugr_ProdGen  KapTerm Produkt             Baugr_Prod        A V
StueliAggr     KapTerm Stueli              Baugr_Prod        * 0
StueliAggr     KapTerm Stueli              Baugr_Teil        * 0
Baugr_TeilGen  KapTerm Teil                Baugr_Teil        A V
```

Referenzbeziehungen referenzieren den Surrogatschlüssel einer Abstraktionsbeziehung und einen der Objekttypen, die an dieser Abstraktionsbeziehung beteiligt sind. Wegen ihrer unterschiedlichen Attribute werden referenzierende Objekttypen im Relationstyp `ref1`, referenzierte Objekttypen dagegen im Relationstyp `ref2` gespeichert.

```
create table ref1
   (abstrbeziehung varchar2(20),
   referenzierender_ot varchar2(20),
   schema varchar2(10),
   kardinalitaet varchar2(1)
      constraint ref1_ch check (kardinalitaet in ('1','*') ),
   constraint ref1_pk
      primary key (abstrbeziehung, referenzierender_ot, schema),
   constraint ref1_fk
      foreign key (abstrbeziehung, referenzierender_ot, schema)
      references abs(abstrbeziehung, referenzierender_ot, schema)
      on delete cascade)
```

```
create table ref2
   (abstrbeziehung varchar2(20),
   referenzierter_ot varchar2(20),
   schema varchar2(10),
   kardinalitaet varchar2(1)
      constraint ref2_ch1 check (kardinalitaet in ('1','*') ),
   vollstaendigkeit varchar2(1)
      constraint ref2_ch2 check (vollstaendigkeit in ('0','1') ),
   constraint ref2_pk
      primary key (abstrbeziehung, referenzierter_ot, schema),
   constraint ref2_fk
      foreign key (abstrbeziehung, referenzierter_ot, schema)
      references abs(abstrbeziehung, referenzierter_ot, schema)
      on delete cascade)
```

Für das Anwendungsbeispiel haben die Referenzierungstabellen den folgenden Inhalt:

```
Abstrbeziehung         Referenzierender_ot    Schema      K
---------------------  ---------------------  ----------  -
AggrKapBedAss          AggrKapBed             KapTerm     1
ArbPlanAggr            ArbPlan                KapTerm     1
Baugr_Prod_TeilGen     Baugr_Prod             KapTerm     1
Baugr_Prod_TeilGen     Baugr_Teil             KapTerm     1
Baugr_ProdGen          Baugruppe              KapTerm     1
Baugr_ProdGen          Produkt                KapTerm     1
Baugr_TeilGen          Baugruppe              KapTerm     1
Baugr_TeilGen          Teil                   KapTerm     1
DetKapBedAggr          DetKapBed              KapTerm     1
KapAngAggr             KapAng                 KapTerm     1
KapVerglAggr           KapVergl               KapTerm     1
MUArbPlanAggr          MUArbPlan              KapTerm     1
ProdPrgAggr            ProdPrg                KapTerm     1
StueliAggr             Stueli                 KapTerm     1
```

```
Abstrbeziehung          Referenzierter_ot       Schema      K V
---------------------   --------------------    ----------  - -
KapVerglAggr            AggrKapBed              KapTerm     1 1
MUArbPlanAggr           ArbPlan                 KapTerm     0 1
StueliAggr              Baugr_Prod              KapTerm     1 *
ArbPlanAggr             Baugr_Prod              KapTerm     1 *
Baugr_ProdGen           Baugr_Prod              KapTerm     1 1
Baugr_Prod_TeilGen      Baugr_Prod_Teil         KapTerm     1 *
StueliAggr              Baugr_Teil              KapTerm     1 *
Baugr_TeilGen           Baugr_Teil              KapTerm     1 1
AggrKapBedAss           DetKapBed               KapTerm     1 1
KapVerglAggr            KapAng                  KapTerm     1 1
DetKapBedAggr           MUArbPlan               KapTerm     1 *
KapAngAggr              Maschine                KapTerm     1 *
ArbPlanAggr             Maschine                KapTerm     0 *
DetKapBedAggr           ProdPrg                 KapTerm     1 *
PrdPrgAggr              Produkt                 KapTerm     0 *
MUArbPlanAggr           Stueli                  KapTerm     0 1
PrdPrgAggr              WKal                    KapTerm     0 *
KapAngAggr              WKal                    KapTerm     1 *
```

Ableitungsbeziehungen werden im konzeptionellen Modell als Aggregat zweier Attribute abgebildet und ebenfalls zur Vereinfachung ihrer Referenzierung mit einem Surrogatschlüssel versehen. Wie für Primärschlüssel und Abstraktionsbeziehungen führt das Normalisierungserfordernis auch für Ableitungsbeziehungen dazu, daß ein konzeptionelles Objekt durch eine Gruppe von Tupeln repräsentiert wird, die sich durch den gleichen Wert des Surrogatschlüssels auszeichnen.

```
create table abl
   (ablbeziehung varchar2(20),
   schema varchar2(10),
   ablformel varchar2(50) constraint abl_nn not null,
   abstrbeziehung varchar2(20),
   constraint abl_pk primary key (ablbeziehung, schema) )
```

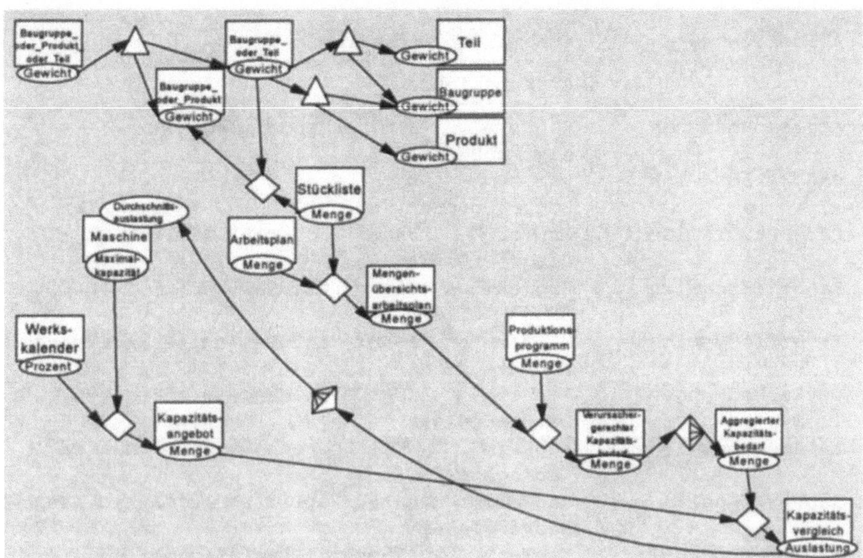

Abbildung 23: Grafische Darstellung ausgewählter Attribute und Ableitungsbeziehungen der Kapazitätsterminierung

Um einen direkten Vergleich der grafischen Darstellung des konzeptionellen Modells und seiner Speicherung in der Entwicklungsdatenbank zu ermöglichen, wird in Abbildung 23 das konzeptionelle Modell ausgewählter Attribute und Ableitungsbeziehungen der Kapazitätsterminierung aus Abbildung 20 wiederholt. Für das Anwendungsbeispiel hat die Tabelle der Ableitungsbeziehungen den folgenden Inhalt:

```
Ablbeziehung         Schema     Ablformel
------------------   ---------  -----------------------------------
                     Abstrbeziehung
                     ------------------
AggrKapBedMenge      KapTerm    sum(DetKapBed.Menge)
                     AggrKapBedAss
BaugrProdGewicht     KapTerm    Baugr_Prod.Gewicht
                     Baugr_ProdGen
BaugrProdTeilGewicht KapTerm    Baugr_Prod_Teil.Gewicht
                     Baugr_Prod_TeilGen
BaugrTeilGewicht     KapTerm    Baugr_Teil.Gewicht
                     Baugr_TeilGen
BaugrProdGewicht     KapTerm sum(Baugr_Teil.Gewicht*Stueli.Menge)
                     StueliAggr
DetKapBedMenge       KapTerm    MUArbPlan.Menge*ProdPrg.Menge
                     DetKapBedAggr
KapAngMenge          KapTerm    WKal.Prozent*Maschine.MaxKap
                     KapAngAggr
KapVerglAusl         KapTerm round(AggrKapBed.Menge/KapAng.Menge)
                     KapVerglAggr
MaschineAvgAusl      KapTerm  avg(KapVergl.Auslastung)
                     (N/A)
```

Quell- und Zielattribute referenzieren den Surrogatschlüssel einer Ableitungsbeziehung, einen Objekttyp und ein Attribut dieses Objekttyps, das die Rolle eines Zielattributs oder Quellattributs einnimmt. Wegen ihrer unterschiedlichen Eigenschaften werden Quellattribute im Relationstyp `qa` und Zielattribute im Relationstyp `za` gespeichert.

```
create table za
   (ablbeziehung varchar2(20),
   schema varchar2(10),
   objekttyp varchar2(20),
   zielattribut varchar2(20),
   modifizierbarkeit varchar2(1)
      constraint za_ch check (modifizierbarkeit in ('0','1') ),
   constraint za_pk primary key
      (ablbeziehung, schema, objekttyp, zielattribut),
   constraint za_fk1 foreign key (ablbeziehung, schema)
      references abl(ablbeziehung, schema) on delete cascade,
   constraint za_fk2 foreign key (objekttyp, schema)
      references objekttyp(konzept, schema) on delete cascade,
   constraint za_fk3 foreign key (zielattribut, schema)
      references attribut(eigenschaft, schema) )
```

```
create table qa
   (ablbeziehung varchar2(20),
   schema varchar2(10),
   objekttyp varchar2(20),
   quellattribut varchar2(20),
   constraint qa_pk primary key
      (ablbeziehung, schema, objekttyp, quellattribut),
   constraint qa_fk1 foreign key (ablbeziehung, schema)
      references abl(ablbeziehung, schema) on delete cascade,
   constraint qa_fk2 foreign key (objekttyp, schema)
      references objekttyp(konzept, schema) on delete cascade,
   constraint qa_fk3 foreign key (quellattribut, schema)
      references attribut(eigenschaft, schema) )
```

Für das Anwendungsbeispiel haben die Ziel- und Quellattributtabelle den folgenden Inhalt:

```
Ablbeziehung         Schema   Objekttyp      Zielattribut     M
-------------------- -------- -------------- ---------------- -
AggrKapBedMenge      KapTerm  AggrKapBed     Menge            0
BaugrProdGewicht1    KapTerm  Produkt        Gewicht          0
BaugrProdGewicht1    KapTerm  Baugruppe      Gewicht          0
BaugrProdGewicht2    KapTerm  Baugr_Prod     Gewicht          0
BaugrProdTeilGewicht KapTerm  Baugr_Prod     Gewicht          0
BaugrProdTeilGewicht KapTerm  Baugr_Teil     Gewicht          0
BaugrTeilGewicht     KapTerm  Teil           Gewicht          0
BaugrTeilGewicht     KapTerm  Baugruppe      Gewicht          0
DetKapBedMenge       KapTerm  DetKapBed      Menge            0
KapAngMenge          KapTerm  KapAng         Menge            1
KapVerglAusl         KapTerm  KapVergl       Auslastung       0
MaschineAvgAusl      KapTerm  Maschine       DurchschnAusl    0

Ablbeziehung         Schema   Objekttyp      Quellattribut
-------------------- -------- -------------- ----------------
AggrKapBedMenge      KapTerm  DetKapBed      Menge
BaugrProdGewicht1    KapTerm  Baugr_Prod     Gewicht
BaugrProdGewicht2    KapTerm  Baugr_Teil     Menge
BaugrProdGewicht2    KapTerm  Stueli         Menge
BaugrProdTeilGewicht KapTerm  Baugr_Prod_Teil Gewicht
BaugrTeilGewicht     KapTerm  Baugr_Teil     Gewicht
DetKapBedMenge       KapTerm  MUArbPlan      Menge
DetKapBedMenge       KapTerm  ProdPrg        Menge
KapAngMenge          KapTerm  WKal           Prozent
KapAngMenge          KapTerm  Maschine       MaxKap
KapVerglAusl         KapTerm  AggrKapBed     Menge
KapVerglAusl         KapTerm  KapAng         Menge
MaschineAvgAusl      KapTerm  KapVergl       Auslastung
```

Die Entwicklungsdatenbank ist damit vollständig durch Relationstypen implementiert. Im nächsten Abschnitt wird beschrieben, wie die derart gespeicherten Informationen eines EOT-Schemas in automatisierter Form in Triggerdefinitionen transformiert werden können.

4.2.2 Grundsätzliche Vorgehensweise zur Generierung von Datenbanktriggern

Für die Definition eines Datenbanktriggers gilt die folgende Syntax [Oracle 1992a, S.4/216-4/218]:[56]

```
Triggerdefinition :=
CREATE TRIGGER [Schemaname.]Triggername {BEFORE|AFTER}
    {DELETE|INSERT|UPDATE [OF Spaltenname [,Spaltenname [,...]]]}
      [OR {DELETE|INSERT|UPDATE [OF Spaltenname [,...]]} [OR ...]]
    ON [Schemaname.]Tabellenname [FOR EACH ROW]
    PL/SQL-Block
```

Datenbanktrigger beziehen sich also auf genau eine Tabelle. Ein Trigger kann nicht nur durch die Löschung, Einfügung oder Änderung eines Tupels ausgelöst werden, sondern es kann auch für jede geänderte Spalte ein spezifischer Trigger definiert werden. Der Trigger wird je nach Definition entweder vor oder nach Durchführung der jeweiligen Datenmanipulation ausgelöst. Die definierte Prozedur wird standardmäßig einmal vor oder nach der gesamten Änderungsoperation ausgeführt (auch wenn davon mehrere Sätze betroffen waren), kann aber auch für jeden von einer Änderungsoperation betroffenen Satz ausgeführt werden (Option `for each row`). Der PL/SQL-Block spezifiziert die bei Eintritt des jeweiligen Ereignisses auszulösende Prozedur. PL/SQL stellt eine Erweiterung von SQL dar, in der SQL-Kommandos u.a. in prozedurale Kontrollstrukturen eingebunden werden können. PL/SQL verbindet aufgrund einer starken Verwandtschaft mit Ada Blockstruktur mit sowohl flexiblen wie auch konsequenten Möglichkeiten zur Ausnahmebehandlung. Weil PL/SQL nicht standardisiert ist, werden die speziellen Möglichkeiten dieser Sprache im folgenden nur soweit genutzt, wie es unbedingt notwendig ist. Für die Zwecke dieser Untersuchung reicht deshalb die folgende, stark vereinfachte PL/SQL-Syntax aus [Grundlage: Oracle 1992b, S.9/1-9/123]:

---

[56] Aufgrund der noch fehlenden Berücksichtigung prozeduraler Erweiterungen im SQL-Standard gilt diese Syntax nicht für alle Datenbanksysteme. Um die Allgemeingültigkeit der Triggergenerierung nicht mehr als unbedingt notwendig einzuschränken, wurden einige weniger wichtige Klauseln (z.B. Replace-Option, Referencing-Klausel, When-Klausel) weggelassen. In Großbuchstaben geschriebene Worte und Sonderzeichen stehen für reservierte Syntaxelemente, die zwar (im Fall von Worten) wahlweise in Klein- oder Großbuchstaben, doch in jedem Fall in dieser Schreibweise codiert werden müssen. Eckige Klammern umschließen optionale Syntaxelemente. Geschweifte Klammern schließen Alternativen ein, von denen eine ausgewählt werden muß. Alle anderen Syntaxelemente sind Bezeichner, die auf der Grundlage der SQL-Namensregeln frei gewählt werden können.

```
PL/SQL-Block :=
BEGIN
{DML-Kommando; [DML-Kommando; [...]] | Select-Kommando;
{RAISE_APPLICATION_ERROR( Meldungsnummer, Meldungstext); |
EXCEPTION
WHEN NO_DATA_FOUND THEN
   RAISE_APPLICATION_ERROR( Meldungsnummer, Meldungstext);} }
END;
```

In einem Datenbanktrigger wird also entweder eines oder mehrere DML-Kommandos ausgeführt, oder es wird ein Select-Kommando ausgeführt. Im Fall eines Select-Kommandos hängt die Verarbeitung davon ab, on mindestens ein Tupel gefunden wird oder ob kein Tupel gefunden wird (Ausnahmesituation `no_data_found`). Als Reaktion ist wahlweise bei Finden oder Nichtfinden eines Tupels das Scheitern der Transaktion durch Erzeugung eines Anwendungsfehlers auszulösen. Für die SQL-Kommandos gilt dabei folgende, ebenfalls für Zwecke dieser Untersuchung vereinfachte Syntax:[57]

```
Select-Kommando :=
SELECT {Konstante|Spaltenname}[,{Konstante|Spaltenname}[,...]]
FROM [Schemaname.]Tabellenname[,[Schemaname.]Tabellenname[,...]]
[WHERE Bedingung [{AND|OR [NOT] Bedingung [...]]]
[{MINUS|INTERSECT|UNION} Select-Kommando]

DML-Kommando :=
{Update-Kommando | Delete-Kommando | Insert-Kommando}

Update-Kommando :=
UPDATE [Schemaname.]Tabellenname [Aliasname] SET
Spaltenname = Ausdruck [,Spaltenname = Ausdruck [,...]]
[WHERE Bedingung [{AND|OR [NOT] Bedingung [...]]]

Delete-Kommando :=
DELETE [FROM] [Schemaname.]Tabellenname
[WHERE Bedingung [{AND|OR [NOT] Bedingung [...]]]

Insert-Kommando :=
INSERT INTO [Schemaname.]Tabellenname
 [(Spaltenname[,Spaltenname[...]])]
Select-Kommando
```

Bedingungen und Ausdrücke werden auf solche Konstrukte eingeschränkt, die zur Identifikation von durch Manipulationen betroffene Objekte, zur Einbindung der Attributwerte manipulierter Objekte vor (`:old`) und nach (`:new`) der Änderung sowie zur Definition von Ableitungsregeln notwendig sind.

---

[57] Eine vollständige Syntax findet sich in [ISO 1987] (SQL-Standard), [ISO 1989] (SQL 2-Standard) und [Oracle 1992a] (SQL 2-Standard mit prozeduralen Erweiterungen).

```
Bedingung :=
{[NOT] EXISTS | Ausdruck {=|>|<}} {Ausdruck|(Select-Kommando)}
Ausdruck :=
{[{[Schemaname.]Tabellenname.|:OLD|:NEW}]Spaltenname |Konstante
|Formel}
```

Zur Generierung vollständiger Triggerdefinitionen müssen auf der Grundlage der hier vorgestellten, eingeschränkten Syntax Triggernamen, Schemanamen, Tabellennamen, Spaltennamen, Konstanten und Formeln (für Ableitungsbeziehungen) bereitgestellt werden. Bis auf Triggernamen sind alle benötigten Informationen in der Entwicklungsdatenbank enthalten. Die Namen der zu generierenden Trigger können aus der Kombination

- des Tabellennamens,
- eines `a` für after bzw. eines `b` für before,
- eines `r` für Row-Trigger bzw. eines `s` für Statement-Trigger,
- eines `d` für delete, eines `i` für insert bzw. eines `u` für update sowie
- bei spaltenspezifischen Update-Triggern ev. des Spaltennamens

erzeugt werden[58] und werden deshalb ebenfalls durch den Inhalt der Entwicklungsdatenbank impliziert.

Die Triggerdefinitionen sind als Sätze in eine Textdatei einzustellen, die dann durch das Datenbankverwaltungssystem verarbeitet werden kann, um die entsprechenden Datenbankobjekte zu erzeugen. Es muß möglich sein, die Textzeilen für jeden beliebigen Trigger in der richtigen Reihenfolge erzeugen zu können. Da nicht alle Definitionen als Datenstrukturen implementiert werden müssen, ist zur dauerhaften Speicherung der Triggerdefinitionen eine entsprechende Tabelle der Entwicklungsdatenbank einzurichten. Diese Tabelle muß neben der Textzeile der Triggerdefinition auch Selektionsattribute wie z.B. Schemaname, Tabellenname und Auslösungskriterium (z.B. `'AD'` für After-delete-Trigger, `'BU'` für Before-update-Trigger) sowie Sortierattribute wie z.B. eine Zeilennummer enthalten:

```
create table tr
   (schema varchar2(10) constraint tr_nn1 not null,
   objekttyp varchar2(20) constraint tr_nn2 not null,
   ereignis varchar2(2) constraint tr_ch1
      check (ereignis in ('BD','AD','BI','AI','BU','AU') ),
   stufe varchar2(1) constraint tr_ch2
      check (stufe in ('1','N') ),
   znr varchar2(50) constraint tr_nn3 not null,
   text long constraint tr_nn4 not null,
   constraint tr_fk foreign key (objekttyp, schema)
      references objekttyp(konzept, schema) on delete cascade)
```

58 Eine ähnliche Regel zur Benennung von Datenbanktriggern findet sich in [Kraut/Seidl 1992, S.263].

Das Attribut `stufe` repräsentiert die Reichweite des jeweiligen Triggers. Den bisher betrachteten einstufigen Trigger wird durch dieses Attribut der Wert `'1'` zugeordnet. Wenn der gesamte Propagierungspfad durch einen Trigger implementiert wird, hat dieses Attribut den Wert `'N'`. Die Tabelle `tr` hat keinen Primärschlüssel, weil z.B. für Bedingungen von Unterabfragen die Reihenfolge keine Rolle spielt und deshalb mehrere Tupel die gleichen Attributwerte der Kombination `schema, objekttyp, ereignis, stufe, znr` (die sich ansonsten für den Primärschlüssel anböte) aufweisen können. Für die genannten Attribute dürfen aber zumindest keine Nullwerte gespeichert werden. Diese Integritätsbedingungen müssen nur in `tr` expliziert werden, da sie in den anderen Tabellen durch die Primärschlüssel-Integritätsbedingung impliziert werden.

Die bisher an den einzelnen Propagierungs- bzw. Zurückweisungsregeln orientierte Betrachtung des implizierten Verhaltens kann für die Generierung von Datenbanktriggern nicht beibehalten werden. Es ist zu erwarten, daß für einige Objekttypen mehrere Regeln anwendbar sind und deshalb auch mehrere Trigger generiert würden, wenn regelorientiert vorgegangen wird. Für jeden Kombination eines Objekttyps, einer Auslösungsbedingung (z.B. nach der Löschung) und eines Mengenbezugs (z.B. satzweise) darf es aber nur einen einzigen Datenbanktrigger geben [Oracle 1992a, S.4/220]. Um Textzeilen für Triggerdefinitionen zu generieren, muß deshalb ereignis- und tabellenorientiert vorgegangen werden. Für jede Tabelle und jeden Typ von Auslösungebedingungen müssen die Ergebnisse aller anwendbaren Propagierungs- bzw. Zurückweisungsregeln zusammengefaßt werden, um einen syntaktisch zulässigen Trigger generieren zu können.

Da alle zu generierenden Trigger wegen der im Rahmen der Formalisierung begründeten Einschränkung auf Einzelobjekte als satzweise Trigger (`for each row`) zu definieren sind und da sich alle Propagierungs- bzw. Zurückweisungsregeln auf jeweils einen Typ von Auslösungsereignissen beziehen, läßt sich der Generierungsprozeß in sechs Module zerlegen:

1. Generierung von Before-delete-Triggern durch Anwendung aller Zurückweisungsregeln für Löschungen auf jeden Objekttyp.
2. Generierung von After-delete-Triggern durch Anwendung aller Propagierungsregeln für Löschungen auf jeden Objekttyp.
3. Generierung von Before-insert-Triggern durch Anwendung aller Zurückweisungsregeln für Einfügungen auf jeden Objekttyp.
4. Generierung von After-insert-Triggern durch Anwendung aller Propagierungsregeln für Einfügungen auf jeden Objekttyp.
5. Generierung von Before-update-Triggern durch Anwendung aller Zurückweisungsregeln für Änderungen auf jeden Objekttyp (bzw. jede Spalte jedes Objekttyps).

6. Generierung von After-update-Triggern durch Anwendung aller Propagierungsregeln für Änderungen auf jeden Objekttyp (bzw. jede Spalte jedes Objekttyps).

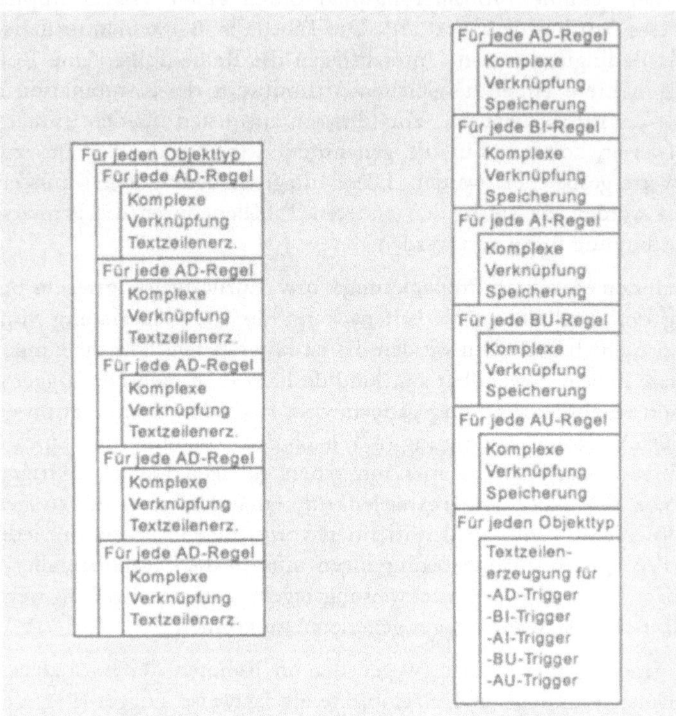

Abbildung 24: Einstufiges (links) vs. zweistufiges (rechts) Vorgehen zur Triggergenerierung

Das erste Modul muß nicht weiter betrachtet werden, da das EOT-Modell keine Zurückweisungsregeln für Löschungen impliziert. Für die anderen fünf Module ist für jeden Objekttyp jede Regel auf Anwendbarkeit zu prüfen. Um die dazu notwendigen komplexen Verknüpfungsoperationen nicht unnötig oft ausführen zu müssen, können regelbasierte Zwischenergebnisse erzeugt, temporär abgespeichert und dann objekttyporientiert zu Triggerdefinitionen aufbereitet werden. In einem ersten Schritt werden dazu die Propagierungs- bzw. Zurückweisungsregeln nacheinander verarbeitet, um bestimmte Basisinformationen aufzubereiten und zu speichern. Erst in einem zweiten Schritt werden dann diese Basistabellen für jeden Objekttyp abgearbeitet, um die Textzeilen der jeweiligen Triggerdefinition zu erzeugen. Die Unterschiede zwischen der einstufigen und zweistufigen Vorgehensweise werden durch Abbildung 24 illustriert. *Im Kapazitätsterminierungsbeispiel müßte* *bei einstufigem Vorgehen die Verknüpfung 416 mal (16 Objekttypen * 26 Regeln) durchgeführt werden und würde jeweils keine oder nur wenige Informationen erzeugen, die allerdings sofort aufbereitet werden könnten. Bei zweistufigem Vorgehen würden nur 26 Verknüpfungsoperationen durchgeführt, bei denen jeweils eine große Zahl von Informationen erzeugt und in einer Zwischentabelle gespeichert würde.* Auch wenn die Zwischenspeicherung einen Zusatzaufwand darstellt, der beim einstufigen Verfahren nicht anfällt, ist aufgrund der mengenorientierten Arbeitsweise relationaler Datenbanksysteme besonders bei großen Schemata die zweistufige Vorgehensweise deutlich vorteilhafter.

In der Zwischentabelle werden die jeweils für eine Propagierungs- oder Zurückweisungsregel relevanten Kombinationen

- des manipulierten Objekttyps,
- des Objekttyps, in den die Manipulation propagiert wird oder dessen Eigenschaften zur Prüfung ihrer Zulässigkeit benötigt werden,
- eines eventuell für die Verknüpfung relevanten zusätztlichen Objekttyps sowie
- der Schlüsselattribute aller beteiligten Objekttypen zur Herstellung korrekter Verknüpfungsbedingungen

gespeichert. Da diese Kombination mehrfach auftreten kann, ist zur eindeutigen Identifikation zusätzlich das betroffene Generierungsmodul und die "verursachende" Regel zu speichern. Für die Zurückweisung von Änderungen müssen keine Zwischenergebnisse gespeichert werden, weil es nur eine Regel gibt und die betreffene Verknüpfung so einfach ist, daß sie problemlos für jeden Objekttyp durchgeführt werden kann.

```
create table stufe1
   (schema varchar2(10),
   modul number(1) constraint stufe1_ch
      check (modul between 1 and 6),
   regel varchar2(3),
   manipulierter_ot varchar2(20),
   manipuliertes_attribut varchar2(20),
   betroffener_ot varchar2(20),
   betroffenes_attribut varchar2(20),
   zusaetzlicher_ot varchar2(20),
   zusaetzliches_attribut varchar2(20),
   ablformel varchar2(50),
   constraint stufe1_pk primary key (schema, modul, regel,
      manipulierter_ot, manipuliertes_attribut, betroffener_ot,
      betroffenes_attribut),
   constraint stufe1_fk1 foreign key (manipulierter_ot, schema)
      references objekttyp (konzept, schema) on delete cascade,
   constraint stufe1_fk2 foreign key (betroffener_ot, schema)
      references objekttyp (konzept, schema) on delete cascade,
   constraint stufe1_fk3 foreign key (zusaetzlicher_ot, schema)
      references objekttyp (konzept, schema) on delete cascade,
```

```
   constraint stufe1_fk4 foreign key
      (manipuliertes_attribut, schema)
      references attribut (eigenschaft, schema)
      on delete cascade,
   constraint stufe1_fk5 foreign key
      (betroffenes_attribut, schema)
      references attribut (eigenschaft, schema)
      on delete cascade,
   constraint stufe1_fk6 foreign key
      (zusaetzliches_attribut, schema)
      references attribut (eigenschaft, schema)
      on delete cascade )
```

Um eine bessere Selbstdokumentation der Prozeduren zu ermöglichen, die die Zwischentabelle füllen bzw. verarbeiten, ist es sinnvoll, modulspezifische Sichten zu definieren. Diese Sichten enthalten alle Tupel der Zwischentabelle, die sich auf ein bestimmtes Modul beziehen. Für die Benennung der Sichten wird der erste Buchstabe der auslösenden Datenmanipulation (`d` für Löschung, `i` für Einfügung und `u` für Änderung) mit einer Abkürzung für die Art der jeweils betrachteten Regeln (`prop` für Propagierungsregeln, `rej` für Zurückweisungsregeln) verknüpft. Da es sich bei den Sichten um "row-and-column-subsets" handelt, können beliebige Datenmanipulationen, die sich auf die Sicht beziehen, in der zugrunde liegenden Tabelle durchgeführt werden.

```
create view dprop
   (schema, regel, modul, geloeschter_ot, gel_attribut,
      propagierter_ot, prop_attribut, zus_ot, zus_attribut) as
   select schema, regel, modul,
      manipulierter_ot,manipuliertes_attribut,
      betroffener_ot, betroffenes_attribut, zusaetzlicher_ot,
      zusaetzliches_attribut
   from stufe1
   where modul = 2 /* Loeschungspropagierungen */
   with check option constraint dprop_ch

create view irej
   (schema, regel, modul, eingef_ot, eingef_att, ref_ot, ref_att,
      zus_ot, zus_att) as
   select schema, regel, modul,
      manipulierter_ot,manipuliertes_attribut,
      betroffener_ot, betroffenes_attribut, zusaetzlicher_ot,
      zusaetzliches_attribut
   from stufe1
   where modul = 3 /* Einfuegungszurueckweisungen */
   with check option constraint irej_ch
```

```
create view iprop
   (schema, regel, modul, eingefuegter_ot, eingef_attribut,
      propagierter_ot, prop_attribut, zus_ot, zus_attribut) as
   select schema, regel, modul,
      manipulierter_ot, manipuliertes_attribut,
      betroffener_ot, betroffenes_attribut, zusaetzlicher_ot,
      zusaetzliches_attribut
   from stufe1
   where modul = 4 /* Einfuegungspropagierungen */
   with check option constraint iprop_ch

create view uprop
   (schema, regel, modul, geaenderter_ot, geaendertes_att,
      propagierter_ot, propagiertes_att, zusaetzlicher_ot,
      zusaetzliches_att, ablformel) as
   select schema, regel, modul,
      manipulierter_ot, manipuliertes_attribut,
      betroffener_ot, betroffenes_attribut, zusaetzlicher_ot,
      zusaetzliches_attribut, ablformel
   from stufe1
   where modul = 6 /* Aenderungspropagierungen */
   and ablformel is not null
   with check option constraint uprop_ch
```

Damit sind alle Vorbereitungen getroffen, um für jede Regel durch Verknüpfung von Abstraktions- und Ableitungsbeziehungen die Zwischentabelle füllen zu können und für jeden Objekttyp den Inhalt dieser Zwischentabelle auswerten und in syntaktisch korrekte Triggerdefinitionen transformieren zu können. Im folgenden Abschnitt wird der erste Verarbeitungsschritt (Füllung der Zwischentabelle) modulweise für jede Regel beschrieben. Im übernächsten Abschnitt wird der zweite Verarbeitungsschritt (Auswertung der Zwischentabelle, Erzeugung von Triggerdefinitionen) modulweise für jeden Objekttyp beschrieben.

4.2.3 Erster Verarbeitungsschritt: Füllung der Zwischentabelle

4.2.3.1 Propagierung von Löschungen

Regel 1: Wird ein Objekt gelöscht, sind in der gleichen Transaktion auch alle Objekte zu löschen, von denen das zu löschende Objekt aufgrund einer Aggregations- oder Generalisierungsbeziehung referenziert wird.

$$L^1_{ab'='c} := \{\xi \mid d(\xi) \wedge Ref(e,d,f,a,g,h,i) \wedge Abs(j,k,l,m,i) \wedge (l,m)\in\{('*','0'),('A','V')\} \wedge d\in j \wedge a\in k \wedge Bed(\xi,n,'=',c) \wedge PSchl(o,d,i) \wedge n=o\cap b\} \quad \forall\omega\in L_{ab'='c}$$

```
insert into dprop (schema, regel, modul,
   geloeschter_ot, propagierter_ot, gel_attribut, prop_attribut)
select distinct abs.schema, '1', 2, referenzierter_ot,
   referenzierender_ot, b.attribut, a.attribut
from abs, pschl a, pschl b
where a.objekttyp = referenzierender_ot
and b.objekttyp = referenzierter_ot
and (a.attribut = b.attribut
     or (substr(a.attribut,1,instr(a.attribut,'#'))
              = substr(b.attribut,1,instr(b.attribut,'#'))
        and substr(a.attribut,instr(a.attribut,'#')+1,20)
              = b.objekttyp)
     or (substr(a.attribut,1,instr(a.attribut,'#'))
              = substr(b.attribut,1,instr(b.attribut,'#'))
        and substr(b.attribut,instr(b.attribut,'#')+1,20)
              = a.objekttyp))
and (  (beschraenktheit = '*' and ableitungsform = '0') /*aggr*/
     or (beschraenktheit = 'A' and ableitungsform = 'V')) /*gen*/
```

Durch die letzten beiden Selektionsbedingungen wird die Tabelle `abs` für alle Aggregationen und Generalisierungen ausgewertet. Aufgrund von Regel 1 ist für diese Beziehungen die Löschung von `referenzierter_ot` in `referenzierender_ot` zu propagieren. Durch zweimaligen Join mit `pschl` werden die Attribute ermittelt, die sowohl `referenzierter_ot` wie auch `referenzierender_ot` identifizieren ($a \cap b$). Aufgrund der Bildungsregeln für Primärschlüssel im EOT-Modell können die betreffenden Attribute daran erkannt werden, daß sie in `referenzierender_ot` den gleichen Namen haben wie in `referenzierter_ot`. Ein Sonderfall liegt vor, wenn (z.B. in `stueli`) doppelt zu modellierende Attribute zur Wahrung der Eindeutigkeit durch den Namen des Objekttyps qualifiziert werden müssen. Um auch in solchen Fällen "gleiche" Attribute erkennen zu können, wird neben der Namensgleichheit auch die Bedingung geprüft, daß der Teil des Attributnamens vor dem `#` identisch ist und der Teil des einen Attributnamens nach dem `#` dem Namen des Objekttyps entspricht, zu dessen Primärschlüssel das jeweils andere Attribut gehört. Durch diese Bedingung würden z.B. nicht nur die Attributpaare (`ProdPrg.Teil#, Produkt.Teil#`) oder (`ProdPrg.Woche#, WKal.Woche#`) als "passend" erkannt, sondern auch die Attributpaare (`Baugr_Teil.Teil#, Stueli.Teil#Baugr_Teil`) und (`Stueli.Teil#Baugr_Prod, MUArbPlan.Teil#`). Eine zusammengesetzte Bedingung, durch die derartige Attributpaare zum Aufbau von Joinbedingungen in die Zwischentabelle eingestellt werden, findet sich in identischer Form in fast allen Regeln. Auf diese Bedingung wird deshalb im folgenden in weiter eingegangen.

Regel 2: Wird ein Objekt gelöscht, sind in der gleichen Transaktion auch alle Objekte zu löschen, von denen das zu löschende Objekt als einziges Objekt aufgrund einer Assoziationsbeziehung referenziert wird.

$$L^2_{ab'='c} := \{\xi \mid d(\xi) \wedge Ref(e,d,f,a,g,h,i) \wedge Abs(j,k,'A','G',i) \wedge d \in j \wedge a \in k \wedge Bed(\xi,l,'=',m)$$
$$\wedge\ PSchl(n,d,i) \wedge l = n \cap b \wedge m = \pi_{cn}$$
$$\wedge\ \{\} = \{\psi \mid a(\psi) \wedge Bed(\psi,b,'=',o) \wedge m = \pi_{on} \wedge o \neq c\}\} \qquad \forall \omega \in L_{ab'='c}$$

```
insert into dprop (schema, regel, modul,
   geloeschter_ot, propagierter_ot, gel_attribut, prop_attribut)
select distinct abs.schema, '2', 2, referenzierter_ot,
   referenzierender_ot, b.attribut, a.attribut
from abs, pschl a, pschl b
where a.objekttyp = referenzierender_ot
and b.objekttyp = referenzierter_ot
and (a.attribut = b.attribut
    or (substr(a.attribut,1,instr(a.attribut,'#'))
            = substr(b.attribut,1,instr(b.attribut,'#'))
       and substr(a.attribut,instr(a.attribut,'#')+1,20)
            = b.objekttyp)
    or (substr(a.attribut,1,instr(a.attribut,'#'))
            = substr(b.attribut,1,instr(b.attribut,'#'))
       and substr(b.attribut,instr(b.attribut,'#')+1,20)
            = a.objekttyp))
and (beschraenktheit = 'A' and ableitungsform = 'G')       /*ass*/
```

Durch die letzte Selektionsbedingung wird die Tabelle `abs` für alle Assoziationen ausgewertet. Aufgrund von Regel 2 ist für diese Beziehungen unter bestimmten Bedingungen, deren Erfüllung im zweiten Verarbeitungsschritt sichergestellt wird, die Löschung von `referenzierter_ot` in `referenzierender_ot` zu propagieren. Durch zweimaligen Join mit `pschl` werden die Attribute ermittelt, die sowohl `referenzierter_ot` wie auch `referenzierender_ot` identifizieren ($n \cap b$).

Regel 3: Wird ein Objekt gelöscht, sind in der gleichen Transaktion die Werte der abgeleiteten Attribute aller Objekte zu aktualisieren, von denen das zu löschende Objekt nicht als einziges Objekt aufgrund einer Assoziationsbeziehung referenziert wird.

$$U^3_{ab'='c} := \{\xi \mid d(\xi) \wedge Ref(e,d,f,a,g,h,i) \wedge Abs(j,k,'A','G',i) \wedge d \in j \wedge a \in k \wedge Bed(\xi,l,'=',m)$$
$$\wedge\ PSchl(n,d,i) \wedge l = n \cap b \wedge m = \pi_{cn}$$
$$\wedge\ \{\} \neq \{\psi \mid a(\psi) \wedge Bed(\psi,b,'=',o) \wedge m = \pi_{on} \wedge o \neq c\}$$
$$\wedge\ Bed(\xi,p,'=',q) \wedge ZAttr(r,d,p,s,i) \wedge Abl(a,t,d,p,u,i) \wedge q = u(t)\}$$
$$\forall \omega \in L_{ab'='c}$$

```
insert into dprop (schema, regel, modul,
   geloeschter_ot, propagierter_ot, gel_attribut, prop_attribut)
select distinct abs.schema, '3', 2, referenzierter_ot,
   referenzierender_ot, b.attribut, a.attribut
from abs, pschl a, pschl b
where a.objekttyp = referenzierender_ot
and b.objekttyp = referenzierter_ot
and (a.attribut = b.attribut
    or (substr(a.attribut,1,instr(a.attribut,'#'))
            = substr(b.attribut,1,instr(b.attribut,'#'))
       and substr(a.attribut,instr(a.attribut,'#')+1,20)
            = b.objekttyp)
    or (substr(a.attribut,1,instr(a.attribut,'#'))
            = substr(b.attribut,1,instr(b.attribut,'#'))
       and substr(b.attribut,instr(b.attribut,'#')+1,20)
            = a.objekttyp))
and (beschraenktheit = 'A' and ableitungsform = 'G')      /*ass*/
```

Die in die Zwischentabelle eingestellten Informationen sind für Regel 2 und Regel 3 identisch. Erst im zweiten Verarbeitungsschritt wird für aus den Informationen aus Regel 2 ein Delete-Kommando erzeugt, während aus den Informationen aus Regel 3 ein Update-Kommando erzeugt wird.

Regel 4: Wird ein Objekt gelöscht, sind in der gleichen Transaktion auch alle Objekte zu löschen, die vom zu löschenden Objekt aufgrund einer vollständigen, exklusiven Aggregations-, Generalisierungs- oder Assoziationsbeziehung referenziert werden müssen.

$L^4_{ab'='c} := \{\xi \mid d(\xi) \wedge Ref(e,a,f,d,'1','1',g) \wedge Bed(\xi,h,'=',c) \wedge PSchl(i,d,g) \wedge h=i \cap b \}$

$\forall \omega \in L_{ab'='c}$

```
insert into dprop (schema, regel, modul, geloeschter_ot,
   propagierter_ot, gel_attribut, prop_attribut)
select distinct abs.schema, '4', 2, referenzierender_ot,
   referenzierter_ot, a.attribut, b.attribut
from abs, pschl a, pschl b
where a.objekttyp = referenzierender_ot
and b.objekttyp = referenzierter_ot
and (a.attribut = b.attribut
    or (substr(a.attribut,1,instr(a.attribut,'#'))
            = substr(b.attribut,1,instr(b.attribut,'#'))
       and substr(a.attribut,instr(a.attribut,'#')+1,20)
            = b.objekttyp)
    or (substr(a.attribut,1,instr(a.attribut,'#'))
            = substr(b.attribut,1,instr(b.attribut,'#'))
       and substr(b.attribut,instr(b.attribut,'#')+1,20)
            = a.objekttyp))
```

```
and (abstrbeziehung, referenzierter_ot) in
   (select abstrbeziehung, referenzierter_ot from ref2
   where vollstaendigkeit = '1' and kardinalitaet = '1')
```

Durch die letzte Selektionsbedingung wird die Tabelle abs nur für solche Beziehungen ausgewertet, die eine vollständige, exklusive Referenzbeziehung implizieren. Aufgrund von Regel 4 ist für diese Beziehungen die Löschung von referenzierender_ot in referenzierter_ot zu propagieren. Die Richtung der Propagierung unterscheidet sich damit zwar von der, die aufgrund der Regeln 1 bis 3 erfolgt. Da es in dprop nur die Richtung vom manipulierten zum propagierten Objekttyp gibt, können beliebig gerichtete Propagationen mit Hilfe dieses Relationstyp repräsentiert werden. Durch zweimaligen Join mit pschl werden die Attribute ermittelt, die sowohl referenzierter_ot wie auch referenzierender_ot identifizieren ($i \cap b$).

Regel 5: Wird ein Objekt gelöscht, sind in der gleichen Transaktion auch alle Objekte zu löschen, die ausschließlich vom zu löschenden Objekt aufgrund einer vollständigen, nicht-exklusiven Aggregations-, Generalisierungs- oder Assoziationsbeziehung referenziert werden müssen.

$$L^5_{ab'='c} := \{\xi \mid d(\xi) \wedge Ref(e,a,f,d,'1','*',g) \wedge Bed(\xi,h,'=',i) \wedge PSchl(j,d,g) \wedge h=j \cap b \wedge i=\pi_{cj} \wedge \{\}=\{\psi \mid a(\psi) \wedge Bed(\psi,b,'=',k) \wedge i=\pi_{kj}\ \}\ \} \qquad \forall \omega \in L_{ab'='c}$$

```
insert into dprop (schema, regel, modul, geloeschter_ot,
   propagierter_ot, gel_attribut, prop_attribut)
select distinct abs.schema, '5a', 2, referenzierender_ot,
   referenzierter_ot, a.attribut, b.attribut
from abs, pschl a, pschl b
where a.objekttyp = referenzierender_ot
and b.objekttyp = referenzierter_ot
and (a.attribut = b.attribut
    or (substr(a.attribut,1,instr(a.attribut,'#'))
            = substr(b.attribut,1,instr(b.attribut,'#'))
       and substr(a.attribut,instr(a.attribut,'#')+1,20)
            = b.objekttyp)
    or (substr(a.attribut,1,instr(a.attribut,'#'))
            = substr(b.attribut,1,instr(b.attribut,'#'))
       and substr(b.attribut,instr(b.attribut,'#')+1,20)
            = a.objekttyp))
and ( (beschraenktheit = '*' and ableitungsform = '0')  /*aggr*/
    or (beschraenktheit = 'A' and ableitungsform = 'G')) /*ass*/
and (abstrbeziehung, referenzierter_ot) in
   (select abstrbeziehung, referenzierter_ot from ref2
   where vollstaendigkeit = '1' and kardinalitaet = '*')
```

```
insert into dprop (schema, regel, modul, geloeschter_ot,
   propagierter_ot, gel_attribut, prop_attribut, zus_ot,
   zus_attribut)
select distinct x1.schema, '5b', 2, x1.referenzierender_ot,
   x1.referenzierter_ot, a.attribut, b.attribut,
   x2.referenzierender_ot, c.attribut
from abs x1, abs x2, pschl a, pschl b, pschl c
where a.objekttyp = x1.referenzierender_ot
and b.objekttyp = x1.referenzierter_ot
and c.objekttyp = x2.referenzierender_ot
and x1.referenzierter_ot = x2.referenzierter_ot
and x1.referenzierender_ot != x2.referenzierender_ot
and (x1.beschraenktheit ='A' and x1.ableitungsform ='V') /*gen*/
and (x2.beschraenktheit ='A' and x2.ableitungsform ='V') /*gen*/
and (x1.abstrbeziehung, x1.referenzierter_ot) in
   (select abstrbeziehung, referenzierter_ot from ref2
   where vollstaendigkeit = '1' and kardinalitaet = '*')
and (x2.abstrbeziehung, x2.referenzierter_ot) in
   (select abstrbeziehung, referenzierter_ot from ref2
   where vollstaendigkeit = '1' and kardinalitaet = '*')
```

Um festzustellen, ob ein Objekt ausschließlich vom zu löschenden Objekt referenziert werden muß, muß die durch die jeweilige Abstraktionsbeziehung implizierte Informationsableitung gezielt nachvollzogen werden. Für die Informationsaufbereitung ergibt sich dadurch die Notwendigkeit, für Generalisierungsbeziehungen neben `referenzierender_ot` und `referenzierter_ot` auch die anderen Objekttypen, die `referenzierter_ot` referenzieren, als `zusaetzlicher_ot` zu speichern. Dadurch wird ein zusätzlicher Join impliziert, der aber nur für Generalisierungsbeziehungen notwendig ist. Da sich die Regel 5 auf alle Abstraktionsbeziehungen bezieht, wird zwischen einem ersten Kommando zur Aufbereitung von Aggregationen und Assoziationen und einem zweiten Kommando zur Aufbereitung von Generalisierungen unterschieden.

Beim ersten Kommando wird die Verarbeitung durch die vorletzte Selektionsbedingung auf Aggregations- und Assoziationsbeziehungen eingeschränkt. Die letzte Selektionsbeziehung scheidet zusätzlich solche Beziehungen aus, die keine vollständige, nicht-exklusive Referenzbeziehung implizieren. Aufgrund von Regel 5 ist für die verbleibenden Beziehungen unter bestimmten Bedingungen, deren Erfüllung im zweiten Verarbeitungsschritt sichergestellt wird, die Löschung von `referenzierender_ot` in `referenzierter_ot` zu propagieren. Durch zweimaligen Join mit `pschl` werden die Attribute ermittelt, die sowohl `referenzierter_ot` wie auch `referenzierender_ot` identifizieren ($j \cap b$).

Im zweiten Kommando wird `abs` mit sich selbst unter der Bedingung verknüpft, daß der referenzierte Objekttyp gleich, der referenzierende Objekttyp aber unterschiedlich sein muß. Die dadurch erzeugten Tupel stellen paarweise Zusammenstellungen von referenzierenden Objekttypen dar, die den gleichen Objekttyp referenzieren. Da die Tabelle abs zweimal verarbeitet wird, sind anstelle der beiden letzten Selektionsbedingungen des ersten Kommandos im zweiten Kommando vier Bedingungen zu codieren. Durch diese Bedingungen werden nur solche Generalisierungsbeziehungen betrachtet, in denen mindestens zwei Subtypen einen Supertyp auf der Grundlage einer vollständigen, nicht-exklusiven Referenzbeziehung referenzieren. Aufgrund von Regel 5 ist für diese Beziehungen unter bestimmten Bedingungen, deren Erfüllung im zweiten Verarbeitungsschritt sichergestellt wird, die Löschung von x1.referenzierender_ot in x1.referenzierter_ot zu propagieren. Durch mehrfachen Join mit pschl werden die Attribute ermittelt, die x1.referenzierter_ot, x1.referenzierender_ot und x2.referenzierender_ot identifizieren ($j \cap b$).

4.2.3.2 Zurückweisung von Einfügungen

Regel 10: Die Einfügung eines Objekts ist zurückzuweisen, wenn das aufgrund einer vollständigen und exklusiven Generalisierungsbeziehung referenzierte Objekt bereits existiert.

$$E^{10}_{ab'='c} := \{\xi \mid a(\xi) \wedge Bed(\xi,b,'=',c) \wedge PSchl(b,a,d) \wedge Ref(e,a,f,g,'1','1',d)$$
$$\wedge\ Abs(h,i,'A','V',d) \wedge a \in h \wedge g \in i$$
$$\wedge\ \{\} \neq \{\psi \mid g(\psi) \wedge Bed(\psi,j,'=',k) \wedge PSchl(l,g,d) \wedge j = l \cap b \wedge k = \pi_{cl}\ \}\}\quad \forall \omega \in E_{ab'='c}$$

```
insert into irej (schema, regel, modul, eingef_ot, ref_ot,
   eingef_att, ref_att)
select distinct abs.schema, '10', 3, referenzierender_ot,
   referenzierter_ot, a.attribut, b.attribut
from abs, pschl a, pschl b
where a.objekttyp = referenzierender_ot
and b.objekttyp = referenzierter_ot
and (a.attribut = b.attribut
    or (substr(a.attribut,1,instr(a.attribut,'#'))
             = substr(b.attribut,1,instr(b.attribut,'#'))
       and substr(a.attribut,instr(a.attribut,'#')+1,20)
             = b.objekttyp)
    or (substr(a.attribut,1,instr(a.attribut,'#'))
             = substr(b.attribut,1,instr(b.attribut,'#'))
       and substr(b.attribut,instr(b.attribut,'#')+1,20)
             = a.objekttyp))
and beschraenktheit = 'A' and ableitungsform = 'V'        /*gen*/
and (abstrbeziehung, referenzierter_ot) in
   (select abstrbeziehung, referenzierter_ot from ref2
   where vollstaendigkeit = '1' and kardinalitaet = '1')
```

Durch die letzten beiden Selektionsbedingungen wird die Tabelle abs nur für solche Generalisierungsbeziehungen ausgewertet, die eine vollständige, exklusive Referenzbeziehung implizieren. Aufgrund von Regel 10 ist für diese Beziehungen die Löschung von `referenzierender_ot` nur dann zulässig, wenn in `referenzierter_ot` ein bestimmtes Objekt nicht existiert. Durch zweimaligen Join mit `pschl` werden die Attribute ermittelt, die sowohl `referenzierter_ot` wie auch `referenzierender_ot` identifizieren ($l \cap b$).

Regel 11: Die Einfügung eines Objekts ist zurückzuweisen, wenn das aufgrund einer exklusiven Generalisierungsbeziehung referenzierte Objekt bereits auf der Grundlage dieser Beziehung referenziert wird.

$$E^{11}{}_{ab'='c} := \{\xi \mid a(\xi) \wedge Bed(\xi,b,'=',c) \wedge PSchl(b,a,d) \wedge Ref(e,a,f,g,'1',h,d)$$
$$\wedge Abs(i,j,'A','V',d) \wedge a \in i \wedge g \in j \wedge \{\} \neq \{\zeta \mid a(\zeta) \wedge Bed(\zeta,b,'=',k) \wedge k \neq c\}$$
$$\wedge \{\} \neq \{\psi \mid g(\psi) \wedge Bed(\psi,l,'=',m) \wedge PSchl(n,g,d) \wedge l = n \cap b \wedge m = \pi_{cn} \wedge m = \pi_{kn}\}\}$$
$$\forall \omega \in E_{ab'='c}$$

```
insert into irej (schema, regel, modul, eingef_ot, ref_ot,
   eingef_att, ref_att, zus_ot, zus_att)
select distinct x1.schema, '11', 3, x1.referenzierender_ot,
   x2.referenzierender_ot, a.attribut, c.attribut,
   x1.referenzierter_ot, b.attribut
from abs x1, abs x2, pschl a, pschl b, pschl c
where a.objekttyp = x1.referenzierender_ot
and b.objekttyp = x1.referenzierter_ot
and c.objekttyp = x2.referenzierender_ot
and x1.referenzierter_ot = x2.referenzierter_ot
and x1.referenzierender_ot != x2.referenzierender_ot
and (a.attribut = c.attribut
    or (substr(a.attribut,1,instr(a.attribut,'#'))
            = substr(c.attribut,1,instr(c.attribut,'#'))
       and substr(a.attribut,instr(a.attribut,'#')+1,20)
            = c.objekttyp)
    or (substr(a.attribut,1,instr(a.attribut,'#'))
            = substr(c.attribut,1,instr(c.attribut,'#'))
       and substr(c.attribut,instr(c.attribut,'#')+1,20)
            = a.objekttyp))
and (x1.beschraenktheit ='A' and x1.ableitungsform ='V') /*gen*/
and (x2.beschraenktheit ='A' and x2.ableitungsform ='V') /*gen*/
and (x1.abstrbeziehung, x1.referenzierter_ot) in
   (select abstrbeziehung, referenzierter_ot from ref2
   where kardinalitaet = '1')
```

Um festzustellen, ob ein referenziertes Objekt aufgrund einer Generalisierungsbeziehung auch von anderen Objekten referenziert wird, müssen neben den durch die jeweilige Abstraktionsbeziehung betroffenen Objekttypen `referenzierender_ot` und `referenzierter_ot` auch die anderen Objekttypen, die `referenzierter_ot` referenzieren, als `zusaetzlicher_ot` betrachtet werden. Um diese

Objekttypen herauszufinden, muß abs mit sich selbst unter der Bedingung verknüpft werden, daß der referenzierte Objekttyp gleich, der referenzierende Objekttyp aber unterschiedlich sein muß. Durch die letzten drei Selektionsbedingungen werden nur solche Generalisierungsbeziehungen ausgewertet, die eine exklusive Referenzbeziehung implizieren. Aufgrund von Regel 11 ist für diese Beziehungen die Löschung von x1.referenzierender_ot nur dann zulässig, wenn in x2.referenzierender_ot ein bestimmtes Objekt nicht existiert, das das durch x1.referenzierender_ot referenzierte Objekt in x1.referenzierter_ot referenziert. Durch zweifachen Join mit pschl werden die Attribute ermittelt, die sowohl x1.referenzierender_ot wie auch x2.referenzierender_ot identifizieren ($n \cap b$). Durch einen weiteren Join mit pschl werden die Attribute ermittelt, die referenzierter_ot identifizieren.

Regel 12: Die Einfügung eines Objekts ist zurückzuweisen, wenn die aufgrund einer vollständigen, exklusiven Assoziationsbeziehung referenzierten Objekte des Basistyps bereits existieren.

$$E^{12}_{ab'='c} := \{\xi \mid a(\xi) \wedge Bed(\xi,b,'=',c) \wedge PSchl(b,a,d) \wedge Ref(e,a,f,g,'1','1',d)$$
$$\wedge\ Abs(h,i,'A','G',d) \wedge a \in h \wedge g \in i$$
$$\wedge\ \{\} \neq \{\psi \mid g(\psi) \wedge Bed(\psi,j,'=',k) \wedge PSchl(l,g,d) \wedge j=l \cap b \wedge k=\pi_{cl}\ \}\ \}\ \ \forall \omega \in E_{ab'='c}$$

```
insert into irej (schema, regel, modul, eingef_ot, ref_ot,
   eingef_att, ref_att)
select distinct abs.schema, '12', 3, referenzierender_ot,
   referenzierter_ot, a.attribut, b.attribut
from abs, pschl a, pschl b
where a.objekttyp = referenzierender_ot
and b.objekttyp = referenzierter_ot
and (a.attribut = b.attribut
    or (substr(a.attribut,1,instr(a.attribut,'#'))
            = substr(b.attribut,1,instr(b.attribut,'#'))
       and substr(a.attribut,instr(a.attribut,'#')+1,20)
            = b.objekttyp)
    or (substr(a.attribut,1,instr(a.attribut,'#'))
            = substr(b.attribut,1,instr(b.attribut,'#'))
       and substr(b.attribut,instr(b.attribut,'#')+1,20)
            = a.objekttyp))
and beschraenktheit ='A' and ableitungsform ='G'        /*ass*/
and (abstrbeziehung, referenzierter_ot) in
   (select abstrbeziehung, referenzierter_ot from ref2
   where vollstaendigkeit = '1' and kardinalitaet = '1')
```

Die in die Zwischentabelle eingestellten Informationen sind für Regel 10 und Regel 12 identisch. Der einzige Unterschied zwischen diesen Regeln besteht im Typ der jeweils betrachteten Abstraktionsbeziehungen.

Regel 13: Die Einfügung eines Objekts ist zurückzuweisen, wenn die aufgrund einer Assoziationsbeziehung referenzierten Objekte nicht existieren.

$$E^{13}{}_{ab'='c} := \{\xi \mid a(\xi) \wedge Bed(\xi,b,'=',c) \wedge PSchl(b,a,d) \wedge Abs(e,f,'A','G',d) \wedge a\in e \wedge g\in f$$
$$\wedge \{\}=\{\psi \mid g(\psi) \wedge Bed(\psi,h,'=',i) \wedge PSchl(j,g,d) \wedge h=j\cap b \wedge i=\pi_{cj}\}\} \ \forall\omega\in E_{ab'='c}$$

```
insert into irej (schema, regel, modul, eingef_ot, ref_ot,
   eingef_att, ref_att)
select distinct abs.schema, '13', 3, referenzierender_ot,
   referenzierter_ot, a.attribut, b.attribut
from abs, pschl a, pschl b
where a.objekttyp = referenzierender_ot
and b.objekttyp = referenzierter_ot
and (a.attribut = b.attribut
    or (substr(a.attribut,1,instr(a.attribut,'#'))
             = substr(b.attribut,1,instr(b.attribut,'#'))
       and substr(a.attribut,instr(a.attribut,'#')+1,20)
             = b.objekttyp)
    or (substr(a.attribut,1,instr(a.attribut,'#'))
             = substr(b.attribut,1,instr(b.attribut,'#'))
       and substr(b.attribut,instr(b.attribut,'#')+1,20)
             = a.objekttyp))
and beschraenktheit = 'A' and ableitungsform = 'G'        /*ass*/
```

Die in die Zwischentabelle eingestellten Informationen entsprechen für Regel 13 denen in Regel 10 und Regel 12. Der einzige Unterschied zu Regel 12 besteht darin, daß nicht nur vollständige und exklusive, sondern alle Assoziationsbeziehungen betrachtet werden und daß nicht die Nicht-Existenz eines Objekts, sondern seine Existenz die Einfügung verhindert. Diese Unterschiede spielen jedoch erst im zweiten Verarbeitungsschritt eine Rolle.

4.2.3.3 Propagierung von Einfügungen

Regel 14.1: Wird ein Objekt eingefügt, sind in der gleichen Transaktion dessen ableitbare Attributwerte auf der Grundlage aller aggregativen Ableitungen zu aktualisieren, an denen Attribute des einzufügenden Objekts teilnehmen.

$$U^{14.1}{}_{ab'='c} := \{\xi \mid a(\xi) \wedge Abs(d,e,'*','0',f) \wedge a\in d$$
$$\wedge \{\}\neq\{(\psi,\zeta) \mid g(\psi) \wedge Ref(h,a,i,g,j,k,f) \wedge g\in e \wedge PSchl(l,g,f)$$
$$\wedge Bed(\psi,b\cap l,'=',\pi_{cl}) \wedge m(\zeta) \wedge Ref(h,a,n,m,o,p,f) \wedge m\in e \wedge PSchl(q,m,f)$$
$$\wedge Bed(\zeta,b\cap q,'=',\pi_{cq}) \wedge Bed(\psi,l\cap q,'=',r) \wedge Bed(\zeta,l\cap q,'=',r)\}$$
$$\wedge Bed(\xi,b,'=',c) \wedge PSchl(b,a,f)$$
$$\wedge Bed(\xi,s,'=',t) \wedge ZAttr(u,v,w,x,f) \wedge Abl(v,w,a,s,y,f) \wedge t=y(w) \wedge v\in\{g,m\}\}$$
$$\forall\omega\in E^{0}{}_{ab'='c}$$

```
insert into iprop (schema, regel, modul, eingefuegter_ot,
   propagierter_ot, eingef_attribut, prop_attribut, zus_ot,
   zus_attribut)
select distinct x1.schema, '14a', 4, x1.referenzierender_ot,
   x1.referenzierter_ot, a.attribut, b.attribut,
   x2.referenzierter_ot, c.attribut
from abs x1, abs x2, pschl a, pschl b, pschl c
where a.objekttyp = x1.referenzierender_ot
and b.objekttyp = x1.referenzierter_ot
and c.objekttyp = x2.referenzierter_ot
and x1.referenzierender_ot = x2.referenzierender_ot
and x1.referenzierter_ot != x2.referenzierter_ot
and (a.attribut = b.attribut
    or (substr(a.attribut,1,instr(a.attribut,'#'))
           = substr(b.attribut,1,instr(b.attribut,'#'))
       and substr(a.attribut,instr(a.attribut,'#')+1,20)
           = b.objekttyp)
    or (substr(a.attribut,1,instr(a.attribut,'#'))
           = substr(b.attribut,1,instr(b.attribut,'#'))
       and substr(b.attribut,instr(b.attribut,'#')+1,20)
           = a.objekttyp))
and a.attribut != c.attribut
and x1.beschraenktheit ='*' and x1.ableitungsform ='0' /*aggr*/
and x2.beschraenktheit ='*' and x2.ableitungsform ='0' /*aggr*/
and x1.referenzierender_ot in (select objekttyp from za)

delete from iprop
where regel = '14a'
and (schema, eingefuegter_ot, propagierter_ot) not in
   (select schema, eingefuegter_ot, min(propagierter_ot)
   from iprop where regel = '14a'
   group by schema, eingefuegter_ot)
```

Die Regel 14.1 wurde schon im Rahmen der Formalisierung speziell für solche Objekttypen formuliert, deren Attributwerte durch aggregative Ableitung (d.h. auf der Grundlage einer Aggregationsbeziehung) erzeugt werden. Da Aggregationsbeziehungen immer mindestens zwei Komponenten implizieren, muß die Tabelle abs wie in der Implementierung von Regel 5 und Regel 11 mit sich selbst verknüpft werden. Durch die letzten drei Selektionsbedingungen werden Informationen nur für Aggregationsbeziehungen erzeugt, deren referenzierender Objekttyp ein Attribut enthält, dessen Werte durch eine Ableitungsregel erzeugt werden. Aufgrund von Regel 14.1 sind in solchen Fällen Attributwerte in `x1.referenzierender_ot` durch Ableitung auf der Grundlage von `x1.referenzierter_ot` und `x2.referenzierter_ot` zu aktualisieren. Die abhängige Manipulation findet also im Gegensatz zu den bisherigen Regeln im ursprünglich modifizierten Objekttyp statt, und in den Feldern `propagierter_ot` und `zusaetzlicher_ot` werden nicht die Objekttypen gespeichert, in die propagiert wird, sondern die Objekttypen, deren Attributwerte zur Propagation in `eingefuegter_ot` benutzt werden. Die Flexibilität von `dprop` erlaubt auch die Speicherung solch "exotischer" Propagierungsregeln. Durch dreimaligen Join mit `pschl` werden die Attribute ermittelt, die `x1.referenzierender_ot`, `x1.referenzierter_ot` und `x2.referenzierter_ot` identifizieren. Die Ableitungsbeziehung selbst wird für die Füllung von `iprop` zunächst nicht ausgewertet. Die Mengenorientierung von SQL führt aber zusammen mit dem paarweisen Vorliegen von Quell-Objekttypen für jede aggregative Ableitung dazu, daß durch das erste Kommando identische Ableitungen mit vertauschten Werten für `propagierter_ot` und `zusaetzlicher_ot` als jeweils zwei Tupel in `iprop` gespeichert werden. Das zweite Kommando dient dazu, von diesen Doubletten immer eine zu löschen, so daß im zweiten Verarbeitungsschritt keine doppelten Triggerdefinitionen erzeugt werden.

Regel 14.2: Wird ein Objekt eingefügt, sind in der gleichen Transaktion dessen ableitbare Attributwerte auf der Grundlage aller Verdichtungen und Vererbungen zu aktualisieren, an denen Attribute des einzufügenden Objekts teilnehmen.

$$U^{14.2}_{ab'='c} := \{\xi \mid a(\xi) \wedge Abs(d,e,f,g,h) \wedge Ref(i,a,j,k,l,m,h) \wedge (f,g)\in\{('A','G'),('A','V')\} \wedge a\in d \wedge k\in e \wedge Bed(\xi,b,'=',c) \wedge PSchl(b,a,h) \wedge Bed(\xi,n,'=',o) \wedge ZAttr(p,k,q,r,h) \wedge Abl(k,q,a,n,s,h) \wedge o=s(q)\} \quad \forall\omega\in E^0_{ab'='c}$$

```
insert into iprop (schema, regel, modul, eingefuegter_ot,
   propagierter_ot, eingef_attribut, prop_attribut)
select distinct abs.schema, '14b', 4, referenzierender_ot,
   referenzierter_ot, b.attribut, a.attribut
from abs, pschl a, pschl b
where a.objekttyp = referenzierender_ot
and b.objekttyp = referenzierter_ot
and (a.attribut = b.attribut
    or (substr(a.attribut,1,instr(a.attribut,'#'))
            = substr(b.attribut,1,instr(b.attribut,'#'))
       and substr(a.attribut,instr(a.attribut,'#')+1,20)
            = b.objekttyp)
    or (substr(a.attribut,1,instr(a.attribut,'#'))
            = substr(b.attribut,1,instr(b.attribut,'#'))
       and substr(b.attribut,instr(b.attribut,'#')+1,20)
            = a.objekttyp))
and ( (beschraenktheit ='A' and ableitungsform ='G')     /*ass*/
    or (beschraenktheit ='A' and ableitungsform ='V') ) /*gen*/
and referenzierender_ot in (select objekttyp from za)
```

Die Regel 14.2 wurde schon im Rahmen der Formalisierung speziell für solche Objekttypen formuliert, deren Attributwerte durch Vererbungs oder Gruppierung (d.h. auf der Grundlage von Generalisierungs- oder Assoziationsbeziehungen) erzeugt werden. Durch die letzten beiden Selektionsbedingungen wird die Tabelle `abs` deshalb nur für solche Assoziations- und Generalisierungsbeziehungen ausgewertet, deren referenzierender Objekttyp ein Attribut enthält, dessen Werte durch eine Ableitungsregel erzeugt werden. Aufgrund von Regel 14.2 sind in solchen Fällen Attributwerte in `referenzierender_ot` durch Ableitung auf der Grundlage von `referenzierter_ot` zu aktualisieren. Die abhängige Manipulation findet also ebenfalls im ursprünglich modifizierten Objekttyp statt, und im Feld `propagierter_ot` wird nicht der Objekttyp gespeichert, in den propagiert wird, sondern der Objekttyp, dessen Attributwerte zur Propagation in `eingefuegter_ot` benutzt werden. Durch zweimaligen Join mit `pschl` werden die Attribute ermittelt, die sowohl `referenzierter_ot` wie auch `referenzierender_ot` identifizieren ($i \cap b$). Die Ableitungsbeziehung selbst wird für die Füllung von `iprop` zunächst nicht ausgewertet.

Regel 15.1: Wird ein Objekt eingefügt, sind in der gleichen Transaktion auch alle nicht-existierenden Objekte mit abgeleiteten Attributwerten einzufügen, von denen das einzufügende Objekt aufgrund einer vollständigen Aggregationsbeziehung referenziert werden muß.

$$
\begin{aligned}
E^{15.1}{}_{ab'='c} := \{\xi \mid\, & d(\xi) \wedge \mathrm{Ref}(e,d,f,a,'1',g,h) \wedge \mathrm{Abs}(i,j,'*','0',h) \wedge d \in i \wedge a \in j \\
& \wedge \{\} \neq \{\psi \mid k(\psi) \wedge \mathrm{Ref}(e,d,l,k,m,n,h) \wedge k \in j \wedge \mathrm{Bed}(\psi,o,'=',p) \wedge \mathrm{PSchl}(o,k,h) \\
& \quad \wedge \mathrm{Bed}(\psi,b \cap o,'=',r) \wedge a(\zeta) \wedge \mathrm{Bed}(\zeta,b,'=',c) \wedge \mathrm{Bed}(\zeta,b \cap o,'=',r)\ \} \\
& \quad \wedge \mathrm{Bed}(\xi,b \cup o,'=',\pi_{c \otimes p\ b \cup o}) \wedge \mathrm{PSchl}(b \cup o,d,h) \wedge \mathrm{Bed}(\xi,s,'=',t(u)\ ) \\
& \quad \wedge \mathrm{ZAttr}(v,d,s,w,h) \wedge \mathrm{Abl}(a \cup k,u,d,s,t,h)\} \qquad \forall \omega \in E^{0}{}_{ab'='c}
\end{aligned}
$$

```
insert into iprop (schema, regel, modul, eingefuegter_ot,
   propagierter_ot, eingef_attribut, prop_attribut, zus_ot,
   zus_attribut)
select distinct x1.schema, '15a', 4, x1.referenzierter_ot,
   x1.referenzierender_ot, b.attribut, a.attribut,
   x2.referenzierter_ot, c.attribut
from abs x1, abs x2, pschl a, pschl b, pschl c
where a.objekttyp = x1.referenzierender_ot
and b.objekttyp = x1.referenzierter_ot
and c.objekttyp = x2.referenzierter_ot
and x1.referenzierender_ot = x2.referenzierender_ot
and x1.referenzierter_ot != x2.referenzierter_ot
and (a.attribut = b.attribut
     or (substr(a.attribut,1,instr(a.attribut,'#'))
              = substr(b.attribut,1,instr(b.attribut,'#'))
        and substr(a.attribut,instr(a.attribut,'#')+1,20)
              = b.objekttyp)
     or (substr(a.attribut,1,instr(a.attribut,'#'))
              = substr(b.attribut,1,instr(b.attribut,'#'))
        and substr(b.attribut,instr(b.attribut,'#')+1,20)
              = a.objekttyp))
and a.attribut != c.attribut
and x1.beschraenktheit ='*' and x1.ableitungsform ='0' /*aggr*/
and x2.beschraenktheit ='*' and x2.ableitungsform ='0' /*aggr*/
and (x1.abstrbeziehung, x1.referenzierter_ot) in
   (select abstrbeziehung, referenzierter_ot from ref2
   where vollstaendigkeit = '1')
```

Um abgeleitete Objekte auf der Grundlage einer Aggregationsbeziehung zu erzeugen, muß zunächst die Verbindung zwischen den mindestens zwei referenzierten Objekttypen hergestellt werden. Dazu werden neben den durch die jeweilige Abstraktionsbeziehung betroffenen Objekttypen `x1.referenzierender_ot` und `x1.referenzierter_ot` auch die anderen Objekttypen, die `x1.referenzierter_ot` referenzieren, als `zusaetzlicher_ot` gespeichert. Um diese Objekttypen zu ermitteln, muß `abs` mit sich selbst unter der Bedingung verknüpft werden, daß der referenzierte Objekttyp gleich, der referenzierende Objekttyp aber unterschiedlich sein muß. Durch die letzten drei Selektionsbedingungen werden nur solche Aggregationsbeziehungen ausgewertet, die eine vollständige Referenzbeziehung implizieren. Aufgrund von Regel 15.1 ist für diese Beziehungen die Einfügung von `x1.referenzierender_ot` unter bestimmten Bedingungen durch Einfügung in `x1.referenzierter_ot` zu propagieren. Durch zweifachen Join mit `pschl` werden die Attribute ermittelt, die sowohl `x1.referenzierender_ot` wie auch `x1.referenzierter_ot` identifizieren. Durch einen weiteren Join mit `pschl` werden die Attribute ermittelt, die `x2.referenzierter_ot`, nicht aber `x1.referenzierender_ot` identifizieren.

Eventuelle Ableitungsbeziehungen werden für die Füllung von `iprop` zunächst nicht ausgewertet.

Regel 15.2: Wird ein Objekt eingefügt, sind in der gleichen Transaktion auch alle nicht-existierenden Objekte mit abgeleiteten Attributwerten einzufügen, von denen das einzufügende Objekt aufgrund einer vollständigen Assoziationsbeziehung referenziert werden muß.

$$E^{15.2}_{ab'='c} := \{\xi \mid d(\xi) \wedge Ref(e,d,f,a,'1',g,h) \wedge Abs(i,j,'A','G',h) \wedge d \in i \wedge a \in j$$
$$\wedge \{\}=\{\psi \mid k(\psi) \wedge Ref(e,d,l,k,m,n,h) \wedge k \in j \wedge Bed(\psi,o,'=',p) \wedge PSchl(o,k,h)$$
$$\wedge Bed(\psi,b \cap o,'=',r) \wedge a(\zeta) \wedge Bed(\zeta,b,'=',c) \wedge Bed(\zeta,b \cap o,'=',r)\}$$
$$\wedge Bed(\xi,b \cap s,'=',\pi_{cs}) \wedge PSchl(s,d,h) \wedge Bed(\xi,t,'=',u(v))$$
$$\wedge ZAttr(w,d,t,x,h) \wedge Abl(a,v,d,t,u,h)\} \qquad \forall \omega \in E^{0}_{ab'='c}$$

```
insert into iprop (schema, regel, modul, eingefuegter_ot,
   propagierter_ot, eingef_attribut, prop_attribut)
select distinct abs.schema, '15b', 4, referenzierter_ot,
   referenzierender_ot, b.attribut, a.attribut
from abs, pschl a, pschl b
where a.objekttyp = referenzierender_ot
and b.objekttyp = referenzierter_ot
and (a.attribut = b.attribut
    or (substr(a.attribut,1,instr(a.attribut,'#'))
            = substr(b.attribut,1,instr(b.attribut,'#'))
       and substr(a.attribut,instr(a.attribut,'#')+1,20)
            = b.objekttyp)
    or (substr(a.attribut,1,instr(a.attribut,'#'))
            = substr(b.attribut,1,instr(b.attribut,'#'))
       and substr(b.attribut,instr(b.attribut,'#')+1,20)
            = a.objekttyp))
and beschraenktheit = 'A' and ableitungsform = 'G'      /* ass */
and (abstrbeziehung, referenzierter_ot) in
   (select abstrbeziehung, referenzierter_ot from ref2
   where vollstaendigkeit = '1')
```

Durch die letzten beiden Selektionsbedingungen wird die Tabelle `abs` nur für solche Beziehungen ausgewertet, die eine vollständige Assoziationsbeziehung implizieren. Aufgrund von Regel 15.2 ist für diese Beziehungen die Einfügung von `referenzierter_ot` unter bestimmten Bedingungen, deren Erfüllung im zweiten Verarbeitungsschritt sichergestellt wird, in `referenzierender_ot` zu propagieren. Durch zweimaligen Join mit `pschl` werden die Attribute ermittelt, die sowohl `referenzierter_ot` wie auch `referenzierender_ot` identifizieren ($b \cap s$). Eventuelle Ableitungsbeziehungen werden für die Füllung von `iprop` zunächst nicht ausgewertet.

Regel 16: Wird ein Objekt eingefügt, sind in der gleichen Transaktion auch alle Werte abgeleiteter Attribute der existierenden Objekte zu aktualisieren, die das einzufügende Objekt aufgrund einer Aggregationsbeziehung, Assoziationsbeziehung oder einer nicht-exklusiven Generalisierungsbeziehung referenzieren.

$$U^{16}_{ab'='c} := \{\xi \mid d(\xi) \wedge Ref(e,d,f,a,g,h,i) \wedge Abs(j,k,'A',m,i) \wedge d \in j \wedge a \in k$$
$$\wedge\ (m='G' \vee (m='V' \wedge Ref(n,a,o,d,p,'*',i))) \wedge Bed(\xi,q,'=',r) \wedge PSchl(s,d,i)$$
$$\wedge\ q=s \cap b \wedge r=\pi_{cs} \wedge Bed(\xi,t,'=',u) \wedge ZAttr(v,d,t,w,i) \wedge Abl(a,x,d,t,y,i) \wedge u=y(x)\ \}$$
$$\forall \omega \in E^0_{ab'='c}$$

```
insert into iprop (schema, regel, modul, eingefuegter_ot,
   propagierter_ot, eingef_attribut, prop_attribut, zus_ot,
   zus_attribut)
select distinct x1.schema, '16a', 4, x1.referenzierter_ot,
   x1.referenzierender_ot, b.attribut, a.attribut,
   x2.referenzierter_ot, c.attribut
from abs x1, abs x2, pschl a, pschl b, pschl c
where a.objekttyp = x1.referenzierender_ot
and b.objekttyp = x1.referenzierter_ot
and c.objekttyp = x2.referenzierter_ot
and x1.referenzierender_ot = x2.referenzierender_ot
and x1.referenzierter_ot != x2.referenzierter_ot
and (a.attribut = b.attribut
    or (substr(a.attribut,1,instr(a.attribut,'#'))
            = substr(b.attribut,1,instr(b.attribut,'#'))
       and substr(a.attribut,instr(a.attribut,'#')+1,20)
            = b.objekttyp)
    or (substr(a.attribut,1,instr(a.attribut,'#'))
            = substr(b.attribut,1,instr(b.attribut,'#'))
       and substr(b.attribut,instr(b.attribut,'#')+1,20)
            = a.objekttyp))
and a.attribut != c.attribut
and x1.referenzierender_ot in (select objekttyp from za)
and x1.beschraenktheit ='*' and x1.ableitungsform ='0'   /*aggr*/
```

Es erweist sich auch für Regel 16 als sinnvoll, zunächst zwischen Aggregationsbeziehungen auf der einen Seite und Generalisierungsbeziehungen sowie Assoziationsbeziehungen auf der anderen Seite zu unterscheiden. Während ein referenzierendes Objekt auf der Grundlage einer bestimmten Aggregationsbeziehung mehrere Objekttypen (Komponenten) referenziert, werden auf der Grundlage einer bestimmten Generalisierungs- oder Assoziationsbeziehung immer nur Objekte eines einzigen Objekttyps (Super- oder Gruppentyps) referenziert. Während im ersten Fall deshalb wieder mehrere Beziehungen simultan betrachtet werden müssen, um `zusaetzlicher_ot` zu füllen, kann sich die Füllung der Zwischentabelle im zweiten Fall auf `eingefuegter_ot` und `propagierter_ot` beschränken.

Das erste Kommando bezieht sich auf Aggregationsbeziehungen. Zunächst muß die Verbindung zwischen den mindestens zwei referenzierten Objekttypen hergestellt werden. Dazu werden neben den durch die jeweilige Abstraktionsbeziehung betroffenen Objekttypen `x1.referenzierter_ot` und `x1.referenzierender_ot` auch die anderen Objekttypen, die von `x1.referenzierender_ot` referenziert werden, als `zusaetzlicher_ot` gespeichert. Um diese Objekttypen zu ermitteln, muß `abs` mit sich selbst unter der Bedingung verknüpft werden, daß der referenzierende Objekttyp gleich, der referenzierte Objekttyp aber unterschiedlich sein muß. Durch die letzten beiden Selektionsbedingungen werden nur solche Aggregationsbeziehungen ausgewertet, auf deren Grundlage eine Ableitungsbeziehung definiert ist. Aufgrund von Regel 16 ist für diese Beziehungen die Einfügung von `x1.referenzierter_ot` durch Änderung des referenzierenden Objekts in `x1.referenzierender_ot` zu propagieren. Zur Erzeugung der abgeleiteten Attributwerte ist neben `x1.referenzierter_ot` auch `x2.referenzierter_ot` heranzuziehen. Durch zweifachen Join mit `pschl` werden die Attribute ermittelt, die sowohl `x1.referenzierender_ot` wie auch `x1.referenzierter_ot` identifizieren. Durch einen weiteren Join mit `pschl` werden die Attribute ermittelt, die `x2.referenzierter_ot`, nicht aber `x1.referenzierender_ot` identifizieren. Eventuelle Ableitungsbeziehungen werden für die Füllung von `iprop` zunächst nicht ausgewertet.

```
insert into iprop (schema, regel, modul, eingefuegter_ot,
   propagierter_ot, eingef_attribut, prop_attribut)
select distinct abs.schema, '16b', 4, referenzierter_ot,
   referenzierender_ot, b.attribut, a.attribut
from abs, pschl a, pschl b
where a.objekttyp = referenzierender_ot
and b.objekttyp = referenzierter_ot
and (a.attribut = b.attribut
    or (substr(a.attribut,1,instr(a.attribut,'#'))
            = substr(b.attribut,1,instr(b.attribut,'#'))
       and substr(a.attribut,instr(a.attribut,'#')+1,20)
            = b.objekttyp)
    or (substr(a.attribut,1,instr(a.attribut,'#'))
            = substr(b.attribut,1,instr(b.attribut,'#'))
       and substr(b.attribut,instr(b.attribut,'#')+1,20)
            = a.objekttyp))
and referenzierender_ot in (select objekttyp from za)
and (  (beschraenktheit ='A' and ableitungsform ='V')    /*gen*/
    or (beschraenktheit ='A' and ableitungsform ='G') )  /*ass*/
```

Das zweite Kommando bezieht sich auf Generalisierungs- und Assoziationsbeziehungen (letzte Selektionsbedingung). Durch die vorletzte Selektionsbedingung wird die Auswertung der Tabelle `abs` zusätzlich auf solche Abstraktionsbeziehungen beschränkt, auf deren Grundlage eine Ableitungsbeziehung definiert ist. Aufgrund von Regel 16 ist für diese Beziehungen die Einfügung von `x1.referenzierter_ot` durch Änderung des referenzierenden Objekts in `x1.referenzierender_ot` zu propagieren. Durch zweimaligen Join mit `pschl` werden die Attribute ermittelt, die sowohl `referenzierter_ot` wie auch `referenzierender_ot` identifizieren ($b \cap s$). Eventuelle Ableitungsbeziehungen werden für die Füllung von `iprop` zunächst nicht ausgewertet.

Regel 17: Wird ein Objekt eingefügt, sind in der gleichen Transaktion auch alle nicht-existierenden Objekte einzufügen, die vom einzufügenden Objekt aufgrund einer Aggregations- oder Generalisierungsbeziehung referenziert werden.

$$E^{17}{}_{ab'='c} := \{\xi \mid d(\xi) \wedge Ref(e,a,f,d,g,h,i) \wedge Abs(j,k,l,m,i) \wedge (l,m) \in \{('*','0'),('A','G')\} \wedge a \in j \wedge d \in k \wedge PSchl(n,d,i) \wedge Bed(\xi,j,'=',k) \wedge j = b \cap n \wedge k = \pi_{cn} \wedge \{\} = \{\psi \mid d(\psi) \wedge Bed(\psi,j,'=',k)\} \quad \forall \omega \in E^{0}{}_{ab'='c}$$

```
insert into iprop (schema, regel, modul, eingefuegter_ot,
   propagierter_ot, eingef_attribut, prop_attribut)
select distinct abs.schema, '17', 4, referenzierender_ot,
   referenzierter_ot, a.attribut, b.attribut
from abs, pschl a, pschl b
where a.objekttyp = referenzierender_ot
and b.objekttyp = referenzierter_ot
and (a.attribut = b.attribut
    or (substr(a.attribut,1,instr(a.attribut,'#'))
             = substr(b.attribut,1,instr(b.attribut,'#'))
       and substr(a.attribut,instr(a.attribut,'#')+1,20)
             = b.objekttyp)
    or (substr(a.attribut,1,instr(a.attribut,'#'))
             = substr(b.attribut,1,instr(b.attribut,'#'))
       and substr(b.attribut,instr(b.attribut,'#')+1,20)
             = a.objekttyp))
and (  (beschraenktheit ='*' and ableitungsform ='0')   /*aggr*/
    or (beschraenktheit ='A' and ableitungsform ='V') ) /*gen*/
```

Durch die letzte Selektionsbedingung wird die Tabelle `abs` nur für solche Aggregations- und Generalisierungsbeziehungen ausgewertet. Aufgrund von Regel 17 ist für diese Beziehungen die Einfügung von `referenzierender_ot` unter bestimmten Bedingungen, deren Erfüllung im zweiten Verarbeitungsschritt sichergestellt wird, durch eine Einfügung in `referenzierter_ot` zu propagieren. Durch zweimaligen Join mit `pschl` werden die Attribute ermittelt, die sowohl `referenzierter_ot` wie auch `referenzierender_ot` identifizieren ($b \cap n$).

4.2.3.4 Propagierung von Änderungen

Regel 23: Wird der Wert eines nicht-abgeleiteten Attributs geändert, sind in der gleichen Transaktion auch die Werte der vererbten Attribute aller Objekte zu ändern, die das zu ändernde Objekt aufgrund einer Generalisierungsbeziehung referenzieren und deren Attribute mit dem geänderten Attribut an einer Vererbungsbeziehung teilnehmen.

$$U^{23}_{ab'='cd'='e} := \{\xi \mid f(\xi) \wedge Abs(g,h,'A','V',i) \wedge Ref(j,f,k,a,l,m,i) \wedge f \in g \wedge a \in h \wedge PSchl(b,f,i) \wedge Bed(\xi,b,'=',c) \wedge Bed(\xi,n,'=',o) \wedge ZAttr(p,f,n,q,i) \wedge Abl(a,r,f,n,s,i) \wedge o=s(r)\} \quad \forall \omega \in U^{0}_{ab'='cd'='e}$$

```
insert into uprop (schema, regel, modul, geaenderter_ot,
   geaendertes_att, propagierter_ot, propagiertes_att, ablformel)
select distinct abl.schema, '23', 6, qa.objekttyp,
   qa.quellattribut, za.objekttyp, za.zielattribut, abl.ablformel
from abl, qa, za
where abl.ablbeziehung = qa.ablbeziehung
and abl.ablbeziehung = za.ablbeziehung
and abl.abstrbeziehung in
   (select abstrbeziehung from abs where
   beschraenktheit = 'A' and ableitungsform = 'V')
```

Durch die letzte Selektionsbedingung wird die Auswertung der Tabelle `abl` auf solche Ableitungsbeziehungen beschränkt, denen Generalisierungsbeziehungen zugrunde liegen (also auf Vererbungen). Aufgrund von Regel 23 ist für diese Beziehungen die Änderung von Objekten des Objekttyps, zu dem `quellattribut` gehört, durch Änderung der referenzierenden Objekte des Objekttyps zu propagieren, zu dem `zielattribut` gehört. Der Inhalt der Ableitungsregel wird in `uprop` zusammen mit den betroffenen Objekttypen und Attributen gespeichert.

Regel 25: Wird der Wert eines nicht-abgeleiteten Attributs geändert, sind in der gleichen Transaktion auch die Werte der verdichteten Attribute aller Objekte zu ändern, die das zu ändernde Objekt aufgrund einer Assoziationsbeziehung referenzieren und deren Attribute mit dem geänderten Attribut an einer Verdichtungsbeziehung teilnehmen.

$$U^{25}_{ab'='cd'='e} := \{\xi \mid f(\xi) \wedge Abs(g,h,'A','G',i) \wedge Ref(j,f,k,a,l,m,i) \wedge f \in g \wedge a \in h \wedge PSchl(n,f,i) \wedge Bed(\xi,b \cap n,'=',\pi_{cn}) \wedge Bed(\xi,o,'=',p) \wedge ZAttr(q,f,o,r,i) \wedge Abl(a,s,f,o,t,i) \wedge p=t(s)\} \quad \forall \omega \in U^{0}_{ab'='cd'='e}$$

```
insert into uprop (schema, regel, modul, geaenderter_ot,
   geaendertes_att, propagierter_ot, propagiertes_att, ablformel)
select distinct abl.schema, '25', 6, qa.objekttyp,
   qa.quellattribut, za.objekttyp, za.zielattribut, abl.ablformel
from abl, qa, za
where abl.ablbeziehung = qa.ablbeziehung
and abl.ablbeziehung = za.ablbeziehung
and abl.abstrbeziehung in
   (select abstrbeziehung from abs where
   beschraenktheit = 'A' and ableitungsform = 'G')
```

Durch die letzte Selektionsbedingung wird die Auswertung der Tabelle `abl` auf solche Ableitungsbeziehungen beschränkt, denen Assoziationsbeziehungen zugrunde liegen (also auf Gruppierungen). Aufgrund von Regel 25 ist für diese Beziehungen die Änderung von Objekten des Objekttyps, zu dem `quellattribut` gehört, durch Änderung der referenzierenden Objekte des Objekttyps zu propagieren, zu dem `zielattribut` gehört. Der Inhalt der Ableitungsregel wird in `uprop` zusammen mit den betroffenen Objekttypen und Attributen gespeichert.

Regel 26: Wird der Wert eines nicht-abgeleiteten Attributs geändert, sind in der gleichen Transaktion auch die Werte aller abgeleiteten Attribute aller Objekte zu aktualisieren, die das zu ändernde Objekt aufgrund einer Aggregationsbeziehung referenzieren und deren Attribute mit dem geänderten Attribut an einer aggregativen oder funktionalen Ableitung teilnehmen.

$$
\begin{aligned}
U^{26}{}_{ab'='cd'='e} := \{\xi \mid\; & f(\xi) \wedge \mathrm{Abs}(g,h,\text{'*'},\text{'0'},i) \wedge \mathrm{Ref}(j,f,k,a,l,m,i) \wedge f \in g \wedge a \in h \\
& \wedge \{\} \neq \{\psi \mid n(\psi) \wedge \mathrm{Ref}(j,f,o,n,p,q,i) \wedge n \in h \wedge \mathrm{PSchl}(r,n,i) \\
& \qquad \wedge \mathrm{Bed}(\psi,b \cap r,\text{'='},\pi_{cr}) \wedge \mathrm{Bed}(\psi,r,\text{'='},s)\,\} \\
& \wedge \mathrm{Bed}(\xi,b \cup r,\text{'='},\pi_{c \otimes s\; b \cup r}) \wedge \mathrm{PSchl}(b \cup r,f,i) \wedge \mathrm{Bed}(\xi,t,\text{'='},u) \\
& \wedge \mathrm{ZAttr}(v,f,t,w,i) \wedge \mathrm{Abl}(x,y,f,t,z,i) \wedge u=z(y) \wedge x=a \cup n\,\} \quad \forall \omega \in U^{0}{}_{ab'='cd'='e}
\end{aligned}
$$

```
insert into uprop (schema, regel, modul, geaenderter_ot,
   geaendertes_att, propagierter_ot, propagiertes_att,
   zusaetzlicher_ot, zusaetzliches_att, ablformel)
select distinct abl.schema, '26', 6, q1.objekttyp,
   q1.quellattribut, za.objekttyp, za.zielattribut, q2.objekttyp,
   q2.quellattribut, abl.ablformel
from abl, qa q1, qa q2, za
where abl.ablbeziehung = q1.ablbeziehung
and q1.ablbeziehung = q2.ablbeziehung
and q1.objekttyp != q2.objekttyp
and abl.ablbeziehung = za.ablbeziehung
and abl.abstrbeziehung in
   (select abstrbeziehung from abs where
   beschraenktheit = '*' and ableitungsform = '0')
```

Durch die letzte Selektionsbedingung wird die Auswertung der Tabelle abl auf solche Ableitungsbeziehungen beschränkt, denen Aggregationsbeziehungen zugrunde liegen (also auf aggregative Ableitungen). Aufgrund von Regel 26 ist für diese Beziehungen die Änderung von Objekten des Objekttyps, zu dem q1.quellattribut gehört, durch Änderung der referenzierenden Objekte des Objekttyps zu propagieren, zu dem zielattribut gehört. Da Aggregationsbeziehungen involviert sind und diese immer mindestens zwei referenzierte Objekttypen betreffen, basiert die Informationsableitung im Normalfall auch auf mindestens zwei Quellattributen. Um das neben q1.quellattribut für die Ableitung von zielattribut notwendige q2.quellattribut zu ermitteln, wird die Tabelle abl zweimal mit der Tabelle qa verknüpft, wobei für jede betrachtete Ableitungsbeziehung die jeweils selektierten Quellattribute unterschiedlich sein müssen. Der Attributname des geänderten Objekttyps wird als geaendertes_att, der Attributname des zweiten zur Ableitung notwendigen Quellattributs wird als zusaetzliches_att und der Name des Zielattributs als propagiertes_att in uprop gespeichert. Die Daten des erzeugten Tupels werden durch die Ableitungsformel ergänzt.

4.2.4 Zweiter Verarbeitungsschritt: Erzeugung der Triggerdefinitionen

In der Tabelle stufe1 liegt nach erfolgreicher Ausführung des ersten Verarbeitungsschritts eine vollständige Zusammenstellung der Propagierungs- und Zurückweisungsabhängigkeiten vor, auf deren Grundlage Triggerdefinitionen zu erzeugen sind. Da durch die in der Tabelle tr enthaltenen Zuordnungsattribute schema, objekttyp, ereignis und stufe sowie durch das Sortierungsattribut znr jederzeit eine Auswertung in der richtigen Reihenfolge möglich ist, könnten die Textzeilen der Triggerdefinition zwar in beliebiger Reihenfolge erzeugt werden. Aus Gründen einer besseren Nachvollziehbarkeit entspricht die Reihenfolge der im folgenden vorgestellten Prozeduren zur Erzeugung von Textzeilen für Triggerdefinitionen jedoch der Reihenfolge der Klauseln in der SQL-Syntax. Als Konsequenz der Mengenverarbeitung relationaler Datenbanken wird jede Klausel für alle Tupel in stufe1 erzeugt, für deren Triggerdefinition die jeweilige Klausel benötigt wird. Welche Klausel für welche Tupel benötigt wird, richtet sich nach der zugrunde liegenden Regel.

4.2.4.1 Propagierung von Löschungen

Um Triggerdefinitionen für die Propagierung von Löschungen zu erzeugen, werden alle im ersten Verarbeitungsschritt erzeugten Tupel verarbeitet, die unter die Sichtdefinition für dprop fallen. Alle Triggertexte aus dprop werden durch den Attributwert 'AD' für ereignis als After-delete-Trigger gekennzeichnet. Da alle bisher betrachteten Trigger einstufige Propagierungen implementieren, wird ihnen der Attributwert '1' für stufe zugeordnet. Um gezielt einzelne Trigger aus der

Tabelle `tr` selektieren zu können, wird jeder Textzeile der Name des Schemas (Attribut `schema`) und der Name des ursprünglich manipulierten Objekttyps (Attribut `objekttyp`) zugewiesen.

1. Zunächst ist für jeden Objekttyp, der sich als `geloeschter_ot` in `dprop` findet, ein Triggerkopf zu erzeugen. Da diese Textzeile den Anfang jeder Triggerdefinition bildet, wird ihr die lexikalisch kleinste Zeilennummer `'AAA'` zugewiesen.
```
insert into tr (schema, objekttyp, ereignis, stufe, znr, text)
select distinct schema, geloeschter_ot, 'AD', '1', 'AAA',
   'create trigger '||geloeschter_ot||'_ad after delete on '
   ||geloeschter_ot||' for each row begin'
from dprop
```
2. Für alle Propagierungen in Form einer Löschung (Regel 1, Regel 2, Regel 4, Regel 5a und Regel 5b) wird das Delete-Kommando für `propagierter_ot` initialisiert. Da die Bedingungen zur Identifikation zu löschender Tupel durch mengenorientierte Verarbeitung generiert werden und deshalb alle mit dem Schlüsselwort `and` beginnen, die erste Bedingung in SQL aber durch das Schlüsselwort `where` eingeleitet werden muß, wird in der Kopfzeile des Delete-Kommandos die immer wahre Dummy-Bedingung `1=1` erzeugt. Da die Textzeile für alle Objekttypen erzeugt wird, die sich als `propagierter_ot` in `dprop` finden, wird der Objekttypname (wie bei allen Objekttyp-spezifischen Triggerzeilen) in die Zeilennummer eingebunden. Um innerhalb des propagierten Objekttyps Triggerzeilen in der richtigen Reihenfolge auswerten zu können, wird an den Namen des Objekttyps eine Zeilennummer angehängt. Für diese recht frühe Textzeile lautet diese Zeilennummer `'10'`.
```
insert into tr (schema, objekttyp, ereignis, stufe, znr, text)
select distinct schema, geloeschter_ot, 'AD', '1',
   propagierter_ot||'10',
   '   delete from '||propagierter_ot||' where 1=1'
from dprop where regel in ('1','2','4','5a','5b')
```
3. Für alle Propagierungen in Form einer Löschung (Regel 1, Regel 2, Regel 4, Regel 5a und Regel 5b) werden die Selektionsbedingungen des Delete-Kommandos erzeugt. Dazu werden alle in `dprop` gespeicherten Verknüpfungsattribute in eine Bedingung umgeformt. Da der Trigger für jedes gelöschte Tupel in `geloeschter_ot` ausgelöst wird, kann auf den Primärschlüssel des gelöschten Tupels durch Angabe von `:old` zugegriffen werden. Für diese Textzeile lautet die Zeilennummer innerhalb des Objekttyps `'20'`.

```
insert into tr (schema, objekttyp, ereignis, stufe, znr, text)
select distinct schema, geloeschter_ot, 'AD', '1',
   propagierter_ot||'20',
   '      and '||propagierter_ot||'.'||prop_attribut||
      '=:old.'||gel_attribut
from dprop where regel in ('1','2','4','5a','5b')
```

4. Für alle Propagierungen in Form einer Löschung, die von der Nicht-Existenz eines Objekts in `geloeschter_ot` abhängen (Regel 2 und Regel 5a), wird eine spezielle Bedingung eingeleitet, durch die die Anzahl der entsprechenden Objekte ermittelt wird. Auch hier muß eine Dummy-Bedingung erzeugt werden, da die eigentlichen Selektionsbedingungen mengenorientiert generiert werden und mit `and` beginnen. Für diese Textzeile lautet die Zeilennummer innerhalb des Objekttyps `'21'`.

```
insert into tr (schema, objekttyp, ereignis, stufe, znr, text)
select distinct schema, geloeschter_ot, 'AD', '1',
   propagierter_ot||'21',
   '      and 0 = (select count(*) from '||geloeschter_ot||
   ' where 1=1'
from dprop where regel in ('2','5a')
```

5. Für alle Propagierungen in Form einer Löschung, die von der Nicht-Existenz eines Objekts in `zus_ot` abhängen (Regel 5b), muß ebenfalls eine spezielle Bedingung eingeleitet werden, durch die die Anzahl der entsprechenden Objekte ermittelt wird. Ansonsten ist dieser Schritt identisch mit Schritt 4. Für diese Textzeile lautet die Zeilennummer innerhalb des Objekttyps `'22'`.

```
insert into tr (schema, objekttyp, ereignis, stufe, znr, text)
select distinct schema, geloeschter_ot, 'AD', '1',
   propagierter_ot||'22',
   '      and 0 = (select count(*) from '||zus_ot||' where 1=1'
from dprop where regel in ('5b')
```

6. Für alle Propagierungen in Form einer Löschung, die von der Nicht-Existenz eines Objekts in `geloeschter_ot` abhängen (Regel 2 und Regel 5a), werden Selektionsbedingungen erzeugt, um in der Unterabfrage die Anzahl der Objekte zu ermitteln. Da sich die Unterabfrage auf `geloeschter_ot` bezieht, wird für jedes in `drpop` gespeicherte `gel_attribut` eine Bedingung erzeugt, die mittels `:old` Bezug auf das gelöschte Objekt nimmt. Für diese Textzeile lautet die Zeilennummer innerhalb des Objekttyps `'23'`.

```
insert into tr (schema, objekttyp, ereignis, stufe, znr, text)
select distinct schema, geloeschter_ot, 'AD', '1',
   propagierter_ot||'23',
   '          and '||geloeschter_ot||'.'||gel_attribut||'=:old.'||
      gel_attribut
from dprop where regel in ('2','5a')
```

7. Für alle Propagierungen in Form einer Löschung, die von der Nicht-Existenz eines Objekts in `zus_ot` abhängen (Regel 5b), wird Schritt 6 analog mir `zus_ot` und `zus_attribut` anstelle von `geloeschter_ot` und `gel_attribut` durchgeführt. Lediglich für die Verknüpfung mit dem ursprünglichen gelöschten Objekt muß auch in diesem Fall `gel_attribut` benutzt werden. Für diese Textzeile lautet die Zeilennummer innerhalb des Objekttyps `'24'`.

```
insert into tr (schema, objekttyp, ereignis, stufe, znr, text)
select distinct schema, geloeschter_ot, 'AD', '1',
   propagierter_ot||'24',
   '    and '||zus_ot||'.'||zus_attribut||'=:old.'||
   gel_attribut
from dprop where regel in ('5b')
```

8. Für alle Propagierungen in Form einer Löschung, die von der Nicht-Existenz irgendeines Objekts abhängen (Regel 2, Regel 5a und Regel 5b), wird die in den Schritten 4 bis 7 aufgebaute Unterabfrage abgeschlossen. Für diese Textzeile lautet die Zeilennummer innerhalb des Objekttyps `'25'`.

```
insert into tr (schema, objekttyp, ereignis, stufe, znr, text)
select distinct schema, geloeschter_ot, 'AD', '1',
   propagierter_ot||'25',
   '          )'
from dprop where regel in ('2','5a','5b')
```

9. Für alle Propagierungen in Form einer Löschung (Regel 1, Regel 2, Regel 4, Regel 5a und Regel 5b) sind die Selektionsbedingungen des Delete-Kommandos damit vervollständigt, und es kann abgeschlossen werden. Zur Dokumentation wird die Regel, auf deren Grundlage das Delete-Kommando generiert wurde, im Text vermerkt. Für diese Textzeile lautet die Zeilennummer innerhalb des Objekttyps `'30'`.

```
insert into tr (schema, objekttyp, ereignis, stufe, znr, text)
select distinct schema, geloeschter_ot, 'AD', '1',
   propagierter_ot||'30',
   '      ;  /* nach Regel '||regel||' */'
from dprop where regel in ('1','2','4','5a','5b')
```

10. Durch Regel 3 wird eine Löschung in `geloeschter_ot` in Form eines Updates in `propagierter_ot` propagiert. Da in einem Trigger sowohl das Delete-Kommando wie auch das Update-Kommando enthalten sein können, darf das Update-Kommando nur Zeilennummern über `'30'` umfassen. In diesem Schritt wird das Update-Kommando initialisiert. Für diese Textzeile lautet die Zeilennummer innerhalb des Objekttyps `'35'`.

```
insert into tr (schema, objekttyp, ereignis, stufe, znr, text)
select distinct schema, geloeschter_ot, 'AD', '1',
   propagierter_ot||'35',
   '   update '||propagierter_ot||' set'
from dprop where regel in ('3')
```

11. Für alle Propagierungen in Form einer Änderung (Regel 3) wird die Set-Klausel des Update-Kommandos erzeugt und eine Wertzuweisung in Form einer Unterabfrage initialisiert. Da es für einen zu ändernden Objekttyp (`propagierter_ot`) mehrere abgeleitete Attribute geben kann (d.h. mehrere `propagiertes_att` in `uprop`), kann dieser Schritt selbst für jeden `propagierter_ot` zu mehreren Sätzen führen. Um die Eindeutigkeit der Zeilennummer zu gewährleisten, ist dem Objekttyp nicht nur eine `'4'` anzufügen, damit diese Textzeilen nach dem Kopf des Update-Kommandos (Zeilennummer `'35'`) ausgewertet werden. Zusätzlich ist auch `propagiertes_att` in die Zeilennummer einzubeziehen. Da aber selbst objekttyp- und attributspezifische Textzeilen auch durch die Folgeschritte erzeugt werden, ist schließlich an den Attributnamen als kleinste Zeilennummer die `'1'` anzuhängen.

   Für jedes `propagiertes_att` wird eine Set-Klausel initialisiert. Als Select-Klausel der Unterabfrage dient die Ableitungsformel aus `uprop`, und die From-Klausel kann sich aufgrund der Tatsache, daß sich Regel 3 auf Assoziationen bezieht (und jeder Gruppentyp nur Objekte eines einzigen Basistyps referenziert), auf `geloeschter_ot` beschränken. Da die in Schritt 12 erzeugten Selektionsbedingungen wie üblich mit `and` beginnen, ist auch in diesem Fall eine Dummy-Bedingung zu erzeugen.

```
insert into tr (schema, objekttyp, ereignis, stufe, znr, text)
select distinct dprop.schema, geloeschter_ot, 'AD', '1',
   uprop.propagierter_ot||'4'||propagiertes_att||'1',
   '      '||propagiertes_att||'= (select '||ablformel||
   ' from '||
      geloeschter_ot||' where 1=1'
from dprop, uprop
where dprop.regel in ('3')
and dprop.geloeschter_ot = uprop.geaenderter_ot
```

12. Für alle Propagierungen in Form einer Änderung (Regel 3) werden die Selektionsbedingungen der Unterabfrage der Set-Klausel erzeugt. Dazu werden alle in `dprop` gespeicherten Verknüpfungsattribute in eine Bedingung umgeformt. Der Join mit `uprop` ist nur deshalb notwendig, um den Bezug zum auslösenden Objekttyp herzustellen. Der Bezug auf das gelöschte Tupel in `geloeschter_ot` erfolgt auch in diesem Fall mittels `:old`. Damit die entsprechenden Textzeilen nicht in beliebiger Reihenfolge nach Einleitung der Set-Klausel ausgewertet werden, wird an den Objekttypnamen, die `'4'` und den Attributnamen eine `'2'` angehängt.

```
insert into tr (schema, objekttyp, ereignis, stufe, znr, text)
select distinct dprop.schema, geloeschter_ot, 'AD', '1',
   uprop.propagierter_ot||'4'||propagiertes_att||'2',
   '          and '||geloeschter_ot||'.'||gel_attribut||'=:old.'||
      gel_attribut
from dprop, uprop
where dprop.regel in ('3')
and dprop.geloeschter_ot = uprop.geaenderter_ot
```

13. Für alle Propagierungen in Form einer Änderung (Regel 3) wird in diesem Schritt die Unterabfrage abgeschlossen. Da der Gruppentyp mehrere abgeleitete Attribute enthalten kann, wird die Set-Klausel mit einem Komma abgeschlossen. Die Verknüpfungsbedingungen dieses Schritts entsprechen denen der Schritte 11 und 12, in denen die hier abzuschließende Unterabfrage aufgebaut wurde. Als Zeilennummer wird an den Objekttypnamen, die `'4'` und den Attributnamen eine `'3'` angehängt.

```
insert into tr (schema, objekttyp, ereignis, stufe, znr, text)
select distinct dprop.schema, geloeschter_ot, 'AD', '1',
   uprop.propagierter_ot||'4'||propagiertes_att||'3',
   '          ),'
from dprop, uprop
where dprop.regel in ('3')
and dprop.geloeschter_ot = uprop.geaenderter_ot
```

14. Für alle Propagierungen in Form einer Änderung (Regel 3) wird eine Where-Klausel durch Erzeugung einer Dummy-Bedingung initialisiert. Die Änderung soll ja nicht für alle Objekte von `propagierter_ot` erfolgen, sondern nur für die Objekte, die das gelöschte Objekt referenzieren. Damit die Where-Klausel erst nach allen Set-Klauseln ausgewertet wird, lautet die Zeilennummer dieser Textzeile `'4ZZ'`. Eine Einbindung von `propagiertes_att` ist nicht notwendig, da im Gegensatz zur Set-Klausel die Where-Klausel nur einmal pro Trigger (d.h. Objekttyp) codiert wird.

```
insert into tr (schema, objekttyp, ereignis, stufe, znr, text)
select distinct schema, geloeschter_ot,'AD', '1',
   propagierter_ot||'4ZZ',
   '      where 1=1'
from dprop where regel in ('3')
```

15. Für alle Propagierungen in Form einer Änderung (Regel 3) werden die Bedingungen erzeugt, die die Änderung auf Objekte einschränken, die das gelöschte Objekt referenzieren. Im Gegensatz zu Schritt 12 sind diese Bedingungen natürlich für Attribute des propagierten Objekttyps zu formulieren. Als Attributnamen können jedoch `gel_attribut` benutzt werden, weil die in `dprop` gespeicherten Attribute ja bereits im ersten Verarbeitungsschritt ja gerade auf Attribute eingeschränkt wurden, die sowohl im Primärschlüssel von `propa-`

gierter_ot wie auch im Primärschlüssel von geloeschter_ot enthalten sind. Für diese Textzeile lautet die Zeilennummer innerhalb des Objekttyps einheitlich '50', weil die Reihenfolge der Auswertung beliebig ist.

```
insert into tr (schema, objekttyp, ereignis, stufe, znr, text)
select distinct schema, geloeschter_ot, 'AD', '1',
   propagierter_ot||'50',
   '      and '||propagierter_ot||'.'||gel_attribut||'=:old.'||
      gel_attribut
from dprop where regel in ('3')
```

16. Für alle Propagierungen in Form einer Änderung, die von der Existenz eines Objekts in geloeschter_ot abhängen (Regel 3), wird eine spezielle Bedingung eingeleitet, durch die die Anzahl der entsprechenden Objekte ermittelt wird. Auch hier muß eine Dummy-Bedingung erzeugt werden, da die eigentlichen Selektionsbedingungen erst noch folgen. Für diese Textzeile lautet die Zeilennummer innerhalb des Objekttyps '51'.

```
insert into tr (schema, objekttyp, ereignis, stufe, znr, text)
select distinct schema, geloeschter_ot, 'AD', '1',
   propagierter_ot||'51',
   '      and 0 < (select count(*) from '||geloeschter_ot||
   ' where 1=1'
from dprop where regel in ('3')
```

17. Für alle Propagierungen in Form einer Änderung, die von der Existenz eines Objekts in geloeschter_ot abhängen (Regel 3), werden in diesem Schritt die Selektionsbedingungen der Unterabfrage erzeugt. Die Zählung bezieht sich auf Objekte in geloeschter_ot, so daß auch entsprechende Attributnamen eingebunden werden und zulässigerweise eine Verknüpfung zum gelöschten Objekt durch :old hergestellt werden kann. Für die erzeugten Textzeilen lautet die Zeilennummer innerhalb des Objekttyps einheitlich '53'.

```
insert into tr (schema, objekttyp, ereignis, stufe, znr, text)
select distinct schema, geloeschter_ot, 'AD', '1',
   propagierter_ot||'53',
   '         and '||geloeschter_ot||'.'||gel_attribut||'=:old.'||
      gel_attribut
from dprop where regel in ('3')
```

18. Für alle Propagierungen in Form einer Änderung, die von der Existenz eines Objekts in geloeschter_ot abhängen (Regel 3), kann die Unterabfrage zur Zählung existierender Objekte jetzt abgeschlossen werden. Die erzeugte Textzeile hat innerhalb des Objekttyps die Zeilennummer '55'.

```
insert into tr (schema, objekttyp, ereignis, stufe, znr, text)
select distinct schema, geloeschter_ot, 'AD', '1',
   propagierter_ot||'55',
   '          )'
from dprop where regel in ('3')
```

19. Für alle Propagierungen in Form einer Änderung (Regel 3) sind unabhängig von der Notwendigkeit der Codierung einer Unterabfrage jetzt alle Bedingungen formuliert, und das Update-Kommando kann abgeschlossen werden. Zur Dokumentation wird die Regel, auf deren Grundlage das Update-Kommando generiert wurde, im Text vermerkt. Die erzeugte Textzeile hat innerhalb des Objekttyps die Zeilennummer `'60'`.

```
insert into tr (schema, objekttyp, ereignis, stufe, znr, text)
select distinct schema, geloeschter_ot, 'AD', '1',
   propagierter_ot||'60',
   '       ;  /* nach Regel '||regel||' */'
from dprop where regel in ('3')
```

20. Damit sind alle Delete- und/oder Update-Kommandos, die zur Propagierung einer Löschung notwendig sind, vollständig generiert. Für jeden Objekttyp, der sich als `geloeschter_ot` in `dprop` findet, ist der PL/SQL-Block des entsprechenden After-delete-Triggers noch abzuschließen. Da diese Textzeile das Ende jeder Triggerdefinition bildet, wird ihr die lexikalisch größte Zeilennummer `'ZZZ'` zugewiesen.

```
insert into tr (schema, objekttyp, ereignis, stufe, znr, text)
select distinct schema, geloeschter_ot, 'AD', '1', 'ZZZ', 'end;'
from dprop
```

4.2.4.2 Zurückweisung von Einfügungen

Um Triggerdefinitionen für die Zurückweisung von Einfügungen zu erzeugen, werden alle im ersten Verarbeitungsschritt erzeugten Tupel verarbeitet, die unter die Sichtdefinition für `irej` fallen. Alle Triggertexte aus `irej` werden durch den Attributwert `'BI'` für `ereignis` als Before-insert-Trigger gekennzeichnet. Da alle bisher betrachteten Trigger einstufige Prüfungen implementieren, wird ihnen der Attributwert `'1'` für `stufe` zugeordnet. Um gezielt einzelne Trigger aus der Tabelle `tr` selektieren zu können, wird jeder Textzeile der Name des Schemas (Attribut `schema`) und der Name des ursprünglich manipulierten Objekttyps (Attribut `objekttyp`) zugewiesen.

1. Zunächst ist für jeden Objekttyp, der sich als `eingef_ot` in `irej` findet, ein Triggerkopf zu erzeugen. Da diese Textzeile den Anfang jeder Triggerdefinition bildet, wird ihr die lexikalisch kleinste Zeilennummer `'AAA'` zugewiesen.

```
insert into tr (schema, objekttyp, ereignis, stufe, znr, text)
select distinct schema, eingef_ot, 'BI', '1', 'AAA',
   'create trigger '||eingef_ot||'_bi before insert on '
   ||eingef_ot||' for each row begin'
from irej
```

2. Für jeden unterschiedlichen Wert in `eingef_ot` wird ein Pre-insert-Trigger generiert. In jedem dieser Trigger ist im Zweifelsfall eine Prüfung für jeden Wert in `ref_ot` durchzuführen. Jede dieser Prüfungen ist auf der Grundlage einer oder mehrerer der vier Zurückweisungsregeln für Einfügungen vorzunehmen. Als Basis-Zeilennummer muß deshalb `eingef_ot` mit `ref_ot` und `regel` verknüpft werden, um eine eindeutige Identifikation von Textzeilen zu ermöglichen. Dieser Kombination wird eine Ziffer angehängt, um die richtige Reihenfolge der Textzeilen innerhalb eines Prüfungskommandos zu gewährleisten. Da dieser Schritt der erste objekttyp- und regelspezifische Generierungsschritt ist, werden die entsprechenden PL/SQL-Blöcke initialisiert, und die Zeilennummern werden mit der lexikalisch kleinsten Ziffer `'0'` abgeschlossen.

```
insert into tr (schema, objekttyp, ereignis, stufe, znr, text)
select distinct schema, eingef_ot, 'BI', '1',
      eingef_ot||ref_ot||regel||'0',
   '  begin'
from irej
where regel in ('10','11','12','13')
```

3. Für alle Prüfungen (Regel 10, Regel 11, Regel 12 und Regel 13) ist für den in Schritt 2 initialisierten PL/SQL-Block das Select-Kommando zur Prüfung der Existenz eines bestimmten Objekts einzuleiten. Die Prüfung findet in `ref_ot` statt. Da die Selektionsbedingungen mengenorientiert erzeugt werden und alle mit `and` beginnen, ist als Einleitung eine Dummy-Bedingung zu erzeugen. Die generierten Textzeilen haben innerhalb des ursprünglich manipulierten Objekttyps, des zur Prüfung heranzuziehenden Objekttyps und der Regel die Zeilennummer `'1'`.

```
insert into tr (schema, objekttyp, ereignis, stufe, znr, text)
select distinct schema, eingef_ot, 'BI', '1',
   eingef_ot||ref_ot||regel||'1',
   '      select 1 from '||ref_ot||' where 1=1'
from irej
where regel in ('10','11','12','13')
```

4. Für alle Prüfungen (Regel 10, Regel 11, Regel 12 und Regel 13) werden Bedingungen für das Select-Kommando erzeugt. Dazu wird für jedes `ref_att` in `ref_ot` eine Bedingung formuliert, die sich auf den Wert des entsprechenden Attributs `eingef_att` für das jeweils eingefügte Objekt (`:new`) bezieht. Die erzeugten Bedingungen haben innerhalb des ursprünglich manipulierten Objekttyps, des zur Prüfung heranzuziehenden Objekttyps und der Regel sämtlich die

Zeilennummer '2'. Eine eindeutige Numerierung ist nicht notwendig, da die Reihenfolge der Auswertung dieser Textzeilen für die syntaktische Korrektheit der Triggerdefinition keine Rolle spielt.

```
insert into tr (schema, objekttyp, ereignis, stufe, znr, text)
select distinct schema, eingef_ot, 'BI', '1',
      eingef_ot||ref_ot||regel||'2',
      '          and '||ref_ot||'.'||ref_att||'=:new.'||eingef_att
from irej
where regel in ('10','11','12','13')
```

5. Für alle Prüfungen (Regel 10, Regel 11, Regel 12 und Regel 13) kann nach Erzeugung der Bedingungen das Select-Kommando jetzt abgeschlossen werden. Die erzeugten Bedingungen haben innerhalb des ursprünglich manipulierten Objekttyps, des zur Prüfung heranzuziehenden Objekttyps und der Regel die Zeilennummer '3'.

```
insert into tr (schema, objekttyp, ereignis, stufe, znr, text)
select distinct schema, eingef_ot, 'BI', '1',
      eingef_ot||ref_ot||regel||'3',
    '        ;'
from irej
where regel in ('10','11','12','13')
```

6. Für alle Prüfungen, bei denen die Existenz eines eindeutig und exklusiv referenzierten Objekts zur Zurückweisung der Einfügung führt (Regel 10 und Regel 12), ist in unmittelbarem Anschluß an das Select-Kommando der Anwendungsfehler zu erzeugen, der zum Fehlschlag des verursachenden Insert-Kommandos und damit zur Nicht-Festschreibbarkeit der Transaktion führt. Das an Ada angelehnte Fehlerbehandlungskonzept von PL/SQL impliziert nämlich, daß die Verarbeitung nach Ausführung eines Select-Kommandos nur dann fortgesetzt wird, wenn mindestens ein Satz gefunden wurde. In diesem Fall wird die Verarbeitung also nur dann fortgesetzt (und damit der Anwendungsfehler erzeugt), wenn das referenzierte Objekt tatsächlich existiert. Wenn bei der Ausführung eines Select-Kommandos kein Tupel gefunden wird (d.h. wenn das referenzierte Objekt nicht existiert), bricht PL/SQL die Verarbeitung des aktuellen Blocks automatisch ab und springt ohne Rückkehrmöglichkeit in die Fehlerbehandlung (Exception-Klausel) dieses Blocks. In diesem Fall wird die durch diesen Schritt generierte Auslösung eines Anwendungsfehlers also nicht durchgeführt. Zusammen mit dem Anwendungsfehler ist eine entsprechende Fehlermeldung und Fehlermeldungsnummer zu erzeugen. Die entsprechenden Textzeilen haben innerhalb des ursprünglich manipulierten Objekttyps, des zur Prüfung heranzuziehenden Objekttyps und der Regel die Zeilennummer '4'.

```
insert into tr (schema, objekttyp, ereignis, stufe, znr, text)
select distinct schema, eingef_ot, 'BI', '1',
      eingef_ot||ref_ot||regel||'4',
   '     raise_application_error(-20001,"Eindeutig und exklusiv
   referenziertes Objekt existiert bereits");'
from irej
where regel in ('10','12')
```

7. Für die Prüfung, bei der die Existenz eines lediglich exklusiv referenzierten Objekts zur Zurückweisung der Einfügung führt (Regel 11), ist in unmittelbarem Anschluß an das Select-Kommando ebenfalls ein entsprechender Anwendungsfehler zu erzeugen. Die Verarbeitungslogik entspricht der Logik, die in Schritt 6 beschrieben wurde. Da ein anderer Zurückweisungsgrund als in Schritt 6 vorliegt, ist auch eine andere Fehlermeldung und Fehlermeldungsnummer zu erzeugen. Die entsprechenden Textzeilen haben innerhalb des ursprünglich manipulierten Objekttyps, des zur Prüfung heranzuziehenden Objekttyps und der Regel die Zeilennummer `'5'`.

```
insert into tr (schema, objekttyp, ereignis, stufe, znr, text)
select distinct schema, eingef_ot, 'BI', '1',
      eingef_ot||ref_ot||regel||'5',
   '     raise_application_error(-20002,
   "Exklusiv referenziertes Objekt wird bereits referenziert");'
from irej
where regel in ('11')
```

8. Für alle Prüfungen, bei denen die Existenz eines referenzierten Objekts zur Zurückweisung der Einfügung führt (Regel 10, Regel 11 und Regel 12), ist eine Exception-Klausel zu codieren, die die Nicht-Existenz eines referenzierten Objekts (d.h. den Fehlschlag des entsprechenden, in Schritt 3 bis 5 erzeugten Select-Kommandos) nicht als Anwendungsfehler, sondern als normalen Verarbeitungsverlauf bewertet. Dazu ist auf die standardisierte PL/SQL-Fehlerbedingung `no_data_found` zu reagieren, die automatisch immer dann ausgelöst wird, wenn ein Select-Kommando keine Tupel erzeugt. Da die Nicht-Existenz eines Tupel als Erfolg gewertet werden soll, ist die entsprechende Fehlerbedingung durch das Kommando `null;` zu ignorieren. Die Reaktion auf eine Fehlerbedingung im Rahmen der Exception-Klausel "heilt" in PL/SQL die Fehlersituation, die zum Sprung in die Exception-Klausel geführt hat (siehe Schritt 6). Deshalb wird das verursachende Insert-Kommando nicht zurückgewiesen und kann propagiert werden. Diese Textzeile hat innerhalb des ursprünglich manipulierten Objekttyps, des zur Prüfung heranzuziehenden Objekttyps und der Regel die Zeilennummer `'6'`.

```
insert into tr (schema, objekttyp, ereignis, stufe, znr, text)
select distinct schema, eingef_ot, 'BI', '1',
      eingef_ot||ref_ot||regel||'6',
   '   exception when no_data_found then null;'
from irej
where regel in ('10','11','12')
```

9. Für die Prüfung, bei der die **Nicht**-Existenz eines referenzierten Objekts zur Zurückweisung der Einfügung führt (Regel 13), ist nicht im Anschluß an das Select-Kommando ein Anwendungsfehler zu erzeugen (d.h. für den Fall, daß dieses Kommando Tupel findet), sondern muß in der Exception-Klausel als Reaktion auf `no_data_found` erzeugt werden (d.h. für den Fall, daß dieses Kommando keine Tupel findet). Im Anschluß an das in Schritt 3 bis 5 generierte Select-Kommando ist der entsprechende Verarbeitungsblock durch Codierung der Exception-Klausel abzuschließen. Diese Textzeile hat innerhalb des ursprünglich manipulierten Objekttyps, des zur Prüfung heranzuziehenden Objekttyps und der Regel die Zeilennummer `'7'`.

```
insert into tr (schema, objekttyp, ereignis, stufe, znr, text)
select distinct schema, eingef_ot, 'BI', '1',
      eingef_ot||ref_ot||regel||'7',
   '   exception when no_data_found then'
from irej
where regel in ('13')
```

10. Für die Prüfung, bei der die **Nicht**-Existenz eines referenzierten Objekts zur Zurückweisung der Einfügung führt (Regel 13), ist in der Exception-Klausel jetzt als Reaktion auf `no_data_found` ein entsprechender Anwendungsfehler zusammen mit einer Fehlermeldung und Fehlermeldungsnummer zu erzeugen. Diese Textzeile hat innerhalb des ursprünglich manipulierten Objekttyps, des zur Prüfung heranzuziehenden Objekttyps und der Regel die Zeilennummer `'8'`.

```
insert into tr (schema, objekttyp, ereignis, stufe, znr, text)
select distinct schema, eingef_ot, 'BI', '1',
      eingef_ot||ref_ot||regel||'8',
   '      raise_application_error(-20003,
   "Referenziertes Objekt des Basistyps existiert nicht");'
from irej
where regel in ('13')
```

11. Für alle Prüfungen (Regel 10, Regel 11, Regel 12 und Regel 13) besteht jetzt der PL/SQL-Block aus einem Select-Kommando und einem Anwendungsfehler, der entweder im Anschluß an das Select-Kommando oder in der Exception-Klausel ausgelöst wird. Der PL/SQL-Block ist damit komplett und kann in diesem Schritt abgeschlossen werden. Zur Dokumentation wird die Regel, auf deren Grundlage der PL/SQL-Block generiert wurde, im Text vermerkt. Die Textzeile

hat innerhalb des ursprünglich manipulierten Objekttyps, des zur Prüfung heranzuziehenden Objekttyps und der Regel die Zeilennummer '9'.

```
insert into tr (schema, objekttyp, ereignis, stufe, znr, text)
select distinct schema, eingef_ot, 'BI', '1',
      eingef_ot||ref_ot||regel||'9',
   '  end;  /* nach Regel '||regel||' */'
from irej
where regel in ('10','11','12','13')
```

12. Damit sind die PL/SQL-Blöcke vollständig generiert, die die Zurückweisungsregeln für Einfügungen für jeweils einen manipulierten Objekttyp, einen zur Prüfung heranzuziehenden Objekttyp und eine Regel implementieren. Für jeden Objekttyp, der sich als `eingef_ot` in `irej` findet, ist der entsprechende Before-insert-Trigger jetzt abzuschließen. Da diese Textzeile das Ende jeder Triggerdefinition bildet, wird ihr die lexikalisch größte Zeilennummer `'ZZZ'` zugewiesen.

```
insert into tr (schema, objekttyp, ereignis, stufe, znr, text)
select distinct schema, eingef_ot, 'BI', '1', 'ZZZ',
   'end;'
from irej
```

4.2.4.3 Propagierung von Einfügungen

Um Triggerdefinitionen für die Propagierung von Einfügungen zu erzeugen, werden alle im ersten Verarbeitungsschritt erzeugten Tupel verarbeitet, die unter die Sichtdefinition für `iprop` fallen. Alle Triggertexte aus `iprop` werden durch den Attributwert `'AI'` für `ereignis` als After-insert-Trigger gekennzeichnet. Da alle bisher betrachteten Trigger einstufige Prüfungen implementieren, wird ihnen der Attributwert `'1'` für `stufe` zugeordnet. Um gezielt einzelne Trigger aus der Tabelle `tr` selektieren zu können, wird jeder Textzeile der Name des Schemas (Attribut `schema`) und `eingefuegter_ot` als Name des ursprünglich manipulierten Objekttyps (Attribut `objekttyp`) zugewiesen.

1. Zunächst ist für jeden Objekttyp, der sich als `eingefuegter_ot` in `iprop` findet, ein Triggerkopf zu erzeugen. Da diese Textzeile den Anfang jeder Triggerdefinition bildet, wird ihr die lexikalisch kleinste Zeilennummer `'AAAA'` zugewiesen.

```
insert into tr (schema, objekttyp, ereignis, stufe, znr, text)
select distinct schema, eingefuegter_ot, 'AI', '1', 'AAAA',
   'create trigger '||eingefuegter_ot||'_ai after insert on '
   ||eingefuegter_ot||' for each row begin'
from iprop
```

2. Einfügungen werden durch Updates und/oder durch andere Einfügungen propagiert. Für einen eingefügten Objekttyp können sowohl Updates wie auch

Einfügungen zu propagieren sein. Diese Kommandos sollten in der Triggerdefinition in einer bestimmten Reihenfolge codiert werden: Zuerst sollten die Updates der abgeleiteten Attribute des eingefügten Objekts nach Regel 14 erfolgen. Auf dieser aktualisierten Basis sollten die abhängigen Einfügungen nach Regel 15 und Regel 17 sowie die abhängigen Updates nach Regel 16 durchgeführt werden. Um sicherzustellen, daß für jeden Objekttyp die Updates nach Regel 14 zuerst codiert werden, werden die Zeilennummern der entsprechenden Textzeilen mit der lexikalisch kleinsten Zeilennummer `'AA'` begonnen. Erst dann wird `eingefuegter_ot` angehängt. So werden Updates nach Regel 14 zwar nach dem Triggerkopf (`'AAAA'`), aber vor anderen Textzeilen ausgewertet, deren Zeilennummer mit `eingefuegter_ot` beginnt.

Für alle Propagierungen in Form eines Update des eingefügten Objekts (Regel 14a und Regel 14b) wird ein Update-Kommando eingeleitet. Als Aliasname für `eingefuegter_ot` wird `x` festgelegt, um in den Selektionsbedingungen des Update-Kommandos auf das jeweils eingefügte Objekt Bezug nehmen zu können. Diese Textzeile wird für jeden Wert in `eingefuegter_ot` erzeugt. Als Zeilennummer wird dem Namen des jeweils eingefügten Objekttyps ein `'AA'` vorangestellt und der String `'10'` angefügt.

```
insert into tr (schema, objekttyp, ereignis, stufe, znr, text)
select distinct schema, eingefuegter_ot, 'AI', '1',
       'AA'||eingefuegter_ot||'10',
     '  update '||eingefuegter_ot||' x set'
from iprop
where regel in ('14a','14b')
```

3. Wenn die Einfügung eines Objekts durch Aktualisierung seiner abgeleiteten Attributwerte zu propagieren ist, müssen u.U. mehrere Set-Klauseln codiert werden, um abgeleitete Attribute zu aktualisieren, die auf unterschiedlichen Ableitungsregeln beruhen. Für Zwecke der Generierung ist zwischen Ableitungsregeln auf Grundlage einer Aggregationsbeziehung und anderen Ableitungsregeln zu unterscheiden, weil für die ersteren mehrere Tabellen verknüpft werden müssen, während für die letzteren nur eine Tabelle verarbeitet werden muß.

   Für Propagierungen durch Update des eingefügten Objekts, denen eine Aggregationsbeziehung zugrunde liegt (Regel 14a), werden in diesem Schritt Set-Klauseln erzeugt und Unterabfragen zur Wertzuweisung erzeugt. Für jedes `propagiertes_att` wird die entsprechende `ablformel` zur Ableitung benutzt. Die From-Klausel der Unterabfrage bezieht sich zunächst auf `iprop.propagierter_ot`. Da nach Regel 14a aber mindestens eine weitere Tabelle zur Ableitung benötigt wird, wird ein Komma angehängt. Dieser Schritt ist nicht nur für alle `eingefuegter_ot` auszuführen, sondern innerhalb eines eingefügten Objekttyps auch für alle `propagiertes_att`. Damit die erzeugte

Textzeile hinter der in Schritt 2 erzeugten Textzeile ausgewertet wird, ist in der Zeilennummer `'AA'||eingefuegter_ot` ein `'11'` anzuhängen. Damit die in diesem Schritt erzeugten, ev. mehrfachen Unterabfragen in der richtigen Reihenfolge ausgewertet werden, wird an diesen Basisschlüssel der Name des propagierten Attributs und dann eine `'1'` angehängt. Folgezeilen innerhalb der jeweiligen Unterabfrage werden sich durch eine bis auf die `'1'` identische Zeilennummer auszeichnen.

```
insert into tr (schema, objekttyp, ereignis, stufe, znr, text)
select distinct iprop.schema, eingefuegter_ot, 'AI', '1',
       'AA'||eingefuegter_ot||'11'||propagiertes_att||'1',
   '      '||propagiertes_att||'= (select '||ablformel||' from '||
   iprop.propagierter_ot||','
from iprop, uprop
where iprop.regel in ('14a')
and iprop.propagierter_ot = uprop.geaenderter_ot
and iprop.eingefuegter_ot = uprop.propagierter_ot
```

4. Für Propagierungen durch Update des eingefügten Objekts, denen **keine** Aggregationsbeziehung zugrunde liegt (Regel 14b), werden in diesem Schritt Set-Klauseln und Unterabfragen zur Wertzuweisung erzeugt. Die Verarbeitung entspricht Schritt 3 bis auf den Unterschied, daß aufgrund der Beschränkung auf einen einzigen zur Ableitung notwendigen Objekttyp in der From-Klausel der Unterabfrage kein Komma angehängt werden muß. Die Textzeile hat innerhalb des ursprünglich manipulierten Objekttyps und des propagierten Attributs die Zeilennummer `'2'`.

```
insert into tr (schema, objekttyp, ereignis, stufe, znr, text)
select distinct iprop.schema, eingefuegter_ot, 'AI', '1',
       'AA'||eingefuegter_ot||'11'||propagiertes_att||'2',
   '      '||propagiertes_att||'= (select '||ablformel||' from '||
   iprop.propagierter_ot
from iprop, uprop
where iprop.regel in ('14b')
and iprop.propagierter_ot = uprop.geaenderter_ot
and iprop.eingefuegter_ot = uprop.propagierter_ot
```

5. Für Propagierungen durch Update des eingefügten Objekts, denen eine Aggregationsbeziehung zugrunde liegt (Regel 14a), wird in diesem Schritt die From-Klausel der Unterabfrage durch Erzeugung aller weiteren zur Ableitung benötigten Tabellennamen aus `zus_ot` vervollständigt. Die Textzeilen haben innerhalb des ursprünglich manipulierten Objekttyps und des propagierten Attributs die Zeilennummer `'3'`.

```
insert into tr (schema, objekttyp, ereignis, stufe, znr, text)
select distinct iprop.schema, eingefuegter_ot, 'AI', '1',
      'AA'||eingefuegter_ot||'11'||propagiertes_att||'3',
   '        '||zus_ot||','
from iprop, uprop
where iprop.regel in ('14a')
and iprop.propagierter_ot = uprop.geaenderter_ot
and iprop.eingefuegter_ot = uprop.propagierter_ot
```

6. Für alle Propagierungen durch Update des eingefügten Objekts (Regel 14a und Regel 14b) wird in diesem Schritt die Erzeugung von Bedingungen für die Unterabfrage der Set-Klausel vorbereitet. Da die zu erzeugenden Bedingungen wie immer mit `and` beginnen, ist vorher eine immer wahre Dummy-Bedingung `1=1` zu erzeugen. Die Textzeile hat innerhalb des ursprünglich manipulierten Objekttyps und des propagierten Attributs die Zeilennummer `'4'`.

```
insert into tr (schema, objekttyp, ereignis, stufe, znr, text)
select distinct iprop.schema, eingefuegter_ot, 'AI', '1',
      'AA'||eingefuegter_ot||'11'||propagiertes_att||'4',
   '          where 1=1'
from iprop, uprop
where iprop.regel in ('14a','14b')
and iprop.propagierter_ot = uprop.geaenderter_ot
and iprop.eingefuegter_ot = uprop.propagierter_ot
```

7. Für Propagierungen durch Update des eingefügten Objekts, denen eine Aggregationsbeziehung zugrunde liegt (Regel 14a), werden jetzt Bedingungen erzeugt, durch die passende Objekte in `iprop.propagierter_ot` und `zus_ot` identifiziert werden. Um die jeweils korrespondierenden Attributnamen für `zus_ot` herauszufinden, ist ein Join mit `pschl` unter einer komplexen Bedingung zur Selektion passender Attribute (siehe erster Verarbeitungsschritt) durchzuführen. Der Join mit `uprop` ist für alle Generierungsschritte notwendig, die eine Unterabfrage zur Ableitung betreffen, um die Kontinuität der Generierung von Zeilennummern zu gewährleisten. Die in diesem Schritt generierten Textzeilen haben innerhalb des ursprünglich manipulierten Objekttyps und des propagierten Attributs die Zeilennummer `'5'`.

```
insert into tr (schema, objekttyp, ereignis, stufe, znr, text)
select distinct iprop.schema, eingefuegter_ot, 'AI', '1',
      'AA'||eingefuegter_ot||'11'||propagiertes_att||'5',
   '        and '||iprop.propagierter_ot||'.'||
   iprop.prop_attribut||'='||zus_ot||'.'||attribut
from iprop, uprop, pschl
where objekttyp = zus_ot
and substr(eingef_attribut,1,instr(eingef_attribut,'#'))
   = substr(attribut,1,instr(attribut,'#'))
and iprop.regel in ('14a')
and iprop.propagierter_ot = uprop.geaenderter_ot
and iprop.eingefuegter_ot = uprop.propagierter_ot
```

8. Für Propagierungen durch Update des eingefügten Objekts, denen eine Aggregationsbeziehung zugrunde liegt (Regel 14a), werden in diesem Schritt weitere Bedingungen erzeugt, die die Tupel der Unterabfrage auf solche beschränken, die sich auf das in der übergeordneten Abfrage verarbeitete Objekt x beziehen. Eine solche Beziehung ist für alle Werte von `prop_attribut` herzustellen. Die in diesem Schritt generierten Textzeilen haben innerhalb des ursprünglich manipulierten Objekttyps und des propagierten Attributs die Zeilennummer `'6'`.

```
insert into tr (schema, objekttyp, ereignis, stufe, znr, text)
select distinct iprop.schema, eingefuegter_ot, 'AI', '1',
      'AA'||eingefuegter_ot||'11'||propagiertes_att||'6',
   '        and '||iprop.propagierter_ot||'.'||
   iprop.prop_attribut||'=x.'||prop_attribut
from iprop, uprop
where iprop.regel in ('14a')
and iprop.propagierter_ot = uprop.geaenderter_ot
and iprop.eingefuegter_ot = uprop.propagierter_ot
```

9. Für Propagierungen durch Update des eingefügten Objekts, denen eine Aggregationsbeziehung zugrunde liegt (Regel 14a), werden in diesem Schritt die restlichen Bedingungen erzeugt, die die Tupel der Unterabfrage auf solche beschränken, die sich auf das in der übergeordneten Abfrage verarbeitete Objekt x beziehen. In Schritt 8 kann diese Verknüpfung ja nur für solche Attribute der Unterabfrage erfolgen, die es auch in `iprop.propagierter_ot` gibt. In diesem Schritt werden auch Attribute der Unterabfrage, die es in `iprop.zus_ot` gibt, nach außen verknüpft. Der "äußere" Schlüssel setzt sich aufgrund der Bildungsregeln für Primärschlüssel ja aus allen Primärschlüsseln der zur Aggregation benutzten Objekttypen zusammen. Die in diesem Schritt generierten Textzeilen haben innerhalb des ursprünglich manipulierten Objekttyps und des propagierten Attributs die Zeilennummer `'7'`.

```
insert into tr (schema, objekttyp, ereignis, stufe, znr, text)
select distinct iprop.schema, eingefuegter_ot, 'AI', '1',
   'AA'||eingefuegter_ot||'11'||propagiertes_att||'7',
   '          and '||iprop.zus_ot||'.'||iprop.zus_attribut||
   '=x.'||zus_attribut
from iprop, uprop
where iprop.regel in ('14a')
and iprop.propagierter_ot = uprop.geaenderter_ot
and iprop.eingefuegter_ot = uprop.propagierter_ot
```

10. Für Propagierungen durch Update des eingefügten Objekts, denen **keine** Aggregationsbeziehung zugrunde liegt (Regel 14b), sind Bedingungen zu erzeugen, in denen die Tupel der Unterabfrage mit dem eingefügten Objekt verknüpft werden. Auf die Attributwerte des eingefügten Objekts kann dabei durch `:new` bezug genommen werden. Jedem Attribut von `iprop.propagierter_ot` muß ein Attribut von dem in der äußeren Abfrage betrachteten `eingefuegter_ot` entsprechen. Die in diesem Schritt erzeugten Textzeilen haben innerhalb des ursprünglich manipulierten Objekttyps und des propagierten Attributs die Zeilennummer `'8'`.

```
insert into tr (schema, objekttyp, ereignis, stufe, znr, text)
select distinct iprop.schema, eingefuegter_ot, 'AI', '1',
      'AA'||eingefuegter_ot||'11'||propagiertes_att||'8',
   '          and '||iprop.propagierter_ot||'.'||
   iprop.prop_attribut||'=:new.'||eingef_attribut
from iprop, uprop
where iprop.regel in ('14b')
and iprop.propagierter_ot = uprop.geaenderter_ot
and iprop.eingefuegter_ot = uprop.propagierter_ot
```

11. Für alle Propagierungen durch Update des eingefügten Objekts (Regel 14a und Regel 14b) kann jetzt die Unterabfrage der Set-Klausel abgeschlossen werden. Die entsprechende Textzeile hat innerhalb des ursprünglich manipulierten Objekttyps und des propagierten Attributs die Zeilennummer `'9'`.

```
insert into tr (schema, objekttyp, ereignis, stufe, znr, text)
select distinct iprop.schema, eingefuegter_ot, 'AI', '1',
      'AA'||eingefuegter_ot||'11'||propagiertes_att||'9',
   '          )'
from iprop, uprop
where iprop.regel in ('14a','14b')
and iprop.propagierter_ot = uprop.geaenderter_ot
and iprop.eingefuegter_ot = uprop.propagierter_ot
```

12. Für alle Propagierungen durch Update des eingefügten Objekts (Regel 14a und Regel 14b) sind alle Set-Klauseln einschließlich der entsprechenden Unterabfragen abgeschlossen. Natürlich sollen nicht alle Objekte in `eingefuegter_ot` aktualisiert werden, sondern nur das eingefügte Objekt selbst. Dazu sind Be-

dingungen zu generieren, die wie immer durch eine Dummy-Bedingung eingeleitet werden müssen. Diese Textzeile muß im Gegensatz zu allen Textzeilen, die mit Set-Bedingungen in Zusammenhang stehen, nicht für jedes propagierte Attribut jedes eingefügten Objekttyps, sondern wie die meisten anderen Textzeilen nur einmal pro Update-Kommando (d.h. einmal pro eingefügtem Objekttyp) erzeugt werden. Ihre Zeilennummer innerhalb des manipulierten Objekttyps ist `'12'`, damit diese und alle folgenden Textzeilen nach den mit `'11'` eingeleiteten Set-Klauseln ausgewertet werden.

```
insert into tr (schema, objekttyp, ereignis, stufe, znr, text)
select distinct schema, eingefuegter_ot, 'AI', '1',
       'AA'||eingefuegter_ot||'12',
   '      where 1=1'
from iprop
where regel in ('14a','14b')
```

13. Für alle Propagierungen durch Update des eingefügten Objekts (Regel 14a und Regel 14b) werden durch diesen Schritt die Bedingungen erzeugt, die den Update auf das eingefügte Objekt beschränken. Auf dieses Objekt kann durch `:new` Bezug genommen werden. Da der zu ändernde Typ mit dem eingefügten Typ identisch ist, muß für jedes `attribut` seines Primärschlüssels eine Bedingung generiert werden. Um diese Attribute zu ermitteln, erfolgt ein Join mit `pschl`. Die Zeilennummern der erzeugten Bedingungen innerhalb des manipulierten Objekttyps sind einheitlich `'15'`, da die Reihenfolge ihrer Auswertung keine Bedeutung hat.

```
insert into tr (schema, objekttyp, ereignis, stufe, znr, text)
select distinct iprop.schema, eingefuegter_ot, 'AI', '1',
       'AA'||eingefuegter_ot||'15',
   '      and '||iprop.eingefuegter_ot||'.'||attribut||'=:new.'||
   attribut
from iprop, uprop, pschl
where objekttyp = iprop.eingefuegter_ot
and iprop.regel in ('14a','14b')
and iprop.propagierter_ot = uprop.geaenderter_ot
and iprop.eingefuegter_ot = uprop.propagierter_ot
```

14. Für alle Propagierungen durch Update des eingefügten Objekts (Regel 14a und Regel 14b) ist das Update-Kommando jetzt vollständig erzeugt und kann abgeschlossen werden. Zur Dokumentation wird die Regel, auf deren Grundlage das Update-Kommando generiert wurde, im Text vermerkt. Die Zeilennummer dieser Textzeile innerhalb des manipulierten Objekttyps ist `'20'`.

```
insert into tr (schema, objekttyp, ereignis, stufe, znr, text)
select distinct schema, eingefuegter_ot, 'AI', '1',
       'AA'||eingefuegter_ot||'20',
    '  ; /* nach Regel '||regel||' */'
from iprop
where regel in ('14a','14b')
```

15. Nachdem durch die Schritte 2 bis 14 ein Update-Kommando zur Aktualisierung der abgeleiteten Attribute des eingefügten Objekts erzeugt wurde, kann jetzt die Einfügung in andere Objekttypen propagiert werden. Zunächst wird willkürlich festgelegt, daß zuerst propagierende Delete-Kommandos und erst dann propagierende Update-Kommandos erzeugt werden sollen.

    Die Zeilennummern der Textzeilen dieser Kommandos werden durch Verknüpfung von `propagierter_ot` mit einer Ziffernfolge gebildet. Da kein Wert von `propagierter_ot` lexikalisch kleiner als `'AA'` sein kann, werden die Textzeilen, die durch die folgenden Schritte erzeugt werden, immer nach den durch die Schritte 2 bis 14 erzeugten Textzeilen ausgewertet. Die Ziffernfolge dieses Schrittes für jeden propagierten Objekttyp ist `'40'`.

    Für alle Propagierungen in Form einer Einfügung (Regel 15a, Regel 15b und Regel 17) wird ein Insert-Kommando eingeleitet, um abhängige Objekte des Typs `propagierter_ot` zu erzeugen.

```
insert into tr (schema, objekttyp, ereignis, stufe, znr, text)
select distinct schema, eingefuegter_ot, 'AI', '1',
   propagierter_ot||'40',
   '   insert into '||propagierter_ot||' ('
from iprop
where regel in ('15a','15b','17')
```

16. Für alle Propagierungen durch Einfügung (Regel 15a, Regel 15b und Regel 17) ist der vollständige Primärschlüssel des einzufügenden Objekttyps durch Join mit pschl zu generieren. Da der Primärschlüssel im Normalfall aus mehreren Attributen besteht, wird an jedes ermittelte Attribut ein Komma angehängt. Für das letzte Attribut ist dieses Komma leider syntaktisch unzulässig und führt dazu, daß die generierten Triggerdefinitionen manuell überarbeitet werden müssen. Die Zeilennummern der in diesem Schritt erzeugten Textzeilen müssen in der gleichen Reihenfolge ausgewertet werden, in der die Spalten des später generierten Select-Kommandos erzeugt werden. Weil deshalb nicht alle Textzeilen eines propagierten Objekttyps die Ziffernfolge `'41'` haben dürfen, wird zusätzlich das ermittelte Attribut an die Zeilennummer angehängt.

```
insert into tr (schema, objekttyp, ereignis, stufe, znr, text)
select distinct iprop.schema, eingefuegter_ot, 'AI', '1',
        propagierter_ot||'41'||attribut,
   '        '||attribut||','
from iprop, pschl where propagierter_ot = objekttyp
and regel in ('15a','15b','17')
```

17. Für alle Propagierungen durch Einfügung (Regel 15a, Regel 15b und Regel 17) ist damit der vollständige Primärschlüssel des einzufügenden Objekttyps definiert, so daß die entsprechende Klausel abgeschlossen werden kann und das Select-Kommando, das zur Erzeugung der einzufügenden Attributwerte dient, vorbereitet werden kann. Die Zeilennummer dieser Textzeile innerhalb des propagierten Objekttyps ist `'42'`.

```
insert into tr (schema, objekttyp, ereignis, stufe, znr, text)
select distinct schema, eingefuegter_ot, 'AI', '1',
     propagierter_ot||'42',
   '      ) select'
from iprop
where regel in ('15a','15b','17')
```

18. Für alle Propagierungen durch Einfügung (Regel 15a, Regel 15b und Regel 17) müssen jetzt die durch das Select-Kommando zu erzeugenden Spalten generiert werden. Zunächst werden dazu die eigenen Schlüsselspalten aus `eingefuegter_ot` in die Select-Liste aufgenommen. Eine mit der Reihenfolge der Schlüssel in Schritt 16 kompatible Zeilennumerierung wird dadurch erreicht, daß an die objekttypspezifische Zeilennummer `'50'` der Name des jeweiligen Attributs angehängt wird.

```
insert into tr (schema, objekttyp, ereignis, stufe, znr, text)
select distinct iprop.schema, eingefuegter_ot, 'AI', '1',
        propagierter_ot||'50'||eingef_attribut,
   '          '||eingefuegter_ot||'.'||eingef_attribut||','
from iprop
where substr(eingef_attribut,1,instr(eingef_attribut,'#')) in
   (select substr(attribut,1,instr(attribut,'#')) from pschl
        where objekttyp = propagierter_ot)
and regel in ('15a','15b','17')
```

19. Für alle Propagierungen durch Einfügung, bei denen in der Select-Klausel die Attribute eines zusätzlichen Objekttyps selektiert werden müssen (Regel 15a und Regel 15b), werden in diesem Schritt der Select-Liste solche Schlüsselattribute aus `zus_ot` hinzugefügt, die nicht auch zu `eingefuegter_ot` gehören und deshalb in Schritt 18 nicht berücksichtigt wurden. Um die Attribute nicht doppelt in die Select-Liste aufzunehmen, die sowohl zum Primärschlüssel von `eingefuegter_ot` wie auch zum Primärschlüssel von `zus_ot` gehören, dient eine entsprechende Selektionsbedingung am Ende dieses Kommandos. Wie in

Schritt 16 und 18 wird auch in diesem Schritt der Attributname an die objekttypspezifische Zeilennummer `'51'` angehängt.

```
insert into tr (schema, objekttyp, ereignis, stufe, znr, text)
select distinct schema, eingefuegter_ot, 'AI', '1',
   propagierter_ot||'51'||zus_attribut,
   '        '||zus_ot||'.'||zus_attribut||','
from iprop x
where substr(zus_attribut,1,instr(zus_attribut,'#')) in
   (select substr(attribut,1,instr(attribut,'#')) from pschl
      where objekttyp = propagierter_ot)
and (zus_attribut not in
   (select eingef_attribut from iprop
   where eingefuegter_ot = x.eingefuegter_ot
   and propagierter_ot = x.propagierter_ot)
     or (zus_attribut in
      (select eingef_attribut from iprop
      where eingefuegter_ot = x.eingefuegter_ot
      and propagierter_ot = x.propagierter_ot)
   and substr(prop_attribut,instr(prop_attribut,'#')+1,20)
      is not null))
and regel in ('15a','15b')
```

20. Für alle Propagierungen durch Einfügung, bei denen in der Select-Klausel ein Join codiert werden muß (Regel 15a), wird in diesem Schritt die From-Klausel des Select-Kommandos durch die erste Tabelle eingeleitet. Da weitere Tabellennamen folgen, wird ein Komma codiert. Die Zeilennummer dieser Textzeile innerhalb des propagierten Objekttyps ist `'52'`.

```
insert into tr (schema, objekttyp, ereignis, stufe, znr, text)
select distinct schema, eingefuegter_ot, 'AI', '1',
   propagierter_ot||'52',
   '      from '||eingefuegter_ot||','
from iprop
where regel in ('15a')
```

21. Für alle Propagierungen durch Einfügung, bei denen in der Select-Klausel **kein** Join codiert werden muß (Regel 15b und Regel 17), kann in diesem Schritt die From-Klausel des Select-Kommandos vollständig erzeugt werden. Die Zeilennummer dieser Textzeile innerhalb des propagierten Objekttyps ist `'53'`.

```
insert into tr (schema, objekttyp, ereignis, stufe, znr, text)
select distinct schema, eingefuegter_ot, 'AI', '1',
   propagierter_ot||'53',
   '      from '||eingefuegter_ot
from iprop
where regel in ('15b','17')
```

22. Für alle Propagierungen durch Einfügung, bei denen in der Select-Klausel ein Join codiert werden muß (Regel 15a), wird in diesem Schritt die From-Klausel des Select-Kommandos durch Nennung weiterer Tabellen aus `zus_ot` vervollständigt. Die mengenorientierte Erzeugung von Textzeilen führt für den letzten erzeugten Tabellennamen zu dem bereits in Schritt 16 erwähnten Syntaxfehler. Die Zeilennummer der in diesem Schritt generierten Textzeilen innerhalb des propagierten Objekttyps ist `'54'`.

```
insert into tr (schema, objekttyp, ereignis, stufe, znr, text)
select distinct schema, eingefuegter_ot, 'AI', '1',
   propagierter_ot||'54',
   '         '||zus_ot||','
from iprop
where regel in ('15a')
```

23. Für alle Propagierungen durch Einfügung (Regel 15a, Regel 15b und Regel 17) ist damit die vollständige From-Klausel des Select-Kommandos definiert, so daß die im folgenden zu generierenden Selektionsbedingungen mit der üblichen Dummy-Bedingung `1=1` eingeleitet werden kann. Die Zeilennummer dieser Textzeile innerhalb des propagierten Objekttyps ist `'56'`.

```
insert into tr (schema, objekttyp, ereignis, stufe, znr, text)
select distinct schema, eingefuegter_ot, 'AI', '1',
   propagierter_ot||'56',
   '      where 1=1'
from iprop
where regel in ('15a','15b','17')
```

24. Für alle Propagierungen durch Einfügung, bei denen in der Select-Klausel ein Join codiert werden muß (Regel 15a), werden in diesem Schritt Join-Bedingungen erzeugt. Dazu werden die "passenden" Primärschlüssel in `zus_ot` und `eingefuegter_ot` verknüpft. Während die Attribute von `eingefuegter_ot` in `iprop` gespeichert sind, werden die "passenden" Attribute von `zus_ot` durch Join mit `pschl` und Einschränkung auf Namensgleichheit ermittelt. Die Zeilennummer der in diesem Schritt generierten Textzeilen innerhalb des propagierten Objekttyps ist `'58'`. Eine weitere Qualifizierung der Zeilennummer ist nicht notwendig, da im Gegensatz zur Reihenfolge der Attribute in der Select-Klausel und in der Attributklausel des Insert-Kommandos die Reihenfolge der Join-Bedingungen beliebig ist.

```
insert into tr (schema, objekttyp, ereignis, stufe, znr, text)
select distinct iprop.schema, eingefuegter_ot, 'AI', '1',
      propagierter_ot||'58', '  and '||eingefuegter_ot||'.'||
      eingef_attribut||' = '||zus_ot||'.'||attribut
from iprop, pschl
where objekttyp = zus_ot
and substr(eingef_attribut,1,instr(eingef_attribut,'#'))
  = substr(attribut,1,instr(attribut,'#'))
and regel in ('15a')
```

25. Für alle Propagierungen durch Einfügung (Regel 15a, Regel 15b und Regel 17) werden in diesem Schritt Bedingungen erzeugt, die die Erzeugung zu propagierender Einfügungen auf solche Objekte beschränken, die mit dem eingefügten Objekt auch wirklich in Zusammenhang stehen. Dafür werden alle Attribute von dem im Select-Kommando verarbeiteten `eingefuegter_ot` durch Verknüpfung mit den Werten des entsprechenden Attribut von `:new` auf das ursprünglich eingefügte Objekt beschränkt. Die Zeilennummer der in diesem Schritt erzeugten, in beliebiger Reihenfolge zu verarbeitenden Textzeilen innerhalb des propagierten Objekttyps ist `'60'`.

```
insert into tr (schema, objekttyp, ereignis, stufe, znr, text)
select distinct schema, eingefuegter_ot, 'AI', '1',
   propagierter_ot||'60', '      and '||eingefuegter_ot||'.'||
   eingef_attribut||' = :new.'||
   eingef_attribut
from iprop
where regel in ('15a','15b','17')
```

26. Für alle Propagierungen durch Einfügung (Regel 15a, Regel 15b und Regel 17) ist das zur Erzeugung der Attributwerte der zu propagierenden Einfügungen benötigte Select-Kommando damit eigentlich abgeschlossen. Die Einfügung soll aber nur propagiert werden, wenn die einzufügenden Objekte noch nicht existieren. Deshalb sind von den im Select-Kommando erzeugten Tupeln durch Mengendifferenz solche Tupel auszusondern, die bereits in `propagierter_ot` existieren. Die entsprechende Klausel wird in diesem Schritt eingeleitet. Die Zeilennummer der Textzeile innerhalb des propagierten Objekttyps ist `'65'`.

```
insert into tr (schema, objekttyp, ereignis, stufe, znr, text)
select distinct schema, eingefuegter_ot, 'AI', '1',
   propagierter_ot||'65',
   '  minus select'
from iprop
where regel in ('15a','15b','17')
```

27. Für alle Propagierungen durch Einfügung (Regel 15a, Regel 15b und Regel 17) sind in diesem Schritt die zu selektierenden Spalten des in der Minus-Klausel

codierten Select-Kommandos zu erzeugen. Die Ergebnisse müssen den Ergebnissen des Schritts 16 entsprechen. Deshalb wird auch in diesem Fall ein Join mit pschl durchgeführt, um alle Primärschlüsselattribute von propagierter_ot zu ermitteln. Um bei der Auswertung des Triggertextes auch die gleiche Reihenfolge der Spalten zu gewährleisten, wie sie für die Ergebnisse von Schritt 16 erfolgt, wird auch in diesem Schritt der Attributname der Zeilennummer `'67'` angefügt.

```
insert into tr (schema, objekttyp, ereignis, stufe, znr, text)
select distinct iprop.schema, eingefuegter_ot, 'AI', '1',
        propagierter_ot||'67'||attribut,
     '      '||attribut||','
from iprop, pschl
where propagierter_ot = objekttyp
and regel in ('15a','15b','17')
```

28. Für alle Propagierungen durch Einfügung (Regel 15a, Regel 15b und Regel 17) kann das Select-Kommando der Minus-Klausel jetzt durch Erzeugung der From-Klausel abgeschlossen werden. Es sind nur Tupel aus `propagierter_ot` auszuwählen, und Selektionsbedingungen erübrigen sich aufgrund der Tatsache, daß durch dieses Kommando ja jedes existierende Tupel erzeugt und von der Menge der einzufügenden Tupel abgezogen werden soll. Die Zeilennummer dieser Textzeile innerhalb des propagierten Objekttyps ist `'69'`.

```
insert into tr (schema, objekttyp, ereignis, stufe, znr, text)
select distinct schema, eingefuegter_ot, 'AI', '1',
   propagierter_ot||'69',
   '   from '||propagierter_ot
from iprop
where regel in ('15a','15b','17')
```

29. Für alle Propagierungen durch Einfügung (Regel 15a, Regel 15b und Regel 17) ist das Insert-Kommando jetzt vollständig erzeugt und kann abgeschlossen werden. Zur Dokumentation wird die Regel, auf deren Grundlage das Insert-Kommando generiert wurde, im Text vermerkt. Die Zeilennummer dieser Textzeile innerhalb des propagierten Objekttyps ist `'70'`.

```
insert into tr (schema, objekttyp, ereignis, stufe, znr, text)
select distinct schema, eingefuegter_ot, 'AI', '1',
   propagierter_ot||'70',
   '   ;  /* nach Regel '||regel||' */'
from iprop
where regel in ('15a','15b','17')
```

30. Nachdem in den Schritten 15 bis 29 Propagierungen durch Einfügung erzeugt wurden, werden in diesem und den folgenden Schritten Propagierungen durch Update (Regel 16a und Regel 16b) erzeugt. Das Update-Kommando für `propagierter_ot` wird in diesem Schritt eingeleitet. Zur Verknüpfung von Un-

terabfragen, die sich ebenfalls auf propagierter_ot beziehen, mit dem jeweils "außen" manipulierten Objekt wird als Alias x definiert. Wie in allen Update-Kommandos müssen Ableitungsinformation in die Triggergenerierung einbezogen werden, so daß ein Join mit uprop durchzuführen ist. Die Zeilennummer dieser Textzeile innerhalb des propagierten Objekttyps ist '71'.

```
insert into tr (schema, objekttyp, ereignis, stufe, znr, text)
select distinct iprop.schema, eingefuegter_ot, 'AI', '1',
      uprop.propagierter_ot||'71',
   '   update '||uprop.propagierter_ot||' x set'
from iprop, uprop
where iprop.regel in ('16a','16b')
and iprop.eingefuegter_ot = uprop.geaenderter_ot
```

31. Für ein propagierendes Update-Kommando müssen u.U. mehrere Set-Klauseln codiert werden, um abgeleitete Attribute zu aktualisieren, die auf unterschiedlichen Ableitungsregeln beruhen. Deshalb muß wie in Schritt 3 zwischen Ableitungsregeln auf Grundlage einer Aggregationsbeziehung und anderen Ableitungsregeln unterschieden werden. Während für die ersteren mehrere Tabellen verknüpft werden müssen, muß für die letzteren nur eine Tabelle verarbeitet werden.

    Für Propagierungen durch Update, denen eine Aggregationsbeziehung zugrunde liegt (Regel 16a), werden in diesem Schritt Set-Klauseln erzeugt und Unterabfragen zur Wertzuweisung erzeugt. Für jedes propagiertes_att wird die entsprechende ablformel zur Ableitung benutzt. Die From-Klausel der Unterabfrage enthält zunächst eingefuegter_ot. Da nach Regel 16a aber mindestens eine weitere Tabelle zur Ableitung benötigt wird, wird ein Komma angehängt. Dieser Schritt ist nicht nur für alle uprop.propagierter_ot auszuführen, sondern innerhalb eines propagierten Objekttyps auch für alle propagiertes_att. Damit die erzeugte Textzeile nicht vor der in Schritt 30 erzeugten Textzeile ausgewertet wird, ist in der Zeilennummer uprop.propagierter_ot ein '72' anzuhängen. Damit die in diesem Schritt erzeugten, ev. mehrfachen Unterabfragen in der richtigen Reihenfolge ausgewertet werden, wird an diesen Basisschlüssel propagiertes_att und eine '1' angehängt. Folgezeilen innerhalb der jeweiligen Unterabfrage werden sich durch eine bis auf die '1' identische Zeilennummer auszeichnen.

```
insert into tr (schema, objekttyp, ereignis, stufe, znr, text)
select distinct iprop.schema, eingefuegter_ot, 'AI', '1',
      uprop.propagierter_ot||'72'||propagiertes_att||'1',
   '     '||propagiertes_att||'= (select '||ablformel||' from '||
   eingefuegter_ot||','
from iprop, uprop
where iprop.regel in ('16a')
and iprop.eingefuegter_ot = uprop.geaenderter_ot
```

32. Für Propagierungen durch Update, denen **keine** Aggregationsbeziehung zugrunde liegt (Regel 16b), werden in diesem Schritt Set-Klauseln und Unterabfragen zur Wertzuweisung erzeugt. Die Verarbeitung entspricht Schritt 31 bis auf den Unterschied, daß aufgrund der Beschränkung auf einen einzigen zur Ableitung notwendigen Objekttyp in der From-Klausel der Unterabfrage kein Komma angehängt werden muß. Die Textzeile hat innerhalb des propagierten Objekttyps und des propagierten Attributs die Zeilennummer '2'.

```
insert into tr (schema, objekttyp, ereignis, stufe, znr, text)
select distinct iprop.schema, eingefuegter_ot, 'AI', '1',
       uprop.propagierter_ot||'72'||propagiertes_att||'2',
    '      '||propagiertes_att||'= (select '||ablformel||' from '||
    eingefuegter_ot
from iprop, uprop
where iprop.regel in ('16b')
and iprop.eingefuegter_ot = uprop.geaenderter_ot
```

33. Für Propagierungen durch Update, denen eine Aggregationsbeziehung zugrunde liegt (Regel 16a), wird in diesem Schritt die From-Klausel der Unterabfrage durch Erzeugung aller weiteren zur Ableitung benötigten Tabellennamen aus `zus_ot` vervollständigt. Die Textzeilen haben innerhalb des propagierten Objekttyps und des propagierten Attributs die Zeilennummer '3'.

```
insert into tr (schema, objekttyp, ereignis, stufe, znr, text)
select distinct iprop.schema, eingefuegter_ot, 'AI', '1',
       uprop.propagierter_ot||'72'||propagiertes_att||'3',
    '           '||zus_ot||','
from iprop, uprop
where iprop.regel in ('16a')
and iprop.eingefuegter_ot = uprop.geaenderter_ot
```

34. Für alle Propagierungen durch Update (Regel 16a und Regel 16b) wird in diesem Schritt die Erzeugung von Bedingungen für die Unterabfrage der Set-Klausel vorbereitet. Da die zu erzeugenden Bedingungen wie immer mit `and` beginnen, ist vorher eine immer wahre Dummy-Bedingung `1=1` zu erzeugen. Die Textzeile hat innerhalb des propagierten Objekttyps und des propagierten Attributs die Zeilennummer '4'.

```
insert into tr (schema, objekttyp, ereignis, stufe, znr, text)
select distinct iprop.schema, eingefuegter_ot, 'AI', '1',
       uprop.propagierter_ot||'72'||propagiertes_att||'4',
    '         where 1=1'
from iprop, uprop
where iprop.regel in ('16a','16b')
and iprop.eingefuegter_ot = uprop.geaenderter_ot
```

35. Für Propagierungen durch Update, denen eine Aggregationsbeziehung zugrunde liegt (Regel 16a), werden jetzt Bedingungen erzeugt, durch die passende

Objekte in `eingefuegter_ot` und `zus_ot` identifiziert werden. Um die jeweils korrespondierenden Attributnamen für `zus_ot` herauszufinden, ist ein Join mit `pschl` durchzuführen. Die in diesem Schritt generierten Textzeilen haben innerhalb des propagierten Objekttyps und des propagierten Attributs die Zeilennummer `'5'`.

```
insert into tr (schema, objekttyp, ereignis, stufe, znr, text)
select distinct iprop.schema, eingefuegter_ot, 'AI', '1',
      uprop.propagierter_ot||'72'||propagiertes_att||'5',
   '        and '||eingefuegter_ot||'.'||eingef_attribut||
   '='||zus_ot||'.'||attribut
from iprop, uprop, pschl
where objekttyp = zus_ot
and substr(eingef_attribut,1,instr(eingef_attribut,'#'))
  = substr(attribut,1,instr(attribut,'#'))
and iprop.regel in ('16a')
and iprop.eingefuegter_ot = uprop.geaenderter_ot
```

36. Für Propagierungen durch Update, denen eine Aggregationsbeziehung zugrunde liegt (Regel 16a), werden in diesem Schritt weitere Bedingungen erzeugt, die die Tupel der Unterabfrage auf solche beschränken, die sich auf das in der übergeordneten Abfrage verarbeitete Objekt `x` beziehen. Eine solche Beziehung ist für alle Werte von `attribut`, d.h. den gesamten Primärschlüssel von `iprop.propagierter_ot` herzustellen. Die in diesem Schritt generierten Textzeilen haben innerhalb des propagierten Objekttyps und des propagierten Attributs die Zeilennummer `'6'`.

```
insert into tr (schema, objekttyp, ereignis, stufe, znr, text)
select distinct iprop.schema, eingefuegter_ot, 'AI', '1',
      uprop.propagierter_ot||'72'||propagiertes_att||'6',
   '        and '||eingefuegter_ot||'.'||attribut||'=x.'||
   attribut
from iprop, uprop, pschl
where objekttyp = iprop.propagierter_ot
and iprop.regel in ('16a')
and iprop.eingefuegter_ot = uprop.geaenderter_ot
```

37. Für Propagierungen durch Update, denen **keine** Aggregationsbeziehung zugrunde liegt (Regel 16b), sind Bedingungen zu erzeugen, in denen die Tupel der Unterabfrage mit dem eingefügten Objekt verknüpft werden. Auf die Attributwerte des eingefügten Objekts kann dabei durch `:new` bezug genommen werden. Jedem Attribut von `eingefuegter_ot` muß ein Attribut von dem in der äußeren Abfrage betrachteten `propagierter_ot` entsprechen. Die in diesem Schritt erzeugten Textzeilen haben innerhalb des propagierten Objekttyps und des propagierten Attributs die Zeilennummer `'7'`.

```
insert into tr (schema, objekttyp, ereignis, stufe, znr, text)
select distinct iprop.schema, eingefuegter_ot, 'AI', '1',
       uprop.propagierter_ot||'72'||propagiertes_att||'7',
   '        and '||eingefuegter_ot||'.'||eingef_attribut||
   '=:new.'||eingef_attribut
from iprop, uprop
where iprop.regel in ('16b')
and iprop.eingefuegter_ot = uprop.geaenderter_ot
```

38. Für alle Propagierungen durch Update (Regel 16a und Regel 16b) kann jetzt die Unterabfrage der Set-Klausel abgeschlossen werden. Die entsprechende Textzeile hat innerhalb des propagierten Objekttyps und des propagierten Attributs die Zeilennummer `'8'`.

```
insert into tr (schema, objekttyp, ereignis, stufe, znr, text)
select distinct iprop.schema, eingefuegter_ot, 'AI', '1',
       uprop.propagierter_ot||'72'||propagiertes_att||'8',
   '        )'
from iprop, uprop
where iprop.regel in ('16a','16b')
and iprop.eingefuegter_ot = uprop.geaenderter_ot
```

39. Für alle Propagierungen durch Update (Regel 16a und Regel 16b) sind alle Set-Klauseln einschließlich der entsprechenden Unterabfragen abgeschlossen. Natürlich sollen nicht alle Objekte in `propagierter_ot` aktualisiert werden, sondern nur solche, die das eingefügte Objekt referenzieren. Dazu sind Bedingungen zu generieren, die wie immer durch eine Dummy-Bedingung eingeleitet werden müssen. Diese Textzeile muß im Gegensatz zu allen Textzeilen, die mit Set-Bedingungen in Zusammenhang stehen, nicht für jedes propagierte Attribut jedes propagierten Objekttyps erzeugt werden, sondern wie die meisten anderen Textzeilen nur einmal pro Update-Kommando (d.h. einmal pro propagiertem Objekttyp). Die Zeilennummer innerhalb des propagierten Objekttyps ist `'79'`.

```
insert into tr (schema, objekttyp, ereignis, stufe, znr, text)
select distinct iprop.schema, eingefuegter_ot, 'AI', '1',
       uprop.propagierter_ot||'79', '      where 1=1'
from iprop, uprop
where iprop.regel in ('16a','16b')
and iprop.eingefuegter_ot = uprop.geaenderter_ot
```

40. Für alle Propagierungen durch Update (Regel 16a und Regel 16b) werden durch diesen Schritt die Bedingungen erzeugt, die den Update auf das Objekte beschränken, die das eingefügte Objekt referenzieren. Auf das eingefügte Objekt kann durch `:new` Bezug genommen werden. Solche Bedingungen können und müssen für alle `eingef_attribut` des propagierten Objekttyps generiert werden, da `uprop.propagierter_ot` ein Gruppentyp ist und seine Primär-

schlüsselattribute deshalb eine Untermenge der Primärschlüsselattribute des eingefügten Basistyps eingefuegter_ot bilden müssen. Die Zeilennummern der erzeugten Bedingungen innerhalb des propagierten Objekttyps sind einheitlich '80', da die Reihenfolge ihrer Auswertung keine Bedeutung hat.

```
insert into tr (schema, objekttyp, ereignis, stufe, znr, text)
select distinct iprop.schema, eingefuegter_ot, 'AI', '1',
      uprop.propagierter_ot||'80',
   '     and '||uprop.propagierter_ot||'.'||eingef_attribut||
   '=:new.'||eingef_attribut
from iprop, uprop
where iprop.regel in ('16a','16b')
and iprop.eingefuegter_ot = uprop.geaenderter_ot
```

41. Für alle Propagierungen durch Update (Regel 16a und Regel 16b) ist das Update-Kommando jetzt vollständig erzeugt und kann abgeschlossen werden. Zur Dokumentation wird die Regel, auf deren Grundlage das Update-Kommando generiert wurde, im Text vermerkt. Die Zeilennummer dieser Textzeile innerhalb des propagierten Objekttyps ist '81'.

```
insert into tr (schema, objekttyp, ereignis, stufe, znr, text)
select distinct iprop.schema, eingefuegter_ot, 'AI', '1',
      uprop.propagierter_ot||'81',
   '   ;  /* nach Regel '||iprop.regel||' */'
from iprop, uprop
where iprop.regel in ('16a','16b')
and iprop.eingefuegter_ot = uprop.geaenderter_ot
```

42. Damit sind alle Insert- und Update-Kommandos vollständig generiert, die die Propagierungsregeln für Einfügungen implementieren. Für jeden Objekttyp, der sich als eingefuegter_ot in iprop findet, ist der entsprechende After-insert-Trigger jetzt abzuschließen. Da diese Textzeile das Ende jeder Triggerdefinition bildet, wird ihr die lexikalisch größte Zeilennummer 'ZZZ' zugewiesen.

```
insert into tr (schema, objekttyp, ereignis, stufe, znr, text)
select distinct schema, eingefuegter_ot, 'AI', '1', 'ZZZ',
   'end;'
from iprop
```

4.2.4.4 Zurückweisung von Änderungen

Da alle abgeleiteten Attribute eines Schemas durch sequentielle Verarbeitung von za auf einfachste Weise ermittelt werden können, müssen im ersten Verarbeitungsschritt keine Informationen für die Generierung von Zurückweisungstriggern für Änderungen aufbereitet werden. Für jedes zielattribut aus za ist ein Zurückweisungstrigger, der durch den Attributwert 'BU' für ereignis als Before-update-Trigger gekennzeichnet wird. Da alle bisher betrachteten Trigger einstufige

Prüfungen implementieren, wird ihnen für stufe der Attributwert '1' zugeordnet. Um gezielt einzelne Trigger aus der Tabelle tr selektieren zu können, wird jeder Textzeile der Name des Schemas (Attribut schema) und der Name des ursprünglich manipulierten Objekttyps (Attribut objekttyp) zugewiesen.

1. Zunächst ist für jedes abgeleitete Attribut (d.h. jeden Wert objekttyp.zielattribut in za), ein Triggerkopf zu erzeugen. Diese Textzeile bildet mit der kleinsten Zeilennummer '1' den Anfang jeder Triggerdefinition.

```
insert into tr (schema, objekttyp, ereignis, stufe, znr, text)
select distinct schema, objekttyp, 'BU', '1', '1',
   'create trigger '||objekttyp||'_bu before update of '||
   zielattribut||' on '||objekttyp||' begin'
from za
```

2. Der PL/SQL-Block des jeweiligen Triggers besteht ganz einfach darin, beim Versuch der Änderung eines abgeleiteten Attributs einen Anwendungsfehler auszulösen und damit die Festschreibung der jeweiligen Transaktion zu verhindern. Diese Textzeile wird mit der Zeilennummer '2' nach dem Triggerkopf, aber vor dem Triggerabschluß (nächster Schritt) ausgewertet.

```
insert into tr (schema, objekttyp, ereignis, stufe, znr, text)
select distinct schema, objekttyp, 'BU', '1', '2',
   '   raise_application_error(-20004,"Abgeleitetes Attribut darf
   nicht manuell aktualisiert werden");'
from za
```

3. Damit ist bereits der PL/SQL-Block vollständig generiert, der die Zurückweisungsregeln für Änderungen für jeweils einen manipulierten Objekttyp und ein zu änderndes Attribut dieses Objekttyps implementiert. Für jeden Objekttyp, der sich als objekttyp in za findet, kann der entsprechende Before-update-Trigger jetzt abgeschlossen werden. Zur Dokumentation wird die Regel, auf deren Grundlage der Trigger generiert wurde, im Text vermerkt. Diese Textzeile bildet mit der größten Zeilennummer '3' das Ende jeder Triggerdefinition.

```
insert into tr (schema, objekttyp, ereignis, stufe, znr, text)
select distinct schema, objekttyp, 'BU', '1', '3',
   'end;    /* nach Regel 21 */'
from za
```

4.2.4.5 Propagierung von Änderungen

Um Triggerdefinitionen für die Propagierung von Änderungen zu erzeugen, werden alle im ersten Verarbeitungsschritt erzeugten Tupel verarbeitet, die unter die Sichtdefinition für uprop fallen. Alle Triggertexte aus uprop werden durch den Attributwert 'AU' für ereignis als After-update-Trigger gekennzeichnet. Da alle bisher betrachteten Trigger einstufige Prüfungen implementieren, wird ihnen für stufe der Attributwert '1' zugeordnet. Um gezielt einzelne Trigger aus der Tabelle tr selektieren zu können, wird jeder Textzeile der Name des Schemas (Attribut schema) und geaenderter_ot als Name des ursprünglich manipulierten Objekttyps (Attribut objekttyp) zugewiesen.

1. Zunächst ist für jeden Objekttyp, der sich als geaenderter_ot in uprop findet, ein Triggerkopf zu erzeugen. Da diese Textzeile den Anfang jeder Triggerdefinition bildet, wird ihr die lexikalisch kleinste Zeilennummer 'AAAA' zugewiesen.

```
rem Fuer alle Ausloesenden Objekte: Erzeugung des Triggerkopfs
insert into tr (schema, objekttyp, ereignis, stufe, znr, text)
select distinct schema, geaenderter_ot, 'AU', '1', 'AAAA',
   'create trigger '||geaenderter_ot||'_au after update of '||
   geaendertes_att||' on '||geaenderter_ot||' for each row begin'
from uprop
```

2. Für alle Propagierungen (Regel 23, Regel 25 und Regel 26) ist ein Update-Kommando einzuleiten. Als Aliasname für propagierter_ot wird x festgelegt, um in den Selektionsbedingungen des Update-Kommandos auf das ursprünglich geänderte Objekt Bezug nehmen zu können. Diese Textzeile wird für jeden Wert in propagierter_ot erzeugt. Als Zeilennummer wird an den Namen des propagierten Objekttyps der String '10' angefügt.

```
insert into tr (schema, objekttyp, ereignis, stufe, znr, text)
select distinct schema, geaenderter_ot, 'AU', '1',
   propagierter_ot||'10',
   '   update '||propagierter_ot||' x set'
from uprop
where regel in ('23','25','26')
```

3. Wenn die Änderung eines Objekts durch Aktualisierung abgeleiteter Attributwerte zu propagieren ist, müssen u.U. mehrere Set-Klauseln codiert werden, um abgeleitete Attribute zu aktualisieren, die auf unterschiedlichen Ableitungsregeln beruhen. Für Zwecke der Generierung muß deshalb zwischen Ableitungsregeln auf Grundlage einer Aggregationsbeziehung und anderen Ableitungsregeln unterschieden werden. Während für aggregative Ableitungsbeziehungen mehrere Tabellen verknüpft werden müssen, beruhen alle anderen automatisch implementierbaren Ableitungsbeziehungen auf einer einzigen Tabelle.

   Für Propagierungen, denen eine Aggregationsbeziehung zugrunde liegt (Regel 26), werden in diesem Schritt Set-Klauseln erzeugt und Unterabfragen eingeleitet. Für jedes propagiertes_att wird die entsprechende ablformel zur Ableitung benutzt. Die From-Klausel der Unterabfrage bezieht sich zunächst auf geaenderter_ot. Da nach Regel 26 aber mindestens eine weitere Tabelle zur Ableitung benötigt wird, wird ein Komma angehängt. Dieser Schritt ist nicht nur für alle propagierter_ot auszuführen, sondern innerhalb eines propagierten Objekttyps auch für alle propagiertes_att. Damit die erzeugte Textzeile hinter der in Schritt 2 erzeugten Textzeile ausgewertet wird, ist in der Zeilennummer an propagierter_ot ein '12' anzuhängen. Damit die in diesem Schritt erzeugten, ev. mehrfachen Unterabfragen in der richtigen Reihenfolge ausgewertet werden, wird an diesen Basisschlüssel der Name des propagierten Attributs und dann eine '1' angehängt. Folgezeilen innerhalb der jeweiligen Unterabfrage werden sich durch eine bis auf die '1' identische Zeilennummer auszeichnen.

```
insert into tr (schema, objekttyp, ereignis, stufe, znr, text)
select distinct schema, geaenderter_ot, 'AU', '1',
      propagierter_ot||'12'||propagiertes_att||'1',
   '      '||propagiertes_att||'= (select '||ablformel||
   ' from '||geaenderter_ot||','
from uprop
where regel in ('26')
```

4. Für Propagierungen, denen **keine** Aggregationsbeziehung zugrunde liegt (Regel 23 und Regel 25), werden in diesem Schritt ebenfalls Set-Klauseln erzeugt und Unterabfragen eingeleitet. Die Verarbeitung entspricht Schritt 3 bis auf den Unterschied, daß aufgrund der Beschränkung auf einen einzigen zur Ableitung notwendigen Objekttyp in der From-Klausel der Unterabfrage kein Komma angehängt werden muß. Die Textzeile hat innerhalb des propagierten Objekttyps und des propagierten Attributs die Zeilennummer '2'.

```
insert into tr (schema, objekttyp, ereignis, stufe, znr, text)
select distinct schema, geaenderter_ot, 'AU', '1',
      propagierter_ot||'12'||propagiertes_att||'2',
   '      '||propagiertes_att||'= (select '||ablformel||
   ' from '||geaenderter_ot
from uprop
where regel in ('23','25')
```

5. Für Propagierungen, denen eine Aggregationsbeziehung zugrunde liegt (Regel 26), wird in diesem Schritt die From-Klausel der Unterabfrage durch Erzeugung aller weiteren zur Ableitung benötigten Tabellennamen aus zusaetzlicher_ot vervollständigt. Die Textzeilen haben innerhalb des propagierten Objekttyps und des propagierten Attributs die Zeilennummer '3'.

```
insert into tr (schema, objekttyp, ereignis, stufe, znr, text)
select distinct schema, geaenderter_ot, 'AU', '1',
      propagierter_ot||'12'||propagiertes_att||'3',
   '          '||zusaetzlicher_ot||','
from uprop
where regel in ('26')
```

6. Für alle Propagierungen (Regel 23, Regel 25 und Regel 26) wird in diesem Schritt die Erzeugung von Bedingungen für die Unterabfrage vorbereitet. Da die zu erzeugenden Bedingungen wie immer mit `and` beginnen, ist vorher eine immer wahre Dummy-Bedingung `1=1` zu erzeugen. Die Textzeile hat innerhalb des propagierten Objekttyps und des propagierten Attributs die Zeilennummer `'4'`.

```
insert into tr (schema, objekttyp, ereignis, stufe, znr, text)
select distinct schema, geaenderter_ot, 'AU', '1',
      propagierter_ot||'12'||propagiertes_att||'4',
   '       where 1=1'
from uprop
where regel in ('23','25','26')
```

7. Für Propagierungen, denen eine Aggregationsbeziehung zugrunde liegt (Regel 26), werden Bedingungen erzeugt, um in der Unterabfrage passende Objekte in `geaenderter_ot` und `zusaetzlicher_ot` identifizieren zu können. Um die jeweils korrespondierenden Attributnamen herauszufinden, wird für beide Tabellen ein Join mit `pschl` unter einer komplexen Bedingung zur Selektion passender Attribute (siehe erster Verarbeitungsschritt) durchgeführt. Die in diesem Schritt generierten Textzeilen haben innerhalb des propagierten Objekttyps und des propagierten Attributs die Zeilennummer `'5'`.

```
insert into tr (schema, objekttyp, ereignis, stufe, znr, text)
select distinct uprop.schema, geaenderter_ot, 'AU', '1',
      propagierter_ot||'12'||propagiertes_att||'5',
   '       and '||geaenderter_ot||'.'||a.attribut||'='||
   zusaetzlicher_ot||'.'||b.attribut
from uprop, pschl a, pschl b
where a.objekttyp = geaenderter_ot
and b.objekttyp = zusaetzlicher_ot
and (a.attribut = b.attribut
    or (substr(a.attribut,instr(a.attribut,'#')+1,20)
            = b.objekttyp
       and substr(a.attribut,1,instr(a.attribut,'#'))
            = substr(b.attribut,1,instr(b.attribut,'#'))      )
    or (substr(b.attribut,instr(b.attribut,'#')+1,20)
            = a.objekttyp
       and substr(a.attribut,1,instr(a.attribut,'#'))
            = substr(b.attribut,1,instr(b.attribut,'#'))    ) )
and regel in ('26')
```

8. Für Propagierungen, denen eine Aggregationsbeziehung zugrunde liegt (Regel 26), werden in diesem Schritt weitere Bedingungen erzeugt, die die Tupel der Unterabfrage auf solche beschränken, die sich auf das in der übergeordneten Abfrage verarbeitete Objekt x beziehen. Eine solche Beziehung ist für alle Primärschlüsselattribute von `geaenderter_ot` herzustellen, die auch Teil des

Primärschlüssels von `propagierter_ot` sind. Um diese zu ermitteln, ist ein zweifacher Join mit `pschl` durchzuführen, dessen Ergebnistupel mit Hilfe der schon aus dem ersten Verarbeitungsschritt bekannten Bedingungen auf "passende" Attribute eingeschränkt werden. Die in diesem Schritt generierten Textzeilen haben innerhalb des propagierten Objekttyps und des propagierten Attributs die Zeilennummer `'6'`.

```
insert into tr (schema, objekttyp, ereignis, stufe, znr, text)
select distinct uprop.schema, geaenderter_ot, 'AU', '1',
          propagierter_ot||'12'||propagiertes_att||'6',
     '          and '||geaenderter_ot||'.'||a.attribut||
     '=x.'||b.attribut
from uprop, pschl a, pschl b
where a.objekttyp = geaenderter_ot
and b.objekttyp = propagierter_ot
and (a.attribut = b.attribut
     or (substr(a.attribut,instr(a.attribut,'#')+1,20)
                = b.objekttyp
        and substr(a.attribut,1,instr(a.attribut,'#'))
                = substr(b.attribut,1,instr(b.attribut,'#'))      )
     or (substr(b.attribut,instr(b.attribut,'#')+1,20)
                = a.objekttyp
        and substr(a.attribut,1,instr(a.attribut,'#'))
                = substr(b.attribut,1,instr(b.attribut,'#'))     ) )
and regel in ('26')
```

9. Für Propagierungen, denen eine Aggregationsbeziehung zugrunde liegt (Regel 26), werden in diesem Schritt die restlichen Bedingungen erzeugt, die die Tupel der Unterabfrage auf solche beschränken, die sich auf das in der übergeordneten Abfrage verarbeitete Objekt x beziehen. In Schritt 8 kann diese Verknüpfung ja nur für solche Attribute der Unterabfrage erfolgen, die es auch in `geaenderter_ot` gibt. In diesem Schritt werden auch Attribute der Unterabfrage, die es in `zusaetzlicher_ot` gibt, nach außen verknüpft. Der "äußere" Schlüssel setzt sich aufgrund der Bildungsregeln für Primärschlüssel ja aus allen Primärschlüsseln der zur Aggregation benutzten Objekttypen zusammen. Die in diesem Schritt generierten Textzeilen haben innerhalb des propagierten Objekttyps und des propagierten Attributs die Zeilennummer `'7'`.

```
insert into tr (schema, objekttyp, ereignis, stufe, znr, text)
select distinct uprop.schema, geaenderter_ot, 'AU', '1',
      propagierter_ot||'12'||propagiertes_att||'7',
   '        and '||zusaetzlicher_ot||'.'||a.attribut||'=x.'||
   b.attribut
from uprop, pschl a, pschl b
where a.objekttyp = zusaetzlicher_ot
and b.objekttyp = propagierter_ot
and (a.attribut = b.attribut
    or (substr(a.attribut,instr(a.attribut,'#')+1,20)
            = b.objekttyp
       and substr(a.attribut,1,instr(a.attribut,'#'))
            = substr(b.attribut,1,instr(b.attribut,'#'))      )
    or (substr(b.attribut,instr(b.attribut,'#')+1,20)
            = a.objekttyp
       and substr(a.attribut,1,instr(a.attribut,'#'))
            = substr(b.attribut,1,instr(b.attribut,'#'))     ) )
and regel in ('26')
```

10. Für Propagierungen, denen **keine** Aggregationsbeziehung zugrunde liegt (Regel 23 und Regel 25), sind Bedingungen zu erzeugen, durch die die Tupel der Unterabfrage mit dem ursprünglich geänderten Objekt verknüpft werden. Auf die Attributwerte dieses Objekts kann dabei durch `:new` Bezug genommen werden. Jedem Attribut von `geaenderter_ot` muß ein Attribut des in der äußeren Abfrage betrachteten `propagierter_ot` entsprechen. Die in diesem Schritt erzeugten Textzeilen haben innerhalb des propagierten Objekttyps und des propagierten Attributs die Zeilennummer `'8'`.

```
insert into tr (schema, objekttyp, ereignis, stufe, znr, text)
select distinct uprop.schema, geaenderter_ot, 'AU', '1',
      propagierter_ot||'12'||propagiertes_att||'8',
   '        and '||geaenderter_ot||'.'||a.attribut||'=:new.'||
   b.attribut
from uprop, pschl a, pschl b
where a.objekttyp = geaenderter_ot
and b.objekttyp = propagierter_ot
and (a.attribut = b.attribut
    or (substr(a.attribut,instr(a.attribut,'#')+1,20)
            = b.objekttyp
       and substr(a.attribut,1,instr(a.attribut,'#'))
            = substr(b.attribut,1,instr(b.attribut,'#'))      )
    or (substr(b.attribut,instr(b.attribut,'#')+1,20)
            = a.objekttyp
       and substr(a.attribut,1,instr(a.attribut,'#'))
            = substr(b.attribut,1,instr(b.attribut,'#'))     ) )
and regel in ('23','25')
```

11. Für alle Propagierungen (Regel 23, Regel 25 und Regel 26) kann jetzt die Unterabfrage der Set-Klausel abgeschlossen werden. Die entsprechende Textzeile hat innerhalb des propagierten Objekttyps und des propagierten Attributs die Zeilennummer `'9'`.

```
insert into tr (schema, objekttyp, ereignis, stufe, znr, text)
select distinct schema, geaenderter_ot, 'AU', '1',
       propagierter_ot||'12'||propagiertes_att||'9',
    '          )'
from uprop
where regel in ('23','25','26')
```

12. Für alle Propagierungen (Regel 23, Regel 25 und Regel 26) sind alle Set-Klauseln einschließlich der entsprechenden Unterabfragen abgeschlossen. Natürlich sollen nicht alle Objekte in `propagierter_ot` aktualisiert werden, sondern nur solche, die mit dem ursprünglich geänderten Objekt in Zusammenhang stehen. Dazu sind Bedingungen zu generieren, die wie immer durch eine Dummy-Bedingung eingeleitet werden müssen. Diese Textzeile muß im Gegensatz zu allen Textzeilen, die mit Set-Bedingungen in Zusammenhang stehen, nicht für jedes propagierte Attribut jedes propagierten Objekttyps erzeugt werden, sondern wie die meisten anderen Textzeilen nur einmal pro Update-Kommando. Ihre Zeilennummer innerhalb des propagierten Objekttyps ist `'19'`, damit diese und alle folgenden Textzeilen nach den mit `'12'` gespeicherten Set-Klauseln und Unterabfragen ausgewertet werden.

```
insert into tr (schema, objekttyp, ereignis, stufe, znr, text)
select distinct schema, geaenderter_ot, 'AU', '1',
    propagierter_ot||'19',
    '       where 1=1'
from uprop
where regel in ('23','25','26')
```

13. Für alle Propagierungen (Regel 23, Regel 25 und Regel 26) werden durch diesen Schritt die Bedingungen erzeugt, die die propagierte Änderung auf solche Objekte beschränken, die mit dem ursprünglich geänderten Objekt in Beziehung stehen. Auf dieses Objekt kann durch `:new` Bezug genommen werden. Die zu verknüpfenden Attribute von `propagierter_ot` und `geaenderter_ot` werden durch zweifachen Join mit `pschl` ermittelt. Die Selektionsbedingungen zur Beschränkung auf "passende" Attribute entsprechenden denen in Schritt 10 bzw. im ersten Verarbeitungsschritt. Die Zeilennummern der erzeugten Bedingungen innerhalb des propagierten Objekttyps sind einheitlich `'20'`, da die Reihenfolge ihrer Auswertung keine Bedeutung hat.

```
insert into tr (schema, objekttyp, ereignis, stufe, znr, text)
select distinct uprop.schema, geaenderter_ot, 'AU', '1',
      propagierter_ot||'20',
   '      and '||propagierter_ot||'.'||a.attribut||'=:new.'||
   b.attribut
from uprop, pschl a, pschl b
where a.objekttyp = geaenderter_ot
and b.objekttyp = propagierter_ot
and substr(a.attribut,1,instr(a.attribut,'#'))
   = substr(b.attribut,1,instr(b.attribut,'#'))
and regel in ('23','25','26')
```

14. Für alle Propagierungen (Regel 23, Regel 25 und Regel 26) ist das Update-Kommando jetzt vollständig erzeugt und kann abgeschlossen werden. Zur Dokumentation wird die Regel, auf deren Grundlage das Update-Kommando generiert wurde, im Text vermerkt. Die Zeilennummer dieser Textzeile innerhalb des propagierten Objekttyps ist `'21'`.

```
insert into tr (schema, objekttyp, ereignis, stufe, znr, text)
select distinct schema, geaenderter_ot, 'AU', '1',
   propagierter_ot||'21',
   '    ;  /* nach Regel '||regel||' */'
from uprop
where regel in ('23','25','26')
```

15. Damit sind alle Update-Kommandos, die zur Propagierung einer Änderung notwendig sind, vollständig generiert. Für jeden Objekttyp, der sich als `geaenderter_ot` in `uprop` findet, ist der PL/SQL-Block des entsprechenden After-update-Triggers noch abzuschließen. Da diese Textzeile das Ende jeder Triggerdefinition bildet, wird ihr die lexikalisch größte Zeilennummer `'ZZZ'` zugewiesen.

```
insert into tr (schema, objekttyp, ereignis, stufe, znr, text)
select distinct schema, geaenderter_ot, 'AU', '1', 'ZZZ',
   'end;'
from uprop
```

4.2.5 Generierte Datenbanktrigger für die Kapazitätsterminierung

Nach Ausführung aller Kommandos des zweiten Verarbeitungsschritts liegen in der Tabelle `tr` die Textzeilen aller generierten Datenbanktrigger vor. Trigger können durch Auswertung der Spalte `text` dieser Tabelle nach den Kriterien Schema (Spalte `schema`), ursprünglich manipulierter Objekttyp (Spalte `objekttyp`) und auslösendes Ereignis (z.B. `'AD'` für after delete, Spalte `ereignis`) ausgewertet werden. Die erzeugten Textzeilen sind immer nach der speziell für diesen Zweck generierten Zeilennummer (Spalte `znr`) aufsteigend zu sortieren:

```
select text from tr
where schema = 'KapTerm'
and objekttyp = 'AggrKapBed'
and ereignis = '%'
order by znr
```

Durch das obige Kommando werden alle Triggerdefinitionen erzeugt, die sich im Schema `KapTerm` auf den Objekttyp `AggrKapBed` beziehen. Im folgenden werden die durch Ausführung des ersten und zweiten Verarbeitungsschritts für das Kapazitätsterminierungsbeispiel generierten Triggerdefinition beschrieben und diskutiert. Da die Diskussion der Trigger auf der Grundlage des konzeptionellen Modells erfolgt, erscheint eine objekttypbezogene Gliederung vorteilhafter als eine ereignisbezogene Gliederung.

Prüfungen von Datenmanipulationen und ihrer Propagierungen sind zunächst auf solche Objekttypen beschränkt, die mit dem Objekttyp, auf den sich die unmittelbare Manipulation bezieht, über eine Abstraktionsbeziehung und/oder eine Ableitungsbeziehung verknüpft sind. Durch diese Einschränkung ergeben sich für jeden Objekttyp Subschemata, die alle für die Triggergenerierung relevanten Objekttypen und/oder Attribute umfassen. Auf der Grundlage der sich ergebenden Subschemata wird zur Erleichterung der Interpretation eine typenbezogene Sicht (Subschema der Objekttypen und Abstraktionsbeziehungen, z.B. für AggrKapBed in Abbildung 34) und bei Bedarf eine attributbezogene Sicht (Subschema der Attribute und Ableitungsbeziehungen, z.B. für AggrKapBed in Abbildung 35) unterschieden.

Im folgenden werden ausgewählte Datenbanktrigger für das Kapazitätsterminierungsbeispiel vorgestellt und im Hinblick auf ihre syntaktische und semantische Korrektheit bewertet. Als Repräsentanten wurden Datenbanktrigger ausgewählt, die durch Manipulationen von Objekttypen ausgelöst werden, die eine besondere Stellung in Generalisierungshierarchien einnehmen ("Baugr_Prod_Teil" und "Baugruppe"), die eine zentrale Position oder den Ausgangspunkt in einer Aggregationshierarchie bilden ("ArbPlan", "ProdPrg", "Maschine") oder deren Subschema eine Assoziationsbeziehung einbezieht ("DetKapBed" und "AggrKapBed"). Die Datenbanktrigger werden in der Reihenfolge der Objekttypen dargestellt, deren Manipulation sie auslöst. Innerhalb eines Objekttyps werden die generierten Datenbanktrigger in der weiter oben verwendeten Reihenfolge AD, BI, AI, BU, AU vorgestellt.

Die im folgenden diskutierten Triggerdefinitionen stellen das unveränderte Ergebnis der Anwendung der in diesem Hauptabschnitt beschriebenen Verarbeitungsschritte auf den weiter oben vorgestellten Inhalt der Entwicklungsdatenbank dar. Alle aus Gründen der Übersichtlichkeit in diesem Abschnitt nicht vorgestellten einstufigen Datenbanktrigger finden werden im Anhang beschrieben und diskutiert.

4.2.5.1 Datenbanktrigger in Generalisierungshierarchien

Als Stellvertreter für Datenbanktrigger in Generalisierungshierarchien werden die Trigger der Objekttypen "Baugr_Prod_Teil" und "Baugruppe" vorgestellt. Während "Baugr_Prod_Teil" als maximal generalisierter Objekttyp den Ausgangspunkt der Vererbungshierarchie bildet, stellt "Baugruppe" als maximal spezialisierter Objekttyp deren Endpunkt dar. Von den verschiedenen Spezialisierungen wird "Baugruppe" ausgewählt, da nur für Attribute dieses Objekttyps eine Mehrfachvererbung vorkommen kann.

Datenbanktrigger für "Baugr_Prod_Teil"

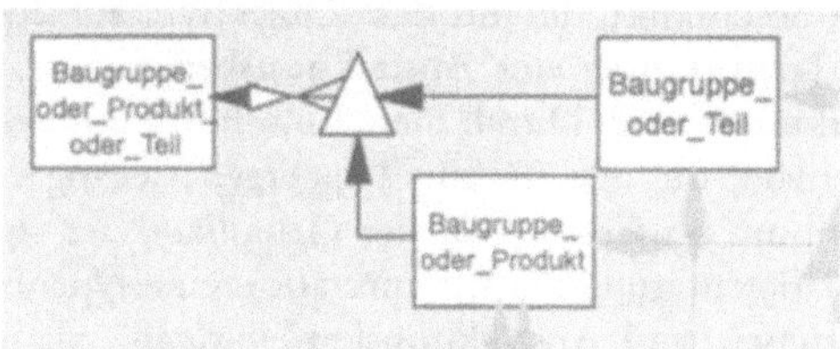

Abbildung 25: Rolle von Baugr_Prod_Teil im konzeptionellen Typenmodell der Kapazitätsterminierung

After-delete-Trigger:

```
create trigger Baugr_Prod_Teil_ad after delete on
Baugr_Prod_Teil for each row begin
   delete from Baugr_Prod where 1=1
      and Baugr_Prod.Teil#=:old.Teil#
      ;  /* nach Regel 1 */
   delete from Baugr_Teil where 1=1
      and Baugr_Teil.Teil#=:old.Teil#
      ;  /* nach Regel 1 */
end;
```

Nach Löschung eines Baugr_Prod_Teil-Objekts (Primärschlüsselwert `:old.Teil#`) werden nach Regel 1 alle Baugr_Prod- und Baugr_Teil-Objekte (jeweils Schlüssel `Teil#`) gelöscht, die dieses Objekt aufgrund einer Generalisierungsbeziehung referenzieren. Weitere Propagierungen sind nicht vorzunehmen. Der generierte Trigger ist semantisch und syntaktisch korrekt.

Before-insert-Trigger:

Die Einfügung eines Baugr_Prod_Teil-Objekts ist grundsätzlich zulässig. Deshalb ist kein Before-insert-Trigger zu generieren.

After-insert-Trigger:

```
create trigger Baugr_Prod_Teil_ai after insert on
Baugr_Prod_Teil for each row begin
   update Baugr_Prod x set
      Gewicht= (select Baugr_Prod_Teil.Gewicht from
Baugr_Prod_Teil
         where 1=1
         and Baugr_Prod_Teil.Teil#=:new.Teil#
         )
      where 1=1
      and Baugr_Prod.Teil#=:new.Teil#
   ;  /* nach Regel 16b */
   update Baugr_Teil x set
      Gewicht= (select Baugr_Prod_Teil.Gewicht from
Baugr_Prod_Teil
         where 1=1
         and Baugr_Prod_Teil.Teil#=:new.Teil#
         )
      where 1=1
      and Baugr_Teil.Teil#=:new.Teil#
   ;  /* nach Regel 16b */
end;
```

Nach Einfügung eines Baugr_Prod_Teil-Objekts (Primärschlüsselwert `:new.Teil#`) wird nach Regel 16b das Gewicht-Attribut der referenzierenden Baugr_Prod- und/oder Baugr_Teil-Objekte aktualisiert, falls diese Objekte existieren. Die Aktualisierung bezieht sich nur auf solche Objekte, die das eingefügte Objekt referenzieren (Schlüsselwert `:new.Teil#`).

Das Fehlen eines Klassifikationsattributs läßt keine Aussage darüber zu, in welchen Subtyp die Einfügung eines Baugr_Prod_Teil-Objekts propagiert werden soll. Wie für alle anderen Supertypen auch, implementiert der hier beschriebene After-insert-Trigger keine Propagierung einer unmittelbaren Einfügung durch die Anwendung, sondern eher die Propagierung von Propagierungen solcher Einfügungen. Weitere Propagierungen sind nicht vorzunehmen, weil Baugr_Prod_Teil an keinen weiteren Abstraktionsbeziehungen teilnimmt und keine abgeleiteten Attribute enthält. Diese Triggerdefinition ist damit semantisch und syntaktisch korrekt.

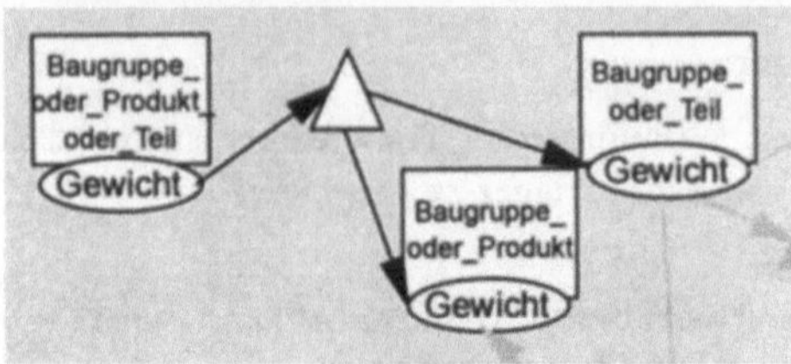

Abbildung 26: Rolle von Baugr_Prod_Teil im konzeptionellen Attributmodell der Kapazitätsterminierung

After-update-Trigger:

```
create trigger Baugr_Prod_Teil_au after update of Gewicht on
Baugr_Prod_Teil for each row begin
   update Baugr_Prod x set
      Gewicht= (select Baugr_Prod_Teil.Gewicht from
Baugr_Prod_Teil
         where 1=1
         and Baugr_Prod_Teil.Teil#=:new.Teil#
         )
      where 1=1
      and Baugr_Prod.Teil#=:new.Teil#
   ;  /* nach Regel 23 */
   update Baugr_Teil x set
      Gewicht= (select Baugr_Prod_Teil.Gewicht from
Baugr_Prod_Teil
         where 1=1
         and Baugr_Prod_Teil.Teil#=:new.Teil#
         )
      where 1=1
      and Baugr_Teil.Teil#=:new.Teil#
   ;  /* nach Regel 23 */
end;
```

Before-update-Trigger:

Da Baugr_Prod_Teil-Objekte keine abgeleiteten Attribute enthalten, ist die Änderung von Nichtschlüsselattributen grundsätzlich zulässig. Deshalb ist kein Before-update-Trigger zu generieren.

Das Gewicht-Attribut wird an referenzierende Baugr_Prod- und Baugr_Teil-Objekte vererbt. Nach Regel 23 wird deshalb das Gewicht-Attribut aller Baugr_Prod- und Baugr_Teil-Objekte, deren Primärschlüsselwert mit `:new.Teil#` identisch ist, auf den Wert des geänderten Gewicht-Attributs gesetzt. Weitere Propagierungen sind nicht vorzunehmen. Die Triggerdefinition ist semantisch und syntaktisch korrekt.

Datenbanktrigger für "Baugruppe"

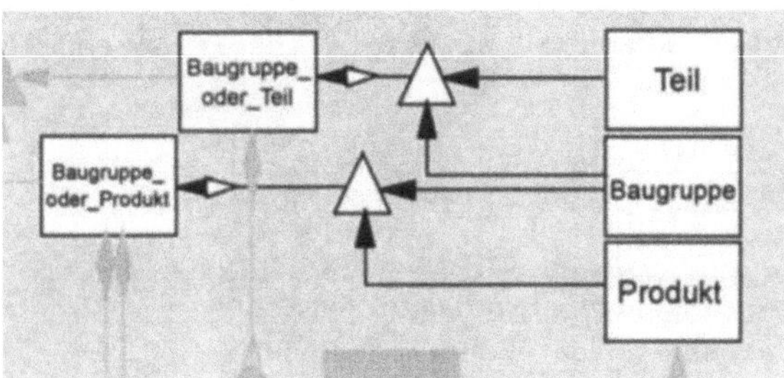

Abbildung 27: Rolle von Baugruppe im konzeptionellen Typenmodell der Kapazitätsterminierung

After-delete-Trigger:

```
create trigger Baugruppe_ad after delete on Baugruppe for each
row begin
   delete from Baugr_Prod where 1=1
      and Baugr_Prod.Teil#=:old.Teil#
      ;  /* nach Regel 4 */
   delete from Baugr_Teil where 1=1
      and Baugr_Teil.Teil#=:old.Teil#
      ;  /* nach Regel 4 */
end;
```

Nach Löschung eines Baugruppe-Objekts (Primärschlüsselwert `:old.Teil#`) werden nach Regel 4 alle Baugr_Teil- und Baugr_Prod-Objekte (Schlüssel `Teil#`) gelöscht, die vom gelöschten Objekt aufgrund einer vollständigen, exklusiven Generalisierungsbeziehung referenziert werden. Weitere Propagierungen sind nicht vorzunehmen. Der generierte Trigger ist semantisch und syntaktisch korrekt.

Before-insert-Trigger:

```
create trigger Baugruppe_bi before insert on Baugruppe for each
row begin
   begin
      select 1 from Baugr_Prod where 1=1
         and Baugr_Prod.Teil#=:new.Teil#
      ;
      raise_application_error(-20001,"Eindeutig und exklusiv
referenziertes Objekt existiert bereits");
   exception when no_data_found then null;
   end;  /* nach Regel 10 */
   begin
      select 1 from Baugr_Teil where 1=1
         and Baugr_Teil.Teil#=:new.Teil#
      ;
      raise_application_error(-20001,"Eindeutig und exklusiv
referenziertes Objekt existiert bereits");
   exception when no_data_found then null;
   end;  /* nach Regel 10 */
   begin
      select 1 from Produkt where 1=1
         and Produkt.Teil#=:new.Teil#
      ;
      raise_application_error(-20002,"Exklusiv referenziertes
Objekt wird bereits referenziert");
   exception when no_data_found then null;
   end;  /* nach Regel 11 */
   begin
      select 1 from Teil where 1=1
         and Teil.Teil#=:new.Teil#
      ;
      raise_application_error(-20002,"Exklusiv referenziertes
Objekt wird bereits referenziert");
   exception when no_data_found then null;
   end;  /* nach Regel 11 */
end;
```

Vor Einfügung eines Baugruppe-Objekts (Primärschlüsselwert `:new.Teil#`) wird nach Regel 10 geprüft, ob die aufgrund einer vollständigen, exklusiven Generalisierungsbeziehung referenzierten Baugr_Teil- bzw. Baugr_Prod-Objekte (Primärschlüssel `Teil#`) existieren. Wenn das der Fall ist, wird die Einfügung zurückgewiesen. Außerdem wird nach Regel 11 geprüft, ob das eingefügte Objekt bereits in Produkt oder Teil existiert. Ist das der Fall, wäre durch die Einfügung die Exklusivitätseigenschaft der jeweiligen Abstraktionsbeziehung verletzt, so daß die Einfügung ebenfalls zurückgewiesen wird.

Weitere Prüfungen sind nicht vorzunehmen. Die Triggerdefinition ist syntaktisch und semantisch korrekt.

After-insert-Trigger:

```
create trigger Baugruppe_ai after insert on Baugruppe for each
row begin
   update Baugruppe x set
      Gewicht= (select Baugr_Teil.Gewicht from Baugr_Teil
      Gewicht= (select Baugr_Prod.Gewicht from Baugr_Prod
         where 1=1
         and Baugr_Prod.Teil#=:new.Teil#
         and Baugr_Teil.Teil#=:new.Teil#
         )
      where 1=1
      and Baugruppe.Teil#=:new.Teil#
   ;  /* nach Regel 14b */
   insert into Baugr_Prod (
      Teil#,
      ) select
         Baugruppe.Teil#,
      from Baugruppe
      where 1=1
      and Baugruppe.Teil# = :new.Teil#
   minus select
      Teil#,
   from Baugr_Prod
   ;  /* nach Regel 17 */
   insert into Baugr_Teil (
      Teil#,
      ) select
         Baugruppe.Teil#,
      from Baugruppe
      where 1=1
      and Baugruppe.Teil# = :new.Teil#
   minus select
      Teil#,
   from Baugr_Teil
   ;  /* nach Regel 17 */
end;
```

Nach Einfügung eines Baugruppe-Objekts (Primärschlüsselwert `:new.Teil#`) ist nach Regel 14b zunächst der Wert des vererbten Attributs `Gewicht` zu aktualisieren. Aufgrund der Tatsache, daß ein Baugruppe-Objekt sowohl in Baugr_Prod wie auch in Baugr_Teil enthalten sein kann, werden die Textzeilen für die Zuweisung und Verknüpfung dieses Triggers im zweiten Verarbeitungsschritt doppelt erzeugt ("Mehrfachvererbung"). Nach Regel 17 wird ein referenziertes Baugr_Prod- bzw. Baugr_Teil_-Objekt eingefügt, falls dieses noch nicht existiert. Die Referenzierung wird daran erkannt, daß der Primärschlüsselwert für `Teil#` dem Wert des eingefügten Objekts `:new.Teil#` entspricht. Weitere Propagierungen sind nicht vorzunehmen. Syntaktisch sind neben der Überarbeitung der "Mehrfachvererbung" die Kommata aus der jeweils letzten Komponente der Attributliste der Insert-Kommandos sowie der Select-Liste der Select- und Minus-Klausel dieser Insert-Kommandos zu entfernen. Ansonsten implementiert der generierte Trigger die dynamische Integritätssicherung korrekt.

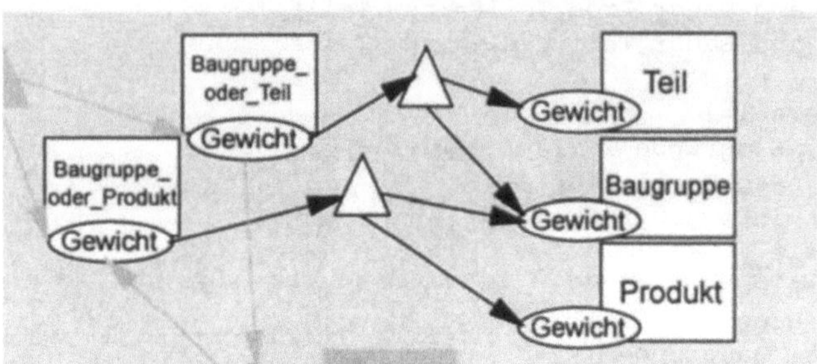

Abbildung 28: Rolle von Baugruppe im konzeptionellen Attributmodell der Kapazitätsterminierung

Before-update-Trigger:

```
create trigger Baugruppe_bu before update of Gewicht on
Baugruppe begin
   raise_application_error(-20004,"Abgeleitetes Attribut darf
nicht manuell aktualisiert werden");
end;     /* nach Regel 21 */
```

Die Änderung des Gewicht-Attributs eines Baugruppe-Objekts wird nach Regel 21 grundsätzlich zurückgewiesen. Dieses Attribut kommt durch Vererbung zustande, so daß Änderungen nicht in die referenzierten Objekte propagiert werden dürfen. Weitere Prüfungen sind nicht vorzunehmen. Die Triggerdefinition ist syntaktisch und semantisch korrekt.

After-update-Trigger:

Da kein Attribut von Baugruppe das Quellattribut einer Ableitungsbeziehung ist, besteht keine Notwendigkeit zur Propagierung von Änderungen. Deshalb ist kein After-update-Trigger zu generieren.

4.2.5.2 Datenbanktrigger in Aggregationshierarchien

Als Stellvertreter für Datenbanktrigger in Aggregationshierarchien werden die Trigger der Objekttypen "ArbPlan", "KapAng" und "Maschine" vorgestellt. Während "ArbPlan" in eine Aggregationshierarchie ohne Ableitungsbeziehungen eingebunden ist, gehören zu "KapAng" sowohl Quell- wie auch Zielattribute einer Ableitungsbeziehung. "Maschine" nimmt als unabhängiger Objekttyp und Ausgangspunkt mehrerer Aggregationsbeziehungen eine Sonderstellung ein.

Datenbanktrigger für "ArbPlan"

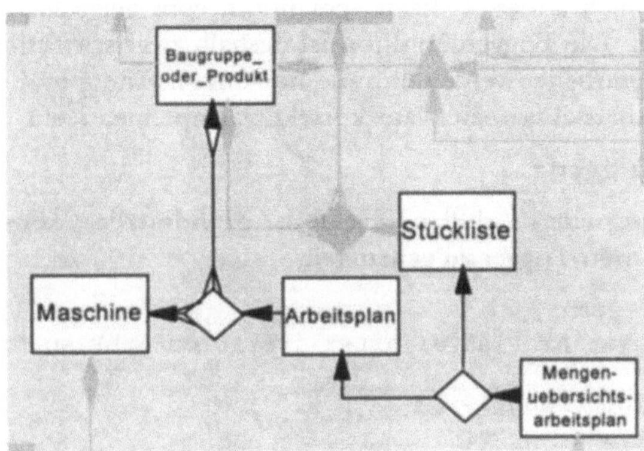

Abbildung 29: Rolle von ArbPlan im konzeptionellen Typenmodell der Kapazitätsterminierung

After-delete-Trigger:

```
create trigger ArbPlan_ad after delete on ArbPlan for each row
begin
   delete from Baugr_Prod where 1=1
      and Baugr_Prod.Teil#=:old.Teil#
      and 0 = (select count(*) from ArbPlan where 1=1
         and ArbPlan.Teil#=:old.Teil#
         )
      ;  /* nach Regel 5a */
   delete from MUArbPlan where 1=1
      and MUArbPlan.Masch#=:old.Masch#
      and MUArbPlan.Teil#=:old.Teil#
      ;  /* nach Regel 1 */
end;
```

Nach Löschung eines ArbPlan-Objekts (Primärschlüsselwert `:old.Masch#`, `:old.Teil#`) wird nach Regel 5a das Baugr_Prod-Objekt (Primärschlüssel `Teil#`) gelöscht, das nur noch vom gelöschten ArbPlan-Objekt aufgrund einer vollständigen, nicht-exklusiven Aggregationsbeziehung referenziert wird. Außerdem wird nach Regel 1 das MUArbPlan-Objekt (Primärschlüssel `Masch#`,

`Teil#`) gelöscht, das ev. das gelöschte ArbPlan-Objekt aufgrund einer Aggregationsbeziehung referenziert.

Weitere Propagierungen sind nicht vorzunehmen. Da Baugr_Prod-Objekte durch mindestens ein ArbPlan-Objekt referenziert werden müssen, sind sie bei Löschung des letzten referenzierenden ArbPlan-Objekts ebenfalls zu löschen. In MUArbPlan könnten jedoch neben dem "direkt" referenzierenden MUArbPlan-Objekt auch andere Objekte semantisch vom gelöschten ArbPlan-Objekt abhängig sein. Die Triggerdefinition ist deshalb zwar syntaktisch korrekt, muß aber u.U. überarbeitet werden, um die nur unvollständig modellierte Semantik des Mengenübersichtsarbeitsplans korrekt zu implementieren.

Before-insert-Trigger:

Die Einfügung eines ArbPlan-Objekts ist grundsätzlich zulässig. Deshalb ist kein Before-insert-Trigger zu generieren.

After-insert-Trigger:

```
create trigger ArbPlan_ai after insert on ArbPlan for each row
begin
   insert into Baugr_Prod (
      Teil#,
      ) select
         ArbPlan.Teil#,
      from ArbPlan
      where 1=1
      and ArbPlan.Teil# = :new.Teil#
   minus select
      Teil#,
   from Baugr_Prod
   ;  /* nach Regel 17 */
   insert into Maschine (
      Masch#,
      ) select
         ArbPlan.Masch#,
      from ArbPlan
      where 1=1
      and ArbPlan.Masch# = :new.Masch#
   minus select
      Masch#,
   from Maschine
   ;  /* nach Regel 17 */
end;
```

Da die Semantik der Ableitung des Mengenübersichtsarbeitsplans nicht vollständig durch das konzeptionelle Modell repräsentiert wird, ist die entsprechende Aggregationsbeziehung auch nicht vollständig, so daß Einfügungen von ArbPlan-Objekten auch nicht in MUArbPlan propagiert werden. Diese

Propagierung muß also weiterhin durch die jeweiligen Anwendungen implementiert werden.

Nach Regel 17 sind jedoch Referenzierungen nicht-existierender Baugr_Prod- und Maschine-Objekte durch ein eingefügtes ArbPlan-Objekt in Form entsprechender Einfügungen zu propagieren. Zunächst wird ein Baugr_Prod-Objekt eingefügt, das vom eingefügten ArbPlan-Objekt (Primärschlüsselwert `:new.Teil#, :new.Masch#`) aufgrund einer Aggregationsbeziehung referenziert wird, soweit dieses noch nicht existiert. Die Namen und die Reihenfolge der Schlüsselattribute in der Attributliste des Insert-Kommandos, der Select-Liste des Select-Kommandos und der Select-Liste der Minus-Klausel ist identisch. Diese Schlüsselmenge stellt eine Untermenge der Primärschlüssel von ArbPlan dar. Vollkommen analog wird ein referenziertes, aber nicht existierendes Maschine-Objekt eingefügt.

Weitere unmittelbare Propagierungen sind nicht vorzunehmen. Natürlich müssen für ein durch Einfügung eines ArbPlan-Objekts propagiertes, neues Baugr_Prod-Objekt auch entsprechende Stueli-Objekte eingefügt werden. Hier handelt es sich jedoch um indirekte Propagierungen. Diese werden in Form direkter Propagierungen der Einfügung eines Baugr_Prod-Objekts implementiert und durch kaskadierende Triggermechanismen automatisch ausgelöst. Bis auf die nicht vollständig implementierte Semantik der Mengenübersichtsstückliste ist dieser Trigger deshalb zwar semantisch korrekt, muß aber syntaktisch durch Entfernung von Kommata für die jeweils letzten Elemente von From-Klauseln und Select-Listen überarbeitet werden.

Before-update-Trigger:

Da ArbPlan-Objekte keine abgeleiteten Attribute enthalten, ist die Änderung von Nichtschlüsselattributen grundsätzlich zulässig. Deshalb ist kein Before-update-Trigger zu generieren.

After-update-Trigger:

Da kein Attribut von ArbPlan das Quellattribut einer Ableitungsbeziehung ist bzw. entsprechende Ableitungsbeziehungen (nach MUArbPlan) nicht im konzeptionellen Modell enthalten sind, wird kein After-update-Trigger generiert.

Datenbanktrigger für "KapAng"

After-delete-Trigger:

```
create trigger KapAng_ad after delete on KapAng for each row
begin
    delete from KapVergl where 1=1
        and KapVergl.Woche#=:old.Woche#
        and KapVergl.Masch#=:old.Masch#
        ;  /* nach Regel 1 */
    delete from Maschine where 1=1
        and Maschine.Masch#=:old.Masch#
        and 0 = (select count(*) from KapAng where 1=1
            and KapAng.Masch#=:old.Masch#
            )
        ;  /* nach Regel 5a */
    delete from WKal where 1=1
        and WKal.Woche#=:old.Woche#
        and 0 = (select count(*) from KapAng where 1=1
            and KapAng.Woche#=:old.Woche#
            )
        ;  /* nach Regel 5a */
end;
```

Nach Löschung eines KapAng-Objekts (Primärschlüsselwert `:old.Masch#`, `:old.Woche#`) wird nach Regel 1 das KapVergl-Objekt (Primärschlüssel `Masch#, Woche#`) gelöscht, das das gelöschte KapAng-Objekt aufgrund einer Aggregationsbeziehung referenziert.

Nach Regel 5a werden alle WKal- (Primärschlüssel `Woche#`) und Maschine- (Primärschlüssel `Masch#`) Objekte gelöscht, die allein vom gelöschten KapAng-Objekt aufgrund einer vollständigen, nicht-exklusiven Aggregationsbeziehung referenziert wurden, so daß die Zahl der aktuell referenzierenden Objekte nach der Löschung (After-delete-Trigger) jeweils 0 ist.

Weitere Propagierungen sind nicht vorzunehmen. Der generierte Trigger ist semantisch und syntaktisch korrekt.

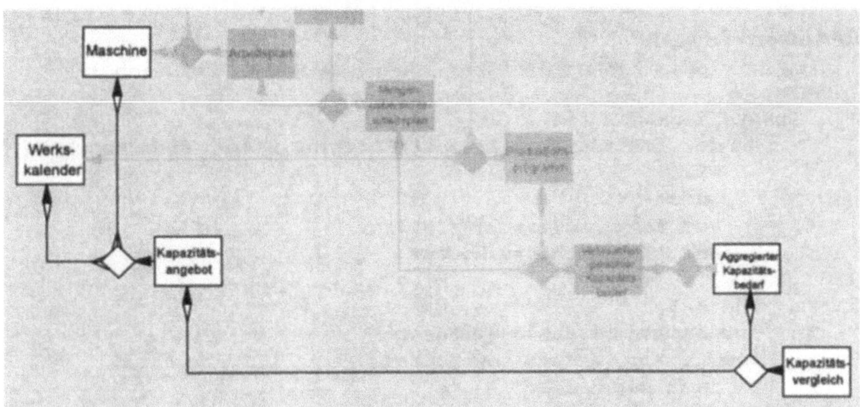

Abbildung 30: Rolle von KapAng im konzeptionellen Typenmodell der Kapazitätsterminierung

Before-insert-Trigger:

Die unmittelbare Einfügung eines KapAng-Objekts ist grundsätzlich zulässig, wenn auch nicht sinnvoll. Deshalb wird kein Before-insert-Trigger automatisch generiert.

After-insert-Trigger:

```
create trigger KapAng_ai after insert on KapAng for each row
begin
   update KapAng x set
      Menge= (select WKal.Prozent*Maschine.MaxKap from Maschine,
         WKal,
         where 1=1
         and Maschine.Masch#=x.Masch#
         and WKal.Woche#=x.Woche#
         )
      where 1=1
      and KapAng.Masch#=:new.Masch#
      and KapAng.Woche#=:new.Woche#
   ;  /* nach Regel 14a */
   insert into KapVergl (
      Masch#,
      Woche#,
      ) select
         KapAng.Masch#,
         KapAng.Woche#,
      from KapAng,
         AggrKapBed,
      where 1=1
      and KapAng.Masch# = AggrKapBed.Masch#
      and KapAng.Woche# = AggrKapBed.Woche#
      and KapAng.Masch# = :new.Masch#
      and KapAng.Woche# = :new.Woche#
   minus select
      Masch#,
      Woche#,
   from KapVergl
   ;  /* nach Regel 15a */
   update KapVergl x set
      Auslastung= (select round (100 * AggrKapBed.Menge /
KapAng.Menge)
      from KapAng,
         AggrKapBed,
         where 1=1
         and KapAng.Masch#=AggrKapBed.Masch#
         and KapAng.Woche#=AggrKapBed.Woche#
         and KapAng.Masch#=x.Masch#
         and KapAng.Woche#=x.Woche#
         )
```

```
        where 1=1
        and KapVergl.Masch#=:new.Masch#
        and KapVergl.Woche#=:new.Woche#
    ;   /* nach Regel 16a */
    insert into Maschine (
        Masch#,
        ) select
           KapAng.Masch#,
        from KapAng
        where 1=1
        and KapAng.Masch# = :new.Masch#
    minus select
        Masch#,
    from Maschine
    ;   /* nach Regel 17 */
    insert into WKal (
        Woche#,
        ) select
           KapAng.Woche#,
        from KapAng
        where 1=1
        and KapAng.Woche# = :new.Woche#
    minus select
        Woche#,
    from WKal
    ;   /* nach Regel 17 */
end;
```

Nach Einfügung eines KapAng-Objekts (Primärschlüsselwert `:new.Masch#`, `:new.Woche#`) wird nach Regel 14a zunächst der Wert des aggregativ abgeleiteten Attributs `Menge` aktualisiert. Dazu werden WKal und Maschine ohne Join-Bedingung, aber mit Bezug auf die Schlüsselwerte des eingefügten KapAng-Objekts `x` (d.h. die von diesem Objekt referenzierten Objekte in WKal und Maschine) verknüpft. Die Aktualisierung bezieht sich in KapAng natürlich nur auf das eingefügte Objekt (Primärschlüsselwert `:new.Masch#`, `:new.Woche#`).

Nach Regel 15a wird ein KapVergl-Objekt eingefügt, das das eingefügte KapAng-Objekt aufgrund einer vollständigen Aggregationsbeziehung referenziert (Primärschlüsselwert `:new.Masch#. :new.Woche#`), soweit dieses noch nicht existiert. Dazu wird KapAng mit AggrKapVergl über die gemeinsamen Attribute (`Masch#, Woche#`) und mit Bezug auf das eingefügte KapAng-Objekt (`:new.Masch#, :new.Woche#`) verknüpft. Die Reihenfolge der Schlüsselattribute in der Attributliste des Insert-Kommandos, der Select-Liste des Joins und der Select-Liste der Minus-Klausel ist identisch und bedarf deshalb keiner Überarbeitung.

Nach Regel 16a wird das aggregativ abgeleitete Auslastung-Attribut des referenzierenden KapVergl-Objekts aktualisiert, falls dieses Objekt existiert. Die Aktualisierung bezieht sich nur auf solche Objekte, die das eingefügte Objekt referenzieren (Primärschlüsselwert `:new.Masch#, :new.Woche#`). Zur Ableitung wird neben dem eingefügten KapAng-Objekt das entsprechende (`:new.Masch#, :new.Woche#`) AggrKapBed-Objekt herangezogen.

Schließlich werden nach Regel 17 referenzierte Maschine- und WKal-Objekte eingefügt, falls diese noch nicht existieren. Die Referenzierungen werden durch Schlüsselwerte für (`Masch#`) bzw. (`Woche#`) erreicht, die der jeweiligen Untermenge des Schlüsselwerts des eingefügten Objekts (`:new:Masch#, :new.Woche#`) entsprechen.

Weitere Propagierungen sind nicht vorzunehmen. In syntaktischer Hinsicht müssen einige Insert- und Update-Kommandos dadurch überarbeitet werden, daß die Kommata aus den jeweils letzten Elementen der From-Klauseln und Select-Listen entfernt werden. Ansonsten ist der generierte Trigger semantisch und syntaktisch korrekt.

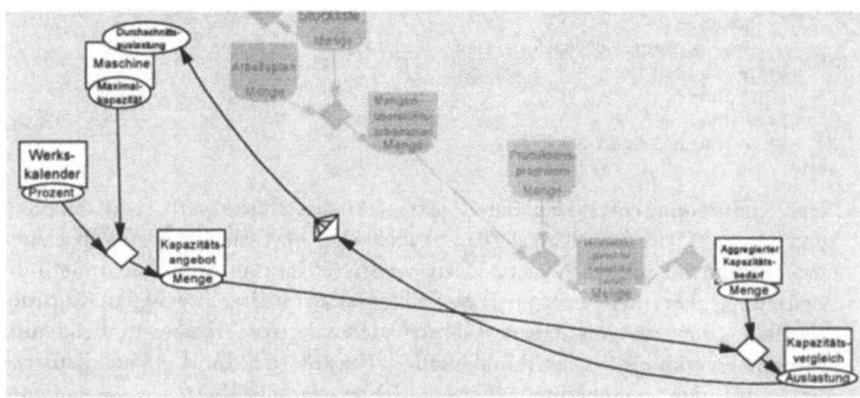

Abbildung 31: Rolle von KapAng im konzeptionellen Attributmodell der Kapazitätsterminierung

Before-update-Trigger:

```
create trigger KapAng_bu before update of Menge on KapAng begin
   raise_application_error(-20004,"Abgeleitetes Attribut darf
nicht manuell aktualisiert werden");
end;     /* nach Regel 21 */
```

Die Änderung des Menge-Attributs eines KapAng-Objekts wird nach Regel 21 grundsätzlich zurückgewiesen. Dieses Attribut kommt durch aggregative Ableitung zustande, so daß Änderungen nicht in die referenzierten Objekte propagiert werden können. Weitere Prüfungen sind nicht vorzunehmen. Die Triggerdefinition ist syntaktisch und semantisch korrekt.

After-update-Trigger:

```
create trigger KapAng_au after update of Menge on KapAng for
each row begin
   update KapVergl x set
      Auslastung= (select
round(100*AggrKapBed.Menge/KapAng.Menge)
      from KapAng,
         AggrKapBed,
         where 1=1
         and KapAng.Masch#=AggrKapBed.Masch#
         and KapAng.Woche#=AggrKapBed.Woche#
         and KapAng.Masch#=x.Masch#
         and KapAng.Woche#=x.Woche#
         and AggrKapBed.Masch#=x.Masch#
         and AggrKapBed.Woche#=x.Woche#
         )
      where 1=1
      and KapVergl.Masch#=:new.Masch#
      and KapVergl.Woche#=:new.Woche#
   ;  /* nach Regel 26 */
end;
```

Zwar werden direkte Änderungen des Menge-Attributs von KapAng-Objekten durch den Before-update-Trigger verhindert. Durch Propagierung kann es aber zu indirekten Änderungen kommen, die durch einen After-update-Trigger propagiert werden müssen. Nach Regel 26 ist das aggregativ abgeleitete Auslastung-Attribut aller KapVergl-Objekte, die das geänderte KapAng-Objekt referenzieren, für den gerade betrachteten Primärschlüssel (`x.Masch#, x.Woche#`) als Quotient aus Kapazitätsbedarf und Kapazitätsangebot zu aktualisieren. Für den Join von AggrKapBed und KapAng werden korrekte Verknüpfungsbedingungen erzeugt. Die Aktualisierung findet natürlich nur für das Objekt statt, das aufgrund seines Primärschlüsselwerts (`:new.Masch#, :new.Woche#`) das geänderte Objekt in KapAng referenziert. Weitere Propagierungen sind nicht vorzunehmen. Die Triggerdefinition ist semantisch korrekt. Um die syntaktische Korrektheit herzustellen, ist lediglich die übliche Entfernung des Kommas aus der letzten Komponente der From-Klausel erforderlich.

Datenbanktrigger für "Maschine"

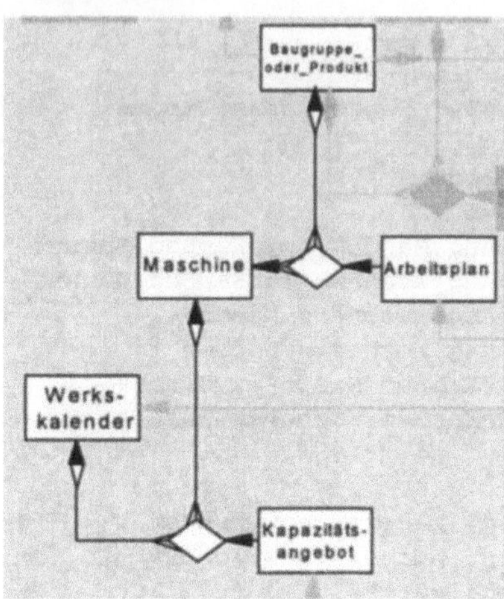

Abbildung 32: Rolle von Maschine im konzeptionellen Typenmodell der Kapazitätsterminierung

After-delete-Trigger:

```
create trigger Maschine_ad after delete on Maschine for each row
begin
   delete from ArbPlan where 1=1
      and ArbPlan.Masch#=:old.Masch#
      ;  /* nach Regel 1 */
   delete from KapAng where 1=1
      and KapAng.Masch#=:old.Masch#
      ;  /* nach Regel 1 */
end;
```

Nach Löschung eines Maschine-Objekts (Primärschlüsselwert `:old.Masch#`) werden nach Regel 1 alle ArbPlan- und KapAng-Objekte gelöscht, die dieses Objekt aufgrund einer Aggregationsbeziehung referenzieren. Weitere Propagierungen sind nicht vorzunehmen. Der generierte Trigger ist syntaktisch und semantisch korrekt.

Before-insert-Trigger:

Die Einfügung eines Maschine-Objekts ist grundsätzlich zulässig. Deshalb wird kein Before-insert-Trigger automatisch generiert.

After-insert-Trigger:

```
create trigger Maschine_ai after insert on Maschine for each row
begin
   insert into KapAng (
      Masch#,
      Woche#,
      ) select
         Maschine.Masch#,
         WKal.Woche#,
      from Maschine,
         WKal,
      where 1=1
      and Maschine.Masch# = :new.Masch#
   minus select
      Masch#,
      Woche#,
   from KapAng
   ;  /* nach Regel 15a */
   update KapAng x set
      Menge= (select WKal.Prozent*Maschine.MaxKap from Maschine,
         WKal,
         where 1=1
         and Maschine.Woche#=x.Woche#
         and Maschine.Masch#=x.Masch#
         )
      where 1=1
      and KapAng.Masch#=:new.Masch#
   ;  /* nach Regel 16a */
end;
```

Zwar ist das DurchschnAusl-Attribut von Maschine-Objekten eigentlich ein abgeleitetes Attribut. Die Tatsache, daß dieser Ableitungsbeziehung keine Abstraktionsbeziehung zugrunde liegt, führt jedoch dazu, daß zwar die eigentliche Ableitung durch After-update-Trigger propagiert wird, die Propagierungsregel 14 jedoch nach einer Einfügung von Maschine-Objekten nicht automatisch für die Aktualisierung des DurchschnAuslastung-Attributs sorgt.

Nach Regel 15a werden KapAng-Objekte eingefügt, die das eingefügte Maschine-Objekt aufgrund einer vollständigen Aggregationsbeziehung referenzieren (Primärschlüsselwert `:new.Masch#. Woche#`), soweit diese noch nicht existieren. Dazu wird Maschine mit WKal ohne eine Joinbedingung, aber mit Bezug auf das eingefügte Maschine-Objekt (`:new.Masch#`) verknüpft. Für jede Woche in WKal wird also auf der Grundlage des eingefügten Maschine-Objekts ein entsprechendes KapAng-Objekt erzeugt. Die Reihenfolge der Schlüsselattribute in der Attributliste des Insert-Kommandos, der Select-Liste des Joins und der

Select-Liste der Minus-Klausel ist identisch und bedarf deshalb keiner Überarbeitung.

Eine Propagierung von Einfügungen in Maschine in ArbPlan erfolgt richtigerweise nicht, da ArbPlan Maschine nicht auf der Grundlage einer vollständigen Aggregationsbeziehung referenziert.

Nach Regel 16a wird das aggregativ abgeleitete Menge-Attribut des referenzierenden KapAng-Objekts aktualisiert, falls dieses Objekt existiert. Die Aktualisierung bezieht sich nur auf solche Objekte, die das eingefügte Maschine-Objekt referenzieren (Primärschlüsselwert `:new.Masch#`). Zur Ableitung wird neben dem eingefügten Maschine-Objekt das entsprechende WKal-Objekt herangezogen.

Weitere Propagierungen sind nicht vorzunehmen. In semantischer Hinsicht ist der Trigger wegen der fehlenden Aktualisierung von DurchschnAusl unvollständig. In syntaktischer Hinsicht müssen die Insert- und Update-Kommandos dadurch überarbeitet werden, daß die Kommata aus den jeweils letzten Elementen der From-Klauseln und Select-Listen entfernt werden.

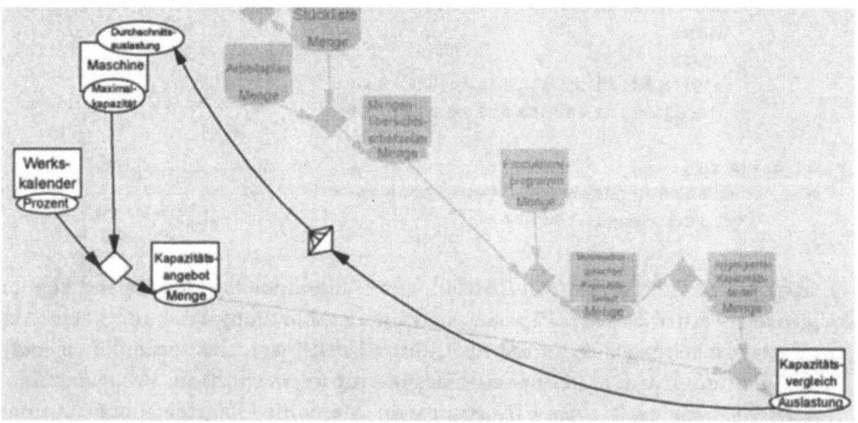

Abbildung 33: Rolle von Maschine im konzeptionellen Attributmodell der Kapazitätsterminierung

Before-update-Trigger:

```
create trigger Maschine_bu before update of DurchschnAuslastung
on Maschine begin
   raise_application_error(-20004,"Abgeleitetes Attribut darf
nicht manuell aktualisiert werden");
end;    /* nach Regel 21 */
```

Die Änderung des DurchschnAusl-Attributs eines Maschine-Objekts wird nach Regel 21 grundsätzlich zurückgewiesen. Dieses Attribut kommt durch Verdichtung zustande, so daß Änderungen nicht in die zugrunde liegenden Objekte propagiert werden können. Weitere Prüfungen sind nicht vorzunehmen. Die Triggerdefinition ist syntaktisch und semantisch korrekt.

After-update-Trigger:

```
create trigger Maschine_au after update of MaxKap on Maschine
for each row begin
   update KapAng x set
      Menge= (select WKal.Prozent*Maschine.MaxKap from Maschine,
         WKal,
         where 1=1
         and Maschine.Masch#=x.Masch#
         and WKal.Woche#=x.Woche#
         )
      where 1=1
      and KapAng.Masch#=:new.Masch#
   ;  /* nach Regel 26 */
end;
```

Das aggregativ abgeleitete Menge-Attribut der KapAng-Objekte, die das geänderte Maschine-Objekt referenzieren, wird als Produkt aus prozentualer Leistung des Werkskalenders und Maximalkapazität der Maschine aktualisiert. Dazu werden WKal und Maschine für jedes KapAng-Objekt `x` korrekt verknüpft. Die Aktualisierung bezieht sich in KapAng nur auf die Objekte, die das geänderte Objekt referenzieren (Schlüsselwert `:new.Masch#`). Weitere Propagierungen sind nicht vorzunehmen. Der Trigger ist zwar semantisch korrekt, muß aber syntaktisch durch Entfernung von Kommata für das letzte Element der From-Klausel überarbeitet werden.

4.2.5.3 Datenbanktrigger im Zusammenhang mit Assoziationsbeziehungen

Da im konzeptionellen Schema der Kapazitätsterminierung lediglich "AggrKapBed" und "DetKapBed" mit einer Assoziationsbeziehung in Zusammenhang stehen, werden im folgenden die für diese beiden Objekttypen generierten Datenbanktrigger vorgestellt.

Datenbanktrigger für "AggrKapBed"

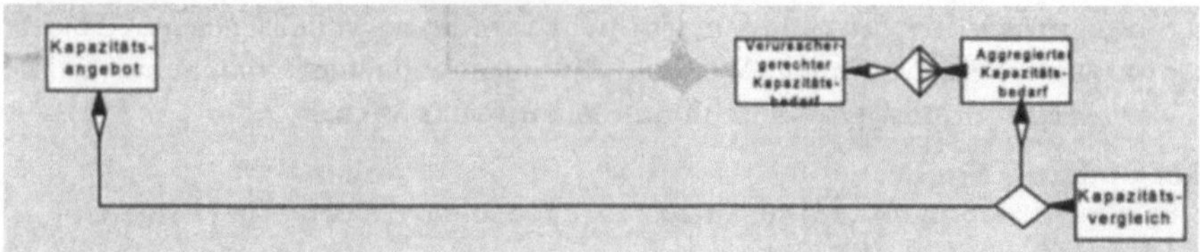

Abbildung 34: Rolle von AggrKapBed im konzeptionellen Typenmodell der Kapazitätsterminierung

After-delete-Trigger:

```
create trigger AggrKapBed_ad after delete on AggrKapBed for each
row begin
   delete from DetKapBed where 1=1
      and DetKapBed.Masch#=:old.Masch#
      and DetKapBed.Woche#=:old.Woche#
      ;  /* nach Regel 4 */
   delete from KapVergl where 1=1
      and KapVergl.Masch#=:old.Masch#
      and KapVergl.Woche#=:old.Woche#
      ;  /* nach Regel 1 */
end;
```

Nach Löschung eines AggrKapBed-Objekts (Primärschlüsselwert `:old.Masch#`, `:old.Woche#`) werden nach Regel 4 die DetKapBed-Objekte (Primärschlüssel `Masch#`, `Teil#`, `Woche#`) gelöscht, das vom gelöschten AggrKapBed-Objekt aufgrund einer vollständigen, exklusiven Assoziationsbeziehung referenziert werden müssen. Außerdem wird nach Regel 1 das KapVergl-Objekt (Primärschlüssel `Masch#`, `Woche#`) gelöscht, das das gelöschte AggrKapBed-Objekt aufgrund einer Aggregationsbeziehung referenziert. Andere Propagierungen sind nicht vorzunehmen. Die Triggerdefinition ist syntaktisch und semantisch korrekt.

Before-insert-Trigger:

```
create trigger AggrKapBed_bi before insert on AggrKapBed for
each row begin
   begin
      select 1 from DetKapBed where 1=1
        and DetKapBed.Masch#=:new.Masch#
         and DetKapBed.Woche#=:new.Woche#
      ;
      raise_application_error(-20001,"Eindeutig und exklusiv
referenziertes Objekt existiert bereits");
   exception when no_data_found then null;
   end;  /* nach Regel 12 */
```

```
      begin
         select 1 from DetKapBed where 1=1
            and DetKapBed.Woche#=:new.Woche#
            and DetKapBed.Masch#=:new.Masch#
         ;
      exception when no_data_found then
         raise_application_error(-20003,"Referenziertes Objekt des
   Basistyps existiert nicht");
      end;  /* nach Regel 13 */
   end;
```

Vor Einfügung eines AggrKapBed-Objekts (Primärschlüsselwert `:new.Masch#, :new.Woche#`) wird nach Regel 12 geprüft, ob die aufgrund einer vollständigen, exklusiven Assoziationsbeziehung referenzierten DetKapBed-Objekte (Primärschlüssel `Masch#, Teil#, Woche#`) existieren. Wenn das der Fall ist, wird die Einfügung zurückgewiesen. Außerdem wird nach Regel 13 geprüft, ob die aufgrund einer Assoziationsbeziehung referenzierten DetKapBed-Objekte existieren. Wenn das nicht der Fall ist, wird die Einfügung zurückgewiesen. Eine direkte Einfügung von Tupeln in AggrKapBed wird dadurch grundsätzlich verhindert. AggrKapBed ist als Gruppenobjekt einer vollständigen, exklusiven Assoziationsbeziehung ein abgeleiteter Objekttyp, dessen direkte Manipulation keinen Sinn macht und deshalb verhindert werden sollte. Weitere Prüfungen sind nicht vorzunehmen. Die Triggerdefinition ist syntaktisch und semantisch korrekt.

After-insert-Trigger:

```
create trigger AggrKapBed_ai after insert on AggrKapBed for each
row begin
   update AggrKapBed x set
      Menge= (select sum(DetKapBed.Menge) from DetKapBed
         where 1=1
         and DetKapBed.Masch#=:new.Masch#
         and DetKapBed.Woche#=:new.Woche#
         )
      where 1=1
      and AggrKapBed.Masch#=:new.Masch#
      and AggrKapBed.Woche#=:new.Woche#
   ;  /* nach Regel 14b */
```

```
insert into KapVergl (
        Masch#,
        Woche#,
        ) select
           AggrKapBed.Masch#,
           AggrKapBed.Woche#,
        from AggrKapBed,
           KapAng,
        where 1=1
        and AggrKapBed.Masch# = KapAng.Masch#
        and AggrKapBed.Woche# = KapAng.Woche#
        and AggrKapBed.Woche# = :new.Woche#
        and AggrKapBed.Masch# = :new.Masch#
   minus select
        Masch#,
        Woche#,
     from KapVergl
     ;  /* nach Regel 15a */
     update KapVergl x set
        Auslastung= (select round (100 * AggrKapBed.Menge /
KapAng.Menge)
        from AggrKapBed,
           KapAng,
           where 1=1
           and AggrKapBed.Masch#=KapAng.Masch#
           and AggrKapBed.Woche#=KapAng.Woche#
           and AggrKapBed.Masch#=x.Masch#
           and AggrKapBed.Woche#=x.Woche#
           )
        where 1=1
        and KapVergl.Woche#=:new.Woche#
        and KapVergl.Masch#=:new.Masch#
     ;  /* nach Regel 16a */
end;
```

Zwar werden direkte Einfügungen von AggrKapBed-Objekten durch den Before-insert-Trigger verhindert. Durch Propagierung kann es aber zu indirekten Einfügungen kommen, die durch einen After-insert-Trigger propagiert werden müssen.

Nach Einfügung eines AggrKapBed-Objekts (Primärschlüsselwert `:new.Woche#`, `:new.Masch#`) wird nach Regel 14b zunächst der Wert des in Form einer Gruppierung abgeleiteten Attributs `Menge` als Summe der Werte des Menge-Attributs aller referenzierten DetKapBed-Objekte (Schlüsselwert `:new.Woche#`, `:new.Masch#`) aktualisiert. Die Aktualisierung bezieht sich in AggrKapBed nur auf das eingefügte Objekt (Schlüsselwert `:new.Woche#`, `:new.Masch#`).

Außerdem wird nach Regel 15a ein KapVergl-Objekt eingefügt, das das eingefügte AggrKapBed-Objekt aufgrund einer Aggregationsbeziehung referenziert (Primärschlüsselwert `:new.Woche#`, `:new.Masch#`), soweit dieses noch nicht existiert. Sein vollständiger Primärschlüssel wird aus dem eingefügten AggrKapBed-Objekt gebildet. Der dazu notwendige Join zwischen AggrKapBed und KapAng wird über alle Verknüpfungsattribute gebildet, und die Verknüpfung wird auf das eingefügte AggrKapBed-Objekt beschränkt. Die Reihenfolge der Schlüsselattribute in der Attributliste des Insert-Kommandos, der Select-Liste des Joins und der Select-Liste der Minus-Klausel ist identisch.

Schließlich wird nach Regel 16a nach der auf den Primärschlüssel beschränkten Einfügung eines KapVergl-Objekts der Wert seines aggregativ abgeleiteten Attributs `Auslastung` als Quotient aus Kapazitätsbedarf und Kapazitätsangebot für den gerade betrachteten Primärschlüssel `x.Woche#`, `x.Masch#` aktualisiert. Dazu werden AggrKapBed und KapAng korrekt verknüpft. Die Aktualisierung bezieht sich in KapVergl nur auf das Objekt, das das eingefügte Objekt referenziert (Schlüsselwert `:new.Woche#`, `:new.Masch#`).

Weitere Propagierungen sind nicht vorzunehmen. Die Triggerdefinition ist zwar semantisch korrekt, muß aber syntaktisch durch Entfernung von Kommata für die jeweils letzten Elemente von From-Klauseln und Select-Listen überarbeitet werden.

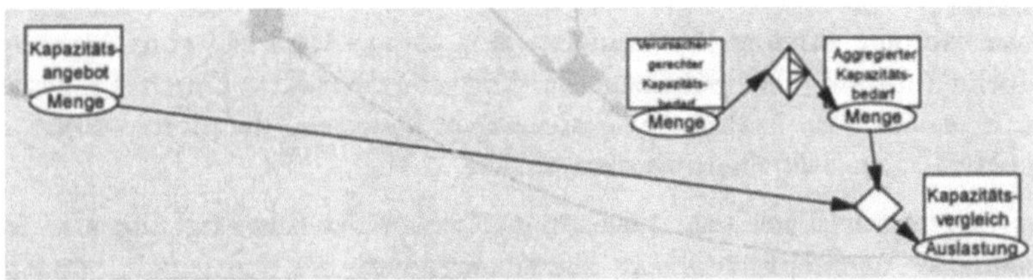

Abbildung 35: Rolle von AggrKapBed im konz. Attributmodell der Kapazitätsterminierung

Before-update-Trigger:

```
create trigger AggrKapBed_bu before update of Menge on
AggrKapBed begin
   raise_application_error(-20004,"Abgeleitetes Attribut darf
nicht manuell aktualisiert werden");
end;     /* nach Regel 21 */
```

Die Änderung des Menge-Attributs eines AggrKapBed-Objekts wird nach Regel 21 grundsätzlich zurückgewiesen. Dieses Attribut kommt durch (nicht-umkehrbare) Gruppierung zustande, so daß Änderungen nicht in die referenzierten Objekte propagiert werden könnten. Außerdem ist AggrKapBed als Gruppenobjekt einer vollständigen, exklusiven Assoziationsbeziehung ein abgeleiteter Objekttyp, dessen direkte Manipulation grundsätzlich keinen Sinn macht und deshalb verhindert werden sollte. Weitere Prüfungen sind nicht vorzunehmen. Die Triggerdefinition ist syntaktisch und semantisch korrekt.

After-update-Trigger:

```
create trigger AggrKapBed_au after update of Menge on AggrKapBed
for each row begin
   update KapVergl x set
      Auslastung= (select
round(100*AggrKapBed.Menge/KapAng.Menge) from AggrKapBed,
         KapAng,
         where 1=1
         and AggrKapBed.Masch#=KapAng.Masch#
         and AggrKapBed.Woche#=KapAng.Woche#
         and AggrKapBed.Masch#=x.Masch#
         and AggrKapBed.Woche#=x.Woche#
         and KapAng.Masch#=x.Masch#
         and KapAng.Woche#=x.Woche#
         )
      where 1=1
      and KapVergl.Woche#=:new.Woche#
      and KapVergl.Masch#=:new.Masch#
   ;  /* nach Regel 26 */
end;
```

Zwar werden direkte Änderungen des Menge-Attributs von AggrKapBed-Objekten durch den Before-update-Trigger verhindert. Durch Propagierung kann es aber zu indirekten Änderungen kommen, die durch einen After-update-Trigger propagiert werden müssen.

Das aggregativ abgeleitete Auslastungs-Attribut des KapVergl-Objekts, das das geänderte AggrKapBed-Objekt referenziert, wird für den gerade betrachteten Primärschlüssel `x.Woche#, x.Masch#` als Quotient aus Kapazitätsbedarf und Kapazitätsangebot aktualisiert. Dazu werden AggrKapBed und KapAng korrekt verknüpft. Die Aktualisierung bezieht sich in KapVergl nur auf das Objekt, das das geänderte Objekt referenziert (Schlüsselwert `:new.Woche#, :new.Masch#`).

Weitere Propagierungen sind nicht vorzunehmen. Die Triggerdefinition ist zwar semantisch korrekt, muß aber syntaktisch durch Entfernung von Kommata für das letzte Element der From-Klausel überarbeitet werden.

Datenbanktrigger für "DetKapBed"

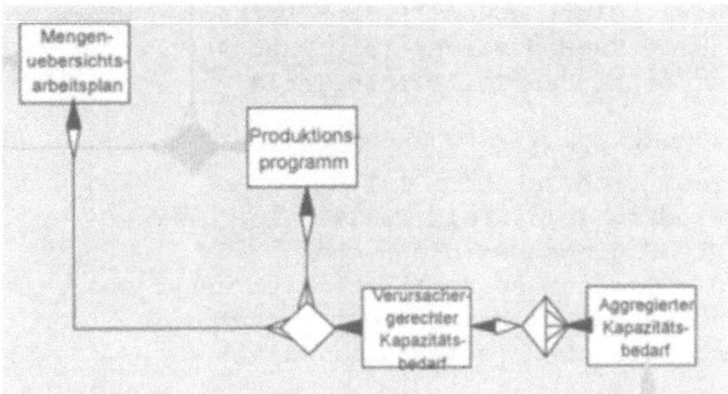

Abbildung 36: Rolle von DetKapBed im konzeptionellen Typenmodell der Kapazitätsterminierung

After-delete-Trigger:

```
create trigger DetKapBed_ad after delete on DetKapBed for each
row begin
   delete from AggrKapBed where 1=1
      and AggrKapBed.Masch#=:old.Masch#
      and AggrKapBed.Woche#=:old.Woche#
      and 0 = (select count(*) from DetKapBed where 1=1
         and DetKapBed.Masch#=:old.Masch#
         and DetKapBed.Woche#=:old.Woche#
         )
      ;  /* nach Regel 2 */
   update AggrKapBed set
      Menge= (select sum(DetKapBed.Menge) from DetKapBed where
1=1
         and DetKapBed.Masch#=:old.Masch#
         and DetKapBed.Woche#=:old.Woche#
         ),
      where 1=1
      and AggrKapBed.Masch#=:old.Masch#
      and AggrKapBed.Woche#=:old.Woche#
      and 0 < (select count(*) from DetKapBed where 1=1
         and DetKapBed.Woche#=:old.Woche#
         and DetKapBed.Masch#=:old.Masch#
         )
      ;  /* nach Regel 3 */
```

```
    delete from MUArbPlan where 1=1
        and MUArbPlan.Masch#=:old.Masch#
        and MUArbPlan.Teil#=:old.Teil#
        and 0 = (select count(*) from DetKapBed where 1=1
           and DetKapBed.Masch#=:old.Masch#
           and DetKapBed.Teil#=:old.Teil#
           )
        ;  /* nach Regel 5a */
     delete from ProdPrg where 1=1
        and ProdPrg.Teil#=:old.Teil#
        and ProdPrg.Woche#=:old.Woche#
        and 0 = (select count(*) from DetKapBed where 1=1
           and DetKapBed.Woche#=:old.Woche#
           and DetKapBed.Teil#=:old.Teil#
           )
        ;  /* nach Regel 5a */
end;
```

Nach Löschung eines DetKapBed-Objekts (Primärschlüsselwert `:old.Masch#`, `:old.Teil#`, `:old.Woche#`) wird nach Regel 2 das AggrKapBed-Objekt (Primärschlüssel `Masch#`, `Woche#`) gelöscht, das nur noch vom gelöschten DetKapBed-Objekt aufgrund einer Assoziationsbeziehung referenziert wird. Falls das gelöschte DetKapBed-Objekt nicht das einzige referenzierte Objekt dieses AggrKapBed-Objekts ist, werden seine abgeleiteten Attribute nach Regel 3 aktualisiert. Dazu werden für das betroffene AggrKapBed-Objekt (Selektion mit `:old.Masch#` und `:old.Woche#`) die Werte aller abgeleiteten Attribute durch Anwendung der Ableitungsregel auf die jeweils referenzierten DetKapBed-Objekte (ebenfalls Selektion mit `:old.Masch#` und `:old.Woche#`) abgeleitet. Da es sich um einen After-delete-Trigger handelt, bezieht sich die Aktualisierung nur noch auf die nicht-gelöschten Objekte in DetKapBed.

Nach Regel 5a werden alle MUArbPlan- (Primärschlüssel `Teil#`, `Masch#`) und ProdPrg-(Primärschlüssel `Teil#`, `Woche#`) Objekte gelöscht, die allein vom gelöschten MUArbPlan-Objekt aufgrund einer vollständigen, nicht-exklusiven Aggregationsbeziehung referenziert wurden, so daß die Zahl der aktuell referenzierenden Objekte nach der Löschung (After-delete-Trigger) jeweils 0 ist.

Weitere Propagierungen sind nicht vorzunehmen. Die Triggerdefinition muß syntaktisch überarbeitet werden, da zur Implementierung von Regel 3 jede Set-Klausel durch ein Komma abgeschlossen wird. Die letzte (und in diesem Fall einzige) Set-Klausel darf jedoch nicht durch ein Komma abgeschlossen werden, so daß dieses manuell entfernt werden muß. Ansonsten ist der generierte Trigger semantisch und syntaktisch korrekt.

Before-insert-Trigger:

Die Einfügung eines DetKapBed-Objekts ist grundsätzlich zulässig, wenn auch nicht sinnvoll. Deshalb wird kein Before-insert-Trigger automatisch generiert.

After-insert-Trigger:

```
create trigger DetKapBed_ai after insert on DetKapBed for each
row begin
   update DetKapBed x set
      Menge= (select MUArbPlan.Menge*ProdPrg.Menge from
MUArbPlan,
         ProdPrg,
         where 1=1
         and MUArbPlan.Teil#=ProdPrg.Teil#
         and MUArbPlan.Masch#=x.Masch#
         and MUArbPlan.Teil#=x.Teil#
         and ProdPrg.Teil#=x.Teil#
         and ProdPrg.Woche#=x.Woche#
         )
      where 1=1
      and DetKapBed.Masch#=:new.Masch#
      and DetKapBed.Teil#=:new.Teil#
      and DetKapBed.Woche#=:new.Woche#
   ;  /* nach Regel 14a */
   insert into AggrKapBed (
      Masch#,
      Woche#,
      ) select
         DetKapBed.Masch#,
         DetKapBed.Woche#,
      from DetKapBed
      where 1=1
      and DetKapBed.Masch# = :new.Masch#
      and DetKapBed.Woche# = :new.Woche#
   minus select
      Masch#,
      Woche#,
   from AggrKapBed
   ;  /* nach Regel 15b */
   update AggrKapBed x set
      Menge= (select sum(DetKapBed.Menge) from DetKapBed
         where 1=1
         and DetKapBed.Masch#=:new.Masch#
         and DetKapBed.Woche#=:new.Woche#
         )
      where 1=1
      and AggrKapBed.Woche#=:new.Woche#
      and AggrKapBed.Masch#=:new.Masch#
   ;  /* nach Regel 16b */
```

```
    insert into MUArbPlan (
       Masch#,
       Teil#,
       ) select
          DetKapBed.Masch#,
          DetKapBed.Teil#,
       from DetKapBed
       where 1=1
       and DetKapBed.Masch# = :new.Masch#
       and DetKapBed.Teil# = :new.Teil#
    minus select
       Masch#,
       Teil#,
    from MUArbPlan
    ;  /* nach Regel 17 */
    insert into ProdPrg (
       Teil#,
       Woche#,
       ) select
          DetKapBed.Teil#,
          DetKapBed.Woche#,
       from DetKapBed
       where 1=1
       and DetKapBed.Teil# = :new.Teil#
       and DetKapBed.Woche# = :new.Woche#
    minus select
       Teil#,
       Woche#,
    from ProdPrg
    ;  /* nach Regel 17 */
end;
```

Nach Einfügung eines DetKapBed-Objekts (Primärschlüsselwert `:new.Teil#`, `:new.Masch#`, `:new.Woche#`) wird nach Regel 14a zunächst der Wert des aggregativ abgeleiteten Attributs `Menge` aktualisiert. Dazu werden MUArbPlan und ProdPrg über gleiche Teilenummern verknüpft, wobei der Join zusätzlich auf die Schlüsselwerte des eingefügten DetKapBed-Objekts x (d.h. die von diesem Objekt referenzierten Objekte in ProdPrg und MUArbPlan) eingeschränkt wird. Die Aktualisierung bezieht sich in DetKapBed natürlich nur auf das eingefügte Objekt (Primärschlüsselwert `:new.Teil#`, `:new.Masch#`, `:new.Woche#`).

Nach Regel 15b werden AggrKapBed-Objekte eingefügt, die das eingefügte DetKapBed-Objekt aufgrund einer vollständigen Assoziationsbeziehung referenzieren (Primärschlüsselwert `:new.Masch#`. `:new.Woche#`), soweit diese noch nicht existieren. Die Reihenfolge der Schlüsselattribute in der Attributliste des Insert-Kommandos, der Select-Liste des Joins und der Select-Liste der Minus-Klausel ist identisch und bedarf keiner Überarbeitung.

Nach Regel 16b wird das durch Gruppierung abgeleitete Menge-Attribut des referenzierenden AggrKapBed-Objekts aktualisiert, falls dieses Objekt existiert. Die Aktualisierung bezieht sich nur auf solche Objekte, die das eingefügte Objekt referenzieren (Primärschlüsselwert `:new.Masch#, :new.Woche#`). Zur Ableitung werden alle DetKapBed-Objekte herangezogen, die durch das betroffene AggrKapBed-Objekt referenziert werden.

Schließlich werden nach Regel 17 referenzierte MUArbPlan- und ProdPrg-Objekte eingefügt, falls diese noch nicht existieren. Die Referenzierungen werden durch Schlüsselwerte für (`Teil#, Masch#`) bzw. (`Teil#, Woche#`) erreicht, die der jeweiligen Untermenge des Schlüsselwerts des eingefügten Objekts (`:new.Teil#, :new:Masch#, :new.Woche#`) entsprechen.

Weitere Propagierungen sind nicht vorzunehmen. In syntaktischer Hinsicht müssen einige Insert- und Update-Kommandos dadurch überarbeitet werden, daß die Kommata aus den jeweils letzten Elementen der From-Klauseln und Select-Listen entfernt werden. Ansonsten ist der generierte Trigger semantisch und syntaktisch korrekt.

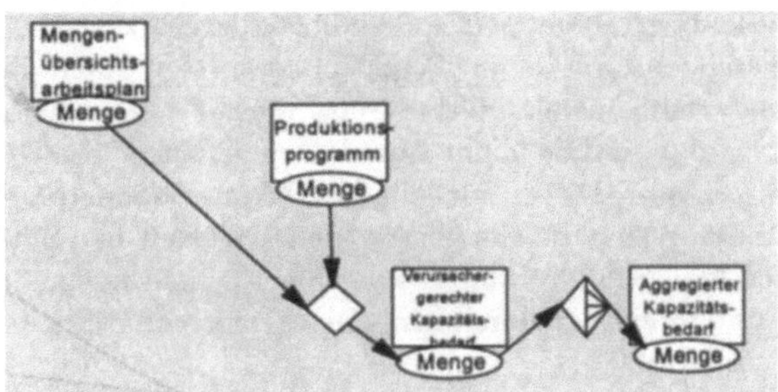

Abbildung 37: Rolle von DetKapBed im konzeptionellen Attributmodell der Kapazitätsterminierung

Before-update-Trigger:

```
create trigger DetKapBed_bu before update of Menge on DetKapBed
begin
   raise_application_error(-20004,"Abgeleitetes Attribut darf
nicht manuell aktualisiert werden");
end;      /* nach Regel 21 */
```

Die Änderung des Menge-Attributs eines Baugruppe-Objekts wird nach Regel 21 grundsätzlich zurückgewiesen. Dieses Attribut kommt durch aggregative Ableitung zustande, so daß Änderungen nicht in die referenzierten Objekte propagiert werden können. Weitere Prüfungen sind nicht vorzunehmen. Die Triggerdefinition ist syntaktisch und semantisch korrekt.

After-update-Trigger:

```
create trigger DetKapBed_au after update of Menge on DetKapBed
for each row begin
   update AggrKapBed x set
      Menge= (select sum(DetKapBed.Menge) from DetKapBed
         where 1=1
         and DetKapBed.Masch#=:new.Masch#
         and DetKapBed.Woche#=:new.Woche#
         )
      where 1=1
      and AggrKapBed.Woche#=:new.Woche#
      and AggrKapBed.Masch#=:new.Masch#
   ;  /* nach Regel 25 */
end;
```

Zwar werden direkte Änderungen des Menge-Attributs von DetKapBed-Objekten durch den Before-update-Trigger verhindert. Durch Propagierung kann es aber zu indirekten Änderungen kommen, die durch einen After-update-Trigger propagiert werden müssen. Nach Regel 25 ist das durch eine Gruppierung abgeleitete Menge-Attribut solcher AggrKapBed-Objekte zu aktualisieren, die das geänderte DetKapBed-Objekt referenzieren. Die Identifikation referenzierender Objekte in AggrKapBed erfolgt durch Bezug auf die Schlüsselwerte des eingefügten Objekts (`:new.Woche#, :new.Masch#`). Zur Ableitung selbst wird natürlich nicht nur das eingefügte Objekt (Schlüsselwert `:new.Woche#, :new.Teil#, :new.Masch#`) benutzt, sondern alle Objekte in DetKapBed, die von den zu aktualisierenden Objekten in AggrKapBed referenziert werden (d.h. Schlüsselwert `:new.Woche#, :new.Masch#`). Andere Propagierungen sind nicht vorzunehmen. Die Triggerdefinition ist semantisch und syntaktisch korrekt.

4.2.6 Datenbanktrigger vs. Anwendungstrigger

Bisher wurde davon ausgegangen, daß das implizierte Verhalten des EOT-Modells zur dynamischen Konsistenzsicherung durch Datenbanktrigger eines prozedural erweiterten relationalen Datenbanksystems implementiert wird. Die hier vorgestellte Vorgehensweise zur Triggergenerierung ist jedoch im Prinzip auch anwendbar, wenn statt Datenbanktriggern Anwendungstrigger erzeugt werden sollen. Als Anwendungstrigger wird eine standardisierte Funktion bezeichnet, die immer bei Eintritt eines bestimmten Ereignisses ausgelöst wird. Da die korrekte und vollständige Auslösung von Anwendungstriggern jedoch nicht (wie im Fall von Datenbanktriggern) durch ein standardisiertes Unterstützungssystem automatisch sichergestellt wird, sondern als Teil des Anwendungssystems "programmiert" werden muß, eröffnet die Benutzung von Abwendungstriggern mannigfaltige Umgehungs- und Fehlermöglichkeiten für die dynamische Konsistenzsicherung.

Können oder sollen (z.B. wegen fehlender Standardisierung) prozedurale Erweiterungen eines relationalen Datenbanksystems nicht zur Implementierung genutzt werden oder steht kein prozedural erweitertes relationales Datenbanksystem zur Verfügung, kann die dynamische Konsistenzsicherung eines in Form eines EOT-Schemas modellierten betrieblichen Anwendungssystems unter Inkaufnahme dieser Risiken dennoch in automatisierter Form implementiert werden: Während der erste Verarbeitungsschritt unverändert bleiben kann, sind im zweite Verarbeitungsschritt anstelle von Definitionen für Datenbanktrigger Unterprogramme einer höheren prozeduralen Programmiersprache (z.B. Cobol- oder C-Unterprogramme) zu generieren und in eine Bibliothek einzustellen. Die Veränderungen betreffen nur die Kopfzeilen der Triggerdefinitionen sowie ihre PL/SQL-spezischen Elemente (Blockbeginn, Blockende, Fehlerbehandlung). Alle SQL-Kommandos können in PL/SQL-Blöcken in der gleichen Form codiert werden wie als eingebettete Kommandos einer höheren prozeduralen Programmiersprache.

Im folgenden Beispiel wird der After-delete-Trigger von "AggrKapBed" der entsprechenden C-Funktion gegenübergestellt:

```
create trigger AggrKapBed_ad after delete on AggrKapBed for each
row begin
   delete from DetKapBed where 1=1
      and DetKapBed.Masch#=:old.Masch#
      and DetKapBed.Woche#=:old.Woche#
      ;  /* nach Regel 4 */
   delete from KapVergl where 1=1
      and KapVergl.Masch#=:old.Masch#
      and KapVergl.Woche#=:old.Woche#
      ;  /* nach Regel 1 */
end;
void DeleteAggrKapBed(
         char *GelMasch#,
         char *GelWoche#
         )
{
   delete from AggrKapBed where 1=1
      and AggrKapBed.Masch#=GelMasch#
      and AggrKapBed.Woche#=GelWoche#
      ;  /* Ausloesendes Ereignis */
   delete from DetKapBed where 1=1
      and DetKapBed.Masch#=GelMasch#
      and DetKapBed.Woche#=GelWoche#
      ;  /* nach Regel 4 */
```

```
delete from KapVergl where 1=1
        and KapVergl.Masch#=GelMasch#
        and KapVergl.Woche#=GelWoche#
        ;  /* nach Regel 1 */
}
```

Während der Datenbanktrigger nach der Löschung eines "AggrKapBed"-Objekts für jedes gelöschte Objekt durch das Datenbanksystem automatisch ausgelöst wird, wird im Anwendungstrigger diese Verbindung dadurch hergestellt, daß die Löschung des "AggrKapBed"-Objekts mit allen abhängigen Löschungen in einer einzigen, umfassenden Löschungsfunktion implementiert wird. In einem satzbezogenen (`for each row`) Datenbanktrigger kann die ursprüngliche Löschung nur für einen bestimmten Wert des Primärschlüssels erfolgen, der dann im Trigger als `:old.Schlüsselattribut` für die Propagierung verwendet werden kann. Im entsprechenden Anwendungstrigger wird die gesamte Funktion für einen bestimmten Wert des Primärschlüssels aufgerufen (z.B. `DeleteAggrKapBed("2","9432");`), so daß die Aufrufparameter sowohl für die ursprüngliche wie auch für die abhängigen Löschungen verwendet werden können. Da die für die Generierung des Anwendungstriggers zusätzlich notwendigen Informationen über den ursprünglich manipulierten Objekttyp ja ohnehin in `stufe1` gespeichert werden, ist der erste Verarbeitungsschritt für Datenbanktrigger und Anwendungstrigger identisch. Auch im zweiten Verarbeitungsschritt beschränken sich die Unterschiede darauf, daß für Anwendungstrigger lediglich einige Textzeilen anders und einige Textzeilen (für die verursachende Manipulation) zusätzlich zu generieren sind.

4.2.7 Zusammenfassung und Diskussion

Insgesamt werden für die 16 Objekttypen des Kapazitätsterminierungsbeispiels 1148 Textzeilen erzeugt. Von den 96 theoretisch möglichen Triggern (16 Objekttypen * 6 Ereignistypen) werden 58 generiert. 37 werden korrekterweise nicht generiert. Ein Trigger, der generiert werden müßte, kann aufgrund des Fehlens entsprechender Informationen in der Entwicklungsdatenbank nicht erzeugt werden.

Von den 58 generierten Triggern sind 31 (53%) semantisch und syntaktisch vollständig korrekt.

16 Trigger (28%) sind zwar semantisch korrekt, müssen aber syntaktisch überarbeitet werden. Die Überarbeitung besteht in fast allen Fällen lediglich in der Entfernung von Kommata hinter den letzten Elementen von From-Klauseln, Set-Klauseln und Spalten-Aufzählungen. In den anderen Fällen sind die Reihenfolgen von Spalten-Aufzählungen in verschiedenen Klauseln eines SQL-Kommandos nicht identisch. Eine aufwendigere Gestaltung der Kommandos des zweiten Verarbeitungsschritts kann dieses Problem beseitigen.

Sechs Triggerdefinitionen (10%) sind zwar syntaktisch korrekt, bilden aber die Semantik des konzeptionellen Schemas nicht vollständig ab. Im konkreten Beispiel kann weder die Semantik der Ableitung der Mengenübersichtsstückliste noch die Semantik der Ableitung der Durchschnittsauslastung von Maschinen in der Entwicklungsdatenbank repräsentiert werden. Während im ersten Fall eine komplexe Ableitungsregel vorliegt, die nicht als aggregative Ableitung auf der Grundlage einer Aggregationsbeziehung modelliert werden kann, fehlt im zweiten Fall eine Abstraktionsbeziehung, die der Verdichtung zugrunde liegt. Das erste Problem kann durch eine - allerdings aufwendige - Erweiterung des formalen Modells in Bezug auf Regel 27, das zweite Problem durch eine Ergänzung des ersten Verarbeitungsschritts zur "Inferierung" von Assoziationsbeziehungen behoben werden.

Fünf Triggerdefinitionen (9%) sind sowohl semantisch wie auch syntaktisch fehlerhaft.

Insgesamt kann damit ein großer Teil der Semantik der Kapazitätsterminierung in syntaktisch weitgehend korrekter Form implementiert werden. Selbst die fehlerhaften Triggerdefinitionen erfordern semantisch und syntaktisch meist nur geringe manuelle Nacharbeiten. Die Formalisierung des EOT-Modells ermöglicht damit über die Generierung von Tabellen und Integritätsbedingungen hinaus die automatische Implementierung der dynamischen Konsistenzsicherung und damit eines wichtigen Teils des Systemverhaltens. Der Umfang der zu spezifizierenden Abstraktions- und Ableitungsbeziehungen ist dabei im Vergleich zur großen Zahl und teilweise hohen Komplexität der generierten Datenbanktrigger sehr überschaubar. Es erscheint wesentlich effizienter, die Semantik eines Anwendungssystems einmalig zu spezifizieren, in wiederverwendbarerer Form zentral zu speichern und durch Generatoren zu implementieren, als diese Semantik mehr oder weniger unkontrolliert in allen Anwendungen replizieren zu müssen.

Das in diesem Kapitel vorgestellte Konzept zur Formalisierung und Implementierung von Schemata durch Datenbank- oder Anwendungstrigger muß jedoch in bezug auf die folgenden Aspekte erweitert bzw. untersucht werden:

1. Propagierungen und Prüfungen wurden bisher ausschließlich einstufig betrachtet. Schon in weniger komplexen Schemata ergeben sich aber bereits komplexe Propagierungs- und Prüfungspfade. Es ist deshalb zu untersuchen, ob die vorgestellten 27 Regeln auch bei Aufhebung der Beschränkung auf einstufige Propagierung bzw. Prüfung noch gültig sind bzw. wie diese Regeln ggf. modifiziert werden müssen. Die Implementierung mehrstufiger Propagierungen bzw. Prüfungen kann einerseits durch kaskadierende Datenbanktrigger erfolgen, die jeweils eine Propagierungs- bzw. Prüfungsstufe implementieren. Andererseits kann auch der gesamte Propagierungs- bzw. Prüfungspfad durch einen einzigen Trigger implementiert werden. Die Ausdehnung der bisher be-

schriebenen Konzepte zur Formalisierung und Implementierung erweiterter Schemata wird im folgenden Hauptabschnitt untersucht.

2. Zur Spezifikation von EOT-Schemata wurden bisher Relationstypen verwendet, die jeweils ein Prädikat des formalisierten Modells repräsentieren. Natürlich ist ein auf der Grundlage der Entwicklungsdatenbank implementiertes Verwaltungswerkzeug sinnvoll, um Schemata verwalten und auswerten zu können. Um jedoch komplexe Schemata effizient entwickeln zu können, bedarf es eines grafischen Modellierungswerkzeugs. Im übernächsten Hauptabschnitt dieses Kapitels werden Werkzeuge vorgestellt, mit deren Hilfe auf der Grundlage des EOT-Modells betriebliche Anwendungssysteme effizient und konsistent entwickelt werden können.

4.3 Erweiterung des Konzepts auf mehrstufige Propagierungen bzw. Prüfungen

In Abbildung 38 wird für das Kapazitätsterminierungsbeispiel ein mehrstufiger Propagierungspfad dargestellt. Wenn ein "Baugruppe_oder_Produkt_oder_Teil"-Objekt gelöscht wird, ist unter bestimmten Umständen nicht nur ein "Baugruppe_oder_Produkt"-Objekt zu löschen. Die propagierte Löschung würde ihrerseits die Löschung eines oder mehrerer "Arbeitsplan"-Objekte erfordern. Diese abhängige Löschung führt u.U. zur Löschung von "Mengenübersichtsarbeitsplan"-Objekten, die wiederum die Löschung von verursachergerechten Kapazitätsbedarfen nach sich zieht. Die Löschung jedes "Verursachergerechter Kapazitätsbedarf"-Objekts muß ihrerseits durch die Löschung oder den Update eines "Aggregierter Kapazitätsbedarf"-Objekts propagiert werden. Während die Löschung jedes dieser Objekte zur Löschung des referenzierenden "Kapazitätsvergleich"-Objekts führt, ist die Änderung eines aggregierten Kapazitätsbedarfs durch Änderung des referenzierenden "Kapazitätsvergleich"-Objekts zu propagieren.

In einem prozedural erweiterten relationalen Datenbanksystem wird bei Eintritt eines bestimmten Manipulationsereignisses der diesem Ereignis zugeordnete Datenbanktrigger automatisch ausgelöst. Wenn die Manipulationen, die durch den ausgelösten Trigger erfolgen, automatisch zur Auslösung weiterer, abhängiger Datenbanktrigger führen, wird dies als Kaskadierung bezeichnet [Oracle 1992c, S.15/4]. Werden einstufige Propagierungs- und Zurückweisungsregeln durch entsprechende Datenbanktrigger implementiert, stellt die Kaskadierung dieser Trigger eine einfache Möglichkeit dar, mehrstufige Propagierungen bzw. Prüfungen vorzunehmen.

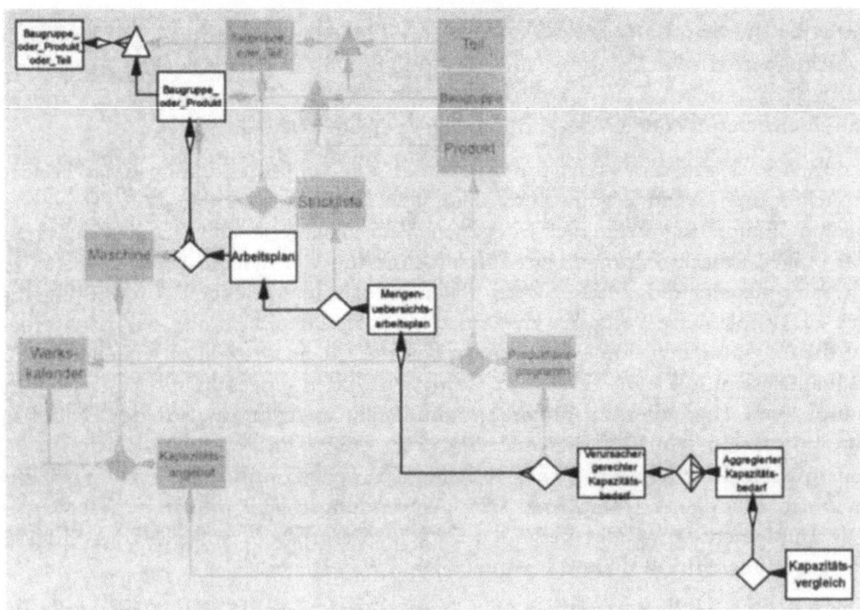

Abbildung 38: Mehrstufiger Propagierungs- bzw. Prüfungspfad

Für die Zurückweisung von Einfügungen bzw. Änderungen muß allerdings zwischen der direkten Manipulation durch eine Anwendung bzw. einen Benutzer auf der einen Seite und der indirekten Manipulation durch einen Trigger (Datenbanktrigger oder Anwendungstrigger) auf der anderen Seite unterschieden werden. Wenn die Voraussetzungen der Regeln 10, 11, 12, 13 oder 21 gegeben sind, müssen Einfügungen und Änderungen durch Anwendungen bzw. Benutzer zurückgewiesen werden. Einfügungen und Änderungen durch Trigger dürfen jedoch auch bei Vorliegen dieser Voraussetzungen nicht zurückgewiesen werden. Trigger werden ja z.B. gerade implementiert, um die Werte abgeleiteter Attribute zu aktualisieren, weil dies Anwendern bzw. Benutzern nicht gestattet werden soll (siehe Regel 21). Wenn die Voraussetzungen der Regeln 10, 11, 12 oder 13 erfüllt sind, dürfen zwar auch Trigger die entsprechende Einfügung nicht vornehmen, da sonst die Konsistenz der Datenbasis zerstört würde. Während das Vorliegen einer dieser Voraussetzungen für eine Anwendung bzw. einen Benutzer aber zur Zurückweisung der gesamten Transaktion zur Folge hat, wird für einen Trigger, der unter den gleichen Voraussetzungen die gleiche Manipulation versucht, die Einfügung lediglich nicht vorgenommen. Leider können Datenbanktrigger nicht unterscheiden, ob die sie auslösende Datenmanipulation durch eine Anwendung bzw. einen Benutzer oder durch einen anderen Datenbanktrigger vorgenommen wurde. Deshalb ist entweder die Manipulierbarkeit durch Anwendungen bzw. Benutzer auf bestimmte Objekttypen einzuschränken (alle Manipulationen anderer Objekttypen können dann ja nur durch Datenbanktrigger erfolgen), oder Datenbanktriggern müssen durch einschränkendere Anwendungstrigger ergänzt werden.

Können kaskadierende Triggermechanismen zur Implementierung eines konzeptionellen EOT-Schemas genutzt werden, dann ist die Anwendung der in den ersten beiden Hauptabschnitten beschriebenen Vorgehensweise unter Berücksichtigung der obigen Einschränkungen zur Implementierung der dynamischen Konsistenzsicherung ausreichend. Müssen oder sollen jedoch ausschließlich Anwendungstrigger zur Implementierung der dynamischen Konsistenzsicherung genutzt werden, ist die Kaskadierung von Datenbanktriggern in einem prozedural erweiterten Datenbanksystem auf eine bestimmte Zahl von Stufen eingeschränkt oder ist überhaupt keine Kaskadierung möglich, dann reicht es nicht aus, auf der Grundlage des konzeptionellen EOT-Schemas einstufige Trigger zu generieren. In diesen Fällen müssen die gesamten jeweils relevanten Propagierungs- bzw. Prüfungspfade[59] in Form komplexer Datenbank- bzw. Anwendungstrigger implementiert werden. Die Implementierung des gesamten Propagierungspfades anstelle einer direkten Propagierung wird in diesem Hauptabschnitt untersucht.

Die transitive Hülle eines gerichteten, zyklenfreien Graphen repräsentiert alle Pfade beliebiger Länge innerhalb dieses Graphen [Aho et al. 1974, S.195-200]. Da direkte Abstraktions- und Ableitungsbeziehungen zwischen Objekttypen bzw. Attributen gerichtet sind, kann ein konzeptionelles EOT-Schema als gerichteter, zyklenfreier Graph interpretiert werden. Die transitive Hülle repräsentiert in diesem Fall alle indirekten Beziehungen zwischen Objekttypen bzw. Attributen. Werden gerichtete Beziehungen auf der Grundlage des Relationenmodells als Tupel einer Tabelle implementiert, repräsentiert die "Relational Closure" [Merrett 1982, S.303] dieser Tabelle die transitive Hülle dieser Beziehungen. Wenn die (einstufigen) Propagierungen eines Schemas durch einen entsprechenden Relationstyp implementiert werden, können mehrstufige Propagierungen (Propagierungspfade) als Tupel der relationalen Hülle dieses Relationstyps abgeleitet werden [Winter 1994b, S.10-12].

Eine transitive Hülle kann rekursiv abgeleitet werden. Da kommerzielle relationale Datenbanksysteme keine Rekursion zulassen, muß die relationale Hülle durch Kumulierung wiederholter Verknüpfungen (Joins) der zugrunde liegenden Tabelle mit sich selbst abgeleitet werden. Bestimmte Datenbanksysteme bieten als Erweite-

[59] Mehrstufige Prüfungspfade müssen im folgenden nicht betrachtet werden, da die relevanten Zurückweisungsregeln sämtlich einstufig sind. Die Betrachtungen zur Mehrstufigkeit beschränken sich deshalb auf Propagierungspfade.

rung des SQL-Standards spezielle Klauseln an, mit denen eine relationale Hülle durch ein einziges Select-Kommando sehr elegant erzeugt werden kann.[60]

Werden statt der Abstraktionsbeziehungen des EOT-Modells lediglich Existenzabhängigkeiten, wechselseitige Existenzabhängigkeiten und aggregative Ableitungsregeln betrachtet, können mehrstufige Propagierungen durch Produktionsregeln aus der formalen Beschreibung einstufiger Propagierungen abgeleitet werden [Winter 1994b, S.12-15]. Diese Ableitung läßt zwar auf einfache Weise die Erzeugung beliebigstufiger Propagierungen zu, implementiert jedoch die Regeln 1, 15 und 26 des EOT-Modells. Die Produktionsregeln können leider auf keine andere der 24 restlichen Propagierungs- und Zurückweisungsregeln erweitert werden, die sich aus der Berücksichtigung aller grundlegenden Abstraktionsbeziehungen ergeben. Außerdem führen die exzessiven Verknüpfungen aller Tabellen entlang des Propagierungspfads, die aus den bei Winter beschriebenen Ableitungsregeln resultieren, bei großen Datenbeständen zu inakzeptablen Laufzeiten.

Im folgenden werden zunächst die Propagierungsregeln daraufhin untersucht, mit welchen Regeln sie sich bei zweistufiger Betrachtung verknüpfen lassen. Danach werden die Verarbeitungsschritte zur Generierung einstufiger Trigger derart modifiziert, daß auch zweistufige Trigger generiert werden können. Eine Auswahl der für das Kapazitätsterminierungsbeispiel generierten zweistufigen Datenbanktrigger wird schließlich auf ihre semantische und syntaktische Korrektheit geprüft. Die damit erfolgte Erweiterung der dynamischen Konsistenzsicherung auf zweistufige Propagierungen wird in einem abschließenden Abschnitt auf beliebigstufige Propagierungspfade ausgedehnt. Auch hier werden die entsprechenden Verarbeitungsschritte beschreiben, und eine Auswahl mehrstufiger Datenbanktrigger für das Kapazitätsterminierungsbeispiel wird vorgestellt und diskutiert. Eine Zusammenfassung und Diskussion der Generierung mehrstufiger Propagierungen bzw. Prüfungen bildet den Abschluß dieses Hauptabschnitts.

4.3.1 Verknüpfung von Propagierungsregeln

Um die Beschreibung der zulässigen Verknüpfungen zu erleichtern, sind zunächst einige Grundformen von Propagierungen zu unterscheiden. Unter einer monotonen Propagierung wird eine Propagierung verstanden, bei der der Typ der propagierten Datenmanipulation dem Typ der auslösenden Datenmanipulation entspricht. Von den neun Regeln zur Löschungspropagierung führen nur die Regeln

---

[60] So läßt sich in Oracle 7 durch die Connect by-Klausel eine hierarchische Beziehung innerhalb der Tupel eines Relationstyp definieren. Mit der Start with-Klausel können Einstiegspunkte in die Hierarchie festgelegt werden. Das betreffende Select-Kommando erzeugt dann automatisch durch Tiefensuche die relationale Hülle der zugrunde liegenden Tabelle. Dabei sind allerdings bestimmte Restriktionen (z.B. keine Operationen auf Spalten, keine zusätzlichen Joins) zu beachten [Oracle 1992a, S.4/361-4/365].

1, 2, 4 und 5 zu abhängigen Löschungen. Die Regeln 3, 6, 7, 8 und 9 führen dagegen zu abhängigen Änderungen und stellen deshalb keine monotonen Propagierungen dar. Für Einfügungen stellen die Regeln 15 und 17 monotone Propagierungen, die Regeln 14, 16, 18, 19 und 20 dagegen nicht monotone Propagierungen dar. Alle sechs Propagierungsregeln für Änderungen führen zu abhängigen Änderungen und sind deshalb monotone Propagierungen.

Unter einer Vorwärtspropagierung wird eine Propagierung verstanden, die sich auf referenzierende Objekte bezieht. Rückwärtspropagierungen beziehen sich im Gegensatz dazu auf referenzierte Objekte. Neben Vorwärts- und Rückwärtspropagierungen gibt es auch unechte Propagierungen. Diese beziehen sich auf die gleichen Objekte, deren Manipulation die Propagierung ursprünglich ausgelöst hat. Von den neun Regeln zur Löschungspropagierung sind die Regeln 1, 2 und 3 Vorwärtspropagierungen, die Regeln 4, 5, 6, 7, 8 und 9 dagegen Rückwärtspropagierungen. Für Einfügungen stellen die Regeln 15 und 16 Vorwärtspropagierungen, die Regeln 17, 18, 19 und 20 Rückwärtspropagierungen und die Regel 14 eine unechte Propagierung dar. Alle sechs Propagierungsregeln für Änderungen implizieren eine Vorwärtspropagierung.

Im folgenden wird für jede im Relationenmodell implementierbare Propagierungsregel untersucht, mit welchen anderen Regeln sie sich bei zweistufiger Betrachtung kombinieren läßt.

Regel 1: Wird ein Objekt gelöscht, sind in der gleichen Transaktion auch alle Objekte zu löschen, von denen das zu löschende Objekt aufgrund einer Aggregations- oder Generalisierungsbeziehung referenziert wird.

Regel 1 impliziert eine monotone Vorwärtspropagierung. Sie kann bei zweistufiger Betrachtung mit allen Regeln zur Löschungspropagierung verknüpft werden. Es ist lediglich dafür zu sorgen, daß sie nicht mit einer Rückwärtspropagierung in den gleichen Objekttyp verknüpft wird, in dem die ursprüngliche Löschung stattfand. Generell darf diese Regel mit Regel 1, 2, 3, 4 oder 5 verknüpft werden.

Regel 2: Wird ein Objekt gelöscht, sind in der gleichen Transaktion auch alle Objekte zu löschen, von denen das zu löschende Objekt als einziges Objekt aufgrund einer Assoziationsbeziehung referenziert wird.

Regel 2 impliziert ebenfalls eine monotone Vorwärtspropagierung. Sie kann bei zweistufiger Betrachtung ebenfalls mit allen Regeln zur Löschungspropagierung verknüpft werden, die nicht zu einer unechten Propagierung führen. Generell darf diese Regel deshalb mit Regel 1, 2, 3, 4 oder 5 verknüpft werden.

Regel 3: Wird ein Objekt gelöscht, sind in der gleichen Transaktion die Werte der abgeleiteten Attribute aller Objekte zu aktualisieren, von denen das zu löschende Objekt nicht als einziges Objekt aufgrund einer Assoziationsbeziehung referenziert wird.

Regel 3 impliziert eine nicht-monotone Vorwärtspropagierung. Sie kann bei zweistufiger Betrachtung mit allen Regeln zur Änderungspropagierung verknüpft werden, selbst wenn diese zu einer unechten Propagierung führen: Das Zielattribut der Änderungs-Propagierungsregeln kann ja niemals der Primärschlüssel des Objekttyp sein, in dem die ursprüngliche Löschung stattfand. Generell darf diese Regel mit Regel 23, 25 oder 26 verknüpft werden. Die Restriktionen aus Regel 21 haben für die abgeleiteten Änderungen keine Gültigkeit.

Regel 4: Wird ein Objekt gelöscht, sind in der gleichen Transaktion auch alle Objekte zu löschen, die vom zu löschenden Objekt aufgrund einer vollständigen, exklusiven Aggregations-, Generalisierungs- oder Assoziationsbeziehung referenziert werden müssen.

Regel 4 impliziert eine monotone Rückwärtspropagierung. Sie kann bei zweistufiger Betrachtung mit allen Regeln zur Löschungspropagierung verknüpft werden, die nicht zu einer unechten Propagierung führen. Generell darf diese Regel deshalb mit Regel 1, 2, 3, 4 oder 5 verknüpft werden.

Regel 5: Wird ein Objekt gelöscht, sind in der gleichen Transaktion auch alle Objekte zu löschen, die ausschließlich vom zu löschenden Objekt aufgrund einer vollständigen, nicht-exklusiven Aggregations-, Generalisierungs- oder Assoziationsbeziehung referenziert werden müssen.

Regel 5 impliziert ebenfalls eine monotone Rückwärtspropagierung. Sie kann bei zweistufiger Betrachtung mit allen Regeln zur Löschungspropagierung verknüpft werden, die nicht zu einer unechten Propagierung führen. Generell darf diese Regel deshalb mit Regel 1, 2, 3, 4 oder 5 verknüpft werden.

Regel 14: Wird ein Objekt eingefügt, sind in der gleichen Transaktion dessen ableitbare Attributwerte auf der Grundlage aller Ableitungsregeln zu aktualisieren, an denen Attribute des einzufügenden Objekts teilnehmen.

Regel 14 impliziert eine nicht-monotone, unechte Propagierung. Ihre Voraussetzungen sind für alle Objekttypen gegeben, die abgeleitete Attribute enthalten, so daß sie selbst bei einstufiger Betrachtung in alle entsprechenden Trigger eingebunden wird. Eine Verknüpfung mit anderen Propagierungsregeln ist ebenfalls nicht sinnvoll, da Regel 16 den gleichen Effekt hat, den die Verknüpfung einer beliebigen Einfügungspropagierung mit Regel 14 hätte.

Regel 15: Wird ein Objekt eingefügt, sind in der gleichen Transaktion auch alle nicht-existierenden Objekte mit abgeleiteten Attributwerten einzufügen, von denen das einzufügende Objekt aufgrund einer vollständigen Aggregations-, Generalisierungs- oder Assoziationsbeziehung referenziert werden muß.

Regel 15 impliziert eine monotone Vorwärtspropagierung. Sie kann bei zweistufiger Betrachtung mit allen Regeln zur Einfügungspropagierung außer Regel 14 (Begründung siehe dort) verknüpft werden. Es ist dafür zu sorgen, daß Regel 15 nicht mit einer Rückwärtspropagierung in den gleichen Objekttyp verknüpft wird, in dem die ursprüngliche Einfügung stattfand. Generell darf diese Regel mit Regel 15, 16 und 17 verknüpft werden. Die Restriktionen der Regeln 10, 11, 12 und 13 sind in unveränderter Form nur für die ursprüngliche Änderung zu betrachten. Für die abgeleiteten Einfügungen werden sie insofern abgemildert, daß das Vorliegen einer der Voraussetzungen nicht zum Abbruch der Transaktion, sondern nur zur Ignorierung der Einfügung führt.

Regel 16: Wird ein Objekt eingefügt, sind in der gleichen Transaktion auch alle Werte abgeleiteter Attribute der existierenden Objekte zu aktualisieren, die das einzufügende Objekt aufgrund einer Assoziationsbeziehung oder einer nicht-exklusiven Generalisierungsbeziehung referenzieren.

Regel 16 impliziert eine nicht-monotone Vorwärtspropagierung. Sie kann bei zweistufiger Betrachtung mit allen Regeln zur Änderungspropagierung verknüpft werden, selbst wenn diese zu einer unechten Propagierung führen: Das Zielattribut der Änderungs-Propagierungsregeln kann ja niemals der Primärschlüssel des Objekttyp sein, in dem die ursprüngliche Einfügung stattfand. Generell darf diese Regel mit Regel 23, 25 oder 26 verknüpft werden. Die Restriktionen aus Regel 21 haben für die abgeleiteten Änderungen keine Gültigkeit.

Regel 17: Wird ein Objekt eingefügt, sind in der gleichen Transaktion auch alle nicht-existierenden Objekte (ggf. mit entsprechenden Werten ihres Klassifikations- bzw. Gruppierungsattributs) einzufügen, die vom einzufügenden Objekt aufgrund einer Aggregations- oder Generalisierungsbeziehung referenziert werden.

Regel 17 impliziert eine monotone Rückwärtspropagierung. Sie kann bei zweistufiger Betrachtung mit allen Regeln zur Einfügungspropagierung außer Regel 14 (Begründung siehe dort) verknüpft werden. Es ist dafür zu sorgen, daß Regel 17 nicht mit einer Vorwärtspropagierung in den gleichen Objekttyp verknüpft wird, in dem die ursprüngliche Einfügung stattfand. Generell darf diese Regel mit Regel 15, 16 und 17 verknüpft werden. Wenn die Voraussetzungen der Regeln 10, 11, 12 oder 13 für die propagierte Einfügung vorliegen, ist die jeweilige Transaktion nicht abzubrechen, sondern diese Einfügung zu ignorieren.

Regel 23: Wird der Wert eines nicht-abgeleiteten Attributs geändert, sind in der gleichen Transaktion auch die Werte der vererbten Attribute aller Objekte zu ändern, die das zu ändernde Objekt aufgrund einer Generalisierungsbeziehung referenzieren und deren Attribute mit dem geänderten Attribut an einer Vererbungsbeziehung teilnehmen.

Regel 23 impliziert eine monotone Vorwärtspropagierung. Sie kann bei zweistufiger Betrachtung mit allen Regeln zur Änderungspropagierung verknüpft werden. Da alle Regeln zu Änderungspropagierung Vorwärtspropagierungen sind, sind für die Verknüpfung keine Besonderheiten zu beachten. Generell darf diese Regel mit Regel 23, 25 und 26 verknüpft werden. Die Restriktionen aus Regel 21 haben für die abgeleiteten Änderungen keine Gültigkeit.

Regel 25: Wird der Wert eines nicht-abgeleiteten Attributs geändert, sind in der gleichen Transaktion auch die Werte der verdichteten Attribute aller Objekte zu ändern, die das zu ändernde Objekt aufgrund einer Assoziationsbeziehung referenzieren und deren Attribute mit dem geänderten Attribut an einer Verdichtungsbeziehung teilnehmen.

Regel 25 impliziert ebenfalls eine monotone Vorwärtspropagierung. Sie kann bei zweistufiger Betrachtung mit allen Regeln zur Änderungspropagierung verknüpft werden. Da alle Regeln zu Änderungspropagierung Vorwärtspropagierungen sind, sind für die Verknüpfung auch in diesem Fall keine Besonderheiten zu beachten. Generell darf diese Regel mit Regel 23, 25 und 26 verknüpft werden. Die Restriktionen aus Regel 21 haben für die abgeleiteten Änderungen keine Gültigkeit.

Regel 26: Wird der Wert eines nicht-abgeleiteten Attributs geändert, sind in der gleichen Transaktion auch die Werte aller abgeleiteten Attribute aller Objekte zu aktualisieren, die das zu ändernde Objekt aufgrund einer Aggregationsbeziehung referenzieren und deren Attribute mit dem geänderten Attribut an einer aggregativen oder funktionalen Ableitung teilnehmen.

Auch Regel 26 impliziert eine monotone Vorwärtspropagierung. Da sich auch in diesem Fall keine unechte Propagierung ergeben kann, kann Regel 26 bei zweistufiger Betrachtung mit allen Regeln zur Änderungspropagierung (Regel 23, 25 und 26) verknüpft werden. Die Restriktionen aus Regel 21 haben für die abgeleiteten Änderungen keine Gültigkeit.

4.3.2 Generierung zweistufiger Datenbanktrigger

Als relationale Sichten auf die Zwischentabelle `stufe1` repräsentieren `dprop`, `iprop` und `uprop` nach Ende des Verarbeitungsschrittes 1 alle einstufigen Löschungs-, Einfügungs- und Änderungspropagierungen. Durch Join dieser Sichten mit sich selbst lassen sich die Propagierungen monotoner Löschungs-, Einfügungs-

und Änderungspropagierungen erzeugen. Diese zweistufigen Propagierungen werden in der Tabelle `stufe1#2` gespeichert, auf deren Grundlage analog zur Vorgehensweise für einstufige Propagierungen die relationalen Sichten `dprop2`, `iprop2` und `uprop2` zur Repräsentation der drei Typen von Datenmanipulationen definiert werden können. Zur Ableitung zweistufiger Propagierungen sind insgesamt sechs Joins auszuführen:

- Das Feld `zus_ot` kann für keine, eine oder beide verknüpften Propagierungen gefüllt sein. Dadurch entstehen pro Verknüpfung maximal zwei Gruppen von Tupeln, die sich lediglich dadurch unterscheiden, daß der Attributwert der Spalten `zusaetzlicher_ot` bzw. `zusaetzliches_attribut` im einen Fall `a.zusaetzlicher_ot` bzw. `a.zusaetzliches_attribut`, im anderen Fall dagegen `b.zusaetzlicher_ot` bzw. `b.zusaetzliches_attribut` ist. `a` und `b` sind dabei die Aliasnamen der mit sich selbst verknüpften Tabelle.
- Für jede Verknüpfung sind Tupel für jede der beiden verknüpften einstufigen Propagierungsregeln zu erzeugen. Die beiden erzeugten Tupel unterscheiden sich nur dadurch, daß der Attributwert der Spalte `regel` im einen Fall `a.regel`, im anderen Fall dagegen `b.regel` ist. `a` und `b` sind dabei wiederum die Aliasnamen der mit sich selbst verknüpften Tabelle.

Die erste Enumeration ist notwendig, um alle zusätzlichen Objekttypen mit den jeweils relevanten Schlüsselattributen zu erfassen. Die zweite Enumeration wird benötigt, damit im zweiten Verarbeitungsschritt Syntaxelemente beider Regeln in die Generierung der Definition des zweistufigen Triggers einfließen. Nach Durchführung der sechs Joins enthalten die relationalen Sichten `dprop2`, `iprop2` und `uprop2` Informationen für zweistufige Propagierungen, deren Struktur der von `dprop`, `iprop` bzw. `uprop` für einstufige Propagierungen entspricht. Um Triggerdefinitionen zu erzeugen, können diese Sichten deshalb im zweiten Verarbeitungsschritt genauso ausgewertet werden, wie dies für einstufige Propagierungen weiter vorne beschrieben wurde.

Jeder der sechs Joins wird für alle gleichartigen Propagierungen (`a.modul = b.modul`) innerhalb des gleichen Schemas (`a.schema = b.schema`) durchgeführt, die unmittelbar miteinander verknüpft sind (`a.betroffener_ot = b.manipulierter_ot`) und die nicht zu einer zyklischen Propagierung führen (`a.manipulierter_ot != b.betroffener_ot`). Es werden nur monotone Propagierungen weiterverfolgt, da im zweiten Verarbeitungsschritt für Kombinationen von Regel 3, Regel 14 und Regel 16 mit Propagierungsregeln für Änderungen keine syntaktisch korrekten Triggerdefinitionen erzeugt werden können. Außerdem werden grundsätzlich keine Verknüpfungen mit Regel 14 und Regel 16 vorgenommen, weil die Anwendung dieser Regeln auf mehrstufige Propagierungen nicht sinnvoll ist. Die sechs Joins unterscheiden sich zur Enumeration der oben beschriebenen Möglichkeiten bezüglich der fett dargestellten Klauseln.

```
insert into stufe1#2 (schema, modul, regel, manipulierter_ot,
   manipuliertes_attribut, betroffener_ot, betroffenes_attribut,
   zusaetzlicher_ot, zusaetzliches_attribut, ablformel)
select a.schema, a.modul, a.regel, a.manipulierter_ot,
   a.manipuliertes_attribut, b.betroffener_ot,
   b.betroffenes_attribut, a.zusaetzlicher_ot,
   a.zusaetzliches_attribut, b.ablformel
from stufe1 a, stufe1 b
where a.modul = b.modul
and a.schema = b.schema
and a.betroffener_ot = b.manipulierter_ot
and a.manipulierter_ot != b.betroffener_ot
and a.regel in
   ('1','2','4','5a','5b','15a','15b','17','23','25','26')
and b,regel not in ('14a','14b','16a','16b')
and a.zusaetzlicher_ot is not null
and substr(a.manipuliertes_attribut,1,
   instr(a.manipuliertes_attribut,'#'))
   = substr(b.betroffenes_attribut,1,
   instr(b.betroffenes_attribut,'#'))

insert into stufe1#2 (schema, modul, regel, manipulierter_ot,
   manipuliertes_attribut, betroffener_ot, betroffenes_attribut,
   zusaetzlicher_ot, zusaetzliches_attribut, ablformel)
select a.schema, a.modul, b.regel, a.manipulierter_ot,
   a.manipuliertes_attribut, b.betroffener_ot,
   b.betroffenes_attribut, a.zusaetzlicher_ot,
   a.zusaetzliches_attribut, b.ablformel
from stufe1 a, stufe1 b
where a.modul = b.modul
and a.schema = b.schema
and a.betroffener_ot = b.manipulierter_ot
and a.manipulierter_ot != b.betroffener_ot
and a.regel in
   ('1','2','4','5a','5b','15a','15b','17','23','25','26')
and b,regel not in ('14a','14b','16a','16b')
and a.zusaetzlicher_ot is not null
and substr(a.manipuliertes_attribut,1,
   instr(a.manipuliertes_attribut,'#'))
   = substr(b.betroffenes_attribut,1,
   instr(b.betroffenes_attribut,'#'))
```

```
insert into stufe1#2 (schema, modul, regel, manipulierter_ot,
   manipuliertes_attribut, betroffener_ot, betroffenes_attribut,
   zusaetzlicher_ot, zusaetzliches_attribut, ablformel)
select a.schema, a.modul, a.regel, a.manipulierter_ot,
   a.manipuliertes_attribut, b.betroffener_ot,
   b.betroffenes_attribut, b.zusaetzlicher_ot,
   b.zusaetzliches_attribut, b.ablformel
from stufe1 a, stufe1 b
where a.modul = b.modul
and a.schema = b.schema
and a.betroffener_ot = b.manipulierter_ot
and a.manipulierter_ot != b.betroffener_ot
and a.regel in
   ('1','2','4','5a','5b','15a','15b','17','23','25','26')
and b,regel not in ('14a','14b','16a','16b')
and b.zusaetzlicher_ot is not null
and substr(a.manipuliertes_attribut,1,
   instr(a.manipuliertes_attribut,'#'))
   = substr(b.betroffenes_attribut,1,
   instr(b.betroffenes_attribut,'#'))

insert into stufe1#2 (schema, modul, regel, manipulierter_ot,
   manipuliertes_attribut, betroffener_ot, betroffenes_attribut,
   zusaetzlicher_ot, zusaetzliches_attribut, ablformel)
select a.schema, a.modul, b.regel, a.manipulierter_ot,
   a.manipuliertes_attribut, b.betroffener_ot,
   b.betroffenes_attribut, b.zusaetzlicher_ot,
   b.zusaetzliches_attribut, b.ablformel
from stufe1 a, stufe1 b
where a.modul = b.modul
and a.schema = b.schema
and a.betroffener_ot = b.manipulierter_ot
and a.manipulierter_ot != b.betroffener_ot
and a.regel in
   ('1','2','4','5a','5b','15a','15b','17','23','25','26')
and b,regel not in ('14a','14b','16a','16b')
and b.zusaetzlicher_ot is not null
and substr(a.manipuliertes_attribut,1,
   instr(a.manipuliertes_attribut,'#'))
   = substr(b.betroffenes_attribut,1,
   instr(b.betroffenes_attribut,'#'))
```

```
insert into stufe1#2 (schema, modul, regel, manipulierter_ot,
   manipuliertes_attribut, betroffener_ot, betroffenes_attribut,
   zusaetzlicher_ot, zusaetzliches_attribut, ablformel)
select a.schema, a.modul, a.regel, a.manipulierter_ot,
   a.manipuliertes_attribut, b.betroffener_ot,
   b.betroffenes_attribut, null, null, b.ablformel
from stufe1 a, stufe1 b
where a.modul = b.modul
and a.schema = b.schema
and a.betroffener_ot = b.manipulierter_ot
and a.manipulierter_ot != b.betroffener_ot
and a.regel in
   ('1','2','4','5a','5b','15a','15b','17','23','25','26')
and b,regel not in ('14a','14b','16a','16b')
and a.zusaetzlicher_ot is null and b.zusaetzlicher_ot is null
and substr(a.manipuliertes_attribut,1,
   instr(a.manipuliertes_attribut,'#'))
   = substr(b.betroffenes_attribut,1,
   instr(b.betroffenes_attribut,'#'))

insert into stufe1#2 (schema, modul, regel, manipulierter_ot,
   manipuliertes_attribut, betroffener_ot, betroffenes_attribut,
   zusaetzlicher_ot, zusaetzliches_attribut, ablformel)
select a.schema, a.modul, b.regel, a.manipulierter_ot,
   a.manipuliertes_attribut, b.betroffener_ot,
   b.betroffenes_attribut, null, null, b.ablformel
from stufe1 a, stufe1 b
where a.modul = b.modul
and a.schema = b.schema
and a.betroffener_ot = b.manipulierter_ot
and a.manipulierter_ot != b.betroffener_ot
and a.regel in
   ('1','2','4','5a','5b','15a','15b','17','23','25','26')
and b,regel not in ('14a','14b','16a','16b')
and a.zusaetzlicher_ot is null and b.zusaetzlicher_ot is null
and substr(a.manipuliertes_attribut,1,
   instr(a.manipuliertes_attribut,'#'))
   = substr(b.betroffenes_attribut,1,
   instr(b.betroffenes_attribut,'#'))
```

Damit ist der erste Verarbeitungsschritt auf Propagierungen monotoner Löschungspropagierungen, Propagierungen monotoner Einfügungspropagierungen und Propagierungen monotoner Änderungspropagierungen erweitert worden.

4.3.3 Generierte zweistufige Propagierungen für die Kapazitätsterminierung

Da alle zweistufigen Propagierungen für jede jeweils zugrunde liegende Propagierungsregel (d.h. jeweils doppelt) in dprop2, iprop2 bzw. uprop2 gespeichert sind, werden im zweiten Verarbeitungsschritt alle syntaktischen Elemente der Triggerdefinition kombiniert, auch wenn sich diese nur auf eine der jeweiligen Propagierungsregeln beziehen. Der zweite Verarbeitungsschritt ist für einstufige und zweistufige Propagierungen nahezu identisch. Einer der beiden Unterschiede besteht darin, daß dprop2 statt dprop, iprop2 statt iprop und uprop2 statt uprop verarbeitet werden. Dabei ist zu beachten, daß auch bei der Generierung zweistufiger After-insert-Trigger weiterhin uprop (und nicht uprop2) mit iprop2 verknüpft wird, da für die Implementierung der Regeln 14 und 16 unmittelbare (und nicht mittelbare) Ableitungsbeziehungen für abgeleitete Attribute in Set-Klauseln eines Insert-Kommandos transformiert werden müssen. Der andere Unterschied besteht darin, daß das "Stufe"-Attribut aller generierten Textzeilen zweistufiger Datenbanktrigger natürlich den Wert '2' haben muß. Auf die Wiedergabe der damit nur marginal modifizierten Sequenz von SQL-Kommandos zur Generierung von Triggerdefinitionen kann deshalb verzichtet werden.

Im folgenden werden ausgewählte zweistufige Datenbanktrigger für das Kapazitätsterminierungsbeispiel vorgestellt und im Hinblick auf ihre syntaktische und semantische Korrektheit bewertet. Als Repräsentanten dienen dabei die gleichen Trigger, die auch für einstufige Trigger als repräsentativ ausgewählt wurden. Aufgrund ihrer starken Ähnlichkeit werden zweistufige Trigger in Aggregationshierarchien lediglich durch die Trigger für "ArbPlan" repräsentiert. Before-insert-Trigger und Before-update-Trigger werden für mehrstufige Propagierungen aus den weiter oben genannten Gründen grundsätzlich nicht erzeugt, so daß sich die Diskussion auf After-delete-, After-insert- und After-update-Trigger beschränken kann. Die Abbildungen dieses Abschnitts umfassen das für alle jeweils betrachteten Objekttypen relevante Subschema.

4.3.3.1 Zweistufige Datenbanktrigger in Generalisierungshierarchien

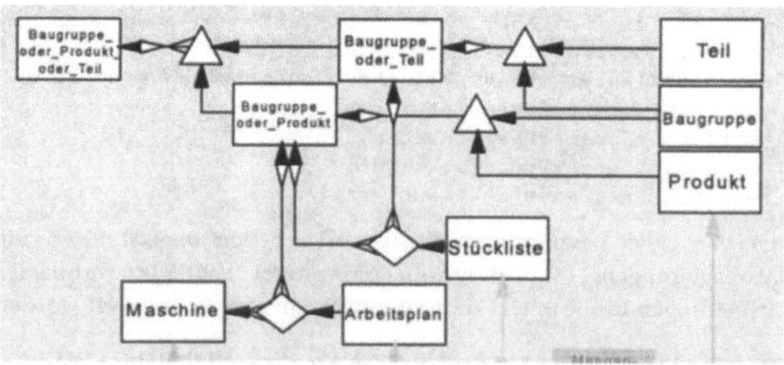

Abbildung 39: Objekttypen, die bei zweistufiger Betrachtung mit Baugr_Prod_Teil oder Baugruppe verknüpft sind

Datenbanktrigger für "Baugr_Prod_Teil"

After-delete-Trigger:

```
create trigger Baugr_Prod_Teil_ad after delete on
Baugr_Prod_Teil for each row
begin
   delete from ArbPlan where 1=1
      and ArbPlan.Teil#=:old.Teil#
      ;  /* nach Regel 1 */
      ;  /* nach Regel 1 */
   delete from Baugruppe where 1=1
      and Baugruppe.Teil#=:old.Teil#
      ;  /* nach Regel 1 */
      ;  /* nach Regel 1 */
   delete from Produkt where 1=1
      and Produkt.Teil#=:old.Teil#
      ;  /* nach Regel 1 */
      ;  /* nach Regel 1 */
   delete from Stueli where 1=1
      and Stueli.Teil#Baugr_Prod=:old.Teil#
      and Stueli.Teil#Baugr_Teil=:old.Teil#
      ;  /* nach Regel 1 */
      ;  /* nach Regel 1 */
   delete from Teil where 1=1
      and Teil.Teil#=:old.Teil#
      ;  /* nach Regel 1 */
      ;  /* nach Regel 1 */
end;
```

Die Löschung eines "Baugr_Prod_Teil"-Objekts ist einstufig nach Regel 1 in seine Subtypen "Baugr_Prod" und in "Baugr_Teil" zu propagieren. Diese Löschungen sind ebenfalls nach Regel 1 in die Subtypen "Teil", "Baugruppe" und "Produkt" sowie in die Aggregate "Stueli" und "ArbPlan" zu propagieren. Die zweistufigen Löschungen werden durch den generierten Trigger vollständig vorgenommen. Für "Stueli"-Löschungen kann nicht automatisch entschieden werden, welches der beiden hinsichtlich des Primärschlüssels von "Baugr_Prod_Teil" identischen Primärschlüsselattribute sich auf den gelöschten Schlüssel beziehen soll. Die deshalb erzeugte `and`-Verknüpfung ist manuell durch eine `or`-Verknüpfung zu ersetzen. Der generierte Trigger ist syntaktisch korrekt, muß aber semantisch in diesem Punkt überarbeitet werden.

After-insert-Trigger:

Weil anhand der Attributwerte eines eingefügten "Baugr_Prod_Teil"-Objekts nicht entschieden werden kann, zu welchem der beiden Subtypen dieses Objekt gehört, können keine einstufigen und damit auch keine zweistufigen Einfügungspropagierungen vorgenommen werden. Deshalb ist kein After-insert-Trigger zu generieren.

After-update-Trigger:

```
create trigger Baugr_Prod_Teil_au after update of Gewicht on
Baugr_Prod_Teil for each row begin
   update Baugr_Prod x set
      Gewicht= (select sum(Baugr_Teil.Gewicht*Stueli.Menge)
         from Baugr_Prod_Teil,
         Stueli,
         where 1=1
         and Baugr_Prod_Teil.Teil#=x.Teil#
         and Stueli.Teil#Baugr_Prod=x.Teil#
         and Baugr_Prod_Teil.Teil#=:new.Teil#
         )
      where 1=1
      and Baugr_Prod.Teil#=:new.Teil#
   ;  /* nach Regel 23 */
   ;  /* nach Regel 26 */
   update Baugruppe x set
      Gewicht= (select Baugr_Teil.Gewicht from Baugr_Prod_Teil
      Gewicht= (select Baugr_Prod.Gewicht from Baugr_Prod_Teil
         where 1=1
         and Baugr_Prod_Teil.Teil#=:new.Teil#
         )
      where 1=1
      and Baugruppe.Teil#=:new.Teil#
   ;  /* nach Regel 23 */
   ;  /* nach Regel 23 */
   update Produkt x set
      Gewicht= (select Baugr_Prod.Gewicht from Baugr_Prod_Teil
         where 1=1
         and Baugr_Prod_Teil.Teil#=:new.Teil#
         )
      where 1=1
      and Produkt.Teil#=:new.Teil#
   ;  /* nach Regel 23 */
   ;  /* nach Regel 23 */
   update Teil x set
      Gewicht= (select Baugr_Teil.Gewicht from Baugr_Prod_Teil
         where 1=1
         and Baugr_Prod_Teil.Teil#=:new.Teil#
         )
      where 1=1
      and Teil.Teil#=:new.Teil#
   ;  /* nach Regel 23 */
   ;  /* nach Regel 23 */
end;
```

Die Änderung des "Gewicht"-Attributwerts eines "Baugr_Prod_Teil"-Objekts ist einstufig nach Regel 23 in die beiden Subtypen "Baugr_Prod" und "Baugr_Teil" zu propagieren. Die Vererbung des "Gewicht"-Attributs in "Baugr_Prod"-Objekte ist nach Regel 23 in die beiden Subtypen "Baugruppe" und "Produkt" zu propagieren. Im Gegensatz dazu ist die Vererbung des "Gewicht"-Attributs von "Baugr_Teil"-Objekten nicht nur nach Regel 23 in die beiden Subtypen "Baugruppe" und "Teil", sondern auch nach Regel 26 in das Aggregat "Baugr_Prod" zu propagieren. Dic zweistufigen Änderungen werden durch den generierten Trigger vollständig vorgenommen. Für "Baugruppe"-Änderungen kann nicht automatisch entschieden werden, welcher der beiden durch Mehrfachvererbung entstehenden Ableitungen der Vorrang eingeräumt werden soll. Außerdem fällt für alle Update-Kommandos auf, die nach Regel 26 zustande kommen, daß zwar die Ableitungsformel korrekt ist, die From-Klausel und als Folge auch Selektionsbedingungen sich aber auf den ursprünglich manipulierten Objekttyp (und nicht auf die zur Ableitung benutzten Objekttypen) beziehen. Alle Update-Kommandos, die nach Regel 23 zustande kommen, beziehen sich zwar ordnungsgemäß auf den ursprünglich manipulierten Objekttyp, enthalten aber aufgrund der Festschreibung des unmittelbaren Quell-Objekttyps eine syntaktisch unzulässige Ableitungsformel. Zur Behebung dieser syntaktischen und semantischen Probleme müßte bei Änderungspropagierungen nach Regel 26 zwischen dem auslösenden Objekttyp und dem zur Ableitung benutzten Objekttyp unterschieden werden [Winter 1994b, S.9-10].[61] Bei Vererbungen müßte die Ableitungsformel lediglich den Namen des vererbten Attributs, nicht aber den Namen des Quell-Objekttyps enthalten.

---

[61] Da sich durch diese Unterscheidung eine mehrstufige Änderungspropagierung als Sequenz einstufiger Ableitungen interpretieren läßt, muß durch geeignete Mechanismen die Einhaltung einer korrekten Ableitungsreihenfolge gewährleistet werden. Bisher wurden die DML-Kommandos eines Datenbanktriggers nicht aufgrund semantischer Erwägungen, sondern alphabetisch nach dem Namen des betroffenen Objekttyps angeordnet. Für semantisch festgelegte Sequenzen propagierter Manipulationen muß durch ein Stufenkennzeichen die Anordnung im generierten Datenbanktrigger determiniert werden. Dieses Stufenkennzeichen kann bei der Erzeugung mehrstufiger Propagierungen generiert werden und stellt ein Attribut von `uprop2`, `uprop3` etc. dar, das in `uprop` keinen Sinn macht.

Datenbanktrigger für "Baugruppe"

After-delete-Trigger:

```
create trigger Baugruppe_ad after delete on Baugruppe for each
row begin
   delete from ArbPlan where 1=1
      and ArbPlan.Teil#=:old.Teil#
      ;  /* nach Regel 4 */
      ;  /* nach Regel 1 */
   delete from Baugr_Prod_Teil where 1=1
      and Baugr_Prod_Teil.Teil#=:old.Teil#
      and 0 = (select count(*) from Baugr_Prod where 1=1
         and Baugr_Prod.Teil#=:old.Teil#
         )
      and 0 = (select count(*) from Baugr_Teil where 1=1
         and Baugr_Teil.Teil#=:old.Teil#
         )
      ;  /* nach Regel 4 */
      ;  /* nach Regel 5b */
   delete from Produkt where 1=1
      and Produkt.Teil#=:old.Teil#
      ;  /* nach Regel 4 */
      ;  /* nach Regel 1 */
   delete from Stueli where 1=1
      and Stueli.Teil#Baugr_Prod=:old.Teil#
      and Stueli.Teil#Baugr_Teil=:old.Teil#
      ;  /* nach Regel 4 */
      ;  /* nach Regel 1 */
   delete from Teil where 1=1
      and Teil.Teil#=:old.Teil#
      ;  /* nach Regel 4 */
      ;  /* nach Regel 1 */
end;
```

Die Löschung eines "Baugruppe"-Objekts ist einstufig nach Regel 4 in seine Supertypen "Baugr_Prod" und "Baugr_Teil" zu propagieren. Diese Löschungen sind nach Regel 1 in die Subtypen "Teil" und "Produkt", ebenfalls nach Regel 1 in die Aggregate "Stueli" und "ArbPlan" sowie nach Regel 5 in den Supertyp "Baugr_Prod_Teil" zu propagieren. Die zweistufigen Löschungen werden durch den generierten Trigger vollständig vorgenommen. Für "Stueli"-Löschungen kann auch in diesem Fall nicht automatisch entschieden werden, welches der beiden hinsichtlich des Primärschlüssels von "Baugruppe" identischen Primärschlüsselattribute sich auf den gelöschten Schlüssel beziehen soll. Die deshalb erzeugte `and`-Verknüpfung ist manuell durch eine `or`-Verknüpfung zu ersetzen. Der generierte Trigger ist syntaktisch korrekt, muß aber semantisch in diesem Punkt überarbeitet werden.

After-insert-Trigger:

```
create trigger Baugruppe_ai after insert on Baugruppe for each
row begin
   insert into ArbPlan (
      Masch#,
      Teil#,
      ) select
         Baugruppe.Teil#,
         Maschine.Masch#,
      from Baugruppe,
         Maschine,
      where 1=1
      and Baugruppe.Teil# = :new.Teil#
   minus select
      Masch#,
      Teil#,
   from ArbPlan
   ;  /* nach Regel 17 */
   ;  /* nach Regel 15a */
   insert into Baugr_Prod_Teil (
      Teil#,
      ) select
         Baugruppe.Teil#,
      from Baugruppe
      where 1=1
      and Baugruppe.Teil# = :new.Teil#
   minus select
      Teil#,
   from Baugr_Prod_Teil
   ;  /* nach Regel 17 */
   ;  /* nach Regel 17 */
   insert into Produkt (
      Teil#,
      ) select
         Baugruppe.Teil#,
      from Baugruppe
      where 1=1
      and Baugruppe.Teil# = :new.Teil#
   minus select
      Teil#,
   from Produkt
   ;  /* nach Regel 17 */
   ;  /* nach Regel 15b */
```

```
insert into Stueli (
   Teil#Baugr_Prod,
   Teil#Baugr_Teil,
   ) select
      Baugruppe.Teil#,
      Baugr_Prod.Teil#,
      Baugr_Teil.Teil#,
   from Baugruppe,
      Baugr_Prod,
      Baugr_Teil,
   where 1=1
   and Baugruppe.Teil# = Baugr_Prod.Teil#
   and Baugruppe.Teil# = Baugr_Teil.Teil#
   and Baugruppe.Teil# = :new.Teil#
minus select
   Teil#Baugr_Prod,
   Teil#Baugr_Teil,
from Stueli
;  /* nach Regel 17 */
;  /* nach Regel 15a */
insert into Teil (
   Teil#,
   ) select
      Baugruppe.Teil#,
   from Baugruppe
   where 1=1
   and Baugruppe.Teil# = :new.Teil#
minus select
   Teil#,
from Teil
;  /* nach Regel 17 */
;  /* nach Regel 15b */
end;
```

Die Einfügung eines "Baugruppe"-Objekts ist einstufig nach Regel 17 in seine Supertypen "Baugr_Prod" und "Baugr_Teil" zu propagieren. Diese Einfügungen sind nach Regel 15b in die Subtypen "Teil" und "Produkt", nach Regel 15a in die Aggregate "Stueli" und "ArbPlan" sowie nach Regel 17 in den Supertyp "Baugr_Prod_Teil" zu propagieren. Die Propagierung nach Regel 15b ist allerdings wenig sinnvoll, da die dadurch zu beseitigende Inkonsistenz aufgrund der ursprünglichen Einfügung niemals vorliegen kann und da darüber hinaus nicht entschieden werden kann, in welchen Subtyp die Propagierung vorzunehmen ist. Durch den generierten Trigger werden deshalb mehr zweistufige Einfügungen vorgenommen, als semantisch sinnvoll ist. Für "Stueli"-Einfügungen wird aufgrund der bereits mehrfach angesprochenen Probleme, die die Duplizierung des Teileschlüssels mit sich bringt, eine syntaktisch unzulässige Propagierung erzeugt. Wie üblich, müssen alle Insert-Kommandos durch Entfernung der letzten Kommata aus Form-Klauseln bzw. Select-Listen sowie in Einzelfällen durch Korrektur der Spaltenreihenfolgen überarbeitet werden.

After-update-Trigger:

In "Baugruppe" gibt es kein Attribut, das ein Quellattribut einer Ableitungsbeziehung darstellt. Damit gibt es keine Änderungen, die einstufig oder zweistufig zu propagieren wären. Aus diesem Grunde ist zurecht kein After-update-Trigger generiert worden.

4.3.3.2 Zweistufige Datenbanktrigger in Aggregationshierarchien

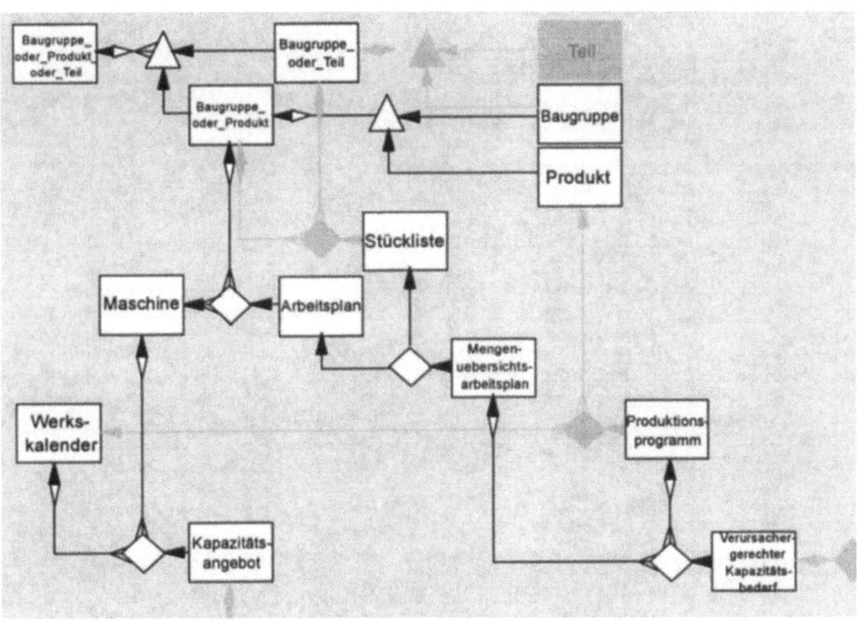

Abbildung 40: Objekttypen, die bei zweistufiger Betrachtung mit ArbPlan verknüpft sind

Datenbanktrigger für "ArbPlan"

After-delete-Trigger:

```
create trigger ArbPlan_ad after delete on ArbPlan for each row
begin
   delete from Baugr_Prod_Teil where 1=1
      and Baugr_Prod_Teil.Teil#=:old.Teil#
      and 0 = (select count(*) from ArbPlan where 1=1
         and ArbPlan.Teil#=:old.Teil#
         )
      and 0 = (select count(*) from Baugr_Teil where 1=1
         and Baugr_Teil.Teil#=:old.Teil#
         )
      ;  /* nach Regel 5a */
      ;  /* nach Regel 5b */
   delete from Baugruppe where 1=1
      and Baugruppe.Teil#=:old.Teil#
      and 0 = (select count(*) from ArbPlan where 1=1
         and ArbPlan.Teil#=:old.Teil#
         )
      ;  /* nach Regel 5a */
      ;  /* nach Regel 1 */
   delete from DetKapBed where 1=1
      and DetKapBed.Masch#=:old.Masch#
      and DetKapBed.Teil#=:old.Teil#
      ;  /* nach Regel 1 */
      ;  /* nach Regel 1 */
   delete from Produkt where 1=1
      and Produkt.Teil#=:old.Teil#
      and 0 = (select count(*) from ArbPlan where 1=1
         and ArbPlan.Teil#=:old.Teil#
         )
      ;  /* nach Regel 5a */
      ;  /* nach Regel 1 */
   delete from Stueli where 1=1
      and Stueli.Teil#Baugr_Prod=:old.Teil#
      and 0 = (select count(*) from ArbPlan where 1=1
         and ArbPlan.Teil#=:old.Teil#
         )
      ;  /* nach Regel 5a */
      ;  /* nach Regel 1 */
end;
```

Die Löschung eines "ArbPlan"-Objekts ist einstufig nach Regel 5a in seine Komponenten "Baugr_Prod" und "Maschine" zu propagieren. Diese Löschungen sind nach Regel 1 in die Subtypen "Baugruppe" und "Produkt", ebenfalls nach Regel 1 in das Aggregat "Stueli" sowie nach Regel 5b in den Supertyp

"Baugr_Prod_Teil" zu propagieren. Die zweistufigen Löschungen werden durch den generierten Trigger vollständig vorgenommen. Für "Stueli"-Löschungen wird aufgrund des Umwegs über "Baugr_Produkt" korrekt entschieden, auf welches der beiden hinsichtlich des Primärschlüssels von "Baugr_Prod" identischen Primärschlüsselattribute sich auf den gelöschten Schlüssel beziehen soll. Der generierte Trigger ist syntaktisch und semantisch korrekt.

After-insert-Trigger:

```
create trigger ArbPlan_ai after insert on ArbPlan for each row
begin
   insert into Baugr_Prod_Teil (
      Teil#,
      ) select
         ArbPlan.Teil#,
      from ArbPlan
      where 1=1
      and ArbPlan.Teil# = :new.Teil#
   minus select
      Teil#,
   from Baugr_Prod_Teil
   ;  /* nach Regel 17 */
   ;  /* nach Regel 17 */
   insert into Baugruppe (
      Teil#,
      ) select
         ArbPlan.Teil#,
      from ArbPlan
      where 1=1
      and ArbPlan.Teil# = :new.Teil#
   minus select
      Teil#,
   from Baugruppe
   ;  /* nach Regel 17 */
   ;  /* nach Regel 17 */
```

```
insert into KapAng (
      Masch#,
      Woche#,
      ) select
         ArbPlan.Masch#,
         WKal.Woche#,
      from ArbPlan,
         WKal,
      where 1=1
      and ArbPlan.Masch# = :new.Masch#
   minus select
      Masch#,
      Woche#,
   from KapAng
   ;  /* nach Regel 15a */
   ;  /* nach Regel 17 */
   insert into Produkt (
      Teil#,
      ) select
         ArbPlan.Teil#,
      from ArbPlan
      where 1=1
      and ArbPlan.Teil# = :new.Teil#
   minus select
      Teil#,
   from Produkt
   ;  /* nach Regel 17 */
   ;  /* nach Regel 17 */
   insert into Stueli (
      Teil#Baugr_Prod,
      Teil#Baugr_Teil,
      ) select
         ArbPlan.Teil#,
         Baugr_Teil.Teil#,
      from ArbPlan,
         Baugr_Teil,
      where 1=1
      and ArbPlan.Teil# = Baugr_Teil.Teil#
      and ArbPlan.Teil# = :new.Teil#
   minus select
      Teil#Baugr_Prod,
      Teil#Baugr_Teil,
   from Stueli
   ;  /* nach Regel 15a */
   ;  /* nach Regel 17 */
end;
```

Die Einfügung eines "Baugruppe"-Objekts ist einstufig nach Regel 17 in seine Supertypen "Baugr_Prod" und "Baugr_Teil" zu propagieren. Diese Einfügungen sind nach Regel 15b in die Subtypen "Teil" und "Produkt", nach Regel 15a in die Aggregate "Stueli" und "ArbPlan" sowie nach Regel 17 in den Supertyp "Baugr_Prod_Teil" zu propagieren. Die Propagierung nach Regel 15b ist allerdings wenig sinnvoll, da die dadurch zu beseitigende Inkonsistenz aufgrund der ursprünglichen Einfügung niemals vorliegen kann und da darüber hinaus nicht entschieden werden kann, in welchen Subtyp die Propagierung vorzunehmen ist. Durch den generierten Trigger werden deshalb zweistufige Einfügungen vorgenommen, die semantisch nicht sinnvoll sind. Für "Stueli"-Einfügungen wird aufgrund der bereits mehrfach angesprochenen Probleme, die die Duplizierung des Teileschlüssels mit sich bringt, eine syntaktisch unzulässige Propagierung erzeugt. Wie üblich, müssen alle Insert-Kommandos durch Entfernung des jeweils letzten Kommas aus Form-Klauseln bzw. Select-Listen sowie teilweise durch Korrektur der Spaltenreihenfolgen überarbeitet werden.

After-update-Trigger:

In "ArbPlan" gibt es kein Attribut, das ein Quellattribut einer im konzeptionellen Modell abbildbaren Ableitungsbeziehung darstellt. Damit gibt es keine Änderungen, die einstufig oder zweistufig zu propagieren wären. Aus diesem Grunde ist zurecht kein After-update-Trigger generiert worden.

4.3.3.3 Zweistufige Datenbanktrigger im Zusammenhang mit Assoziationsbeziehungen

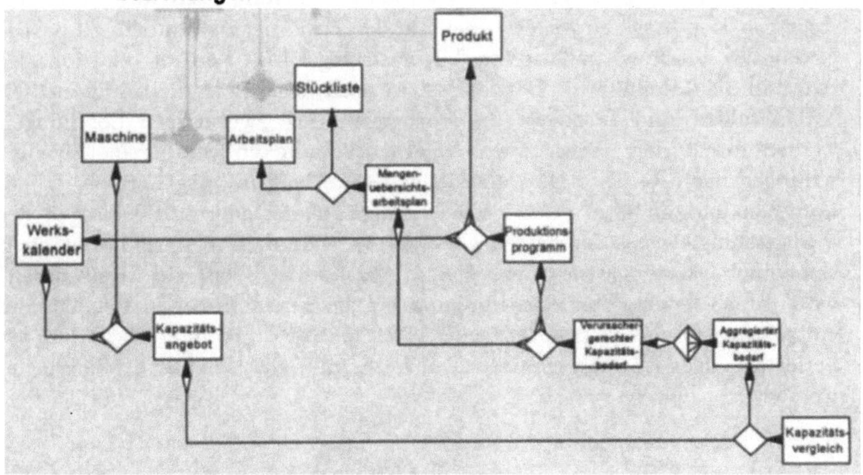

Abbildung 41: Objekttypen, die bei zweistufiger Betrachtung mit DetKapBed oder AggrKapBed verknüpft sind

Datenbanktrigger für "AggrKapBed"

After-delete-Trigger:

```
create trigger AggrKapBed_ad after delete on AggrKapBed for each
row begin
   delete from KapAng where 1=1
      and KapAng.Woche#=:old.Woche#
      and KapAng.Masch#=:old.Masch#
      ;  /* nach Regel 1 */
      ;  /* nach Regel 4 */
delete from MUArbPlan where 1=1
      and MUArbPlan.Masch#=:old.Masch#
      and 0 = (select count(*) from AggrKapBed where 1=1
         and AggrKapBed.Masch#=:old.Masch#
         )
      ;  /* nach Regel 4 */
      ;  /* nach Regel 5a */
   delete from ProdPrg where 1=1
      and ProdPrg.Woche#=:old.Woche#
      and 0 = (select count(*) from AggrKapBed where 1=1
         and AggrKapBed.Woche#=:old.Woche#
         )
      ;  /* nach Regel 4 */
      ;  /* nach Regel 5a */
end;
```

Die Löschung eines "AggrKapBed"-Objekts ist einstufig nach Regel 1 in das Aggregat "KapVergl" und nach Regel 4 in den Basistyp "DetKapBed" zu propagieren. Die Löschung in "KapVergl" ist nach Regel 4 in "KapAng" zu propagieren, und die Löschung in "DetKapBed" ist nach Regel 5a in die Komponenten "MUArbPlan" und "ProdPrg" zu propagieren. Die zweistufigen Löschungen werden durch den generierten Trigger vollständig vorgenommen. Für Löschungen nach Regel 5a wird allerdings die Zählung in "AggrKapBed" vorgenommen und nicht in "DetKapBed". Aufgrund der engen Beziehungen der Primärschlüsselwerte der beiden Objekttypen wäre diese Ungenauigkeit noch verzeihlich. Als Folge des Bezugs auf "AggrKapBed" statt auf "DetKapBed" wird jedoch keine Selektionsbedingung für die Teilenummer in die Zählung einbezogen, so daß zu propagierende Löschungen u.U. nicht erfolgen. Der generierte Trigger ist zwar syntaktisch korrekt, muß aber inhaltlich überarbeitet werden.

After-insert-Trigger:

```
create trigger AggrKapBed_ai after insert on AggrKapBed for each
row begin
   insert into KapAng (
      Masch#,
      Woche#,
      ) select
         AggrKapBed.Masch#,
         AggrKapBed.Woche#,
      from AggrKapBed,
         KapAng,
      where 1=1
      and AggrKapBed.Masch# = KapAng.Masch#
      and AggrKapBed.Woche# = KapAng.Woche#
      and AggrKapBed.Woche# = :new.Woche#
      and AggrKapBed.Masch# = :new.Masch#
   minus select
      Masch#,
      Woche#,
   from KapAng
   ;  /* nach Regel 15a */
   ;  /* nach Regel 17 */
end;
```

Die Einfügung eines "AggrKapBed"-Objekts ist einstufig nach Regel 15a in das Aggregat "KapVergl" zu propagieren, und diese Einfügung ist einstufig nach Regel 17 in die Komponente "KapAng" zu propagieren. Durch den generierten Trigger wird die einzige zweistufige Einfügungspropagierung vorgenommen, die semantisch sinnvoll ist. Leider führt die Einbindung von "KapAng" anstelle von "KapVergl" in den Join dazu, daß der zweistufige Trigger niemals ein einzufügendes Tupel erzeugen kann. Für Kombinationen von Vorwärts- und Rückwärtspropagierungen ist bei der Generierung von `eprop2`, `eprop3` etc. dafür zu sorgen, daß auch über mehrere Stufen hinweg der Wert von `zusaetzlicher_ot` nicht dem Wert von `propagierter_ot` entspricht. Der generierte Trigger ist zwar syntaktisch korrekt, muß aber inhaltlich überarbeitet werden.

After-update-Trigger:

Zwar gibt es in "AggrKapBed" mit "Menge" ein Attribut, das als Quellattribut des abgeleiteten Attributs "Auslastung" von "KapVergl"-Objekten dient. "Auslastung" könnte jedoch zwar als Quellattribut des abgeleiteten Attributs "DurchschnAusl" von "Maschine"-Objekten dienen. Für diese Ableitungsbeziehung kann jedoch aufgrund des Fehlens einer entsprechenden Abstraktionsbeziehung im konzeptionellen Modell kein Datenbanktrigger generiert werden. Damit gibt es keine Änderungen, die zweistufig zu propagieren wären. Aus diesem Grunde ist zurecht kein After-update-Trigger generiert worden.

Datenbanktrigger für "DetKapBed"

After-delete-Trigger:

```
create trigger DetKapBed_ad after delete on DetKapBed for each
row begin
   delete from KapVergl where 1=1
      and KapVergl.Masch#=:old.Masch#
      and KapVergl.Woche#=:old.Woche#
      and 0 = (select count(*) from DetKapBed where 1=1
         and DetKapBed.Masch#=:old.Masch#
         and DetKapBed.Woche#=:old.Woche#
         )
      ;  /* nach Regel 1 */
      ;  /* nach Regel 2 */
end;
```

Die Löschung eines "DetKapBed"-Objekts ist einstufig nach Regel 2 monoton sowie nach Regel 3 nicht-monoton in den Gruppentyp "AggrKapBed" zu propagieren. Nach Regel 5 sind Löschungen in "DetKapBed" außerdem einstufig in seine Komponenten "MUArbPlan" und "ProdPrg" zu propagieren. Die Löschung in "AggrKapBed" ist einstufig nach Regel 1 in das Aggregat "KapVergl" zu propagieren. Die Löschungen der Komponenten können (außer in den verursachenden Typ "DetKapBed" nicht weiter propagiert werden). Die zweistufigen Löschungen werden damit durch den generierten Trigger vollständig vorgenommen. Der generierte Trigger ist syntaktisch und semantisch korrekt.

After-insert-Trigger:

```
create trigger DetKapBed_ai after insert on DetKapBed for each
row begin
   insert into ArbPlan (
      Masch#,
      Teil#,
      ) select
         DetKapBed.Masch#,
         DetKapBed.Teil#,
      from DetKapBed
      where 1=1
      and DetKapBed.Masch# = :new.Masch#
      and DetKapBed.Teil# = :new.Teil#
   minus select
      Masch#,
      Teil#,
   from ArbPlan
   ;  /* nach Regel 17 */
   ;  /* nach Regel 17 */
```

```
insert into KapVergl (
    Masch#,
    Woche#,
    ) select
       DetKapBed.Masch#,
       DetKapBed.Woche#,
    from DetKapBed,
       KapAng,
    where 1=1
    and DetKapBed.Masch# = KapAng.Masch#
    and DetKapBed.Woche# = KapAng.Woche#
    and DetKapBed.Masch# = :new.Masch#
    and DetKapBed.Woche# = :new.Woche#
  minus select
    Masch#,
    Woche#,
  from KapVergl
  ;  /* nach Regel 15b */
  ;  /* nach Regel 15a */
  insert into Produkt (
    Teil#,
    ) select
       DetKapBed.Teil#,
    from DetKapBed
    where 1=1
    and DetKapBed.Teil# = :new.Teil#
    and DetKapBed.Woche# = :new.Woche#
  minus select
    Teil#,
  from Produkt
  ;  /* nach Regel 17 */
  ;  /* nach Regel 17 */
  insert into WKal (
    Woche#,
    ) select
       DetKapBed.Woche#,
    from DetKapBed
    where 1=1
    and DetKapBed.Teil# = :new.Teil#
    and DetKapBed.Woche# = :new.Woche#
  minus select
    Woche#,
  from WKal
  ;  /* nach Regel 17 */
  ;  /* nach Regel 17 */
end;
```

Die Einfügung eines "DetKapBed"-Objekts ist einstufig nach Regel 15 in den Gruppentyp "AggrKapBed" sowie nach Regel 17 in die Komponenten "MUArbPlan" und "ProdPrg" zu propagieren. Die propagierte Einfügung in "AggrKapBed" ist nach Regel 15/16 ihrerseits in "KapVergl" zu propagieren. Die Einfügungen in "MUArbPlan" und "ProdPrg" sind nach Regel 17 in die Komponenten "ArbPlan", "Produkt", "Stueli" und "WKal" zu propagieren. Durch den generierten Trigger werden bis auf die Einfügung in "Stueli" und die Aktualisierung der abgeleiteten Attribute von "KapVergl" alle zweistufigen Einfügungspropagierungen vorgenommen. Während die Propagierung in "Stueli" aufgrund der unvollständigen Abbildung der Auflösung des Mengenübersichtsarbeitsplans im konzeptionellen Modell nicht generiert werden kann, kann aufgrund der Nicht-Monotonie dieser Propagierung keine Verknüpfung einstufiger Einfügungspropagierungen mit Regel 16 erfolgen. Wie immer sind die erzeugten Insert-Kommandos durch Entfernung von Kommata in From-Klauseln und Select-Listen zu überarbeiten. Die zweistufige Einfügung in "ArbPlan" ist zwar ansonsten syntaktisch korrekt, muß aber aufgrund der bekannten Unzulänglichkeiten bei der Aktualisierung von Mengenübersichtsstücklisten inhaltlich überarbeitet werden. Alle anderen Insert-Kommandos sind, auch wenn sie in einigen Fällen unnötige (aber harmlose) Klauseln enthalten, syntaktisch und semantisch korrekt.

After-update-Trigger:

```
create trigger DetKapBed_au after update of Menge on DetKapBed
for each row begin
   update KapVergl x set
      Auslastung= (select round (100 * AggrKapBed.Menge /
KapAng.Menge) from DetKapBed,
         KapAng,
         where 1=1
         and DetKapBed.Masch#=KapAng.Masch#
         and DetKapBed.Woche#=KapAng.Woche#
         and DetKapBed.Masch#=x.Masch#
         and DetKapBed.Woche#=x.Woche#
         and KapAng.Masch#=x.Masch#
         and KapAng.Woche#=x.Woche#
         and DetKapBed.Masch#=:new.Masch#
         and DetKapBed.Woche#=:new.Woche#
         )
      where 1=1
      and KapVergl.Masch#=:new.Masch#
      and KapVergl.Woche#=:new.Woche#
   ;  /* nach Regel 25 */
   ;  /* nach Regel 26 */
end;
```

Die Änderung des "Menge"-Attributwerts eines "DetKapBed"-Objekts ist einstufig nach Regel 25 in die betreffenden "Menge"-Attributwerte des Gruppentyps "AggrKapBed" zu propagieren. Solche Änderungen sind ihrerseits nach Regel 26 in die betreffenden "Auslastung"-Attributwerte des Aggregats "KapVergl" zu propagieren. Die einzige zweistufige Änderungspropagierung wird durch den generierten Trigger vorgenommen. Zwar ist die Ableitungsformel korrekt, die From-Klausel und als Folge auch die Selektionsbedingungen beziehen sich aber auf den ursprünglich manipulierten Objekttyp und nicht auf den zur Ableitung benutzten Objekttyp. Auch in diesem Fall müßte bei Änderungspropagierungen nach Regel 26 zwischen dem auslösenden Objekttyp und dem zur Ableitung benutzten Objekttyp unterschieden werden.

4.3.4 Generierung von Datenbanktriggern zur Implementierung vollständiger Propagierungspfade

Die Ableitung zweistufiger Propagierungen aus der Verknüpfung einstufiger Propagierungen stellt ein allgemeines Modell für die Ableitung mehrstufiger Propagierungen aus geringerstufigen Propagierungen dar. Genauso wie einstufige Propagierungsregeln miteinander kombiniert werden, um zweistufige Propagierungsregeln zu erzeugen, lassen sich allgemein (n-1)-stufige Propagierungsregeln mit einstufigen Propagierungsregeln verknüpfen, um n-stufige Propagierungsregeln zu erzeugen. Diese Analogie gilt natürlich auch für die Implementierung: Genauso wie der Inhalt von `stufe1#2` (zweistufige Propagierungen) durch mehrfachen Join von `stufe1` (einstufige Propagierungen) mit sich selbst abgeleitet werden kann, kann der Inhalt von `stufe1#3` (dreistufige Propagierungen) durch mehrfachen Join von `stufe1#2` mit `stufe1` abgeleitet werden usw. Die Rekursivität der Propagierungsregeln und die strukturelle Gleichheit der Relationstypen `stufe1`, `stufe1#2` usw. erlaubt es, beliebigstufige Propagierungen durch beliebig häufige Verknüpfung von Regeln bzw. Relationstypen zu erzeugen.

Die transitive Hülle aller durch `stufe1` implizierten Propagierungen (d.h. die Gesamtheit aller Propagierungspfade) wird durch die Vereinigungsmenge von `stufe1`, `stufe1#2`, `stufe1#3` usw. repräsentiert. Im zweiten Verarbeitungsschritt können auf der Grundlage dieser Vereinigungsmenge Triggerdefinitionen generiert werden, die vollständige Propagierungspfade implementieren und nicht nur n-stufige Propagierungen ($1 \leq n \leq$ Länge des längsten Propagierungspfades).

Die Kombination von Propagierungsregeln und die Ableitung mehrstufiger Propagierungen ist mit der weiter oben vorgestellten Vorgehensweise für zweistufige Propagierungen identisch. `stufe1#x` wird als relationale Sicht (oder alternativ als Schnappschuß) implementiert, die/der als Vereinigungsmenge aller `stufe1`-Relationstypen definiert ist. Der zweite Verarbeitungschritt zur Generierung von Triggerdefinitionen muß lediglich dadurch modifiziert werden, daß statt `stufe1` (einstufige Propagierungen) bzw. `stufe1#2` (zweistufige Propagierungen) nun `stufe1#x` (vollständige Propagierungspfade) verarbeitet wird. Dem "Stufe"-Attribut aller generierten Textzeilen von Datenbanktriggern, die Propagierungspfade implementieren, wird der Wert `'X'` zugewiesen.

Die Auswahl der im folgenden vorgestellten und diskutierten Datenbanktrigger orientiert sich daran, für welche Objekttypen in betrieblichen Anwendungssystemen Manipulationen zu modellieren und implementieren sind. Für abgeleitete Objekttypen [Winter 1994a, S.63-65][62] wie z.B. "KapVergl", "AggrKapBed", "DetKapBed" und "MUArbPlan" müssen unmittelbare Manipulationen vermieden werden. Der Großteil operativer Manipulationen bezieht sich auf abhängige Objekttypen (Bewegungsdaten) wie z.B. "ArbPlan", "ProdPrg", "KapAng" und "Stueli". Manipulationen in "Maschine", "WKal" oder den Objekttypen der Generalisierungshierarchie für Produkte, Baugruppen und Teile sind zwar ebenfalls zulässig, treten aber wegen des Stammdatencharakters dieser unabhängigen Objekttypen wesentlich seltener auf.

4.3.4.1 Propagierungspfade für ProdPrg

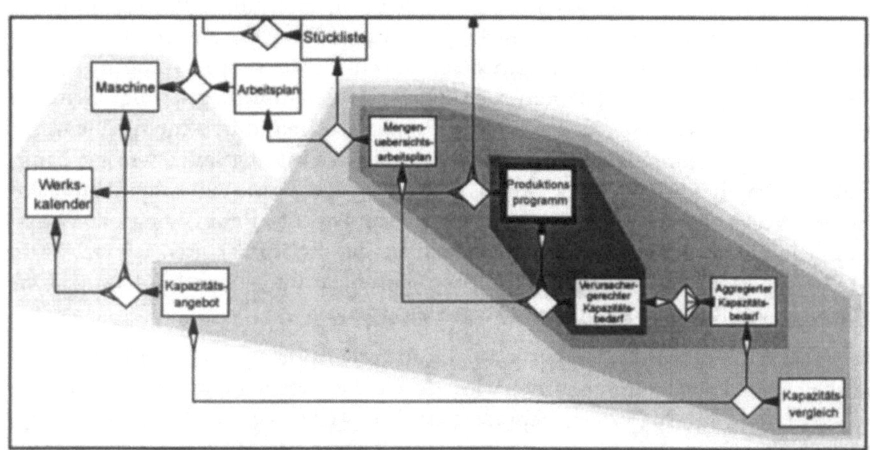

Abbildung 42: Propagierungspfad für Löschungen in ProdPrg

[62] Dort werden im konzeptionellen Modell unabhängige Objekttypen (Stammdaten), abhängige Objekttypen (originäre Bewegungsdaten) und abgeleitete Objekttypen (abgeleitete Bewegungsdaten) unterschieden. Ein unabhängiger Objekttyp referenziert keinen anderen Objekttyp. Ein abhängiger Objekttyp referenziert einen oder mehrere andere Objekttypen, hat aber nicht-abgeleitete (originäre) Nichtschlüsselattribute. Ein abgeleiteter Objekttyp referenziert einen oder mehrere andere Objekttypen und hat gleichzeitig ausschließlich abgeleitete Nichtschlüsselattribute.

In Abbildung 42 wird die "Ausbreitung" mehrstufiger Propagierungen illustriert: Je direkter ein Objekttyp von einer Löschung in "ProdPrg" betroffen ist, desto dunkler ist er in der grafischen Darstellung des Schemas unterlegt. Direkt betroffen (und deshalb schwarz unterlegt) ist nur "ProdPrg" selbst. Bei einstufiger Betrachtung ist durch Vorwärtspropagierung zusätzlich "DetKapBed" betroffen. Bei zweistufiger Betrachtung sind zusätzlich durch Vorwärtspropagierung "AggrKapBed" und durch Rückwärtspropagierung "MUArbPlan" betroffen. Bei fünfstufiger Betrachtung sind schließlich von den 16 Objekttypen des Schemas bereits acht von der Löschung in "ProdPrg" betroffen.

After-delete-Trigger für ProdPrg:

```
create trigger ProdPrg_ad after delete on ProdPrg for each row
begin
   delete from AggrKapBed where 1=1
      and AggrKapBed.Woche#=:old.Woche#
      and 0 = (select count(*) from ProdPrg where 1=1
         and ProdPrg.Woche#=:old.Woche#
         )
      ;  /* nach Regel 1 */
      ;  /* nach Regel 2 */
   update AggrKapBed set
      Menge= (select MUArbPlan.Menge*ProdPrg.Menge from ProdPrg
where 1=1
         and ProdPrg.Woche#=:old.Woche#
         ),
      where 1=1
      and AggrKapBed.Woche#=:old.Woche#
      and 0 < (select count(*) from ProdPrg where 1=1
         and ProdPrg.Woche#=:old.Woche#
         )
      ;  /* nach Regel 1 */
      ;  /* nach Regel 3 */
   delete from DetKapBed where 1=1
      and DetKapBed.Teil#=:old.Teil#
      and DetKapBed.Woche#=:old.Woche#
      ;  /* nach Regel 1 */
   delete from KapAng where 1=1
      and KapAng.Woche#=:old.Woche#
      and 0 = (select count(*) from ProdPrg where 1=1
         and ProdPrg.Woche#=:old.Woche#
         )
      ;  /* nach Regel 1 */
      ;  /* nach Regel 2 */
      ;  /* nach Regel 1 */
      ;  /* nach Regel 4 */
```

```
delete from KapVergl where 1=1
      and KapVergl.Woche#=:old.Woche#
      and 0 = (select count(*) from ProdPrg where 1=1
         and ProdPrg.Woche#=:old.Woche#
         )
      ;  /* nach Regel 1 */
      ;  /* nach Regel 2 */
      ;  /* nach Regel 1 */
   delete from MUArbPlan where 1=1
      and MUArbPlan.Teil#=:old.Teil#
      and 0 = (select count(*) from ProdPrg where 1=1
         and ProdPrg.Teil#=:old.Teil#
         )
      ;  /* nach Regel 1 */
      ;  /* nach Regel 5a */
   delete from WKal where 1=1
      and WKal.Woche#=:old.Woche#
      and 0 = (select count(*) from ProdPrg where 1=1
         and ProdPrg.Woche#=:old.Woche#
         )
      ;  /* nach Regel 1 */
      ;  /* nach Regel 2 */
      ;  /* nach Regel 1 */
      ;  /* nach Regel 4 */
      ;  /* nach Regel 5a */
end;
```

Die Löschung eines "ProdPrg"-Objekts ist einstufig nach Regel 1 vorwärts in das Aggregat "DetKapBed" zu propagieren. Bei zweistufiger Betrachtung ist die Löschung in "DetKapBed" nach Regel (1+)2 bzw. (1+)3 vorwärts in den Gruppentyp "AggrKapBed" und nach Regel (1+)5 rückwärts in die Komponente "MUArbPlan" zu propagieren. Bei dreistufiger Betrachtung ist die Löschung von "AggrKapBed" nach Regel (1+2+)1 vorwärts in das Aggregat "KapVergl" zu propagieren. Diese Löschung ist bei vierstufiger Betrachtung nach Regel (1+2+1+)4 rückwärts in die Komponente "KapAng" zu propagieren. Die Löschung von "KapAng" ist schließlich nach Regel (1+2+1+4+)5 rückwärts in "Maschine" in "Wkal" zu propagieren usw. Der Propagierungspfad wird bis zur fünften Stufe durch den generierten Trigger abgedeckt. Weitere Propagierungen (z.B. in "Maschine" und später in "ArbPlan" und "Baugr_Prod") können nicht vorgenommen werden, da die Primärschlüssel der ursprünglichen Löschung (`Teil#, Woche#`) für diese Objekttypen keine Formulierung zulässiger Selektionsbedingungen zulassen. Der generierte Trigger ist deshalb semantisch vollständig. Während der Trigger in syntaktischer Hinsicht lediglich durch Entfernung eines Kommas in der Set-Klausel überarbeitet werden muß, sollten die Selektionsbedingungen der abhängigen Löschungen trotz ihrer syntaktischen Korrektheit daraufhin untersucht werden, ob in den Fällen, in denen ausschließlich Bedingungen für Wochen erzeugt werden, nicht zu umfangreiche Löschungen erfolgen.

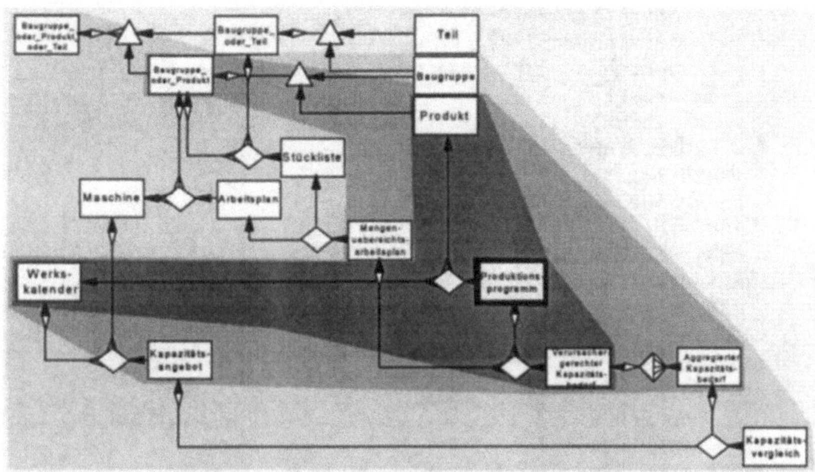

Abbildung 43: Propagierungspfad für Einfügungen in ProdPrg

After-insert-Trigger für ProdPrg:

```
create trigger ProdPrg_ai after insert on ProdPrg for each row
begin
   insert into AggrKapBed (
      Masch#,
      Woche#,
      ) select
         ProdPrg.Woche#,
         MUArbPlan.Masch#,
      from ProdPrg,
         MUArbPlan,
      where 1=1
      and ProdPrg.Teil# = MUArbPlan.Teil#
      and ProdPrg.Teil# = :new.Teil#
      and ProdPrg.Woche# = :new.Woche#
   minus select
      Masch#,
      Woche#,
   from AggrKapBed
   ;  /* nach Regel 15a */
   ;  /* nach Regel 15b */
```

```
    insert into ArbPlan (
        Masch#,
        Teil#,
        ) select
           ProdPrg.Teil#,
           MUArbPlan.Masch#,
           Maschine.Masch#,
        from ProdPrg,
           Maschine,
           MUArbPlan,
        where 1=1
        and ProdPrg.Teil# = MUArbPlan.Teil#
        and ProdPrg.Teil# = :new.Teil#
        and ProdPrg.Woche# = :new.Woche#
     minus select
        Masch#,
        Teil#,
     from ArbPlan
     ;  /* nach Regel 17 */
     ;  /* nach Regel 17 */
     ;  /* nach Regel 15a */
     insert into Baugr_Prod (
        Teil#,
        ) select
           ProdPrg.Teil#,
        from ProdPrg
        where 1=1
        and ProdPrg.Teil# = :new.Teil#
     minus select
        Teil#,
     from Baugr_Prod
     ;  /* nach Regel 17 */
     ;  /* nach Regel 17 */
     insert into Baugr_Prod_Teil (
        Teil#,
        ) select
           ProdPrg.Teil#,
        from ProdPrg
        where 1=1
        and ProdPrg.Teil# = :new.Teil#
     minus select
        Teil#,
     from Baugr_Prod_Teil
     ;  /* nach Regel 17 */
     ;  /* nach Regel 17 */
     ;  /* nach Regel 17 */
```

```
insert into Baugr_Teil (
     Teil#,
     ) select
        ProdPrg.Teil#,
     from ProdPrg
     where 1=1
     and ProdPrg.Teil# = :new.Teil#
  minus select
     Teil#,
  from Baugr_Teil
  ;  /* nach Regel 17 */
  ;  /* nach Regel 17 */
  ;  /* nach Regel 17 */
  ;  /* nach Regel 15b */
  insert into Baugruppe (
     Teil#,
     ) select
        ProdPrg.Teil#,
     from ProdPrg
     where 1=1
     and ProdPrg.Teil# = :new.Teil#
  minus select
     Teil#,
  from Baugruppe
  ;  /* nach Regel 17 */
  ;  /* nach Regel 17 */
  ;  /* nach Regel 15b */
  insert into DetKapBed (
     Masch#,
     Teil#,
     Woche#,
     ) select
        ProdPrg.Teil#,
        ProdPrg.Woche#,
        MUArbPlan.Masch#,
     from ProdPrg,
        MUArbPlan,
     where 1=1
     and ProdPrg.Teil# = MUArbPlan.Teil#
     and ProdPrg.Woche# = :new.Woche#
     and ProdPrg.Teil# = :new.Teil#
  minus select
     Masch#,
     Teil#,
     Woche#,
  from DetKapBed
  ;  /* nach Regel 15a */
```

```
 insert into KapAng (
      Masch#,
      Woche#,
      ) select
         ProdPrg.Woche#,
         Maschine.Masch#,
      from ProdPrg,
         Maschine,
      where 1=1
      and ProdPrg.Woche# = :new.Woche#
   minus select
      Masch#,
      Woche#,
   from KapAng
   ;  /* nach Regel 17 */
   ;  /* nach Regel 15a */
insert into KapVergl (
      Masch#,
      Woche#,
      ) select
         ProdPrg.Woche#,
         KapAng.Masch#,
         MUArbPlan.Masch#,
         AggrKapBed.Masch#,
         Maschine.Masch#,
      from ProdPrg,
         AggrKapBed,
         KapAng,
         Maschine,
         MUArbPlan,
      where 1=1
      and ProdPrg.Teil# = MUArbPlan.Teil#
      and ProdPrg.Woche# = KapAng.Woche#
      and ProdPrg.Woche# = AggrKapBed.Woche#
      and ProdPrg.Teil# = :new.Teil#
      and ProdPrg.Woche# = :new.Woche#
   minus select
      Masch#,
      Woche#,
   from KapVergl
   ;  /* nach Regel 17 */
   ;  /* nach Regel 15a */
   ;  /* nach Regel 15b */
   ;  /* nach Regel 15a */
```

```
insert into MUArbPlan (
      Masch#,
      Teil#,
      ) select
         ProdPrg.Teil#,
         MUArbPlan.Masch#,
      from ProdPrg,
         MUArbPlan,
      where 1=1
      and ProdPrg.Teil# = MUArbPlan.Teil#
      and ProdPrg.Teil# = :new.Teil#
      and ProdPrg.Woche# = :new.Woche#
   minus select
      Masch#,
      Teil#,
   from MUArbPlan
   ;  /* nach Regel 15a */
   ;  /* nach Regel 17 */
insert into Maschine (
      Masch#,
      ) select
         MUArbPlan.Masch#,
      from ProdPrg,
         MUArbPlan,
      where 1=1
      and ProdPrg.Teil# = MUArbPlan.Teil#
      and ProdPrg.Teil# = :new.Teil#
      and ProdPrg.Woche# = :new.Woche#
   minus select
      Masch#,
   from Maschine
   ;  /* nach Regel 15a */
   ;  /* nach Regel 17 */
   insert into Produkt (
      Teil#,
      ) select
         ProdPrg.Teil#,
      from ProdPrg
      where 1=1
      and ProdPrg.Teil# = :new.Teil#
   minus select
      Teil#,
   from Produkt
   ;  /* nach Regel 17 */
```

```
  insert into Stueli (
     Teil#Baugr_Prod,
     Teil#Baugr_Teil,
     ) select
        ProdPrg.Teil#,
        Baugr_Teil.Teil#,
     from ProdPrg,
        Baugr_Teil,
     where 1=1
     and ProdPrg.Teil# = Baugr_Teil.Teil#
     and ProdPrg.Teil# = :new.Teil#
  minus select
     Teil#Baugr_Prod,
     Teil#Baugr_Teil,
  from Stueli
  ;  /* nach Regel 17 */
  ;  /* nach Regel 17 */
  ;  /* nach Regel 15a */
  insert into Teil (
     Teil#,
     ) select
        ProdPrg.Teil#,
     from ProdPrg
     where 1=1
     and ProdPrg.Teil# = :new.Teil#
  minus select
     Teil#,
  from Teil
  ;  /* nach Regel 17 */
  ;  /* nach Regel 17 */
  ;  /* nach Regel 17 */
  ;  /* nach Regel 15b */
  ;  /* nach Regel 15b */
  insert into WKal (
     Woche#,
     ) select
        ProdPrg.Woche#,
     from ProdPrg
     where 1=1
     and ProdPrg.Woche# = :new.Woche#
  minus select
     Woche#,
  from WKal
  ;  /* nach Regel 17 */
end;
```

Die Einfügung eines "ProdPrg"-Objekts ist einstufig nach Regel 15a vorwärts in das Aggregat "DetKapBed" und nach Regel 17 rückwärts in die Komponenten

"Produkt" und "WKal" zu propagieren. Bei zweistufiger Betrachtung sind die Einfügung in "DetKapBed" nach Regel (15a+)15b vorwärts in den Gruppentyp "AggrKapBed" zu propagieren, die Einfügung in "WKal" nach Regel (17+)15a vorwärts in "KapAng" zu propagieren und die Einfügung von "Produkt" nach Regel (17+)17 rückwärts in "Baugr_Prod" zu propagieren. Bei dreistufiger Betrachtung ist die Einfügung von "AggrKapBed" nach Regel (15a+15b+)15a bzw. die Einfügung von "KapAng" nach Regel (17+15a+)15a vorwärts in ihr Aggregat "KapVergl" zu propagieren. Die Einfügung von "Baugr_Prod" ist nach Regel (17+17+)17 rückwärts in "Baugr_Prod_Teil", nach Regel (17+17+)15b vorwärts in "Baugruppe" sowie nach Regel (17+17+)15a vorwärts in "ArbPlan" und "Stueli" zu propagieren. Die Einfügung in "Baugr_Prod_Teil" ist bei vierstufiger Betrachtung nach Regel (17+17+17+)15b vorwärts in den Subtyp "Baugr_Teil" und diese Einfügung bei fünfstufiger Betrachtung nach Regel (17+17+17+15b+)15b in den Subtyp "Teil" zu propagieren. Damit werden von einer Einfügung in "ProdPrg" alle anderen Objekttypen des Schemas potentiell betroffen.

Der Propagierungspfad wird durch den generierten Trigger vollständig abgedeckt. In syntaktischer Hinsicht sind alle Insert-Kommandos wie üblich durch Entfernung von Kommata sowie einige Kommandos durch Anpassung von Spaltenreihenfolgen zu überarbeiten. Die abgeleiteten Einfügungen in die Generalisierungshierarchie sind zwar syntaktisch korrekt, die Vorwärtspropagierungen dürfen aber wegen des Fehlens von Klassifikationsattributen nicht aktiviert werden. Für einige Einfügungen (z.B. in "ArbPlan") werden aufgrund des mehrfachen Vorkommens eines Schlüssels im Pfad mehr Primärschlüsselspalten generiert, als für den jeweiligen Objekttyp zulässig sind. Für andere Einfügungen (z.B. in "KapVergl") werden aufgrund mehrerer Pfade zu der jeweiligen Propagierung zu viele Tabellen in die From-Klausel eingebunden. Der After-insert-Trigger bedarf damit einer umfassenden semantischen und syntaktischen Nacharbeit.

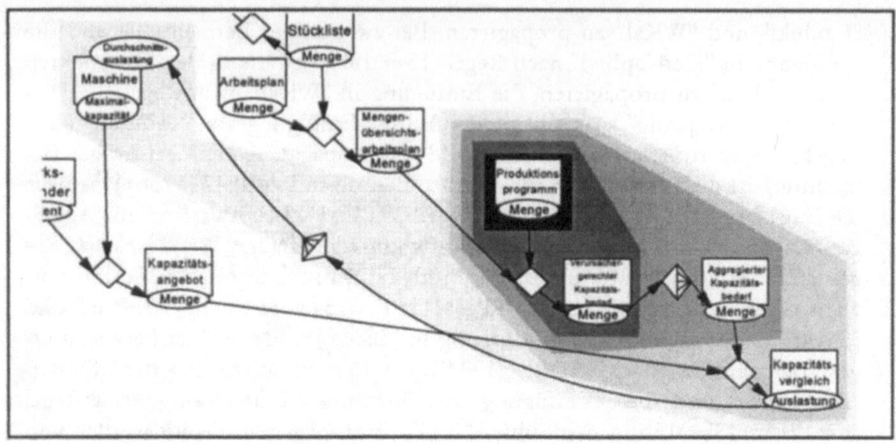

Abbildung 44: Propagierungspfad für Änderungen in ProdPrg

After-update-Trigger für ProdPrg:

```
create trigger ProdPrg_au after update of Menge on ProdPrg for
each row begin
   update DetKapBed x set
      Menge= (select MUArbPlan.Menge*ProdPrg.Menge from ProdPrg,
         MUArbPlan,
         where 1=1
         and ProdPrg.Teil#=MUArbPlan.Teil#
         and ProdPrg.Teil#=x.Teil#
         and ProdPrg.Woche#=x.Woche#
         and MUArbPlan.Masch#=x.Masch#
         and MUArbPlan.Teil#=x.Teil#
         )
      where 1=1
      and DetKapBed.Teil#=:new.Teil#
      and DetKapBed.Woche#=:new.Woche#
   ;  /* nach Regel 26 */
end;
```

Die Änderung des "Menge"-Attributwerts eines "ProdPrg"-Objekts ist einstufig nach Regel 26 vorwärts in das "Menge"-Attribut des jeweiligen "DetKapBed"-Aggregats zu propagieren. Bei mehrstufiger Betrachtung ist diese Änderung nach Regel 25 vorwärts in "AggrKapBed", weiter nach Regel 26 in "KapVergl" und schließlich in "Maschine" zu propagieren. Die letzte Ableitung kann aufgrund der fehlenden Grundlage einer Abstraktionsbeziehung ohnehin nicht repräsentiert werden. Die bereits weiter oben bemängelte fehlende Unterscheidung zwischen dem Objekttyp, dessen Änderung von Objekten den Trigger auslöst, und dem Objekttyp, dessen Attributwerte für die Ableitung benutzt werden, führt jedoch dazu, daß überhaupt keine nicht-vererbenden Ableitungen mehrstufig verknüpft werden können. Der generierte Datenbanktrigger ist zwar syntaktisch bis auf ein Komma in der From-Klausel korrekt, semantisch aber unvollständig.

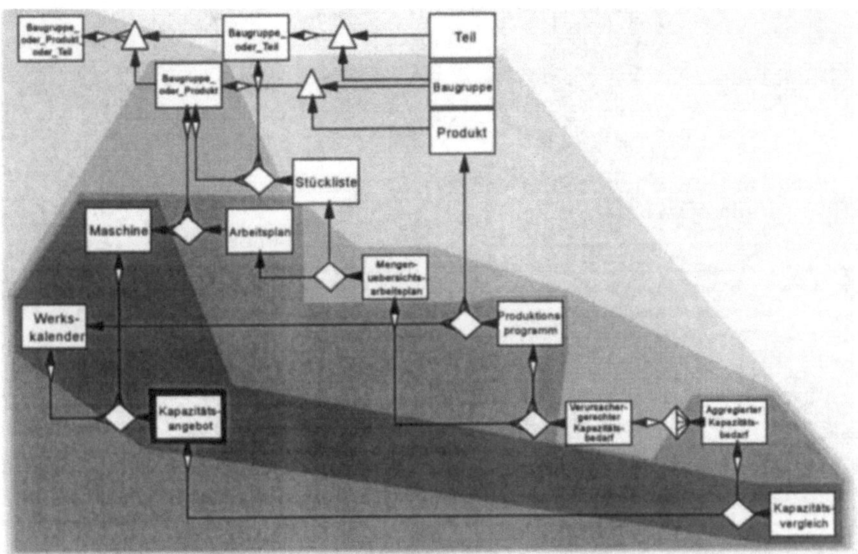

Abbildung 45: Propagierungspfad für Löschungen in KapAng

After-delete-Trigger für KapAng:

```
create trigger KapAng_ad after delete on KapAng for each row
begin
   delete from AggrKapBed where 1=1
      and AggrKapBed.Masch#=:old.Masch#
      and AggrKapBed.Woche#=:old.Woche#
      ;  /* nach Regel 1 */
      ;  /* nach Regel 4 */
   delete from ArbPlan where 1=1
      and ArbPlan.Masch#=:old.Masch#
      and 0 = (select count(*) from KapAng where 1=1
         and KapAng.Masch#=:old.Masch#
         )
      ;  /* nach Regel 5a */
      ;  /* nach Regel 1 */
```

```
  delete from DetKapBed where 1=1
       and DetKapBed.Masch#=:old.Masch#
       and DetKapBed.Woche#=:old.Woche#
       and 0 = (select count(*) from KapAng where 1=1
          and KapAng.Woche#=:old.Woche#
          )
       ;  /* nach Regel 1 */
       ;  /* nach Regel 4 */
       ;  /* nach Regel 4 */
    delete from KapVergl where 1=1
       and KapVergl.Woche#=:old.Woche#
       and KapVergl.Masch#=:old.Masch#
       ;  /* nach Regel 1 */
    delete from MUArbPlan where 1=1
       and MUArbPlan.Masch#=:old.Masch#
       and 0 = (select count(*) from KapAng where 1=1
          and KapAng.Masch#=:old.Masch#
          )
       ;  /* nach Regel 5a */
       ;  /* nach Regel 1 */
       ;  /* nach Regel 1 */
    delete from Maschine where 1=1
       and Maschine.Masch#=:old.Masch#
       and 0 = (select count(*) from KapAng where 1=1
          and KapAng.Masch#=:old.Masch#
          )
       ;  /* nach Regel 5a */
    delete from ProdPrg where 1=1
       and ProdPrg.Woche#=:old.Woche#
       and 0 = (select count(*) from KapAng where 1=1
          and KapAng.Woche#=:old.Woche#
          )
       ;  /* nach Regel 5a */
       ;  /* nach Regel 1 */
    delete from WKal where 1=1
       and WKal.Woche#=:old.Woche#
       and 0 = (select count(*) from KapAng where 1=1
          and KapAng.Woche#=:old.Woche#
          )
       ;  /* nach Regel 5a */
end;
```

Die Löschung eines "KapAng"-Objekts ist einstufig nach Regel 1 vorwärts in das Aggregat "KapVergl" und nach Regel 5a rückwärts in die Komponenten "Maschine" und "WKal" zu propagieren. Bei zweistufiger Betrachtung ist die Löschung in "KapVergl" nach Regel (1+)4 rückwärts in die Komponente "AggrKapBed" zu propagieren. Außerdem sind nach Regel (5a+)1 die Löschung in "WKal" vorwärts in "ProdPrg" und die Löschung in "Maschine" vorwärts in "ArbPlan" zu propagieren. Bei dreistufiger Betrachtung ist die Löschung von "AggrKapBed" nach Regel (1+4+)4 rückwärts sowie die Löschung von "ProdPrg" nach Regel (5a+1+)2 bzw. (5a+1+)3 vorwärts in "DetKapBed" zu propagieren. Außerdem ist die Löschung in "ArbPlan" nach Regel (5a+1+)1 vorwärts in "MUArbPlan" sowie nach Regel (5a+1+)5a rückwärts in "Baugr_Prod" zu propagieren. Bei vierstufiger Betrachtung ist die Löschung in "Baugr_Prod" nach Regel (5a+1+5a+)5b rückwärts in den Supertyp "Baugr_Prod_Teil" sowie nach Regel (5a+1+5a+)1 in die Subtypen "Produkt" und "Baugruppe" sowie in das Aggregat "Stueli" zu propagieren. Bei fünf- bzw. sechsstufiger Betrachtung wird die Löschung in "Baugr_Prod_Teil" schließlich vorwärts in die restlichen Objekttypen "Baugr_Teil" und "Teil" propagiert. Der Propagierungspfad wird bis zur dritten Stufe durch den generierten Trigger abgedeckt. Weitere Propagierungen (z.B. in "Baugr_Prod" und später in "Baugr_Prod_Teil" und alle anderen Typen der Generalisierungshierarchie) können nicht vorgenommen werden, da die Primärschlüssel der ursprünglichen Löschung (`Masch#, Woche#`) für diese Objekttypen keine Formulierung zulässiger Selektionsbedingungen zulassen. Der generierte Trigger ist deshalb semantisch vollständig. Während der Trigger in syntaktischer Hinsicht keiner Nacharbeit bedarf, sollten die Selektionsbedingungen der abhängigen Löschungen trotz ihrer syntaktischen Korrektheit daraufhin untersucht werden, ob in den Fällen, in denen ausschließlich Bedingungen für Wochen erzeugt werden, nicht zu umfangreiche Löschungen erfolgen.

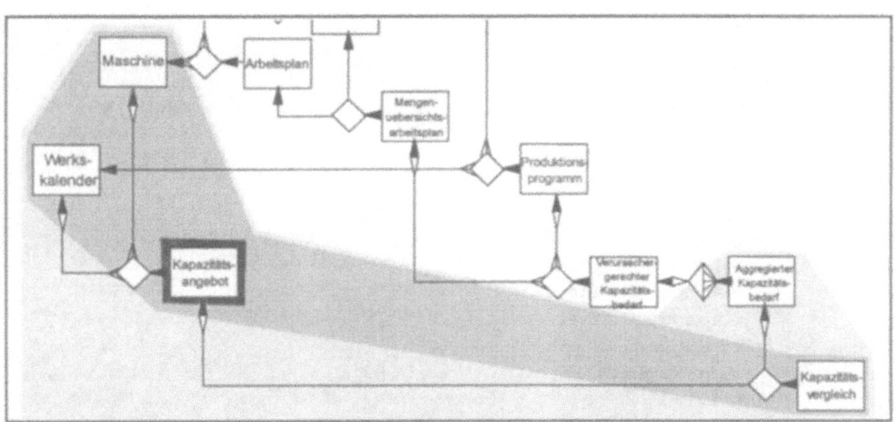

Abbildung 46: Propagierungspfad für Einfügungen in KapAng

After-insert-Trigger für KapAng:

```
create trigger KapAng_ai after insert on KapAng for each row
begin
   update KapAng x set
      Menge= (select WKal.Prozent*Maschine.MaxKap from Maschine,
         WKal,
         where 1=1
         and Maschine.Masch#=x.Masch#
         and WKal.Woche#=x.Woche#
         )
      where 1=1
      and KapAng.Masch#=:new.Masch#
      and KapAng.Woche#=:new.Woche#
   ;  /* nach Regel 14a */
   insert into AggrKapBed (
      Masch#,
      Woche#,
      ) select
         KapAng.Masch#,
         KapAng.Woche#,
      from KapAng,
         AggrKapBed,
      where 1=1
      and KapAng.Masch# = AggrKapBed.Masch#
      and KapAng.Woche# = AggrKapBed.Woche#
      and KapAng.Masch# = :new.Masch#
      and KapAng.Woche# = :new.Woche#
   minus select
      Masch#,
      Woche#,
   from AggrKapBed
   ;  /* nach Regel 15a */
   ;  /* nach Regel 17 */
   insert into KapVergl (
      Masch#,
      Woche#,
      ) select
         KapAng.Masch#,
         KapAng.Woche#,
      from KapAng,
         AggrKapBed,
      where 1=1
      and KapAng.Masch# = AggrKapBed.Masch#
      and KapAng.Woche# = AggrKapBed.Woche#
      and KapAng.Woche# = :new.Woche#
      and KapAng.Masch# = :new.Masch#
```

```
  minus select
      Masch#,
      Woche#,
   from KapVergl
   ;  /* nach Regel 15a */
   update KapVergl x set
      Auslastung= (select round (100 * AggrKapBed.Menge /
KapAng.Menge)
      from KapAng,
         AggrKapBed,
         where 1=1
         and KapAng.Masch#=AggrKapBed.Masch#
         and KapAng.Woche#=AggrKapBed.Woche#
         and KapAng.Masch#=x.Masch#
         and KapAng.Woche#=x.Woche#
         )
      where 1=1
      and KapVergl.Masch#=:new.Masch#
      and KapVergl.Woche#=:new.Woche#
   ;  /* nach Regel 16a */
   insert into Maschine (
      Masch#,
      ) select
         KapAng.Masch#,
      from KapAng
      where 1=1
      and KapAng.Masch# = :new.Masch#
   minus select
      Masch#,
   from Maschine
   ;  /* nach Regel 17 */
   insert into WKal (
      Woche#,
      ) select
         KapAng.Woche#,
      from KapAng
      where 1=1
      and KapAng.Woche# = :new.Woche#
   minus select
      Woche#,
   from WKal
   ;  /* nach Regel 17 */
end;
```

Die Einfügung eines "KapAng"-Objekts ist einstufig nach Regel 15a vorwärts in das Aggregat "KapVergl" und nach Regel 17 rückwärts in die Komponenten "Maschine" und "WKal" zu propagieren. Bei zweistufiger Betrachtung ist die Einfügung in "KapVergl" nach Regel (15a+)17 rückwärts in die Komponente

"AggrKapBed" zu propagieren. Weitere Propagierungen sind nicht vorzunehmen, da eine Einfügung in "AggrKapBed" wegen der Assoziationsbeziehung nicht rückwärts propagiert werden darf und Einfügungen in "WKal" bzw. "Maschine" wegen der Nicht-Vollständigkeit der Aggregationsbeziehungen dieser Objekttypen nicht vorwärtspropagiert werden dürfen. Der Propagierungspfad wird durch den generierten Trigger deshalb vollständig abgedeckt. Die "reinen" Rückwärts- und Vorwärtspropagierungen sind auch syntaktisch korrekt. Probleme bei der Kombination verschiedener Propagierungsrichtungen bei Insert-Kommandos wurden schon weiter vorne diskutiert. Sie führen dazu, daß die Propagierung in "AggrKapBed" sowohl syntaktisch wie auch semantisch unzulässig ist und überarbeitet werden muß. Ansonsten sind nur die üblichen Kommata der letzten Elemente von Set-Klauseln, From-Klauseln und Spalten-Aufzählungen zu entfernen.

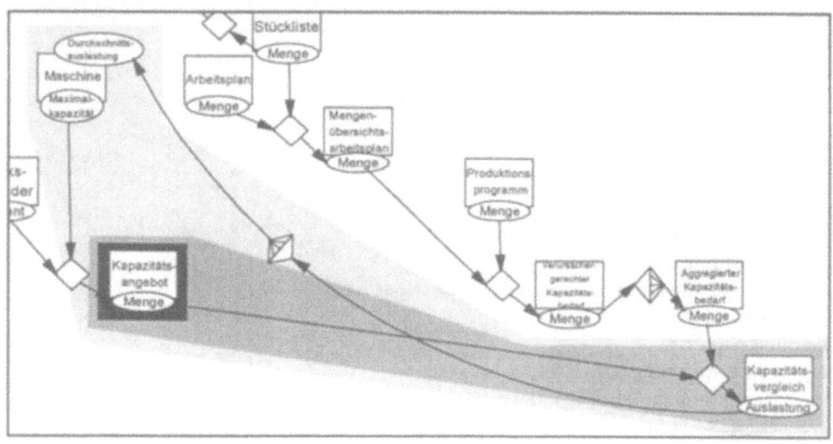

Abbildung 47: Propagierungspfad für Änderungen in KapAng

After-update-Trigger für KapAng:

```
create trigger KapAng_au after update of Menge on KapAng for
each row begin
   update KapVergl x set
      Auslastung= (select
round(100*AggrKapBed.Menge/KapAng.Menge)
      from KapAng,
         AggrKapBed,
         where 1=1
         and KapAng.Masch#=AggrKapBed.Masch#
         and KapAng.Woche#=AggrKapBed.Woche#
         and KapAng.Masch#=x.Masch#
         and KapAng.Woche#=x.Woche#
         and AggrKapBed.Masch#=x.Masch#
         and AggrKapBed.Woche#=x.Woche#
         )
      where 1=1
      and KapVergl.Masch#=:new.Masch#
      and KapVergl.Woche#=:new.Woche#
   ;  /* nach Regel 26 */
end;
```

Die Änderung des "Menge"-Attributwerts eines "KapAng"-Objekts ist einstufig nach Regel 26 vorwärts in das "Auslastung"-Attribut des referenzierenden "KapVergl"-Aggregats zu propagieren. Eigentlich müßte diese Änderung weiter in "Maschine" propagiert werden. Diese zweistufige Propagierung kann aufgrund der fehlenden Grundlage einer Abstraktionsbeziehung jedoch nicht generiert werden. Der zu generierende Datenbanktrigger entspricht damit dem einstufigen After-update-Trigger und ist wie dieser zwar semantisch korrekt, muß aber syntaktisch durch Entfernung eines Kommas aus dem letzten Element der From-Klausel überarbeitet werden.

4.3.4.3 Propagierungspfade für Baugr_Prod_Teil

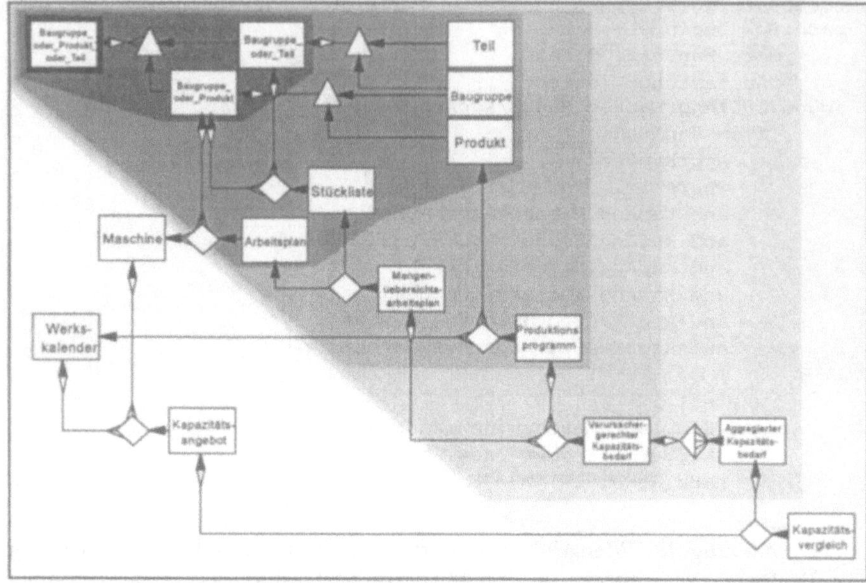

Abbildung 48: Propagierungspfad für Löschungen in Baugr_Prod_Teil

After-delete-Trigger für Baugr_Prod_Teil:

```
create trigger Baugr_Prod_Teil_ad after delete on
Baugr_Prod_Teil for each row
begin
   delete from ArbPlan where 1=1
      and ArbPlan.Teil#=:old.Teil#
      ;  /* nach Regel 1 */
      ;  /* nach Regel 1 */
   delete from Baugr_Prod where 1=1
      and Baugr_Prod.Teil#=:old.Teil#
      ;  /* nach Regel 1 */
   delete from Baugr_Teil where 1=1
      and Baugr_Teil.Teil#=:old.Teil#
      ;  /* nach Regel 1 */
   delete from Baugruppe where 1=1
      and Baugruppe.Teil#=:old.Teil#
      ;  /* nach Regel 1 */
      ;  /* nach Regel 1 */
```

```
    delete from DetKapBed where 1=1
       and DetKapBed.Teil#=:old.Teil#
       ;  /* nach Regel 1 */
       ;  /* nach Regel 1 */
       ;  /* nach Regel 1 */
       ;  /* nach Regel 1 */
    delete from MUArbPlan where 1=1
       and MUArbPlan.Teil#=:old.Teil#
       ;  /* nach Regel 1 */
       ;  /* nach Regel 1 */
       ;  /* nach Regel 1 */
    delete from ProdPrg where 1=1
       and ProdPrg.Teil#=:old.Teil#
       ;  /* nach Regel 1 */
       ;  /* nach Regel 1 */
       ;  /* nach Regel 1 */
    delete from Produkt where 1=1
       and Produkt.Teil#=:old.Teil#
       ;  /* nach Regel 1 */
       ;  /* nach Regel 1 */
    delete from Stueli where 1=1
       and Stueli.Teil#Baugr_Prod=:old.Teil#
       and Stueli.Teil#Baugr_Teil=:old.Teil#
       ;  /* nach Regel 1 */
       ;  /* nach Regel 1 */
    delete from Teil where 1=1
       and Teil.Teil#=:old.Teil#
       ;  /* nach Regel 1 */
end;
```

Die Löschung eines "Baugr_Prod_Teil"-Objekts ist einstufig nach Regel 1 vorwärts in die Subtypen "Baugr_Prod" und "Baugr_Teil" zu propagieren. Bei zweistufiger Betrachtung sind diese Löschungen nach Regel (1+)1 vorwärts in die Subtypen "Teil", "Baugruppe" und "Produkt" sowie in die Aggregate "Stueli" und "ArbPlan" zu propagieren. Bei dreistufiger Betrachtung sind die Löschungen in "Stueli" bzw. "ArbPlan" nach Regel (1+1+)1 vorwärts in "MUArbPlan" zu propagieren, und die Löschung von "Produkt" ist nach Regel (1+1+)1 vorwärts in "ProdPrg" zu propagieren. Die Löschungen in "MUArbPlan" bzw. "ProdPrg" sind bei vierstufiger Betrachtung nach Regel (1+1+1+)1 vorwärts in "DetKapBed" zu propagieren. Bei fünfstufiger Betrachtung ist diese Löschung nach Regel (1+1+1+1+)2 vorwärts in "AggrKapBed" und schließlich bei sechsstufiger Betrachtung nach Regel (1+1+1+1+2+)1 in "KapVergl" zu propagieren. Von dort aus setzen Rückwärtspropagierungen ein, die die Löschung bei siebenstufiger Betrachtung nach Regel (1+1+1+1+2+1+)4 in "KapAng" und schließlich bei achtstufiger Betrachtung nach Regel (1+1+1+1+2+1+4+)5 in "WKal" bzw. "Maschine" propagieren. Der Propagierungspfad wird bis zur vierten Stufe durch den generierten Trigger abgedeckt. Weitere Propagierungen (z.B. in "AggrKapBed", in "KapVergl" und spätere Rückwärtspropagierungen) können nicht vorgenommen werden, da der Primärschlüssel der ursprünglichen Löschung (`Teil#`) für diese Objekttypen keine Formulierung zulässiger Selektionsbedingungen zuläßt. Der generierte Trigger ist deshalb semantisch vollständig. In syntaktischer Hinsicht muß lediglich für die Propagierung in "Stueli" die `and`-verknüpfung der Bedingungen in einer `or`-Verknüpfung geändert werden.

After-insert-Trigger für Baugr_Prod_Teil:

Aufgrund des Fehlens von Klassifikationsattributen können Einfügungen in Supertypen nicht in die jeweiligen Subtypen propagiert werden. Deshalb ist für "Baugr_Prod_Teil" kein After-insert-Trigger zu aktivieren.

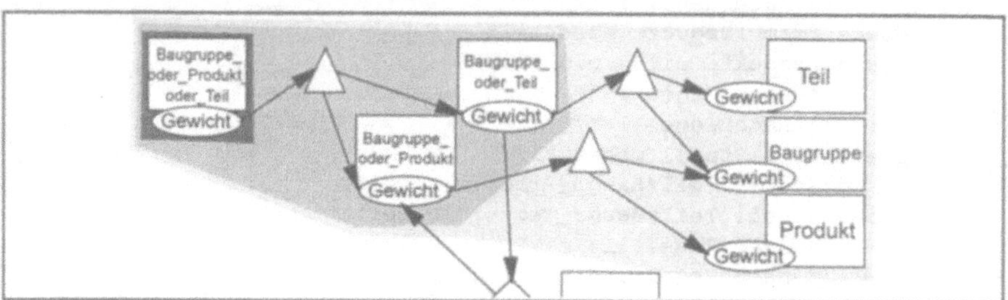

Abbildung 49: Propagierungspfad für Änderungen in Baugr_Prod_Teil

After-update-Trigger für Baugr_Prod_Teil:

```
create trigger Baugr_Prod_Teil_au after update of Gewicht on
Baugr_Prod_Teil for each row begin
   update Baugr_Prod x set
      Gewicht= (select sum(Baugr_Teil.Gewicht*Stueli.Menge) from
Baugr_Prod_Teil,
      Gewicht= (select Baugr_Prod_Teil.Gewicht from
Baugr_Prod_Teil
         Stueli,
         where 1=1
         and Baugr_Prod_Teil.Teil#=x.Teil#
         and Stueli.Teil#Baugr_Prod=x.Teil#
         and Baugr_Prod_Teil.Teil#=:new.Teil#
         )
      where 1=1
      and Baugr_Prod.Teil#=:new.Teil#
   ;  /* nach Regel 23 */
   ;  /* nach Regel 26 */
```

```
   update Baugr_Teil x set
      Gewicht= (select Baugr_Prod_Teil.Gewicht from
Baugr_Prod_Teil
         where 1=1
         and Baugr_Prod_Teil.Teil#=:new.Teil#
         )
      where 1=1
      and Baugr_Teil.Teil#=:new.Teil#
   ;  /* nach Regel 23 */
   update Baugruppe x set
      Gewicht= (select Baugr_Prod.Gewicht from Baugr_Prod_Teil
      Gewicht= (select Baugr_Teil.Gewicht from Baugr_Prod_Teil
         where 1=1
         and Baugr_Prod_Teil.Teil#=:new.Teil#
         )
      where 1=1
      and Baugruppe.Teil#=:new.Teil#
   ;  /* nach Regel 23 */
   ;  /* nach Regel 23 */
   update Produkt x set
      Gewicht= (select Baugr_Prod.Gewicht from Baugr_Prod_Teil
         where 1=1
         and Baugr_Prod_Teil.Teil#=:new.Teil#
         )
      where 1=1
      and Produkt.Teil#=:new.Teil#
   ;  /* nach Regel 23 */
   ;  /* nach Regel 23 */
   update Teil x set
      Gewicht= (select Baugr_Teil.Gewicht from Baugr_Prod_Teil
         where 1=1
         and Baugr_Prod_Teil.Teil#=:new.Teil#
         )
      where 1=1
      and Teil.Teil#=:new.Teil#
   ;  /* nach Regel 23 */
   ;  /* nach Regel 23 */
end;
```

Die Änderung des "Gewicht"-Attributwerts eines "Baugr_Prod_Teil"-Objekts ist einstufig nach Regel 23 vorwärts in das "Gewicht"-Attribut der Subtypen "Baugr_Prod" und "Baugr_Teil" zu propagieren. Bei zweistufiger Betrachtung sind diese Vererbungen nach Regel 23 in das "Gewicht"-Attribut der Subtypen "Baugruppe", "Produkt" und "Teil" zu vererben. Außerdem ist nach Regel 26 die propagierte Änderung des "Gewicht"-Attributs von "Baugr_Teil" in das "Gewicht"-Attribut des Aggregats "Baugr_Prod" zu propagieren. Weitere Propagierungen sind nicht vorzunehmen. Der Propagierungspfad wird durch den generierten Trigger vollständig implementiert. Für "Baugruppe" und "Baugr_Prod" führt die Mehrfachvererbung zu syntaktisch unzulässigen Update-Kommandos, die durch Eliminierung einer der beiden Zuweisungsklauseln überarbeitet werden müssen. Außerdem sind in den Unterabfragen die direkten Quell-Objekttypen durch den Objekttyp zu ersetzen, dessen Manipulation den Trigger auslöst (Baugr_Prod_Teil).

4.3.4.4 Propagierungspfade für WKal

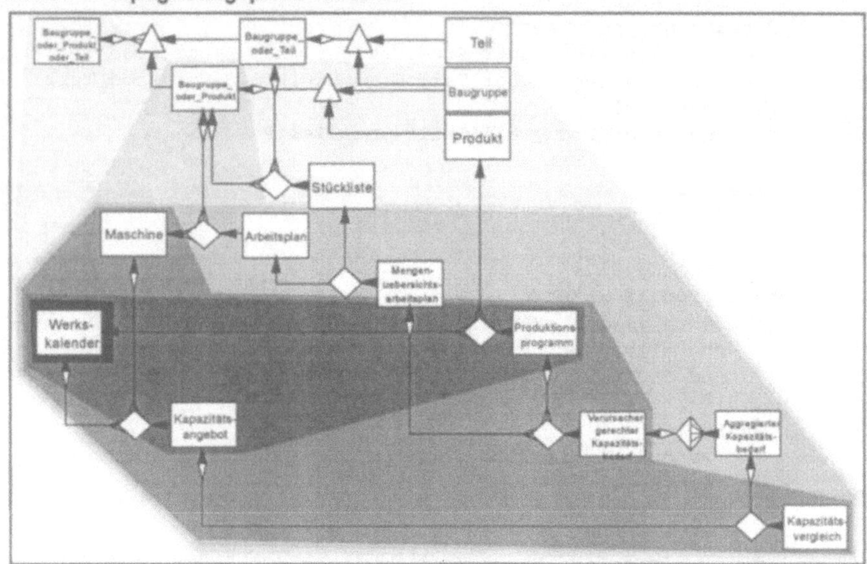

Abbildung 50: Propagierungspfad für Löschungen in WKal

After-delete-Trigger für WKal:

```
create trigger WKal_ad after delete on WKal for each row begin
   delete from AggrKapBed where 1=1
      and AggrKapBed.Woche#=:old.Woche#
      and 0 = (select count(*) from WKal where 1=1
         and WKal.Woche#=:old.Woche#
         )
      ;  /* nach Regel 1 */
      ;  /* nach Regel 1 */
      ;  /* nach Regel 2 */
      ;  /* nach Regel 4 */
   delete from DetKapBed where 1=1
      and DetKapBed.Woche#=:old.Woche#
      ;  /* nach Regel 1 */
```

```
    delete from KapAng where 1=1
       and KapAng.Woche#=:old.Woche#
       ;  /* nach Regel 1 */
    delete from KapVergl where 1=1
       and KapVergl.Woche#=:old.Woche#
       ;  /* nach Regel 1 */
       ;  /* nach Regel 1 */
    delete from ProdPrg where 1=1
       and ProdPrg.Woche#=:old.Woche#
       ;  /* nach Regel 1 */
end;
```

Die Löschung eines "WKal"-Objekts ist einstufig nach Regel 1 vorwärts in die Aggregate "ProdPrg" und "KapAng" zu propagieren. Bei zweistufiger Betrachtung ist die Löschung in "ProdPrg" nach Regel (1+)1 vorwärts in das Aggregat "DetKapBed" zu propagieren. Außerdem ist die Löschung in "KapAng" nach Regel (1+)1 vorwärts in "KapVergl" und nach Regel (1+)5a rückwärts in "Maschine" zu propagieren. Bei dreistufiger Betrachtung ist die Löschung von "DetKapBed" nach Regel (1+1+)2 vorwärts sowie die Löschung von "KapVergl" nach Regel (1+1+)4 rückwärts in "AggrKapBed" zu propagieren. Außerdem sind die Löschung in "DetKapBed" nach Regel (1+1+)5a rückwärts in "MUArbPlan" sowie die Löschung in "Maschine" nach Regel (1+5a+)1 vorwärts in "ArbPlan" zu propagieren. Bei vierstufiger Betrachtung ist die Löschung in "ArbPlan" in "Baugr_Prod" zu propagieren. Diese propagierte Löschung führt bei fünfstufiger Betrachtung zu Löschungen in "Stueli", "Baugruppe", "Produkt" und "Baugr_Prod_Teil", bei sechsstufiger Betrachtung zu einer Löschung in "Baugr_Teil" und schließlich bei siebenstufiger Betrachtung zu einer Löschung in "Teil". Dieser Propagierungspfad wird teilweise bis zur dritten Stufe durch den generierten Trigger abgedeckt. Die zweistufige Propagierung in "Maschine" wie auch alle darauf basierenden Propagierungen (z.B. in "ArbPlan", "Baugr_Prod" und später in alle anderen Typen der Generalisierungshierarchie) können nicht vorgenommen werden, da der Primärschlüssel der ursprünglichen Löschung (`Woche#`) für diese Objekttypen keine Formulierung zulässiger Selektionsbedingungen zuläßt. Der generierte Trigger ist deshalb semantisch und syntaktisch korrekt: Nach Löschung einer Woche aus dem Werkskalender werden alle auf diese Woche bezogenen Objekte gelöscht. Das Delete-Kommando für "AggrKapBed" enthält zwar als Überbleibsel von Regel 2 eine redundante Unterabfrage. Diese Redundanz führt jedoch nicht zu einer Verfälschung der Propagierung.

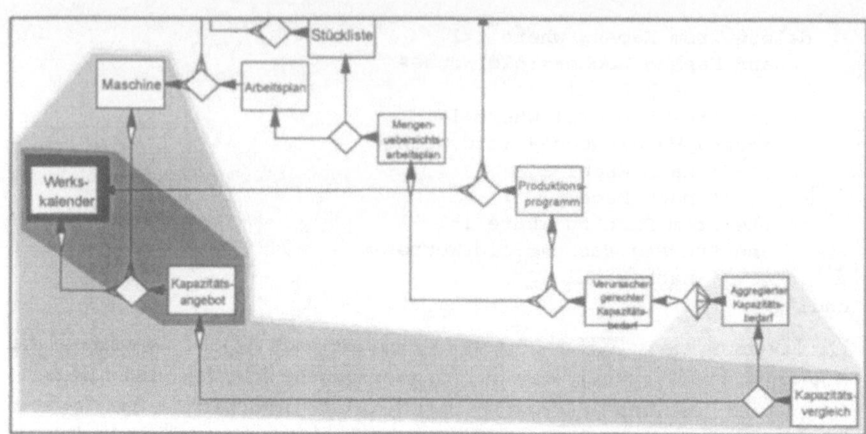

Abbildung 51: Propagierungspfad für Einfügungen in WKal

After-insert-Trigger für WKal:

```
create trigger WKal_ai after insert on WKal for each row begin
   insert into AggrKapBed (
      Masch#,
      Woche#,
      ) select
         WKal.Woche#,
         Maschine.Masch#,
      from WKal,
         Maschine,
      where 1=1
      and WKal.Woche# = :new.Woche#
   minus select
      Masch#,
      Woche#,
   from AggrKapBed
   ;  /* nach Regel 15a */
   ;  /* nach Regel 15a */
   ;  /* nach Regel 17 */
   insert into KapAng (
      Masch#,
      Woche#,
      ) select
         WKal.Woche#,
         Maschine.Masch#,
      from WKal,
         Maschine,
      where 1=1
      and WKal.Woche# = :new.Woche#
   minus select
```

```
      Masch#,
      Woche#,
   from KapAng
   ;  /* nach Regel 15a */
   update KapAng x set
      Menge= (select WKal.Prozent*Maschine.MaxKap from WKal,
         AggrKapBed,
         Maschine,
         where 1=1
         and WKal.Woche#=AggrKapBed.Woche#
         and WKal.Masch#=x.Masch#
         and WKal.Woche#=x.Woche#
         )
      where 1=1
      and KapAng.Woche#=:new.Woche#
   ;  /* nach Regel 16a */
   insert into KapVergl (
      Masch#,
      Woche#,
      ) select
         WKal.Woche#,
         AggrKapBed.Masch#,
         Maschine.Masch#,
      from WKal,
         AggrKapBed,
         Maschine,
      where 1=1
      and WKal.Woche# = AggrKapBed.Woche#
      and WKal.Woche# = :new.Woche#
   minus select
      Masch#,
      Woche#,
   from KapVergl
   ;  /* nach Regel 15a */
   ;  /* nach Regel 15a */
   insert into Maschine (
      Masch#,
      ) select
         Maschine.Masch#,
      from WKal,
         Maschine,
      where 1=1
      and WKal.Woche# = :new.Woche#
   minus select
      Masch#,
   from Maschine
   ;  /* nach Regel 15a */
   ;  /* nach Regel 17 */
end;
```

Die Einfügung eines "WKal"-Objekts ist einstufig nach Regel 15a vorwärts in das Aggregat "KapAng" zu propagieren. Bei zweistufiger Betrachtung ist die Einfügung in "KapAng" nach Regel (15a+)15a vorwärts in das Aggregat "KapVergl" sowie nach Regel (15a+)17 rückwärts in "Maschine" zu propagieren. Bei dreistufiger Betrachtung ist die Einfügung in "KapVergl" nach Regel (15a+15a+)17 rückwärts in "AggrKapBed" zu propagieren. Weitere Propagierungen sind nicht durchzuführen, da die Einfügung von "Maschine" aufgrund der Nicht-Vollständigkeit der Aggregationsbeziehung nicht vorwärtspropagiert werden darf und die Einfügung in "AggrKapBed" aufgrund des Fehlens einer entsprechenden Regel nicht rückwärtspropagiert werden darf. Der Propagierungspfad wird durch den generierten Trigger vollständig abgedeckt.

Die propagierten Einfügungen werden leider nicht in der richtigen Reihenfolge vorgenommen, so daß teilweise überhaupt keine, teilweise falsche Tupel erzeugt und eingefügt werden. Neben den bekannten syntaktischen Problemen von Insert-Kommandos (Kommata im letzten Element von Aufzählungen, Reihenfolge von Spaltenlisten) wird in "AggrKapBed" eine unsinnige Einfügung ohne abgeleitete Attributwerte durchgeführt, in das Insert-Kommando für "KapVergl" wird eine Tabelle zuviel eingebunden, und in das Update-Kommando für "KapAng" wird eine falsche Tabelle eingebunden.

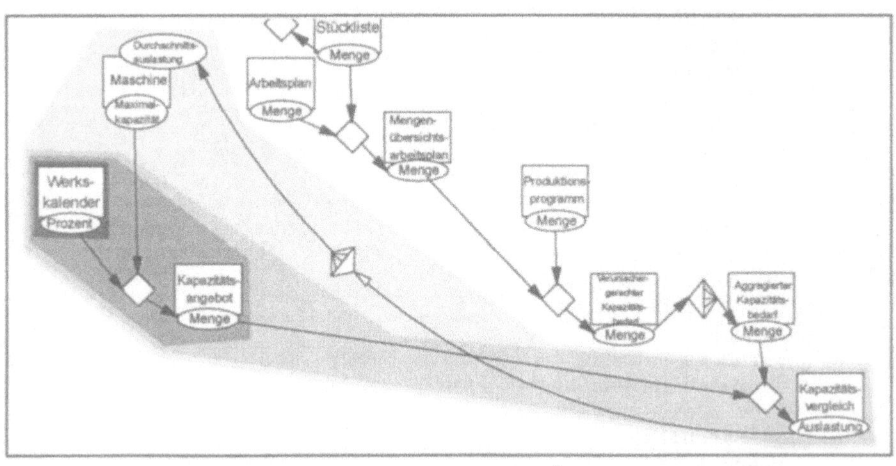

Abbildung 52: Propagierungspfad für Änderungen in WKal

After-update-Trigger für WKal:

```
create trigger WKal_au after update of Prozent on WKal for each
row begin
   update KapAng x set
      Menge= (select WKal.Prozent*Maschine.MaxKap from WKal,
         Maschine,
         where 1=1
         and WKal.Woche#=x.Woche#
         and Maschine.Masch#=x.Masch#
         )
      where 1=1
      and KapAng.Woche#=:new.Woche#
   ;  /* nach Regel 26 */
end;
```

Die Änderung des "Prozent"-Attributwerts eines "WKal"-Objekts ist einstufig nach Regel 26 vorwärts in das "Menge"-Attribut des referenzierenden "KapAng"-Aggregats zu propagieren. Diese Änderung ist nach Regel 26 dann weiter in das referenzierende "KapVergl"-Objekt zu propagieren. Eigentlich müßte auch diese Änderung weiter in "Maschine" propagiert werden. Die letzte Ableitung kann aufgrund der fehlenden Grundlage einer Abstraktionsbeziehung ohnehin nicht repräsentiert werden. Die bereits mehrfach erwähnte fehlende Unterscheidung zwischen dem Objekttyp, dessen Änderung den Trigger auslöst, und dem Objekttyp, dessen Attributwerte für die Ableitung benutzt werden, führt jedoch dazu, daß überhaupt keine nicht-vererbenden Ableitungen mehrstufig verknüpft werden können. Der generierte Datenbanktrigger ist deshalb zwar syntaktisch bis auf ein Komma in der From-Klausel korrekt, aber semantisch unvollständig.

4.3.5 Zusammenfassung und Diskussion

Die Analyse mehrstufiger Propagierungen und Prüfungen führt zunächst zu der Erkenntnis, daß die Nutzbarkeit kaskadierender Propagierungsmechanismen zwar die Uminterpretation der Zurückweisungsregeln erfordert, aber eine notwendige Voraussetzung zur vollständigen Implementierung des durch ein konzeptionelles EOT-Schema implizierten Verhaltens zur dynamischen Konsistenzsicherung darstellt. Zwar können kaskadierende Datenbanktrigger durch Datenbanktrigger oder Anwendungstrigger ersetzt werden, die mehrstufige Propagierungen implementieren und die damit einen Großteil dieser Semantik repräsentieren können. Mit der in dieser Untersuchung vorgestellten Vorgehensweise sind nicht-monotone Propagierungen durch nicht-kaskadierende Trigger jedoch ebensowenig implementierbar, wie die korrekte Auslösung und Synchronisation von Anwendungstriggern sichergestellt werden kann.

Wann immer durch ein Unterstützungssystem kaskadierende Triggermechanismen angeboten werden, ist diese Implementierungsvariante allen Alternativen vorzuziehen. Fehlt diese Möglichkeit, stellt die Implementierung mehrstufiger Propagierungen durch nicht-kaskadierende Datenbank- oder Anwendungstrigger lediglich einen Notbehelf dar, um wenigstens einen Teil des implizierten Verhaltens zur dynamischen Konsistenzsicherung in automatisierter Form implementieren zu können. Neben den generellen Einschränkungen (Umgehungsmöglichkeit, Beschränkung auf monotone Propagierungen) bringt die Implementierung mehrstufiger Propagierungen einen erheblichen Komplexitätszuwachs mit sich. Für das lediglich 16 Objekttypen umfassende Kapazitätsterminierungsbeispiel wurden z.B. die folgende Anzahl von Textzeilen und Triggern generiert:

- Einstufige Propagierungen: **1148** Textzeilen für **57** Trigger (20 Zeilen/Trigger)
- Zweistufige Propagierungen: **1204** Textzeilen für **33** Trigger (36 Zeilen/Trigger)
- Dreistufige Propagierungen: **830** Textzeilen für **28** Trigger (30 Zeilen/Trigger)
- Vierstufige Propagierungen: **409** Textzeilen für **19** Trigger (22 Zeilen/Trigger)
- Fünfstufige Propagierungen: **222** Textzeilen für **11** Trigger (20 Zeilen/Trigger)
- Sechsstufige Propagierungen: **135** Textzeilen für **5** Trigger (27 Zeilen/Trigger)
- Siebenstufige Propagierungen: **20** Textzeilen für **1** Trigger (20 Zeilen/Trigger)
- Acht- und höherstufige Propagierungen: **0** Textzeilen
- Komplette Propagierungspfade: **3444** Textzeilen für **57** Trigger (60 Zeilen/Trigger)

Die Anzahl der Textzeilen zur Implementierung kompletter Propagierungspfade ist kleiner als die Summe der Textzeilen der Propagierungen bestimmter Pfadlänge, weil einige Textzeilen (z.B. Triggerkopf und -abschluß) im beliebigstufigen Fall pro manipuliertem Objekttyp nur einmal vorkommen, während sie in allen Triggern zur Implementierung einer bestimmten Pfadlänge repliziert werden müssen.

Im Gegensatz zu einstufigen Propagierungen, die durch die beiden vorgestellten Verarbeitungsschritte syntaktisch und semantisch vollständig und weitgehend fehlerfrei implementiert werden, treten bei der automatisierten Implementierung mehrstufiger Propagierungen wesentlich häufiger syntaktische Fehler und signifikante Defizite der repräsentierten Semantik auf. Im Gegensatz zu einstufigen Triggern müssen jedoch nicht alle mehrstufigen Trigger, für die Definitionen generiert werden, auch tatsächlich aktiviert werden. Da keine automatische Kaskadierung erfolgt, müssen nur solche Manipulationen durch entsprechende mehrstufige Trigger propagiert werden, die in den jeweiligen Anwendungssystemen auch tatsächlich vorkommen. So können z.B. alle Manipulationen abgeleiteter Objekttypen und bestimmte Manipulationen von Stammdaten ausgeschlossen werden, so daß auch keine entsprechenden Trigger aktiviert werden müssen. Die Beseitigung semantischer und syntaktischer Fehler kann sich damit auf eine überschaubare Untermenge der großen Zahl automatisch erzeugter Triggerdefinitionen beschränken.

Falls mehrstufige Trigger generiert werden müssen, sind einige der beobachteten Probleme relativ einfach zu beseitigen:

- Bei After-insert-Triggern kann bei der Kombination von Regeln zur Vorwärts- und zur Rückwärtspropagierung ein Objekttyp sowohl in der Spalte `zusaetzlicher_ot` wie auch in der Spalte `betroffener_ot` auftreten. Das führt dazu, daß ein Join erzeugt wird, der die einzufügenden Tupel u.a. durch Auswertung der Zieltabelle generiert, was grundsätzlich zu leeren Mengen führt, so daß die notwendigen Propagierungen nicht stattfinden. Zur Vermeidung dieses Problems müssen für die Verknüpfung einstufiger Propagierungen im ersten Verarbeitungsschritt zusätzliche Bedingungen formuliert werden, die die Gleichheit der entsprechenden Attributwerte in `ipropx` ausschließen.
- Bei After-update-Triggern führt die Nennung der (einstufigen) Quelltabelle bei Vererbungen dazu, daß niemals entsprechende Attributwerte des Super-Supertyps oder noch weiter übergeordneter Supertypen vererbt werden können. Dieses Problem wird beseitigt, wenn für Vererbungen der Tabellenname aus der Ableitungsformel entfernt wird. In diesem Fall muß allerdings dafür Sorge getragen werden, daß vererbte Attribute in jedem Fall den gleichen Namen haben wie das entsprechende Attribut des Supertyps.
- In `upropx` wird nicht zwischen dem Objekttyp, dessen Manipulation die Propagierung auslöst, und dem Objekttyp, der zur Ableitung benutzt wird, unterschieden. Dieser Mangel führt dazu, daß bei mehrstufigen After-update-Triggern zwar im Grundsatz korrekte Verknüpfungsbedingungen generiert werden, sich diese jedoch genauso wie die From-Klausel auf Relationstypen beziehen, die nicht den in der Ableitungsregel benutzten Relationstypen entsprechen. Um dieses Problem zu beseitigen, muß `upropx` (x steht dabei für die jeweils implementierte Pfadlänge) um Attribute erweitert werden, die neben `manipulierter_ot` und `betroffener_ot` auch den neben bzw. `zusaetzlicher_ot` zur Ableitung zu benutzenden Objekttyp als `quell_ot` repräsentieren. Bei der Erzeugung mehrstufiger Propagierungen zwischen dem ersten und zweiten Verarbeitungsschritt sind die entsprechenden Attributwerte durch Übernahme aus `uprop` zu erzeugen [Winter 1994b, S.9 und S.13].
- Bei mehrstufigen After-insert- und After-update-Triggern dürfen die DML-Kommandos nicht in beliebiger Reihenfolge oder alphabetisch nach dem Namen des betroffenen Objekttyps angeordnet sein, sondern müssen der Struktur des Propagierungspfads entsprechen. Diese Anordnung kann durch ein zusätzliches Attribut `pfadlaenge` in `stufe1#x` erreicht werden, dem bei jeder Auflösungsstufe ein um 1 erhöhter Wert zugewiesen wird. Der jeweilige Wert von `pfadlaenge` wird im zweiten Verarbeitungsschritt in das ebenfalls zusätzlich in

`tr` eingefügte Attribut `pfadlaenge` übernommen. Bei der Erzeugung von Triggerdefinitionen sind die Textzeilen innerhalb eines Objekttyps, eines Ereignisses und einer Stufe dann zuerst nach der Pfadlänge und dann erst nach der Zeilennummer zu sortieren. Diese Vorgehensweise hat den Nebeneffekt, daß ein mehrstufiger Trigger mehrere konkurrierende Propagierungen eines Manipulationsereignisses in den gleichen betroffenen Objekttyp umfassen kann, solange diese nicht die gleiche Pfadlänge haben.

Selbst wenn syntaktisch und semantisch fehlerfreie mehrstufige Trigger generiert werden könnten, würden diese immer nur den monotonen Anteil mehrstufiger Propagierungen implementieren. Zwar stellen monotone Propagierungen den überwiegenden Anteil des durch ein EOT-Schema implizierten Verhaltens zur dynamischen Integritätssicherung dar, so daß das Fehlen nicht-monotoner Propagierungen die Vorteilhaftigkeit des in dieser Untersuchung vorgestellten Konzepts nicht grundsätzlich in Frage stellt. Dennoch stellt die Generierung mehrstufiger Datenbank- oder Anwendungstrigger nur einen Notbehelf für den Fall dar, daß kaskadierende Triggermechanismen eines Unterstützungssystems nicht genutzt werden können oder sollen. Für solche Fälle wurde in diesem Hauptabschnitt am Beispiel der Kapazitätsterminierung ein zwar in verschiedener Hinsicht verbesserungsbedürftiges, aber mit dem Grundkonzept konsistentes und zumindest im Grundsatz praktikables Konzept vorgestellt.

4.4 Unterstützung der Entwicklung erweiterter Objekttypenschemata

In den vorangehenden drei Hauptabschnitten dieses Kapitels wurde ein Konzept zur integrierten Spezifikation und automatisierten Implementierung der Informationsableitung vorgestellt. In der Entwicklung betrieblicher Anwendungssysteme muß zur Vermeidung von Fehlern und zur Senkung von Kosten versucht werden, einen möglichst hohen Anteil manueller Tätigkeiten zu automatisieren oder zumindest durch Werkzeuge zu unterstützen, die als aufeinander abgestimmte Elemente einer Entwicklungsumgebung die Spezifikation, Verwaltung und Implementierung von Schemata auf der Grundlage der hier vorgestellten Konzepte erleichtern. Im folgenden werden zunächst Werkzeuge zur Unterstützung der Spezifikation und danach Werkzeuge zur Unterstützung der Implementierung von EOT-Schemata skizziert. Diese Werkzeuge führen die automatisierbaren Elemente des Entwicklungsprozesses aus und bilden die wichtigsten Komponenten einer Entwicklungsumgebung für betriebliche Anwendungssysteme, die im dritten Abschnitt vorgestellt wird.

4.4.1 Spezifikation erweiterter Objekttypenschemata

Die Vielzahl der beteiligten Objekttypen, die Komplexität ihrer Beziehungen und die Nutzbarkeit einer kompakten grafischen Notation legen es nahe, zur Unterstützung der Schemaspezifikation ein grafisches Werkzeug zu benutzen. Um ihre

Veranschaulichungs- und Kommunikationsfunktion nicht zu gefährden, muß eine grafische Notation immer auf die wichtigsten Spezifikationen beschränkt bleiben und kann deshalb nicht die Gesamtheit aller Spezifikationen umfassen, die auf der Grundlage eines konzeptionellen Modells erfolgen können. Als Ergänzung des grafischen Werkzeugs werden deshalb maskenorientierte Verwaltungsanwendungen benutzt, mit deren Hilfe die restlichen, nicht in der grafischen Darstellung enthaltenen Spezifikationen festgelegt, modifiziert und ausgewertet werden können. Die Zweiteilung in grafische (Grob-)Spezifikationsunterstützung und masken- bzw. menüorientierte (Fein-)Spezifikationsunterstützung findet sich in den meisten kommerziellen CASE-Produkten. Beispielsweise sind in Oracle's CASE-Konzept sind die grafischen Unterstützungsfunktionen im Produkt CASE*Designer zusammengefaßt, während die maskenorientierten Unterstützungsfunktionen im Produkt CASE*Dictionary zusammengefaßt sind. Aus CASE*Designer kann jedoch direkt in einzelne CASE*Dictionary-Masken verzweigt werden [Oracle 1989b]. Im CASE-Werkzeug OEW/ORM (Object Engineering Workbench/Object Relationship Modeler) sind dagegen grafische und menüorientierte Unterstützungsfunktionen unter einer gemeinsamen, grafischen Oberfläche integriert [IS 1991].

4.4.1.1 Grafisches Modellierungswerkzeug

Durch ein grafisches Werkzeug zur Unterstützung der Spezifikation konzeptioneller Schemata wird immer eine bestimmte Notation festgeschrieben. Während z.B. CASE*Designer auf einer modifizierten ER-Notation[63] und Innovator auf einer SER-Notation basiert, ist in OEW/ORM eine Notation festgeschrieben, die Elemente semantischer Netze mit den Referenzbeziehungen objektorientierter Systeme verbindet[64]. Aufgrund dieser Festschreibung müßte für die im vorangehenden Kapitel eingeführte grafische Notation des EOT-Modells eigentlich ein spezielles Unterstützungswerkzeug entwickelt werden. Wesentlich sinnvoller ist es natürlich, ein bestehendes Werkzeug so zu verwenden, daß mit seiner Hilfe auch EOT-Schemata grafisch spezifiziert werden können.

---

63 In CASE*Designers Datenmodellierungskomponente wird nicht zwischen Entitäts- und Beziehungstypen unterschieden. Für die ungerichteten Beziehungen zwischen Objekttypen sind Min- und Max-Kardinalitäten grafisch spezifizierbar. Es werden zwar exklusive, vollständige Generalisierungsbeziehungen, aber keine anderen Abstraktionsbeziehungen unterstützt.

64 In OEW/ORM werden Netze von Objekttypen spezifiziert, die durch "part_of"-, "is_a"- oder "reference"-Beziehungen miteinander verknüpft sind. Min- und Max-Kardinalitäten sind jeweils grafisch spezifizierbar.

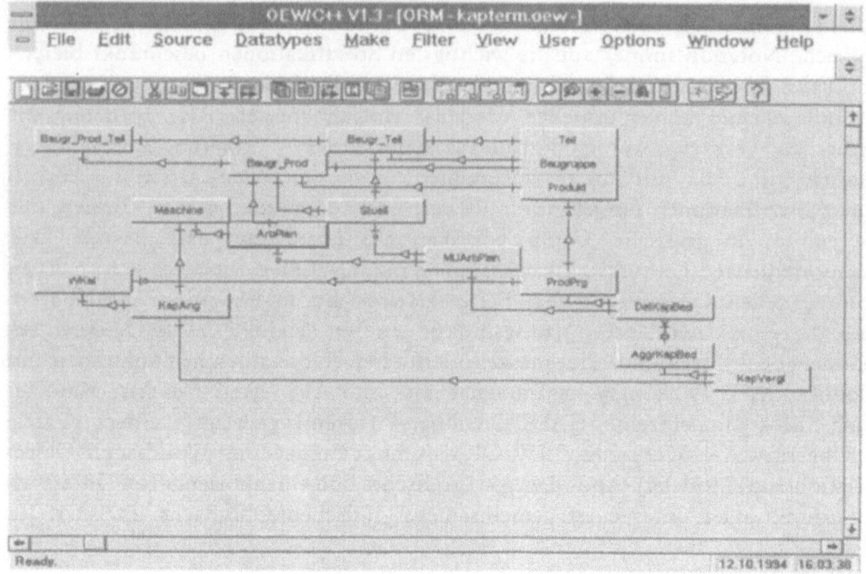

Abbildung 53: ORM-Graph der Kapazitätsterminierung

OEW/ORM wurde ausgewählt, weil dieses Werkzeug aufgrund seiner Nähe zu objektorientierten Programmiersprachen die Spezifikation von Referenzierungen unmittelbar unterstützt und Referenzbeziehungen im EOT-Modell eine wichtige Rolle spielen. Mit OEW/ORM können die Diagramme, die in dieser Untersuchung zur Illustration von EOT-Schemata verwendet werden, zwar nicht unmittelbar spezifiziert werden. Die durch diese Diagramme implizierten Referenzbeziehungen können jedoch auf sehr einfache Weise grafisch modelliert werden, und viele nicht grafisch darstellbare Spezifikationen können als "Slots" (Eigenschaften von Objekttypen) oder als Einträge in Definitionsmasken für Objekttypen oder "Slots" verwaltet werden.

Abbildung 53 stellt den ORM-Graph der Kapazitätsterminierung dar. Seine Objekttypen und Anordnung entsprechen dem bereits mehrfach dargestellten EOT-Schema der Kapazitätsterminierung. Der wichtigste Nachteil gegenüber den in dieser Untersuchung benutzten Graphen besteht darin, daß der Verzicht auf die Modellierung von Abstraktionsbeziehungen dazu zwingt, auch solche Referenzbeziehungen unabhängig voneinander zu spezifizieren, die durch eine gemeinsame Abstraktionsbeziehung verbunden sind. Außerdem sind wechselseitige Existenzabhängigkeiten und nicht-exklusive Referenzierungen (von seiten des referenzierten Objekttyps) nicht graphisch darstellbar.

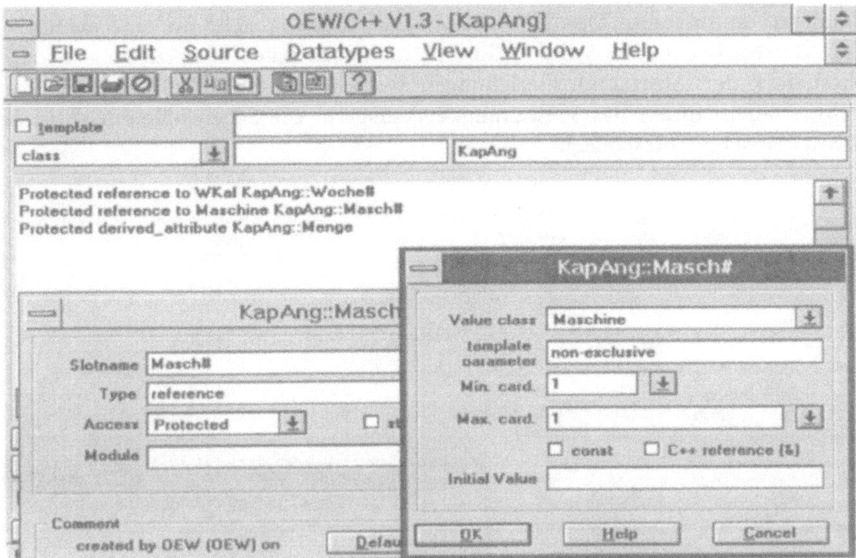

Abbildung 54: ORM-Definition einer Referenzbeziehung

Abbildung 54 zeigt die menüartige Spezifikation von Eigenschaften einer Referenzierung in OEW/ORM. Die Referenzierung stellt einen "Slot" des Objekttyps (in diesem Fall `KapAng`) mit dem Datentyp "reference" dar. Die "Value class" (Domäne) dieses Slots ist die Menge der Objekte des referenzierten Objekttyps (in diesem Fall `Maschine`). Da in ORM durch das Fehlen der Abstraktionsbeziehung die Referenzbeziehung des referenzierenden Objekttyps und die Referenzbeziehung des referenzierten Objekttyps zusammengefaßt werden, muß die Interpretation der Min- und Max-Kardinalität definitorisch festgelegt werden. Da für referenzierende Objekttypen die Min-Kardinalität immer `1` ist, wird festgelegt, daß sich die Min-Kardinalität auf den referenzierten Objekttyp bezieht. Eine Min-Kardinalität von `1` ist deshalb als wechselseitige Existenzabhängigkeit, eine Min-Beziehung von `0` dagegen als einseitige Existenzabhängigkeit anzusehen. Die Vorgehensweise von ORM bei der grafischen Aufbereitung der Kardinalitätsinformationen legt nahe, die Max-Kardinalität im Gegensatz zur Min-Kardinalität auf den referenzierenden Objekttyp zu beziehen. Für Referenzierungen auf der Grundlage einer Aggregations- oder Generalisierungsbeziehungen ist deshalb die Max-Kardinalität grundsätzlich `1`, für Referenzierungen auf der Grundlage einer Assoziationsbeziehung grundsätzlich `m`. Um Referenzbeziehungen vollständig spezifizieren zu können, müssen nun lediglich die Max-Kardinalität des referenzierten Objekttyps und die Eigenschaften (Ableitungsform, Beschränktheit) der Abstraktionsbeziehung modelliert werden. Für die Max-Kardinalität wird dazu das Feld "template parameter" mißbraucht: Der Wert `exclusive` (oder `1`) steht für eine exklusive, der Wert `non-exclusive` (oder `*`) für eine nicht-exklusive Referenzierung. Die Eigenschaften der Abstraktionsbeziehungen werden nicht durch Benutzung von ORM, sondern durch das Verwaltungswerkzeug für die Schemadatenbank (siehe nächster Abschnitt) festgelegt.

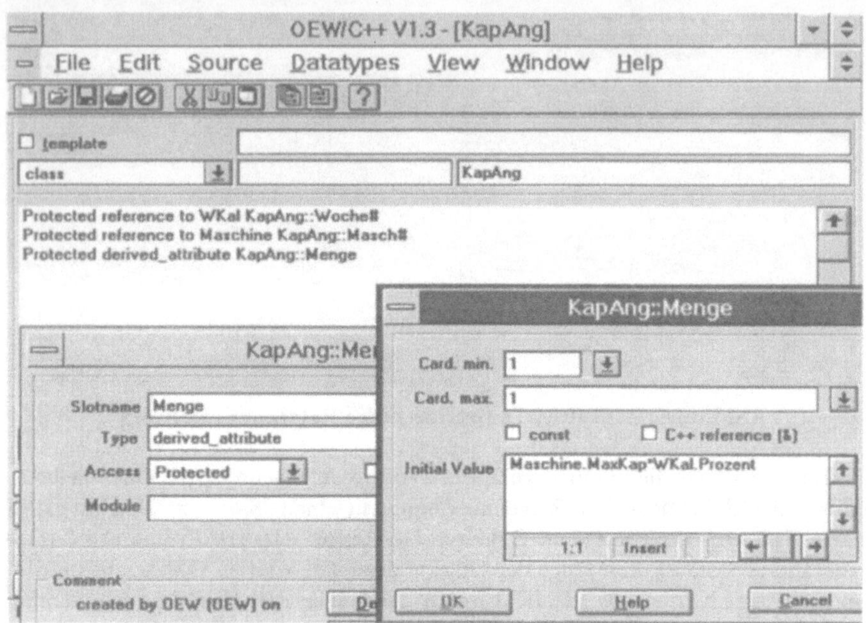

Abbildung 55: ORM-Definition einer Ableitungsbeziehung

Abbildung 55 zeigt die menüartige Spezifikation von Eigenschaften einer Ableitungsbeziehung in OEW/ORM. Das abgeleitete Attribut stellt einen "Slot" des Objekttyps (auch in diesem Fall `KapAng`) mit dem Datentyp "derived_attribute" dar. Slots dieses Typs haben keine "Value class" (Domäne). Statt dessen kann neben Kardinalitäten (deren Spezifikation für kommerzielle Datenbanksysteme jedoch uninteressant ist) im Feld "Initial Value" eine Formel eingegeben werden, auf deren Grundlage die Werte des jeweiligen Attributs abgeleitet werden. Um Ableitungsbeziehungen vollständig spezifizieren zu können, müssen lediglich die Modifizierbarkeit des Zielattributs, die jeweiligen Quellattribute und die der Ableitungsbeziehung zugrunde liegende Abstraktionsbeziehung festgelegt werden. Da Abstraktionsbeziehungen nur mit Hilfe des Schemadatenbank-Verwaltungswerkzeugs spezifiziert werden können, kann die Zuordnung entsprechender Ableitungsbeziehungen auch erst durch dieses Werkzeug erfolgen.

OEW/ORM speichert alle Spezifikationen im Format einer werkzeugspezifischen OEW-Enzyklopädie. Für jedes Schema können jedoch auch ASCII- oder RTF-Modelldateien erzeugt werden. In diesen Dateien sind alle textuellen Spezifikationen des jeweiligen Schemas in strukturierter Form enthalten, so daß sie durch ein entsprechendes (werkzeugspezifisches) Auswertungsprogramm extrahiert und in eine (werkzeugunabhängige) Schemadatenbank geladen werden können, wie sie z.B. im vorangegangenen Kapitel beschriebenen wurde.

Am Beispiel von OEW/ORM ist gezeigt worden, wie ein grafisches Modellierungswerkzeug zur Spezifikation von EOT-Schemata verwendet werden kann. Auf der einen Seite ist die Wiederverwendung bestehender Werkzeuge sehr hilfreich, um eine praktikable Entwicklungsunterstützung für innovative konzeptionelle Modelle auch ohne aufwendige Softwareentwicklung bereitzustellen. Auf der anderen Seite wurde schon in diesem Überblick der OEW/ORM-Nutzung deutlich, daß eine konsequente Modellierungsunterstützung nur durch maßgeschneiderte Werkzeuge möglich ist, so daß die Wiederverwendung bestehender Werkzeuge zu mehr oder weniger stark ausgeprägten Inkonsistenzen, Umwegen und Ineffizienzen führt. In Anbetracht der Alternative, eine große Zahl von Spezifikationen manuell erfassen und in einen konsistenten Zusammenhang bringen zu müssen, ist die "Grob"spezifikation eines EOT-Schemas durch ein grafisches Werkzeug durchaus sinnvoll. Wenn auch nicht alle Spezifikationen abbildbar sind, so können doch die grundlegenden Referenzierungen, die Anordnung der Objekttypen und die wesentlichen Elemente von Ableitungsbeziehungen effizient erstellt, manipuliert und dokumentiert werden.

OEW/ORM stellt ein für die Spezifikation von EOT-Schemata relativ gut geeignetes Werkzeug dar, weil Referenzbeziehungen sowohl für objektorientierte Systeme wie auch für EOT-Schemata von großer Wichtigkeit sind. Grafische Werkzeuge, die stärker am ER-Modell und seinen nicht-objektorientierten Erweiterungen orientiert sind (z.B. CASE*Designer), können weniger gut und in vielen Fällen überhaupt nicht zur Spezifikation von EOT-Schemata "mißbraucht" werden.

4.4.1.2 Werkzeug zur Pflege der Entwicklungsdatenbank

Da die Entwicklungsdatenbank am Ende des ersten Hauptabschnitts dieses Kapitels in Form eines EOT-Schemas spezifiziert wurde, stellt die Entwicklung eines Auswertungs- und Verwaltungswerkzeug für diese Entwicklungsdatenbank bereits einen Anwendungsfall für die in dieser Untersuchung vorzustellenden Konzepte dar. Da es sich bei dieser Anwendung jedoch um kein betriebliches Anwendungssystem handelt, wird auf die Entwicklung des Werkzeugs nicht näher eingegangen.

In Abbildung 56 wird das konzeptionelle Modell der Entwicklungsdatenbank noch einmal illustriert. Aus schemaneutralen Konzepten und Eigenschaften werden durch Zuordnung zu einem Schema Objekttypen und Attribute abgeleitet.

Primärschlüssel stellen die Beziehung zwischen Objekttypen und Attributen her, und die volle funktionale Abhängigkeit basiert auf der Beziehung zwischen einem Attribut und einem Primärschlüssel (eines Objekttyps). Attribute können Quell- und/oder Zielattribute einer Ableitungsbeziehung sein. Objekttypen können existentiell von anderen Objekttypen abhängen und/oder die Existenz anderer Objekttypen bedingen. Diese Rollen sind untrennbar mit bestimmten Abstraktionsbeziehungen verknüpft, aus denen sich wiederum für jeden der beteiligten Objekttypen eine Referenzbeziehung ableiten läßt.

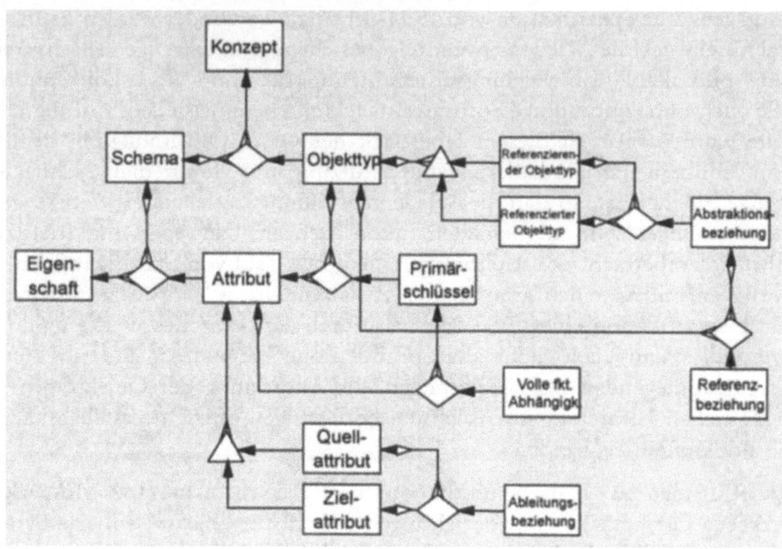

Abbildung 56: Konzeptionelles Modell der Entwicklungsdatenbank

Mit Hilfe von OEW/ORM können folgende Spezifikationen erzeugt und durch ein entsprechendes Programm automatisch in die Entwicklungsdatenbank geladen werden:

- **Schema**: Jeder OEW-Dateiname
- **Objekttyp**: Jeder "Class name" sowie der Name der jeweiligen Datei
- **Attribut**: Jeder "Slot name" sowie der Name der jeweiligen Datei
- **Primärschlüssel**: Jeder "Slot name", der spezielle Namensbestandteile enthält (z.B. ein # wie in Woche#, Masch#, Teil#), der "Class name" des jeweiligen Objekttyps sowie der Name der jeweiligen Datei
- **Volle funktionale Abhängigkeit**: Jeder "Slot name", der keine speziellen Namensbestandteile enthält (z.B. Menge, Prozent), jeder "Slot name" des gleichen

Objekttyps, der diese Namensbestandteile enthält sowie der Name der jeweiligen Datei

- **Referenzierender Objekttyp**: Jeder "Class name", der Slots des Typs "reference" enthält, jeder Name eines referenzierten Objekttyps dieser Slots (als Ersatz des Namens der Abstraktionsbeziehung), die Max-Kardinalität des jeweiligen Slots sowie der Name der jeweiligen Datei
- **Referenzierter Objekttyp**: Jeder "Class name", auf den in irgendeinem Slot des Typs "reference" Bezug genommen wird, jeder Name des Objekttyps, zu dem der jeweilige Slot gehört (als Ersatz des Namens der Abstraktionsbeziehung), die Min-Kardinalität des jeweiligen Slots, der Wert des "template parameter"-Felds dieses Slots als Max-Kardinalität sowie der Name der jeweiligen Datei
- **Ableitungsbeziehung**: Jeder "Initial Value" eines Slots des Typs "derived_attribute" (als Ableitungsformel), der "Slot name" des betreffenden Slots (als Ersatz des Namens der Ableitungsbeziehung) sowie der Name der jeweiligen Datei
- **Zielattribut**: Jeder "Slot name", der den Typ "derived_attribute" hat, der "Class name" des jeweiligen Objekttyps sowie der Name der jeweiligen Datei
- **Quellattribut**: Jeder "Slot name", auf den in irgendeinem "Initial Value" eines Slots des Typs "derived_attribute" Bezug genommen wird, der "Class name" des jeweiligen Objekttyps sowie der Name der jeweiligen Date

Damit dient das Werkzeug zur Pflege der Entwicklungsdatenbank neben der Auswertung von konzeptionellen Schemata (Berichtserzeugung, Abfragen) als Ergänzung eines grafischen Modellierungswerkzeugs den folgenden Zwecken:

1. Benennung und Klassifikation (Beschränktheit, Ableitungsform) von Abstraktionsbeziehungen
2. Zuordnung von Referenzbeziehungen zu Abstraktionsbeziehungen, Zuordnung von Abstraktionsbeziehungen zu Objekttypen
3. Benennung von Ableitungsbeziehungen
4. Zuordnung von Abstraktionsbeziehungen zu Ableitungsbeziehungen, Zuordnung von Quell- und Zielattributen zu Ableitungsbeziehungen
5. Verwaltung zusätzlicher Schemainformationen (z.B. Modifizierbarkeit von Zielattributen)

Im folgenden werden einige Bildschirmmasken eines entsprechenden Verwaltungswerkzeugs vorgestellt. Da die zu entwickelnde Anwendung lediglich der Auswertung und konsistenten Manipulation komplexer Datenstrukturen dient und weder ein komplexer Verarbeitungsalgorithmus noch anwendungsspezifische Ablaufstrukturen zu berücksichtigen sind, liegen perfekte Voraussetzungen für die

Benutzung eines Anwendungsgenerators vor. Das Verwaltungswerkzeug wurde mit Oracle's Anwendungsgenerator SQL*Forms spezifiziert und implementiert. Die Grundlage der Anwendungsgenerierung bildet die am Anfang des zweiten Hauptabschnitts dieses Kapitels vorgestellte relationale Implementierung der Entwicklungsdatenbank einschließlich ihrer deklarativen Konsistenzsicherung.

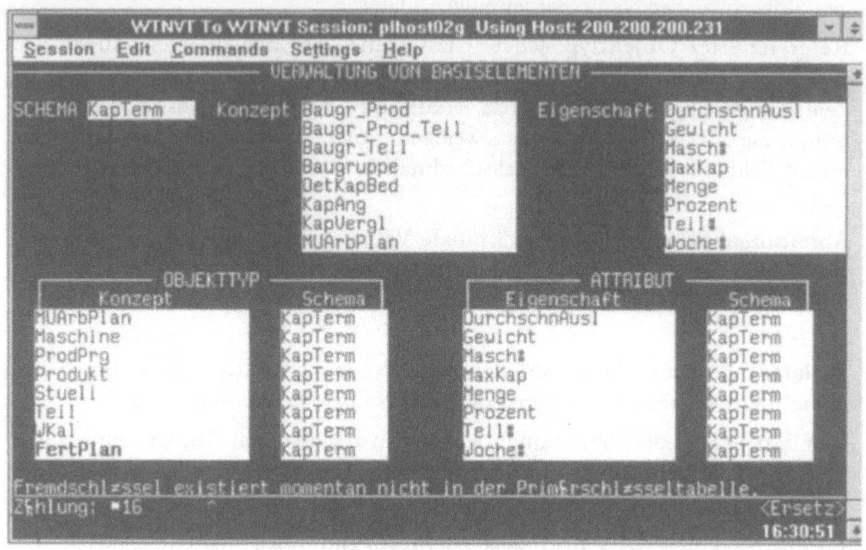

Abbildung 57: Auswertung und Verwaltung von Basiselementen des konzeptionellen Schemas

Abbildung 57 zeigt die Verwaltungs- und Auswertungsmaske für Basiselemente des konzeptionellen Schemas. Im oberen Teil der Maske befinden sich Felder zur Anzeige bzw. Verwaltung von Schemata, Konzepten und Eigenschaften. Im unteren Teil können Objekttypen bzw. Attribute definiert werden, in dem Konzepte zu Schemata bzw. Eigenschaften zu Schemata zugeordnet werden. Unzulässige Zuordnungen werden dabei sofort zurückgewiesen: Abbildung 57 zeigt z.B. eine Fehlermeldung, die aus dem unzulässigen Versuch resultiert, einen nicht als Konzept definierten "FertPlan" dem Schema "KapTerm" als Objekttyp zuzuordnen.

Abbildung 58 zeigt die Verwaltungs- und Auswertungsmaske für Primärschlüssel und Abstraktionsbeziehungen. Im oberen Teil werden Schlüsselattribute den Objekttypen zugeordnet, deren Objekte sie identifizieren. Im unteren Teil werden durch Zuordnung von referenzierenden zu referenzierten Objekttypen und Vergabe einer Bezeichnung Abstraktionsbeziehungen definiert. Neben der Beschränktheit (Feld "B") und Ableitungsform (Feld "V") der Abstraktionsbeziehung können in dieser Maske auch die Kardinalitäten und die Vollständigkeit der durch die Abstraktionsbeziehung implizierten Referenzbeziehungen definiert werden. Dabei wird durch die Integritätsbedingungen sichergestellt, daß die jeweiligen Wertekombinationen zulässig sind. In gleicher Weise werden auch Ableitungsbeziehungen und die daran beteiligten Quell- und Zielattribute verwaltet bzw. ausgewertet. Da alle Schemainformationen in der Entwicklungsdatenbank gespeichert sind, können textuelle Dokumente beliebiger Art durch einen Berichtsgenerator erzeugt werden. Das Verwaltungswerkzeug für die Entwicklungsdatenbank ergänzt damit die Funktionalität des grafischen Modellierungswerkzeugs um alle EOT-spezifischen Elemente und bietet zusätzliche, flexible Auswertungs- und Dokumentationsmöglichkeiten an.

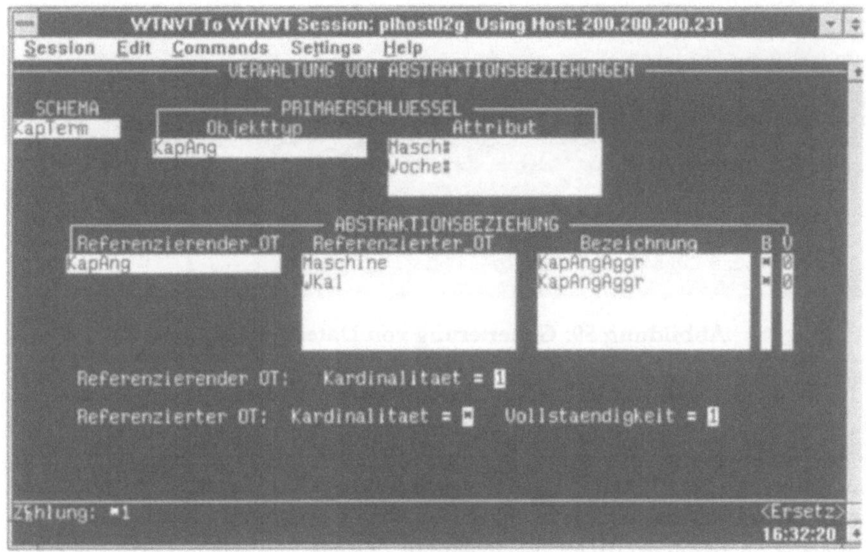

Abbildung 58: Auswertung und Verwaltung von Primärschlüsseln und Abstraktionsbeziehungen

4.4.2 Generierung prozedural erweiterter Datenstrukturen

Es gehört schon fast zur Standardfunktionalität kommerzieller Entwicklungswerkzeuge für Informationssysteme, auf der Grundlage konzeptioneller Schemata Definitionen relationaler Tabellen und Integritätsbedingungen zu generieren. Auf die Beschreibung der entsprechenden Verarbeitungsschritte kann deshalb in dieser Untersuchung verzichtet werden. Im Gegensatz dazu wird die Generierung von Triggerdefinitionen in kommerziellen Werkzeugen nicht oder nur in trivialer Form unterstützt. Um dem grafischen Modellierungswerkzeug und dem maskenorientierten Werkzeug zur Verwaltung der Entwicklungsdatenbank kein weiteres Werkzeug mit einer zusätzlichen Benutzerschnittstelle hinzufügen zu müssen, können Generierungsfunktionen in das maskenorientierte Verwaltungswerkzeug eingebunden werden.

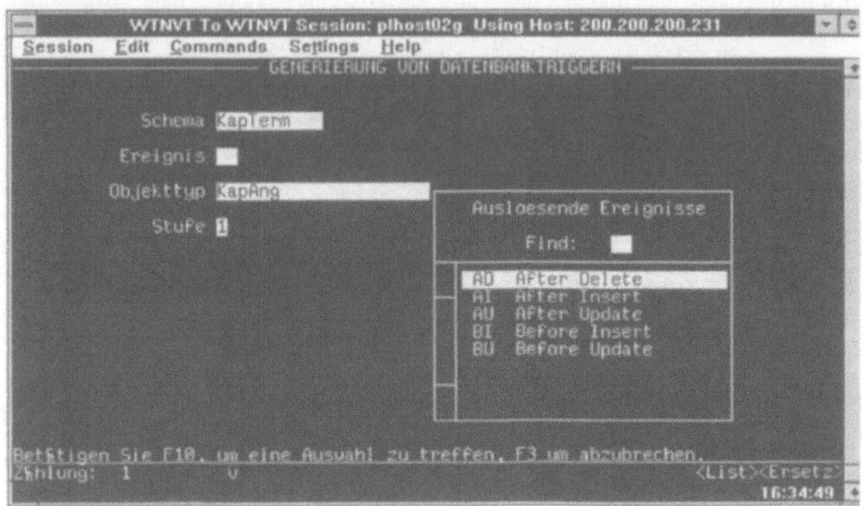

Abbildung 59: Generierung von Datenbanktriggern

Abbildung 59 zeigt eine Bildschirmmaske zur Festlegung der zu generierenden Triggerdefinitionen. Die Auswahl aller Parameter dieser Maske (wie auch der meisten Felder der anderen Masken des Werkzeugs) wird durch Vorschlagsfunktionen (in Abbildung 59 für auslösende Ereignisse) unterstützt. In SQL sind in Selektionsbedingungen Prozentzeichen als Stellvertreter für beliebig viele Zeichen und Unterstriche als Stellvertreter für genau ein Zeichen zugelassen. Diese sog. Wildcards können auch in dieser Maske dazu benutzt werden, nicht nur einen einzigen Datenbanktrigger, sondern z.B. alle After-delete-Trigger eines Schemas zu generieren oder z.B. alle Trigger aller Schemata zu generieren, die mit einem bestimmten Objekttyp in Zusammenhang stehen. Nach Ausfüllen aller Maskenfelder laufen im Hintergrund die beiden weiter vorne vorgestellten Verarbeitungsschritte ab, die für den/die ausgewählten Trigger den Inhalt der Tabelle `tr` aktualisieren. Diese Tabelle wird dann durch Berichtsgeneratoren ausgewertet, um Kommandodateien zu erzeugen, die durch das Datenbanksystem verarbeitet werden können.

4.4.3 Entwicklungsumgebung

Durch die in diesem Hauptabschnitt skizzierten Werkzeuge wird die Entwicklung betrieblicher Anwendungssysteme unterstützt, die nicht nur datenbankorientiert

[Schwarze 1987, S.55], sondern auch und gerade ereignisorientiert [Tanaka et al. 1991, S.59; Jablonski et al. 1991, S.6-7; Reinwald/Wedekind 1993, S.26] sind. Es erscheint deshalb naheliegend, die Spezifikation und Implementierung der nicht im konzeptionellen Schema repräsentierten Eigenschaften des Anwendungssystems ebenfalls ereignisorientiert vorzunehmen. Dazu ist zunächst zwischen den bisher ausschließlich betrachteten Datenbankereignissen (Löschung eines Objekts, Einfügung eines Objekts und Änderung eines Attributwerts eines Objekts) und allgemeineren Anwendungsereignissen (z.B. Ausfall einer Maschine, Benachrichtigung eines Mitarbeiters) zu unterscheiden [Tanaka et al. 1991, S.61]. Datenbankereignisse werden durch ein EOT-Schema implizit spezifiziert und durch die Generierung von Datenbanktriggern implementiert.

Für die Spezifikation von Anwendungsereignissen gibt es verschiedene Ansätze, die als Konsequenz der Unterschiedlichkeit der jeweils betrachteten Anwendungssysteme von einer formalen Spezifikation in Prädikatenlogik [z.B. Reinwald/Wedekind 1993, S.32-33] über eine Erweiterung konzeptioneller Datenmodelle durch Regeln [z.B. Tanaka et al. 1991, S.63-66] und die Spezifikation von Vorgangs-Ereignis-Netzen [z.B. Popp 1994, S.69-93] bis zu konzeptionellen Aktivitätsmodellen auf der Grundlage von Petri-Netzen und SADT-Diagrammen [z.B. Jablonski et al. 1991, S.9-11] reichen. Die ereignisgesteuerte Implementierung von Anwendungssystemen muß jedoch nur in Sonderfällen (z.B. verteilte Anwendungen) durch dedizierte Individualsoftware erfolgen. Für die Mehrzahl betrieblicher Anwendungssysteme können standardisierte Triggersysteme genutzt werden. Die Ereignistypen, die diese Triggersysteme erkennen und verarbeiten können, sind zwar stark standardisiert (z.B. Ausführung einer Abfrage, Änderung eines Feldinhalts, Navigation zu einem anderen Feld) und können deshalb nicht unmittelbar zur Spezifikation komplexerer Anwendungsereignisse genutzt werden. Sie finden sich jedoch in allen interaktiven, maskenorientierten Datenbankanwendungen wieder und bilden deshalb die Grundlage eines Großteils der Funktionalität betrieblicher Anwendungssysteme. Selbst für diesen Anwendungsbereich hat sich jedoch noch kein ereignisorientiertes Spezifikationsmodell allgemein durchgesetzt.

Durch kommerzielle Anwendungsgeneratoren können in sehr effizienter Form[65] Anwendungen erzeugt werden, die neben Datenbanksystemen standardisierte Triggersysteme und standardisierte Oberflächensysteme optimal nutzen. So sind z.B.

---

[65] Die Effizienz dieser Vorgehensweise besteht darin, daß große Teile des Entwicklungsprozesses automatisiert sind und viele Anwendungselemente sogar vollständig ohne Eingriff des Entwicklers erzeugt werden, d.h. noch nicht einmal spezifiziert werden müssen. So generiert z.B. Oracle Forms automatisch Navigationsmenüs, Hilfeanzeigen für Tastaturbelegung und Fehleranalyse sowie den gesamten Kontrollfluß interaktiver, datenbankorienterter Maskenanwendungen (vgl. Oracle 1994). Andere Anwendungselemente wie z.B. Vorschlagslisten, die Verwaltungsmasken selbst und deren Verknüpfung untereinander werden auf der Grundlage sehr weniger Spezifikationen erzeugt.

der Anwendungsgenerator Oracle Forms als Entwicklungsumgebung und das Triggersystem Oracle Runform als Laufzeitumgebung vollständig aufeinander abgestimmt. Während die Anwendungsgenerierung im Hinblick auf eine nachvollziehbare, standardisierte und durch Werkzeuge unterstützbare Spezifikation gegenüber der prozeduralen Anwendungsentwicklung im Nachteil ist, hat sie im Hinblick auf die Implementierung, Wiederverwendung und Dokumentation ganz wesentliche Vorteile [Winter 1994a, S.70-71]. Selbst für den Fall, daß das benutzte Datenbanksystem keine Triggermechanismen enthält, ist es möglich, die in der hier vorgestellten Form generierten Trigger als Anwendungstrigger zu übernehmen und durch das Triggersystem verarbeiten zu lassen.

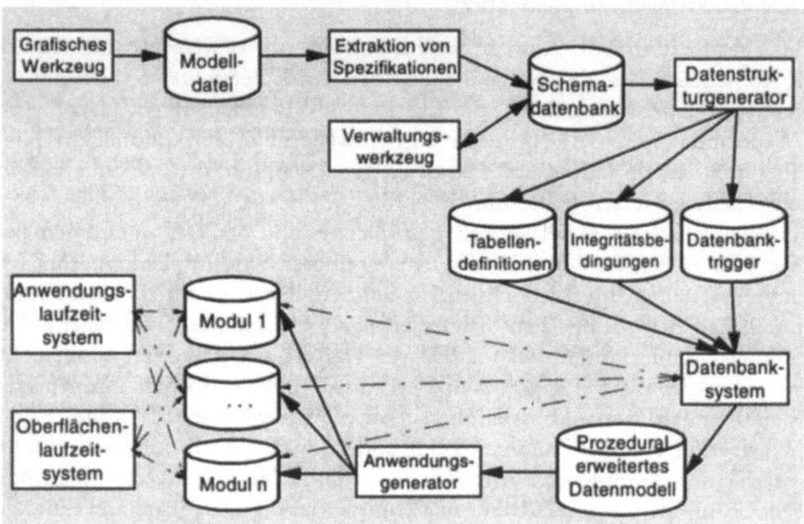

Abbildung 60: Infrastruktur der Systementwicklung[66]

In Abbildung 60 wird eine Infrastruktur der Entwicklung betrieblicher Anwendungssysteme dargestellt, die alle in diesem Hauptabschnitt vorgestellten Konzepte und Werkzeuge vereinigt. Während das grafische Modellierungswerkzeug zur Initialspezifikation eines Anwendungssystems benutzt wird, werden die dort nicht modellierbaren Spezifikationen mit Hilfe des Verwaltungswerkzeugs durchgeführt, das auch zur Dokumentation entsprechender Schemata dient. Die beiden Verarbeitungsschritte zur Generierung von Datenbanktriggern bilden den Kern eines Datenstrukturgenerators, der daneben auf der Grundlage der Entwicklungsdaten-

[66] In Anlehnung an [Kirschenbauer/Winter 1994, S.86].

bank auch Definitionen relationaler Tabellen und Integritätsbedingungen erzeugen kann. Die Verarbeitung durch das Datenbankverwaltungssystem führt zu einem prozedural erweiterten (relationalen) Datenmodell, auf dessen Grundlage mit Hilfe eines Anwendungsgenerators Module eines Anwendungssystems generiert werden können. Zur Laufzeit verwenden diese Module nicht nur die Funktionen des standardisierten Anwendungslaufzeitssystems zur Ereigniserkennung und -verarbeitung wieder, sondern auch die Funktionen des Oberflächenverwaltungssystems zur Dialogführung, Präsentation und Interaktion sowie die Funktionen des Datenbanksystems zur Informationsspeicherung, -integritätssicherung und zum Zugriff auf Informationen.

Die integrierte Spezifikation und automatisierte Implementierung von Ableitungsbeziehungen kann auf der Grundlage dieser Infrastruktur effizient in die Entwicklung betrieblicher Anwendungssysteme eingebunden werden. Je kompatibler das grafische Werkzeug mit dem EOT-Modell ist, desto weniger Spezifikationen müssen unter Inkaufnahme der dadurch entstehenden Nachteile (zusätzliche Schnittstelle, Inkonsistenz) außerhalb dieses Werkzeugs erfolgen. Während die Anwendungsgenerierung selbst genauso wie die Generierung von Datenstrukturen keine besonderen Interaktionen erfordert, kann die Spezifikation der Anwendungsereignisse nicht durch das grafische Werkzeug zur konzeptionellen (Daten-)Modellierung unterstützt werden. Wenn der Automatisierungs- und Integrationsgrad von Entwicklungsumgebungen signifikant gesteigert werden soll, muß die konzeptionelle Modellierung von Datenstrukturen nicht nur um Ableitungsbeziehungen erweitert werden (und damit die Möglichkeit geschaffen werden, Datenbankereignisse implizit zu spezifizieren und zu generieren), sondern es müssen auch allgemeinere Anwendungsereignisse in den Entwicklungsprozess einbezogen werden. In verschiedenen Ansätzen wird zur Zeit versucht, diese Einbeziehung durch eine der Datenmodellierung vorgeschaltete Interaktions- und Vorgangsmodellierung[67] oder eine parallel zur Datenmodellierung vorzunehmende Prozeßmodellierung[68] zu erreichen. In beiden Ansätzen wird allerdings der im Mittelpunkt dieser Untersuchung stehenden Informationsableitung keine besondere Aufmerksamkeit gewidmet.

---

67 Im SO-Modell werden auf der ersten Modellierungsebene das Objektsystem und das Zielsystem spezifiziert. Beim Übergang in die zweite Modellierungsebene wird aus dem Objektsystem das Interaktionsmodell und aus dem Zielsystem das Aufgabensystem abgeleitet. Nach deren Vervollständigung wird beim Übergang in die dritte Modellierungsebene zunächst das Vorgangsobjektschema und erst daraus das konzeptionelle Objektschema abgeleitet [Ferstl/Sinz 1993c, S.7].

68 Auf der Grundlage der Architektur integrierter Anwendungssysteme (ARIS) können die verschiedenen "Sichten" des Anwendungssystems (z.B. Datensicht, Funktionssicht) unabhängig voneinander entwickelt werden [Scheer 1991, S.14-15].

5 Zusammenfassung und Diskussion

5.1 Zusammenfassung der Ergebnisse

Im ersten Kapitel dieser Untersuchung wurden aus den Formalzielen der Systementwicklung die Formalziele der konzeptionellen Modellierung abgeleitet, und aus diesen Zielen wurden die Vorzüge abgeleitet, die aus der Einbeziehung der Informationsableitung in die Entwicklung berieblicher Anwendungssysteme resultieren. Diese Vorzüge bestehen in Korrektheits- und Wirtschaftlichkeitsgewinnen, wobei die ersteren primär aus einer präziseren, mächtigeren und ganzheitlicheren Systembeschreibung resultieren und die letzteren die Folge eines größeren Anteils wiederverwendbarer Elemente der Systembeschreibung sowie einer Automatisierbarkeit bestimmter Teile der Systementwicklung sind.

Im zweiten Kapitel war zunächst die Relevanz der Informationsableitung für betriebliche Anwendungssysteme nachzuweisen. Die Analyse verschiedener Komponenten operativer Informationssysteme sowie von Steuerungs-, Kontroll- und Planungssystemen zeigte, daß Verfeinerung, Verdichtung, Vererbung, Enumeration/Kombination, Simulation und andere als Informationsableitung interpretierbare Funktionen einen wichtigen Stellenwert in betrieblichen Anwendungssystemen haben. Um diese Bedeutung auch in der konzeptionellen Modellierung zu reflektieren, dürfen für abgeleitete Informationen keine Effektivitätsbetrachtungen oder Redundanzprüfungen angestellt werden, sondern kommt ausschließlich eine begriffliche Analyse als Entscheidungsgrundlage in Betracht. Zur Implementierung der Informationsableitung sind im Normalfall materialisierte Sichten am besten geeignet, da die Verknüpfung abgeleiteter Tabellen mit Aktualisierungstriggern nicht nur die Vorzüge der Virtualisierung mit den Vorzügen der Replizierung verbindet, sondern darüber hinaus die Erreichung des Integrations- und Durchgängigkeitsziels fördert und unter bestimmten Bedingungen die Manipulation abgeleiteter Informationen erlaubt. Um das konzeptionelle Schema konsistent und effizient durch materialisierte Sichten implementieren zu können, bedarf es jedoch einer automatisierten Transformation auf der Grundlage möglichst allgemeiner, wiederverwendbarer Propagierungs- und Zurückweisungsregeln. Ansonsten könnte die Widerspruchsfreiheit und effiziente Wartung der Fülle replizierter Aktualisierungsregeln auf der Implementierungsebene nicht gewährleistet werden. Die Informationsableitung muß auf konzeptioneller Ebene also nicht nur integrativ und realisierungsunabhängig, sondern auch formal beschrieben werden.

Auf der Grundlage dieser Anforderungen wird im dritten Kapitel zunächst das konzeptionelle Modell untersucht, das aufgrund seiner Verbreitung am häufigsten zur Entwicklung betrieblicher Anwendungssysteme verwendet wird. Bei der Analyse des Entity-Relationship-Modells zeigt sich, daß auch "Strukturmodelle" aufgrund ihrer expliziten oder (wie in diesem Fall) impliziten, modellinhärenten Abstraktionsbeziehungen dynamische Konsistenzbedingungen und damit einen wichtigen Teil des Systemverhaltens implizieren. Die Erweiterungen des Entity-Relationship-Modells zur expliziten Einbeziehung verschiedener Arten von Abstraktionsbeziehungen erweitern die dynamischen Konsistenzbedingungen und damit die Komplexität des implizierten Systemverhaltens erheblich. Es zeigt sich jedoch, daß nicht alle konzeptionell sinnvollen Varianten von Abstraktionsbeziehungen abgebildet werden können und daß das Nebeneinander von impliziter und expliziter Aggregation keine konsequente Strukturierung des implizierten Verhaltens erlaubt. Außerdem sind selbst im erweiterten Entity-Relationship-Modell keine Ableitungsbeziehungen zwischen nicht-identifizierenden Attributen abbildbar, und die Semantik der Referenzierungsbedingungen wird durch (E)ER-Schemata lediglich impliziert, so daß sie im Modell weder zu Strukturierungszwecken noch zur Konsistenzerhaltung benutzt werden kann.

Im Objekttypenmodell sind die Erweiterungen des Entity-Relationship-Modells bereits von vornherein enthalten, und es gibt keine impliziten Aggregationen in Form von Beziehungstypen mehr. Auch hier zeigt sich, daß die Repräsentation vieler (wenn auch nicht aller relevanten) Varianten von Abstraktionsbeziehungen derart viele dynamische Konsistenzbedingungen impliziert, daß aus Strukturierungs- und Formalisierungsgründen eine Rückführung auf grundlegendere Konzepte (z.B. Existenzabhängigkeiten) notwendig erscheint. Das Strukturierte Entity Relationship-Modell expliziert erstmals Existenzabhängigkeiten im konzeptionellen Modell, so daß die komplexen dynamischen Konsistenzbedingungen des Objekttypenmodells auf ein wesentlich einfacheres Modell einseitiger und wechselseitiger Existenzabhängigkeiten zurückgeführt werden können. Ein weiterer Vorteil der Reduktion des konzeptionellen Modells auf Objekttypen und (gerichtete) Existenzabhängigkeiten besteht darin, daß entsprechende konzeptionelle Schemata hervorragend angeordnet ("strukturiert") werden können. Allerdings sind im Strukturierten Entity Relationship-Modell nicht nur viele relevante Varianten von Abstraktionsbeziehungen, sondern auch ganze Abstraktionsformen nicht modellierbar.

Da keines der Modelle sowohl alle Abstraktionsformen wie auch Ableitungsbeziehungen in strukturierter Form abbilden kann, wurde im dritten Kapitel ein erweitertes Objekttypenmodell entwickelt, das die semantische Mächtigkeit der Konstruktionsoperatoren des Objekttypenmodells mit der auf Existenzabhängigkeiten basierenden Strukturierung des Strukturierten Entity-Relationship-Modells verbindet. Außerdem werden alle zwölf relevanten Varianten von Abstraktionsbeziehungen einbezogen, die sich aus der Kombination von drei Grundformen der Abstraktion (Generalisierung, Aggregation, Assoziation), den beiden Formen der Vollständigkeit und den beiden Formen der Exklusivität ergeben. Durch die sowohl in der informellen Spezifikation wie auch in der grafischen Darstellung vollzogene Rückführung von Abstraktionsbeziehungen auf Referenzbeziehungen bei gleichzeitiger Erhaltung der durch die Beziehung selbst repräsentierten Semantik verbindet das Typenschema des erweiterten Objekttypenmodells dabei die (Mächtigkeits-)Vorzüge des Objekttypenmodells mit den (Strukturiertheits-)Vorzügen des Strukturierten Entity-Relationship-Modells.

Auf der Grundlage der zwölf Grundtypen von Abstraktionsbeziehungen werden sechs Grundtypen von Ableitungsbeziehungen identifiziert, von denen vier in unmittelbarem Zusammenhang mit einer Abstraktionsbeziehung stehen. Auch für Ableitungsbeziehungen werden eine informelle Spezifikation und eine grafische Notation vorgeschlagen, die mit wenigen Grundelementen auskommen. Die Möglichkeit, Ableitungsbeziehungen zwischen Attributen auf konzeptioneller Ebene und unter Bezug auf das konzeptionelle Typenmodell durchgängig modellieren zu können, geht über das Potential aller zuvor beschriebenen Ansätze hinaus. Die relativ wenigen Grundelemente des erweiterten Objekttypenmodells erlauben es, ein sowohl semantisch vollständiges wie auch kompaktes System dynamischer Konsistenzbedingungen zu formulieren. Konsistenzbedingungen können dabei in vielen Fällen für mehrere Abstraktionsbeziehungen gleichzeitig formuliert werden, weil alle Varianten von Abstraktionsformen auf der Grundlage der gleichen Basiselemente (nämlich Referenzbeziehungen und Ableitungsbeziehungen) definiert sind. Die Analyse der dynamischen Konsistenzbedingungen führt zu 27 Propagierungs- und Zurückweisungsregeln, die das Verhalten des erweiterten Objekttypenmodells implizieren und deren zunächst informelle Beschreibung die Grundlage für eine spätere Formalisierung der Informationsableitung bildet.

Im vierten Kapitel stand das Ziel im Vordergrund, auf der Grundlage des erweiterten Objekttypenmodells möglichst große Teile der im konzeptionellen Schema abgebildeten Informationsableitung in automatisierter Form implementieren zu können und damit die Qualität und Wirtschaftlichkeit der Systementwicklung zu steigern. Dazu werden zunächst die verbal, d.h. informell beschriebenen 27 Propagierungs- und Zurückweisungsregeln (und damit die allgemeine Beschreibung des implizierten Verhaltens) in eine semiformale, auf einer Kombination des Prädikatenkalküls und des Tupelkalküls basierende Spezifikationssprache übersetzt. Damit steht eine problemunabhängige, formale Grundlage zur Verfügung, die die Spezifikation der Informationsableitung erlaubt und ausreichend präzise ist, um Regeln zur automatisierten Transformation des konzeptionellen Schemas auf die Implementierungsebene formulieren zu können.

Zunächst werden nur Zurückweisungen unzulässiger Datenmanipulationen und direkte (d.h. einstufige) Propagierungen zulässiger Datenmanipulationen betrachtet. In komplexen Schemata müssen jedoch oft mehrstufige Propagierungspfade abgearbeitet werden, wenn eine Datenmanipulation konsistent durchgeführt werden soll. Wenn das zur Implementierung benutzte Datenbanksystem die Kaskadierung von Datenbanktriggern unterstützt, ist jedoch die Generierung einstufiger Propagierungstrigger ausreichend. In diesem Fall lösen die propagierten Datenmanipulationen ihrerseits Datenbanktrigger aus, die die nächste Stufe der Propagierung implementieren. Auf der Grundlage des erweiterten Objekttypenmodells wird eine Entwicklungsdatenbank modelliert und implementiert, und Transformationsregeln der formalisierten Spezifikationen in SQL-Triggerdefinitionen werden vorgestellt. Für das Kapazitätsterminierungsbeispiel werden alle einstufigen Trigger generiert und im Hinblick auf ihre syntaktische und semantische Korrektheit bewertet (58 Trigger mit 1148 Textzeilen). im Gegensatz zu anderen konzeptionellen Modellen, auf deren Grundlage nur Tabellen und statische Integritätsbedingungen generiert werden können, erlaubt die Formalisierung des erweiterten Objekttypenmodells darüber hinaus die automatisierte Implementierung der dynamischen Konsistenzsicherung von Abstraktions- und Ableitungsbeziehungen und damit eines wichtigen Teils des Systemverhaltens.

Die Kaskadierung von Triggern erlaubt es, die dynamische Konsistenzsicherung ausschließlich durch einstufige Trigger zu implementieren und damit Transaktionen lediglich zu implizieren. Da diese Vorgehensweise nicht immer möglich oder wünschenswert ist, werden im dritten Hauptabschnitt des vierten Kapitels die vorgestellten Konzepte auf mehrstufige Propagierungs- und Prüfungspfade ausgedehnt. Dabei wird festgestellt, daß die Häufigkeit semantischer und syntaktischer Fehler mit zunehmender Pfadlänge zwar steigt, aber sich gleichzeitig die Zahl der notwendigen Propagierungen auf semantisch sinnvolle "Transaktionen" reduziert. Wann immer durch ein Unterstützungssystem kaskadierende Triggermechanismen angeboten werden, ist diese Implementierungsvariante allen Alternativen vorzuziehen. Fehlt diese Möglichkeit jedoch, stellt die Implementierung mehrstufiger Propagierungen durch nicht-kaskadierende Datenbank- oder Anwendungstrigger lediglich einen Notbehelf dar, um wenigstens einen Teil des implizierten Verhaltens zur dynamischen Konsistenzsicherung in automatisierter Form implementieren zu können. Neben den generellen Einschränkungen (Umgehungsmöglichkeit, Beschränkung auf monotone Propagierungen) bringt die Implementierung mehrstufiger Propagierungen einen erheblichen Komplexitätszuwachs mit sich. Für das lediglich 16 Objekttypen umfassende Kapazitätsterminierungsbeispiel werden z.B. 57 Trigger mit insgesamt 3444 Textzeilen erzeugt.

Die Untersuchung wird mit der Vorstellung von Werkzeugen zur Unterstützung einer integrierten Spezifikation und automatisierten Implementierung erweiterter konzeptioneller Schemata abgeschlossen. Auf der Grundlage der Entwicklungsdatenbank und einer Entwicklungs-Infrastruktur für datenbankorientierte betriebliche Anwendungssysteme werden Modellierungs-Grundfunktionen in ein kommerzielles grafisches Entwurfswerkzeug eingebunden, und wichtige Funktionen eines ergänzenden Schemaverwaltungswerkzeugs werden präsentiert.

5.2 Einschränkungen und Probleme

Die problemunabhängige Formulierung der dynamischen Konsistenzsicherung und ihre Einbindung in ein strukturiertes, im Hinblick auf Abstraktions- und Ableitungsbeziehungen vervollständigtes konzeptionelles Modell haben erhebliche Vorteile für die Systementwicklung, weil dadurch die Wiederverwendung von Anwendungswissen erhöht, der Automatisierungsgrad der Systementwicklung vergrößert und die Implementierungsqualität gesteigert werden können.

Die konzeptionelle Modellierung von Ableitungsbeziehungen ist jedoch in zweifacher Hinsicht noch unbefriedigend:

- Die Begründung des Typenspektrums der Ableitungsbeziehungen ist deutlich schwächer als die entsprechende Begründung für Abstraktionsbeziehungen. Die zunächst phänomenologische Betrachtung verschiedener Ableitungen und die Orientierung an einer jeweils zugrunde liegenden Abstraktionsbeziehungen führen zu einer Systematik, auf deren Grundlage bestimmte Ableitungsvarianten nicht konsequent genug formalisiert werden können (z.B. Regel 27) bzw. die keine vollständige Umsetzung in Implementierungsregeln erlaubt (z.B. Ableitungsbeziehungen, denen keine Abstraktionsbeziehung zugrunde liegt). Insbesondere für den weiten Bereich allgemeiner Funktionen und Methoden erscheint eine tiefergehende Analyse mit der Folge einer präziseren Typisierung und besseren Formalisierbarkeit entsprechender Ableitungsbeziehungen notwendig.
- Die Integration zwischen dem auf Abstraktionsbeziehungen konzentrierten Typenschema und dem auf Ableitungsbeziehungen basierenden Attributschema geht so weit, daß Informationsableitungen immer dann nicht ordnungsgemäß implementiert werden können, wenn deren Ableitungsrichtung der Referenzierungsrichtung der zugrunde liegenden Abstraktionsbeziehung entgegenläuft. Auch unter Inkaufnahme eines gewissen Integrationsverlusts erscheint die Lockerung des Bezugs von Ableitungsbeziehungen auf Abstraktionsbeziehungen im konzeptionellen Modell unvermeidlich, wenn die Mächtigkeit der formalen Spezifikationssprache und die Erfolgsquote der Generierung weiter erhöht werden sollen.

Auch die Formalisierung der dynamischen Konsistenzbedingungen des erweiterten Objekttypenmodells basiert auf einigen Einschränkungen und Vereinfachungen:

- An Aggregationsbeziehungen müssen genau zwei Objekttypen als Komponenten teilnehmen. Wird diese Beschränkung aufgehoben, kann die dynamische Konsistenzsicherung von Aggregaten nur mit erheblich größerem Aufwand und dem Resultat erheblich komplexerer Regeln formalisiert werden. Davon wurde abgesehen, weil solche Aggregationsbeziehungen in betrieblichen Anwendungssystemen relativ selten auftreten und keine prinzipiellen Unterschiede zum Zweikomponentenfall bestehen.

- Zulässige Datenmanipulationen werden auf solche Operationen beschränkt, bei denen die manipulierten Objekte durch eine auf den Primärschlüssel angewendete Gleichheitsbedingung identifiziert werden. Dadurch wird sichergestellt, daß sich eine zulässige Objektmanipulation immer nur auf ein einziges Objekt beziehen kann. Diese Einschränkung ist für die Formalisierung der Zurückweisungs- und Propagierungsregeln unverzichtbar, weil nur auf dieser Grundlage die jeweils passenden Objekte zur Verknüpfung, die jeweils referenzierten Objekte usw. eindeutig identifiziert werden können und Ableitungsfunktionen syntaktisch zulässig codiert werden können. Die Einschränkung direkter Manipulationen auf Einzelobjekte stellt jedoch keine unzulässige Beschränkung dar, da jede Datenmanipulation beliebiger Objektmengen mit einfachen Mitteln (z.B. Datenbankprozeduren) in eine Sequenz elementarer Datenmanipulationen zerlegt werden kann, bei denen das betroffene Objekt durch den Wert seines Primärschlüssels identifiziert wird.
- In der formalen Beschreibung des erweiterten Objekttypenmodells fehlen die in seiner informellen Beschreibung vorgesehenen Gruppierungs- und Klassifikationsattribute. Dieser Verzicht wird damit begründet, daß die Einführung künstlicher Relationen ohne semantische Entsprechung vermieden wird und daß bestimmte Inkonsistenzen nicht auftreten, die aus der Redundanz der Werte der Gruppierungs- bzw. Klassifikationsattribute auf der einen Seite und der faktischen Zuordnung von Objekten zu Objekttypen auf der anderen Seite entstehen können. Der Verzicht auf die formale Beschreibung dieser Attribute hat zur Folge, daß sechs Propagierungsregeln überhaupt nicht formalisiert werden müssen und daß die Formalisierung einiger anderer Regeln wesentlich vereinfacht wird. Die Beseitigung der durch Gruppierungs- und Klassifikationsattribute repräsentieren Redundanz führt jedoch auch dazu, daß die Zuordnung von Objekten zu den jeweils "richtigen" Subtypen durch die Anwendungen erfolgen muß und daß keine explizite Grundlage für die Bildung von Gruppenobjekten besteht. Ein wesentlicher Beitrag zukünftiger Arbeiten sollte deshalb darin bestehen, diese Attribute in geeigneter Weise in die Formalisierung des konzeptionellen Modells einzuführen.
- Eine weitere Vereinfachung der Formalisierung wird erreicht, indem der Primärschlüssel von Gruppentypen auf eine Untermenge der Attribute des Primärschlüssels des Basistyps beschränkt wird. Für das Kapazitätsterminierungsbeispiel hat diese Einschränkung zwar keine Auswirkungen. Viele Assoziationsbeziehungen dürften allerdings unter diesen Bedingungen nicht formalisierbar sein, so daß die darauf basierenden Propagierungen nicht in automatisierter Form implementiert werden können. Diese Einschränkung verstärkt die negativen Auswirkungen des Verzichts auf die Formalisierung von Gruppie-

rungsattributen. Gäbe es in der formalisierten Repräsentation des Basistyps Gruppierungsattribute, so könnten diese als Primärschlüssel des Gruppentyps dienen, und ihre Werte könnten zur Identifikation passender Gruppen- und Basisobjekte herangezogen werden.

Auch die Transformation der formal beschriebenen Propagierungs- und Zurückweisungsregeln in Triggerdefinitionen auf der Grundlage der Schemadatenbank des erweiterten Objekttypenmodells wirft einige Probleme auf:

- Die Normalisierung führt dazu, daß viele formal als Mengen definierte Modellelemente in der Schemadatenbank auf mehrere Tupel verteilt werden müssen. Die Normalisierung führt nicht nur zu einer unnötigen Komplexität vieler Generierungskommandos (z.B. schleifenartige Erzeugung von Aufzählungen und Verknüpfungsbedingungen), sondern ist auch für eine Vielzahl syntaktischer Fehler und redundanter Komponenten der generierten Triggerdefinitionen ursächlich. So sind z.B. die Einfügung von Dummy-Bedingungen wie `where 1=1` oder die Tatsache, daß in fast allen Aufzählungen das Komma hinter der letzten Komponente manuell entfernt werden muß, auf die fehlende Verarbeitungsmöglichkeit mengenwertiger Attribute durch den Generator zurückzuführen.
- Die im konzeptionellen Modell nur unvollständig repräsentierte Semantik einiger Ableitungsbeziehungen führt dazu, daß einige Trigger semantisch fehlerhaft oder überhaupt nicht generiert werden. Im Kapazitätsterminierungsbeispiel kann beispielsweise die Semantik der Auflösung der Mengenübersichtsstückliste nicht vollständig abgebildet werden, wodurch sowohl die Ableitungsbeziehung des Mengenattributs wie auch die dieser Ableitungsbeziehung zugrunde liegende Aggregationsbeziehung betroffen ist.
- Das formale Modell impliziert sowohl Vorwärts- wie auch Rückwärtspropagierungen, und für jeden beliebigen Objekttyp werden direkte Manipulationen zugelassen. Tatsächlich erfolgen in betrieblichen Anwendungssystemen Manipulationen jedoch für bestimmte Klassen von Objekttypen mit einer bestimmten Häufigkeit, und jede Klasse von Ableitungsbeziehungen impliziert eine bestimmte, "natürliche" Propagierungsrichtung. So sind unabhängige Objekttypen als Stammdaten wesentlich seltener von Manipulationen betroffen wie abhängige, aber nicht-abgeleitete Objekttypen. Abgeleitete Objekttypen dienen dagegen fast immer nur Auswertungszwecken, so daß Manipulationen im Normalfall dort nicht auftreten. Andererseits impliziert die Vererbung für Generalisierungshierarchien eine Top-down-Ableitungsrichtung, während die Einfügung von Objekten aufgrund des Fehlens von Klassifikationsattributen nur in Bottom-up-Richtung erfolgen kann. Für Aggregationshierarchien ist die durch aggregative Ableitung implizierte Bottom-up-Richtung mit der Einfügungsrichtung konsistent, während Löschungen und Änderungen häufig auch

in Top-down-Richtung erfolgen. In Assoziationsbeziehungen impliziert die Gruppierung eine Bottom-Up-Richtung, die im Normalfall mit der Richtung von Einfügungen, Löschungen und Änderungen kompatibel ist. Eine empirische Analyse der Manipulationen in betrieblichen Anwendungssystemen könnte wertvolle Hinweise dazu liefern, welche Propagierungen keiner Formalisierung und Implementierung bedürfen und ob die Unvereinbarkeit der Propagierungsrichtung von Abstraktions- und Ableitungsbeziehungen eine stärkere Trennung dieser beiden Aspekte der konzeptionellen Datensicht erforderlich macht.

Auch wenn die Erzeugung mehrstufiger Trigger nur in bestimmten Ausnahmesituationen empfohlen wird, sollen einige dort zusätzlich auftretende Probleme nicht unerwähnt bleiben:

- Die Verknüpfung einstufiger Propagierungs- und Zurückweisungsregeln kann nur für monotone Auswirkungen von Datenmanipulationen formal beschrieben und als Folge auch nur für diese Untermenge von Wirkungen in automatisierter Form implementiert werden. Zwar können die mehrstufigen Propagierungen als Transaktionen interpretiert werden, und das hier vorgestellte Konzept kann damit zum konzeptionellen Transaktionsentwurf für betriebliche Anwendungssysteme benutzt werden. Dabei muß jedoch berücksichtigt werden, daß monotone Propagierungen zwar den überwiegenden Anteil des durch dynamische Konsistenzbedingungen implizierten Verhaltens darstellen, aber ein bestimmter Anteil notwendiger Propagierungen auf diese Weise nicht berücksichtigt werden kann. Die Generierung mehrstufiger Datenbank- oder Anwendungstrigger stellt deshalb nur einen Notbehelf für den Fall dar, daß kaskadierende Triggermechanismen eines Unterstützungssystems nicht genutzt werden können oder sollen. In allen anderen Fällen ist die Generierung einstufiger Trigger und damit die implizite Modellierung von Transaktionen vorzuziehen.
- Bei der Verknüpfung einstufiger Propagierungen werden zwar direkte Zyklen durch entsprechende Selektionsbedingungen ausgeschlossen. Unter bestimmten Bedingungen können jedoch insbesondere bei gleichzeitiger Präsenz von Ableitungsbeziehungen indirekte Zyklen entstehen, die die Erzeugung semantisch und/oder syntaktisch korrekter Triggerdefinitionen verhindern. Für das Kapazitätsterminierungsbeispiel ist dieser Fall für einige mehrstufige After-insert-Trigger aufgetreten. Die bereits weiter oben erwähnte Analyse der Propagierungsrichtung von Abstraktions- und Ableitungsbeziehungen sowie deren stärkere Trennung im konzeptionellen Modelle ermöglicht die Formulierung zusätzlicher Verknüpfungsbedingungen, die zur Lösung dieses Problems beitragen.

- Im vierten Kapitel wurde aus Gründen der Übersichtlichkeit versucht, einstufige und mehrstufige Propagierungen auf der Grundlage weitgehend identischer Verarbeitungsschritte zu implementieren. Die größere Komplexität mehrstufiger Propagierung erfordert allerdings einige Modifikationen der beiden Verarbeitungsschritte. So muß z.B. für Vererbungen der Tabellenname aus der Ableitungsformel entfernt werden, wobei gleichzeitig für die korrekte Identifikation und Zuordnung eines Tabellennamens im zweiten Verarbeitungsschritt Sorge zu tragen ist. Außerdem muß das formale Modell der Änderungspropagierung um Attribute erweitert werden, die zusätzlich zum zur Ableitung benutzten Objekttyp auch den Objekttyp bezeichnen, dessen Manipulation die Propagierung auslöst. Schließlich ist dafür zu sorgen, daß innerhalb des mehrstufigen Propagierungstriggers die einzelnen Datenmanipulationen so angeordnet werden, wie es die Struktur des Propagierungspfads erfordert (und nicht etwa alphabetisch). Alle Modifikationen lassen sich relativ einfach durchführen, ohne daß wesentliche Änderungen des Grundmodells oder seiner formalen Beschreibung notwendig sind.

5.3 Diskussion

Die in dieser Untersuchung vorgestellten Modellierungs-, Formalisierungs- und Implementierungskonzepte erlauben es, Abstraktions- und Ableitungsbeziehungen zusammen mit anderen strukturellen Aspekten in einem gemeinsamen konzeptionellen Modell der Datensicht betrieblicher Anwendungssysteme abzubilden. Auf der Grundlage des derart erweiterten konzeptionellen Schemas wird es möglich, die durch Abstraktions- und Ableitungsbeziehungen implizierte dynamische Konsistenzsicherung in automatisierter Form durch entsprechende Datenbanktrigger zu implementieren. Damit sind Korrektheits- und Wirtschaftlichkeitsgewinne zu realisieren, wobei die ersteren primär aus einer präziseren, mächtigeren und ganzheitlicheren Systembeschreibung resultieren und die letzteren die Folge eines größeren Anteils wiederverwendbarer Elemente der Systembeschreibung sowie einer Automatisierung bestimmter Teile der Systementwicklung sind.

Zunächst konnte gezeigt werden, daß Informationsableitung einen wichtigen Teil der relevanten Semantik eines Realitätsbereichs darstellt, dessen Ignorierung in frühen Phasen der Systementwicklung die Erschließung signifikanter Korrektheits- und Wirtschaftlichkeitspotentiale verhindert. Auch wenn abgeleitete Informationen und Ableitungsregeln zum Teil anwendungsspezifisch sind, sollten sie konzeptionell modelliert werden. Nur auf der Grundlage eines durchgängigen Modells der Informationsableitung kann ein konsistentes System von Schemata (re-)konstruiert werden, das das entsprechende Anwendungswissen stabil und präzise repräsentiert und eine systematische Wiederverwendung dieses Wissens ermöglicht.

Die Elemente des hier vorgestellten erweiterten Objekttypenmodells sind im Hinblick auf Abstraktionsbeziehungen vollständig und stellen im Hinblick auf Ableitungsbeziehungen einen signifikanten Fortschritt gegenüber anderen konzeptionellen Modellen dar. Erweiterte Objekttypenschemata bilden in realisierungsunabhängiger Form nicht nur die strukturelle Semantik des abzubildenden Realitätsbereichs, sondern auch einen wichtigen Teil seiner verhaltensmäßigen Semantik ab. Die Integration von Abstraktions- und Ableitungsbeziehungen geht jedoch so weit, daß einige Sonderfälle (Diskrepanzen zwischen Ableitungs-Propagierungsrichtung und Abstraktions-Propagierungsrichtung; Ableitungen, denen keine Abstraktionsbeziehung zugrunde liegt) nur unzureichend abgebildet werden können. Das gleiche gilt für Ableitungen, deren Semantik zu komplex ist, um allein durch die Ableitungsregel und eine zugrunde liegende Abstraktionsbeziehung impliziert werden zu können. Über die hier zugrunde gelegte Strukturierung hinaus sollten deshalb eingehendere Analysen weitere Typisierungsmerkmale für Ableitungsbeziehungen in betrieblichen Anwendungssystemen ermitteln, die in Anlehnung an die Systematik der Abstraktionsbeziehungen eine exaktere Klassifikation und damit auch zuverlässigere Formalisierung erlauben. Ein Ergebnis derartiger Arbeiten könnte auch darin bestehen, Abstraktions- und Ableitungsbeziehungen nur noch lose miteinander zu koppeln, auch wenn diese Flexibilisierung die Definition sehr viel aufwendigerer Implementierungsregeln erfordern würde.

Konzeptionelle Schemata von Anwendungssystemen stellen aber nicht nur ein wichtiges Zwischenergebnis der Systementwicklung dar, sondern dienen auch als Dokumentations- und Kommunikationsgrundlage zwischen Anwendern und Entwicklern eines Systems. Die Bereicherung konzeptioneller Modelle durch Abstraktions- und Ableitungsbeziehungen erweitert die Mächtigkeit dieses Instruments und damit die Möglichkeit, frühzeitig Fehlentwicklungen zu erkennen und mit geringem Aufwand zu beseitigen. Darüber hinaus wird es möglich, anwendungsspezifische Informationsableitungen in Form von Subschema auf der Grundlage des konzeptionellen (Gesamt-)Schemas realisierungsunabhängig zu beschreiben und damit die Durchgängigkeit der Modellierung nicht nur im Hinblick auf eine implementierungsbezogene Verfeinerung, sondern auch auf eine anwendungsbezogene Verfeinerung zu gewährleisten. Dieser Anspruch korrespondiert mit der Forderung, die konzeptionelle Modellierung auf einer begrifflichen Analyse der im jeweiligen Umfeld relevanten Fachsprache zu basieren.

Die Formalisierung des erweiterten Objekttypenmodells und insbesondere seines durch dynamische Konsistenzbedingungen implizierten Verhaltens kann als wichtigster Beitrag dieser Untersuchung betrachtet werden. Es wird erstmals ein über Tabellen und Integritätsbedingungen hinausgehendes formales Regelwerk für einen wichtigen Teilbereich der Systementwicklung vorgelegt, das einerseits konkret genug ist, um auf seiner Grundlage syntaktisch und semantisch korrekte Implementierungskonstrukte generieren zu können, das aber andererseits auch abstrakt genug ist, um auf eine Vielzahl von Anwendungssystemen anwendbar zu sein. Wenn auch die explizite Generierung von Transaktionen aufgrund verschiedener Probleme bei der Implementierung von Propagierungspfaden weit weniger zuverlässig ist als die Generierung impliziter Transaktionen durch kaskadierende einstufige Propagierungen, erschließt das hier vorgestellte Entwicklungskonzept doch zusätzliche, signifikante Qualitäts- und Wirtschaftslichkeitspotentiale für computergestützte Entwicklungsumgebungen. Bereits die 16 Objekttypen des Kapazitätsterminierungsbeispiels und ihre Beziehungen implizieren Maßnahmen zur dynamischen Konsistenzsicherung in erheblichem Umfang (1148 bzw. 3444 Zeilen SQL-Code), so daß die zu erwartenden Erlöse einer automatisierten Implementierung für reale Anwendungssysteme erheblich sind. Die Praktikabilität des Vorschlags kann durch die Adaption eines kommerziellen grafischen Entwurfswerkzeugs, die Vorstellung eines ergänzenden Modellierungswerkzeugs und die Realisierung einer entsprechenden Entwicklungsdatenbank gezeigt werden.

Der gesamten Untersuchung liegt dabei die Vorstellung zugrunde, betriebliche Anwendungssysteme aus Gründen der Standardisierung, Offenheit und Wirtschaftlichkeit soweit wie möglich mit Hilfe standardisierter Unterstützungssysteme (Datenbanksystem, Oberflächensystem, Triggersystem, Kommunikationssystem) zu entwickeln und zu betreiben. Damit wird zwar ein bestimmter Anteil von Systemen aus den Betrachtungen ausgeschlossen. Für die Mehrzahl betrieblicher Anwendungssysteme [Martin 1982, S.4-7] ergibt sich jedoch die Möglichkeit, nicht nur für die Implementierung des Systemverhaltens ereignisorientierte, nichtprozedurale Konzepte zu verwenden, sondern die Konzepte auch auf die konzeptionelle Modellierung des Gesamtschemas sowie der einzelnen Subschemata auszudehnen. Im Rahmen der Beschreibung der Infrastruktur der Systementwicklung wurde bereits angedeutet, daß Anwendungsgeneratoren und -laufzeitsysteme nicht nur eine perfekte Ergänzung zu Datenstrukturgeneratoren und prozedural erweiterten Datenbanksystemen darstellen, sondern bei Bedarf auch Teilaufgaben der Konsistenzsicherung wahrnehmen können.

Zusammenfassend erhöhen auch in Anbetracht der genannten Einschränkungen und Probleme die in dieser Untersuchung vorgestellten Konzepte nicht nur die Wirtschaftlichkeit der Entwicklung betrieblicher Anwendungssysteme, sondern verbessern durch mächtigere, präzisere und durchgängigere Beschreibungsmittel auch die Zusammenarbeit zwischen Anwendern und Systementwicklern. Ein größerer Anteil der Semantik von Anwendungssystemen wird einer präzisen und wiederverwendbaren Beschreibung zugeführt. Konzeptionelle Subschemata können auf der Grundlage des konzeptionellen Gesamtschemas einen größeren Teil des Anwendungswissens konsistent und realisierungsunabhängig repräsentieren. Auf der Grundlage von Generierungsregeln kann schließlich zusätzlich zu den bisher generierbaren Systemkomponenten das zur dynamischen Konsistenzsicherung notwendige Systemverhalten nahezu vollständig in automatisierter Form implementiert werden.

Literaturverzeichnis

Adiba 1981 Adiba, M.: Derived Relations: A Unified Mechanism for Views, Snapshots, and Distributed Data, in: Proc. Seventh International Conference on Very Large Data Bases, Cannes 1981, S. 293-305

Adiba/Lindsay 1980 Adiba, M.E./B.G. Lindsay: Database Snapshots, in: Proc. Sixth International Conference on Very Large Data Bases, Montreal 1980, S. 86-91

Aho et al. 1974 Aho, A.V./J.E. Hopcroft/J.D. Ullman: The Design and Analysis of Computer Algorithms, Reading etc.: Addison-Wesley 1974

AMICE 1993 ESPRIT Consortium AMICE (Eds.): CIMOSA - Open System Architecture for CIM, 2nd Ed., Vol. 1, Berlin etc.: Springer 1993

Balzert 1985 Balzert, H. (Hrsg.): Moderne Software-Entwicklungssysteme und -werkzeuge, Mannheim etc.: BI Wissenschaftsverlag 1985

Balzert 1989 Balzert, H.: Anforderungen an Software Engineering Environment Systeme, in: Balzert, H. (Hrsg.): CASE - Systeme und Werkzeuge, Mannheim/Wien/Zürich: BI Wissenschaftsverlag 1989, S. 87-98

Bancilhon/Spyratos 1981 Bancilhon, F./N. Spyratos: Update Semantics of Relational Views, ACM Transactions on Database Systems, Jg. 6 (1981), Nr. 4, S. 557-575

Baralis/Ceri/Widom 1993 Baralis, E./S. Ceri/J. Widom: Better Termination Analysis for Active Databases, in: Paton, N.W./M.H. Williams (Eds.): Rules in Database Systems, London etc.: Springer 1993, S. 163-179

Barker 1992 Barker, R.: CASE*Method, Bonn etc.: Addison-Wesley 1992

Batini/Ceri/Navathe 1992 Batini, C./S. Ceri/S.B. Navathe: Conceptual Database Design - An Entity-Relationship Approach, Benjamin/Cummings 1992

Bayer 1985 Bayer, R.: Database Technology for Expert Systems, in: Brauer, W./B. Radig (Hrsg.): Wissensbasierte Systeme, Berlin etc.: Springer 1985, S. 1-16

Becker 1991 Becker, J.: CIM-Integrationsmodell - Die EDV-gestützte Verbindung betrieblicher Bereiche, Berlin etc.: Springer 1991

Bergmann/Noll 1977 Bergmann, E./H. Noll: Mathematische Logik mit Informatik-Anwendungen, Berlin etc.: Springer 1977

Berthold 1983 Berthold, H.-J.: Aktionsdatenbanken in einem kommunikationsorientierten EDV-System, Informatik-Spektrum, Jg. 6 (1983), S. 20-26

Bitran/Hax 1977 Bitran, G.R./A.C. Hax: On the Design of Hierarchical Production Planning Systems, Decision Sciences, Jg. 8 (1977), S. 28-55

Blakeley et al. 1986 Blakeley, J.A./P.-A. Larson/F.W. Tompa: Efficiently Updating Materialized Views, ACM Sigmod Record, Jg. 15 (1986), Nr. 2, S. 61-71

Blanning 1984	Blanning, R.W.: A Relational Framework for Model Bank Organization, Proc. IEEE Workshop for Language Automation, 1984, S. 148-154
Blanning 1986	Blanning, R.W.: An Entity-Relationship Approach to Model Management, Decision Support Systems, Jg. 2 (1986), Nr. 1, S. 65-72
Boßhammer/Winter 1995	Boßhammer, M./R. Winter: Formale Validierung von Verdichtungsoperationen in konzeptionellen Datenmodellen - Zur konsistenten Verdichtung von Grafiken und Textdokumentationen der Datenbasis betriebswirtschaftlicher Anwendungssysteme am Beispiel des SAP R/3 PP- und SD-Schemas, in: König, W. (Hrsg.): Wirtschaftsinformatik '95, Heidelberg: Physica 1995, S. 223-241
Brodie 1984	Brodie, M.L.: On the Development of Data Models, in: Brodie, M.L./J. Mylopoulos/J.W. Schmidt (Hrsg.): On Conceptual Modelling, New York etc.: Springer 1984, S. 19-47
Ceri/Widom 1990	Ceri, S./J. Widom: Deriving Production Rules for Constraint Maintenance, in: McLeod, D./R. Sacks-Davis/H. Schek (Hrsg.): Proc. 16th Int. Conference on Very Large Data Bases, Brisbane 1990, S. 566-577
Chen 1976	Chen, P.P.: The Entity-Relationship Model - Towards a Unified View of Data, ACM Transactions on Database Systems, Jg. 1 (1976), Nr. 1, S. 9-36
Chen 1983	Chen, P.P.: A Preliminary Framework for Entity-Relationship Models, in: Chen, P.P. (Ed.): Entity-Relationship Approach to Information Modeling and Analysis, Amsterdam etc.: North-Holland 1983, S. 19-28
Codd 1970	Codd, E.F.: A Relational Model of Data for Large Shared Data Banks, Communications of the ACM, Jg. 13 (1970), Nr. 6, S. 377-387
Codd 1979	Codd, E.F.: Extending the Database Relational Model to Capture More Meaning, ACM Transactions on Database Systems, Jg. 4 (1979), Nr. 3, S.397-434
Date 1986	Date, C.J.: An Introduction to Database Systems, Vol. 1, 4th Ed., Reading etc.: Addison-Wesley 1986
Dayal/Bernstein 1982	Dayal, U./P.A. Bernstein: On the Correct Translation of Update Operations on Relational Views, ACM Transactions on Database Systems, Jg. 8 (1982), Nr. 3, S. 381-416
DBTG 1971	CODASYL Data Base Task Group: Report of the CODASYL DBTG, ACM 1971
Dijkstra 1967	Dijkstra, E.W.: A Discipline of Programming, Englewood Cliffs: Prentice-Hall 1967
Disterer 1987	Disterer, Georg: Nichtprozedurale Programmierung, Angewandte Informatik, Jg. 29 (1987), Nr. 7, S. 281-288
Dittrich et al. 1985	Dittrich, K.R./A.M. Kotz/J.A. Mülle: Basismechanismen für komplexe Konsistenzprobleme in Entwurfsdatenbanken, in: Blaser, A./P. Pistor (Hrsg.): Datenbanksysteme in Büro, Technik und Wissenschaft, Berlin etc.: Springer 1985, S.73-90

Dolk 1986 — Dolk, D.R.: Data as Models - An Approach to Implementing Model Management, Decision Support Systems, Jg. 2 (1986), Nr. 1, S. 73-80

Dos Santos et al. 1980 — Dos Santos, C.S./E.J. Neuhold/A.L. Furtado: A Data Type Approach to the Entity-Relationship Model, in: Chen, P.P.S. (Ed.): Entity-Relationship Approach to Systems Analysis and Design, North-Holland 1980, S. 103-120

Elmasri/Navathe 1989 — Elmasri, R./S.B. Navathe: Fundamentals of Database Systems, Redwood City etc.: Benjamin/Cummings 1989

Engels 1991 — Engels, G.: Elementary Actions on an Extended Entity-Relationship Database, in: Ehrig., H./H.-J. Kreowski/G. Rozenberg (Eds.): Graph Grammars and their Application to Computer Science, Berlin: Springer 1991, S. 344-362

Engels et al. 1989 — Engels, G./U. Hohenstein/K. Hülsmann/P. Löhr-Richter/H.-D. Ehrich: CADDY - Computer-Aided Design of Non-Standard Databases, in: Madhavji, N./H. Weber/W. Schäfer (Eds.): Proc. Int. Conference on System Development Environments & Factories, London: Pitman 1990

Eswaran 1976 — Eswaran, K.P.: Specifications, Implementations and Interactions of a Trigger Subsystem in an Integrated Database System, Research Report RJ-1820 (26414), IBM Research Laboratory, San Jose 1976

Feldman/Miller 1986 — Feldman, P./D. Miller: Entity Model Clustering - Structuring a Data Model by Abstraction, The Computer Journal, Jg. 29 (1986), Nr. 4, S. 348-360

Ferstl/Sinz 1990 — Ferstl, O.K./E.J. Sinz: Objektmodellierung betrieblicher Informationssysteme im Semantischen Objektmodell (SOM), Wirtschaftsinformatik, Jg. 32 (1990), Nr. 6, S. 566-581

Ferstl/Sinz 1991 — Ferstl, O.K./E.J. Sinz: A Ein Vorgehensmodell zur Objektmodellierung betrieblicher Informationssysteme im Semantischen Objektmodell (SOM), Wirtschaftsinformatik, Jg. 33 (1991), Nr. 6, S. 477-491

Ferstl/Sinz 1993a — Ferstl, Otto K./Elmar J. Sinz: Grundlagen der Wirtschaftsinformatik, Band 1, München-Wien: Oldenbourg 1993

Ferstl/Sinz 1993b — Ferstl, Otto K./Elmar J. Sinz: Geschäftsprozeßmodellierung, Wirtschaftsinformatik, Jg. 35 (1993), Nr. 6, S. 589-592

Ferstl/Sinz 1993c — Ferstl, Otto K./Elmar J. Sinz: Der Modellierungsansatz des Semantischen Objektmodells, Bamberger Beiträge zur Wirtschaftsinformatik Nr. 18, Universität Bamberg 1993

Fraser et al. 1994 — Fraser, M.D./K. Kumar/V.K. Vaishnavi: Strategies for Incorporating Formal Specifications in Software Development, Communications of the ACM, Jg. 37 (1994), Nr. 10, S. 74-85

Fraternali/Paraboschi 1993 — Fraternali, P./S. Paraboschi: Review of Repairing Techniques for Integrity Maintenance, in: Paton, N.W./M.H. Williams (Eds.): Rules in Database Systems, London etc.: Springer 1993, S. 333-346

Galliers 1987	Galliers, R. D. (Ed.): Information Analysis - Selected Readings, Sydney etc.: Addison-Wesley 1987
Gebhardt 1987	Gebhardt, F.: Semantisches Wissen in Datenbanken - Ein Literaturbericht, Informatik-Spektrum, Jg. 10 (1987), S. 79-98
Geitner 1984	Geitner, U.W.: Integrierte Unternehmensplanung durch Simulation, Wiesbaden: Forkel 1984
Gertz/Lipeck 1994	Gertz, M./U.W. Lipeck: ICE - An Environment for Integrity-Centered Database Design, in: Lipeck, U.W./G. Vossen (Hrsg.): Formale Grundlagen für den Entwurf von Informationssystemen, Informatik-Berichte Nr. 3/94, Institut für Informatik, Universität Hannover 1994, S. 207-219
Gottlob et al. 1988	Gottlob, G./P. Paolini/R. Zicari: Properties and Update Semantics of Consistent Views, ACM Transactions on Database Systems, Jg. 13 (1988), Nr. 4, S. 486-524
Graham 1993	Graham, I.: Object-Oriented Methods, Workingham: Addison-Wesley 1993
Grochla et al. 1974	Grochla, E. und Mitarbeiter: Integrierte Gesamtmodelle der Datenverarbeitung - Entwicklung und Anwendung des Kölner Integrationsmodells (KIM), München-Wien 1974
Grothehen/Dittrich 1994	Grotehen, T./K.R. Dittrich: Erweiterung konzeptueller Objektmodelle für den Entwurf aktiver Systeme, in: Lipeck, U.W./G. Vossen (Hrsg.): Formale Grundlagen für den Entwurf von Informationssystemen, Informatik-Berichte Nr. 3/94, Institut für Informatik, Universität Hannover 1994, S. 177-187
Hackstein 1989	Hackstein, R., Produktionsplanung und -steuerung (PPS), 2. Auflage, Düsseldorf: VDI-Verlag 1989
Hammer/McLeod 1981	Hammer, M./D. McLeod: Database Description with SDM - A Semantic Database Model, ACM Transactions on Database Systems, Jg. 6 (1981), Nr. 2, S. 351-386
Hesse et al. 1994	Hesse, W./G. Barkow/H. von Braun/H.-B. Kittlaus/G. Scheschonk: Terminologie der Softwaretechnik - Ein Begriffssystem für die Analyse und Modellierung von Anwendungssystemen, Teil 2, Informatik-Spektrum, Jg. 17 (1994), Nr. 2, S. 96-105
Hildebrand 1990	Hildebrand, K.: Software Tools - Automatisierung im Software Engineering, Berlin etc.: Springer 1990
Hofmann 1988	Hofmann, J.: Aktionsorientierte Datenverarbeitung im Fertigungsbereich, Berlin etc.: Springer 1988
Hohenstein 1993	Hohenstein, U.: Formale Semantik eines erweiterten Entity-Relationship-Modells, Stuttgart/Leipzig: Teubner 1993
Hull/King 1987	Hull, R./R. King: Semantic Database Modeling - Survey, Applications, and Research Issues, ACM Computing Surveys, Jg. 19 (1987), Nr. 3, S. 201-260
IBM 1988	IBM Corp.: Systems Application Architecture - An Overview, 4th Ed., IBM Form GC26-4341-3, 1988

IS 1991 Innovative Software GmbH: OEW - The Object Engineering Workbench for C++, 2nd Ed., 1991

ISO 1982 ISO/TC97/SC5/WG3: Concepts and Terminology for the Conceptual Schema and the Information Base, 1982

ISO 1987 ISO 9075-1987, Database Language SQL, 1987

ISO 1989 ISO 9075-1989, Database Language SQL with Integrity Enhancement, 1989

Jablonski et al. 1991 Jablonski, S./B. Reinwald/T. Ruf/H. Wedekind: Event-Oriented Management of Functions and Data in Distributed Systems, in: Proc. Second Int. Working Conference on Dynamic Modelling of Information Systems, Washington, D.C. 1991

Karni 1982 Karni, R.: Capacity Requirements Planning - A Systemization, Int. Journal of Production Research, Jg. 20 (1982), Nr. 6, S. 715-739

Kendler 1982 Kendler, H.: Triggerkonzept, Informatik-Spektrum, Jg. 5 (1982), S. 255

Kent 1983 Kent, W.: A Simple Guide to Five Normal Forms in Relational Database Theory, Communications of the ACM, Jg. 26 (1983), Nr. 2, S. 120-125

Kirschenbauer/Winter 1994 Kirschenbauer, A./R. Winter: Data Derivation in Information Systems, in: Baets, W.R.J. (Ed.): Proc. 2nd European Conf. on Information Systems, Vol. 1, Breukelen: Nijenrode University Press 1994, S. 75-87

Kleine Büning/Stein 1993 Kleine Büning, H./B. Stein: Entwicklung von Konfigurierungssystemen, in: Kurbel, K. (Hrsg.): Wirtschaftsinformatik, Heidelberg: Physica 1993, S. 287-302

Kowalski 1978 Kowalski, R.: Logic for Data Description, in: Gallaire, H./J. Minker (Eds.): Logic and Data Bases, New York-London: Plenum 1978, S. 77-103

Kraut/Seidl 1992 Kraut, E./T. Seidl: Oracle SQL Version 5/6/7, ohne Ort: it 1992

Kurbel/Strunz 1990 Kurbel, Karl/Horst Strunz: Wirtschaftsinformatik - Eine Einführung, in: Kurbel, Karl/Horst Strunz (Hrsg.): Handbuch Wirtschaftsinformatik, Stuttgart: Poeschel 1990, S. 1-25

Leist/Winter 1994a Leist, S./R. Winter: Konfigurierung von Versicherungsleistungen, Wirtschaftsinformatik, Jg. 36 (1994), Nr. 1, S. 45-56

Leist/Winter 1994b Leist, S./R. Winter: Konfiguration in der Sachgüterindustrie und im Dienstleistungsbereich - Ein konzeptueller Vergleich am Beispiel eines Automobilherstellers und eines Versicherungsunternehmens, Arbeitsbericht 94-01, Institut für Wirtschaftsinformatik, Johann Wolfgang Goethe-Universität, Frankfurt am Main 1994

Libutti 1990 Libutti, L.R.: Systems Application Architecture, Blue Ridge Summit: TAB Books 1990

Liesegang 1985	Liesegang, G. (1985): Modelle zur Koordination von Grob- und Feinplanung in der Sortenfertigung, in: Kreikebaum, H. (Hrsg.): Industriebetriebslehre in Wissenschaft und Praxis, Festschrift für Theodor Ellinger zum 65. Geburtstag, Berlin: Duncker & Humblot 1985, S.267-287
Lindsay et al. 1986	Lindsay, B./L. Haas/C. Mohan/H. Pirahesh/P. Wilms: A Snapshot Differential Refresh Algorithm, in: Zaniolo, C. (Ed.): SIGMOD'86 - Proc. International Conference on Management of Data, Washington, D.C. 1986, S. 53-60
Lipeck 1989	Lipeck, U.W.: Dynamische Integrität von Datenbanken - Grundlagen der Spezifikation und Überwachung, Berlin etc.: Springer 1989
Lipeck/Vossen 1994	Lipeck, U.W./G. Vossen: Formale Grundlagen für den Entwurf von Informationssystemen, Informatik-Berichte Nr. 3/94, Institut für Informatik, Universität Hannover 1994
Lusk et al. 1983	Lusk, E.L./G. Petrie/R.A. Overbeek: Item Tracking Entity-Relationship Models, in: Chen, P.P. (Ed.): Entity-Relationship Approach to Information Modeling and Analysis, Amsterdam etc.: North-Holland 1983, S. 213-233
Mattos 1988	Mattos, N.M.: Abstraction Concepts - The Basis for Data and Knowledge Modeling, Research Report 3/88, Zentrum Rechnergestützte Ingenieursysteme, Universität Kaiserslautern, Kaiserslautern 1988
Martin 1982	Martin, J.: Application Development without Programmers, Englewood Cliffs: Prentice-Hall 1982
Martin/Odell 1992	Martin, J./J.J. Odell: Object-Oriented Analysis and Design, Englewood Cliffs: Prentice-Hall 1992
McCarthy/Dayal 1989	McCarthy, D.R./U. Dayal: The Architecture of an Active Data Base Management System, ACM Sigmod Record, Jg. 18 (1989), Nr. 2, S. 215-224
Meininger 1994	Meininger, K.-U.: Abstraktionsbasierte Bereitstellung bereichsübergreifender Planungsdaten für die Produktionsplanung bei Serienfertigung variantenreicher Erzeugnisse, Idstein: Schulz-Kirchner 1994
Merrett 1982	Merrett, T.H.: Relational Information Systems, Reston: Reston Publishing Co. 1982
Mertens/Holzner 1992	Mertens, P./J. Holzner: Eine Gegenüberstellung von Integrationsansätzen der Wirtschaftsinformatik, Wirtschaftsinformatik, Jg. 34 (1992), Nr. 1, S. 5-25
Minker 1978	An Experimental Relational Data Base System Based on Logic, in: Gallaire, H./J. Minker (Eds.): Logic and Data Bases, New York-London: Plenum 1978, S. 107-148
Mistelbauer 1991	Mistelbauer, H.: Datenmodellverdichtung - Vom Projektdatenmodell zur Unternehmens-Datenarchitektur, Wirtschaftsinformatik, Jg. 33 (1991), Nr. 4, S. 289-299

Mitchell 1983	Mitchell, J.C.: The Implication Problem for Functional and Inclusion Dependencies, Information and Control, 56. Jg. (1983), S. 154-173
Morgenstern 1983	Morgenstern, M.: Active Databases as a Paradigm for Enhanced Computing Environments, Proc. of the 9th Int. Conference on Very Large Data Bases, Florence 1983, S. 34-42
Naur/Randell 1969	Naur, P./B. Randell (Eds.): Software Engineering - Report on a Conference, Brüssel: NATO Scientific Affairs Division 1969
Nicolas/Gallaire 1978	Nicolas, J.M./H. Gallaire: Data Base - Theory vs. Interpretation, in: Gallaire, H./J. Minker (Eds.): Logic and Data Bases, New York-London: Plenum 1978, S. 33-54
Nijssen/Halpin 1989	Nijssen, G.M./T.A. Halpin: Conceptual Schema and Relational Database Design - A Fact Oriented Approach, New York etc. 1989
Noack 1992	Noack, J.: Datalog - Zur Integration von Datenbanken und wissensbasierten Konzepten, Informationstechnik it, Jg. 34 (1992), Nr. 2, S. 113-123
Oracle 1989a	Oracle Corp.: CASE*Dictionary User's Guide and Reference, Version 4.1, Part No. 5097-40, 1989
Oracle 1989b	Oracle Corp.: CASE*Designer User's Guide and Tutorial, Version 1.1, Part No. 5096-11, 1989
Oracle 1992a	Oracle Corp.: Oracle 7 Server SQL Language Reference Manual, Part No. 778-70-1292, 1992
Oracle 1992b	Oracle Corp.: PL/SQL User's Guide and Reference, Version 2.0, Part No. 800-20-1292, 1992
Oracle 1992c	Oracle Corp.: Oracle 7 Server Concepts Manual, Part No. 6693-70-1292, 1992
Oracle 1994	Oracle Corp.: Oracle Forms Reference Manual, Vol. 1, Part No. A11988-2, Vol. 2, Part No. A11989-2, 1994
Orlicky 1975	Orlicky, J.A.: Material Requirements Planning, New York etc.: McGraw-Hill 1975
Ortner 1983	Ortner, E.: Aspekte einer Konstruktionssprache für den Datenbankentwurf, Darmstadt: Toeche-Mittler 1983
Ortner 1985	Ortner, E.: Semantische Modellierung - Datenbankentwurf auf der Ebene der Benutzer, Informatik-Spektrum, Jg. 8 (1985), S. 20-28
Ortner 1991	Ortner, E.: Unternehmensweite Datenmodellierung als Basis für integrierte Informationsverarbeitung in Wirtschaft und Verwaltung, Wirtschaftsinformatik, Jg. 33 (1991), Nr. 4, S. 269-280
Ortner/Söllner 1989	Ortner, E./B. Söllner: Semantische Datenmodellierung nach der Objekttypenmethode, Informatik-Spektrum, Jg. 12 (1989), S. 31-42
Paolini/Zicari 1984	Paolini, P./R. Zicari: Properties of Views and their Implementation, in: Minker, J. et al. (Eds.): Advances in Database Theory, Vol. 2, New York: Plenum 1984, S. 353-389

Parker/Benson 1987	Parker, M.M./R.J. Benson: Information Economics - An Introduction, Datamation, December 1987, S. 86-96
Paton et al. 1993	Paton, N.W./O. Díaz/M.H. Williams/J. Campin/A. Dinn/A. Jaime: Dimensions of Active Behaviour, in: Paton, N.W./M.H. Williams (Eds.): Rules in Database Systems, London etc.: Springer 1993, S. 40-57
Picot/Maier 1994	Picot, A./M. Maier: Ansätze der Informationsmodellierung und ihre betriebswirtschaftliche Bedeutung, Zeitschrift für betriebswirtschaftliche Forschung, Jg. 46 (1994), Nr. 2, S. 107-126
Pistor 1993	Pistor, P.: Objektorientierung in SQL3 - Stand und Entwicklungstendenzen, Informatik-Spektrum, Jg. 16 (1993), Nr. 2, S. 89-94
Pretsch 1990	Pretzsch, H.-U.: Simulation erobert die PPS-Welt, Logistik, Jg. 11 (1990), Nr. 6, S. 93-95
Popp 1994	Popp, K.M.: Spezifikation der fachlichen Klassen-Beziehungs-Struktur objektorientierter Anwendungssysteme auf der Grundlage von Modellen der betrieblichen Diskurswelt, Dissertation, Universität Bamberg 1994
Rauh 1992	Rauh, O.: Überlegungen zur Behandlung ableitbarer Daten im Entity-Relationship-Modell (ERM), Wirtschaftsinformatik, Jg. 34 (1992), Nr. 3, S. 294-306
Rauh/Stickel 1992	Rauh, O./E. Stickel: Entity Tree Clustering - A Method for Simplifying ER Design, in: Pernul, G./A.M. Tjoa (Hrsg.): Proc. of the 11th Int. Conference on Entity Relationship Approach, Karlsruhe 1992, S. 62-78
Rauh/Stickel 1993	Rauh, O./E. Stickel: Searching for Compositions in ER Schemes, Proc. of the 12th Int. Conference on Entity Relationship Approach, Arlington 1993, S. 75-86
Rauh/Stickel 1994	Rauh, O./E. Stickel: Entity-Relationship Modeling of Information Systems with Deductive Capabilities, Research Report, Europa-Universität Viadrina, Frankfurt/Oder 1994
Reinwald/Wedekind 1993	Reinwald, B./H. Wedekind: Logische Grundlagen eines Triggerentwurfssystems, Informationstechnik und technische Informatik, Jg. 35 (1993), Nr. 1, S. 25-33
Rose 1990	Rose, M.T.: The Open Book - A Practical Perspective on OSI, Englewood Cliffs: Prentice-Hall 1990
Saake 1988	Saake, G.: Spezifikation, Semantik und Überwachung von Objektlebensläufen in Datenbanken, Dissertation, Technische Universität Carolo-Wilhelmina, Braunschweig 1988
Scheer 1991	Scheer, A.-W.: Architektur integrierter Informationssysteme, Berlin etc.: Springer 1991
Scheer 1994	Scheer, A.-W.: Wirtschaftsinformatik - Referenzmodelle für industrielle Geschäftsprozesse, 4. Aufl., Berlin etc.: Springer 1994
Scheer/Hars 1992	Scheer, A.-W./A. Hars: Extending Data Modeling to Cover the Whole Enterprise, Communications of the ACM, Jg. 35 (1992), Nr. 9, S. 166-172

Schek/Scholl 1986 — Schek, H.-J./M. Scholl: The Relational Model with Relation-Valued Attributes, Information Systems, Jg. 11 (1986), Nr. 2, S. 137-147

Scheuermann et al. 1980 — Scheuermann, P./G. Schiffner/H. Weber: Abstraction Capabilities and Invariant Properties Modeling within the Entity-Relationship-Approach, in: Chen, P.P.S. (Ed.): Entity-Relationship Approach to Systems Analysis and Design, North-Holland 1980, S. 121-140

Schewe/Thalheim 1994 — Schewe, K.-D./B. Thalheim: Grundlagen des objektorientierten Datenbankentwurfs, in: Lipeck, U./G. Vossen (Hrsg.): Formale Grundlagen für den Entwurf von Informationssystemen, Informatik-Berichte Nr. 3/94, Institut für Informatik, Universität Hannover 1994, S. 63-75

Schönthaler/Németh 1990 — Schönthaler, F./T. Németh: Software-Entwicklungswerkzeuge - Methodische Grundlagen, Stuttgart: Teubner 1990

Seubert et al. 1994 — Seubert, M./T. Schäfer/M. Schorr/J. Wagner: Praxisorientierte Datenmodellierung mit der SAP-SERM-Methode, EMISA-Forum, 1994

Sinz 1987 — Sinz, E.J.: Datenmodellierung betrieblicher Probleme und ihre Unterstützung durch ein wissensbasiertes Entwicklungssystem, Habilitationsschrift, Universität Regensburg, 1987

Sinz 1988 — Sinz, E.J.: Das Strukturierte Entity-Relationship Modell (SERM), Angewandte Informatik, Jg. 30 (1988), Nr. 5, S. 191-202

Sinz 1989 — Sinz, E.J.: Konzeptionelle Datenmodellierung im Strukturierten Entity-Relationship-Modell (SER-Modell), in: Müller-Ettrich, G. (Hrsg.): Effektives Datendesign, Köln: Müller 1989, S. 76-108

Sinz 1991 — Sinz, E.J.: Objektorientierte Analyse, Wirtschaftsinformatik, Jg. 33 (1991), Nr. 5, S. 455-457

Smith/Smith 1977a — Smith, J.M./D.C.P. Smith: Database Abstractions - Aggregation and Generalization, ACM Transactions on Database Systems, Jg. 2 (1977), Nr. 2, S. 105-133

Smith/Smith 1977b — Smith, J.M./D.C.P. Smith: Database Abstractions - Aggregation, Communications of the ACM, Jg. 20 (1977), Nr. 6, S. 405-413

Sowa 1984 — Sowa, J.F.: Conceptual Structures - Information Processing in Mind and Machine, Reading etc.: Addison-Wesley 1984

Stonebraker et al. 1987 — Stonebraker, M./J. Anton/E. Hanson: Extending a Database System with Procedures, ACM Transactions on Database Systems, Jg. 12 (1987), Nr. 3, S. 350-376

Stonebraker et al. 1990 — Stonebraker, M./A. Jhingran/J. Goh/S. Potamianos: On Rules, Procedures, Caching, and Views in Data Base Systems, in: Garcia-Molina, H./H.V. Jagadish (Eds.): SIGMOD'90 - Proc. International Conference on Management of Data, Atlantic City 1990, S. 281-290

Storey 1988 — Storey, V.C.: View Creation - An Expert System for Database Design, Washington: ICIT Press 1988

Su/Lo 1980	Su, S.Y.W./D.H. Lo: A Semantic Association Model for Conceptual Database Design, in: Chen, P.P.S. (Ed.): Entity-Relationship Approach to Systems Analysis and Design, North-Holland 1980, S. 169-189
Schwarze 1987	Schwarze, Jochen: Daten- und Datenbankorientierung in der Betriebswirtschaftslehre, Angewandte Informatik, Jg. 29 (1987), Nr. 2, S. 51-58
Switalski 1987	Switalski, M.: Entwicklung der hierarchischen Produktionsplanung, Discussion Paper No.167, Fakultät für Wirtschaftswissenschaften, Universität Bielefeld
Tanaka et al. 1991	Tanaka, A.K./S.B. Navathe/S. Chakravarthy/K. Karlapalem: ER-R - An Enhanced ER Model with Situation-Action Rules to Capture Application Semantics, Proc. of the 10th Int. Conference on the Entity-Relationship Approach, San Mateo 1991, S. 59-75
Taubert 1968	Taubert, W.H.: A Search Decision Rule for the Aggregate Scheduling Problem, Management Science, Jg. 14 (1968), Nr. 6, S. B343-B359
Teorey et al. 1986	Teorey, T.J./D. Yang/J. Fry: A Logical Design Methodology for Relational Databases Using the Extended Entity-Relationship Model, ACM Computing Surveys, Jg. 18 (1986), Nr. 2, S. 197-222
Teorey et al. 1989	Teorey, T.J./G. Wei/D.L. Bolton/J.A. Koenig: ER Model Clustering as an Aid for User Communication and Documentation in Database Design, Communications of the ACM, Jg. 32 (1989), Nr. 8, S. 975-987
Thalheim 1991	Thalheim, B.: Dependencies in Relational Databases, Stuttgart-Leipzig: Teubner 1991
Thalheim 1992	Thalheim, B.: Fundamentals of Cardinality Constraints, in: Pernul, G./A.M. Tjoa (Hrsg.): Entity-Relationship Approach - ER'92, Proc. of the 11th Int. Conference on the Entity-Relationship Approach, Berlin etc.: Springer 1992, S. 7-23
Ullman 1988	Ullman, J.D.: Principles of Database and Knowledge-Base Systems, Vol.1, Rockville: Computer Science Press 1988
Vetter 1990	Vetter, M.: Informationssysteme in der Unternehmung, Stuttgart: Teubner 1990
Vinek/Rennert/Tjoa 1982	Vinek, G./P.F. Rennert/A.M. Tjoa: Datenmodellierung - Theorie und Praxis des Datenbankentwurfs, Würzburg-Wien: Physica 1982
Weber 1993	Weber, R.: SQL2-Norm und SQL3-Projekt, Informatik-Spektrum, Jg. 16 (1993), Nr. 2, S. 95
Webre 1983	Webre, N.W.: An Extended Entity-Relationship Model and Its Use on a Defense Project, in: Chen, P.P. (Ed.): Entity-Relationship Approach to Information Modeling and Analysis, Amsterdam etc.: North-Holland 1983, S. 173-193
Wedekind 1990	Wedekind, H.: Objektorientierung und Vererbung, Informationstechnik it, Jg. 32 (1990), Nr. 2, S. 79-86

Widom 1993	Widom, J.: Deductive and Active Databases - Two Paradigms or Ends of a Spectrum?, in: Paton, N.W./M.H. Williams (Eds.): Rules in Database Systems, London etc.: Springer 1993, S. 306-315
Widom/Finkelstein 1990	Widom, J./S.J. Finkelstein: Set-Oriented Production Rules in Relational Database Systems, in: Garcia-Molina, H./H.V. Jagadish (Eds.): SIGMOD'90 - Proc. International Conference on Management of Data, Atlantic City 1990, S. 259-270
Wiederhold 1977	Wiederhold, G., Database Design, 2nd Ed., Singapore: McGraw-Hill 1983
Wiederhold 1986	Wiederhold, G.: Views, Objects, and Databases, Computer, Jg. 19 (1986), Nr. 12, S. 37-44
Winter 1990a	Winter, R.: A Database Approach to Hierarchical Materials Planning, Int. Journal of Operations & Production Management, Jg. 10 (1990), Nr. 2, S. 62-83
Winter 1990b	Winter, R.: Integration von Abstraktionshierarchien mit der Bedarfsauflösung - Eine Voraussetzung für "intelligente" Datenbankanwendungen in der mehrstufigen Produktionsplanung, Wirtschaftsinformatik, Jg. 32 (1990), Nr. 6, S. 550-565
Winter 1991	Winter, R.: Mehrstufige Produktionsplanung in Abstraktionshierarchien auf der Basis relationaler Informationsstrukturen, Berlin etc.: Springer 1991
Winter 1992	Winter, R.: Application Development in a CIM Environment - The Changing Role of Humans and Computers, in: Olling, G.J./F. Kimura (Eds.): Human Aspects in Computer Integrated Manufacturing, Amsterdam etc.: North-Holland 1992, S. 465-473
Winter 1994a	Winter, R.: Design and Implementation of Derived Entities - Enhancing the Entity-Relationship Model to Support the Generation of Database Triggers, in: Elmasri, R./V. Kouramajian/B. Thalheim (Hrsg.): Entity-Relationship Approach - ER'93, Proc. of the 12th Int. Conference on the Entity-Relationship Approach, Berlin etc.: Springer 1994, S. 61-73
Winter 1994b	Winter, R.: Formalised Conceptual Models as a Foundation of Information Systems Development, erscheint in: Loucopoulos, P. (Ed.): Entity-Relationship Approach - ER'94, Proc. of the 13th Int. Conference on the Entity-Relationship Approach
Winter 1994c	Winter, R.: Informationsableitung in betrieblichen Informationssystemen – Integrierte Spezifikation und automatisierte Implementierung auf der Grundlage eines formalisierten konzeptionellen Modells, Habilitationsschrift, Johann Wolfgang Goethe-Universität Frankfurt am Main, 1994
Winter 1995	Winter, R.: Multi-Stage Production Controlling Based on Continuous, Flexible Abstraction Hierarchies - Conceptualisation, Implementation, and Application to a Make-to-Order and Series Production Balancing Problem, in: FUCAM (Ed.): Proceedings of the 2nd Int. Conf. on Industrial Engineering and Production Management, Vol. 2, Marrakesh 1995, pp. 30-39

Witte 1990	Witte, T.: Simulation, in: Mertens, P. et al. (Hrsg.): Lexikon der Wirtschaftsinformatik, 2. Aufl., Berlin etc.: Springer 1990, S. 384-385
Wittemann 1985	Wittemann, N.: Produktionsplanung mit verdichteten Daten, Berlin etc.: Springer 1985
Yourdon 1989	Yourdon, E.: Modern Structured Analysis, Englewood Cliffs: Prentice-Hall 1989
Zaniolo 1993	Zaniolo, C.: A Unified Semantics for Active and Deductive Databases, in: Paton, N.W./M.H. Williams (Eds.): Rules in Database Systems, London etc.: Springer 1993, S. 271-287
Zehnder 1985	Zehnder, C.A.: Informationssysteme und Datenbanken, 3. Auflage, Stuttgart: Teubner 1985
Zehnder 1991	Zehnder, C.A.: Informatik-Projektentwicklung, 2. Auflage, Stuttgart: Teubner 1991
Zimmermann 1988	Zimmermann, G.: Produktionsplanung variantenreicher Erzeugnisse mit EDV, Berlin etc.: Springer 1988

vieweg

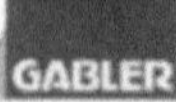
GABLER